T0253866

Numerik für Ingenieure, Physiker und Informatiker

Günter Bärwolff · Caren Tischendorf

Numerik für Ingenieure, Physiker und Informatiker

4. Auflage

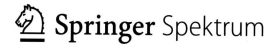 Springer Spektrum

Günter Bärwolff
Institut für Mathematik
Technische Universität Berlin
Berlin, Deutschland

Caren Tischendorf
Institut für Mathematik
Humboldt-Universität zu Berlin
Berlin, Deutschland

ISBN 978-3-662-65213-8   ISBN 978-3-662-65214-5   (eBook)
https://doi.org/10.1007/978-3-662-65214-5

Die Deutsche Nationalbibliothek verzeichnet diese Publikation in der Deutschen Nationalbibliografie;
detaillierte bibliografische Daten sind im Internet über http://dnb.d-nb.de abrufbar.

© Der/die Herausgeber bzw. der/die Autor(en), exklusiv lizenziert an Springer-Verlag GmbH, DE, ein Teil von
Springer Nature 2007, 2016, 2020, 2022
Das Werk einschließlich aller seiner Teile ist urheberrechtlich geschützt. Jede Verwertung, die nicht
ausdrücklich vom Urheberrechtsgesetz zugelassen ist, bedarf der vorherigen Zustimmung des Verlags.
Das gilt insbesondere für Vervielfältigungen, Bearbeitungen, Übersetzungen, Mikroverfilmungen und die
Einspeicherung und Verarbeitung in elektronischen Systemen.
Die Wiedergabe von allgemein beschreibenden Bezeichnungen, Marken, Unternehmensnamen etc. in diesem
Werk bedeutet nicht, dass diese frei durch jedermann benutzt werden dürfen. Die Berechtigung zur Benutzung
unterliegt, auch ohne gesonderten Hinweis hierzu, den Regeln des Markenrechts. Die Rechte des jeweiligen
Zeicheninhabers sind zu beachten.
Der Verlag, die Autoren und die Herausgeber gehen davon aus, dass die Angaben und Informationen in
diesem Werk zum Zeitpunkt der Veröffentlichung vollständig und korrekt sind. Weder der Verlag, noch
die Autoren oder die Herausgeber übernehmen, ausdrücklich oder implizit, Gewähr für den Inhalt des
Werkes, etwaige Fehler oder Äußerungen. Der Verlag bleibt im Hinblick auf geografische Zuordnungen und
Gebietsbezeichnungen in veröffentlichten Karten und Institutionsadressen neutral.

Planung/Lektorat: Dr. Andreas Rüdinger
Springer Spektrum ist ein Imprint der eingetragenen Gesellschaft Springer-Verlag GmbH, DE und ist ein Teil
von Springer Nature.
Die Anschrift der Gesellschaft ist: Heidelberger Platz 3, 14197 Berlin, Germany

Vorwort zur 4. Auflage

Die vierte Auflage dieses Lehrbuchs ist um einen Abschnitt zur **numerischen Lösung differential-algebraischer Gleichungen** erweitert worden. Fehler der vorangegangenen Auflagen wurden korrigiert und an einigen Stellen Ergänzungen aufgrund von Hinweisen durch Leser vorgenommen. Hier und im Weiteren werden unter dem Begriff „Leser" selbstverständlich auch alle Leserinnen und Personen jedweden Geschlechts mit einbezogen. Besonders hilfreich waren hier die Anregungen von unserer Kollegin Prof. Dr. Diana Estévez Schwarz, die an der Berliner Hochschule für Technik arbeitet und das vorliegende Lehrbuch nutzt.

Da in der mathematischen, naturwissenschaftlichen und ingenieur-wissenschaftlichen Ausbildung an Hochschulen zunehmend mit Python als Programmiersprache gearbeitet wird, wurden sämtliche im Buch vorgestellten und diskutierten Octave/MATLAB-Programme nach Python übertragen. Im Unterschied zu den vorigen Auflagen wurden in vielen Programmen Matrix-Vektor-Operationen bzw. for-Schleifen vektorisiert. Die Python-Programme werden online ebenso wie die Octave/MATLAB-Programme auf den Webseiten der Autor_innen zur Verfügung gestellt. Die Python-Programme sind nach bestem Wissen und Gewissen getestet worden, allerdings sind wir keine Profi-Programmierer und deshalb bieten sie sicherlich noch beträchtliches Optimierungspotential.

Herrn Dr. Andreas Rüdinger danken wir für die Anregung zu einer vierten Auflage und die wiederum angenehme und produktive Zusammenarbeit.

Berlin   Günter Bärwolff
Februar 2022   Caren Tischendorf

Vorwort zur 3. Auflage

In der vorliegenden dritten Auflage dieses Lehrbuchs ist mit der **numerischen Lösung stochastischer Differentialgleichungen** ein neues Kapitel hinzu gefügt worden. Diese Thematik ist heute in vielen Disziplinen von Interesse, da in den meisten mathematischen Modellen mit Differentialgleichungen neben deterministischen Anteilen auch zufällige Einflüsse berücksichtigt werden müssen. Zum Teil, weil bestimmte Modellparameter mit zufälligen Störungen überlagert sind, oder weil bestimmte Prozesse auch durch zufällige Einflüsse angetrieben werden.

Dabei mussten auch einige recht theoretische mathematische Grundlagen der Maß- und Wahrscheinlichkeitstheorie bereit gestellt werden, was mit einem Anhang zu dieser Thematik realisiert wurde. Allerdings habe ich versucht, das benötigte Instrumentarium durch geeignete Beispiele fassbar zu machen.

Fehler der vorangegangenen Auflagen habe ich korrigiert und an einigen Stellen Ergänzungen aufgrund von Hinweisen durch Leser vorgenommen. Die Thematik der Lösung nichtlinearer Gleichungssysteme durch einen Abschnitt zur Lösung von Gleichungssystemen aus der nichtlinearen Optimierung, z. B. **SQP-Methoden**, ergänzt.

Für die sehr sorgfältige und hilfreiche Durchsicht des Manuskripts bin ich meinem Kollegen Dr. Richard Pincus und meinen ehemaligen Studenten Dominique Walentiny und Jan Zawallich dankbar. Herrn Dr. Andreas Rüdinger danke ich für die Anregung zu einer dritten Auflage und die wiederum angenehme und produktive Zusammenarbeit.

Berlin
März 2020

Günter Bärwolff

Vorwort zur 2. Auflage

Mit der zweiten Auflage dieses Numerik-Buches wurde vom Verlag die Möglichkeit eingeräumt, den Umfang um ca. 30 Seiten zu erweitern. Ich habe mich entschlossen, diesen Raum für Hinzunahme der Themen **Numerik von Erhaltungsgleichungen** (hyperbolischen Differentialgleichungen erster Ordnung) und **Singulärwertzerlegung** (singular value decomposition/SVD) zu nutzen.

Hyperbolische Differentialgleichungen deshalb, weil diese in vielen Numerik-Büchern gegenüber den elliptischen und parabolischen Gleichung zu kurz kommen. Die SVD ist ein sehr mächtiges Werkzeug in vielen Bereichen der angewandten Mathematik und den Natur- und Ingenieurwissenschaften. Deshalb wird sie in der vorliegenden zweiten Auflage beschrieben.

Selbstverständlich habe ich mich bemüht, kleinere Fehler der ersten Auflage zu beheben und an einigen Stellen erforderliche Ergänzungen vorzunehmen.

Herrn Dr. Andreas Rüdinger und Frau Barbara Lühker danke ich für die traditionell gute Zusammenarbeit.

Berlin   Günter Bärwolff
Juni 2015

Vorwort

In den unterschiedlichsten natur- und ingenieurwissenschaftlichen Disziplinen sind numerische Lösungsmethoden in der täglichen Arbeit unverzichtbar. Egal, ob es sich z. B. um die Steuerung von Maschinen und Anlagen, die Optimierung von Prozessen, das optimale Design von Karosserien und Flugkörpern handelt. Es sind Aufgaben, wie die Berechnung von Integralen, die Lösung von linearen und nichtlinearen algebraischen Gleichungen, die Lösung gewöhnlicher oder partieller Differentialgleichungen, numerisch zu bewältigen. Gründe hierfür sind zum einen fehlende analytische Lösungen. Auch im Fall des Vorhandenseins analytischer Lösungen, die sehr aufwendig zu erhalten sind, ist oft der Weg der numerischen Lösung effizienter, z. B. bei der Integralberechnung.

In der Strömungsmechanik, Elektrodynamik und der theoretischen Chemie haben sich z. B. mit der „Computational Fluid Dynamics" (CFD), der „Computational Electrodynamics" und der „Computational Chemistry" Disziplinen entwickelt, die eine sehr intensive Numerik erfordern. In der Mikroelektronik ist die numerische Simulation unverzichtbar für die Entwicklung hochintegrierter Bauelemente. Anspruchsvolle und teure Experimente im Windkanal, im Weltraum oder im Labor werden heute durch numerische Experimente vorbereitet. Dabei werden die Ergebnisse von numerischen Experimenten als wesentliche Entscheidungshilfe für den Aufbau und die Konzeption von Labor-Experimenten benutzt.

Auch wenn bei praktischen Aufgabenstellungen mathematische Nachweise der Existenz und Eindeutigkeit von Lösungen oder Konvergenznachweise von numerischen Verfahren noch nicht erbracht worden sind, kommen numerische Lösungsmethoden zum Einsatz. Zur Validierung der numerischen Lösungsverfahren werden in diesen Fällen Aufgaben gelöst, deren exakte Lösung bekannt ist, oder von denen Messergebnisse vorliegen. Der Vergleich der numerischen Lösung mit der analytischen oder mit experimentellen Daten entscheidet dann über die Eignung der numerischen Lösungsmethode für eine entsprechende Aufgabenklasse.

Auch wenn man in der Mathematik nach Verfahren sucht, um lokale oder globale Extrema zu finden oder zu berechnen, ist es in der Praxis oft schon wünschenswert, bei der Suche nach einem Minimum eines Funktionals prozentuale Verkleinerungen von Funktionalwerten zu erzielen, ohne sicher zu sein, sich mit der Methode einem Minimum zu nähern. Denkt man hier beim Funktional an einen Widerstandsbeiwert eines Flugzeuges, dann kann die Verkleinerung des Wertes um wenige Prozent oder Promille gewaltige Treibstoffeinsparungen zur Folge haben.

Da die Computeralgebrasysteme (MATLAB®, Octave®, Mathematica® etc.) heute dem Ingenieur und Naturwissenschaftler als moderne leistungsfähige „Taschenrechner" dienen, soll das vorliegende Buch einen Beitrag zur produktiven Nutzung dieser Werkzeuge bei der Implementierung der behandelten Methoden leisten. Obwohl es im Rahmen dieses Buches unmöglich ist, die zum Teil sehr ausgefeilten Methoden der numerischen Mathematik erschöpfend zu beschreiben und zu begründen, sollen nachfolgend einige grundlegenden numerischen Methoden aus unterschiedlichen Bereichen erläutert werden. Für die behandelten numerischen Methoden werden jeweils Programme bzw. Programmfragmente angegeben, so dass der Leser auch angeregt bzw. in die Lage versetzt wird, numerische Algorithmen auf dem Computer zu implementieren und zur Lösung konkreter Aufgabenstellungen zu verwenden.

Bei den dabei angegebenen Programmen ging es vorwiegend um Lesbarkeit, d. h. um die Wiedererkennung der jeweiligen implementierten Methode. Die Funktionstüchtigkeit der Programme wurde überprüft, so dass sie vom Leser als Grundlage für die weitere Nutzung verwendet werden können. Es ging nicht um jeden Preis um „optimale" Programme, sondern hauptsächlich darum, die dargelegten Methoden in der Praxis auf dem Rechner in Aktion besser zu verstehen, weil Numerik als Trockenübung ohne numerische Experimente auf dem Rechner dem angewandt arbeitenden Physiker oder Ingenieur nicht wirklich etwas nützt.

Im Buch sind sämtlich Octave-Programme angegeben, die sich nur marginal von MATLAB-Programmen unterscheiden.

Die in den folgenden Kapiteln behandelten Schwerpunkte sind miteinander verzahnt, d. h. z. B., dass man bei der numerischen Lösung partieller Differentialgleichungen oder der Lösung nichtlinearer Gleichungssysteme im Rahmen von Iterationen lineare Gleichungssysteme zu lösen hat. Zur Lösung großer Matrixeigenwertprobleme, die z. B. im Bauingenieurwesen, der Festkörperphysik oder der physikalischen Chemie vorkommen, braucht man spezielle Matrixzerlegungen, die auch bei der Auswertung von Experimenten und der Berechnung von Ausgleichskurven Anwendung finden. Bei komplexen technischen Aufgabenstellungen wie z. B. dem Entwurf und der Konstruktion eines Autos oder einer Werkzeugmaschine spielen alle behandelten Problemstellungen eine Rolle. Für Festigkeitsuntersuchungen sind Randwertprobleme partieller Differentialgleichungen und Eigenwertprobleme zu lösen, Schwingungsuntersuchungen erfordern die Lösung großer Systeme gewöhnlicher Differentialgleichungen. Die Berechnung integraler Beiwerte erfolgt mit der numerischen Integration. Erforderliche Frequenzanalysen sind mit der diskreten Fourier-Analyse durchzuführen. Die behandelten Problemstellungen sind nicht nur für die klassischen Ingenieurdisziplinen oder die Naturwissenschaften, sondern in beträchtlichem Maße auch für die Wirtschafts- und Sozialwissenschaften einschließlich der Informatik von zunehmender Bedeutung.

Herrn Dr. Andreas Rüdinger als verantwortlichen Lektor möchte ich zum einen für die Anregung zu diesem Lehrbuch und zum anderen für die problemlose Zusammenarbeit von der Vertragsentstehung bis zum fertigen Buch meinen Dank aussprechen. Insbesondere in der Endphase der Fertigstellung des Manuskripts war die unkomplizierte Zusammenarbeit mit Frau Barbara Lühker hilfreich.

Zu guter Letzt möchte ich Frau Gabriele Graichen, die die vielen Grafiken auf dem Computer erstellt hat, für die effiziente Zusammenarbeit herzlich danken, ohne die das Buch nicht möglich gewesen wäre.

Berlin
Juni 2006

Günter Bärwolff

Inhaltsverzeichnis

Programmverzeichnis

Einführung

1

Inhaltsverzeichnis

Numerische Rechnungen sind in der Regel mit Fehlern behaftet. Seit der Antike ist bekannt, dass z. B. $\sqrt{2}$ keine rationale Zahl ist. Man hat keine Chance, $\sqrt{2}$ als Dezimalzahl mit endlich vielen Stellen darzustellen. Selbst rationale Zahlen wie z. B. $\frac{1}{3}$ kann man auf Rechnern nicht exakt darstellen, da jeder Rechner nur endlich viele Stellen zur Zahldarstellung zur Verfügung hat. Bei vielen angewandten Aufgabenstellungen hat man es mit fehlerbehafteten Ausgangsgrößen oder Zwischenergebnissen zu tun und interessiert sich für die Auswirkung auf das eigentliche Ziel der Rechnung, das Endergebnis. In diesem Kapitel sollen typische numerische Fehler und ihre mögliche Kontrolle erläutert werden. Umfangreiche Ausführungen zur „Computer-Numerik" findet man in Überhuber, 1995. Außerdem werden Begriffe aus Analysis und linearer Algebra bereitgestellt, die bei der Beurteilung numerischer Berechnungsverfahren von Bedeutung sind.

1.1   Zahldarstellung und Fehlertypen bei numerischen Rechnungen

Die Zahl $x = \frac{2}{3}$ kann man auf keinem Rechner als Dezimalzahl, Binärzahl, Oktalzahl oder Hexadezimalzahl exakt darstellen. Das liegt daran, dass die Dezimaldarstellung (das gilt auch für die Binär- oder Oktaldarstellung) von x mit

© Der/die Autor(en), exklusiv lizenziert an Springer-Verlag GmbH, DE, ein Teil von Springer Nature 2022
G. Bärwolff und C. Tischendorf, *Numerik für Ingenieure, Physiker und Informatiker*,
https://doi.org/10.1007/978-3-662-65214-5_1

$$x = 0{,}66\overline{666} = \sum_{j=1}^{\infty} 6 \cdot 10^{-j}$$

eine von Null verschiedene Periode „6" hat. Lässt man als **Basis** der Zahldarstellung eine beliebige positive natürliche Zahl $b \geq 2$ zu, so kann man jede reelle Zahl x in der Form

$$x = (-1)^{\nu} \left[\sum_{j=1}^{\infty} c_j b^{-j} \right] b^N =: (-1)^{\nu} a b^N \tag{1.1}$$

entwickeln, wobei $\nu \in \{0, 1\}$ das **Signum** und $N \in \mathbb{Z}$ der **Exponent** von x ist. Die Zahlen $c_j \in \{0, 1, \ldots, b - 1\}$ sind die Koeffizienten oder **Ziffern** von x und $a = \sum_{j=1}^{\infty} c_j b^{-j}$ ist die **Mantisse** von x. Der Nachweis der Gültigkeit der Darstellung von $x \in \mathbb{R}$ in der Form (1.1) erfolgt konstruktiv. Mit $[y]$, also der Funktion, die der reellen Zahl y die größte ganze Zahl zuordnet, die kleiner oder gleich y ist, konstruiert man für die Mantisse $a \in [b^{-1}, 1[$ die Folge

$$c_1 = [ab], \; c_2 = [(a - c_1 b^{-1})b], \ldots, c_n = [(a - \sum_{k=1}^{n-1} c_k b^{-k})b^n], \; n = 3, 4, \ldots ,$$

für die $c_k \in \{0, 1, \ldots, b - 1\}$ sowie

$$0 \leq a - \sum_{k=1}^{n} c_k b^{-k} < b^{-n} \tag{1.2}$$

für alle $n \in \mathbb{N}$. Der Nachweis von (1.2) sollte als Übung durch den Leser unter Nutzung von $0 \leq y - [y] < 1$ für $y \in \mathbb{R}$ vorgenommen werden. Die Bedingung $0 \leq c_k \leq b - 1$ für die Ziffern zeigt man leicht mit vollständiger Induktion. Aus der Gültigkeit von (1.2) folgt unmittelbar die Konvergenz der Reihe $\sum_{j=1}^{\infty} c_j b^{-j}$, also (1.1). Für $b = 2$ erhält man für $a = \frac{2}{3}$ mit dem skizzierten Algorithmus als Binärzahl z. B.

$$a = \sum_{j=1}^{\infty} c_j 2^{-j},$$

wobei $c_{2k-1} = 1$ und $c_{2k} = 0$ für $k = 1, 2, \ldots$ gilt.

1.1.1 Zahlen auf Rechnern

Will man nun rechnen, muss man statt der Reihe (1.1) mit einer Partialsumme arbeiten, wobei die Zahl der Summanden von der verwendeten Programmiersprache und dem Compiler abhängt.

Dazu werden **Maschinenzahlen** definiert, d. h. Zahlen, die in Rechnern exakt dargestellt werden können und die als Näherungen für beliebige reelle Zahlen bis zu einer vorgegebenen Größenordnung verwendet werden können.

▶ **Definition 1.1** (Gleitpunktzahlen/Maschinenzahlen)
Zu einer gegebenen Basis $b \geq 2$, $b \in \mathbb{N}$, und Mantissenlänge $p \in \mathbb{N}$ sowie für Exponentenschranken $N_{\min} < 0 < N_{\max}$ wird durch

$$F = \left\{ \pm \left[\sum_{k=1}^{p} c_k b^{-k} \right] b^N, \, c_k \in \{0, 1, \ldots, b-1\}, c_1 \neq 0, \, N_{\min} \leq N \leq N_{\max} \right\} \cup \{0\} \subset \mathbb{R}$$

$$(1.3)$$

eine Menge von **Gleitpunktzahlen** oder **Maschinenzahlen** erklärt.

Statt der Angabe von Exponentenschranken $N_{\min}, N_{\max} \in \mathbb{Z}$ wird bei einem Gleitpunktzahlsystem auch mit l die Stellenzahl des Exponenten e angegeben, so dass man statt

$$F = F(2, 24, -127, 127) \quad \text{auch} \quad F = F(2, 24, 7)$$

schreiben kann, da man mit einer 7-stelligen Dualzahl alle Exponenten von 0 bis ± 127 darstellen kann. Statt F wird auch M (Maschinenzahlen) als Symbol genutzt, also z. B. $M = M(2, 24, 7)$. Die Darstellung $F(2, 24, -127, 127)$ ist aber oft präziser, da in der Praxis tatsächlich $|N_{\min}| \neq |N_{\max}|$ ist, was bei $M(2, 24, 7)$ nicht zu erkennen ist.

Da die Elemente von F symmetrisch um den Nullpunkt auf der reellen Zahlengeraden liegen, beschränken wir uns bei der Erörterung der Eigenschaften auf die positiven Elemente. Man findet mit $N = N_{\min}$ und $c_1 = 1, c_k = 0$, $k \neq 1$, offensichtlich das betragsmäßig kleinste Element $\neq 0$

$$x_{\min} = b^{N_{\min}-1}$$

$$(1.4)$$

und mit $N = N_{\max}$ und $c_k = b - 1$ das größte Element

$$x_{\max} = b^{N_{\max}} \sum_{k=1}^{p} (b-1)b^{-k} = b^{N_{\max}} \left[\sum_{k=0}^{p} (b-1)b^{-k} - (b-1) \right]$$

$$= b^{N_{\max}}(b-1) \left[\frac{1 - \frac{1}{b}^{p+1}}{1 - \frac{1}{b}} - 1 \right] = b^{N_{\max}}(b-1) \left[\frac{b - \frac{1}{b}^{p} - (b-1)}{b-1} \right]$$

$$= b^{N_{\max}} \left[1 - \frac{1}{b}^{p} \right] = b^{N_{\max}} [1 - b^{-p}].$$

$$(1.5)$$

Die Menge F wird oft noch ergänzt durch die Zahlen

$$\pm \sum_{k=1}^{p} c_k b^{-k} b^{N_{\min}}, \quad c_k \in \{0, 1, \ldots, b-1\},$$

$$(1.6)$$

um betragsmäßig kleinere Zahlen als $x_{\min}$ im Gleitpunkt-Zahlensystem zur Verfügung zu haben. Die um die Zahlen (1.6) ergänzte Menge F bezeichnet man mit $\hat{F}$. In $\hat{F}$ findet man mit

$$\tilde{x}_{\min} = b^{-p} b^{N_{\min}} = b^{N_{\min}-p} \tag{1.7}$$

das betragsmäßig kleinste Element $\neq 0$. F bezeichnet man auch als **normalisiertes Gleitpunkt-Zahlensystem** und $\hat{F}$ als **denormalisiertes Gleitpunkt-Zahlensystem**.

Es gibt nun mehrere Möglichkeiten, eine Abbildung von der Menge der reellen Zahlen, deren Betrag kleiner als $x_{\max}$ ist, in die Menge F oder $\hat{F}$ zu definieren. Einmal kann man bei einer Mantissenlänge p **abschneiden** oder **runden**. Diesen allgemein als **Rundung** bezeichneten Prozess $x \mapsto \mathrm{rd}(x)$ definiert man in der Regel wie folgt.

▶ **Definition 1.2** (Rundung)
Die Rundungsfunktion rd, die einer reellen Zahl x mit $\tilde{x}_{\min} \leq |x| \leq x_{\max}$ eine Zahl $\mathrm{rd}(x) \in \hat{F}$ zuordnet, wird durch $\mathrm{rd}(x) = \pm \mathrm{rd}(a) b^N$ über die folgende Rundungsvorschrift

$$
\begin{aligned}
\mathrm{rd}(a) &= \mathrm{rd}\left(\sum_{k=1}^{\infty} c_k b^{-k}\right) \\
&= \begin{cases} c_1 b^{-1} + c_2 b^{-2} + \cdots + c_p b^{-p} & \text{(Abschneiden)} \\ c_1 b^{-1} + c_2 b^{-2} + \cdots + \tilde{c}_p b^{-p} & \text{(Runden)} \end{cases}
\end{aligned} \tag{1.8}
$$

für die Mantisse a definiert, wobei für die letzte Ziffer im Fall der Rundung

$$
\tilde{c}_p = \begin{cases} c_p & \text{falls } \sum_{k=p+1}^{\infty} c_k b^{p+1-k} < \frac{b}{2} \text{ (Abrunden)} \\ c_p + 1 & \text{falls } \sum_{k=p+1}^{\infty} c_k b^{p+1-k} \geq \frac{b}{2} \text{ (Aufrunden)} \end{cases}
$$

gilt.

Ob abgeschnitten oder gerundet wird, hängt von der jeweils verwendeten Softwareumgebung ab, und kann meist nicht vom Nutzer beeinflusst werden. Hierzu ist anzumerken, dass man beim Aufrunden evtl. Überträge berücksichtgen muss, falls $c_p = b - 1$ ist. Da dann $c_p + 1 \notin \{0, 1, \ldots, b - 1\}$ liegt, muss beim Aufrunden $c_p = 0$ und $c_{p-1} = c_{p-1} + 1$ gesetzt werden. Z. B. ergibt sich durch Rundung der Zahl $x = 4{,}76849999\ldots$ in einem dezimalen Gleitpunktzahlen-System mit der Mantissenlänge 6

$$\mathrm{rd}(x) = \mathrm{rd}(0{,}476849999\bar{9} \cdot 10^1) = 0{,}476850 \cdot 10^1 = 4{,}7685.$$

Ist c_{p-1} ebenfalls gleich $b - 1$ (also im Dezimalsystem gleich 9), dann ergibt sich z. B. bei einer Mantissenlänge $p = 8$ bei der Rundung von $x = 6{,}7823499999\ldots$ ein zweifacher Übertrag, d. h.

$$\mathrm{rd}(6{,}78234999\bar{9}) = \mathrm{rd}(0{,}678234999\bar{9} \cdot 10^1) = 0{,}67823500 \cdot 10^1 = 6{,}78235.$$

Sind sämtliche Ziffern der Mantisse gleich $b - 1$, erhält man bei der Rundung von $x = \pm[\sum_{k=1}^{\infty}(b-1)b^{-k}]b^N$ einen p-fachen Übertrag

$$\text{rd}(\pm\left[\sum_{k=1}^{\infty}(b-1)b^{-k}\right]b^N) = \pm 1,000\ldots b^N = \pm 0,1b^{N+1}.$$

Für numerische Rechnungen ist es nun von Interesse, welchen Fehler man bei der Rundung in einem bestimmten Gleitpunktzahlen-System macht. Sei

$$x = \pm\left[\sum_{k=1}^{\infty}c_j b^{-j}b\right]b^N = \pm ab^N$$

gegeben. Mit den Rundungsvorschriften (1.8) findet man

$$|a - \text{rd}(a)| = \begin{cases} \sum_{k=p+1}^{\infty}c_k b^{-k} & \text{(Abschneiden)} \\ (c_p - \tilde{c}_p)b^{-p} + \sum_{k=p+1}^{\infty}c_k b^{-k} & \text{(Rundung)} \end{cases}.$$

Ausgehend von der existierenden Darstellung $a = \sum_{k=1}^{\infty}c_k b^{-k}$ folgt aus (1.2) $0 \leq \sum_{k=p+1}^{\infty}c_k b^{-k} \leq b^{-p}$. Damit ergibt sich für den **absoluten Rundungsfehler** der Mantisse

$$|a - \text{rd}(a)| \leq \begin{cases} b^{-p} & \text{(Abschneiden)} \\ \frac{1}{2}b^{-p} & \text{(Rundung)} \end{cases}$$

und wegen $a \geq b^{-1}$ schließlich der **relative Rundungsfehler**

$$\frac{|a - \text{rd}(a)|}{a} \leq \tau := \begin{cases} b^{1-p} & \text{(Abschneiden)} \\ \frac{1}{2}b^{1-p} & \text{(Rundung)} \end{cases}. \tag{1.9}$$

Wegen $x = \pm ab^N$ folgt für $x \neq 0$ unmittelbar

$$\frac{|x - \text{rd}(x)|}{x} = \frac{|a - \text{rd}(a)|}{a} \leq \tau. \tag{1.10}$$

Die Zahl τ heißt relative Genauigkeit im jeweiligen Gleitpunkt-Zahlensystem oder auch Maschinengenauigkeit. Mit $\tau_x = \frac{\text{rd}(x)-x}{x}$ findet man mit

$$\text{rd}(x) = x(1 + \tau_x)$$

den Zusammenhang zwischen der vom Rechner benutzten Gleitpunktzahl $\text{rd}(x)$ und der eigentlichen Zahl $x \in \mathbb{R}$, wobei für den sogenannten **Darstellungsfehler** τ_x die Abschätzung

$$|\tau_x| \leq \tau$$

gilt. D. h. der Betrag des relativen Darstellungsfehlers ist durch die Maschinengenauigkeit beschränkt.

Eine ausführliche Diskussion der Auswirkung von Rundungsfehlern auf die Hinter-
einander-Ausführung von mehreren arithmetischen Operationen und Funktionsauswertungen ist in den Büchern Überhuber, 1995 und Plato, 2000 zu finden.

Aus den bisherigen Darstellungen wird deutlich, dass man reelle Zahlen x mit $|x| > x_{max}$
und $|x| < \tilde{x}_{min}$ in dem betreffenden Gleitpunkt-Zahlensystem nicht darstellen kann. Erhält
man im Ergebnis einer Rechnung eine Zahl x mit $|x| > x_{max}$, dann erhält man eine Feh-
lermeldung oder eine Warnung des Computers „arithmetical overflow" und das Programm
stürzt dann oft ab. Ist ein Ergebnis x betragsmäßig kleiner als $\tilde{x}_{min}$, dann wird evtl. die Warnung „arithmetical underflow" ausgegeben, aber in der Regel mit dem Wert $x = 0$ weiter
gearbeitet. In der numerischen Mathematik ist ein „underflow" meist das geringere Übel,
es sei denn, man muss durch solche Werte dividieren. „overflow" ist entweder ein Hinweis
darauf, dass der implementierte Algorithmus divergiert oder dass im Algorithmus sehr große
Zahlen vorkommen, die in der benutzten Softwareumgebung nicht mehr darstellbar sind.
Hier muss man gegebenenfalls überprüfen, ob man tatsächlich so große Zahlen braucht und
gegebenenfalls ein Gleitpunkt-Zahlensystem mit größeren Exponenten nutzt.

1.1.2   Verbreitete Gleitpunkt-Zahlensysteme

Um die Gleitpunkt-Zahlensysteme zu standardisieren, wurden von der IEEE die Systeme
des einfachen und doppelten Grundformats (single und double precision) eingeführt. Und
zwar wurde für das **einfache Grundformat (single precision**, real*4) die Basis $b = 2$, die
Mantissenlänge $p = 24$ sowie $N_{min} = -125$ und $N_{max} = 128$ festgelegt. Für das **doppelte
Grundformat (double precision**, real*8) wurden $b = 2$, $p = 53$, $N_{min} = -1021$ und
$N_{max} = 1024$ fixiert. Bei Gleitpunkt-Zahlensystemen mit der Basis $b = 2$ muss aufgrund
der Forderung $c_1 \neq 0$ und $0 < c_1 \leq b - 1$ die erste Ziffer gleich 1 sein. Deshalb braucht
man nur $p - 1$ Bits zur Beschreibung der Mantisse. Im einfachen Grundformat wird einer
reelle Zahl $x = \pm[\sum_{k=1}^{\infty} c_j 2^{-j}]2^N$ mit $x_{min} \leq |x| \leq x_{max}$ die Gleitpunktzahl

$$\pm \left[\sum_{j=1}^{24} c_j 2^{-j} \right] 2^N \quad \text{mit} \quad c_1 = 1$$

zugeordnet. Mit dem **Bit** (binary digit), das den Wert 0 oder 1 haben kann, soll nun kurz der
Speicherbedarf für single und double precision Gleitpunktzahlen ermittelt werden. Neben
dem einem Bit für das Vorzeichen der Zahl benötigt man 23 Bits zur Festlegung der Mantisse
und für den vorzeichenbehafteten Exponenten $N \in \{-125, \dots, 127, 128\}$ braucht man 1
Vorzeichenbit und 7 Bits zur Darstellung der Zahlen bis $128 = 2^7$. Insgesamt benötigt man
damit 32 Bits = 4 Byte zur Darstellung einer Zahl im einfachen Grundformat im Rechner.
Aufgrund der Mantissenlänge $p = 24$ spricht man auch von einer 24-stelligen Arithmetik
des Binärsystems.

Abb. 1.1 Bitmuster einer double precision-Zahl

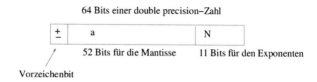

64 Bits einer double precision–Zahl

| $\pm$ | a | N |

52 Bits für die Mantisse   11 Bits für den Exponenten

Vorzeichenbit

Für die Darstellung einer Zahl im doppelten Grundformat benötigt man 52 Bits für die Mantisse, 11 Bits für den vorzeichenbehafteten Exponenten und ein Bit für das Vorzeichen der Zahl, also insgesamt 64 Bits = 8 Byte (Abb. 1.1).

Entsprechend der Beziehungen (1.7), (1.5) gilt für das Gleitpunkt-Zahlensystem des einfachen Grundformats

$$\tilde{x}_{\min} = 2^{-149} \approx 1,4 \cdot 10^{-45},$$
$$x_{\min} = 2^{-126} \approx 1,17 \cdot 10^{-38}, \quad x_{\max} = 2^{128}(1 - 2^{-24}) \approx 3,4 \cdot 10^{38}.$$

Als Maschinengenauigkeit bei einfachem Grundformat erhält man

$$\tau = \begin{cases} 2^{-23} \approx 1,2 \cdot 10^{-7} \text{ (Abschneiden)} \\ \frac{1}{2}2^{-23} \approx 6 \cdot 10^{-8} \text{ (Rundung)} \end{cases}.$$

Die Maschinengenauigkeit bei doppeltem Grundformat (double precision) ist entsprechend

$$\tau = \begin{cases} 2^{-52} \approx 2,2 \cdot 10^{-16} \quad \text{(Abschneiden)} \\ \frac{1}{2}2^{-52} = 2^{-53} \approx 1,1 \cdot 10^{-16} \text{ (Rundung)} \end{cases}.$$

Die Maschinengenauigkeiten besagen, dass man bei der Verwendung von single precision-Zahlen ca. 7 Dezimalstellen einer Zahl x im Rechner richtig darstellt, und im Fall von Double-precision-Zahlen ca. 16 Dezimalstellen.

Wie wird nun mit Gleitpunktzahlen gerechnet und wie wirken sich Rundungsfehler aus? Bei den Grundrechenarten hat man das Problem, dass das Ergebnis einfacher arithmetischer Operationen mit Maschinenzahlen nicht notwendigerweise wieder eine Maschinenzahl ist. Z.B. ergibt die Summe der Maschinenzahlen $x = 4$ und $y = 10^{-20}$ bei Verwendung eines Dezimalsystems mit einer Mantissenlänge von 16 **keine** Maschinenzahl in diesem Gleitpunkt-Zahlensystem, da man zur Gleitpunkt-Zahldarstellung von $4 + 10^{-20}$ mindestens 21 Stellen benötigt, aber nur 16 zur Verfügung hat. Man führt dann eine **Ersatzarithmetik** $\tilde{+}, \tilde{-}, \tilde{\times}$ etc. ein, die die exakte Arithmetik approximiert und deren Ergebnisse wiederum Maschinenzahlen sind. Im Fall der Addition wird $\tilde{+}$ durch

$$z := x\,\tilde{+}\,y := \text{rd}(x + y) = (x + y)(1 + \tau_z)$$

realisiert, wobei der Darstellungsfehler τ_z durch die Maschinengenauigkeit τ beschränkt ist. Für $x = 1$ und $y = 10^{-20}$ erhält man dann

$$z := 4 \,\tilde{+}\, 10^{-20} = \mathrm{rd}(4 + 10^{-20}) = 4,$$

also wieder eine Maschinenzahl. Bei Funktionsauswertungen, z. B. der Sinusfunktion geht man analog vor, d. h.

$$y := \widetilde{\sin}x := \mathrm{rd}(\sin x) = (\sin x)(1 + \tau_y).$$

Die einfache Rechnung (in einem 16-stelligen Zehnersystem)

$$(10^{-20}\,\tilde{+}\,2)\,\tilde{-}\,2 \neq 10^{-20}\,\tilde{+}\,(2\,\tilde{-}\,2) = 10^{-20}$$

zeigt, dass in der Ersatzarithmetik grundlegende Gesetze wie in diesem Fall das Assoziativgesetz der Addition nicht mehr gültig ist. Das gilt ebenso für das Assoziativgesetz der Multiplikation. Das ist ein Grund für die Schwierigkeiten bei der mathematischen Beschreibung der Auswirkung von Rundungsfehlern bei einer komplizierten Folge von Rechenoperationen. Bei allen numerischen Rechnungen kann man aber mit dem **relativen Fehler**, der durch die Maschinengenauigkeit beschränkt ist, die Resultate der Computerberechnungen mit den tatsächlichen Werten in Beziehung setzen. Eine Konsequenz aus der Verletzung des Assoziativgesetzes und der Ersatzarithmetik ist z. B. bei der Addition einer Vielzahl von Summanden möglichst mit den betragskleinsten zu beginnen.

In der Regel kennt man die Maschinengenauigkeit bei Standard-Gleitpunktzahlen-Systemen. Allerdings kann man die Maschinengenauigkeit auch als kleinste positive Zahl, die man zu 1 addieren kann, ohne dass das Ergebnis durch die Rundung wieder zu 1 wird, einfach ermitteln. In Octave/Matlab tun das die Befehle:

```
# Programm 1.1
# Ermittlung der Maschinengenauigkeit
tau = 1;
while ((tau+1)>1)
   tau = tau/2;
endwhile
output_precision=10;
tau
# Programmende
```

und man erhält damit $\tau \approx 1{,}1102 \cdot 10^{-16}$ als Maschinengenauigkeit.

1.2   Fehlerverstärkung und -fortpflanzung bei Rechenoperationen

Im vorigen Abschnitt wurden Fehler behandelt, die aufgrund der endlichen Zahldarstellung im Rechner entstehen. Im Folgenden sollen Fehler besprochen werden, die bei bestimmten Rechenoperationen durch fehlerhafte Eingangsparameter bedingt sind. Dabei ist uninteressant, ob die Fehler durch Rundung, durch Messungenauigkeit oder durch andere Fehlerquellen entstehen.

Grundlage für die Abschätzung von Fortpflanzungsfehlern bei der Berechnung einer beliebig oft differenzierbaren Funktion $f(\vec{x})$ mit $\vec{x} = (x_1, x_2, \ldots, x_n) \in \mathbb{R}^n$ ist die Taylorentwicklung von f

$$f(\vec{x} + \Delta\vec{x}) = f(\vec{x}) + \sum_{k=1}^{n} \frac{\partial f}{\partial x_k}(\vec{x})\Delta x_k + \frac{1}{2}\sum_{j,k=1}^{n} \frac{\partial^2 f}{\partial x_j x_k}\Delta x_j \Delta x_k + \dots,$$

wobei $\Delta\vec{x} = (\Delta x_1, \dots, \Delta x_n)$ der Vektor der Fehler der einzelnen Eingabegrößen x_k ist. In der Regel kann man davon ausgehen, dass die Fehler Δx_k relativ klein sind, so dass aus der Taylorentwicklung

$$\Delta f = f(\vec{x} + \Delta\vec{x}) - f(\vec{x}) \approx \sum_{k=1}^{n} \frac{\partial f}{\partial x_k}(\vec{x})\Delta x_k \qquad (1.11)$$

folgt. Aus (1.11) ergibt sich die Abschätzung

$$|\Delta f| = |f(\vec{x} + \Delta\vec{x}) - f(\vec{x})| \le \sum_{k=1}^{n} |\frac{\partial f}{\partial x_k}(\vec{x})|\,|\Delta x_k|. \qquad (1.12)$$

Für „einfache" Operationen wie z. B. die Addition und die Multiplikation

$$z = f(x, y) = x + y, \qquad w = g(x, y) = xy$$

bedeutet (1.11) gerade

$$\Delta z = \Delta f = \Delta x + \Delta y\,, \qquad \Delta w = \Delta g \approx y\Delta x + x\Delta y.$$

Im Fall der Addition kann man statt $\approx$ sogar $=$ schreiben, da die zweiten Ableitungen von f verschwinden. Da ein Fehler von einigen Zentimetern bei der Messung von Größen im Kilometerbereich unwesentlich ist, ein Fehler von wenigen Mikrometern (10^{-6} Meter) in der Nanotechnologie aber fatal ist, bezieht man die Fehler Δx auf die Größe x ($x \neq 0$) und führt durch

$$\epsilon_x = \frac{\Delta x}{x}$$

den wesentlich aussagekräftigeren **relativen Fehler** ein. Für die Addition erhält man nach Division durch $z = x + y$ ($x + y \neq 0$)

$$\epsilon_z := \frac{\Delta z}{z} = \frac{\Delta x}{z} + \frac{\Delta y}{z} = \frac{x}{x+y}\epsilon_x + \frac{y}{x+y}\epsilon_y.$$

Falls x und y das gleiche Vorzeichen haben, gilt $0 \le \frac{x}{x+y} \le 1$ und $0 \le \frac{y}{x+y} \le 1$, so dass schließlich die Abschätzung (1.12)

$$|\epsilon_z| \le \frac{x}{x+y}\max(|\epsilon_x|, |\epsilon_y|) + \frac{y}{x+y}\max(|\epsilon_x|, |\epsilon_y|) = \max(|\epsilon_x|, |\epsilon_y|)$$

ergibt, also der Fehler bei der Addition zweier Zahlen mit gleichem Vorzeichen nicht verstärkt wird. Bei der Subtraktion $z = x - y$ (x und y sollen die gleichen Vorzeichen haben und sich unterscheiden) erhält man für den relativen Fehler

$$\epsilon_z = \frac{x}{x-y}\epsilon_x - \frac{y}{x-y}\epsilon_y \quad \text{bzw.} \quad |\epsilon_z| \le |\frac{x}{x-y}|\,|\epsilon_x| + |\frac{y}{x-y}|\,|\epsilon_y|.$$

Man erkennt hier sofort, dass die Subtraktion zweier fast gleich großer Zahlen zu einer drastischen Fehlerverstärkung führen kann. Hat man auf dem Rechner eine Mantissenlänge 8 zur Verfügung und möchte die Zahlen $x = 0,14235423...$ und $y = 0,14235311...$, deren Darstellungsfehler durch die Punkte symbolisiert ist, subtrahieren, erhält man mit $z = x - y = 0,00000112...$ eine Zahl, die nur auf 3 Stellen genau bestimmt ist. In diesem Fall spricht man von **Auslöschung** oder **Auslöschungsfehlern** bei der Subtraktion nahezu gleich großer Zahlen.

Bei der Multiplikation $z = xy$ und Division $z = \frac{x}{y}$ erhält man ausgehend von (1.11) für den relativen Fehler

$$\epsilon_z \approx \epsilon_x + \epsilon_y \quad \text{bzw.} \quad \epsilon_z \approx \epsilon_x - \epsilon_y,$$

d.h. die Fehler addieren sich und werden nicht verstärkt.

Allgemein erhält man für eine Funktionsauswertung $z = f(x)$ auf der Basis von (1.11) für den relativen Fehler

$$\epsilon_z \approx \frac{xf'(x)\epsilon_x}{f(x)}.$$

Den Faktor $\frac{xf'(x)}{f(x)}$ bezeichnet man auch als **Fehlerverstärkungsfaktor**. Also macht man z.B. bei der Berechnung der Wurzel aus x den Fehler

$$\epsilon_z \approx \frac{x(\sqrt{x})'\epsilon_x}{\sqrt{x}} = \frac{\epsilon_x}{2}.$$

Will man den **relativen Gesamtfehler** abschätzen, muss man zu den besprochenen relativen Fehlern noch den **relativen Darstellungsfehler** τ_z berücksichtigen. Konkret bedeutet das z.B. bei der Multiplikation $z = xy$ mit $\Delta z = y\Delta x + x\Delta y$ und $\tilde{z} = (x + \Delta x)(y + \Delta y)$

$$\tilde{z} \approx z + \Delta z \quad \text{bzw.} \quad \text{rd}(\tilde{z}) \approx \tilde{z} + z\tau_z = z + \Delta z + z\tau_z =: z + \Delta_\tau z,$$

so dass sich für den Gesamtfehler nach Rechnung mit fehlerbehafteten Eingangsgrößen und der Rundung bzw. Darstellung des Ergebnisses im Rechner für den relativen Gesamtfehler $\eta_z = \frac{\Delta_\tau}{z}$

$$\eta_z = \frac{\Delta z + z\tau_z}{z} = \frac{y\Delta x + x\Delta y + z\tau_z}{z} = \epsilon_x + \epsilon_y + \tau_z$$

ergibt. Man stellt allgemein fest, dass der Darstellungsfehler τ_z immer additiv zum relativen Fehler der Rechnung ϵ_z auftritt. Entscheidende Voraussetzung für die durchgeführten Fehlerabschätzungen und auch die Aussagen des folgenden Satzes ist die Möglichkeit der Vernachlässigung von Termen höherer Ordnung in der Taylorentwicklung, d.h. die Gültigkeit von (1.11). Diese Voraussetzung ist aber schon bei solchen einfachen Operationen wie der Multiplikation oder der Division, z. B. im Fall der Division durch sehr kleine Zahlen ($\frac{x}{y}$ mit $|x| \gg |y|$), nicht erfüllt. Darauf kommen wir im Abschn. 1.5 noch einmal zurück.

Satz 1.1. *(Fortpflanzungs- und Darstellungsfehler)*
Sei $z = f(x)$ eine Berechnungsvorschrift für eine Operation oder elementare Funktion und seien $\epsilon_x = \frac{\Delta x}{x}$ bzw. $\epsilon_y = \frac{\Delta y}{y}$ relative Eingabefehler sowie τ_z der relative Darstellungsfehler von z. Bei der Berechnung von $z = f(x)$ ergibt sich der relative Gesamtfehler

$$\eta_z \approx \frac{x f'(x)}{f(x)} \epsilon_x + \tau_z.$$

Für Addition, Subtraktion, Multiplikation und Division erhält man die Gesamtfehler

$$z = x \pm y : \eta_z = \frac{x}{x \pm y} \epsilon_x + \frac{y}{x \pm y} \epsilon_y + \tau_z,$$
$$z = xy : \eta_z = \epsilon_x + \epsilon_y + \tau_z,$$
$$z = x/y \ (y \neq 0) : \eta_z = \epsilon_x - \epsilon_y + \tau_z.$$

Bei komplizierteren Rechnungen kann man Teilaufgaben formulieren und auf die einzelnen Schritte die Formeln des Satzes 1.1 anwenden. Will man z. B. den Ausdruck $f(x) = \sqrt{x^2 + 1} - x$ berechnen, so deuten sich für große x-Werte Probleme in Form von Auslöschung an. Im Einzelnen kann man die Berechnung mit den Schritten

$$x_1 = x^2, \quad x_2 = x_1 + 1, \quad x_3 = \sqrt{x_2}, \quad z = x_3 - x$$

durchführen. Man erhält die folgenden relativen Fehler für die ersten 3 Schritte:

$$\eta_{x_1} \approx 2\epsilon_x + \tau_{x_1},$$
$$\eta_{x_2} \approx \frac{x_1}{x_1 + 1} \eta_{x_1} + \tau_{x_2} = \frac{2x^2}{x^2 + 1} \epsilon_x + \frac{x^2}{x^2 + 1} \tau_{x_1} + \tau_{x_2},$$
$$\eta_{x_3} \approx \frac{\eta_{x_2}}{2} + \tau_{x_3} = \frac{x^2}{x^2 + 1} \epsilon_x + \frac{x^2}{2(x^2 + 1)} \tau_{x_1} + \frac{\tau_{x_2}}{2} + \tau_{x_3}.$$

Für die Berechnung von $z = x_3 - x$ erhält man schließlich

$$\eta_z \approx \frac{x_3}{z} \eta_{x_3} - \frac{x}{z} \epsilon_x + \tau_z$$
$$= (\frac{x_3 x^2}{z(x^2 + 1)} - \frac{x}{z}) \epsilon_x + \frac{x_3 x^2}{2z(x^2 + 1)} \tau_{x_1} + \frac{x_3}{2z} \tau_{x_2} + \frac{x_3}{z} \tau_{x_3} + \tau_z.$$

Für große x-Werte kann man $x_3 = \sqrt{x^2 + 1}$ durch $x + \frac{1}{2x}$ im η_x-Term bzw. durch x in den restlichen Termen annähern. Benutzt man für z die Näherung $\frac{1}{2x}$, so findet man für η_z

$$\eta_z \approx -\frac{x^2}{x^2+1}\epsilon_x + \frac{x^4}{x^2+1}\tau_{x_1} + x^2\tau_{x_2} + 2x^2\tau_{x_3} + \tau_z$$

$$\approx -\epsilon_x + x^2(\tau_{x_1} + \tau_{x_2} + 2\tau_{x_3}) + \tau_z.$$

Mit der Maschinengenauigkeit τ als Schranke für die Beträge der Darstellungsfehler erhält man die angenäherte Abschätzung

$$|\eta_z| \le |\epsilon_x| + (4x^2+1)\tau.$$

Damit verliert man z. B. für $x = 10^5$ bei der Berechnung etwa 10 Dezimalstellen an Genauigkeit. z ist damit in der Double-precision-Arithmetik (16 Dezimalstellen Genauigkeit) nur bis auf 6 Stellen genau bestimmbar.

Eine stabilere Möglichkeit der Berechnung von $z = \sqrt{x^2+1} - x$ ergibt sich durch die Nutzung der Identität

$$z = \sqrt{x^2+1} - x = \frac{(\sqrt{x^2+1}-x)(\sqrt{x^2+1}+x)}{\sqrt{x^2+1}+x} = \frac{1}{\sqrt{x^2+1}+x}.$$

Die Berechnung einer Fehlerabschätzung für η_z bei Benutzung der Beziehung $z = \frac{1}{\sqrt{x^2+1}+x}$ bleibt dem Leser als Übungsaufgabe.

Generell stellt man fest, dass die Auslöschung durch die Subtraktion zweier nahezu gleich großer Zahlen z. T. zu erheblichen Fehlern führt. Oft hilft schon die Nutzung geeigneter Identitäten, die Fehler zu verringern. Z. B. führt $x \approx y$ bei der Berechnung von $x^2 - y^2$, $\sin x - \sin y$ oder $e^x - e^y$ zu starken Auslöschungen. Nutzt man allerdings die Identitäten

$$x^2 - y^2 = (x-y)(x+y)$$

$$\sin x - \sin y = 2\sin(\frac{x-y}{2})\cos(\frac{x+y}{2})$$

$$e^x - e^y = 2\sinh(\frac{x-y}{2})exp(\frac{x+y}{2}),$$

so wirkt sich die Verwendung der Ausdrücke auf den rechten Seiten positiv auf die Verringerung der relativen Fehler aus, selbst wenn auch in diesen Ausdrücken die Differenz $x - y$ vorkommt.

Die obige Abschätzung für den relativen Fehler im Fall der Multiplikation ergab keine Fehlerverstärkung. Schreibt man die rechte Seite der Beziehung (1.11) als Skalarprodukt, d. h. geht man von

$$\Delta f = f(\vec{x} + \Delta \vec{x}) - f(\vec{x}) \approx \nabla f(x,y) \cdot \Delta \vec{x}.$$

aus, dann erhält man unter Nutzung der **Cauchy-Schwarz'schen Ungleichung** $|\vec{a} \cdot \vec{b}| \le \|\vec{a}\| \|\vec{b}\|$ mit $\nabla f(x,y) = \binom{y}{x}$ die Abschätzung

$$\frac{|\Delta f|}{|f(x,y)|} \le \frac{\|\nabla f(x,y)\| \|(x,y)\|}{|f(x,y)|} \frac{\|(\Delta x, \Delta y)\|}{\|(x,y)\|}$$

bzw.

$$\frac{|\Delta f|}{|f(x,y)|} \le \frac{\sqrt{x^2+y^2}\sqrt{x^2+y^2}}{|xy|} \frac{\sqrt{\Delta x^2 + \Delta y^2}}{\sqrt{x^2+y^2}} = \frac{x^2+y^2}{|xy|}\frac{||\Delta \vec{x}||}{||\vec{x}||}.$$

Diese Abschätzung ist nicht so scharf wie die obige Abschätzung (1.12), hat aber den Vorteil, dass der Verstärkungsfaktor $\frac{x^2+y^2}{|xy|}$ die bekannten Probleme bei der Multiplikation im Fall $|x| \gg |y|$ erfasst. Dies ist der Grund, weshalb wir uns in einem folgenden Abschnitt nochmal mit Fehlern im Fall von Funktionen und Abbildungen mit mehreren Veränderlichen befassen werden.

1.3 Hilfsmittel der linearen Algebra zur Fehlerabschätzung

Um die Fehler von Abbildungen aus dem $\mathbb{R}^n$ in den $\mathbb{R}^m$ (vektorwertige Abbildungen), mit denen man lineare und nichtlineare Gleichungssysteme beschreiben kann, abschätzen zu können, benötigt man Vektor- und Matrixnormen. Diese sollen im vorliegenden Abschnitt besprochen werden, ehe wir noch einmal auf die Abschätzung allgemeiner Rechenfehler zurückkommen.

▶ **Definition 1.3.** (Norm)
Sei V ein Vektorraum über einem Zahlkörper K von Skalaren ($K = \mathbb{R}$ oder $K = \mathbb{C}$). Eine Abbildung $|| \cdot || : V \longrightarrow [0, \infty[$ heißt **Norm**, wenn für alle $\mathbf{x}, \mathbf{y} \in V$ und $\lambda \in K$ die Bedingungen

a) $||\mathbf{x}|| = 0 \Longleftrightarrow \mathbf{x} = \mathbf{0}$,
b) $||\lambda \mathbf{x}|| = |\lambda| \, ||\mathbf{x}||$,
c) $||\mathbf{x} + \mathbf{y}|| \le ||\mathbf{x}|| + ||\mathbf{y}||$.

Die Ungleichung c) heißt auch **Dreiecksungleichung**.

Ein Beispiel einer Norm des $\mathbb{R}^n$ ist für $\vec{x} \in \mathbb{R}^n$ ($\vec{x} = (x_1, x_2, \ldots, x_n)$) die euklidische Norm

$$||\vec{x}||_2 = \sqrt{|x_1|^2 + |x_2|^2 + \cdots + |x_n|^2}.$$

Für $\vec{x} = (x, y, z) \in \mathbb{R}^3$ ist $||\vec{x}||_2$ gerade der Abstand des Punktes (x, y, z) zum Ursprung oder die Länge des Ortsvektors von (x, y, z). Als weitere Normen des $\mathbb{R}^n$ seien hier die **Summennorm**

$$||\vec{x}||_1 = |x_1| + |x_2| + \cdots + |x_n|$$

und die **Maximumnorm**

$$||\vec{x}||_\infty = \max\{|x_1|, |x_2|, \ldots, |x_n|\}$$

genannt. Mit dem Normbegriff kann man den Abstand zweier Vektoren durch $||\vec{x} - \vec{y}||$ beschreiben und hat damit auch eine Möglichkeit, Fehler bei der Berechnung einer vektorwertigen Abbildung $\vec{f}(\vec{x})$ durch

$$||\vec{f}(\vec{x} + \Delta\vec{x}) - \vec{f}(\vec{x})||$$

zu messen. Für die stabile Multiplikation einer Matrix A mit einem Vektor $\vec{x}$ ist die Frage des Zusammenhangs des Abstandes der Vektoren $A\vec{x}$ und $A\vec{y}$, also $||A\vec{x} - A\vec{y}||$ mit dem Abstand $||\vec{x} - \vec{y}||$ interessant. Dazu braucht man den Begriff der Norm einer Matrix.

▶ **Definition 1.4.** (induzierte Norm einer Matrix)
Für eine auf dem $\mathbb{R}^n$ gegebene Vektornorm definiert man für reelle Matrizen vom Typ $n \times n$ (wird auch durch $A \in \mathbb{R}^{n \times n}$ bezeichnet) die **induzierte Matrixnorm**

$$||A|| = \max_{\vec{x} \in \mathbb{R}^n, \vec{x} \neq \vec{0}} \frac{||A\vec{x}||}{||\vec{x}||} = \max_{\vec{y} \in \mathbb{R}^n, ||\vec{y}||=1} ||A\vec{y}||.$$

Dass es sich bei der Matrixnorm um eine Norm gemäß Definition 1.3 handelt, ist offensichtlich. Für die durch eine Vektornorm induzierte Matrixnorm gelten die folgenden wichtigen Eigenschaften:

a) $||A\vec{x}|| \leq ||A||\,||\vec{x}||$ für alle $\vec{x} \in \mathbb{R}^n$ (**Verträglichkeit**),
b) $||AB|| \leq ||A||\,||B||$ für alle Matrizen A, B (**Submultiplikativität**).

a) folgt direkt aus der Definition und b) ergibt sich aus

$$\frac{||AB\vec{x}||}{||\vec{x}||} = \frac{||AB\vec{x}||}{||B\vec{x}||}\frac{||B\vec{x}||}{||\vec{x}||} = \frac{||A\vec{y}||}{||\vec{y}||}\frac{||B\vec{x}||}{||\vec{x}||} \leq ||A||\,||B||\,,$$

wobei $\vec{y} = B\vec{x}$ eingeführt wurde. Erfüllt irgendeine Matrixnorm $||\cdot||_m$ die Bedingung $||A\vec{x}||_v \leq ||A||_m||\vec{x}||_v$ für alle Vektoren, dann heißt die Matrixnorm mit der Vektornorm $||\cdot||_v$ **verträglich**. Mit der Eigenschaft a) kann man nun die Abschätzung

$$||A\vec{x} - A\vec{y}|| = ||A(\vec{x} - \vec{y})|| \leq ||A||\,||\vec{x} - \vec{y}|| \quad \text{bzw.} \quad ||A\Delta\vec{x}|| \leq ||A||\,||\Delta\vec{x}||$$

vornehmen und kann die Auswirkung eines Eingabefehlers $\Delta\vec{x}$ bei der Matrix-Vektor-Multiplikation quantifizieren, wenn man die Zahl $||A||$ kennt.

Die Berechnung der Norm von A gemäß Definition 1.4 ist unhandlich, da man eine Maximierungsaufgabe auf der Einheitskugel $\{\vec{x} \in \mathbb{R}^n, ||\vec{x}|| = 1\}$ zu lösen hat. Es ist aber zumindest für die Summennorm, die euklidische Norm und die Maximumnorm die jeweils induziert Matrixnorm sehr leicht zu berechnen.

Satz 1.2. *(Matrixnormberechnung)*
Für die reelle Matrix $A \in \mathbb{R}^{n \times n}$ ergeben sich die durch die Vektornormen $|| \cdot ||_1, || \cdot ||_2$ und $|| \cdot ||_\infty$ induzierten Matrixnormen zu

$$||A||_1 = \max_{\vec{x} \in \mathbb{R}^n, ||\vec{x}||_1 = 1} ||A\vec{x}||_1 = \max_{j=1...n} \sum_{k=1}^{n} |a_{kj}| \quad (Spaltensummennorm),$$

$$||A||_2 = \max_{\vec{x} \in \mathbb{R}^n, ||\vec{x}||_2 = 1} ||A\vec{x}||_2 = \sqrt{\max_{j=1...n} \lambda_j(A^T A)} \quad (Spektralnorm),$$

$$||A||_\infty = \max_{\vec{x} \in \mathbb{R}^n, ||\vec{x}||_\infty = 1} ||A\vec{x}||_\infty = \max_{i=1...n} \sum_{k=1}^{n} |a_{ik}| \quad (Zeilensummennorm).$$

Bei der Spektralnorm bezeichnen $\lambda_j(A^T A)$ die Eigenwerte der Matrix $A^T A$, die nur reelle nicht-negative Eigenwerte besitzt (s. auch Abschn. 4.1).

Bei symmetrischen Matrizen gibt es eine Beziehung zwischen Spektralnorm und Spektralradius, der wie folgt definiert ist.

▶ **Definition 1.5. (Spektralradius einer Matrix)**
Seien $\lambda_k \in \mathbb{C}$ die Eigenwerte der Matrix $A \in \mathbb{R}^{n \times n}$. Die Zahl

$$r(A) = \max_k \{|\lambda_k|\}$$

heißt **Spektralradius** der Matrix A.

Die Spektralnorm einer reellen symmetrischen Matrix ist gleich ihrem Spektralradius.

Beispiele

1) Für die Matrix

$$A = \begin{pmatrix} 2 & -1 \\ -1 & 2 \end{pmatrix} \quad \text{mit} \quad A^T A = \begin{pmatrix} 5 & -4 \\ -4 & 5 \end{pmatrix} \tag{1.13}$$

ergibt sich $||A||_1 = ||A||_\infty = 3$. Als Eigenwerte von $A^T A$ findet man $\lambda_1 = 1$ und $\lambda_2 = 9$, so dass man $||A||_2 = \sqrt{9} = 3$ erhält.

2) Für

$$A = \begin{pmatrix} 2 & 1 \\ 1 & 3 \end{pmatrix} \quad \text{mit} \quad A^T A = \begin{pmatrix} 5 & 5 \\ 5 & 10 \end{pmatrix}$$

ergibt sich $||A||_1 = ||A||_\infty = 4$. Als Eigenwerte von $A^T A$ findet man $\lambda_1 = 1{,}9098$ und $\lambda_2 = 13{,}0902$ und damit ist $||A||_2 = \sqrt{13{,}0902} = 3{,}6180$.

3) Für die Matrix

$$A = \begin{pmatrix} 2 & 2 \\ 1 & 3 \end{pmatrix} \quad \text{mit} \quad A^T A = \begin{pmatrix} 5 & 7 \\ 7 & 13 \end{pmatrix} \tag{1.14}$$

ergibt sich $||A||_1 = 5$, $||A||_\infty = 4$ und mit den Eigenwerten $\lambda_1 = 0{,}93774$, $\lambda_2 = 17{,}06226$ folgt $||A||_2 = \sqrt{17{,}06226} = 4{,}1306$.

An den Beispielen erkennt man die offensichtliche Eigenschaft von symmetrischen Matrizen, dass Zeilensummennorm und Spaltensummennorm übereinstimmen. Das Beispiel mit der Matrix (1.14) zeigt, dass sich die Normen einer Matrix in der Regel aber unterscheiden. Im Weiteren werden wir, wenn es nicht ausdrücklich erwähnt wird, mit durch Vektornormen induzierten Matrixnormen arbeiten, so dass die Eigenschaften a), b) erfüllt sind. Bei Vektoren $\vec{x}$ aus dem $\mathbb{R}^n$ bedeutet $||\vec{x}||$ in der Regel die euklidische Norm. Auf den Index „2" wird hier oft verzichtet.

Bei der Lösung linearer Gleichungssysteme $A\vec{x} = \vec{b}$ und evtl. Fehlerabschätzungen benötigt man Informationen über die Norm einer Matrix $A \in \mathbb{R}^{n \times n}$ und der inversen Matrix A^{-1}, die im Fall der Lösbarkeit existiert. Von entscheidender Bedeutung ist dabei die Konditionszahl einer Matrix.

▶ **Definition 1.6.** (Konditionszahl einer Matrix)
Die Zahl $\text{cond}(A) = ||A|| \, ||A^{-1}||$ wird die Konditionszahl einer regulären Matrix bezüglich der Norm $|| \cdot ||$ genannt.

Aufgrund der Beziehung $1 = ||E|| = ||AA^{-1}|| \leq ||A|| \, ||A^{-1}||$ mit der Einheitsmatrix E erkennt man, dass die Konditionszahl einer Matrix immer größer oder gleich 1 ist.

Beispiel

Für die Matrix (1.13) aus dem obigen Beispiel findet man bezüglich aller verwendeten Matrixnormen die Konditionszahl $\text{cond}(A) = ||A|| \, ||A^{-1}|| = 3 \cdot 1 = 3$. Für die Matrix (1.14) erhält man bezüglich der Spektralnorm mit $||A||_2 = 4{,}1306$ und mit $||A^{-1}||_2 = 1{,}0327$ für

$$A^{-1} = \frac{1}{4} \begin{pmatrix} 3 & -2 \\ -1 & 2 \end{pmatrix}$$

die Konditionszahl $\text{cond}(A) = 4{,}2656$. Bezüglich der Zeilensummennorm $|| \cdot ||$ erhält man für die Matrix (1.14) aus dem obigen Beispiel mit $||A||_\infty = 4$ und $||A^{-1}||_\infty = 1{,}25$ die Konditionszahl $\text{cond}(A) = 4 \cdot 1{,}25 = 5$. ◀

Die Multiplikation einer Matrix $A \in \mathbb{R}^{m \times n}$ (Matrix mit m Zeilen und n Spalten) mit einem Vektor $\vec{x} \in \mathbb{R}^n$ lässt sich als Abbildung $f_A : \mathbb{R}^n \to \mathbb{R}^m$, $\vec{y} = f_A(\vec{x}) = A\vec{x} \in \mathbb{R}^m$ auffassen.

▶ **Definition 1.7.** (Bild und Kern einer Matrix)

Das Bild einer Matrix $A \in \mathbb{R}^{m \times n}$ (bzw. der Abbildung f_A) ist definiert als Bild der Abbildung f_A und wird durch *im A* bezeichnet. Der Kern einer Matrix $A \in \mathbb{R}^{m \times n}$ ist definiert als Teilmenge *ker* $A \subseteq \mathbb{R}^n$ mit *ker* $A := \{ \vec{x} \in \mathbb{R}^n : A\vec{x} = \mathbf{0} \}$.

Die Matrix $A = \begin{pmatrix} 3 & 2 \\ 1 & 4 \end{pmatrix}$ hat offensichtlich den gesamten $\mathbb{R}^2$ als Bild, also *im* $A = \mathbb{R}^2$, denn das Gleichungssystem $A\vec{x} = \vec{b}$ ist für jeden Vektor $\vec{b} \in \mathbb{R}^2$ lösbar. Der Kern von A besteht nur aus dem Nullvektor, denn das Gleichungssystem $A\vec{x} = \mathbf{0}$ hat nur die Lösung $\vec{x} = \mathbf{0}$, d. h. *ker* $A = \{\mathbf{0}\}$.

1.4 Fehlerabschätzungen bei linearen Gleichungssystemen

Obwohl wir uns erst später mit der konkreten Lösung linearer Gleichungssysteme befassen werden, sollen an dieser Stelle die wesentlichen Aspekte der Fehlerabschätzung besprochen werden. Zu lösen ist das lineare Gleichungssystem $A\vec{x} = \vec{b}$, wobei A eine reguläre Matrix vom Typ $n \times n$ ist, und die "rechte Seite" $\vec{b}$ sowie die gesuchte Lösung $\vec{x}$ Spaltenvektoren aus dem $\mathbb{R}^n$ sind. Wenn $\vec{y}$ eine numerisch berechnete Lösung ist, dann kann man die Qualität der Lösung durch Einsetzen von $\vec{y}$ in die Gleichung mit dem **Residuum**

$$\vec{r} := A\vec{y} - \vec{b}$$

prüfen. Nur für die exakte Lösung $\vec{x}$ ist das Residuum gleich dem Nullvektor. Mit $A\vec{x} = \vec{b}$ folgt dann für das Residuum

$$\vec{r} = A(\vec{y} - \vec{x}), \text{ also } ||\vec{r}|| \leq ||A|| \, ||\vec{y} - \vec{x}|| \text{ und}$$
$$\vec{y} - \vec{x} = A^{-1}\vec{r}, \text{ also } ||\vec{y} - \vec{x}|| \leq ||A^{-1}|| \, ||\vec{r}||.$$

Für den Fehler $\Delta\vec{x} = \vec{y} - \vec{x}$ erhält man damit die Abschätzung

$$\frac{||\vec{r}||}{||A||} \leq ||\Delta\vec{x}|| \leq ||A^{-1}|| \, ||\vec{r}||.$$

Mit den offensichtlichen Abschätzungen für die rechte Seite $\vec{b} = A\vec{x}$ und die exakte Lösung $\vec{x} = A^{-1}\vec{b}$

$$||\vec{b}|| \leq ||A|| \, ||\vec{x}||, \qquad ||\vec{x}|| \leq ||A^{-1}|| \, ||\vec{b}||$$

kann man mit der Konditionszahl cond(A) folgende Aussage zur Fehlerabschätzung machen.

Satz 1.3. *(Fehlerabschätzung bei gestörter Rechnung)*
Der relative Fehler zwischen der exakten Lösung $\vec{x}$ und der gestörten Lösung $\vec{y} = \vec{x} + \Delta\vec{x}$ des linearen Gleichungssystems $A\vec{x} = \vec{b}$ kann mit dem Residuum $\vec{r} = A\vec{y} - \vec{b}$ durch

$$\frac{1}{\text{cond}(A)} \frac{||\vec{r}||}{||\vec{b}||} \le \frac{||\Delta\vec{x}||}{||\vec{x}||} \le \text{cond}(A)\frac{||\vec{r}||}{||\vec{b}||}$$

abgeschätzt werden. Diese Abschätzung gilt für beliebige Vektornormen $|| \cdot ||$. $\text{cond}(A)$ *ist dabei die Konditionszahl bezüglich einer mit der Vektornorm* $|| \cdot ||$ *verträglichen Matrixnorm (speziell bezüglich der durch die Vektornorm* $|| \cdot ||$ *induzierten Matrixnorm).*

Man erkennt mit der Abschätzung des Satzes 1.3, dass bei einer Konditionszahl nahe 1 der relative Fehlers $\frac{||\Delta\vec{x}||}{||\vec{x}||}$ etwa die Größenordnung $\frac{||\vec{r}||}{||\vec{b}||}$ hat. Im Fall sehr großer Konditionszahlen kann der relative Fehler im ungünstigsten Fall dagegen die Größenordnung $\text{cond}(A)\frac{||\vec{r}||}{||\vec{b}||}$ haben.

Im Satz 1.3 wurde davon ausgegangen, dass die Daten A und $\vec{b}$ exakt vorliegen, was natürlich in der Regel nicht der Fall ist. Nun sollen gestörte Daten $A + \Delta A$ und $\vec{b} + \Delta\vec{b}$ betrachtet werden.

Satz 1.4. *(Fehlerabschätzung bei gestörten Daten)*
Sei $\vec{x}$ die exakte Lösung von $A\vec{x} = \vec{b}$. $\vec{y} = \vec{x} + \Delta\vec{x}$ sei die Lösung des gestörten Gleichungssystems

$$(A + \Delta A)\vec{y} = \vec{b} + \Delta\vec{b}.$$

Für jede Vektornorm und die durch sie induzierte Matrixnorm gilt bei regulärem A und $||A^{-1}||\,||\Delta A|| < 1$ *die Abschätzung*

$$\frac{||\Delta\vec{x}||}{||\vec{x}||} \le \frac{\text{cond}(A)}{1 - ||A^{-1}||\,||\Delta A||}\left(\frac{||\Delta A||}{||A||} + \frac{||\Delta\vec{b}||}{||\vec{b}||}\right)$$

für den relativen Fehler.

Grundlage für den Nachweis der Fehlerabschätzung des Satzes 1.4 ist die Aussage (die hier nicht bewiesen werden soll), dass für alle Matrizen C mit $||C|| < 1$ die Matrix $E - C$ (E ist die Einheitsmatrix) invertierbar ist und dass gilt

$$||(E - C)^{-1}|| \le \frac{||E||}{1 - ||C||} = \frac{1}{1 - ||C||}. \tag{1.15}$$

Damit können wir von der Invertierbarkeit von $A + \Delta A$ aufgrund der Voraussetzung $||A^{-1}||\,||\Delta A|| < 1$ ausgehen. Es ergibt sich

$$\Delta\vec{x} = (E + A^{-1}\Delta A)^{-1}A^{-1}(\Delta\vec{b} - \Delta A\vec{x}).$$

(1.15) ergibt mit $C = -A^{-1}\Delta A$ die Abschätzung

$$||\Delta\vec{x}|| \le \frac{||A^{-1}||}{1 - ||A^{-1}||\,||\Delta A||}(||\Delta\vec{b}|| + ||\Delta A||\,||\vec{x}||).$$

Mit $||\vec{b}|| \leq ||A|| \, ||\vec{x}||$ und der Division durch $||\vec{x}||$ ergibt sich letztendlich die Fehlerabschätzung des Satzes 1.4.

1.5 Fehlerverstärkung bei Funktionen mit mehreren Einflussgrößen

Wir hatten bereits die Addition und die Multiplikation und dabei entstehende Fehler besprochen und waren dabei von der Gültigkeit der Entwicklung (1.11) ausgegangen. (1.11) ist aber schon bei der Division durch kleine Zahlen sehr ungenau. Eigentlich muss man dann vom Mittelwertsatz ausgehen und kann die Taylorentwicklung nicht einfach abbrechen. Im Fall der Berechnung der Arkustangensfunktion folgt aus dem Mittelwertsatz

$$\arctan \tilde{x} - \arctan x = \frac{1}{1 + \xi^2} (\tilde{x} - x)$$

mit einem ξ zwischen $\tilde{x}$ und x die Abschätzung

$$| \arctan \tilde{x} - \arctan x | \leq |\tilde{x} - x| \Longleftrightarrow \frac{| \arctan \tilde{x} - \arctan x |}{| \arctan x |} \leq \frac{|x|}{| \arctan x |} \cdot \frac{|\tilde{x} - x|}{|x|}$$

für $x \neq 0$. D.h. man hat einen Verstärkungsfaktor $K = \frac{|x|}{|\arctan x|}$. Aufgrund des Verhaltens der Arkustangensfunktion erkennt man, dass K für dem Betrage nach große x-Werte sehr groß wird. In der Regel hat man nur in Umgebungen $U_\delta = \{\vec{y} \, | \, ||\vec{y} - \vec{x}|| \leq \delta\}$ von $\vec{x}$ die Chance, lokale Abschätzungen für $\vec{f}(\vec{x}) \neq \vec{0}$, $\vec{x} \neq \vec{0}$ der Form

$$\frac{||\Delta \vec{f}||}{||\vec{f}(\vec{x})||} = \frac{||\vec{f}(\vec{x} + \Delta \vec{x}) - \vec{f}(\vec{x})||}{||\vec{f}(\vec{x})||} \leq K \frac{||\Delta \vec{x}||}{||\vec{x}||} \tag{1.16}$$

mit einer endlichen Konstante K für die Abbildung $\vec{f} : D \to \mathbb{R}^m$, D offene Teilmenge des $\mathbb{R}^n$, für alle $||\Delta \vec{x}|| \leq \delta$ zu finden. Ist dies der Fall, dann nennt man das Problem $\vec{f}$ **gut gestellt** (well posed), anderenfalls **schlecht gestellt** (ill posed). Sei K_δ die beste, d.h. die minimale Konstante K, so dass (1.16) noch gilt.

▶ **Definition 1.8.** (relative Kondition)
Die **relative Kondition** des Problems $\vec{f}$ wird durch

$$\kappa := \lim_{\delta \to 0} K_\delta$$

definiert. Von einem gut konditionierten Problem spricht man, falls κ im Bereich von $1 \ldots 100$ liegt.

Die Berechnung der relativen Kondition eines Problems $\vec{f}$ ist im Fall der stetigen Differenzierbarkeit von $\vec{f}$ recht einfach. Ausgangspunkt ist Mittelwertsatz einer stetig differenzierbare Abbildung $\vec{f} : D \to \mathbb{R}^m$, D offene Teilmenge des $\mathbb{R}^n$, in Integralform

$$\Delta \vec{f} = \vec{f}(\vec{x} + \Delta \vec{x}) - \vec{f}(\vec{x}) = \int_0^1 \vec{f}'(\vec{x} + s\Delta \vec{x})\Delta \vec{x}\, ds, \qquad (1.17)$$

wobei die Verbindungsstrecke $\{\vec{x} + s\Delta \vec{x}, \ s \in [0, 1]\}$ in D liegen soll, mit dem Matrix-Vektor-Produkt der Ableitungsmatrix $\vec{f}'$ vom Typ $m \times n$ mit dem Fehler-Spaltenvektor $\Delta \vec{x}$ aus dem $\mathbb{R}^n$ (es ist komponentenweise zu integrieren). Man kann den folgenden Satz zeigen.

Satz 1.5. *(Berechnung der relativen Kondition)*
Sei $\vec{f} : D \to \mathbb{R}^m$ (D offene Teilmenge des $\mathbb{R}^n$) stetig differenzierbar in einer Umgebung des Punktes $\vec{x} \in D$ mit $\vec{f}(\vec{x}) \neq \vec{0}$ und $\vec{x} \neq \vec{0}$. Dann gilt für die relative Kondition von $\vec{f}$ im Punkt $\vec{x}$

$$\kappa = \frac{\|\vec{f}'(\vec{x})\|\,\|\vec{x}\|}{\|\vec{f}(\vec{x})\|}. \qquad (1.18)$$

Für die Multiplikation $f(x, y) = xy$ erhält man z. B. die relative Kondition

$$\kappa = \frac{x^2 + y^2}{|xy|},$$

die aufgrund von $(|x| - |y|)^2 \geq 0$ immer größer oder gleich 2 ist. Insgesamt erhält man für ein Problem $\vec{f}$ mit der relativen Konditionszahl und der Eigenschaft, gut oder schlecht gestellt zu sein, eine Information über der Fehlerverstärkung. Wie aber die Division bzw. die Kehrwertberechnung $f(x) = \frac{1}{x}$ zeigt, reicht eine kleine relative Konditionszahl nicht aus, um insgesamt auf eine gute Konditionierung des Problems zu schließen. Als Übung mit dem Umgang der Begriffe wird die Berechnung der relativen Konditionszahl der Kehrwertberechnung empfohlen sowie der Nachweis, dass diese Operation für U_δ mit $\delta < |x|$ gut und für $\delta \geq |x|$ schlecht gestellt ist.

Abschließend sei darauf hingewiesen, dass man bei der Lösung eines Problems mit der relativen Kondition $\kappa \leq 10^s$ bis zu s zuverlässige Ziffern im Output $\vec{y} = \vec{f}(\vec{x})$ im Vergleich zum Input $\vec{x}$ verliert.

Die Missachtung der Auswirkung von Rundungs- oder Abschneidefehlern bzw. der Fehlerfortpflanzung bei verketteten Operationen kann schwerwiegende Folgen haben. Das ist besonders dann fatal und auch lebensgefährlich, wenn es um die Zuverlässigkeit von Maschinen, Anlagen und Fahrzeugen geht.

Abhilfe kann hier nur die sorgfältige Analyse der Kondition des jeweiligen Algorithmus schaffen, so dass man durch die Wahl einer geeigneten Softwareumgebung mit einer genügend großen Mantissenlänge am Ende der Rechnung noch die erforderliche Genauigkeit erreicht.

1.6 Relative Kondition und Konditionszahl einer Matrix A

Die Größe der Konditionszahl einer Matrix A ist gemäß Satz 1.4 entscheidend für die stabile Lösung eines linearen Gleichungssystems $A\vec{x} = \vec{b}$. Im Fall einer regulären Matrix gilt die Äquivalenz

$$A\vec{x} = \vec{b} \quad \Longleftrightarrow \quad \vec{x} = A^{-1}\vec{b} =: \vec{f}(\vec{b}) \,,$$

d. h. die Lösung des linearen Gleichungssystems ist äquivalent zur Berechnung von $\vec{f}(\vec{b}) = A^{-1}\vec{b}$. Für die relative Kondition von $\vec{f}$ im Punkt $\vec{b}$ gilt nach Satz 1.5

$$\kappa = \frac{\|\vec{f}\,'(\vec{b})\|\,\|\vec{b}\|}{\|\vec{f}(\vec{b})\|} = \|A^{-1}\| \frac{\|A\vec{x}\|}{\|\vec{x}\|},$$

da $\vec{f}\,'(\vec{b}) = A^{-1}$ gilt. Mit $\frac{\|A\vec{x}\|}{\|\vec{x}\|} \leq \|A\|$ erhält man die Beziehung

$$\kappa \leq \|A\|\,\|A^{-1}\| = \mathrm{cond}(A).$$

Damit ist die Konditionszahl der Matrix A eine obere Schranke für die relative Kondition des Problems der Auswertung von $\vec{f}$ an der Stelle $\vec{b}$. Außerdem ist das Maximum der relativen Kondition von $\vec{f}$ über alle $\vec{b} \in \mathbb{R}^n$ gleich der Konditionszahl von A, d. h. $\max_{\vec{b} \in \mathbb{R}^n} \kappa = \mathrm{cond}(A)$.

1.7 Aufgaben

1) Bestimmen Sie die Lösung des linearen Gleichungssystems

$$\begin{pmatrix} 10 & 7,1 \\ 2 & \sqrt{2} \end{pmatrix} \begin{pmatrix} x \\ y \end{pmatrix} = \begin{pmatrix} 10 \\ 4 \end{pmatrix}$$

und untersuchen Sie die Abhängigkeit der Lösung von der Genauigkeit bzw. Zahl der Dezimalstellen zur Darstellung der reellen Zahl $\sqrt{2}$.

2) Untersuchen Sie die Eigenschaften der äquivalenten Formeln

$$x = b - \sqrt{b^2 - c} \quad \Longleftrightarrow \quad x = \frac{c}{b + \sqrt{b^2 - c}}$$

zur Lösung der quadratischen Gleichung $x^2 + 2bx + c = 0$ für die Fälle $b^2 \gg c$ und $b^2 \approx c$ durch die Bestimmung der Kondition der Berechnungsschritte.

3) Schätzen Sie den relativen Gesamtfehler bei der Berechnung von

$$z = \frac{1}{\sqrt{x^2 + 1} + x}$$

durch die Analyse der Fehlerfortpflanzung ab.

4) Untersuchen Sie, welche der schrittweisen Möglichkeiten

$$(\sqrt{x})^3 \quad \text{oder} \quad \sqrt{x^3}$$

zur Berechnung von $x^{\frac{3}{2}}$ einen geringeren Gesamtfehler ergibt.

5) Es sei mit $E \in \{2, 3, \dots\}$ eine Basis und $a \in [E^{-1}, 1[$ eine Mantisse gegeben. Die Ziffern der Darstellung von a zur Basis E sind rekursiv durch

$$a_1 = [aE], \quad a_n = [(a - \sum_{j=1}^{n-1} a_j E^{-j})E^n], \quad n = 2, 3, \dots$$

erklärt. Zeigen Sie $a_n \in \{0, 1 \dots, E - 1\}, n = 1, 2, \dots, a_1 \neq 0$ und

$$0 \leq a - \sum_{j=1}^{n} a_j E^{-j} < E^{-n}, \quad n = 1, 2, \dots.$$

6) Berechnen Sie die Konditionszahlen der Matrizen

$$A = \begin{pmatrix} 2 & -1 & 0 \\ -1 & 2 & -1 \\ 0 & -1 & 2 \end{pmatrix} \quad \text{und} \quad B = \begin{pmatrix} 10^{-4} & 10^4 \\ 1 & -1 \end{pmatrix}.$$

Direkte Verfahren zur Lösung linearer Gleichungssysteme

2

Inhaltsverzeichnis

Bei vielen mathematischen Aufgabenstellungen ist es erforderlich, lineare Gleichungssysteme zu lösen. Zum einen führen lineare Modelle oft direkt auf lineare Gleichungssysteme und bei vielen nichtlinearen Aufgabenstellungen kann die Lösung oft durch das sukzessive Lösen linearer Gleichungssysteme erhalten werden. Bei der Analyse und Anpassung von experimentellen Daten an multilineare Gesetze sind letztendlich lineare Gleichungssysteme zu lösen. Als letztes Beispiel sei hier noch auf die numerische Lösung partieller Differentialgleichungen hingewiesen. Hier sind im Ergebnis von Diskretisierungen in der Regel große lineare Gleichungssysteme mit schwach besetzten Koeffizientenmatrizen zu lösen.

Im folgenden Kapitel soll das Hauptaugenmerk auf **direkte** Verfahren zur Lösung linearer Gleichungssysteme gerichtet sein. Im Unterschied dazu werden in einem später folgenden Kapitel **iterative** Verfahren zur Lösung besprochen.

2.1   Vorbemerkungen

Im Folgenden gehen wir nicht auf den Ursprung des zu lösenden linearen Gleichungssystems ein, d. h. auf das möglicherweise zugrunde liegende mathematische Modell, sondern konzentrieren uns auf die Lösungsmethoden. Das Gleichungssystem

© Der/die Autor(en), exklusiv lizenziert an Springer-Verlag GmbH, DE, ein Teil von Springer Nature 2022
G. Bärwolff und C. Tischendorf, *Numerik für Ingenieure, Physiker und Informatiker*,
https://doi.org/10.1007/978-3-662-65214-5_2

$$
\begin{aligned}
4x_1 +2x_2 +1x_3 &= 2 \\
2x_1 +6x_2 +1x_3 &= 4 \\
1x_1 +1x_2 +8x_3 &= 1
\end{aligned}
\tag{2.1}
$$

schreiben wir in der Matrix-Vektor-Form

$$
A\vec{x} = \vec{b} \iff
\begin{pmatrix} 4 & 2 & 1 \\ 2 & 6 & 1 \\ 1 & 1 & 8 \end{pmatrix}
\begin{pmatrix} x_1 \\ x_2 \\ x_3 \end{pmatrix}
=
\begin{pmatrix} 2 \\ 4 \\ 1 \end{pmatrix}.
$$

mit der Koeffizientenmatrix A und der erweiterten Matrix $A|\vec{b}$

$$
A = \begin{pmatrix} 4 & 2 & 1 \\ 2 & 6 & 1 \\ 1 & 1 & 8 \end{pmatrix}, \quad
A|\vec{b} = \left(\begin{array}{ccc|c} 4 & 2 & 1 & 2 \\ 2 & 6 & 1 & 4 \\ 1 & 1 & 8 & 1 \end{array} \right).
\tag{2.2}
$$

Mit dem Begriff des **Zeilen-Ranges** $\mathrm{rg}(A)$ einer Matrix A vom Typ $m \times n$ (also m Zeilen und n Spalten) als der maximalen Anzahl linear unabhängiger Zeilen sei an das wichtige Kriterium zur Lösbarkeit linearer Gleichungssysteme erinnert.

Satz 2.1. *(Lösbarkeitskriterium linearer Gleichungssysteme)*
Sei A eine $m \times n$ Matrix und $\vec{b}$ ein Spaltenvektor aus dem $\mathbb{R}^m$. Dann ist das lineare Gleichungssystem $A\vec{x} = \vec{b}$ genau dann lösbar, wenn A und $A|\vec{b}$ den gleichen Rang besitzen.

In der rechnerischen Praxis des Gauß'schen Eliminationsverfahrens werden wir die positive Aussage des Satzes 2.1 immer dann erkennen, wenn wir während der Rechnung nicht auf einen offensichtlichen Widerspruch, etwa $0 = 2$, treffen.

2.2 Das Gauß'sche Eliminationsverfahren

Zur Lösung von (2.1) bzw. (2.2) kann man nun folgende Schritte durchführen. Die Multiplikation der ersten Gleichung mit $\frac{1}{2}$ bzw. mit $\frac{1}{4}$ und die Subtraktion von der zweiten bzw. der dritten Gleichung ergibt

$$
\begin{array}{lll}
4x_1 +2x_2 +1x_3 = 2 & \implies & 4x_1 +2x_2 +1x_3 = 2 \\
2x_1 +6x_2 +1x_3 = 4 \;\; (II) - \frac{1}{2}(I) & & 5x_2 +\frac{1}{2}x_3 = 3 \\
1x_1 +1x_2 +8x_3 = 1 \;\; (III) - \frac{1}{4}(I) & & \frac{1}{2}x_2 +\frac{31}{4}x_3 = \frac{1}{2}
\end{array}.
$$

Die Multiplikation der zweiten modifizierten Gleichung mit $\frac{1}{10}$ und die Subtraktion von der modifizierten dritten Gleichung ergibt schließlich

$$
\begin{aligned}
4x_1 +2x_2 +1x_3 &= 2 \\
5x_2 +\tfrac{1}{2}x_3 &= 3 \\
\tfrac{1}{2}x_2 +\tfrac{31}{4}x_3 &= \tfrac{1}{2} \; (III) - \tfrac{1}{10}(II)
\end{aligned}
\quad \Longrightarrow \quad
\begin{aligned}
4x_1 +2x_2 +1x_3 &= 2 \\
5x_2 +\tfrac{1}{2}x_3 &= 3 \\
\tfrac{77}{10}x_3 &= \tfrac{1}{5}
\end{aligned}
$$

Nun erhält man sofort mit

$$
x_3 = \frac{2}{77}, \quad x_2 = \frac{1}{5}\left(3 - \frac{1}{77}\right) = \frac{46}{77} \quad x_1 = \frac{1}{4}\left(2 - \frac{92}{77} - \frac{2}{77}\right) = \frac{15}{77}
$$

die Lösung des linearen Gleichungssystems (2.1).

Die soeben durchgeführten Schritte sind gleichbedeutend mit den entsprechenden Linearkombinationen der Zeilen der erweiterten Matrix des Ausgangssystems mit dem Ergebnis der erweiterten Matrix

$$
\tilde{A}|\tilde{\vec{b}} = \begin{pmatrix} 4 & 2 & 1 & \Big| & 2 \\ 0 & 5 & \tfrac{1}{2} & \Big| & 3 \\ 0 & 0 & \tfrac{77}{10} & \Big| & \tfrac{1}{5} \end{pmatrix}.
$$

Da man mit den durchgeführten Linearkombinationen von Zeilen nichts an der maximalen Anzahl der linear unabhängigen Zeilen verändert, haben A und $\tilde{A}$ sowie $A|\vec{b}$ und $\tilde{A}|\tilde{\vec{b}}$ jeweils den gleichen Rang 3, also ist das Lösbarkeitskriterium erfüllt und wir hatten ja auch bei der Rechnung keinen Widerspruch der Form $0 = 1$ o.Ä. erhalten.

Bei der Erzeugung der Nullen in der k-ten Spalte in der Matrix $\tilde{A}$ unter dem jeweiligen Kopfelement $\tilde{a}$ wurde jeweils durch dieses Matrixelement dividiert. Wie wir im ersten Kapitel bemerkt haben, ist die Division einer dem Betrage nach größeren durch eine Zahl mit einem kleineren Betrag schlecht konditioniert. Deshalb ist es sinnvoll, die Zeilen jeweils so zu vertauschen, dass immer betragskleinere Zahlen durch betragsgrößere geteilt werden. D. h. man sucht in der k-ten Spalte beginnend vom Kopfelement in den verbleibenden Zeilen immer nach dem betragsgrößten Element, dem **Pivotelement,** und tauscht dann die Zeile mit dem Pivotelement mit der Zeile des Kopfelements. Deshalb nennt man diese Methode auch **Pivotisierung.** Bei dem konkreten Beispiel hatten wir Glück, da die Kopfelemente jeweils die betragsgrößten waren, so dass bei der Elimination immer kleinere Zahlen durch größere dividiert wurden.

Im Folgenden soll das nun am konkreten Beispiel demonstrierte Eliminationsverfahren allgemeiner besprochen werden.

2.2.1 Das Gauß'sche Eliminationsverfahren mit Pivotisierung

Ziel ist es nun, einen Algorithmus zur Untersuchung der Lösbarkeit des linearen Gleichungssystems $A\vec{x} = \vec{b}$ mit einer Matrix A vom Typ $m \times n$ und der rechten Seite $\vec{b} \in \mathbb{R}^m$ zu formulieren, der im Fall der Lösbarkeit auch sämtliche Lösungen $\vec{x} \in \mathbb{R}^n$ liefert.

Grundlage für den Algorithmus sind die sogenannten äquivalenten bzw. rangerhaltenden Umformungen, die die Lösungsmenge des Gleichungssystems nicht verändern:

a) Addition des Vielfachen einer Zeile (Gleichung) zu einer anderen,
b) Vertauschung von Zeilen (Gleichungen),
c) Multiplikation einer Zeile (Gleichung) mit einer Zahl ungleich null.

Da wir mit dem Algorithmus auch den Rang der Matrix bestimmen wollen, schränken wir A nicht ein, d. h. es sind auch für das Gleichungssystem redundante Nullspalten in der Matrix zugelassen. Die Aktualisierung/Modifizierung der Matrix A bzw. der Matrixelemente a_{ij} oder der erweiterten Matrix $A|\vec{b}$ durch die äquivalenten Umformungen a), b), c) wird durch $\tilde{A}$ bzw. $\tilde{a}_{ij}$ usw. gekennzeichnet. Die Zeilen der Matrix A werden mit $\mathbf{a}_i$ (i-te Zeile) bezeichnet.

Gauß'scher Algorithmus

0) Initialisierung des Zeilenzählers $j = 1$.
1) Suche nach der ersten Spalte k mit $(\tilde{a}_{jk}, \ldots, \tilde{a}_{mk})^T \neq (0, \ldots, 0)^T$ und Tausch der Pivotzeile mit der j-ten Zeile, so dass das Element $\tilde{a}_{jk}$ Kopfelement der j-ten Zeile wird.
2) Für $i = j + 1, \ldots, m$ werden durch

$$\tilde{\mathbf{a}}_i := \tilde{\mathbf{a}}_i - \frac{\tilde{a}_{ik}}{\tilde{a}_{jk}} \cdot \tilde{\mathbf{a}}_j$$

Nullen unter dem Kopfelement $\tilde{a}_{jk}$ erzeugt.
3) Solange $j < m$ gilt, wird zur nächsten Zeile gegangen, also $j := j + 1$, und mit Punkt 1) fortgefahren. Falls $j = m$ ist, wird der Algorithmus mit 4) beendet.
4) Division der Nicht-Null-Zeilen durch das jeweilige Kopfelement.

Im Ergebnis des Gauß'schen Algorithmus erhält man die modifizierte erweiterte Koeffizientenmatrix in einer Zeilen-Stufen-Form

$$
\begin{pmatrix}
0 \dots & 0 & \# & * \dots & * & * & * \dots & * & * & * \dots * & \tilde{b}_1 \\
0 \dots\dots\dots\dots\dots & & & 0 & \# & * \dots & * & * & * \dots & * & * & * \dots * & \tilde{b}_2 \\
0 \dots\dots\dots\dots\dots\dots & & & & & 0 & \# & * \dots & * & * & * \dots * & \tilde{b}_3 \\
\vdots \dots\dots\dots\dots\dots\dots & & & & & & & \vdots & \vdots & \vdots & \vdots\vdots & \vdots \\
0 \dots\dots\dots\dots\dots\dots\dots\dots & & & & & & & 0 & \# & * \dots * & \tilde{b}_r \\
0 \dots\dots\dots\dots\dots\dots\dots\dots\dots\dots\dots & & & & & & & & & 0 & \tilde{b}_{r+1} \\
\vdots \dots\dots\dots\dots\dots & & & & & & & & & & \vdots \\
0 \dots\dots\dots\dots\dots\dots\dots\dots\dots\dots\dots\dots & & & & & & & & & 0 & \tilde{b}_m
\end{pmatrix}. \qquad (2.3)
$$

Dabei bedeuten die Symbole # jeweils von null verschiedene Zahlen bzw. **Kopfelemente** und die Symbole ∗ beliebige Zahlen. Die Spalten mit den Kopfelementen wollen wir **Kopfspalten** nennen. Die **Zeilen-Stufen-Form** oder das **Zeilen-Stufen-Schema** nennt man auch **Echolon**-Form. Aus dem Schema (2.3) erkennt man nun den Rang von A, also r, da sich im Ergebnis der rangerhaltenden Umformungen r linear unabhängige Zeilen ergeben haben. Außerdem erkennt man, dass der Rang von $A|\vec{b}$ ebenfalls gleich r ist, wenn $\tilde{b}_{r+1} = \cdots = \tilde{b}_m = 0$ gilt. Ist eine der Zahlen $\tilde{b}_{r+1}, \ldots, \tilde{b}_m$ von null verschieden, hat $A|\vec{b}$ den Rang $r+1$ und das Gleichungssystem $A\vec{x} = \vec{b}$ ist nicht lösbar. Ist das Gleichungssystem lösbar, d. h. gilt $\tilde{b}_{r+1} = \cdots = \tilde{b}_m = 0$, dann kann man $n - r$ Komponenten der Lösung $\vec{x}$ als freie Parameter wählen und die restlichen r Komponenten in Abhängigkeit von den freien Parametern bestimmen. Man wählt die Komponenten x_k als freie Parameter, für die die k-te Spalte keine Kopfzeile ist. Das soll an einem Beispiel demonstriert werden.

Beispiel

Wir betrachten das lineare Gleichungssystem

$$
\begin{array}{rrrrrcr}
2x_1 & +4x_2 & -8x_3 & +6x_4 & +2x_5 & = & 4 \\
x_1 & +2x_2 & -3x_3 & +6x_4 & +2x_5 & = & 6 \\
x_1 & +2x_2 & -2x_3 & +7x_4 & +x_5 & = & 9 \\
3x_1 & +6x_2 & -6x_3 & +21x_4 & +3x_5 & = & 27
\end{array}
$$

mit der erweiterten Koeffizientenmatrix

$$
\left(\begin{array}{rrrrr|r}
2 & 4 & -8 & 6 & 2 & 4 \\
1 & 2 & -3 & 6 & 2 & 6 \\
1 & 2 & -2 & 7 & 1 & 9 \\
3 & 6 & -6 & 21 & 3 & 27
\end{array}\right).
$$

Der Gauß'sche Algorithmus (hier ohne Pivotisierung durchgeführt) ergibt

$$
\left(\begin{array}{rrrrr|r}
2 & 4 & -8 & 6 & 2 & 4 \\
0 & 0 & 1 & 3 & 1 & 4 \\
0 & 0 & 2 & 4 & 0 & 7 \\
0 & 0 & 6 & 12 & 0 & 21
\end{array}\right)
\Longrightarrow
\left(\begin{array}{rrrrr|r}
2 & 4 & -8 & 6 & 2 & 4 \\
0 & 0 & 1 & 3 & 1 & 4 \\
0 & 0 & 0 & -2 & -2 & -1 \\
0 & 0 & 0 & -6 & -6 & -3
\end{array}\right)
\Longrightarrow
\left(\begin{array}{rrrrr|r}
2 & 4 & -8 & 6 & 2 & 4 \\
0 & 0 & 1 & 3 & 1 & 4 \\
0 & 0 & 0 & -2 & -2 & -1 \\
0 & 0 & 0 & 0 & 0 & 0
\end{array}\right).
$$

Aus dem erhaltenen Zeilen-Stufen-Schema ergibt sich $\mathrm{rg}(A) = \mathrm{rg}(A|\vec{b}) = 3$, also die Lösbarkeit. Nicht-Kopfspalten sind die Spalten 2 und 5, so dass wir die Komponenten $x_2 = s$ und $x_5 = t$ $(s, t \in \mathbb{R})$ als freie Parameter wählen. Für die Lösung erhalten wir dann

$$-2x_4 - 2x_5 = -1 \iff x_4 = \frac{1}{2}(1 - 2t) = \frac{1}{2} - t,$$

$$x_3 + 3x_4 + x_5 = 4 \iff x_3 = 4 - 3(\frac{1}{2} - t) - t = \frac{5}{2} + 2t,$$

$$2x_1 + 4x_2 - 8x_3 + 6x_4 + 2x_5 = 4 \iff x_1 = \frac{1}{2}(4 - 4s + 20 + 16t - 3 + 6t - 2t)$$

$$= \frac{21}{2} - 2s + 10t,$$

also

$$\vec{x} = \begin{pmatrix} \frac{21}{2} - 2s + 10t \\ s \\ \frac{5}{2} + 2t \\ \frac{1}{2} - t \\ t \end{pmatrix} = \begin{pmatrix} \frac{21}{2} \\ 0 \\ \frac{5}{2} \\ \frac{1}{2} \\ 0 \end{pmatrix} + s \begin{pmatrix} -2 \\ 1 \\ 0 \\ 0 \\ 0 \end{pmatrix} + t \begin{pmatrix} 10 \\ 0 \\ 2 \\ -1 \\ 1 \end{pmatrix} \quad (s, t \in \mathbb{R}).$$

◄

Ist A eine reguläre quadratische Matrix vom Typ $n \times n$, dann erhält man als Spezialfall des Zeilen-Stufen-Schemas (2.3) das Dreiecksschema

$$\begin{pmatrix} \tilde{a}_{11} & \tilde{a}_{12} & \ldots & \tilde{a}_{1\,n-1} & \tilde{a}_{1n} & \vline & \tilde{b}_1 \\ 0 & \tilde{a}_{22} & \ldots & \tilde{a}_{2\,n-1} & \tilde{a}_{2n} & \vline & \tilde{b}_2 \\ 0 & 0 & \ldots & \tilde{a}_{3\,n-1} & \tilde{a}_{3n} & \vline & \tilde{b}_3 \\ \vdots & \vdots & & \vdots & \vdots & \vline & \vdots \\ 0 & 0 & \ldots & 0 & \tilde{a}_{nn} & \vline & \tilde{b}_n \end{pmatrix}$$

mit $\tilde{a}_{kk} \neq 0$, $k = 1, \ldots, n$. Der Rang von A und $A|\vec{b}$ ist gleich n und man kann die Komponenten der Lösung $\vec{x}$ in der Reihenfolge $x_n, x_{n-1}, \ldots, x_1$ mit der Formel

$$x_k = [\tilde{b}_k - \sum_{j=k+1}^{n} \tilde{a}_{kj} x_j]/\tilde{a}_{kk} \quad (k = n, n-1, \ldots, 1) \tag{2.4}$$

bestimmen, also $x_n = \tilde{b}_n/\tilde{a}_{nn}$, $x_{n-1} = [\tilde{b}_{n-1} - \tilde{a}_{n-1\,n} x_n]/\tilde{a}_{n-1\,n-1}$ usw. Das ist genau der Algorithmus, mit dem das Gleichungssystem (2.1) oben gelöst wurde. Die Implementierung des Gauß'schen Algorithmus in einem Programm wird im nächsten Abschnitt angegeben. Grund hierfür ist das zusätzliche Resultat einer nützlichen Matrixzerlegung neben der Erzeugung eines Zeilen-Stufen-Schemas zur Rangermittlung und zur Lösung eines linearen Gleichungssystems.

2.3 Matrixzerlegungen

Bei der Lösung linearer Gleichungssysteme der Form $A\vec{x} = \vec{b}$ mit einer regulären Matrix A geht es in der Regel darum, das Gleichungssystem so umzuformen, dass man die Lösung letztendlich recht einfach berechnen kann. Im vorigen Abschnitt haben wir mit dem Gauß'schen Algorithmus eine Methode behandelt, mit der man das Gleichungssystem $A\vec{x} = \vec{b}$ durch äquivalente Umformungen auf eine Form

$$R\vec{x} = \tilde{\vec{b}} := M\vec{b} \iff MA = R \iff A = M^{-1}R$$

mit einer oberen Dreiecksmatrix R gebracht hat. Die Matrix M steht für die äquivalenten Umformungen. Der entscheidende Punkt bei dieser Methode bestand darin, die Lösung des ursprünglichen auf die Lösung eines leicht lösbaren linearen Gleichungssystems zurückzuführen. Da R eine Dreiecksmatrix ist, kann man $R\vec{x} = \tilde{\vec{b}}$ sehr schnell und einfach lösen. Entscheidende Grundlage für die meisten Lösungsmethoden ist eine Zerlegung, auch Faktorisierung genannt, der Matrix A in Faktoren B und C, so dass die Lösung von $A\vec{x} = BC\vec{x} = \vec{b}$ äquivalent ist mit der Lösung von

$$B\vec{y} = \vec{b} \quad \text{und} \quad C\vec{x} = \vec{y}.$$

Die Zerlegung macht natürlich nur Sinn, wenn die beiden Gleichungssysteme mit den Koeffizientenmatrizen B und C einfacher zu lösen sind als das Ausgangsgleichungssystem. Eine recht instruktive Darstellung bzw. Visualisierung von Matrixfaktorisierungen, auch von anderen, in folgenden Kapiteln besprochenen Faktorisierungen, findet man bei Estévez Schwarz (2022b).

2.3.1 Die LR-Zerlegung

Bei der Lösung des linearen Gleichungssystems (2.1) wurden die folgenden Schritte vorgenommen:

$$\begin{pmatrix} 4 & 2 & 1 & | & 2 \\ 2 & 6 & 1 & | & 4 \\ 1 & 1 & 8 & | & 1 \end{pmatrix} \implies \begin{pmatrix} 4 & 2 & 1 & | & 2 \\ 0 & 5 & \frac{1}{2} & | & 3 \\ 1 & 1 & 8 & | & 1 \end{pmatrix} \implies \begin{pmatrix} 4 & 2 & 1 & | & 2 \\ 0 & 5 & \frac{1}{2} & | & 3 \\ 0 & \frac{1}{2} & \frac{31}{4} & | & \frac{1}{2} \end{pmatrix} \implies \begin{pmatrix} 4 & 2 & 1 & | & 2 \\ 0 & 5 & \frac{1}{2} & | & 3 \\ 0 & 0 & \frac{77}{10} & | & \frac{1}{5} \end{pmatrix}.$$

Jeder Schritt entspricht der Multiplikation der Matrix A bzw. der rechten Seite $\vec{b}$ von links mit einer **Elementarmatrix** der Form

$$
L_{ij}(\lambda) =
\begin{pmatrix}
1 & & & & & \\
& \ddots & & & & \\
& & 1 & & & \\
& & & \ddots & & \\
& & \lambda & & \ddots & \\
& & & & & 1
\end{pmatrix}.
\tag{2.5}
$$

L_{ij} entsteht aus der Einheitsmatrix vom Typ $n \times n$, in der an der Position (ij) die Zahl λ statt einer Null eingefügt wurde. Die Multiplikation $L_{ij}(\lambda) \cdot A$ ergibt eine Matrix $\tilde{A} = L_{ij}(\lambda) \cdot A$, die aus A durch die Addition des λ-fachen der j-ten Zeile zur i-ten Zeile entsteht. Konkret bedeuten die drei Schritte bezüglich der Matrix A das Matrixprodukt $L_{32}(-\frac{1}{10})L_{31}(-\frac{1}{4})L_{21}(-\frac{1}{2})A$ bzw.

$$
\begin{pmatrix} 1 & 0 & 0 \\ 0 & 1 & 0 \\ 0 & -\frac{1}{10} & 1 \end{pmatrix}
\begin{pmatrix} 1 & 0 & 0 \\ 0 & 1 & 0 \\ -\frac{1}{4} & 0 & 1 \end{pmatrix}
\begin{pmatrix} 1 & 0 & 0 \\ -\frac{1}{2} & 1 & 0 \\ 0 & 0 & 1 \end{pmatrix}
\begin{pmatrix} 4 & 2 & 1 \\ 2 & 6 & 1 \\ 1 & 1 & 8 \end{pmatrix}
=
\begin{pmatrix} 4 & 2 & 1 \\ 0 & 5 & \frac{1}{2} \\ 0 & 0 & \frac{77}{10} \end{pmatrix}.
$$

Für die rechte Seite ergibt sich

$$
L_{32}(-\frac{1}{10})L_{31}(-\frac{1}{4})L_{21}(-\frac{1}{2})\vec{b} =
\begin{pmatrix} 2 \\ 3 \\ \frac{1}{5} \end{pmatrix}.
$$

Die im Fall der Pivotisierung erforderlichen Zeilenvertauschungen erreicht man durch die Multiplikation von links mit **Elementarmatrizen** der Form

$$
P_{ij} =
\begin{pmatrix}
1 & & & \vdots & & \vdots & \\
& \ddots & & \vdots & & \vdots & \\
& & 1 & \vdots & & \vdots & \\
\cdots & \cdots & \cdots & 0 & \cdots & \cdots & 1 & \cdots & \cdots & \cdots \\
& & & \vdots & 1 & \vdots & \\
& & & \vdots & & \ddots & \vdots & \\
& & & \vdots & & & 1 & \vdots \\
\cdots & \cdots & \cdots & 1 & \cdots & \cdots & 0 & \cdots & \cdots & \cdots \\
& & & \vdots & & & \vdots & 1 \\
& & & \vdots & & & \vdots & & \ddots \\
& & & \vdots & & & \vdots & & & 1
\end{pmatrix}.
\tag{2.6}
$$

P_{ij} geht aus der Einheitsmatrix dadurch hervor, dass man die 1 aus der Position (i, i) an die Position (i, j) und die 1 aus der Position (j, j) an die Position (j, i) verschiebt.

Die Matrizen L_{ij} und P_{ij} haben die wichtige Eigenschaft, regulär zu sein. Außerdem ist $\det(L_{ij}) = 1$ und $\det(P_{ij}) = \pm 1$. Weiterhin findet man für die Inversen von L und P

$$L_{ij}^{-1}(\lambda) = L_{ij}(-\lambda) \quad \text{bzw.} \quad P_{ij}^{-1} = P_{ij}.$$

Die Permutationsmatrizen sind somit orthogonale Matrizen. Ziel des Gauß'schen Algorithmus war ja die Erzeugung einer Matrix in Zeilen-Stufen-Form bzw. einer oberen Dreiecksmatrix R. Wenn wir von einer regulären quadratischen Matrix A ausgehen, findet man nach der sukzessiven Multiplikation von links mit geeigneten L-Matrizen auf jeden Fall eine Dreiecksmatrix R:

$$L_k L_{k-1} \ldots L_1 A = R.$$

Mit

$$A = L_1^{-1} \ldots L_{k-1}^{-1} L_k^{-1} R \quad \text{und} \quad L = L_1^{-1} \ldots L_{k-1}^{-1} L_k^{-1}$$

hat man A in ein Produkt einer unteren Dreiecksmatrix L als Produkt der unteren Dreiecksmatrizen L_j^{-1} und einer oberen Dreiecksmatrix R zerlegt. Diese Zerlegung mit einer unteren Dreiecksmatrix, deren Hauptdiagonalelemente l_{kk} gleich 1 sind, nennt man LR-**Zerlegung** oder LR-Faktorisierung (auch als LU-Zerlegung bekannt).

Wir werden anhand des Beispiels der Lösung des Gleichungssystems (2.1) sehen, dass neben der oberen Dreiecksmatrix R auch die Matrix L ein Nebenprodukt des Gauß'schen Algorithmus ist und keine zusätzliche Arbeit bedeutet.

Betrachten wir das Produkt $L_{32}(-\frac{1}{10}) L_{31}(-\frac{1}{4}) L_{21}(-\frac{1}{2})$ und deren Inverse

$$L = L_{21}^{-1}(-\frac{1}{2}) L_{31}^{-1}(-\frac{1}{4}) L_{32}^{-1}(-\frac{1}{10}) = L_{21}(\frac{1}{2}) L_{31}(\frac{1}{4}) L_{32}(\frac{1}{10})$$

$$= \begin{pmatrix} 1 & 0 & 0 \\ \frac{1}{2} & 1 & 0 \\ 0 & 0 & 1 \end{pmatrix} \begin{pmatrix} 1 & 0 & 0 \\ 0 & 1 & 0 \\ \frac{1}{4} & 0 & 1 \end{pmatrix} \begin{pmatrix} 1 & 0 & 0 \\ 0 & 1 & 0 \\ 0 & \frac{1}{10} & 1 \end{pmatrix} = \begin{pmatrix} 1 & 0 & 0 \\ \frac{1}{2} & 1 & 0 \\ \frac{1}{4} & \frac{1}{10} & 1 \end{pmatrix}.$$

Man erkennt bei dieser Rechnung, dass in der Matrix L genau die Koeffizienten $l_{jk} = \frac{\tilde{a}_{jk}}{\tilde{a}_{kk}}$ ($j = k + 1, \ldots$) stehen, mit denen man beim Gauß'schen Algorithmus die k-te Zeile multiplizieren muss, ehe man sie von der j-ten Zeile subtrahiert, um Nullen unter dem Kopfelement $\tilde{a}_{kk}$ zu erzeugen.

Das folgende Beispiel zeigt allerdings, dass die LR-Zerlegung selbst bei Voraussetzung der Regularität der Matrix A nicht immer existiert. Für die recht übersichtliche reguläre Matrix $A = \begin{pmatrix} 0 & 1 \\ 1 & 2 \end{pmatrix}$ ergibt der Ansatz

$$\begin{pmatrix} 0 & 1 \\ 1 & 2 \end{pmatrix} = \begin{pmatrix} 1 & 0 \\ l_{21} & 1 \end{pmatrix} \begin{pmatrix} r_{11} & r_{12} \\ 0 & r_{22} \end{pmatrix} = \begin{pmatrix} r_{11} & r_{12} \\ l_{21}r_{11} & l_{21}r_{12} + r_{22} \end{pmatrix}$$

keine Lösung, da sich $r_{11} = 0$ und $l_{21}r_{11} = 1$ offensichtlich widersprechen. Tauscht man allerdings die Zeilen von A, dann findet man sofort die eindeutig bestimmte, in diesem Fall triviale LR-Zerlegung

$$P_{12}A = \begin{pmatrix} 1 & 2 \\ 0 & 1 \end{pmatrix} = \begin{pmatrix} 1 & 0 \\ 0 & 1 \end{pmatrix} \begin{pmatrix} 1 & 2 \\ 0 & 1 \end{pmatrix}$$

mit $L = E$ und $R = A$. $P_{12} = \begin{pmatrix} 0 & 1 \\ 1 & 0 \end{pmatrix}$ bewirkt als **Permutationsmatrix** den Zeilenwechsel. Wir haben damit die Erfahrung gemacht, dass man mit evtl. vorzuschaltenden Zeilenwechseln mit P als Produkt von Permutationsmatrizen eine LR-Zerlegung der Form

$$\tilde{A} = PA = LR = \begin{pmatrix} 1 & 0 & \ldots & 0 \\ l_{21} & \ddots & \ddots & \vdots \\ \vdots & \ddots & \ddots & 0 \\ l_{n1} & \ldots & l_{n\,n-1} & 1 \end{pmatrix} \begin{pmatrix} r_{11} & \ldots & \ldots & r_{1n} \\ 0 & \ddots & \ddots & \vdots \\ \vdots & \ddots & \ddots & \vdots \\ 0 & \ldots & 0 & r_{nn} \end{pmatrix} \qquad (2.7)$$

erhalten kann. Insgesamt können wir die eben durchgeführten Betrachtungen im folgenden Satz, den wir ohne Beweis angeben, zusammenfassen.

Satz 2.2. (*LR-Zerlegung*)
Für jede quadratische Matrix A existiert eine Matrix P als Produkt von Permutationsmatrizen und Dreiecksmatrizen L und R der Form (2.7), so dass $PA = LR$ gilt. Falls A invertierbar ist, ist die Zerlegung für gegebenes P eindeutig.

Die LR-Zerlegung der Matrix PA ist genau das Resultat des Gauß'schen Algorithmus mit Pivotisierung, wobei die Matrix P die während des Algorithmus erforderlichen Zeilenvertauschungen beinhaltet. Als Beispiel betrachten wir dazu die Matrix

$$A = \begin{pmatrix} 1 & 6 & 1 \\ 2 & 3 & 2 \\ 4 & 2 & 1 \end{pmatrix}.$$

Das Pivotelement der ersten Spalte ist 4, so dass die 1. und die 3. Zeile zu tauschen sind. Man erhält nun mit den ersten beiden Schritten des Gauß'schen Algorithmus

$$\begin{pmatrix} 4 & 2 & 1 \\ 2 & 3 & 2 \\ 1 & 6 & 1 \end{pmatrix} \implies \begin{pmatrix} 4 & 2 & 1 \\ 0 & 2 & \frac{3}{2} \\ 0 & \frac{11}{2} & \frac{3}{4} \end{pmatrix}.$$

Das Pivotelement der 2. Spalte ist $\frac{11}{2}$, so dass die Zeilen 2 und 3 zu tauschen sind. Mit dem nächsten Schritt des Gauß'schen Algorithmus erhält man schließlich

$$\begin{pmatrix} 4 & 2 & 1 \\ 0 & \frac{11}{2} & \frac{3}{4} \\ 0 & 2 & \frac{3}{2} \end{pmatrix} \implies \begin{pmatrix} 4 & 2 & 1 \\ 0 & \frac{11}{2} & \frac{3}{4} \\ 0 & 0 & \frac{27}{22} \end{pmatrix}.$$

Damit ergibt sich unter Berücksichtigung der Pivotisierung die LR-Zerlegung

$$LR := \begin{pmatrix} 1 & 0 & 0 \\ \frac{1}{4} & 1 & 0 \\ \frac{1}{2} & \frac{4}{11} & 1 \end{pmatrix} \begin{pmatrix} 4 & 2 & 1 \\ 0 & \frac{11}{2} & \frac{3}{4} \\ 0 & 0 & \frac{27}{22} \end{pmatrix}$$

für die Matrix

$$PA := \begin{pmatrix} 0 & 0 & 1 \\ 1 & 0 & 0 \\ 0 & 1 & 0 \end{pmatrix} \begin{pmatrix} 1 & 6 & 1 \\ 2 & 3 & 2 \\ 4 & 2 & 1 \end{pmatrix} = \begin{pmatrix} 4 & 2 & 1 \\ 1 & 6 & 1 \\ 2 & 3 & 2 \end{pmatrix},$$

wobei P sämtliche Zeilenvertauschungen realisiert und als Produkt der zu den Vertauschungen gehörenden Permutationsmatrizen erhalten werden kann.

Die LR-Zerlegung einer Matrix A bzw. PA (A nach evtl. Zeilenvertauschungen) ermöglicht nun die Lösung eines lösbaren linearen Gleichungssystems $A\vec{x} = \vec{b}$ bzw. $PA\vec{x} = P\vec{b}$ sukzessiv in zwei Schritten. Mit $PA = LR$ ergeben sich die Lösungsschritte

$$L\vec{y} = P\vec{b}, \quad R\vec{x} = \vec{y}. \tag{2.8}$$

In beiden Schritten sind jeweils Gleichungssysteme mit Dreiecksmatrizen oder Matrizen in Zeilen-Stufen-Form, also sehr einfache Gleichungssysteme zu lösen. Wir haben zwar bisher nur die LR-Zerlegung für quadratische Matrizen betrachtet, es ist allerdings auch möglich, solche Zerlegungen auch für nichtquadratische Matrizen mit dem Gauß'schen Algorithmus zu erhalten. Bringt man die Matrix

$$A = \begin{pmatrix} 4 & 2 & 1 & 8 \\ 2 & 3 & 5 & 1 \end{pmatrix}$$

mit dem Gauß'schen Algorithmus auf Zeilen-Stufen-Form, erhält man

$$R = \begin{pmatrix} 4 & 2 & 1 & 8 \\ 0 & 2 & \frac{9}{2} & -3 \end{pmatrix} \quad \text{und} \quad L = \begin{pmatrix} 1 & 0 \\ \frac{1}{2} & 1 \end{pmatrix}.$$

Mit L und R kann man nun ebenfalls die Lösung des lösbaren linearen Gleichungssystems $A\vec{x} = \vec{b}$ mit den Schritten (2.8) sukzessiv bestimmen.

Im Folgenden ist der Gauß'sche Algorithmus in einem Octave-Programm dargestellt, wobei wir von einer $n \times n$-Matrix ausgehen.

```
# Programm 2.1 zur LR-Zerlegung einer Matrix A
# input:   Matrix a0
# output:  Matrix a, enthaelt im oberen Dreieck die Matrix R
#          und unterhalb der Hauptdiagonale die Matrix L
#          Buchhaltungsvektor z der Zeilenvertauschungen,
#          output ist input fuer das Programm lrloes_gb
# Aufruf:  [a,z] = lr_gb2(a0);
function [a,z] = lr_gb2(a0);
a=a0;
n = length(a(:,1));
# Initialisierung eines Zeilenvertauschungsvektors
z = linspace(1,n,n)';
# Rueckspeicherung der Matrix
a0 = a;
# Elimination
for j=1:n-1
# Pivotsuche
  apivot=abs(a(j,j));
  p=j;
  for l=j+1:n
    if (abs(a(l,j)) > abs(apivot))
      apivot=a(l,j);
      p=l;
    end
  end
  if (apivot ~= 0)
# Vertauschung der Zeilen j und p
    for i=1:n
      c=a(j,i);
      a(j,i)=a(p,i);
      a(p,i)=c;
    end
    pp=z(j);
    z(j)=z(p);
    z(p)=pp;
# Elimination
    for i=j+1:n
      a(i,j)=a(i,j)/a(j,j);
        a(i,j+1:n) = a(i,j+1:n) - a(i,j)*a(j,j+1:n);
    end
  end
end
#
idet = 1;
for j=1:n
  if (abs(a(j,j)) < 1.0e-10)
    idet = 0;
  end
end
if (idet == 0)
  disp('Matrix singulaer, lrloes_gb nicht anwendbar');
end
end
```

Dem **Buchhaltungsvektor** oder Zeilenvertauschungsvektor $\vec{z} = (z_1, z_2, \ldots, z_n)$ der Zeilenvertauschungen kann eindeutig die Matrix P als Produkt von Permutationsmatrizen durch $P = (p_{ij}) := (\delta_{z_i j})$ zugeordnet werden, z. B.

$$\vec{z} = \begin{pmatrix} 3 \\ 1 \\ 2 \end{pmatrix} \Longleftrightarrow \begin{pmatrix} 0 & 0 & 1 \\ 1 & 0 & 0 \\ 0 & 1 & 0 \end{pmatrix}.$$

Mit dem Buchhaltungsvektor kann man nun für eine gegebene rechte Seite $\vec{b}$ das Gleichungssystem $A\vec{x} = \vec{b}$ nach Abarbeitung des Programms 2.1 lösen:

```
# Programm 2.2
# Loesung des linearen Gleichungssystems lr x = b
# input:  Matrix a (enthaelt l,r) und Buchhaltungsvektor z
#         als Ergebnis von Programm lr_gb
#         Spaltenvektor b als rechte Seite
# output: Loesung x
# Aufruf: x = lrloes_gbl(a,b,z)
function [x] = lrloes_gbl(a,b,z);
n = length(a(:,1));
# Zeilenvertauschungen, Berechnung von P b
b = b(z);
# Vorwaertseinsetzen l y = P b
for i=1:n
  y(i)=b(i);
  if (i > 1)
      y(i) = y(i) - a(i,1:i-1)*y(1:i-1)';
  end
end
# Zweiter Schritt r x = y
x(n)=y(n)/a(n,n);
for k=n-1:-1:1
  c=y(k);
  c = c - a(k,k+1:n)*x(k+1:n)'
  x(k)=c/a(k,k);
end
x=x';
end
```

In den Programmierumgebungen/Computeralgebrasystemen Octave und MATLAB gibt es den Befehl „$lu(A)$" zur Erzeugung einer LR-Zerlegung einer Matrix A. Mit dem Kommando „$[L_P, R] = lu(A)$" erhält man im Fall von durchgeführten Zeilenvertauschungen zur Pivotisierung die Faktorisierung

$$P\,A = L\,R \quad \Longleftrightarrow \quad A = L_P\,R,$$

d. h. die Matrix L_P ist i. Allg. keine untere Dreiecksmatrix, sondern das Produkt der Matrix P^T mit der unteren Dreiecksmatrix L, denn mit $P^{-1} = P^T$ folgt

$$P^T P\,A = P^T L\,R \quad \Longrightarrow \quad A = P^T L\,R,$$

also ist $L_P = P^T L$. Auf weitere „Trockenübungen" sei hier verzichtet. Der Leser sollte durch aktive Befassung mit den Computeralgebra-Programmen Octave bzw. MATLAB selbst Erfahrungen sammeln und die hier im Buch angegebenen Programme testen.

2.3.2 Cholesky-Zerlegung

Im Fall von symmetrischen Matrizen A kann man Zerlegungen in untere und obere Dreiecksmatrizen erzeugen, die einen geringeren Aufwand als die LR-Zerlegung erfordern.

▶ **Definition 2.1.** (positive Definitheit)

Eine symmetrische $(n \times n)$-Matrix A heißt **positiv definit**, wenn $\vec{x}^T A \vec{x} > 0$ für alle $\vec{x} \in \mathbb{R}^n$, $\vec{x} \neq \vec{0}$ gilt.

Die Überprüfung der Bedingung $\vec{x}^T A \vec{x} > 0$ für alle vom Nullvektor verschiedenen $\vec{x} \in \mathbb{R}^n$ ist schwer handhabbar. Ein Kriterium für die positive Definitheit von A ist zum Beispiel die Positivität sämtlicher Eigenwerte von A. Das folgende Kriterium beantwortet die Frage der positiven Definitheit konstruktiv.

Satz 2.3. *(Cholesky-Zerlegung einer positiv definiten Matrix)*

Für jede positiv definite $(n \times n)$-Matrix A existiert genau eine untere Dreiecksmatrix L mit $l_{kk} > 0$ $(k = 1, \ldots, n)$ und

$$A = L L^T .$$

Diese Zerlegung heißt **Cholesky-Zerlegung** *der Matrix A. Umgekehrt folgt aus der Existenz einer Cholesky-Zerlegung die positive Definitheit von A.*

Für eine symmetrische (3×3)-Matrix bedeutet die Cholesky-Zerlegung

$$\begin{pmatrix} a_{11} & a_{12} & a_{13} \\ a_{12} & a_{22} & a_{23} \\ a_{13} & a_{23} & a_{33} \end{pmatrix} = \begin{pmatrix} l_{11} & 0 & 0 \\ l_{12} & l_{22} & 0 \\ l_{13} & l_{23} & l_{33} \end{pmatrix} \begin{pmatrix} l_{11} & l_{12} & l_{13} \\ 0 & l_{22} & l_{23} \\ 0 & 0 & l_{33} \end{pmatrix}$$

und man erhält nach der Multiplikation LL^T die Gleichungen

$$a_{11} = l_{11}^2 \implies l_{11} = \sqrt{a_{11}}$$

$$a_{12} = l_{11}l_{12} \implies l_{12} = a_{12}/l_{11}$$

$$a_{22} = l_{12}^2 + l_{22}^2 \implies l_{22} = \sqrt{a_{22} - l_{12}^2}$$

$$a_{13} = l_{11}l_{13} \implies l_{13} = a_{13}/l_{11}$$

$$a_{23} = l_{12}l_{13} + l_{22}l_{23} \implies l_{23} = (a_{23} - l_{12}l_{13})/l_{22}$$

$$a_{33} = l_{13}^2 + l_{23}^2 + l_{33}^2 \implies l_{33} = \sqrt{a_{33} - l_{13}^2 - l_{23}^2}$$

zur Bestimmung der Elemente von L. Für die Matrix

$$A = \begin{pmatrix} 2 & -1 & 0 \\ -1 & 2 & -1 \\ 0 & -1 & 2 \end{pmatrix} \quad \text{ergibt sich} \quad L = \begin{pmatrix} 1{,}41421 & 0 & 0 \\ -0{,}70711 & 1{,}22474 & 0 \\ 0 & -0{,}8165 & 1{,}1547 \end{pmatrix},$$

also wurde die positive Definitheit durch die Konstruktion der Cholesky-Zerlegung gezeigt. Die Gleichungen zur Bestimmung der l_{ij} sind nur im Fall der positiven Definitheit von A lösbar. Dies und den Satz 2.3 zu beweisen, würde den Rahmen dieses Buches sprengen, weshalb darauf verzichtet wird (zum Beweis siehe Schwarz, 1997). Das folgende Programm realisiert die Cholesky-Zerlegung für eine gegebene $(n \times n)$-Matrix $A = (a_{ij})$ (es gilt offensichtlich $L = R^T, L^T = R$).

```
# Programm 2.3 Cholesky–Zerlegung a0 = 1 1^T einer pos.def.,symm. Matrix
# input:  Matrix a0
# output: untere Dreiecksmatrix 1 oder 1 = −1 falls a0 nicht spd
# Aufruf: 1 = chol_gb1(a0);
function [1] = chol_gb1(a0);
a = a0;
n = length(a(:,1));
if (testpd_gb(a) ~= 1 )
  disp('Matrix_nicht_symm._bzw._pos._definit');
  1 = −1;
  return;
end
# Initialisierung von 1
1 = zeros(n,n);
for k=1:n
  1(k,k)=sqrt(a(k,k));
  for i=k+1:n
    1(i,k) = a(i,k)/1(k,k);
      a(i,k+1:i) = a(i,k+1:i) − 1(i,k)*1(k+1:i,k)';
  end
end
end
```

2.3.3 Rechenaufwand der Zerlegungen und die Konditionszahlen der Faktoren

Es ist zu erwarten, dass der Rechenaufwand bzw. die Zahl der Operationen für die Cholesky-Zerlegung einer positiv definiten symmetrischen Matrix A geringer ist als für die LR-Zerlegung einer nicht notwendigerweise symmetrischen Matrix. Für die Cholesky-Zerlegung sind

$$\sum_{i=2}^{n} \left[\sum_{j=1}^{i-1} (1 + \sum_{k=1}^{j-1} 1) + \sum_{k=1}^{i-1} 1 \right] = \frac{1}{6}(n^3 + 3n^2 - 4n) \approx \frac{n^3}{6}$$

Multiplikationen und ähnlich viele Additionen sowie n Wurzelberechnungen erforderlich. Für die LR-Zerlegung braucht man mit $\frac{n^3}{3}$ etwa die doppelte Anzahl von Multiplikationen und etwa ebenso viele Additionen. Für symmetrische Matrizen kann man den Rechenaufwand für die LR-Zerlegung noch reduzieren, bleibt aber über dem Aufwand der Cholesky-Zerlegung.

Nun sollen die Konditionszahlen der Zerlegungsmatrizen bei der Cholesky- bzw. der LR-Zerlegung betrachtet werden. Für den Faktor L der Cholesky-Zerlegung $A = LL^T$ gilt

$$\kappa(L) = \kappa(L^T) = \sqrt{\kappa(A)} \qquad \Longleftrightarrow \qquad \kappa(A) = \kappa(L)\kappa(L^T),$$

so dass die schrittweise Lösung eines linearen Gleichungssystems $A\vec{x} = \vec{b}$ mit der Cholesky-Zerlegung $A = LL^T$

$$L\vec{y} = \vec{b}, \quad L^T\vec{x} = \vec{y}$$

stabil ist.

Anders kann es bei der LR-Zerlegung aussehen. Zerlegt man z. B. die Matrix $A = \begin{pmatrix} 10^{-4} & 1 \\ 1 & 1 \end{pmatrix}$ ohne Pivotisierung, erhält man

$$A = \begin{pmatrix} 10^{-4} & 1 \\ 1 & 1 \end{pmatrix} = \begin{pmatrix} 1 & 0 \\ 10^4 & 1 \end{pmatrix} \begin{pmatrix} 10^{-4} & 1 \\ 0 & -9999 \end{pmatrix} = LR$$

mit den Konditionszahlen $\kappa(L) \approx 10^8$ und $\kappa(R) \approx 10^8$. Damit werden aus einem gut konditionierten Problem mit der Matrix A (Konditionszahl $\kappa(A) \approx 2{,}61$) zwei sehr schlecht konditionierte Problem mit den Matrizen L und R. Führt man allerdings eine Pivotisierung (d. h. einen Zeilentausch) durch, erhält man mit

$$\tilde{A} = \begin{pmatrix} 1 & 1 \\ 10^{-4} & 1 \end{pmatrix} = \begin{pmatrix} 1 & 0 \\ 10^{-4} & 1 \end{pmatrix} \begin{pmatrix} 1 & 1 \\ 0 & 1 - 10^{-4} \end{pmatrix} = \tilde{L}\tilde{R}$$

eine Zerlegung, deren Faktoren die Konditionszahlen $\kappa(\tilde{L}) \approx 1$ bzw. $\kappa(\tilde{R}) \approx 2{,}61$ haben. Da die Zeilenvertauschung die Konditionszahl nicht verändert, gilt

$$\kappa(\tilde{A}) = \kappa(PA) = \kappa(A) \approx 2{,}61 \quad \text{für} \quad P = \begin{pmatrix} 0 & 1 \\ 1 & 0 \end{pmatrix},$$

so dass die LR-Zerlegung mit Pivotisierung keinerlei Stabilitätsverlust nach sich zieht.

2.4   Gleichungssysteme mit tridiagonalen Matrizen

Bei der numerischen Lösung von elliptischen Differentialgleichungen oder der Schrödingergleichung sowie der Spline-Interpolation sind Gleichungssysteme mit **tridiagonalen Koeffizientenmatrizen** T zu lösen, also Gleichungssysteme der Art

$$\begin{pmatrix} d_1 & -e_1 & 0 & 0 & \cdots & 0 \\ -c_2 & d_2 & -e_2 & 0 & \cdots & 0 \\ \cdots & & & & & \\ 0 & \cdots & 0 & -c_{n-1} & d_{n-1} & -e_{n-1} \\ 0 & \cdots & 0 & 0 & -c_n & d_n \end{pmatrix} \begin{pmatrix} x_1 \\ x_2 \\ \vdots \\ \\ x_n \end{pmatrix} = \begin{pmatrix} b_1 \\ b_2 \\ \vdots \\ \\ b_n \end{pmatrix} \Longleftrightarrow T\vec{x} = \vec{b}. \quad (2.9)$$

Die Vorzeichennotation in den Nebendiagonalen hat ihre Ursache in Gleichungssystemen der Art

$$\begin{pmatrix} 2 & -1 & 0 & 0 & \dots & 0 \\ -1 & 2 & -1 & 0 & \dots & 0 \\ \dots & & & & & \\ 0 & \dots & 0 & -1 & 2 & -1 \\ 0 & \dots & 0 & 0 & -1 & 2 \end{pmatrix} \begin{pmatrix} x_1 \\ x_2 \\ \vdots \\ x_n \end{pmatrix} = \begin{pmatrix} b_1 \\ b_2 \\ \vdots \\ b_n \end{pmatrix},$$

die bei der numerischen Lösung von Randwertproblemen partieller Differentialgleichungen auftreten und soll deshalb hier benutzt werden. Die einzelnen Gleichungen von (2.9) haben nach Division der ersten Gleichung durch d_1 mit $\alpha_1 = \frac{e_1}{d_1}$, $\beta_1 = \frac{b_1}{d_1}$ die Form

$$x_1 - \alpha_1 x_2 = \beta_1$$
$$-c_i x_{i-1} + d_i x_i - e_i x_{i+1} = b_i \quad (i = 2, \dots, n-1) \tag{2.10}$$
$$-c_n x_{n-1} + d_n x_n = b_n.$$

Im Folgenden führen wir den Gauß'schen Algorithmus durch. Setzt man die erste Gleichung von (2.10) in die zweite ein, erhält man mit den Koeffizienten

$$\alpha_2 = \frac{e_2}{d_2 - c_2 \alpha_1}, \quad \beta_2 = \frac{b_2 + c_2 \beta_1}{d_2 - c_2 \alpha_1}$$

das Gleichungssystem

$$x_1 = \alpha_1 x_2 + \beta_1,$$
$$x_2 - \alpha_2 x_3 = \beta_2,$$
$$-c_i x_{i-1} + d_i x_i - e_i x_{i+1} = b_i \quad (i = 3, \dots, n-1),$$
$$-c_n x_{n-1} + d_n x_n = b_n.$$

Die Fortsetzung des Algorithmus bis zur $(n-1)$-ten Gleichung ergibt schließlich

$$x_i = \alpha_i x_{i+1} + \beta_i \quad (i = 1, \dots, n-2),$$
$$x_{n-1} - \alpha_{n-1} x_n = \beta_{n-1}, \tag{2.11}$$
$$-c_n x_{n-1} + d_n x_n = b_n \tag{2.12}$$

mit den rekursiv gegebenen Koeffizienten

$$\alpha_i = \frac{e_i}{d_i - c_i \alpha_{i-1}}, \quad \beta_i = \frac{b_i + c_i \beta_{i-1}}{d_i - c_i \alpha_{i-1}} \quad (i = 1, \dots, n-2).$$

Aus den Gleichungen (2.11), (2.12) folgt

$$x_n = \beta_n, \quad x_{n-1} = \alpha_{n-1} x_n + \beta_{n-1} \quad \text{mit} \quad \beta_n = \frac{b_n + c_n \beta_{n-1}}{d_{n-1} - c_{n-1} \alpha_{n-1}}.$$

Insgesamt erhält man mit den durchgeführten Betrachtungen die Formeln

$$\alpha_1 = \frac{e_1}{d_1}, \ \alpha_i = \frac{e_i}{d_i - c_i \alpha_{i-1}} \ (i = 2, \ldots, n-1), \tag{2.13}$$

$$\beta_1 = \frac{b_1}{d_1}, \ \beta_i = \frac{b_i + c_i \beta_{i-1}}{d_i - c_i \alpha_{i-1}} \ (i = 2, \ldots, n), \tag{2.14}$$

$$x_i = \alpha_i x_{i+1} + \beta_i \ (i = n-1, \ldots, 1), \ x_n = \beta_n \tag{2.15}$$

zur rekursiven Berechnung der Lösung von (2.10). Die konstruierte Berechnungsmethode wurde in den USA und der früheren Sowjetunion entwickelt. Sie wird in der englischen Literatur **Thomas-Algorithmus** und in der russischen Literatur **Progronki**-Methode genannt, was in der deutschen Übersetzung etwa die **Methode des Vertreibens** bedeutet.

Nachfolgend ist diese rekursive Lösungsmethode in einem Octave-Programm implementiert. Allerdings ist dabei auf eine Pivotisierung verzichtet worden, da dies sowohl bei der numerischen Lösung elliptischer Randwertprobleme als auch bei der Berechnung von Splines aufgrund der Diagonaldominanz der Koeffizientenmatrizen nicht erforderlich ist.

```
# Programm 2.4 zur Loesung
# eines tridiagonalen linearen Gleichungssystems
#   -pc(k)*yps(k-1)+pd(k)*yps(k)-pe(k)*yps(k+1)=pf(k),k=1,n
# mit einer schwach diagonal dominanten Koeffizientenmatrix!
# input:
#   n - Dimension des Gleichungssystems
#   pc, pd, pe - Vektoren der Dimension 1 der tridiag. Matrix
#   pf         - Vektor der rechten Seiten
#   pc(1) und pe(n) sind dummy-Elemente
# output
#   yps        - Ergebnisvektor
# c und d sind Hilfsfelder
# aufruf: yps = tridia_gb(pc,pd,pe,pf,n);
function [yps]= tridia_gb(pc,pd,pe,pf,n);
c(1) = pe(1)/pd(1);
for i=2:n-1
    c(i) = pe(i)/(pd(i) - c(i-1)*pc(i));
endfor
d(1) = pf(1)/pd(1);
for i=2:n
    d(i) = (pf(i) + d(i-1)*pc(i))/(pd(i) - c(i-1)*pc(i));
endfor
yps(n) = d(n);
for i=n-1:-1:1
    yps(i) = d(i) + c(i)*yps(i+1);
endfor
endfunction
```

Beispiel

Zur Berechnung der Lösung des tridiagonalen Gleichungssystems

$$\begin{pmatrix} 2 & -1 & 0 \\ -1 & 2 & -1 \\ 0 & -1 & 2 \end{pmatrix} \begin{pmatrix} x_1 \\ x_2 \\ x_3 \end{pmatrix} = \begin{pmatrix} 1 \\ 1 \\ 1 \end{pmatrix}$$

erhält man mit den Octave/MATLAB-Kommandos

```
c=[0 ; 1 ; 1];
d=[2 ; 2 ; 2];
e=[1 ; 1 ; 0];
b=[1 ; 1 ; 1];
x = tridia_gb(c,d,e,b,3);
```

die Lösung $x = (1, 5, 2, 1, 5)$. ◄

2.5 Programmpakete zur Lösung linearer Gleichungssysteme

In den bisherigen Abschnitten wurden mit dem Gauß'schen Algorithmus und Matrixzerlegungen Grundprinzipien der Lösung linearer Gleichungssysteme dargelegt. Diese Grundprinzipien wurden auch bei der Erstellung der leistungsfähigen Programmbibliotheken

- LAPACK (**L**inear **A**lgebra **PACK**age),
- BLAS (**B**asic **L**inear **A**lgebra **S**ubprograms),
- SLAP (**S**parse **L**inear **A**lgebra **PACK**age)

angewendet. Diese Programmbibliotheken bzw. -pakete enthalten eine Vielzahl von FORTRAN-Programmen zur Lösung linearer Gleichungssysteme unterschiedlichster Art. Die Programme und Programmbibliotheken wurden in den USA mit Unterstützung der National Science Foundation (NSC) und dem Department of Energy (DOP) sowie am Lawrence Livermoore National Laboratory (LLNL) und am Massachusetts Institiute of Technology (MIT) entwickelt. Auf den Web-Seiten

- http://www.netlib.org/lapck,
- http://www.netlib.org/blas,
- http://www.netlib.org/slatec

findet man dazu neben umfangreichen Dokumentationen die Quelltexte der Programme, die man in eigenen Programmsystemen nutzen kann. In den entsprechenden Dokumentationen sind auch unterschiedliche Möglichkeiten der kompakten Speicherung von schwach besetzten Matrizen beschrieben, die Voraussetzung für die Nutzung von Routinen aus den Bibliotheken LAPACK, BLAS oder SLAP sind.

2.6   Aufgaben

1) Untersuchen Sie das lineare Gleichungssystem

$$\begin{pmatrix} 1 & -1 & 2 & -1 \\ -2 & 4 & 1 & 3 \\ 1 & -3 & -3 & -2 \end{pmatrix} \begin{pmatrix} x_1 \\ x_2 \\ x_3 \\ x_4 \end{pmatrix} = \begin{pmatrix} 2 \\ -5 \\ 3 \end{pmatrix}$$

auf seine Lösbarkeit und berechnen Sie gegebenenfalls die Lösung.

2) Konstruieren Sie eine LR-Zerlegung der Matrizen

$$A = \begin{pmatrix} 4 & 2 & 1 \\ 1 & 4 & 2 \\ 2 & 2 & 4 \end{pmatrix} \quad \text{und} \quad B = \begin{pmatrix} 4 & 2 & 4 \\ 2 & 4 & 2 \\ 4 & 2 & 4 \end{pmatrix}.$$

3) Schreiben Sie ein Programm zur Erzeugung einer LR-Zerlegung einer Matrix A mit den Matrizen L (untere Dreiecksmatrix mit einer Hauptdiagonalen aus Einsen) und R obere Dreiecksmatrix als Ergebnis.

4) Schreiben Sie ein Programm zur Rangbestimmung einer Matrix A vom Typ $n \times m$, $m \geq n$, d.h. erzeugen Sie mit dem Gauß'schen Algorithmus ein Echolon-Schema und lesen Sie daraus den Rang der Matrix ab. Nutzen Sie dieses Programm, um zu entscheiden, ob ein lineares Gleichungssystem lösbar ist.

5) Zeigen Sie, dass für eine Permutationsmatrix P_{ij} vom Typ $n \times n$

$$P_{ij}^{-1} = P_{ij}^T \quad \text{und} \quad \det(P_{ij}) = (-1)^{i+j}$$

gilt.

6) Zeigen Sie, dass die Matrizen L und R einer LR-Zerlegung bzw. Cholesky-Zerlegung einer **Bandmatrix** $A = (a_{ij})$ vom Typ $n \times n$ mit der **Bandbreite** $2p - 1$, d.h. einer Matrix mit **Bandstruktur**, für die $a_{ij} = 0$ gilt, falls $j \geq i + p$ oder $j \leq i - p$ ist

$$A = \begin{pmatrix} a_{11} & \cdots & a_{1p} & & & \mathbf{0} \\ \vdots & \ddots & & \ddots & & \\ a_{p1} & & \ddots & & \ddots & \\ & \ddots & & \ddots & & a_{n-p+1\,n} \\ & & \ddots & & & \vdots \\ \mathbf{0} & & a_{n\,n-p+1} & \cdots & & a_{nn} \end{pmatrix},$$

auch Bandmatrizen mit der Bandbreite q bzw. p sind

$$L = \begin{pmatrix} 1 & & & & & 0 \\ \vdots & \ddots & & & & \\ l_{p1} & & \ddots & & & \\ & \ddots & & \ddots & & \\ & & \ddots & & \ddots & \\ 0 & & l_{n\,n-p+1} & \cdots & 1 \end{pmatrix}, \quad R = \begin{pmatrix} r_{11} & \cdots & r_{1p} & & & 0 \\ & \ddots & & \ddots & & \\ & & \ddots & & \ddots & \\ & & & \ddots & & r_{n-p+1\,n} \\ & & & & \ddots & \vdots \\ 0 & & & & & r_{nn} \end{pmatrix}.$$

7) Schreiben Sie ein Programm zur Cholesky-Zerlegung einer tridiagonalen symmetrischen Matrix T vom Typ $n \times n$.

8) Bestimmen Sie den Kern der Matrizen

$$A = \begin{pmatrix} 4 & 2 \\ 2 & 1 \end{pmatrix}, \quad B = \begin{pmatrix} 2 & 1 & 1 \\ 1 & 4 & 3 \end{pmatrix}, \quad C = \begin{pmatrix} 2 & 1 \\ 3 & 1 \end{pmatrix}, \quad D = \begin{pmatrix} 4 & 1 \\ 1 & 1 \\ 3 & 2 \end{pmatrix}.$$

Überbestimmte lineare Gleichungssysteme

3

Inhaltsverzeichnis

Bei der Auswertung von Experimenten oder Messungen in den unterschiedlichsten Disziplinen entsteht oft die Aufgabe, funktionale Beziehungen zu ermitteln, die die experimentellen Daten bzw. die Beziehung zwischen Einflussgrößen und Zielgrößen möglichst gut beschreiben. Hat man nur 2 Messpunkte, dann ist dadurch eine Gerade eindeutig festgelegt, bei 3 Messpunkten eine Parabel usw. Allerdings erhält man in der Regel mehr oder weniger streuende Punktwolken, durch die man Geraden, Parabeln oder andere analytisch fassbare Kurven möglichst so legen möchte, dass die Messpunkte gut angenähert werden. In der Abb. 3.1 ist diese Situation dargestellt. Solche auch **Ausgleichsprobleme** genannte Aufgaben führen in der Regel auf die Behandlung überbestimmter, nicht exakt lösbarer linearer Gleichungssysteme. Dabei spielen spezielle Matrixzerlegungen $A = QR$ mit einer orthogonalen Matrix Q und einer Dreiecksmatrix R eine besondere Rolle. Im Folgenden werden die mathematischen Instrumente zur Lösung von Ausgleichsproblemen bereitgestellt.

3.1 Vorbemerkungen

Zur Illustration eines linearen Ausgleichsproblems betrachten wir die Auswertung folgender „kurzen" Messreihe:

© Der/die Autor(en), exklusiv lizenziert an Springer-Verlag GmbH, DE, ein Teil von Springer Nature 2022
G. Bärwolff und C. Tischendorf, *Numerik für Ingenieure, Physiker und Informatiker,*
https://doi.org/10.1007/978-3-662-65214-5_3

Abb. 3.1 Messwerte durch
eine Gerade angenähert

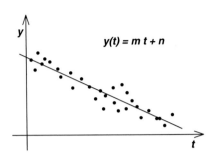

y	1,2 +ϵ_1	1,4 +ϵ_2	1,6+ϵ_3	1,8+ϵ_4
t	1	2	3	4

Man sucht nach einem funktionalen Zusammenhang zwischen der unabhängigen Veränderlichen t und der abhängigen Veränderlichen y, im einfachsten Fall nach einem linearen Zusammenhang $y = l(t) = mt + n$. Die Gerade $y = l(t)$ nennt man auch **Regressionsgerade** und die Methode zur Konstruktion der Geraden auch **lineare Regression**. Mit der Messreihe ergibt sich also ein lineares Gleichungssystem

$$A\vec{x} = \begin{pmatrix} 1 & 1 \\ 2 & 1 \\ 3 & 1 \\ 4 & 1 \end{pmatrix} \begin{pmatrix} m \\ n \end{pmatrix} = \begin{pmatrix} 1,2 + \epsilon_1 \\ 1,4 + \epsilon_2 \\ 1,6 + \epsilon_3 \\ 1,8 + \epsilon_4 \end{pmatrix} = \vec{b}$$

zur Bestimmung von m und n, was i. Allg. überbestimmt und nicht lösbar ist, wenn man z. B. Messfehler $\epsilon_k \neq 0$ ($k = 1, \ldots, 4$) macht. Ist $\epsilon_k = 0$ ($k = 1, \ldots, 4$), dann findet man leicht die exakte Lösung $m = 0,2$ und $n = 1$ und könnte 2 der 4 Messungen als redundant streichen. Macht man aber Fehler bei der Messung, z. B. $\epsilon_1 = -0,1$, $\epsilon_2 = 0,1$, $\epsilon_3 = -0,1$, $\epsilon_4 = 0,1$, dann ist das Gleichungssystem **überbestimmt**. Man weiß a priori nicht, welche Messungen besser oder schlechter sind und welche Messungen gestrichen werden sollen, um ein exakt lösbares System zur Bestimmung von m und n zu erhalten.

Am sinnvollsten ist in diesem Fall die Berücksichtigung sämtlicher Gleichungen und die Suche nach solchen $\vec{x} = \binom{m}{n}$, die den **quadratischen Fehler** oder die quadratische Abweichung

$$||A\vec{x} - \vec{b}||^2 = \sum_{k=1}^{4} [a_{k1}m + a_{k2}n - b_k]^2$$

minimal machen. Man könnte statt des quadratischen Fehlers auch den Abstand $||A\vec{x} - \vec{b}||$ oder eine andere Norm als die euklidische verwenden. Allerdings erweist sich die Wahl des quadratischen Fehlers als sehr praktikabel, wie die Abschn. 3.3.1 und 3.3.2 zeigen werden.

Die Minimierung des quadratischen Abstandes führt letztendlich wieder auf die Lösung eines linearen Gleichungssystems. In diesem Zusammenhang ist eine spezielle Zerlegung, die sogenannte QR-Zerlegung in eine orthogonale Matrix Q und eine Dreiecksmatrix R

hilfreich, und wir werden diese Zerlegung im Folgenden konstruieren, da sie auch generell bei der Lösung linearer Gleichungssysteme Anwendung findet.

3.2 Die QR-Zerlegung

Bevor wir uns intensiver mit Ausgleichsproblemen befassen wollen, soll die Faktorisierung einer Matrix A vom Typ $m \times n$ betrachtet werden. Ziel ist die Bestimmung einer orthogonalen Matrix Q vom Typ $m \times m$ und einer Matrix R vom Typ $m \times n$ in Zeilen-Stufen-Form, so dass

$$A = QR$$

gilt. Dazu sollen die Eigenschaften von orthogonalen Matrizen kurz zusammengefasst werden.

▶ **Definition 3.1** (orthogonale Matrix)
Eine reelle quadratische Matrix Q vom Typ $n \times n$ heißt **orthogonal,** falls $Q^{-1} = Q^T$.

Eine wichtige Eigenschaft orthogonaler Matrizen ist die triviale Berechnung der Inversen durch die Bildung der Transponierten. Im folgenden Satz werden die wichtigsten Eigenschaften orthogonaler Matrizen zusammengefasst.

Satz 3.1. *(Eigenschaften orthogonaler Matrizen)*
Sei Q eine orthogonale Matrix vom Typ $n \times n$. Es gilt

i) *Die Spaltenvektoren $\mathbf{q}_1$, $\mathbf{q}_2$,..., $\mathbf{q}_n$ der Matrix*

$$Q = \begin{pmatrix} | & | & | & & | \\ \mathbf{q}_1 & \mathbf{q}_2 & \mathbf{q}_3 & \cdots & \mathbf{q}_n \\ | & | & | & & | \end{pmatrix}$$

bilden eine orthonormale Basis.
ii) *Die Transponierte Q^T ist auch orthogonal und die Spalten von Q^T bilden auch eine orthonormale Basis.*
iii) *Q ist eine längeninvariante Transformation, d. h. es gilt bezüglich des euklidischen Skalarproduktes $\langle \vec{x}, \vec{y} \rangle = \sum_{j=1}^{n} x_j y_j$ für $\vec{x}, \vec{y} \in \mathbb{R}^n$*

$$\langle Q\vec{x}, Q\vec{y} \rangle = \langle \vec{x}, \vec{y} \rangle \quad und \quad ||Q\vec{x}|| = ||\vec{x}|| \Longrightarrow ||Q|| = 1$$

für alle $\vec{x}, \vec{y} \in \mathbb{R}^n$.
iv) *Für die Determinante von orthogonalen Matrizen gilt $\det(Q) = \pm 1$.*
v) *Das Produkt $Q_1 Q_2$ zweier orthogonaler Matrizen Q_1 und Q_2 ist wieder orthogonal.*
vi) *Für eine reguläre $(n \times n)$-Matrix A gilt*

$$||QA|| = ||AQ|| = ||A|| \quad und \quad \kappa(Q) = 1, \quad \kappa(QA) = \kappa(AQ) = \kappa(A)$$

für die Konditionszahlen bezüglich der euklidischen Vektornorm.

Der Nachweis der Eigenschaften ist einfach. i) und ii) ergeben sich direkt aus der Definition 3.1. iii) folgt aus der Identität $\langle A\vec{x}, \vec{y}\rangle = \langle \vec{x}, A^T \vec{y}\rangle$. iv) und v) sollten zur Übung vom Leser nachgewiesen werden. $||QA\vec{x}|| = ||A\vec{x}||$ folgt aus iii) und damit ist $||QA|| = ||A||$. Für die Norm von $(QA)^{-1} = A^{-1}Q^{-1} = A^{-1}Q^T$ ergibt sich

$$||A^{-1}Q^T|| = \max_{||\vec{x}||\neq 0} \frac{||A^{-1}Q^T\vec{x}||}{||\vec{x}||} = \max_{||\vec{x}||\neq 0} \frac{||A^{-1}Q^T\vec{x}||}{||Q^T\vec{x}||} = \max_{||\vec{y}||\neq 0} \frac{||A^{-1}\vec{y}||}{||\vec{y}||} = ||A^{-1}||$$

und damit folgt $\kappa(QA) = ||QA|| \, ||A^{-1}Q^T|| = ||A|| \, ||A^{-1}|| = \kappa(A)$. Außerdem ist offensichtlich $\kappa(Q) = ||Q|| \, ||Q^T|| = 1 \cdot 1 = 1$.

Für Punkt i) gilt auch die Umkehrung. Ist $\mathbf{q}_1$, $\mathbf{q}_2$,..., $\mathbf{q}_n$ eine orthonormale Basis von Spaltenvektoren, dann ist die daraus gebildete Matrix

$$Q = \begin{pmatrix} | & | & | & & | \\ \mathbf{q}_1 & \mathbf{q}_2 & \mathbf{q}_3 & \cdots & \mathbf{q}_n \\ | & | & | & & | \end{pmatrix}$$

eine orthogonale Matrix.

Beispiele

1) Man rechnet einfach nach, dass

$$Q = \begin{pmatrix} \frac{\sqrt{2}}{2} & \frac{\sqrt{2}}{2} \\ -\frac{\sqrt{2}}{2} & \frac{\sqrt{2}}{2} \end{pmatrix}$$

   eine orthogonale Matrix ist.
2) Permutationsmatrizen bzw. Zeilenvertauschungsmatrizen sind orthogonale Matrizen.
3) **Drehmatrizen**

$$P = \begin{pmatrix} \cos\alpha & \sin\alpha \\ -\sin\alpha & \cos\alpha \end{pmatrix},$$

   die durch Multiplikation einen Ortsvektor um den Winkel α in mathematisch positiver Richtung drehen, sind orthogonale Matrizen.

◄

3.2.1 Householder-Transformationen

Im Folgenden soll eine wichtige Klasse von orthogonalen Matrizen mit den Householder-Spiegelungen besprochen werden.

Wenn $\vec{u} \in \mathbb{R}^n$ die Länge 1 hat, d. h. $\langle \vec{u}, \vec{u} \rangle = \vec{u}^T \vec{u} = 1$ gilt, dann bewirkt die Matrix

$$P = \vec{u}\vec{u}^T = \begin{pmatrix} u_1 \\ u_2 \\ \vdots \\ u_n \end{pmatrix} (u_1, u_2, \ldots, u_n) = \begin{pmatrix} u_1u_1 & u_1u_2 & \ldots & u_1u_n \\ u_2u_1 & u_2u_2 & \ldots & u_2u_n \\ \vdots & & & \\ u_nu_1 & u_nu_2 & \ldots & u_nu_n \end{pmatrix}$$

die Projektion auf den von $\vec{u}$ aufgespannten eindimensionalen Unterraum des $\mathbb{R}^n$. Es gilt

$$P\vec{x} = \vec{u}\vec{u}^T \cdot \vec{x} = \vec{u}(\vec{u}^T\vec{x}) = \langle \vec{u}, \vec{x} \rangle \vec{u},$$

d. h. P projiziert den Vektor $\vec{x}$ aus dem $\mathbb{R}^n$ auf die von $\vec{u}$ gebildete Gerade (Unterraum). Mit Hilfe von $P = \vec{u}\vec{u}^T$ definieren wir die Householder-Spiegelung (Abb. 3.2).

▶ **Definition 3.2** (Householder-Spiegelung)
Sei $\vec{w} \in \mathbb{R}^n$ ein Vektor ungleich dem Nullvektor und damit $\vec{u} = \frac{\vec{w}}{||\vec{w}||}$ ein normierter Vektor der Länge 1 ($||\vec{u}||^2 = \langle \vec{u}, \vec{u} \rangle = 1$). Die quadratische ($n \times n$)-Matrix

$$H = E - 2\frac{\vec{w}\vec{w}^T}{\langle \vec{w}, \vec{w} \rangle} = E - 2\vec{u}\vec{u}^T$$

und die lineare Abbildung $H : \mathbb{R}^n \rightarrow \mathbb{R}^n$ heißt **Householder-Spiegelung** oder **Householder-Transformation**, die Vektoren $\vec{s}$ an der Hyperebene $\{\vec{u}\}^\perp = \{\vec{y} \in \mathbb{R}^n \mid \langle \vec{y}, \vec{u} \rangle = 0\}$, d. h. der Hyperebene, die $\vec{u}$ als Normalenvektor hat, spiegelt.

Die Begriffe Householder-Spiegelung, Householder-Transformation und Householder-Matrix werden synonym verwendet. Zunächst soll die Rechtfertigung für den Begriff „Spie-

Abb. 3.2 Projektion von $\vec{x}$ auf $U = \{\vec{y} \mid \vec{y} = \alpha\vec{u}, \alpha \in \mathbb{R}\}$

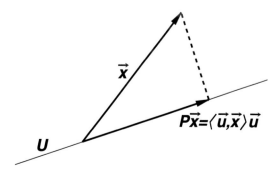

gelung" erläutert werden. Betrachten wir einen Vektor $\vec{x} \in \mathbb{R}^n$. Jeden Vektor $\vec{x}$ kann man immer als Summe eines Vektors $\vec{h}$ aus der Hyperebene $\{\vec{u}\}^\perp$ und eines Vektors $\vec{s} = \beta\vec{u}$, der senkrecht auf der Hyperebene steht, darstellen, d.h. $\vec{x} = \vec{s} + \vec{h}$. Die Householder-Transformation ergibt

$$H\vec{s} = (E - 2\vec{u}\vec{u}^T)\vec{s} = \vec{s} - 2\langle\vec{s}, \vec{u}\rangle\vec{u} = \beta\vec{u} - 2\beta\vec{u} = -\beta\vec{u},$$
$$H\vec{h} = (E - 2\vec{u}\vec{u}^T)\vec{h} = \vec{h} - 2\langle\vec{h}, \vec{u}\rangle\vec{u} = \vec{h},$$

so dass man in der Summe

$$H\vec{x} = \vec{h} - \beta\vec{u} = \vec{x} - 2\beta\vec{u} = \vec{x} - 2\langle\vec{x}, \vec{u}\rangle\vec{u}$$

gerade die Spiegelung von $\vec{x}$ an $\{\vec{u}\}^\perp$ erhält, da $\beta = \langle\vec{s}, \vec{u}\rangle = \langle\vec{x}, \vec{u}\rangle$ ist (s. auch Abb. 3.3). Im folgenden Satz sind die charakteristischen Eigenschaften der Householder-Transformation zusammengefasst.

Satz 3.2. *(Eigenschaften der Householder-Transformation)*
Die Householder-Transformation H ist symmetrisch und orthogonal, d.h. es gilt

$$H = H^T, \quad H^T H = E \implies H^2 = E.$$

Das Nachrechnen der Eigenschaften wird als Übung empfohlen.

Beim Gauß'schen Algorithmus bzw. der Erzeugung von Dreiecksmatrizen ging es immer darum, möglichst effektiv Nullen unter einem Kopfelement zu erzeugen. Die Verwendung von Housholder-Matrizen zur Erzeugung von Spalten mit Nullen unter dem Kopfelement ist nahe liegend. Hat man z.B. einen Spaltenvektor $\vec{a}_1 \in \mathbb{R}^n$ gegeben und möchte bis auf die erste Komponente alle anderen zu null machen, also einen Spaltenvektor $\gamma\vec{e}_1$ erzeugen ($\vec{e}_1$ sei der natürliche Basisvektor mit den Komponenten $e_{k1} = \delta_{k1}$), dann muss man nur eine Householder-Matrix H_1 (d.h. einen Vektor $\vec{u}$ oder eine Hyperebene $\{\vec{u}\}^\perp$) suchen mit

$$H_1\vec{a}_1 = \mp\gamma\vec{e}_1. \tag{3.1}$$

Abb. 3.3 Spiegelung von $\vec{x}$ an $\{\vec{u}\}^\perp$

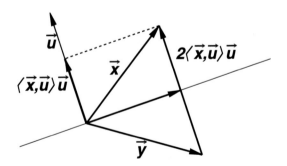

Abb. 3.4 Spiegelung von $\vec{a}_1$ zu $\mp\gamma\vec{e}_1$

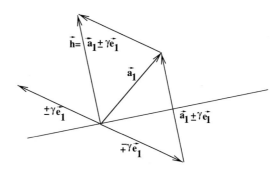

Aus der Abb. 3.4 wird deutlich, dass der gesuchte Vektor $\vec{u}$ parallel zu den Vektoren $\vec{h} = \vec{a}_1 - \gamma\vec{e}_1$ oder $\vec{h} = \vec{a}_1 + \gamma\vec{e}_1$ sein muss. Um Auslöschungen durch Subtraktion zu verhindern, wählen wir $\vec{h} = \vec{a}_1 + \gamma\vec{e}_1$ mit

$$\gamma = \begin{cases} ||\vec{a}_1|| & \text{falls } a_1 \geq 0 \\ -||\vec{a}_1|| & \text{falls } a_1 < 0 \end{cases}$$

(a_1 ist hier die erste Komponente von $\vec{a}_1$). Die euklidische Länge von $\vec{h}$ ergibt sich zu

$$||\vec{h}||^2 = \langle \vec{a}_1 + \gamma\vec{e}_1, \vec{a}_1 + \gamma\vec{e}_1 \rangle = \gamma^2 + 2\gamma a_1 + \gamma^2 = 2\gamma(\gamma + a_1) \iff ||\vec{h}|| = \sqrt{2\gamma(\gamma + a_1)},$$

so dass man mit $\beta = \sqrt{2\gamma(\gamma + a_1)}$

$$\vec{u} = \frac{1}{\beta}\vec{h} \quad \text{und} \quad H_1 = E - 2\vec{u}\vec{u}^T$$

die gesuchte Householder-Matrix mit der Eigenschaft (3.1) gefunden hat. Man erhält nun

$$\begin{aligned} H_1\vec{a}_1 &= (E - 2\vec{u}\vec{u}^T)\vec{a}_1 = \vec{a}_1 - 2\vec{u}\vec{u}^T\vec{a}_1 \\ &= \vec{a}_1 - 2(\vec{a}_1 + \gamma\vec{e}_1)(\vec{a}_1 + \gamma\vec{e}_1)^T\vec{a}_1/\beta^2 \\ &= \vec{a}_1 - 2(\vec{a}_1 + \gamma\vec{e}_1)(\gamma^2 + \gamma a_1)/\beta^2 = -\gamma\vec{e}_1. \end{aligned}$$

Beispiel

Betrachten wir z. B. die (3×3)-Matrix

$$C = \begin{pmatrix} 4 & 1 & 3 \\ 2 & 2 & 1 \\ 1 & 2 & 3 \end{pmatrix},$$

dann ist $\vec{a}_1 = (4, 2, 1)^T$ und zur Spiegelung von $\vec{a}_1$ auf $\gamma\vec{e}_1$ erhält man $\gamma = \sqrt{21} \approx 4{,}5826$ und $\beta = \sqrt{2\sqrt{21}(\sqrt{21} + 4)} \approx 8{,}8691$ sowie

$$\vec{u} = \frac{1}{\beta}\begin{pmatrix} 4+\sqrt{21} \\ 2 \\ 1 \end{pmatrix} \approx \begin{pmatrix} 0{,}9677 \\ 0{,}2255 \\ 0{,}11275 \end{pmatrix}, \quad H_1 = \begin{pmatrix} -0{,}872872 & -0{,}436436 & -0{,}218218 \\ -0{,}436436 & 0{,}898297 & -0{,}050851 \\ -0{,}218218 & -0{,}050851 & 0{,}974574 \end{pmatrix}.$$

Die Householder-Transformation ergibt

$$H_1\vec{a}_1 = \begin{pmatrix} -4{,}5826 \\ 0 \\ 0 \end{pmatrix} \quad \text{bzw.} \quad H_1\,C = \begin{pmatrix} -4{,}5826 & -2{,}1822 & -3{,}7097 \\ 0 & 1{,}2585 & -0{,}5636 \\ 0 & 1{,}6292 & 2{,}2182 \end{pmatrix}.$$

Nachdem nun die erste Spalte der Matrix $\tilde{C} = H_1 C$ durch die Householder-Transformation H_1 die gewünschte Form erhalten hat, soll die Konstruktion einer Dreiecksmatrix fortgesetzt werden.

Um in der zweiten Spalte einer Matrix

$$\tilde{C} = \begin{pmatrix} \tilde{c}_{11} & \tilde{c}_{12} & \dots & \tilde{c}_{1n} \\ 0 & \tilde{c}_{22} & \dots & \tilde{c}_{2n} \\ \vdots & & & \\ 0 & \tilde{c}_{n2} & \dots & \tilde{c}_{nn} \end{pmatrix} = \left(\begin{array}{c|ccc} \tilde{c}_{11} & \tilde{c}_{12} & \dots & \tilde{c}_{1n} \\ \hline 0 & & & \\ \vdots & & \tilde{C}_2 & \\ 0 & & & \end{array}\right)$$

unterhalb von $\tilde{c}_{22} \neq 0$ Nullen zu erzeugen, führen wir nun einfach die oben besprochene Householder-Transformation mit der ersten Spalte der Matrix $\tilde{C}_2$ durch. Wenn wir die zweite Spalte von $\tilde{C}_2$ mit $\vec{a}_2 \in \mathbb{R}^{n-1}$ und die Housholder-Matrix, die $\vec{a}_2$ auf den Vektor $\gamma\vec{e}_1 \in \mathbb{R}^{n-1}$ spiegelt, mit $H(\vec{a}_2)$ bezeichnen, dann erzeugt man mit der Matrix

$$H_2 = \left(\begin{array}{c|ccc} 1 & 0 & \dots & 0 \\ \hline 0 & & & \\ \vdots & & H(\vec{a}_2) & \\ 0 & & & \end{array}\right), \tag{3.2}$$

die ebenfalls eine Housholder-Matrix ist, durch Multiplikation mit der Matrix $\tilde{C}$ eine gewünschte Matrix der Form

$$\tilde{\tilde{C}} = H_2\tilde{C} = H_2 H_1 C = \begin{pmatrix} \tilde{c}_{11} & \tilde{c}_{12} & \tilde{c}_{13} & \dots & \tilde{c}_{1n} \\ 0 & \tilde{\tilde{c}}_{22} & \tilde{\tilde{c}}_{23} & \dots & \tilde{\tilde{c}}_{2n} \\ 0 & 0 & \tilde{\tilde{c}}_{33} & \dots & \tilde{\tilde{c}}_{3n} \\ \vdots & & & & \\ 0 & 0 & \tilde{\tilde{c}}_{n3} & \dots & \tilde{\tilde{c}}_{nn} \end{pmatrix}.$$

Die Methode soll nun angewendet werden, um in dem begonnenen Beispiel die Konstruktion einer Dreiecksmatrix zu beenden. Es war

$$\tilde{C} = H_1 C = \begin{pmatrix} -4{,}5826 & -2{,}1822 & -3{,}7097 \\ 0 & 1{,}2585 & -0{,}5636 \\ 0 & 1{,}6292 & 2{,}2182 \end{pmatrix} = \left(\begin{array}{c|cc} -4{,}5826 & -2{,}1822 & -3{,}7097 \\ \hline 0 & & \\ 0 & & \tilde{C}_2 \end{array} \right)$$

mit $\tilde{C}_2 = \begin{pmatrix} 1{,}2585 & -0{,}5636 \\ 1{,}6292 & 2{,}2182 \end{pmatrix}$. Die Spiegelung von $\vec{a}_2 = (1{,}2585, 1{,}6292)^T \in \mathbb{R}^2$ auf einen Vektor $\gamma \vec{e}_1 = (\gamma, 0)^T \in \mathbb{R}^2$ wird durch die Housholder-Matrix $H(\vec{a}_2) = E - 2\vec{u}\vec{u}^T$ mit $\vec{u} = (\vec{a}_2 + \gamma \vec{e}_1)/\beta = (0{,}89758, 0{,}44085)^T$ ($\gamma = \|\vec{a}_2\| = 2{,}0587$ bzw. $\beta = 3{,}6956$), also

$$H(\vec{a}_2) = E - 2\vec{u}\vec{u}^T = \begin{pmatrix} -0{,}61130 & -0{,}79140 \\ -0{,}79140 & 0{,}61130 \end{pmatrix}$$

realisiert. Mit

$$H_2 = \left(\begin{array}{c|cc} 1 & 0 & 0 \\ \hline 0 & & \\ 0 & & H(\vec{a}_2) \end{array} \right) = \begin{pmatrix} 1 & 0 & 0 \\ 0 & -0{,}61130 & -0{,}79140 \\ 0 & -0{,}79140 & 0{,}61130 \end{pmatrix}$$

erhält man schließlich mit

$$\tilde{\tilde{C}} = H_2 \tilde{C} = H_2 H_1 C = \begin{pmatrix} -4{,}5826 & -2{,}1822 & -3{,}7097 \\ 0 & -2{,}0587 & -1{,}4110 \\ 0 & 0 & 1{,}8020 \end{pmatrix} =: R$$

die gewünschte obere Dreiecksmatrix. ◄

3.2.2 Konstruktion von QR-Zerlegungen

Im Beispiel des letzten Abschnitts wurde durch zwei Housholder-Spiegelungen die Matrix C auf eine Dreiecksform gebracht bzw. faktorisiert:

$$H_2 H_1 C = R \iff H_1^T H_2^T H_2 H_1 C = H_1^T H_2^T R \iff C = H_1^T H_2^T R =: Q R.$$

Q ist als Produkt der orthogonalen Matrizen H_1^T und H_2^T ebenfalls orthogonal. Wir haben damit eine QR-Zerlegung konstruiert. Der folgende Satz verallgemeinert die Erfahrung mit dem Beispiel.

Satz 3.3. *(QR-Zerlegung)*
Sei C eine Matrix vom Typ $m \times n$ ($m \geq n$) mit dem Rang n, d. h. C bestehe aus linear unabhängigen Spalten. Dann existiert eine orthogonale Matrix Q vom Typ $m \times m$ derart, dass

$$C = Q \hat{R} \quad mit \quad \hat{R} = \begin{pmatrix} R \\ \mathbf{0} \end{pmatrix}$$

*gilt, wobei R eine reguläre obere Dreiecksmatrix vom Typ n × n ist und **0** eine Nullmatrix vom Typ (m − n) × n ist. Im Fall von m = n ist R̂ = R. Die Zerlegung bzw. Faktorisierung C = Q R̂ nennt man Q R-Zerlegung.*

Der Beweisidee wurde im vorigen Abschnitt durch die sukzessive Konstruktion von Householder-Spiegelungen erbracht.

Beispiel

Es soll die QR-Zerlegung der Matrix

$$C = \begin{pmatrix} 1 & 2 \\ 1 & 3 \\ 1 & 4 \end{pmatrix}$$

konstruiert werden. Hier muss nur eine Householder-Spiegelung durchgeführt werden. Mit $\vec{u} = (1 + \sqrt{3}, 1, 1)^T / \beta$ und $\beta = 3{,}0764$ erhält man

$$\vec{u} = \begin{pmatrix} 0{,}88807 \\ 0{,}32506 \\ 0{,}32506 \end{pmatrix} \text{ und } H_1 = E - 2\vec{u}\vec{u}^T = \begin{pmatrix} -0{,}57735 & -0{,}57735 & -0{,}57735 \\ -0{,}57735 & 0{,}78868 & -0{,}21132 \\ -0{,}57735 & -0{,}21132 & 0{,}78868 \end{pmatrix},$$

also letztendlich

$$H_1 C = \begin{pmatrix} -1{,}73205 & -5{,}19615 \\ 0 & -1{,}41421 \\ 0 & 0 \end{pmatrix} =: \hat{R} \iff C = H_1^T \hat{R} =: Q \hat{R}.$$

An dieser Stelle sei darauf hingewiesen, dass man die QR-Zerlegung auch auf anderen Wegen, z. B. mit dem Schmidt'schen Orthogonalisierungs-Verfahren oder dem Givens-Verfahren erhalten kann. Allerdings ist die Konstruktion mit Householder-Spiegelungen hinsichtlich der erforderlichen Multiplikationen im Vergleich zu den anderen Methoden die effektivste. Deshalb und auch aus Platzgründen beschränken wir uns auf die dargestellte Methode.

Ebenso wie die in vorangegangenen Abschnitten besprochenen anderen Zerlegungen (LR- bzw. Cholesky-Zerlegung) kann die QR-Zerlegung im Fall der Lösbarkeit eines linearen Gleichungssystems $C\vec{x} = \vec{y}$ mit der Faktorisierung $C = QR$ auch zur Bestimmung von $\vec{x}$ über den Hilfsvektor $\vec{z}$ mit den zwei Schritten

$$Q\vec{z} = \vec{y} \iff \vec{z} = Q^T \vec{y}, \quad R\vec{x} = \vec{z}$$

bestimmt werden. ◄

3.3 Allgemeine lineare Ausgleichsprobleme

Es ist ein funktionaler Zusammenhang zwischen den Einflussgrößen $x_1, x_2, ..., x_n$ und einer Größe y in der Form

$$y = f(x_1, x_2, ..., x_n) \tag{3.3}$$

gesucht. Man weiß über die Abhängigkeit der Größe y von $x_1, x_2, ..., x_n$, hat aber z. B. durch Messreihen o.Ä. nur die Matrix

$$\begin{pmatrix} y_1 & x_{11} & \dots & x_{1n} \\ y_2 & x_{21} & \dots & x_{2n} \\ \vdots & & & \\ y_m & x_{m1} & \dots & x_{mn} \end{pmatrix} \tag{3.4}$$

gegeben, wobei eine Zeile etwa das Ergebnis einer von insgesamt m Messungen ist, also hat die Größe y bei der j-ten Messung den Wert y_j und die Einflussgrößen $\vec{x} = (x_1, ..., x_n)$ haben die Werte $\vec{x}_j = (x_{j1}, ..., x_{jn})$. Die Funktion $f : D \to \mathbb{R}, \ D \subset \mathbb{R}^n$ kennt man in der Regel nicht.

Von einem **linearen Ausgleichsproblem** spricht man, wenn man für gegebene Funktionen $\varphi_i : \mathbb{R}^n \to \mathbb{R}$ $(i = 1, ..., n)$ nach einem funktionalen Zusammenhang der Form

$$y = f(\vec{x}) = r_0 + r_1 \varphi_1(\vec{x}) + r_2 \varphi_2(\vec{x}) + \cdots + r_n \varphi_n(\vec{x}) \tag{3.5}$$

sucht, der die Messungen (3.4) möglichst gut widerspiegelt. Gesucht sind also Zahlen $r_0, r_1, ..., r_n$, die dies leisten. Ein sehr einfacher Ansatz ist z. B.

$$f(x_1, x_2, ..., x_n) = r_0 + r_1 x_1 + ... + r_n x_n,$$

wobei die Funktionen φ_k in diesem Fall Funktionen $\varphi_k(\vec{x}) = x_k$ $(k = 1, ..., n)$ sind.

Im Idealfall gilt $r_0 + r_1 \varphi_1(\vec{x}_k) + ... + r_n \varphi_n(\vec{x}_k) = y_k$ für alle $k = 1, ..., m$, d.h.

$$\begin{pmatrix} 1 & \varphi_1(\vec{x}_1) & \dots & \varphi_n(\vec{x}_1) \\ 1 & \varphi_1(\vec{x}_2) & \dots & \varphi_n(\vec{x}_2) \\ \vdots & & & \\ 1 & \varphi_1(\vec{x}_m) & \dots & \varphi_n(\vec{x}_m) \end{pmatrix} \begin{pmatrix} r_0 \\ r_1 \\ \vdots \\ r_n \end{pmatrix} = \begin{pmatrix} y_1 \\ y_2 \\ \vdots \\ y_m \end{pmatrix} \iff M\vec{r} = \vec{y}, \tag{3.6}$$

wenn die Messungen (3.4) und das angenommene Gesetz (3.5) harmonieren. Das wird aber in den seltensten Fällen passieren. Es geht folglich darum, in der Regel überbestimmte lineare Gleichungssysteme der Art (3.6) zu behandeln. Das soll in den folgenden Abschnitten geschehen.

Im Fall der Überbestimmtheit kann man die Frage stellen, für welche $r_0, r_1, ..., r_n$ der **quadratische Fehler** bzw. das Quadrat der euklidischen Norm des Residuums $\vec{d} = \vec{y} - M\vec{r}$

$$F(r_0, r_1, ..., r_n) = \frac{1}{2}\|M\vec{r} - \vec{y}\|^2 = \frac{1}{2}\sum_{k=1}^{m}[f(\vec{x}_k) - y_k]^2$$

$$= \frac{1}{2}\sum_{k=1}^{m}[(r_0 + r_1\varphi_1(\vec{x}_k) + ... + r_n\varphi_n(\vec{x}_k)) - y_k]^2 \qquad (3.7)$$

minimal ist, um somit die „beste" lineare Näherung des funktionalen Zusammenhangs $y = f(x_1, x_2, ..., x_n)$ auf der Grundlage der Messreihe (3.4) zu erhalten. Die Methode geht auf Gauß zurück und wird **Methode der kleinsten Quadrate** genannt.

3.3.1 Behandlung überbestimmter Gleichungssysteme mit Mitteln der Analysis

Im Weiteren betrachten wir aus Darstellungsgründen den Fall $\varphi_k(\vec{x}) = x_k$ $(k = 1, ..., n)$. Bei der Aufgabe

$$F(r_0, r_1, ..., r_n) = \text{min!} \qquad (3.8)$$

handelt es sich um ein Extremalproblem ohne Nebenbedingungen. Die notwendige Bedingung für Extremalpunkte lautet grad $F = \mathbf{0}$. Die Berechnung der Ableitungen des Ansatzes (3.5) nach r_j für $j = 0, ..., n$ führt auf

$$\frac{\partial F}{\partial r_0} = \sum_{k=1}^{m}((r_0 + r_1 x_{k1} + \cdots + r_n x_{kn}) - y_k)$$

$$\frac{\partial F}{\partial r_1} = \sum_{k=1}^{m}((r_0 + r_1 x_{k1} + \cdots + r_n x_{kn}) - y_k)x_{k1}$$

$$\cdots$$

$$\frac{\partial F}{\partial r_n} = \sum_{k=1}^{m}((r_0 + r_1 x_{k1} + \cdots + r_n x_{kn}) - y_k)x_{kn}.$$

Die Auswertung der notwendigen Bedingung grad $F = \mathbf{0}$, d.h. $\frac{\partial F}{\partial r_j} = 0$ $(j = 0, ..., n)$ ergibt nach kurzer Rechnung das lineare Gleichungssystem

$$A\vec{r} = \vec{b} \qquad (3.9)$$

zur Bestimmung des Vektors $\vec{r} = (r_0, r_1, ..., r_n)^T$ mit der Koeffizientenmatrix bzw. der rechten Seite

$$A = \begin{pmatrix} \sum_{k=1}^{m} 1 & \sum_{k=1}^{m} x_{k1} & \cdots & \sum_{k=1}^{m} x_{kn} \\ \sum_{k=1}^{m} x_{k1} & \sum_{k=1}^{m} x_{k1}^2 & \cdots & \sum_{k=1}^{m} x_{k1}x_{kn} \\ \vdots & & & \\ \sum_{k=1}^{m} x_{kn} & \sum_{k=1}^{m} x_{k1}x_{kn} & \cdots & \sum_{k=1}^{m} x_{kn}^2 \end{pmatrix}, \quad \vec{b} = \begin{pmatrix} \sum_{k=1}^{m} y_k \\ \sum_{k=1}^{m} y_k x_{k1} \\ \vdots \\ \sum_{k=1}^{m} y_k x_{kn} \end{pmatrix}.$$

Das Gleichungssystem (3.9) nennt man **Gauß-Normalgleichungssystem** des linearen Ausgleichsproblems (3.8). Man kann die Matrix $A = (a_{ij})_{(i,j=0,\ldots,n)}$ auch kurz durch ihre
Elemente

$$a_{ij} = \sum_{k=1}^{m} x_{ki} x_{kj}$$

mit $x_{k0} = 1 \quad (k = 1, \ldots, m)$ beschreiben. Man stellt übrigens auch fest, dass man die
Matrix A und die rechte Seite $\vec{b}$ auch ausgehend von der Gl. (3.6) durch Multiplikation mit
M^T erhalten kann:

$$M\vec{r} = \vec{y} \quad \Longrightarrow \quad M^T M \vec{r} =: A\vec{r} = \vec{b} := M^T \vec{y}.$$

Man erkennt, dass A symmetrisch ist. Außerdem stellt man durch eine kurze Rechnung fest,
dass A gerade die Hesse-Matrix von F ist. Die eben beschriebene Methodik kann man im
folgenden Satz zusammenfassen.

Satz 3.4. *(lineares Ausgleichsproblem)*

a) *Das lineare Ausgleichsproblem (3.8) ist immer lösbar.*
b) *Die Lösungen von (3.8) und (3.9) stimmen immer überein.*
c) *Ist die Zahl der Messungen m nicht größer als die Zahl der Einflussgrößen n, so ist die
   Matrix A immer singulär.*
d) *Ist der Rang von M aus (3.6) gleich n und ist m > n (M hat den vollen Rang), so ist
   die Ausgleichslösung eindeutig und die Matrix A ist positiv definit. Damit macht die
   Ausgleichslösung das Funktional F minimal.*

Die Aussage d) des Satzes 3.4 ermöglicht eine Cholesky-Zerlegung zur Lösung des Normalgleichungssystems.

Beispiel

Man hat die Messreihe

y	1,2	1,4	2	2,5	3,2	3,4	3,7	3,9	4,3	5
x	1	2	3	4	5	6	7	7,5	8	10

gegeben. Als Normalgleichungssystem erhält man

$$\begin{pmatrix} 10 & 53,5 \\ 53,5 & 360,25 \end{pmatrix} \begin{pmatrix} r_0 \\ r_1 \end{pmatrix} = \begin{pmatrix} 30,6 \\ 195,95 \end{pmatrix}$$

mit der Lösung $r_0 = 0,73$, $r_1 = 0,436$, so dass sich für die Messreihe die Ausgleichs-
gerade $y = f(x) = 0,73 + 0,436\,x$ ergibt (s. auch Abb. 3.5). ◀

Abb. 3.5 Messreihe und
Ausgleichskurve
$y = f(x) = 0{,}73 + 0{,}436\,x$

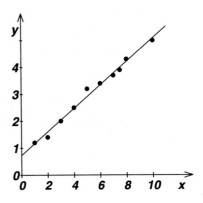

Bemerkung 3.1 Die Voraussetzung d) des Satzes 3.4 erfüllt man mit der sinnvollen Forderung, dass die Werte der Einflussgröße x im Beispiel nicht sämtlich übereinstimmen dürfen, also eventuelle Messungen nicht ausschließlich an einer Stelle (z. B. ein Zeitpunkt) gemacht werden.

Macht man bei positiven Einflussgrößen für die funktionale Beziehung $y = f(x_1, ..., x_n)$ den Ansatz

$$f(x_1, x_2, ..., x_n) = r_0 \cdot x_1^{r_1} \cdot x_2^{r_2} \cdot ... \cdot x_n^{r_n}, \tag{3.10}$$

so spricht man von einem **logarithmisch linearen Ansatz**. Durch Logarithmieren erhält man aus (3.10) die lineare Beziehung

$$\ln f(x_1, x_2, ..., x_n) = \ln r_0 + r_1 \ln x_1 + r_2 \ln x_2 + ... + r_n \ln x_n$$

und kann die oben beschriebene Methode zur Berechnung der „besten" r_j verwenden. Denn man hat mit den Festlegungen $y' := \ln y$, $y'_k := \ln y_k$, $r'_0 := \ln r_0$ und $x'_j := \ln x_j$, $x'_{kj} := \ln x_{kj}$ für $k = 1, ..., m$, $j = 1, ...n$ statt (3.4) die Ausgangsmatrix

$$\begin{pmatrix} y'_1 & x'_{11} & \cdots & x'_{1n} \\ y'_2 & x'_{21} & \cdots & x'_{2n} \\ \vdots & & & \\ y'_m & x'_{m1} & \cdots & x'_{mn} \end{pmatrix}. \tag{3.11}$$

Man kann dann auf dem oben beschriebenen Weg die „besten" $r'_0, r_1, ..., r_n$ zur Näherung des funktionalen Zusammenhangs

$$y' = r'_0 + r_1 x'_1 + r_2 x'_2 + ... + r_n x'_n$$

bestimmen. Mit $r_0 = e^{r'_0}$ findet man damit den „besten" Zusammenhang (3.10).

Im folgenden Abschnitt werden wir das lineare Ausgleichsproblem (3.8) auf dem Wege einer Matrixzerlegung lösen und einen Vergleich mit der Lösung des Normalgleichungssystems (3.9) ziehen.

3.3.2 Behandlung überbestimmter Gleichungssysteme mit Mitteln der linearen Algebra

Wir hatten im vorigen Abschnitt festgestellt, dass die Bestimmung der „besten" Koeffizienten $\vec{r} = (r_0, r_1, \ldots, r_n)^T$ für den funktionalen Zusammenhang (3.5) die Lösung des Minimumproblems[1]

$$\min_{\vec{r} \in \mathbb{R}^p} \|M\vec{r} - \vec{y}\|^2 \tag{3.12}$$

bedeutet, wobei wir $p = n + 1$ gesetzt haben und aus Darstellungsgründen den Vektor $\vec{r} = (r_0, \ldots, r_n)^T$ durch den Vektor $\vec{s} = (s_1, s_2, \ldots, s_p)^T$ ersetzen. Wenn die Matrix M vom Typ $m \times p$ $(m \geq p)$ den Rang p hat, dann gibt es nach Satz 3.3 eine QR-Zerlegung von M mit einer orthogonalen Matrix Q vom Typ $m \times m$ sowie einer Matrix $\hat{R} = \binom{R}{0}$ vom Typ $m \times p$ mit einer oberen regulären Dreiecksmatrix R vom Typ $p \times p$, so dass

$$M = Q\,\hat{R}$$

gilt. Da die orthogonalen Transformationen mit den Matrizen Q und $Q^T = Q^{-1}$ längeninvariant sind, gilt für den **Defektvektor** $\vec{d} = M\vec{r} - \vec{y}$

$$\|\vec{d}\| = \|Q^T \vec{d}\| = \|Q^T M\vec{r} - Q^T \vec{y}\|,$$

so dass man statt $\|\vec{d}\|$ auch $\|Q^T \vec{d}\|$ minimieren kann, um die „besten" Koeffizienten $\vec{r} = (r_0, r_1, \ldots, r_n)^T = \vec{s}$ zu bestimmen. Mit der QR-Zerlegung von M ergibt sich

$$Q^T \vec{d} = Q^T M\vec{s} - Q^T \vec{y} = Q^T Q\hat{R}\vec{s} - Q^T \vec{y} = \hat{R}\vec{s} - Q^T \vec{y}. \tag{3.13}$$

Wir setzen $\hat{\vec{y}} = Q^T \vec{y}$ und $\hat{\vec{d}} = Q^T \vec{d}$. Damit bedeutet (3.13) für die einzelnen Komponenten des Defektvektors $\hat{\vec{d}}$

---

[1] Der Faktor $\frac{1}{2}$ beim Funktional F (3.7) kann weg gelassen werden, da er auf die Lösung des Problems keinen Einfluss hat.

$$r_{11}s_1 + r_{12}s_2 + \cdots + r_{1p}s_p - \hat{y}_1 = \hat{d}_1$$
$$r_{22}s_2 + \cdots + r_{2p}s_p - \hat{y}_2 = \hat{d}_2$$
$$\vdots$$
$$r_{pp}s_p - \hat{y}_p = \hat{d}_p$$
$$-\hat{y}_{p+1} = \hat{d}_{p+1}$$
$$\vdots$$
$$-\hat{y}_m = \hat{d}_m.$$

Fasst man die ersten p Komponenten von $\hat{\vec{y}}$ im Vektor $\vec{y}_1$ und die restlichen $m - p$ Komponenten im Vektor $\vec{y}_2$ zusammen, ergibt sich für das Quadrat der euklidischen Norm des Defektvektors

$$||\hat{\vec{d}}||^2 = ||R\vec{s} - \vec{y}_1||^2 + ||\vec{y}_2||^2,$$

so dass $||\hat{\vec{d}}||^2$ sein Minimum $||\vec{y}_2||^2$ annimmt, falls $\vec{s}$ Lösung des linearen Gleichungssystems

$$R\vec{s} = \vec{y}_1 \tag{3.14}$$

ist. (3.14) hat die sehr angenehme Eigenschaft, dass es durch Rückwärtseinsetzen schnell gelöst werden kann.

Hat man also die QR-Zerlegung der Koeffizientenmatrix M eines überbestimmten linearen Gleichungssystems $M\vec{s} = \vec{y}$, so erhält man die sogenannte **Bestapproximation** $\vec{s}$ als Lösung des Dreieckssystems $R\vec{s} = \vec{y}_1$. Die Bestapproximation $\vec{s}$ ist als Lösung des Minimumproblems (3.12) auch Lösung des ursprünglich formulierten Problems (3.8).

Im Folgenden werden Octave-Programme zur Erzeugung der QR-Zerlegung und der Bestimmung der Bestapproximation angegeben.

Die Programme sind hinsichtlich der Abspeicherung der erforderlichen Informationen und der Speicherung „tricky" und beziehen sich auf Schwarz (1997). Die Matrix C vom Typ $m \times p$ enthält am Ende des Programms 3.1 oberhalb der Hauptdiagonalen die obere Dreiecksmatrix R ohne die Diagonalelemente r_{ii}, die im Vektor t gespeichert werden. Das untere Dreieck der Matrix C enthält mit den Vektoren $\vec{w}_1 \in \mathbb{R}^m$, $\vec{w}_2 \in \mathbb{R}^{m-1}$,...,$\vec{w}_p \in \mathbb{R}^{m-p+1}$, die von null verschiedenen Komponenten der Vektoren $\vec{u}_k$ zur Bildung der Housholder-Matrizen $H_k = E - 2\vec{u}_k\vec{u}_k^T$, die Grundlage zur Erzeugung der oberen Dreiecksmatrix R sind, und mit denen man durch

$$\bar{\vec{y}} = H_k\vec{y} = (E - 2\vec{u}_k\vec{u}_k^T)\vec{y} = \vec{y} - 2(\vec{u}_k^T\vec{y})\vec{u}_k$$

rechte Seiten und den Residuenvektor transformiert.

```
# Programm 3.1 zur QR-Zerlegung einer Matrix c0 = q*r
# Erzeugung der wesentlichen Informationen fuer
# die orthogonale Matrix Q und der oberen Dreiecksmatrix R
# input:   Matrix c0=(c0(ij)) vom Typ m x p gegeben (m >= p)
# output: Matrix c mit den wesentlichen Informationen
#         der orthogonalen Matrix q und der oberen Dreiecksmatrix r,
#         Vektor t mit den ersten Nichtnull-Komponenten von q1,q2,...
#         Erzeugung des inputs fuer das Programm bestapprqr_gb.m.
# Aufruf: [c,t] = qr_gb1(c0);
function [c,t] = qr_gb1(c0);
c=c0;
m = length(c(:,1));
p = length(c(1,:));
for l=1:p
   gamma = c(l:m,l)'*c(l:m,l);
   gamma = sqrt(gamma);
   if (c(l,l) < 0)
      gamma = -gamma;
   end
   peta=sqrt(2*gamma*(gamma+c(l,l)));
   t(l) = -gamma;
   c(l,l) = (c(l,l)+gamma)/peta;
   c(l+1:m,l) = c(l+1:m,l)/peta;
   for j=l+1:p
     g = c(l:m,l)'*c(l:m,j);
     g = g + g;
        c(l:m,j) = c(l:m,j) - g*c(l:m,l);
   end
end
end
```

Mit dem Programm 3.1 schafft man die Voraussetzung für die Lösung des Minimumproblems $\min_{\vec{x} \in \mathbb{R}^p} ||C\vec{x} - \vec{y}||^2$ zur Behandlung eines evtl. überbestimmten linearen Gleichungssystems $C\vec{x} = \vec{y}$ mit dem folgenden Programm. Die Trennung der QR-Zerlegung von der Bestimmung der Bestapproximation $\vec{x}$ ermöglicht die Verwendung der Resultate des Programms 3.1 für verschiedene rechte Seiten $\vec{y}$.

```
# Programm 3.2 zur Bestimmung der Bestapproximation x
# zur Behandlung des ueberbestimmten Systems C x = y
# unter Nutzung der im Programm 3.1 (qr_gb.m) erzeugten
# Matrix c = (c(ij)) und dem Vektor t(i) (QR-Zerlegung)
# input:  Matrix c, Vektor t als Ergebnis des Programms qr_gb,
#         Vektor y als rechte Seite
# output: Loesung x, Residuenvektor d
# Aufruf: [x,d] = bestapprqr_gb1(c,t,y);
function [x,d] = bestapprqr_gb1(c,t,y);
m = length(c(:,1));
p = length(c(1,:));
# Aufbau der rechten Seite Q^T y
for l=1:p
        summe = c(l:m,l)'*y(l:m);
        summe = summe + summe;
        for k=l:m
                y(k) = y(k) - summe*c(k,l);
        end
end
# Loesung des Gleichungssystems $ R x = Q^T y
for i=p:-1:1
        summe = y(i);
        d(i) = 0;
        if ((i+1)<= p)
        for k=i+1:p
                summe = summe - c(i,k)*x(k);
```

```
           end
end
x(i) = summe/t(i);
end
if ((p+1)<= m)
        d(p+1:m) = y(p+1:m);
endif
# Ruecktransformation des Residuums
for l=p:-1:1
        summe = c(l:m,l)'*d(l:m)';
        summe = summe + summe;
        for k=l:m
                d(k) = d(k) - summe*c(k,l);
        end
end
x=x';
d=d';
end
```

Beispiel: Multiple Regression

Man hat für 2 Einflussgrößen x_1 und x_2 sowie eine Zielgröße y die folgenden Messwerte
gegeben:

y	1,2	1,4	2	2,5	3,2	3,4	3,7	3,9	4,3
x_1	1	1	1	2	2	2	3	3	3
x_2	1	2	3	1	2	3	1	2	3

Vermutet wird eine Gesetzmäßigkeit der Form

$$y(x_1, x_2) = a + bx_1 + cx_2 + dx_1^2 + ex_2^2 + fx_1x_2. \tag{3.15}$$

Man sucht also nach Koeffizienten a, b, c, d, e, f, so dass mit den Bezeichnungen
y_j, x_{j1}, x_{j2} ($j = 1, \ldots, 9$) für die jeweiligen j-ten Spalten der Messwerttabelle das
überbestimmte Gleichungssystem

$$\begin{pmatrix} 1 & x_{11} & x_{12} & x_{11}^2 & x_{12}^2 & x_{11}x_{12} \\ 1 & x_{21} & x_{22} & x_{21}^2 & x_{22}^2 & x_{21}x_{22} \\ \vdots & & & & & \\ 1 & x_{91} & x_{92} & x_{91}^2 & x_{92}^2 & x_{91}x_{92} \end{pmatrix} \begin{pmatrix} a \\ b \\ c \\ d \\ e \\ f \end{pmatrix} = \begin{pmatrix} y_1 \\ y_2 \\ \vdots \\ y_9 \end{pmatrix} \iff M\vec{a} = \vec{y}$$

zu betrachten ist. Gesucht ist also ein Vektor $\vec{a} = (a, b, c, d, e, f)^T$, der den Defektvektor
$\vec{d} = M\vec{a} - \vec{y}$ minimal macht. Mit den obigen Programmen erhält man für

$$M = \begin{pmatrix} 1\,1\,1\,1\,1\,1 \\ 1\,1\,2\,1\,4\,2 \\ 1\,1\,3\,1\,9\,3 \\ 1\,2\,1\,4\,1\,2 \\ 1\,2\,2\,4\,4\,4 \\ 1\,2\,3\,4\,9\,6 \\ 1\,3\,1\,9\,1\,3 \\ 1\,3\,2\,9\,4\,6 \\ 1\,3\,3\,9\,9\,9 \end{pmatrix} \quad \text{und} \quad \vec{y} = \begin{pmatrix} 1{,}2 \\ 1{,}4 \\ 2 \\ 2{,}5 \\ 3{,}2 \\ 3{,}4 \\ 3{,}7 \\ 3{,}9 \\ 4{,}3 \end{pmatrix}$$

die Lösung $\vec{a} = (-1{,}444444,\ 2{,}45,\ 0{,}416667,\ -0{,}283333,\ 0{,}016667,\ -0{,}05)^T$, an der man erkennt, dass die ersten drei Summanden des Ansatzes (3.15) den größten Einfluss haben.

Das Resultat $\vec{a}$ ist übrigens identisch mit dem Ergebnis von Octave oder MATLAB, wenn man auf der Kommandozeile

$$\vec{a} = M\backslash\vec{y},$$

also den Befehl zur Lösung eines linearen Gleichungssystems $M\vec{a} = \vec{y}$ eingibt. In diesem Fall wird also in Ermangelung einer Lösung wegen der evtl. Überbestimmtheit die Bestapproximation ausgerechnet. ◄

3.4   Singulärwertzerlegung

Bei der Bestapproximation, die wir im vorherigen Abschnitt z. B. durch QR-Zerlegung ausgerechnet haben, haben wir darauf hingewiesen, dass man die Lösung in Octave oder MATLAB durch den sogenannten Backslash-Befehl „\" bestimmen kann. Was sich dahinter verbirgt, soll im Folgenden diskutiert werden.

Bekanntlich kann man symmetrische Matrizen vollständig mithilfe ihrer Eigenwerte und Eigenvektoren beschreiben. Mit der Matrix Q, in deren Spalten die Eigenvektoren[2] u_k der Matrix A stehen, und der aus den Eigenwerten von A bestehenden Diagonalmatrix Λ gilt im Fall einer orthonormalen Eigenvektorbasis

$$AQ = Q\Lambda \quad \text{bzw.} \quad A = Q\Lambda Q^T.$$

Diese Darstellung kann unmittelbar zur geometrischen Beschreibung ihrer Wirkung auf Vektoren benutzt werden.

Wir wollen diese Beschreibung auf beliebige Matrizen erweitern. Dies leistet die Singulärwertzerlegung. Singulärwerte können ähnlich gut interpretiert werden wie Eigenwerte symmetrischer Matrizen.

---

[2] Im Folgenden sehen wir davon ab, Vektoren mit einem Pfeil zu kennzeichnen, da diese aus dem Kontext deutlich als Spaltenvektoren erkennbar sind.

3.4.1 Definition und Existenz

Ein wichtiger Vorteil der Singulärwertzerlegung gegenüber Eigenwerten und Eigenvektoren besteht darin, dass sie nicht auf quadratische Matrizen beschränkt ist. Außerdem treten in der Singulärwertzerlegung einer reellen Matrix nur reelle Matrizen auf (kein Rückgriff auf komplexe Zahlen).

Satz 3.5. *(und Definition)*
Gegeben sei eine Matrix $A \in \mathbb{R}^{m \times n}$. Dann gibt es orthogonale Matrizen $U \in \mathbb{R}^{m \times m}$ und $V \in \mathbb{R}^{n \times n}$ sowie eine Matrix $\Sigma = (s_{ij}) \in \mathbb{R}^{m \times n}$ mit $s_{ij} = 0$ für alle $i \neq j$ und nicht-negativen Diagonalelementen $s_{11} \geq s_{22} \geq \dots,$ für die

$$A = U \Sigma V^T \Longleftrightarrow U^T A V = \Sigma \tag{3.16}$$

gilt. Die Darstellung (3.16) heißt **Singulärwertzerlegung** *von A. Die Werte $\sigma_i = s_{ii}$ heißen* **Singulärwerte** *von A.*

Bevor der Satz 3.5 bewiesen wird sei darauf hingewiesen, dass man die Gl. (3.16) auch in der Form

$$A = \sum_{j=1}^{r} \sigma_j u_j v_j^T \tag{3.17}$$

aufschreiben kann, wobei u_j der j-te Spaltenvektor von U und v_j der j-te Spaltenvektor von V ist, sowie r die Zahl der von null verschieden Singulärwerte ist. Die Darstellung (3.17) bedeutet eine durch die Singulärwerte gewichtete Linearkombination von Rang-1-Matrizen.

Die Aussagen des Satzes 3.5 lassen sich auf unterschiedlichem Weg beweisen. Einen qualitativen Beweis findet man z. B. in Schwarz (1997). Hier soll ein konstruktiver Beweis geführt werden, an dessen Ende eine konkrete Singulärwertzerlegung steht.

Beweis (konstruktiver Beweis von Satz 3.5)
Es wird folgender Algorithmus ausgeführt:

1) Setze $B := A^T A$. $B \in \mathbb{R}^{n \times n}$ ist eine symmetrische Matrix. Wir bestimmen die Eigenwerte λ und orthonormale Eigenvektoren v von B. Alle n Eigenwerte λ sind aufgrund der Symmetrie von B nicht-negativ. Seien o.B.d.A. die Eigenwerte der Größe nach angeordnet, also $\lambda_1 \geq \lambda_2 \geq \dots \geq \lambda_n \geq 0$. Da der Rang von B gleich dem Rang von A ist, sind genau die ersten r Eigenwerte $\lambda_1, \dots, \lambda_r$ positiv. Seien $v_1, \dots, v_n$ die zu $\lambda_1, \dots, \lambda_n$ gehörenden orthonormalen Eigenvektoren.
2) Für $j = 1, \dots, r$ wird

$$u_j := \frac{1}{\sqrt{\lambda_j}} A v_j$$

gesetzt.

3) Man bestimmt $m - r$ orthonormale Vektoren $u_{r+1}, \ldots, u_m$, die zu $u_1, \ldots, u_r$ orthogonal sind.

4) Man bildet die Matrizen

$$U := [u_1 \; u_2 \; \ldots u_m]$$
$$V := [v_1 \; v_2 \; \ldots v_n]$$

aus den orthonormalen (Spalten-) Vektoren $u_1, \ldots, u_m$ und $v_1, \ldots, v_n$. Die Matrix $\Sigma = (s_{ij}) \in \mathbb{R}^{m \times n}$ wird mit

$$s_{ij} = \begin{cases} \sqrt{\lambda_j}, & i = j \leq r, \\ 0, & \text{sonst}, \end{cases}$$

gebildet.

Nun wird gezeigt, dass $A = U \Sigma V^T$ mit den konstruierten Faktoren U, Σ und V eine Singulärwertzerlegung von A ist.

(i) V ist eine orthogonale Matrix, da $\{v_1, \ldots, v_n\}$ nach Konstruktion eine Orthonormalbasis ist.

(ii) $\{u_1, \ldots, u_m\}$ ist eine Orthonormalbasis des $\mathbb{R}^m$, denn für $i, j = 1, \ldots, r$ gilt

$$u_i^T u_j = \frac{1}{\sqrt{\lambda_i \lambda_j}} v_i^T \underbrace{A^T A v_j}_{= \lambda_j v_j} = \frac{\sqrt{\lambda_j}}{\sqrt{\lambda_i}} v_i^T v_j = \begin{cases} \sqrt{\lambda_i / \lambda_i} = 1, & i = j, \\ 0 & \text{sonst}, \end{cases} ,$$

also sind $u_1, \ldots, u_r$ orthonormal und nach Konstruktion der $u_{r+1}, \ldots, u_m$ ist $\{u_1, \ldots, u_m\}$ damit eine Orthonormalbasis und damit U orthogonal.

(iii) $v_{r+1}, \ldots$ sind aus dem Kern von A, weil

$$\operatorname{Ker}(A)^\perp = \operatorname{span}\{v_1, \ldots, v_r\}$$

gilt, denn nimmt man an, dass $Av_j = \mathbf{0}$ für $j = 1, \ldots, r$ gilt, dann folgt aus $Bv_j = A^T A v_j = \mathbf{0} = \lambda_j v_j$, dass $\lambda_j = 0$ sein muss, was ein Widerspruch zu $\lambda_j > 0$ für $j = 1, \ldots, r$ ist.

(iv) Es gilt schließlich ausgehend von der Formel (3.17)

$$\sum_{j=1}^{r} \sigma_j u_j v_j^T = \sum_{j=1}^{r} A v_j v_j^T \qquad \text{nach Definition der } u_j$$

$$= \sum_{j=1}^{n} A v_j v_j^T \qquad \text{da } v_{r+1}, \dots \text{ aus dem Kern von } A \text{ sind}$$

$$= A \sum_{j=1}^{n} v_j v_j^T = A \underbrace{V V^T}_{=E}$$

$$= A E = A.$$

$$\square$$

In Estévez Schwarz (2022a) findet man eine sehr instruktive Diskussion der geometrischen Wirkung von $AV = U\Sigma$ bei der Anwendung auf Punkte im $\mathbb{R}^n$. Z. B. werden die Punkte $\mathbf{x} \in \mathbb{R}^3$ auf einer Einheitskugel durch

$$\mathbf{y} = \Sigma \mathbf{x} = \begin{pmatrix} 1 & 0 & 0 \\ 0 & 0,7 & 0 \\ 0 & 0 & 0,3 \end{pmatrix} \mathbf{x}$$

auf ein Ellipsoid mit den Halbachsen $a = 1$, $b = 0,7$ und $c = 0,3$ abgebildet. Wendet man darüberhinaus noch U auf das Ergebnis von $\Sigma \mathbf{x}$ an, dann wird das Ellipsoid gedreht oder gespiegelt bzw. Kombinationen von Drehungen und Spiegelungen erwirkt.

Für die Singulärwertzerlegung gilt die

Folgerung 3.6. *(Eigenschaften der Singulärwertzerlegung)*

(a) Die Singulärwerte von A und damit Σ sind eindeutig bestimmt, U und V sind dies nicht.

(b) Es gilt

$$Ker\, A = span\, \{v_{r+1}, \dots, v_n\}$$
$$Im\, A = span\, \{u_1, \dots, u_r\}.$$

(c) Die Anzahl der von Null verschiedenen Singulärwerte ist gleich dem Rang r von A.

(d) Die Bestimmung der Singulärwerte als Quadratwurzeln der Eigenwerte von $A^T A$ kann zu numerischen Ungenauigkeiten führen. Deswegen ist das obige Verfahren zur praktischen Berechnung der Singulärwertzerlegung nicht in allen Fällen geeignet. Andere Verfahren nutzen z. B. Umformungen mittels Householder-Matrizen (das passiert auch bei der Funktion der Singulärwertzerlegung von Octave und MATLAB).

(e) Für symmetrische Matrizen A sind die Singulärwerte die Beträge der Eigenwerte. Sind alle Eigenwerte nicht-negativ, so ist die Diagonalisierung (Hauptachsentransformation)

$$A = Q \Lambda Q^T$$

auch eine Singulärwertzerlegung.

Beispiel

Mit dem eben diskutierten Verfahren zur Konstruktion einer Singulärwertzerlegung findet man für die Matrix

$$A = \begin{pmatrix} 1 & 0 \\ 2 & 1 \\ 0 & 1 \end{pmatrix}$$

die Faktorisierung

$$A = U \Sigma V^T$$

mit

$$U = \begin{pmatrix} \frac{2}{\sqrt{30}} & \frac{1}{\sqrt{5}} & -\frac{2}{\sqrt{6}} \\ \frac{5}{\sqrt{30}} & 0 & \frac{1}{\sqrt{6}} \\ \frac{1}{\sqrt{30}} & -\frac{2}{\sqrt{5}} & -\frac{1}{\sqrt{6}} \end{pmatrix}, \quad \Sigma = \begin{pmatrix} \sqrt{6} & 0 \\ 0 & 1 \\ 0 & 0 \end{pmatrix}, \quad V = \begin{pmatrix} \frac{2}{\sqrt{5}} & \frac{1}{\sqrt{5}} \\ \frac{1}{\sqrt{5}} & -\frac{2}{\sqrt{5}} \end{pmatrix},$$

über die Eigenwerte und Eigenvektoren von

$$B = A^T A = \begin{pmatrix} 5 & 2 \\ 2 & 2 \end{pmatrix}$$

wie oben beschrieben. ◄

Eine wichtige Anwendung der Singulärwertzerlegung ist die Kompression von Bilddaten (Pixel sind dabei die Matrixelemente/Farbintensitäten/Grauwerte einer Matrix A). Die Grundlage hierfür liefert der

Satz 3.7. *(Schmidt-Mirsky, beste Rang-k-Approximation)*
Es sei $A \in \mathbb{R}^{m \times n}$, $m \geq n$, eine Matrix vom Rang r mit der Singulärwertzerlegung

$$A = U \Sigma V^T = \sum_{j=1}^{r} \sigma_j u_j v_j^T. \tag{3.18}$$

Die Approximationsaufgabe

$$\min_{B \in \mathbb{R}^{m \times n}, rg(B) \leq k} \|A - B\|_2$$

besitzt für $k < r$ die Lösung

$$A_k = \sum_{j=1}^{k} \sigma_j u_j v_j^T \quad \text{mit} \quad \|A - A_k\|_2 = \sigma_{k+1}.$$

A_k ist zugleich Lösung der Approximationsaufgabe

$$\min_{B \in \mathbb{R}^{m \times n},\, rg(B) \leq k} \|A - B\|_F, \quad \text{mit} \quad \|A - A_k\|_F = \sqrt{\sum_{j=k+1}^{r} \sigma_j^2}. \tag{3.19}$$

Beweis

Der Beweis soll hier nur für die Spektralnorm geführt werden. Für die Aussage hinsichtlich der Spektralnorm sei $B \in \mathbb{R}^{m \times n}$ eine Matrix mit $rg(B) = k < n$. Es gilt dann $\dim(\mathrm{Ker}(B)) = n - k$. Sind $v_1, \ldots, v_n$ die rechten Singulärvektoren (Spalten von V) von A, dann hat der Unterraum $\mathcal{V} = \mathrm{span}\{v_1, \ldots, v_{k+1}\}$ die Dimension $k + 1$. $\mathrm{Ker}(B)$ und $\mathcal{V}$ sind jeweils Unterräume vom $\mathbb{R}^n$ mit

$$\dim(\mathrm{Ker}(B)) + \dim(\mathcal{V}) = n - k + k + 1 = n + 1,$$

so dass $\mathrm{Ker}(B) \cap \mathcal{V} \neq \{\mathbf{0}\}$ gilt. Damit finden wir ein $x \in \mathrm{Ker}(B) \cap \mathcal{V}$ mit $\|x\|_2 = 1$, dass man in der Form

$$x = \sum_{j=1}^{k+1} \alpha_j v_j \quad \text{mit} \quad \sum_{j=1}^{k+1} \alpha_j^2 = 1$$

darstellen kann. Es folgt nun

$$(A - B)x = Ax - \underbrace{Bx}_{=0,\, da\, x \in Ker(B)} = \sum_{j=1}^{k+1} \alpha_j A v_j = \sum_{j=1}^{k+1} \alpha_j \sigma_j u_j$$

sowie

$$\|A - B\|_2 = \max_{\|y\|_2=1} \|(A - B)y\|_2 \geq \|(A - B)x\|_2 = \|\sum_{j=1}^{k+1} \alpha_j \sigma_j u_j\|_2$$

$$= (\sum_{j=1}^{k+1} |\alpha_j \sigma_j|^2)^{1/2} \quad (\text{weil } u_1, \ldots, u_{k+1} \text{ paarweise orthogonal sind})$$

$$\geq \sigma_{k+1} (\sum_{j=1}^{k+1} |\alpha_j|^2)^{1/2} \quad (\text{weil } \sigma_1 \geq \cdots \geq \sigma_{k+1} \text{ gilt})$$

$$= \sigma_{k+1} = \|A - A_k\|_2.$$

$\square$

3.4.2 Niedrigrangapproximation und Datenkompression

Der ebene bewiesene Satz zur Niedrigrangapproximation von Matrizen A durch A_k liefert die Grundlage für die oben angesprochene Bilddatenkompression. Dazu betrachten wir das folgende

---

Beispiel: Kompression eines jpg-Fotos

Bei der Datei „matu.jpg" handelt es sich um eine Datei, die $334 \times 490 \times 3$ Integer-Daten (uint8) enthält, also einen Tensor $A \in \mathbb{R}^{334 \times 490 \times 3}$, in dem in drei 334×490-Matrizen die RGB-Farbinformationen abgelegt sind (s. Abb. 3.6). Für die Kompression dieses Farbbildes legen wir die 3 Matrizen $A(:, :, 1)$ bis $A(:, :, 3)$ nacheinander in einer Matrix $AAA \in \mathbb{R}^{1002 \times 490}$ ab, etwa durch einen MATLAB/Octave-Befehl (wobei die uint8-Daten vorher in double-Daten konvertiert werden):

```
AAA = [A(:,:,1);A(:,:,2);A(:,:,3)];
```

Von der Matrix AAA bestimmen wir die Singulärwertzerlegung und berechnen dann die Rang-k-Approximation AAA_k, wobei wir im Beispiel $k = 100$ gewählt haben. Danach packen wir die Teilmatrizen $AAA_k(1 : 334, :)$, $AAA_k((335 : 668, :)$ und $AAA_k(669 : 1002, :)$ wieder in einen Tensor $A_k \in \mathbb{R}^{334 \times 490 \times 3}$, also führen etwa die die MATLAB/Octave-Befehle

```
[U,S,V]=svd(double(AAA));
k=100;
AAAk = U(:,1:k)*S(1:k,1:k)*V(:,1:k)';
```

Abb. 3.6 Originalbild „matu.jpg"

```
A1 = AAAk(1:334,:);
A2 = AAAk(335:668,:);
A3 = AAAk(669:1002,:);
Ak(:,:,1) = A1;
Ak(:,:,2) = A2;
Ak(:,:,3) = A3;
```

aus. Das nunmehr komprimierte Bild zeigen wir z. B. mit dem Befehl

```
image(uint8(Ak))
```

an. Das Ergebnis ist in Abb. 3.7 zu sehen. Nach dem Satz 3.7 von Schmidt-Mirsky gilt

$$||AAA - AAA_k||_2 = \sigma_{k+1} = \sigma_{101} = 744{,}34$$

und damit erhält man mit

$$\frac{||AAA - AAA_k||_2}{||AAA||_2} = 0{,}022864$$

den relativen Fehler der Rang-100-Approximation der Matrix AAA durch AAA_k. ◄

Das Ergebnis der Niedrigrangapproximation AAA_k benötigt aufgrund der gleichen Dimension den gleichen Speicherplatz wie der Tensor AAA.

Allerdings braucht man für die vollständige Beschreibung von AAA_k wesentlich weniger Speicherplatz als für das Originalbild, was im Folgenden dargelegt wird. Das Originalbild hat das Format $m \times n \times 3 = 334 \times 490 \times 3$, benötigt also $m \times n \times 3 = 490\,980$ Byte. Zur

Abb. 3.7 komprimiertes Bild

Beschreibung des komprimierten Bildes benötigen wir nur die $k = 100$ Singulärwerte und die ersten k Spalten bzw. Zeilen der orthogonalen Matrizen U bzw. V, also insgesamt

$$k + k * (3 * m + n) = 100 * (3 * 334 + 490 + 1) = 149\,300 \text{ Byte}.$$

Damit haben wir das ursprüngliche Bild einer Größe von etwa 491 kByte hinsichtlich der erforderlichen Informationen zur vollständigen Beschreibung auf eine Größe von 149 kByte komprimiert, also reduziert man die Daten zur Beschreibung des Originalbildes mit der Niedrigrangapproxiamtion um den Faktor

$$\kappa = \frac{k + k * (3 * m + n)}{m * n * 3} \approx 0{,}3.$$

Bemerkung 3.2 Im Fall eines Schwarz-Weiß-Bildes im jpg-Format hat man es von vornehinein mit einer Matrix (Pixel-Matrix) zu tun, so dass die im Fall eines Farbbildes erforderlich gewordene Umspeicherung der rgb-Schichten des Tensors in eine Matrix für eine Komprimierung durch Niedrigrangapproximation nicht notwendig ist.

3.4.3 Bestapproximation und Lösung linearer Gleichungssysteme mit Hilfe der Singulärwertzerlegung

Ein weitere Anwendung findet die Singulärwertzerlegung bei der

$$\textbf{Aufgabe} \quad \begin{cases} \text{bestimme} x^* \text{ mit minimaler euklidischer Länge,} \\ \text{für das } ||Ax^* - b||_2 = \min_{x \in R^n} ||Ax - b||_2 \text{ gilt,} \end{cases} \tag{3.20}$$

für eine gegebene Matrix $A \in \mathbb{R}^{m \times n}$ und $b \in \mathbb{R}^m$. Für die Bestimmung der Lösung wollen wir nun die Singulärwertzerlegung von A nutzen.[3]

Für $b \in \mathbb{R}^m$, $x \in \mathbb{R}^n$ sei $\tilde{b} = U^T b$, $\tilde{x} = V^T x$. Unter Nutzung der Singulärwertzerlegung von A und der Längeninvarianz von orthogonalen Transformationen ergibt sich

$$||Ax - b||_2^2 = ||U^T A V V^T x - U^T b||_2^2 = ||\Sigma \tilde{x} - \tilde{b}||_2^2$$

$$= \sum_{i=1}^{r} [\sigma_i \tilde{x}_i - \tilde{b}_i]^2 + \sum_{i=r+1}^{m} \tilde{b}_i^2. \tag{3.21}$$

Und aus (3.21) folgt, dass

$||Ax - b||_2$ für x^* minimal wird, wenn $\tilde{x}_i = (V^T x^*)_i = \tilde{b}_i / \sigma_i$ für $i = 1, \dots, r$ gilt. Wegen $||x^*||_2 = ||V^T x^*||_2$ ist $||x^*||_2$ minimal genau dann, wenn $||V^T x^*||_2$ minimal ist, also falls $(V^T x^*)_i = 0$ für $i = r + 1, \dots, n$ gilt. Für die Lösung des Problems (3.20) mit minimaler euklidischer Norm x^* erhält man wegen $\tilde{b}_i = (U^T b)_i$, $i = 1, \dots, r$, schließlich

---

[3] Hier sei daran erinnert, dass wir die Minimumaufgabe (3.20) weiter oben schon mit der QR-Zerlegung behandelt haben.

$$V^T x^* = \left(\frac{\tilde{b}_1}{\sigma_1}, \ldots, \frac{\tilde{b}_r}{\sigma_r}, 0, \ldots, 0 \right)^T = \Sigma^+ U^T b \iff x^* = V \Sigma^+ U^T b,$$

wobei wir die Matrix $\Sigma^+ \in \mathbb{R}^{n \times m}$ als

$$\Sigma^+ = (\sigma_{ij}^+) = \begin{cases} \frac{1}{\sigma_i} & \text{falls } i = j, \ i = 1, \ldots, r, \\ 0 & \text{sonst} \end{cases},$$

für den Fall eingeführt haben, dass $A \in \mathbb{R}^{m \times n}$ die Singulärwerte $\sigma_1 \geq \cdots \geq \sigma_r > \sigma_{r+1} = \cdots = \sigma_p = 0$, $p = \min\{m, n\}$, besitzt. Die durchgeführte Betrachtung ergab, dass man mit der Matrix $A^+ := V \Sigma^+ U^T$ die Aufgabe (3.20) lösen kann. Im Fall einer quadratischen regulären Matrix hat die Aufgabe offensichtlich die eindeutige Lösung

$$x^* = A^{-1} b.$$

Für den Fall $A \in \mathbb{R}^{m \times n}$, $m > n$, liefert A^+ mit

$$x^* = A^+ b$$

die Bestapproximation. Hat man im Fall $m < n$ ein Gleichungssystem $Ax = b$ zu lösen und liegt aufgrund von

$$\operatorname{rg}(A) = \operatorname{rg}(A|b)$$

Lösbarkeit vor, dann findet man mit

$$x^* = A^+ b$$

eine Lösung, und zwar die mit der kleinsten euklidischen Länge. Diese drei Betrachtungen rechtfertigen die

▶ **Definition 3.3.** (Pseudoinverse)
Sei $U^T A V = \Sigma$ eine Singulärwertzerlegung von $A \in \mathbb{R}^{m \times n}$ mit Singulärwerten $\sigma_1 \geq \cdots \geq \sigma_r > \sigma_{r+1} = \cdots = \sigma_p = 0$, $p = \min\{m, n\}$. Durch

$$A^+ = V \Sigma^+ U^T \quad \text{mit} \quad \Sigma^+ = \operatorname{diag}(\sigma_1^{-1}, \ldots, \sigma_r^{-1}, 0, \ldots, 0) \in \mathbb{R}^{n \times m}$$

definieren wir mit A^+ die **Pseudoinverse** von A.

Für das Problem (3.20) gilt nun der

Satz 3.8
Sei $U^T A V = \Sigma$ eine Singulärwertzerlegung von $A \in \mathbb{R}^{m \times n}$ mit Singulärwerten $\sigma_1 \geq \cdots \geq \sigma_r > \sigma_{r+1} = \cdots = \sigma_p = 0$, $p = \min\{m, n\}$. Dann ist $A^+ b = x^*$ die Lösung von Aufgabe (3.20).

Bemerkung 3.3

Der sogenannte Backslash-Befehl „\" ist bekanntlich bei allen MATLAB- oder Octave-Nutzern recht beliebt. So kann man ein lösbares lineares Gleichungssystem

$$Ax = b$$

mit dem Backslash-Befehl lösen, z. B. ergibt im Fall der Matrix A und der rechten Seite b

$$A = \begin{pmatrix} 1 & 2 & 2 \\ 2 & 1 & 5 \\ 1 & 0 & 1 \end{pmatrix}, \quad b = \begin{pmatrix} 10 \\ 15 \\ 4 \end{pmatrix}$$

der Octave-Befehl

```
x = A\b
x =

    2
    1
    2
```

also die Lösung. Für die Matrix A und die rechte Seite b

$$A = \begin{pmatrix} 1 & 2 & 3 & 1 \\ 2 & 1 & 5 & 2 \\ 1 & 0 & 1 & -1 \end{pmatrix}, \quad b = \begin{pmatrix} 13 \\ 15 \\ 3 \end{pmatrix}$$

ergibt sich mit

```
x = A\b
x =

    1
    3
    2
    0
```

und damit mit $x = [1\ 3\ 2\ 0]^T$ die Lösung mit der kleinsten euklidischen Länge. Im Fall der Matrix

$$A = \begin{pmatrix} 1 & 3 \\ 1 & 5 \\ 1 & 9 \end{pmatrix} \quad \text{und} \quad b = \begin{pmatrix} 11 \\ 17 \\ 29 \end{pmatrix}$$

findet man mit dem Backslash-Befehl

```
x = A\b
x =

    2
    3
```

die Bestapproximation, also die Lösung x der Aufgabe

$$\min_{x \in R^2} ||Ax - b||_2^2.$$

Die drei skizzierten Beispiele zeigen, dass sich hinter dem Backslash-Befehl nichts anderes als der Einsatz der Pseudoinversen verbirgt. In allen drei Fällen bedeutet die Anwendung des „\"-Befehls jeweils die Multiplikation der rechten Seite b mit der Pseudoinversen A^+ von A. Das kann der Leser auch leicht überprüfen, indem er mit dem Befehl

```
Ap = pinv(A);
x = Ap*b
x =

    2
    3
```

das letzte Beispiel der Bestapproximation löst.

Eine weitere Anwendung der Singulärwertzerlegung ist z. B. die Lösung eines linearen Gleichungssystems mit einer nahezu singulären Koeffizientenmatrix A. Man spricht hier vom numerischen Rangabfall, da A nahe an einer Matrix mit kleinerem Rang liegt. Die Bedeutung der Singulärwertzerlegung und der Pseudoinversen in diesem Fall soll anhand eines Beispiels diskutiert werden.

Beispiel

Für das lineare Gleichungssystem $Ax = b$ mit

$$A = \begin{pmatrix} 1 & 2 & 3 \\ 1 & 2 & 3{,}001 \\ 2 & 3 & 4 \end{pmatrix} \quad \text{und} \quad b = \begin{pmatrix} 2 \\ 2 \\ 2 \end{pmatrix}$$

findet man mit dem Gaußschen Algorithmus bzw. der LR-Zerlegung die exakte Lösung $x = [-2 \ \ 2 \ \ 0]^T$ (die Regularität von A überprüft man leicht, z. B. durch Berechnung der Determinante $\det(A) = 0{,}001 \neq 0$). Mit $\tilde{x} = [-1 \ \ 0 \ \ 1]^T$ findet man aufgrund von

$$A\tilde{x} = \begin{pmatrix} 2 \\ 2{,}001 \\ 2 \end{pmatrix} =: \tilde{b}$$

eine ähnlich gute Lösung.

Stört man die rechte Seite b geringfügig und arbeitet stattdessen mit $\hat{b} = [2 \ 1{,}99 \ 2]^T$, dann erhält man als exakte Lösung von $A\hat{x} = \hat{b}$

$$\hat{x} = \begin{pmatrix} -12 \\ 22 \\ -10 \end{pmatrix},$$

also eine Lösung, die „weit entfernt" von x als Lösung des ungestörten Problems $Ax = b$ und auch von $\tilde{x}$ liegt. Die Gründe hierfür liegen in dem numerischen Rangabfall der Matrix A. Diesen erkennt man mit der Singulärwertzerlegung

$$A = U\Sigma V^T \ \text{ mit } \ \Sigma = \begin{pmatrix} 7{,}5362 & 0 & 0 \\ 0 & 0{,}45993 & 0 \\ 0 & 0 & 0{,}00028851 \end{pmatrix} \tag{3.22}$$

und dem sehr kleinen Singulärwert $\sigma_3 = 0{,}00028851$ und der sehr großen Konditionszahl $\text{cond}(A) = \sigma_1/\sigma_3 = 26121$. Um nun eine brauchbare Näherungslösung des gestörten Problems $A\hat{x} = \hat{b}$ zu erhalten (also eine Lösung, die nahe bei x oder $\tilde{x}$ liegt), löst man das Problem der Bestapproximation

$$\min_{\bar{x} \in \mathbb{R}^3} \|\tilde{A}\bar{x} - b\|_2, \tag{3.23}$$

wobei $\tilde{A}$ eine Matrix mit niedrigerem Rang als A ist, die man durch

$$\tilde{A} = U\hat{\Sigma}V^T$$

erhält, wobei $\hat{\Sigma}$ aus Σ dadurch entsteht, dass man Singulärwerte, die kleiner als eine vorgegebene Zahl $\varepsilon > 0$ sind, durch null ersetzt und damit den Rang reduziert. Gibt man $\varepsilon = 0{,}001$ vor, dann erhält man ausgehend von (3.22)

$$\tilde{A} = U\tilde{\Sigma}V^T \ \text{ mit } \ \hat{\Sigma} = \begin{pmatrix} 7{,}5362 & 0 & 0 \\ 0 & 0{,}45993 & 0 \\ 0 & 0 & 0 \end{pmatrix}$$

und findet als Lösung von (3.23) mit

$$\bar{x} = \begin{pmatrix} -0{,}99883 \\ -0{,}000333 \\ 0{,}99967 \end{pmatrix}$$

eine Lösung, die nahe bei $\tilde{x}$ liegt. Bildet man von $\tilde{A}$ die Pseudoinverse

$$\tilde{A}^+ = V\tilde{\Sigma}^+ U^T,$$

dann erhält man für die geringfügig gestörten rechten Seiten $\hat{b}$ und $\tilde{b}$ mit

$$\bar{x}_1 = \tilde{A}^+\hat{b} = \begin{pmatrix} -0{,}9896637 \\ 0{,}0013388 \\ 0{,}9938286 \end{pmatrix} \quad \text{und} \quad \bar{x}_2 = \tilde{A}^+\tilde{b} = \begin{pmatrix} -0{,}99975 \\ -0{,}00050018 \\ 1{,}0002 \end{pmatrix}$$

brauchbare Lösungen, die nahe bei $\tilde{x}$ liegen. Dieses Beispiel zeigt, dass der bewusst in Kauf genommene Rangabfall durch die Approximation von Σ durch $\tilde{\Sigma}$ auf eine bezüglich der rechten Seite stabile Methode zur Bestimmung von Näherungslösungen führt. ◄

3.5   Aufgaben

1) Zeigen Sie die Aussagen iv) und v) des Satzes 3.1 zu den Eigenschaften von orthogonalen Matrizen.
2) Weisen Sie den Satz 3.2 zu den Eigenschaften der Householder-Matrizen H nach.
3) Zeigen Sie, dass die aus der Statistik bekannten **Regressionskoeffizienten**

$$b_1 = \frac{\sum_{k=1}^{n}(x_k - \bar{x})(y_k - \bar{y})}{\sum_{k=1}^{n}(x_k - \bar{x})^2}, \quad b_0 = \bar{y} - b_1\bar{x}$$

mit der Regressionsgeraden $\hat{y} = b_0 + b_1 x$ gerade die Funktion liefern, für die der quadratische Abstand

$$\sum_{k=1}^{m}(y_k - b_0 - b_1 x_k)^2$$

minimal wird, wobei (x_k, y_k), $k = 1, \ldots, m$, eine gegebene Messwerttabelle ist. $\bar{x}$ und $\bar{y}$ sind die Mittelwerte

$$\bar{x} = \frac{1}{m}\sum_{k=1}^{m} x_k, \quad \bar{y} = \frac{1}{m}\sum_{k=1}^{m} y_k.$$

4) Schreiben Sie ein Programm zur wahlweisen Berechnung einer linearen oder logarithmisch linearen Ausgleichsfunktion

$$y_l(x_1, \ldots, x_n) = r_0 + \sum_{k=1}^{n} r_k x_k, \quad y_{ll}(x_1, \ldots, x_n) = r_0 \prod_{k=1}^{n} x_k^{r_k},$$

wobei die Einflussgrößen x_k, $k = 1, \ldots, n$, als positiv vorausgesetzt werden.
5) Weisen Sie die Aussagen a), b) und c) des Satzes 3.4 nach.

6) Bestimmen Sie den Spektralradius einer Matrix A in Abhängigkeit von ihren Singulärwerten.

7) Bestimmen Sie die Singulärwertzerlegung der Matrizen

$$A = [2 \ 1 \ 3] \quad \text{und} \quad B = \begin{pmatrix} 2 & 1 \\ 1 & 1 \\ 1 & 2 \end{pmatrix}.$$

Matrix-Eigenwertprobleme

4

Inhaltsverzeichnis

In vielen natur- und ingenieurwissenschaftlichen Disziplinen sind Eigenwertprobleme zu lösen. Zur Bestimmung von Eigenschwingungen von Bauwerken oder zur Ermittlung von stabilen statischen Konstruktionen sind Eigenwerte zu berechnen. Aber auch bei der Berechnung des Spektralradius bzw. der Norm einer Matrix sind Eigenwerte erforderlich.

Sowohl bei der Lösung von Differentialgleichungssystemen als auch bei Extremwertproblemen sind Eigenwerte von Matrizen Grundlage für die Konstruktion von Lösungen von Differentialgleichungen oder entscheiden über die Eigenschaften von stationären Punkten.

Bei der Berechnung von Eigenwerten und Eigenvektoren werden wir die Ergebnisse des vorangegangenen Kapitels, speziell die QR-Zerlegung einer Matrix, als wichtiges Hilfsmittel nutzen können. Eine ausführliche Diskussion zur numerischen Lösung von Eigenwertproblemen ist in Wilkinson (1978) zu finden.

4.1 Problembeschreibung und algebraische Grundlagen

Gegeben ist eine reelle Matrix A vom Typ $n \times n$, zum Beispiel die Koeffizientenmatrix eines linearen Differentialgleichungssystems

© Der/die Autor(en), exklusiv lizenziert an Springer-Verlag GmbH, DE, ein Teil von Springer Nature 2022
G. Bärwolff und C. Tischendorf, *Numerik für Ingenieure, Physiker und Informatiker*,
https://doi.org/10.1007/978-3-662-65214-5_4

$$
\begin{matrix}
x' = & 2x & +y & -z \\
y' = & x & +2y & +3z \\
z' = & -x & +3y & +2z
\end{matrix}
\quad \Longleftrightarrow \quad
\vec{x}' = A\vec{x}, \ A = \begin{pmatrix} 2 & 1 & -1 \\ 1 & 2 & 3 \\ -1 & 3 & 2 \end{pmatrix}.
\tag{4.1}
$$

Wir werden sehen, dass man mit den Eigenwerten und Eigenvektoren der Matrix A die Lösung des Differentialgleichungssystems (4.1) sehr schnell ermitteln kann.

Das Matrix-Eigenwertproblem ist wie folgt definiert.

▶ **Definition 4.1** (Matrix-Eigenwertproblem)
Sei A eine Matrix vom Typ $n \times n$. Der Vektor $\vec{x} \neq \vec{0}$ und die Zahl λ heißen **Eigenvektor** bzw. **Eigenwert** der Matrix A, falls

$$
A\vec{x} = \lambda \vec{x}
\tag{4.2}
$$

gilt. $\vec{x}$ bezeichnet man als Eigenvektor zum Eigenwert λ. Die Menge aller Eigenwerte eine Matrix A heißt **Spektrum** von A und wird durch $\sigma(A)$ bezeichnet. Die Gleichung (4.2) heißt **Eigengleichung**.

Zur Definition 4.1 ist anzumerken, dass auch im Fall einer reellen Matrix A die Eigenwerte und Eigenvektoren durchaus komplex sein können. Wir werden das später bei der Behandlung von Beispielen noch sehen.

Aus der Eigengleichung (4.2) folgt mit der Einheitsmatrix E

$$
A\vec{x} - \lambda \vec{x} = A\vec{x} - \lambda E \vec{x} = (A - \lambda E)\vec{x} = \vec{0}
\tag{4.3}
$$

ein homogenes lineares Gleichungssystem, das nur dann eine Lösung $\vec{x} \neq \vec{0}$ hat, wenn die Matrix $A - \lambda E$ singulär ist. Damit gilt zur Bestimmung der Eigenwerte einer Matrix der

Satz 4.1. *(Eigenwertkriterium)*
Für die Eigenwerte λ einer Matrix A gilt

$$
\chi_A(\lambda) := \det(A - \lambda E) = 0.
\tag{4.4}
$$

χ_A *heißt* **charakteristisches Polynom** *der Matrix A. Die Nullstellen von χ_A sind die Eigenwerte der Matrix A.*

Die Eigenvektoren zu den Eigenwerten λ ergeben sich dann als Lösung des homogenen linearen Gleichungssystems $(A - \lambda E)\vec{x} = \vec{0}$.

Beispiel

Für Matrix A aus (4.1) erhält man das charakteristische Polynom

$$\det(A - \lambda E) = \begin{vmatrix} 2 - \lambda & 1 & -1 \\ 1 & 2 - \lambda & 3 \\ -1 & 3 & 2 - \lambda \end{vmatrix}$$

$$= (2 - \lambda)(2 - \lambda)(2 - \lambda) - 3 - 3 - 9(2 - \lambda) - (2 - \lambda) - (2 - \lambda)$$

$$= -\lambda^3 + 6\lambda^2 - \lambda - 20$$

und mit etwas Glück durch Probieren die Nullstelle $\lambda_1 = 5$ sowie nach Polynomdivision die weiteren Nullstellen $\lambda_{2,3} = \frac{1}{2} \pm \frac{\sqrt{17}}{2}$. In der Regel hat man nicht immer solches Glück bei der Eigenwertbestimmung, sondern man muss die Nullstellen numerisch berechnen.
◄

Dabei stellt man bei dem Weg über die Nullstellen des charakteristischen Polynoms sehr schnell fest, dass die Berechnung nicht stabil ist, sondern dass kleine Fehler in den Polynomkoeffizienten mitunter zu gestörten Nullstellen, die sich wesentlich von den exakten unterscheiden, führen können. Im Folgenden werden iterative Methoden zur Bestimmung von Eigenwerten und Eigenvektoren behandelt, ohne das Kriterium 4.1 zu verwenden.

Bevor wir zu den konkreten Berechnungsmethoden von Eigenwerten und Eigenvektoren kommen, fassen wir an dieser Stelle einige wichtige und nützliche Grundlagen der linearen Algebra zum Spektralverhalten von Matrizen zusammen. Eine wichtige Rolle spielen die im Folgenden definierten Begriffe.

▶ **Definition 4.2** (ähnliche Matrizen)
Die $(n \times n)$-Matrix $\tilde{A}$ ist der Matrix A **ähnlich,** wenn eine reguläre $(n \times n)$-Matrix C existiert, so dass

$$\tilde{A} = C^{-1} A C$$

gilt. Man sagt dann, dass $\tilde{A}$ aus A durch eine reguläre Transformation mit C hervorgegangen ist. Ist die Matrix C eine orthogonale Matrix, dann bezeichnet man $\tilde{A}$ auch als **Orthogonal-Transformation** von A und mit $C^{-1} = C^T$ gilt dann

$$\tilde{A} = C^T A C.$$

Gibt es eine reguläre Matrix C, so dass die Transformation von A

$$D = C^{-1} A C$$

mit D eine Diagonalmatrix ergibt, dann heißt A **diagonalisierbar.**

Für das Spektrum bzw. die Eigenwerte spezieller Matrizen kann man aus der Definition 4.1 folgende Eigenschaften zeigen.

Satz 4.2. *(Eigenwerte spezieller Matrizen)*
Sei A eine $(n \times n)$-Matrix über $\mathbb{C}$. Dann gilt:

a) *Ist A eine Dreiecksmatrix, dann sind die Diagonalelemente gerade die Eigenwerte.*
b) *Ist $\tilde{A}$ eine reguläre Transformation der Matrix A mit der regulären Matrix C, dann haben $\tilde{A}$ und A die gleichen Eigenwerte.*
c) *Sind $\lambda_1, \ldots, \lambda_r$ die Eigenwerte von A, so besitzt die Matrix $A_\epsilon = A + \epsilon E$ die Eigenwerte $\mu_j = \lambda_j + \epsilon \ (j = 1, \ldots, r)$.*
d) *Ist A regulär mit den Eigenwerten $\lambda_1, \ldots, \lambda_r$, dann sind die Eigenwerte verschieden von null und die Inverse A^{-1} hat die Eigenwerte $\frac{1}{\lambda_1}, \ldots, \frac{1}{\lambda_r}$.*
e) *Die transponierte Matrix A^T hat die gleichen Eigenwerte wie die Matrix A.*

Die Aussagen des Satzes 4.2 sind einfach zu zeigen und der Nachweis wird zur Übung empfohlen. Oben wurde schon darauf hingewiesen, dass auch bei Matrizen mit ausschließlich reellen Elementen komplexe Eigenwerte auftreten können. Als Beispiel betrachten wir die Matrix

$$A = \begin{pmatrix} 1 & 5 \\ -1 & 3 \end{pmatrix}$$

und finden als Nullstellen des charakteristischen Polynoms $\chi_A(\lambda) = \lambda^2 - 4\lambda + 8$ die Eigenwerte $\lambda_{1,2} = 2 \pm 2i$. An dieser Stelle sei daran erinnert, dass Polynome mit ausschließlich reellen Koeffizienten, was bei den charakteristischen Polynomen reeller Matrizen der Fall ist, immer eine gerade Zahl $(0, 2, 4, \ldots)$ von komplexen Nullstellen haben. Denn wenn überhaupt komplexe Nullstellen auftreten, dann immer als Paar der komplexen Zahl λ mit der konjugiert komplexen Zahl $\bar{\lambda}$.

Allerdings gibt es eine große Klasse von reellen Matrizen, die ausschließlich reelle Eigenwerte besitzen. Es gilt der

Satz 4.3. *(Eigenschaften symmetrischer reeller Matrizen)*
Für jede reelle symmetrische $(n \times n)$-Matrix S gilt:

a) *Alle Eigenwerte von S sind reell.*
b) *Eigenvektoren $\vec{q}_k, \vec{q}_j$, die zu verschiedenen Eigenwerten $\lambda_k \neq \lambda_j$ von S gehören, stehen senkrecht aufeinander, d. h. $\vec{q}_k^T \vec{q}_j = \langle \vec{q}_k, \vec{q}_j \rangle = 0$.*
c) *Es gibt n Eigenvektoren $\vec{q}_1, \ldots, \vec{q}_n$ von S, die eine Orthonormalbasis des $\mathbb{R}^n$ bilden.*
d) *Die Matrix S ist diagonalisierbar.*
e) *Die spezielle symmetrische Matrix $S = A^T A$, wobei A eine beliebige reelle $(n \times n)$-Matrix ist, hat nur nicht-negative Eigenwerte.*

Zum Nachweis von a). Wir bezeichnen mit $\mathbf{x}^*$ den Vektor $\overline{\mathbf{x}}^T$, wobei $\overline{\mathbf{x}}$ der konjugiert komplexe Vektor zu $\mathbf{x}$ ist. Sei nun λ ein Eigenwert von S und $\mathbf{x}$ ein zugehöriger Eigenvektor. Damit ist $\mathbf{x}^*\mathbf{x} = |\mathbf{x}|^2 =: r > 0$ reell und es folgt

$$\mathbf{x}^* S \mathbf{x} = \mathbf{x}^* \lambda \mathbf{x} = \lambda \mathbf{x}^* \mathbf{x} = \lambda r.$$

Für jede komplexe Zahl z, aufgefasst als (1×1)-Matrix gilt $z = z^T$. Damit und aus der Symmetrie von S folgt für die komplexe Zahl $\mathbf{x}^* S \mathbf{x}$

$$\mathbf{x}^* S \mathbf{x} = (\mathbf{x}^* S \mathbf{x})^T = \mathbf{x}^T S \mathbf{x}^{*T} = \overline{\mathbf{x}^* S \overline{\mathbf{x}}} = \overline{\mathbf{x}^* S \mathbf{x}} = \overline{\lambda r} = \overline{\lambda} r$$

Es ergibt sich schließlich $\overline{\lambda} r = \lambda r$, d. h. λ ist reell.

Wegen der Voraussetzung $\lambda_k \neq \lambda_j$ für die Aussage b) muss einer dieser Eigenwerte von null verschieden sein, z. B. $\lambda_k \neq 0$. Aus $S\vec{q}_k = \lambda_k \vec{q}_k$ folgt

$$\vec{q}_k = \frac{1}{\lambda_k} S \vec{q}_k \quad \text{sowie} \quad \vec{q}_k^T = \frac{1}{\lambda_k} \vec{q}_k^T S^T = \frac{1}{\lambda_k} \vec{q}_k^T S.$$

Daraus folgt

$$\vec{q}_k^T \vec{q}_j = \frac{1}{\lambda_k} \vec{q}_k^T S \vec{q}_j = \frac{1}{\lambda_k} \vec{q}_k^T \lambda_j \vec{q}_j = \frac{\lambda_j}{\lambda_k} \vec{q}_k^T \vec{q}_j$$

und aus dieser Gleichung folgt

$$(1 - \frac{\lambda_j}{\lambda_k}) \vec{q}_k^T \vec{q}_j = 0 \Longleftrightarrow \vec{q}_k^T \vec{q}_j = \langle \vec{q}_k, \vec{q}_j \rangle = 0.$$

Zu c) sei nur angemerkt, dass man im Fall eines Eigenwerts λ_k, der insgesamt σ_k-mal auftritt (algebraische Vielfachheit gleich σ_k), als Lösung des homogenen linearen Gleichungssystems $(S - \lambda_k E)\vec{q} = \vec{0}$ immer σ_k orthogonale Eigenvektoren $\vec{q}_{k1}, \ldots, \vec{q}_{k\sigma_k}$ finden kann, so dass man auch im Fall mehrfacher Eigenwerte der symmetrischen $(n \times n)$-Matrix S immer n **orthogonale** bzw. nach Normierung **orthonormierte** Eigenvektoren $\vec{q}_1, \ldots, \vec{q}_n$ finden kann.

Die mit den orthonormierten Eigenvektoren gebildete Matrix

$$Q = \begin{pmatrix} | & | & & | \\ \vec{q}_1 & \vec{q}_2 & \ldots & \vec{q}_n \\ | & | & & | \end{pmatrix}$$

ist wegen $\langle \vec{q}_k, \vec{q}_j \rangle = \delta_{kj}$ orthogonal und es gilt für $k = 1, \ldots, n$

$$S\vec{q}_k = \lambda_k \vec{q}_k \ (k = 1, \ldots, n) \iff SQ = QD \iff D = Q^T S Q,$$

wobei die Diagonalmatrix $D = \text{diag}(\lambda_1, \ldots, \lambda_n)$ genau die Eigenwerte $\lambda_1, \ldots, \lambda_n$ als Hauptdiagonalelemente hat, also ist S diagonalisierbar.

e) ergibt sich durch die einfache Rechnung mit dem Eigenvektor $\vec{q}$ von S zum Eigenwert λ

$$\lambda ||\vec{q}||^2 = \langle \lambda \vec{q}, \vec{q} \rangle = \langle S\vec{q}, \vec{q} \rangle = \langle A^T A \vec{q}, \vec{q} \rangle = \langle A\vec{q}, A\vec{q} \rangle = ||A\vec{q}||^2 \geq 0.$$

Zur Lokalisierung der Eigenwerte einer $(n \times n)$-Matrix $A = (a_{ij})$ dient der folgende

Satz 4.4. *(Lokalisierung von Eigenwerten in Gerschgorin-Kreisen)*
Sei $A = (a_{ij})$ eine $(n \times n)$-Matrix mit den **Gerschgorin-Kreisen**

$$K_j = \{ z \in \mathbb{C} \mid |z - a_{jj}| \leq \sum_{\substack{k=1 \\ k \neq j}}^{n} |a_{jk}| \}.$$

a) *Dann gilt für das Spektrum $\sigma(A)$ von A*

$$\sigma(A) \subset \bigcup_{j=1}^{n} K_j,$$

d. h. sämtliche Eigenwerte von A liegen in der Vereinigung der Gerschgorin-Kreise.
b) *Sind die Gerschgorin-Kreise disjunkt, dann liegt in jedem Kreis ein Eigenwert von A.*
c) *Ist $1 \leq p \leq n$ und ist die Vereinigung von p Gerschgorin-Kreisen K_a disjunkt zur Vereinigung K_b der anderen $n - p$ Gerschgorin-Kreise, dann liegen in K_a genau p und in K_b genau $n - p$ Eigenwerte von A.*

Zum Nachweis von a) betrachten wir einen zum Eigenwert λ gehörenden Eigenvektor $\vec{u}$. u_j sei eine Koordinate von $\vec{u}$ mit

$$|u_j| = ||\vec{u}||_\infty = \max_{k=1,\ldots,n} |u_k|.$$

Die j-te Gleichung der Eigengleichung $A\vec{u} = \lambda \vec{u}$ ist

$$\sum_{k=1}^{n} a_{jk} u_k = \lambda u_j$$

und es ergibt sich

$$|a_{jj} - \lambda| \, |u_j| = |\sum_{\substack{k=1 \\ k \neq j}}^{n} a_{jk} u_k| \leq ||\vec{u}||_\infty \sum_{\substack{k=1 \\ k \neq j}}^{n} |a_{jk}| = |u_j| \sum_{\substack{k=1 \\ k \neq j}}^{n} |a_{jk}|.$$

Daraus folgt $|a_{jj} - \lambda| \leq \sum_{\substack{k=1 \\ k \neq j}}^{n} |a_{jk}|$, d. h. λ liegt in K_j. Der Nachweis von b) und c) kann auf analogem Weg erbracht werden.

Beispiele

1) Die Matrix $A = \begin{pmatrix} 1 & 5 \\ -1 & 3 \end{pmatrix}$ hat die Gerschgorin-Kreise

$$K_1 = \{z \in \mathbb{C} \,|\, |z - 1| \leq 5\} \quad \text{und} \quad K_2 = \{z \in \mathbb{C} \,|\, |z - 3| \leq 1\}.$$

Die oben berechneten Eigenwerte $\lambda_{1,2} = 2 \pm 2i$ liegen in $K_1 \cup K_2 = K_1$, wie in der Abb. 4.1 zu erkennen ist.

2) Die Matrix $B = \begin{pmatrix} 4 & 1 & 0 \\ 1 & 2 & 1 \\ 1 & 0,5 & 7 \end{pmatrix}$ hat die Gerschgorin-Kreise

$$K_1 = \{z \in \mathbb{C} \,|\, |z - 4| \leq 1\}, \; K_2 = \{z \in \mathbb{C} \,|\, |z - 2| \leq 2\}, \; K_3 = \{z \in \mathbb{C} \,|\, |z - 7| \leq 1, 5\},$$

die in der Abb. 4.2 dargestellt sind (Eigenwerte $\lambda_1 = 4,26, \lambda_2 = 7,1681, \lambda_3 = 1,5791$).

◀

Abb. 4.1 Gerschgorin-Kreise und Eigenwerte von A

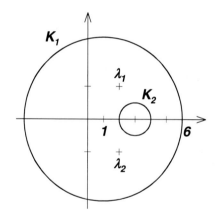

Abb. 4.2 Gerschgorin-Kreise von B

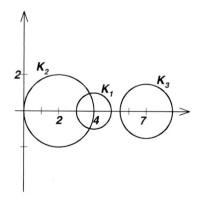

4.2   Von-Mises-Vektoriteration

Bei vielen angewandten Aufgabenstellungen ist der betragsgrößte Eigenwert von besonderer Bedeutung. Bei Schwingungsproblemen ist oft die Grundschwingung von Interesse und für deren Berechnung benötigt man den betragsgrößten Eigenwert. Für den Fall, dass die Matrix A Eigenwerte mit der Eigenschaft

$$|\lambda_1| > |\lambda_2| \geq \cdots \geq |\lambda_n| \tag{4.5}$$

besitzt, kann man ausgehend von einem geeigneten Startvektor $\vec{u}_0$ mit der Iteration

$$\vec{u}_1 = A\vec{u}_0, \ \vec{u}_2 = A\vec{u}_1, \ \ldots, \vec{u}_{k+1} = A\vec{u}_k, \ldots \tag{4.6}$$

den betragsgrößten Eigenwert und den dazugehörigen Eigenvektor berechnen. Betrachten wir als Startvektor

$$\vec{u}_0 = \vec{q}_1 + \vec{q}_2 + \cdots + \vec{q}_n,$$

wobei $\vec{q}_1, \ldots, \vec{q}_n$ die Eigenvektorbasis einer als diagonalisierbar vorausgesetzten Matrix A sind. Mit $A\vec{q}_k = \lambda_k \vec{q}_k$ erhält man mit der Iteration (4.6)

$$\vec{u}_k = A\vec{u}_{k-1} = A^k \vec{u}_0 = \lambda_1^k \vec{q}_1 + \cdots + \lambda_n^k \vec{q}_n \tag{4.7}$$

und bei der Iteration setzt sich die Vektorkomponente mit dem betragsgößten Eigenwert durch, so dass die Iteration in gewisser Weise gegen den Eigenvektor $\vec{q}_1$ strebt. Multipliziert man (4.7) mit einem Testvektor $\vec{z}$, von dem $\langle \vec{z}, \vec{q}_1 \rangle \neq 0$ gefordert wird, dann erhält man

$$\langle \vec{u}_k, \vec{z} \rangle \approx \lambda_1 \langle \vec{u}_{k-1}, \vec{z} \rangle$$

für genügend große k und es gilt

$$\lambda_1 = \lim_{k \to \infty} \frac{\langle \vec{u}_k, \vec{z} \rangle}{\langle \vec{u}_{k-1}, \vec{z} \rangle},$$

wobei wir die gesicherte Existenz des Grenzwerts nicht zeigen. Ist $\vec{q}_1$ als Eigenvektor mit einer positiven ersten von null verschiedenen Komponente zum betragsgrößten Eigenwert λ_1 normiert, dann konvergiert die Folge

$$\vec{v}_k := \zeta_k \frac{\vec{u}_k}{||\vec{u}_k||} \tag{4.8}$$

gegen $\vec{q}_1$, wobei $\zeta_k \in \{+1, -1\}$ so zu wählen ist, dass die erste von null verschiedene Komponente von $\vec{v}_k$ positiv ist. Die durchgeführten Betrachtungen können wir zusammenfassen.

Satz 4.5. *(Von-Mises-Vektoriteration)*
Sei A eine diagonalisierbare $(n \times n)$-Matrix, deren Eigenwerte die Bedingung (4.5) erfüllen.

$\vec{q}_j$ seien die Eigenvektoren zu λ_j. Seien $\vec{u}_k$ und $\vec{v}_k$ durch (4.7) bzw. (4.8) erklärt und gelte $\langle \vec{u}_0, \vec{q}_1 \rangle \neq 0$, $\langle \vec{z}, \vec{q}_1 \rangle \neq 0$ für die Vektoren $\vec{z}, \vec{u}_0$. Dann konvergiert die Folge $\vec{v}_k$ gegen den Eigenvektor $\vec{q}_1$ und der betragsgrößte Eigenwert λ_1 ergibt sich als Grenzwert

$$\lambda_1 = \lim_{k \to \infty} \frac{\langle \vec{u}_k, \vec{z} \rangle}{\langle \vec{u}_{k-1}, \vec{z} \rangle} = \lim_{k \to \infty} \frac{\langle \vec{v}_k, \vec{z} \rangle}{\langle \vec{v}_{k-1}, \vec{z} \rangle}. \tag{4.9}$$

Für die Konvergenzgeschwindigkeit gilt

$$\left| \frac{\langle \vec{u}_{k+1}, \vec{z} \rangle}{\langle \vec{u}_k, \vec{z} \rangle} - \lambda_1 \right| \leq K \left| \frac{\lambda_2}{\lambda_1} \right|^k, \tag{4.10}$$

wobei die Konstante K von der Wahl von $\vec{z}, \vec{u}_0$ abhängt.

Zum Satz 4.5 ist anzumerken, dass man auch im Fall

$$\lambda_1 = \cdots = \lambda_r, \quad |\lambda_1| = \cdots = |\lambda_r| > |\lambda_{r+1}| \geq \cdots \geq |\lambda_n|, \ r > 1$$

mit der Von-Mises-Iteration (4.7), (4.8), (4.9) den mehrfachen Eigenwert λ_1 bestimmen kann. Allerdings konvergiert die Folge (4.8) nur gegen irgendeinen Eigenvektor aus dem Unterraum der Lösungen des linearen Gleichungssystems $(A - \lambda_1 E)\vec{v} = \vec{0}$. Eventuelle weitere Eigenvektoren zum mehrfachen Eigenwert λ_1 muss man dann auf anderem Weg, z. B. durch die Bestimmung weiterer Lösungen von $(A - \lambda_1 E)\vec{v} = \vec{0}$, berechnen.

Nach der Bestimmung von λ_1 weiß man, dass für eine symmetrische Matrix A alle Eigenwerte auf jeden Fall im Intervall $[a, b] := [-|\lambda_1|, |\lambda_1|]$ liegen, da sie reell sind. Evtl. kann man das Intervall $[a, b]$ durch die Betrachtung der Gerschgorin-Kreise noch verkleinern.

Mit der folgenden Überlegung kann man unter Umständen Eigenwerte von A schneller bestimmen als mit der Von-Mises-Iteration nach Satz 4.5. Ist λ ein Eigenwert von A und $\vec{u}$ ein zu λ gehörender Eigenvektor von A, dann ist für $\mu \neq \lambda$ wegen

$$A\vec{u} = \lambda \vec{u} \iff (A - \mu E)\vec{u} = (\lambda - \mu)\vec{u} \iff (A - \mu E)^{-1}\vec{u} = \frac{1}{\lambda - \mu} \vec{u}$$

die Zahl $\frac{1}{\lambda - \mu}$ ein Eigenwert von $(A - \mu E)^{-1}$. Wendet man den Satz 4.5 auf das Eigenwertproblem der Matrix $(A - \mu E)^{-1}$ an, dann ergibt sich mit dem folgenden Satz eine effiziente Methode zur Eigenwert- und Eigenvektorbestimmung.

Satz 4.6. *(inverse Von-Mises-Vektoriteration)*
Sei A eine Matrix vom Typ $n \times n$ mit den Eigenwerten $\lambda_1, \ldots, \lambda_n$ und sei $\mu \in \mathbb{C}$ eine komplexe Zahl ungleich allen Eigenwerten von A, so dass die Matrix A einen Eigenwert hat, der näher bei μ als bei allen anderen Eigenwerten liegt, d. h.

$$0 < |\lambda_1 - \mu| < |\lambda_2 - \mu| \leq \cdots \leq |\lambda_n - \mu|$$

gilt (λ_1 ist der Eigenwert, der μ am nächsten liegt). Mit der Iterationsfolge

$$\vec{u}_k := (A - \mu E)^{-1} \vec{u}_{k-1} \quad (k = 1, 2, \dots) \tag{4.11}$$

gilt

$$\lim_{k \to \infty} \frac{\langle \vec{u}_k, \vec{z} \rangle}{\langle \vec{u}_{k-1}, \vec{z} \rangle} = \frac{1}{\lambda_1 - \mu} \quad \Longleftrightarrow \quad \lambda_1 = \lim_{k \to \infty} \frac{\langle \vec{u}_{k-1}, \vec{z} \rangle}{\langle \vec{u}_k, \vec{z} \rangle} + \mu,$$

wobei $\langle \vec{u}_0, \vec{q}_\mu \rangle \neq 0$, $\langle \vec{z}, \vec{q}_\mu \rangle \neq 0$ für den Startvektor $\vec{u}_0$ und den Testvektor $\vec{z}$ mit $\vec{q}_\mu$ als dem zu $\frac{1}{\lambda_1 - \mu}$ gehörenden Eigenvektor der Matrix $(A - \mu E)^{-1}$ gelten muss. Die normalisierten Vektoren $\vec{v}_k = \frac{\vec{u}_k}{\|\vec{u}_k\|}$ konvergieren gegen den Eigenvektor $\vec{q}_\mu$. Die Iteration (4.11) heißt inverse Von-Mises-Iteration. Für die Konvergenzgeschwindigkeit gilt

$$\left| \frac{\langle \vec{u}_{k+1}, \vec{z} \rangle}{\langle \vec{u}_k, \vec{z} \rangle} - \frac{1}{\lambda_1 - \mu} \right| \leq K \left| \frac{1/(\lambda_2 - \mu)}{1/(\lambda_1 - \mu)} \right|^k = K \left| \frac{\lambda_1 - \mu}{\lambda_2 - \mu} \right|^k.$$

Der Satz 4.6 ist in zweierlei Hinsicht von Bedeutung. Zum einen kann man durch eine günstige Wahl von μ in der Nähe eines Eigenwertes λ_1 die Konvergenzgeschwindigkeit der inversen Von-Mises-Iteration groß machen und schnell zu diesem Eigenwert gelangen. Zweitens kann man bei Kenntnis des Intervalls $[\lambda_{\min}, \lambda_{\max}]$ durch die Wahl von $\mu = \frac{\lambda_{\min} + \lambda_{\max}}{2}$ und die Berechnung des Eigenwertes λ_μ von A, der μ am nächsten liegt, mit

$$\mu_1 = \frac{\lambda_{\min} + \lambda_\mu}{2}, \quad \mu_2 = \frac{\lambda_\mu + \lambda_{\max}}{2}$$

die Iteration (4.11) für μ_1 und μ_2 durchführen. Die sukzessive Fortsetzung dieses Algorithmus liefert nach evtl. Aussortierung von Punkten, für die (4.11) nicht konvergiert, alle Eigenwerte von A. Bei der Wahl der Parameter μ kann man natürlich auch Informationen zur Lage der Eigenwerte aus dem Satz 4.4 nutzen.

Ein weiterer Weg, sämtliche von null verschiedene Eigenwerte einer Matrix A durch Von-Mises-Vektoriterations-Methoden zu bestimmen, ist mit Hilfe der **Deflation** möglich. Kennt man einen Eigenwert $\lambda_1 \neq 0$ der symmetrischen Matrix A und mit $\vec{x}_1$ den dazugehörenden Eigenvektor und bezeichnet die restlichen Eigenwerte von A mit $\lambda_2, \dots, \lambda_n$, dann hat die Matrix

$$\tilde{A} = \left(E - \frac{\vec{x}_1 \vec{x}_1^T}{\langle \vec{x}_1, \vec{x}_1 \rangle} \right) A = A - \frac{\lambda_1}{\langle \vec{x}_1, \vec{x}_1 \rangle} \vec{x}_1 \vec{x}_1^T$$

die Eigenwerte $0, \lambda_2, \dots, \lambda_n$. Außerdem ist jeder Eigenvektor von A auch Eigenvektor von $\tilde{A}$ und umgekehrt. Mit der Deflation transformiert man den Eigenwert λ_1 auf 0.

Für die Matrix

$$A = \begin{pmatrix} 2 & -1 & 0 \\ -1 & 2 & -1 \\ 0 & -1 & 2 \end{pmatrix}$$

findet man die Eigenwerte $\lambda_1 = 2, \lambda_2 = 2 - \sqrt{2}, \lambda_3 = 2 + \sqrt{2}$ mit den Eigenvektoren

$$\vec{x}_1 = \begin{pmatrix} -\frac{1}{\sqrt{2}} \\ 0 \\ \frac{1}{\sqrt{2}} \end{pmatrix}, \quad \vec{x}_2 = \begin{pmatrix} \frac{1}{2} \\ \frac{1}{\sqrt{2}} \\ \frac{1}{2} \end{pmatrix}, \quad \vec{x}_3 = \begin{pmatrix} -\frac{1}{2} \\ \frac{1}{\sqrt{2}} \\ -\frac{1}{2} \end{pmatrix}.$$

Für $\tilde{A}$ ergibt sich

$$\tilde{A} = A - \frac{\lambda_1}{\langle \vec{x}_1, \vec{x}_1 \rangle} \vec{x}_1 \vec{x}_1^T = \begin{pmatrix} 1 & -1 & 1 \\ -1 & 2 & -1 \\ 1 & -1 & 1 \end{pmatrix}$$

mit den Eigenwerten $0, \lambda_2 = 2 - \sqrt{2}, \lambda_3 = 2 + \sqrt{2}$ und den Eigenvektoren

$$\vec{x}_1 = \begin{pmatrix} -\frac{1}{\sqrt{2}} \\ 0 \\ \frac{1}{\sqrt{2}} \end{pmatrix}, \quad \vec{x}_2 = \begin{pmatrix} \frac{1}{2} \\ \frac{1}{\sqrt{2}} \\ \frac{1}{2} \end{pmatrix}, \quad \vec{x}_3 = \begin{pmatrix} -\frac{1}{2} \\ \frac{1}{\sqrt{2}} \\ -\frac{1}{2} \end{pmatrix}.$$

◄

Für den allgemeineren Fall der nicht notwendigerweise symmetrischen Matrix A gilt der folgende

Satz 4.7. *(Deflation)*
Sei $\vec{z} \neq \vec{0}$ ein beliebiger Vektor und es sei $\vec{x}_1$ mit $\langle \vec{x}_1, \vec{z} \rangle \neq 0$ ein Eigenvektor der Matrix A zum Eigenwert λ_1. Dann liefert jeder weitere von $\vec{x}_1$ linear unabhängige Eigenvektor $\vec{x}$ von A zum Eigenwert λ mit

$$\vec{y} = \vec{x} - \frac{\langle \vec{x}, \vec{z} \rangle}{\langle \vec{x}_1, \vec{z} \rangle} \vec{x}_1 \tag{4.12}$$

einen Eigenvektor der Matrix

$$\tilde{A} = (E - \frac{\vec{x}_1 \vec{z}^T}{\langle \vec{x}_1, \vec{z} \rangle}) A$$

zum gleichen Eigenwert λ. Der Eigenvektor $\vec{x}_1$ ist ebenfalls Eigenvektor der Matrix $\tilde{A}$ zum Eigenwert 0. Umgekehrt liefert jeder Eigenvektor $\vec{y}$ von $\tilde{A}$ zum Eigenwert λ einen Eigenvektor

$$\vec{x}' = (A - \lambda_1 E) \vec{y} = (\lambda - \lambda_1) \vec{y} + \frac{\langle A\vec{y}, \vec{z} \rangle}{\langle \vec{x}_1, \vec{z} \rangle} \vec{x}_1 \tag{4.13}$$

von A zum selben Eigenwert. Alle Eigenvektoren von $\tilde{A}$ zu nichtverschwindenden Eigenwerten stehen senkrecht auf $\vec{z}$.

$\tilde{A}\vec{y} = \lambda\vec{y}$ und $A\vec{x}' = \lambda\vec{x}'$ rechnet man durch Einsetzen nach. Die Multiplikation von $\vec{z}^T A$ mit (4.12) ergibt

$$\vec{z}^T A\vec{y} = \langle A\vec{y}, \vec{z}\rangle = \langle A\vec{x}, \vec{z}\rangle - \lambda_1\langle\vec{x}, \vec{z}\rangle \iff \langle A\vec{y}, \vec{z}\rangle = (\lambda - \lambda_1)\langle\vec{x}, \vec{z}\rangle$$

und Einsetzen von $\langle\vec{x}, \vec{z}\rangle = \frac{1}{\lambda-\lambda_1}\langle A\vec{y}, \vec{z}\rangle$ in (4.12) liefert (4.13) mit dem Eigenvektor $\vec{x}' = (\lambda - \lambda_1)\vec{x}$. Die skalare Multiplikation von $\tilde{A}\vec{y}$ mit $\vec{z}$ ergibt unter Nutzung von $\tilde{A}\vec{y} = \lambda\vec{y}$

$$\langle\tilde{A}\vec{y}, \vec{z}\rangle = \langle A\vec{y}, \vec{z}\rangle - \frac{\langle A\vec{y}, \vec{z}\rangle}{\langle\vec{x}_1, \vec{z}\rangle}\langle\vec{x}_1, \vec{z}\rangle = \langle A\vec{y}, \vec{z}\rangle - \langle A\vec{y}, \vec{z}\rangle = \lambda\langle\vec{y}, \vec{z}\rangle,$$

woraus $\langle\vec{y}, \vec{z}\rangle$ für $\lambda \neq 0$ folgt. Damit ist der Satz 4.7 bewiesen.

Mit dem Satz 4.7, d.h. der sukzessiven Deflation, kann man also mit Von-Mises-Iterationen sämtliche Eigenwerte einer Matrix, beginnend mit dem betragsgrößten, und die dazugehörenden Eigenvektoren berechnen.

4.3 QR-Verfahren

Die Von-Mises-Vektoriterations-Methoden werden wegen ihrer einfachen Implementierung oft zur Berechnung von Eigenwerten und Eigenvektoren verwendet. Insbesondere für den Fall $|\lambda_j| \neq |\lambda_k|$ für $k \neq j$ erhält man alle Eigenwerte und -vektoren mit dem betragsgrößten beginnend mit der Von-Mises-Iteration.

Unter Nutzung von QR-Zerlegungen ist es allerdings möglich, durch die Berechnung einer Folge von zur Matrix A ähnlichen Matrizen im Fall der Konvergenz auf sehr elegante Art und Weise sämtliche Eigenwerte und Eigenvektoren als Ergebnis einer Iteration zu erhalten. Setzt man $A^{(0)} = A$ und berechnet die QR-Zerlegung $A^{(0)} = Q^{(0)}R^{(0)}$, dann ist durch $A^{(1)} = Q^{(0)^T}A^{(0)}Q^{(0)} = R^{(0)}Q^{(0)}$ eine zur Matrix A ähnliche Matrix erklärt. Die Folge der Matrizen

$$A^{(k+1)} = Q^{(k)^T}A^{(k)}Q^{(k)} = R^{(k)}Q^{(k)} \tag{4.14}$$

mit $Q^{(k)}R^{(k)} = A^{(k)}$, also $Q^{(k)}$, $R^{(k)}$ als Faktoren der QR-Zerlegung von $A^{(k)}$, ist eine Folge von Matrizen, die die gleichen Eigenwerte wie die Matrix A hat. Es gilt der folgende

Satz 4.8. *(QR-Verfahren)*
Sei A eine reelle Matrix vom Typ $(n \times n)$ mit reellen Eigenwerten $\lambda_1, \ldots, \lambda_n$ für die $|\lambda_1| > |\lambda_2| > \cdots > |\lambda_n|$ gilt. Dann konvergiert die Folge

$$A^{(k+1)} = Q^{(k)^T}A^{(k)}Q^{(k)} \quad (k = 0, 1, \ldots), \ A^{(0)} = A,$$

gegen eine obere Dreiecksmatrix, d. h. es gilt

$$\lim_{k \to \infty} A^{(k)} = \lim_{k \to \infty} R^{(k)} = \begin{pmatrix} \lambda_1 & * & * \dots & * \\ 0 & \lambda_2 & * \dots & * \\ \vdots & \ddots & \ddots & \vdots \\ 0 & \dots & 0 & \lambda_n \end{pmatrix} =: \Lambda,$$

wobei $Q^{(k)}$, $R^{(k)}$ die jeweiligen Faktoren der QR-Zerlegung von $A^{(k)}$ sind. Ist A darüber hinaus symmetrisch, dann ist Λ eine Diagonalmatrix und für die orthogonalen Matrizen $P^{(k)} = Q^{(0)} Q^{(1)} \dots Q^{(k)}$ gilt:

$$P = \lim_{k \to \infty} P^{(k)}$$

ist eine Orthogonalmatrix, die als Spalten die normierten Eigenvektoren der Matrix A enthält.

Die Geschwindigkeit der Konvergenz gegen die obere Dreiecksmatrix bzw. gegen die Diagonalmatrix Λ ist exponentiell und für ein Element des unteren Dreiecks durch

$$a_{ij}^{(k)} = O(|\frac{\lambda_i}{\lambda_j}|^k) \quad \text{für} \quad i > j \tag{4.15}$$

gegeben.

Hat A auch komplexe Eigenwerte, dann konvergiert die Folge $(A^{(k)})$ gegen eine Quasidreiecksmatrix der Form

$$\begin{pmatrix} \Lambda & * & * \dots & * \\ 0 & \mathbf{m}_1 & * \dots & * \\ \vdots & \ddots & \ddots & \vdots \\ 0 & \dots & 0 & \mathbf{m}_r \end{pmatrix} =: \Lambda_q, \tag{4.16}$$

wobei Λ eine Diagonalmatrix mit den reellen Eigenwerten von A auf der Diagonalen ist, und $\mathbf{m}_1 \dots \mathbf{m}_r$ jeweils (2×2)-Matrizen sind, die allesamt Paare von konjugiert komplexen Eigenwerten der Matrix A besitzen.

Der Beweis dieses wichtigen Satzes, speziell der Konvergenzaussagen, sprengt den Rahmen dieses Buches und wird nicht geführt (s. dazu Plato 2000). Geht man von den gültigen Konvergenzaussagen aus, dann sieht man, dass

$$P^{(k)} A^{(k)} = A^{(0)} P^{(k)} = A P^{(k)} \iff A^{(k)} = P^{(k)^T} A P^{(k)}$$

gilt. Die Grenzwertbildung ergibt

$$P \Lambda = A P \iff \Lambda = P^T A P,$$

woraus aufgrund der Ähnlichkeit von Λ und A sofort die weiteren Aussagen des Satzes folgen.

Analog zur Überlegung, die zur inversen Von-Mises-Vektoriteration geführt hat, kann man auch bei der QR-Iteration die Konvergenz verbessern, indem man das QR-Verfahren zur Bestimmung der Eigenwerte einer geshifteten Matrix $A - \kappa E$ mit geeignet zu wählenden spektralen **Shifts** κ anwendet. Bei der Berechnung der Folge $A^{(k+1)} = Q^{(k)^T} A^{(k)} Q^{(k)}$ waren $Q^{(k)}$, $R^{(k)}$ die Faktoren der QR-Zerlegung von $A^{(k)}$, wobei mit $A^{(0)} = A$ gestartet wurde. Für geeignet zu wählende Shifts $\kappa_k \in \mathbb{C}$ (Verschiebungen) wird die Folge $A^{(k)}$ ($k = 0, 1, \dots$) durch

$$A^{(k+1)} = R^{(k)} Q^{(k)} + \kappa_k E, \tag{4.17}$$

wobei $Q^{(k)}$, $R^{(k)}$ die Faktoren der QR-Zerlegung von $(A^{(k)} - \kappa_k E)$ sind, und die Wahl von $A^{(0)} = A$, konstruiert. Eine kurze Rechnung zeigt, dass die durch (4.17) definierten Matrizen $A^{(k+1)}$ ähnlich zu A sind, denn es gilt

$$A^{(k)} - \kappa_k E = Q^{(k)} R^{(k)} \iff R^{(k)} = Q^{(k)^T} (A^{(k)} - \kappa_k E) \implies$$
$$A^{(k+1)} = R^{(k)} Q^{(k)} + \kappa_k E = Q^{(k)^H} (A^{(k)} - \kappa_k E) Q^{(k)} + \kappa_k E$$
$$= Q^{(k)^H} A^{(k)} Q^{(k)} - \kappa_k Q^{(k)^H} Q^{(k)} + \kappa_k E = Q^{(k)^H} A^{(k)} Q^{(k)}.$$

Für die Orthogonalmatrix $P^{(k)} = Q^{(0)} Q^{(1)} \dots Q^{(k)}$ ergibt sich dann die Matrixäquivalenz $A^{(k)} = P^{(k)^H} A P^k$. Der obere Index H kennzeichnet hier die **Hermite'sche Matrix** P^H, die durch

$$P^H = \bar{P}^T$$

mit $\bar{P} = (\bar{p}_{ij})$ ($\bar{p}_{ij}$ konjugiert komplex zu p_{ij}) definiert ist. Für reelle Shifts ist $P^H = P^T$. Aus dem Satz 4.7 folgt nun für das QR-Verfahren mit Shifts der

Satz 4.9. (*QR-Verfahren mit Shifts*)
Sei A eine reelle Matrix vom Typ $(n \times n)$ mit Eigenwerten $\lambda_1, \dots, \lambda_n$, für die $|\lambda_1| > |\lambda_2| > \dots > |\lambda_n|$ gilt. Dann konvergiert die durch (4.17) definierte Folge $A^{(k)}$ gegen eine obere Dreiecksmatrix Λ, die als Diagonalelemente die Eigenwerte von $A^{(0)} = A$ besitzt. Für die orthogonalen Matrizen $P^{(k)} = Q^{(0)} Q^{(1)} \dots Q^{(k)}$ gilt $P = \lim_{k \to \infty} P^{(k)}$ und $\Lambda = P^T A P$.

Ist A symmetrisch, dann ist die Matrix Λ eine Diagonalmatrix.

Die Geschwindigkeit der Konvergenz gegen die obere Dreiecksmatrix bzw. gegen die Diagonalmatrix Λ ist exponentiell und für ein Element des unteren Dreiecks durch

$$a_{ij}^{(k)} = O(|\frac{\lambda_i - \kappa_k}{\lambda_j - \kappa_k}|^k) \quad \text{für} \quad i > j \tag{4.18}$$

gegeben.

Aus der Beziehung (4.18) im Vergleich mit (4.15) wird deutlich, dass man die Geschwindigkeit der Konvergenz gegen die obere Dreiecksmatrix bzw. gegen die Diagonalmatrix Λ durch eine gute Wahl der Shifts κ_k erhöhen kann.

Zu den beiden Sätzen 4.7 und 4.9 ist anzumerken, dass die QR-Verfahren auch für den Fall von mehrfachen Eigenwerten $\lambda_1 = \cdots = \lambda_r$ ($r > 1$) von A im Grenzprozess eine obere Dreiecksmatrix bzw. eine Diagonalmatrix Λ mit den geschilderten Eigenschaften erzeugen.

Durch eine geschickte Wahl der Shifts κ_k kann man $|\lambda_n - \kappa_k| \ll |\lambda_j - \kappa_k|$ und somit die Konvergenzgeschwindigkeit beträchtlich erhöhen. Als gute Wahl hat sich für den Fall reeller Eigenwerte

$$\kappa_k = a_{nn}^{(k)}$$

erwiesen. Da man mit dem QR-Verfahren das untere Dreieck von $A^{(k)}$ im Rahmen der Iteration zu null machen muss, ist es zweifellos von Vorteil, wenn man eine zu A äquivalente Matrix H findet, die schon sehr viele Nullelemente im unteren Dreieck besitzt. Solche Matrizen werden im folgenden Abschnitt mit Hessenberg-Matrizen für nichtsymmetrische Matrizen A bzw. tridiagonalen Matrizen im Fall einer symmetrischen Matrix A konstruiert.

4.4 Transformation auf Hessenberg- bzw. Tridiagonal-Form

Unter einer **Hessenberg**-Matrix versteht man eine Matrix $H = (h_{ij})$, für die $h_{ij} = 0$ für $i > j + 1$ gilt, also eine Matrix der Form

$$H = \begin{pmatrix} h_{11} & h_{12} & \ldots & h_{1\,n-1} & h_{1n} \\ h_{21} & h_{22} & \ldots & h_{2\,n-1} & h_{2n} \\ 0 & h_{32} & \ldots & h_{3\,n-1} & h_{3n} \\ \vdots & \ddots & \ddots & \vdots & \vdots \\ 0 & \ldots & 0 & h_{n\,n-1} & h_{nn} \end{pmatrix},$$

die unter der Hauptdiagonale nur ein Band besitzt. Wir werden nun zeigen, dass man jede Matrix A durch eine orthogonale Ähnlichkeitstransformation auf Hessenberg-Form transformieren kann, d. h., dass es eine orthogonale Matrix Q mit

$$H = Q^T A Q$$

gibt. Betrachten wir dazu mit $\vec{a}_1$ die erste Spalte von A. Wir suchen nun eine Householder-Matrix

$$H_1 = E - 2 \frac{\vec{u}_1 \vec{u}_1^T}{\langle \vec{u}_1, \vec{u}_1 \rangle},$$

so dass sich mit $\vec{a}_1^{(1)} = H_1 \vec{a}_1 = (a_{11}, *, 0, \ldots, 0)^T$ ein Vektor ergibt, der bis auf die ersten beiden Komponenten nur Null-Komponenten besitzt. Analog zum Vorgehen bei der Erzeugung von QR-Zerlegungen im Kapitel 2 leistet der Vektor

$$\vec{u}_1 = (0, c + a_{21}, a_{31}, \ldots, a_{n1})^T$$

mit $c = \text{sign}(a_{21})\sqrt{a_{21}^2 + \cdots + a_{n1}^2}$ das Geforderte. Es ergibt sich

$$\vec{a}_1^{(1)} = H_1 \vec{a}_1 = (a_{11}, -c, 0, \ldots, 0)^T.$$

Für die j-te Spalte $\vec{a}_j$ von A erzeugt die Householder-Matrix

$$H_j = E - 2\frac{\vec{u}_j \vec{u}_j^T}{\langle \vec{u}_j, \vec{u}_j \rangle} \tag{4.19}$$

mit

$$\vec{u}_j = (0, \ldots, 0, c + a_{j+1\,j}, \ldots, a_{nj})^T \text{ und } c = \text{sign}(a_{j+1\,j})\sqrt{a_{j+1\,j}^2 + \cdots + a_{nj}^2}$$

einen Vektor $\vec{a}_j^{(j)} = H_j \vec{a}_j = (a_{1j}, \ldots, a_{jj}, -c, 0, \ldots, 0)^T$, der bis auf die ersten $j + 1$ Komponenten nur Null-Komponenten besitzt. Die Multiplikation einer Matrix A mit der Householder-Matrix H_j (4.19) lässt alle Spalten der Form

$$\vec{s} = (s_1, s_2, \ldots, s_j, 0, \ldots, 0)^T$$

invariant, d.h. es gilt $H_j \vec{s} = \vec{s}$. Damit bleiben durch die Multiplikation von A mit Householder-Matrizen $H_1, \ldots, H_{j-1}$ erzeugte Nullen im unteren Dreieck erhalten, d.h. mit den Householder-Matrizen $H_1, \ldots, H_{n-2}$ erhält man mit

$$G = H_{n-2}H_{n-3}\ldots H_1 A = \begin{pmatrix} a_{11} & a_{12} & \ldots & a_{1\,n-1} & a_{1n} \\ g_{21} & g_{22} & \cdots & g_{2\,n-1} & g_{2n} \\ 0 & g_{32} & \cdots & g_{3\,n-1} & g_{3n} \\ \vdots & \ddots & \ddots & \vdots & \vdots \\ 0 & \ldots & 0 & g_{n\,n-1} & g_{nn} \end{pmatrix}$$

eine Hessenberg-Matrix. Man überprüft durch Nachrechnen, dass die Multiplikation der Matrix G von rechts mit den Householder-Matrizen $H_1, \ldots, H_{n-2}$ die Hessenberg-Form nicht zerstört. Die eben konstruierte Matrix H_1 ist von der Form (3.2) und daran erkennt man, dass die Matrix $H_1 A H_1$ wieder eine Hessenberg-Matrix ist. Insgesamt erhält man mit

$$H = H_{n-2}H_{n-3}\ldots H_1 A H_1 H_2 \ldots H_{n-2} = \begin{pmatrix} a_{11} & h_{12} & \ldots & h_{1\,n-1} & h_{1n} \\ h_{21} & h_{22} & \ldots & h_{2\,n-1} & h_{2n} \\ 0 & h_{32} & \ldots & h_{3\,n-1} & h_{3n} \\ \vdots & \ddots & \ddots & \vdots & \vdots \\ 0 & \ldots & 0 & h_{n\,n-1} & h_{nn} \end{pmatrix}$$

die gewünschte Hessenberg-Matrix, die aufgrund der Orthogonalität der Householder-Matrizen H_i eine orthogonale Transformation von A ist. Es gilt

$$H = Q^T A Q \quad \text{mit} \quad Q = H_1 H_2 \dots H_{n-2}, \quad Q^T = H_{n-2} H_{n-3} \dots H_1.$$

H ist ähnlich zu A und deshalb haben H und A die gleichen Eigenwerte.

Beispiel

Für die Transformation der Matrix

$$A = \begin{pmatrix} 2 & 3 & 4 \\ 3 & 2 & 3 \\ 4 & 1 & 6 \end{pmatrix}$$

ergibt sich mit $\vec{u}_1 = (0, 3+5, 4)^T$ die Householder-Matrix

$$H_1 = E - 2\frac{\vec{u}_1 \vec{u}_1^T}{\langle \vec{u}_1, \vec{u}_1 \rangle} = \begin{pmatrix} 1 & 0 & 0 \\ 0 & -\frac{3}{5} & -\frac{4}{5} \\ 0 & -\frac{4}{5} & \frac{3}{5} \end{pmatrix}.$$

Weiter gilt

$$G = H_1 A = \begin{pmatrix} 2 & 3 & 4 \\ -5 & -2 & -\frac{33}{5} \\ 0 & -1 & \frac{6}{5} \end{pmatrix} \quad \text{und} \quad H = H_1 A H_1 = \begin{pmatrix} 2 & -5 & 0 \\ -5 & \frac{162}{25} & -\frac{59}{25} \\ 0 & -\frac{9}{25} & \frac{38}{25} \end{pmatrix}.$$

$H = H_1 A H_1 = H_1^T A H_1$ ist offensichtlich eine Hessenberg-Matrix und eine orthogonale Transformation von A. ◄

Fordert man von der zu transformierenden Matrix A die Symmetrie, dann führt der eben dargelegte Algorithmus zur Transformation auf eine Hessenberg-Matrix auf eine symmetrische Hessenberg-Matrix, die folglich eine symmetrische Tridiagonal-Matrix ist. Das wollen wir an einem einfachen Beispiel zeigen.

Beispiel

Es soll die Matrix

$$A = \begin{pmatrix} 2 & 3 & 4 \\ 3 & 2 & 3 \\ 4 & 3 & 6 \end{pmatrix}$$

transformiert werden. Die Householder-Matrix zur Erzeugung einer Null auf der Position $(1, 3)$ hat wie im letzten Beispiel die Gestalt

$$H_1 = \begin{pmatrix} 1 & 0 & 0 \\ 0 & -\frac{3}{5} & -\frac{4}{5} \\ 0 & -\frac{4}{5} & \frac{3}{5} \end{pmatrix} \quad \text{und man erhält mit} \quad H = H_1 A H_1 = \begin{pmatrix} 2 & -5 & 0 \\ -5 & \frac{186}{25} & -\frac{27}{25} \\ 0 & -\frac{27}{25} & \frac{14}{25} \end{pmatrix}$$

eine symmetrische Tridiagonal-Matrix, die natürlich auch eine Hessenberg-Matrix ist. ◀

Im folgenden Programm wird das Schema $[A|E]$ durch die sukzessive Multiplikation mit den Householder-Matrizen $H_1, \ldots, H_{n-1}$ umgeformt. Konkret wird

$$[A|E] \implies [H_1 A H_1 | H_1]$$
$$\implies [H_2 H_1 A | H_2 H_1]$$
$$\vdots$$
$$\implies [H_{n-2} \ldots H_1 A H_1 \ldots H_{n-2} | H_{n-2} \ldots H_1] = [Q^T A Q | Q^T]$$

realisiert.

```
# Programm 4.1 zur Transfomation von a auf Hessenberg–Form
# input:  Matrix a=(a_{ij}) vom Typ n x n
# output: Hessenberg–Matrix h, orthogonale Matrix q^T
# Aufruf: [h,qt] = hessenberg_gb2(a)
# Endergebnis [H|Q^T]
function [h,qt] = hessenberg_gb2(a);
n = length(a(:,1));
# Aufbau des erweiterten Schemas [A|E]
E = eye(n);
a = [a E];
# Erzeugung des unteren Null–Dreiecks
for j=1:n-2
        summe = a(j+1:n,j)'*a(j+1:n,j);
        c = sign(a(j+1,j))*sqrt(summe);
        if (c ~= 0)
                a(j+1,j)=c+a(j+1,j);
                d=1/(c*a(j+1,j));
# Linksmultiplikation mit H_j
                for k=j+1:2*n
                        summe = a(j+1:n,j)'*a(j+1:n,k);
                        e=d*summe;
                        a(j+1:n,k) = a(j+1:n,k)-e*a(j+1:n,j);
                end
# Rechtsmultiplikation mit H_j
                for i=1:n
                        summe = a(i,j+1:n)*a(j+1:n,j);
                        e=d*summe;
                        a(i,j+1:n) = a(i,j+1:n)-e*a(j+1:n,j)';
                end
# update von a(j+1,j)...a(n,j)
                a(j+1,j)=-c;
                a(j+2:n,j) = 0;
        end
end
h = a(1:n,1:n);
qt = a(1:n,n+1:n+n);
end
```

Die Anwendung des Programms auf die Matrizen der beiden letzten Beispiele bestätigt die Ergebnisse der Rechnungen.

4.5 Anwendung des QR-Verfahrens auf Hessenberg-Matrizen

Mit der Transformation einer Matrix A auf Hessenberg- bzw. Tridiagonal-Form sind die Voraussetzungen für eine zügige Konvergenz des QR-Verfahrens zur Berechnung der Eigenwerte von H, die mit denen von A aufgrund der Ähnlichkeit übereinstimmen, geschaffen.

Die QR-Zerlegung der Hessenberg-Matrix H soll durch die sukzessive Multiplikation mit $(n \times n)$-Drehmatrizen der Form

$$
D_j^T = \left(\begin{array}{c|cc|c}
E & \mathbf{0} & \mathbf{0} & \mathbf{0} \\
\hline
\mathbf{0} & c_j & s_j & \mathbf{0} \\
\mathbf{0} & -s_j & c_j & \mathbf{0} \\
\hline
\mathbf{0} & \mathbf{0} & \mathbf{0} & E
\end{array}\right)
$$

konstruiert werden. Man kann in der Diagonale unter der Hauptdiagonale von H durch geeignete Wahl von c_j, s_j Nullen erzeugen und aufgrund der Orthogonalität der Drehmatrizen die QR-Zerlegung erhalten. Die Multiplikation mit Drehmatrizen bezeichnet man auch als **Givens-Rotation**. Wir werden im Folgenden sehen, dass man durch eine geeignete Wahl von c_j, s_j mit den Givens-Rotationen gezielt Nullen erzeugen kann. Die Multiplikation $D_1^T H$ ergibt

$$
D_1^T H = \left(\begin{array}{cc|c}
c_1 & s_1 & \mathbf{0} \\
-s_1 & c_1 & \mathbf{0} \\
\hline
\mathbf{0} & \mathbf{0} & E
\end{array}\right)
\begin{pmatrix}
h_{11} & h_{12} & \cdots & h_{1\,n-1} & h_{1n} \\
h_{21} & h_{22} & \cdots & h_{2\,n-1} & h_{2n} \\
0 & h_{32} & \cdots & h_{3\,n-1} & h_{3n} \\
\vdots & \ddots & \ddots & \vdots & \vdots \\
0 & \cdots & 0 & h_{n\,n-1} & h_{nn}
\end{pmatrix}
=
\begin{pmatrix}
k_{11} & k_{12} & \cdots & k_{1\,n-1} & k_{1n} \\
0 & k_{22} & \cdots & k_{2\,n-1} & k_{2n} \\
0 & h_{32} & \cdots & h_{3\,n-1} & h_{3n} \\
\vdots & \ddots & \ddots & \vdots & \vdots \\
0 & \cdots & 0 & h_{n\,n-1} & h_{nn}
\end{pmatrix},
$$

mit

$$
k_{11} = c_1 h_{11} + s_1 h_{21},\ k_{12} = c_1 h_{12} + s_1 h_{22},\ k_{21} = -s_1 h_{11} + c_1 h_{21},\ k_{22} = -s_1 h_{12} + c_1 h_{22},
$$

so dass man mit

$$
c_1 = \frac{h_{11}}{\sqrt{h_{11}^2 + h_{21}^2}}, \quad s_1 = \frac{h_{21}}{\sqrt{h_{11}^2 + h_{21}^2}}
$$

das Element k_{21} zu null macht. Mit der Wahl von

$$
c_j = \frac{h_{jj}}{\sqrt{h_{jj}^2 + h_{j+1\,j}^2}}, \quad s_j = \frac{h_{j+1\,j}}{\sqrt{h_{jj}^2 + h_{j+1\,j}^2}}
$$

und der Multiplikation von H mit den Matrizen $D_1^T, D_2^T, \ldots, D_{n-1}^T$ erhält man

$$
D_{n-1}^T \cdots D_1^T H = \begin{pmatrix} k_{11} & k_{12} & \cdots & k_{1\,n-1} & k_{1n} \\ 0 & k_{22} & \cdots & k_{2\,n-1} & k_{2n} \\ 0 & & \cdots & k_{3\,n-1} & k_{3n} \\ \vdots & \ddots & \ddots & \vdots & \vdots \\ 0 & \cdots & 0 & 0 & h_{nn} \end{pmatrix} =: R,
$$

also eine obere Dreiecksmatrix. Damit ist durch

$$
R = Q^T H \quad \text{mit} \quad Q^T = D_{n-1}^T \cdots D_1^T
$$

die QR-Zerlegung der Hessenberg-Matrix H konstruiert.

Die hier gewählten Drehmatrizen D_j^T sind aufgrund ihrer Wirkung offensichtlich spezielle Householder-Matrizen, denn sie bewirken die Erzeugung von Nullen unterhalb des Matrixelements an der Position (j, j).

Mit der eben beschriebenen QR-Zerlegung einer Hessenberg-Matrix H kann man nun das QR-Verfahren zur Berechnung der Eigenwerte von H konstruieren. Mit der Wahl von $H^{(0)} E$ und $Q^{(k)}$, $R^{(k)}$ als den Faktoren der QR-Zerlegung von $(H^{(k)} - \kappa_k E)$ erhält man mit

$$
H^{(k+1)} = Q^{(k)^T} H^{(k)} Q^{(k)} \quad (k = 0, 1, \dots)
$$

eine Folge von ähnlichen Matrizen, die im Fall ausschließlich reeller Eigenwerte von H gegen eine obere Dreiecksmatrix Λ konvergiert. In der Diagonale stehen die Eigenwerte von $H^{(0)}$. Es gelten die Aussagen der Sätze 4.7 und 4.9 hinsichtlich Eigenwerte und Eigenvektoren.

Hat H auch komplexe Eigenwerte, dann konvergiert die Folge $(H^{(k)})$ gegen eine Quasidreieckmatrix Λ_q (s. dazu 4.8).

Im folgenden Programm wird ein Schritt $H^{(k)} \to H^{(k+1)}$ realisiert.

```
# Programm 4.2 Ein Schritt H^k,P^k —> H^{k+1},P^{k+1} zum QR-Verfahren
# sukzessive Berechnung der Eigenwerte einer (n x n)–Hessenberg–Matrix H
# H^k,P^k Shift kappa und delta (kleinste Zahl >0) sind vorgegeben
# input: h0=H^k, p0=P^k, Shift kappa und delta (kleinste Zahl >0)
# output: h=H^{k+1}, p=P^{k+1}
# Aufruf: [h,p] = qriteration_gb(h0,p0,kappa,delta);
function [h,p] = qriteration_gb(h0,p0,kappa,delta);
h = h0; p =p0;
n = length(h(:,1));
h(1,1)=h(1,1)–kappa;
for i=1:n
    if (i < n)
        if (abs(h(i,i)) < delta*abs(h(i+1,i)))
                w=abs(h(i+1,i));
                c=0;
                s=sign(h(i+1,i));
        else
                w=sqrt(h(i,i)^2 + h(i+1,i)^2);
                c=h(i,i)/w;
                s=–h(i+1,i)/w;
        endif
        h(i,i)=w;
        h(i+1,i)=0;
```

```
                h(i+1,i+1)=h(i+1,i+1)-kappa;
                for j=i+1:n
                        g=c*h(i,j)-s*h(i+1,j);
                        h(i+1,j)=s*h(i,j)+c*h(i+1,j);
                        h(i,j)=g;
                endfor
        endif
        if (i > 1)
                for j=1:i
                        g=cs*h(j,i-1)-ss*h(j,i);
                        h(j,i)=ss*h(j,i-1)+cs*h(j,i);
                        h(j,i-1)=g;
                endfor
                h(i-1,i-1)=h(i-1,i-1)+kappa;
        endif
        if (i < n)
                for j=1:n
                        g=c*p(j,i)-s*p(j,i+1);
                        p(j,i+1)=s*p(j,i)+c*p(j,i+1);
                        p(j,i)=g;
                endfor
        endif
        cs = c;
        ss = s;
endfor
h(n,n)=h(n,n)+kappa;
endfunction
```

Für die Matrix

$$A = \begin{pmatrix} 4 & 2 & 1 \\ 2 & 3 & 1 \\ 1 & 1 & 2 \end{pmatrix}$$

erhält man mit dem Programm 4.1 zur Orthogonal-Transformation von A auf Hessenberg-form

$$[H|Q^T] = \begin{bmatrix} 4,00000 & -2,23607 & 0,00000 & 1,00000 & 0,00000 & 0,00000 \\ -2,23607 & 3,60000 & -0,20000 & 0,00000 & -0,89443 & -0,44721 \\ 0,00000 & -0,20000 & 1,40000 & 0,00000 & -0,44721 & 0,89443 \end{bmatrix},$$

so dass $H = Q^T A Q$ mit der Hessenberg-Matrix H gilt. Der sechsmalige Aufruf des Programms 4.2 ($\kappa_k \equiv 1,4$) ergibt ausgehend von $h = H$ und $p = E$ ($p = eye(3)$ als Octave-Befehl) die Diagonalmatrix Λ und die orthogonale Matrix P

$$\Lambda = \begin{pmatrix} 6,04892 & 0 & 0 \\ 0 & 1,64310 & 0 \\ 0 & 0 & 1,30798 \end{pmatrix}, P = \begin{pmatrix} 0,736976 & 0,591584 & 0,326947 \\ -0,675294 & 0,623637 & 0,393769 \\ 0,029052 & -0,510984 & 0,859099 \end{pmatrix}$$

mit den Eigenwerten von H bzw. A auf der Hauptdiagonale von Λ und den Eigenvektoren von H als Spalten von P.

Falls die Matrix Λ eine Diagonalmatrix ist (was im Beispiel der Fall ist), hat man im Ergebnis des QR-Verfahrens die Matrix-Gleichung

$$HP = P\Lambda$$

mit den Eigenvektoren $\vec{y}_k$ von H in der k-ten Spalte von P zu den Eigenwerten λ_k aus der Diagonalmatrix $\Lambda = \mathrm{diag}(\lambda_1, \ldots, \lambda_n)$ erhalten. Mit der Orthogonal-Transformation der Ausgangsmatrix A auf Hessenberg-Form

$$A = QHQ^T \quad \Longleftrightarrow \quad Q^T AQ = H$$

erhält man für die Eigenvektoren $\vec{x}_k$ der Matrix A mit der kurzen Rechnung

$$HP = P\Lambda \quad \Longleftrightarrow \quad Q^T AQP = P\Lambda \quad \Longleftrightarrow \quad AQP = QP\Lambda$$

die Beziehung $\vec{x}_k = Q\vec{y}_k$ $(k = 1, \ldots, n)$. Die Aufbewahrung der Matrix Q aus der Orthogonal-Transformation der Matrix A auf Hessenberg-Form ist für diese Berechnung erforderlich. Mit Q^T aus dem Programm 4.1 und P aus dem Programm 4.2 erhält man mit

$$QP = \begin{pmatrix} 0{,}73698 & 0{,}59158 & 0{,}32695 \\ 0{,}59101 & -0{,}32928 & -0{,}73640 \\ 0{,}32799 & -0{,}73594 & 0{,}59230 \end{pmatrix}$$

die Matrix mit den Eigenvektoren von A als Spalten.

Mit den dargestellten und implementierten Algorithmen kann man nun auch die allgemeine Lösung des Differentialgleichungssystems (4.1) bestimmen. Mit den Programmen 4.1 und 4.2 erhält man über die orthogonale Transformation von A auf Hessenberg-Form

$$[H|Q^T] = \begin{bmatrix} 2 & -1{,}41421 & 0 & 1 & 0 & 0 \\ -1{,}41421 & & -1 & 0 & 0 & -0{,}70711 & 0{,}70711 \\ 0 & & 0 & 5 & 0 & 0{,}70711 & 0{,}70711 \end{bmatrix},$$

nach wenigen QR-Iterationen mit

$$\Lambda = \begin{pmatrix} -1{,}56155 & 0 & 0 \\ 0 & 2{,}56155 & 0 \\ 0 & 0 & 5 \end{pmatrix}, \ P = \begin{pmatrix} 0{,}36905 & -0{,}92941 & 0 \\ 0{,}92941 & 0{,}36905 & 0 \\ 0 & 0 & 1 \end{pmatrix}$$

bzw.

$$QP = \begin{pmatrix} 0{,}36905 & -0{,}92941 & 0 \\ -0{,}65719 & -0{,}26096 & 0{,}70711 \\ 0{,}65719 & 0{,}26096 & 0{,}70711 \end{pmatrix} =: (\vec{u}_1 \ \vec{u}_2 \ \vec{u}_3)$$

die Eigenwerte und Eigenvektoren $\vec{u}_k$ von A. Die allgemeine Lösung von (4.1) hat dann die Form

$$\vec{x}(t) = c_1 e^{-1{,}56155\,t} \vec{u}_1 + c_2 e^{2{,}56155\,t} \vec{u}_2 + c_3 e^{5\,t} \vec{u}_3 \quad (c_1, c_2, c_3 \in \mathbb{R}).$$

Als Abbruchkriterien für das QR-Verfahren bieten sich z. B.

$$\frac{\max_{i,j=1,\ldots,n,i<j} |\lambda_{ij}|}{\max_{i=1,\ldots,n} |\lambda_{ii}|} < \epsilon \quad \text{bzw.} \quad \frac{\sum_{i,j=1,i<j}^n \lambda_{ij}^2}{\sum_{i=1}^n \lambda_{ii}^2} < \epsilon$$

für die unterhalb der Hauptdiagonale liegenden Elemente λ_{ij} der iterierten Matrix Λ und eine vorgegebene Toleranz $\epsilon > 0$ an.

Beispiel

Da bisher nur Matrizen mit reellen Eigenwerte diskutiert wurden, soll mit

$$A = \begin{pmatrix} 6 & 2 & -1 & 1 \\ -1 & 2 & 4 & -1 \\ 1 & -1 & 2 & 5 \\ 2 & 1 & 3 & 7 \end{pmatrix}$$

eine Matrix betrachtet werden, die die Eigenwerte $\lambda_1 = 9{,}577$, $\lambda_2 = 4{,}7965$ und $\lambda_{3,4} = 1{,}3133 \pm 1{,}8940i$ besitzt, Mit dem QR-Verfahren erhält man nach 20 QR-Iterationen die Quasidreiecksmatrix

$$A^{(20)} \approx \begin{pmatrix} 9{,}577 & 1{,}4695 & 0{,}1438 & 1{,}3885 \\ 0 & 4{,}7965 & 3{,}3302 & 2{,}6431 \\ 0 & 0 & 0{,}2519 & -3{,}5739 \\ 0 & 0 & 1{,}4084 & 0{,}1106 \end{pmatrix}.$$

Neben den reellen Eigenwerten $\lambda_1 = 9{,}577$, $\lambda_2 = 4{,}7965$ auf der Diagonalen findet man die komplexen Eigenwerte als Eigenwerte der quadratischen Submatrix

$$\mathbf{m}_1 = \begin{pmatrix} 0{,}2519 & -3{,}5739 \\ 1{,}4084 & 0{,}1106 \end{pmatrix}.$$

◀

4.6 Aufwand und Stabilität der Berechnungsmethoden

Für einen Schritt des QR-Verfahren zur Berechnung der Eigenwerte einer vollbesetzten $(n \times n)$-Matrix A sind $O(n^3)$ Operation erforderlich. Dieser Aufwand kann durch eine vorgeschaltete Transformation der Matrix A auf Hessenberg-Form drastisch reduziert werden. Für einen Schritt des QR-Verfahrens zur Berechnung der Eigenwerte einer Hessenberg-Matrix H sind nur $O(n^2)$ Operationen nötig ($O(n)$ für symmetrische Matrizen). Für die Transformation auf eine Hessenberg-Matrix sind allerdings i. Allg. $O(n^3)$ Operationen nötig. Allerdings lohnt sich dieser Aufwand auf jeden Fall. Die $O(n^3)$ Operationen werden nur einmal zur Erzeugung von H benötigt, während man beim QR-Verfahren diese Zahl von

Operationen in jedem Schritt durchführen muss. Der Aufwand im Fall einer symmetrischen Matrix A ist entsprechend geringer.

Bei Von-Mises-Vektor-Iterationen ist pro Iterationsschritt im Wesentlichen eine Matrix-Vektor-Multiplikation mit $O(n^2)$ Operationen auszuführen.

Sowohl beim QR-Verfahren als auch bei der inversen Von-Mises-Iteration hängt das Konvergenzverhalten und damit auch der insgesamt erforderliche Rechenaufwand wesentlich von der geeigneten Wahl der Shifts κ ab. Zur Überprüfung dieses Einflusses seien Tests mit dem Programm 4.2 dringend empfohlen.

Für diagonalisierbare Matrizen A, d. h. Matrizen, die in der Form

$$A = C^{-1}DC, \quad D = \mathrm{diag}(\lambda_1, \lambda_2, \ldots, \lambda_n) \tag{4.20}$$

mit einer regulären Matrix C dargestellt werden können, kann man zur Stabilität den folgenden Satz formulieren.

Satz 4.10. *(Kondition eines Eigenwertproblems)*
Ist die $(n \times n)$-Matrix A in der Form (4.20) diagonalisierbar. Sei $A + \Delta A$ eine Störung der Matrix A und sei $\mu \in \sigma(A + \Delta A)$ ein Eigenwert der gestörten Matrix. Dann gilt

$$\min_{k=1,\ldots,n} |\mu - \lambda_k| \leq \mathrm{cond}(C)\|\Delta A\|$$

mit der Konditionszahl $\mathrm{cond}(C)$ der Matrix C. Falls A symmetrisch ist, gilt die schärfere Abschätzung

$$\min_{k=1,\ldots,n} |\mu - \lambda_k| \leq \|\Delta A\|.$$

Die Abschätzungen des Satzes 4.10 bestimmen die Kondition des Eigenwertproblems. Für den Fall einer allgemeinen Matrix A (nicht notwendig diagonalisierbar bzw. symmetrisch) gilt der

Satz 4.11. *(Kondition eines Eigenwertproblems)*
Für die Eigenwerte μ der gestörten Matrix $A + \Delta A$ mit einer beliebigen $(n \times n)$-Matrix A gilt die Abschätzung

$$\min_{k=1,\ldots,n} |\mu - \lambda_k| \leq K \max\{\|\Delta A\|, \|\Delta A\|^{1/n}\}$$

mit $K = \max\{\theta, \theta^{1/n}\}$ und $\theta = \sum_{k=0}^{n-1} \|\tilde{R}\|^k$. $\tilde{R}$ bezeichnet dabei den nicht-diagonalen Anteil der Dreiecksmatrix R der sogenannten Schur-Faktorisierung $A = Q^H R Q$ von A mit einer unitären Matrix Q.

Die in den Sätzen 4.10 und 4.11 verwendeten Matrixnormen sind euklidisch, d. h. durch die euklidische Vektornorm induziert. Zu den umfangreichen sehr technischen Beweisen der Sätze sei auf Plato (2000) verwiesen.

4.7 Aufgaben

1) Beweisen Sie die Aussagen a) bis e) des Satzes 4.2 zu den Eigenwerten spezieller Matrizen.

2) Geben Sie eine Abschätzung für die Eigenwerte bzw. deren Beträge der Matrizen

$$A = \begin{pmatrix} 10 & 3 \\ 2 & 5 \end{pmatrix}, \quad B = \begin{pmatrix} 3 & 1 & 0 \\ 1 & 12 & 1 \\ 0 & 1 & 20 \end{pmatrix} \quad \text{und} \quad C = \begin{pmatrix} 2 & -1 & 0 \\ -1 & 2 & -1 \\ 0 & -1 & 2 \end{pmatrix}$$

an, skizzieren Sie die Gerschgorin-Kreise und geben Sie Abschätzungen für die Eigenwerte der inversen Matrizen A^{-1}, B^{-1} und C^{-1} an, falls diese existieren. Berechnen Sie die Eigenwerte von A und C.

3) Der Eigenwert $\lambda_1 = 2 + \sqrt{2}$ und der dazugehörige Eigenvektor $\vec{v}_1 = (\frac{1}{2}, \frac{1}{\sqrt{2}}, \frac{1}{2})^T$ der Matrix

$$A = \begin{pmatrix} 2 & 1 & 0 \\ 1 & 2 & 1 \\ 0 & 1 & 2 \end{pmatrix}$$

sind gegeben. A hat die weiteren Eigenwerte λ_2, λ_3. Transformieren Sie den Eigenwert λ_1 per Deflation auf 0, d. h. berechnen Sie die Matrix $\tilde{A}$, die außer dem Eigenwert 0 die Eigenwerte λ_2, λ_3 besitzt.

4) Schreiben Sie ein Programm zur Berechnung der Eigenwerte einer symmetrischen und positiv definiten Matrix A vom Typ $n \times n$ mit der Von-Mises-Vektoriteration.

5) Schreiben Sie ein Programm zur Berechnung der Eigenwerte und Eigenvektoren einer symmetrischen reellen Matrix A vom Typ $n \times n$ mit der QR-Iteration unter Nutzung der Programme 4.1 und 4.2.

Interpolation und numerische Differentiation

5

Inhaltsverzeichnis

Im Kap. 3 ging es darum, Kurven so durch Punktwolken zu legen, dass die Punkte in gewissem Sinn einen minimalen Abstand zur Kurve haben. In der Regel war es allerdings nicht möglich, alle Punkte mit der Kurve zu treffen.

Bei der Interpolation von Messwerten oder auch Funktionswerten geht es im Unterschied zur Ausgleichsrechnung darum, Kurven zu ermitteln, auf denen vorgegebene Punkte liegen sollen. Es geht i. Allg. darum, zu $n + 1$ Stützpunkten (x_k, y_k) eine stetige Funktion $f(x)$ zu finden, so dass die vorgegebenen Punkte auf dem Graphen liegen, d. h. $y_k = f(x_k)$ für $k = 0, \ldots, n$ gilt. Die Interpolation ist eine Möglichkeit, um aus „weit" auseinander liegenden Messpunkten auch Informationen dazwischen zu erhalten. Bei komplizierten, aufwendig zu berechnenden Funktionsverläufen oder Stammfunktionen ist oft die Approximation durch eine Interpolationsfunktion Grundlage für eine effektive näherungsweise Problemlösung.

Die Mindestanforderung für die Interpolationskurve ist deren Stetigkeit. Mit der Polynominterpolation bzw. der Spline-Interpolation werden allerdings glatte Kurven konstruiert.

Da bei der Konstruktion von Interpolationspolynomen Steigungen bzw. Differenzenquotienten eine Rolle spielen, wird in diesem Abschnitt auch auf die Thematik „Numerische Differentiation" eingegangen.

© Der/die Autor(en), exklusiv lizenziert an Springer-Verlag GmbH, DE, ein Teil von Springer Nature 2022
G. Bärwolff und C. Tischendorf, *Numerik für Ingenieure, Physiker und Informatiker,*
https://doi.org/10.1007/978-3-662-65214-5_5

5.1   Vorbemerkungen

Hat man $n+1$ Punkte (x_k, y_k) mit $k = 0, \ldots, n$ gegeben, wobei die x_k paarweise verschieden sein sollen, dann ist es immer möglich, ein Polynom n-ten Grades $p_n(x) = \sum_{k=0}^{n} c_k x^k$ bzw. Koeffizienten c_k zu finden, so dass $y_k = p_n(x_k)$ für alle $k = 0, \ldots, n$ gilt. Z. B. legen 2 Punkte eine Gerade (Polynom ersten Grades) und 3 Punkte eine Parabel (Polynom zweiten Grades) eindeutig fest.

Beispiel

Die 3 Punkte $(1,2)$, $(2,5)$, $(4,2)$ legen das Polynom $p_2(x) = -4 + 7{,}5\,x - 1{,}5\,x^2$ fest, denn die Forderung $p_2(x_k) = y_k$ $(k = 1, 2, 3)$ bedeutet

$$\begin{aligned} c_0 + c_1 + c_2 &= 2 \\ c_0 + 2c_1 + 4c_2 &= 5 \\ c_0 + 4c_1 + 16c_2 &= 2 \end{aligned}$$

mit der eindeutig bestimmten Lösung $(c_0, c_1, c_2) = (-4,\ 7{,}5,\ -1{,}5)$. ◄

Allgemein geht es bei der Interpolation darum, eine beliebige Ansatzfunktion $f(x, \vec{c})$ mit $n + 1$ freien Parametern $\vec{c} = (c_0, \ldots, c_n)^T$, die Lösungen der Gleichungen $y_k = f(x_k, \vec{c})$ sind, zu finden. Wählt man die lineare Abhängigkeit

$$f(x, \vec{c}) = \sum_{k=0}^{n} c_k \phi_k(x) \, ,$$

dann ergibt sich für die freien Parameter das lineare Gleichungssystem

$$\begin{pmatrix} \phi_0(x_0) & \ldots & \phi_n(x_0) \\ \vdots & \ddots & \vdots \\ \phi_0(x_n) & \ldots & \phi_n(x_n) \end{pmatrix} \begin{pmatrix} c_0 \\ \vdots \\ c_n \end{pmatrix} = \begin{pmatrix} y_0 \\ \vdots \\ y_n \end{pmatrix} . \tag{5.1}$$

Im obigen Beispiel haben wir für die Funktionen ϕ_k speziell $\phi_0(x) \equiv 1$, $\phi_1(x) = x$ und $\phi_2(x) = x^2$ gewählt. I. Allg. sind die Funktionen ϕ_k der Aufgabenstellung anzupassen, wobei darauf geachtet werden sollte, dass das Gleichungssystem (5.1) eindeutig zu lösen ist, was immer gesichert ist, wenn $(\phi_0(x_k), \ldots, \phi_n(x_k))^T$ für $k = 0, \ldots, n$ linear unabhängige Vektoren des $\mathbb{R}^{n+1}$ sind.

Wählt man zur Interpolation der Punkte $(1,2), (2,5), (4,2)$ des obigen Beispiels $\phi_0(x) \equiv 1$, $\phi_1(x) = \cos x$ und $\phi_2(x) = \sin x$, so bedeutet die Forderung $y_k = f(x_k, \vec{c})$ gerade das Gleichungssystem

Abb. 5.1 Funktionen
$f_1(x) = -4 + 7,5\,x - 1,5\,x^2$
und $f_2(x) = 1,737 -$
$2,9788 \cos x + 2,2252 \sin x$ zur
Interpolation der Messdaten
des Beispiels

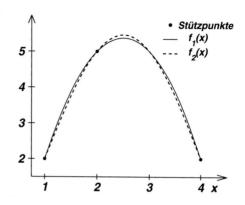

$$c_0 + c_1 \cos 1 + c_2 \sin 1 = 2 \qquad c_0 + 0,54030\,c_1 + 0,84147\,c_2 = 2$$
$$c_0 + c_1 \cos 2 + c_2 \sin 2 = 5 \iff c_0 - 0,41615\,c_1 + 0,90930\,c_2 = 5$$
$$c_0 + c_1 \cos 4 + c_2 \sin 4 = 2 \qquad c_0 - 0,65364\,c_1 - 0,75680\,c_2 = 2$$

mit der Lösung $\vec{c} = (1,737, -2,9788, 2,2252)^T$. Die Abb. 5.1 zeigt die beiden Interpolationskurven zum Beispiel.

Bei der Wahl der $\phi_k(x)$ als Polynome bis zum Grad n spricht man von der **Polynominterpolation**, die im folgenden Abschnitt ausführlicher besprochen werden soll. $\phi_k(x)$ bezeichnet man auch als **Polynombasis**. Als Ergebnis erhält man mit einem Polynom eine stetige und beliebig oft differenzierbare Interpolationsfunktion.

5.2 Polynominterpolation

Im Folgenden sollen $n + 1$ Stützpunkte (x_k, y_k) durch Polynome n-ten Grades interpoliert werden. Oben wurde bereits im Fall von 3 vorgegeben Punkten ein Interpolationspolynom 2. Grades bestimmt. Verwendet man die Funktionen $\phi_0 = 1$, $\phi_1 = x, \dots, \phi_n = x^n$, dann ist zur Bestimmung der Koeffizienten $\vec{c} = (c_0, \dots, c_n)^T$ das Gleichungssystem

$$\begin{pmatrix} x_0^0 & \cdots & x_0^n \\ \vdots & \ddots & \vdots \\ x_n^0 & \cdots & x_n^n \end{pmatrix} \begin{pmatrix} c_0 \\ \vdots \\ c_n \end{pmatrix} = \begin{pmatrix} y_0 \\ \vdots \\ y_n \end{pmatrix} \iff V\vec{c} = \vec{y} \tag{5.2}$$

zu lösen. Man kann mit der vollständigen Induktion zeigen, dass die Determinante der Koeffizientenmatrix von (5.2) den Wert

$$\det V = \prod_{0 \le i < j \le n} (x_i - x_j)$$

hat. Diese Determinante nennt man auch **Vandermonde'sche Determinante**. Also ist das lineare Gleichungssystem (5.2) immer lösbar, wenn die Stützwerte x_j paarweise verschieden sind. Damit ist der folgende Satz bewiesen.

Satz 5.1. *(Existenz und Eindeutigkeit eines Interpolationspolynoms)*
Für die $n+1$ Stützpunkte (x_k, y_k) mit den paarweise verschiedenen Stützstellen $x_k \in \mathbb{R}$ und den Werten $y_k \in \mathbb{R}$ gibt es genau ein Polynom $p_n(x)$ vom Grad n, das die Interpolationsaufgabe $y_k = p_n(x_k)$ für $k = 0, \ldots, n$ löst.

Dieser Satz bildet die Grundlage für die Polynominterpolation. Allerdings bestimmt man das Interpolationspolynom in der Regel nicht über die Lösung des Gleichungssystems (5.2). Durch Verwendung anderer Polynombasen als $\phi_k(x) = x^k$ $(k = 0, \ldots, n)$, der sogenannten Monombasis, kann das Interpolationspolynom einfacher berechnet werden. Wir werden dies in den folgenden Abschnitten darstellen.

5.2.1 Lagrange-Interpolation

Wir betrachten statt der Monombasis die wie folgt definierten Lagrange-Basispolynome.

▶ **Definition 5.1.** (Lagrange-Polynome)
Seien die Stützstellen $x_0, x_1, \ldots, x_n$ paarweise verschieden. Dann werden diesen Stützstellen durch

$$L_j(x) = \prod_{\substack{j=0 \\ j \neq i}}^{n} \frac{(x - x_i)}{(x_j - x_i)} = \frac{(x - x_0) \ldots (x - x_{j-1})(x - x_{j+1}) \ldots (x - x_n)}{(x_j - x_0) \ldots (x_j - x_{j-1})(x_j - x_{j+1}) \ldots (x_j - x_n)}$$

die **Lagrange-Polynome** zugeordnet.

Mit der leicht einzusehenden Eigenschaft

$$L_j(x_i) = \delta_{ij} = \begin{cases} 1 & j = i \\ 0 & j \neq i \end{cases}$$

findet man, dass die Vektoren $(L_j(x_0), L_j(x_1), \ldots, L_j(x_n))$ gerade die kanonischen Basisvektoren $\vec{e}_j$ des $\mathbb{R}^{n+1}$ sind. Wählt man nun $\phi_j(x) = L_j(x)$, so wird das Gleichungssystem (5.1) trivial und man erhält

$$\begin{pmatrix} 1 & 0 & \dots & \dots & 0 \\ 0 & 1 & 0 & \dots & 0 \\ \vdots & \ddots & \ddots & \ddots & \vdots \\ 0 & \dots & 0 & 1 & 0 \\ 0 & \dots & \dots & 0 & 1 \end{pmatrix} \begin{pmatrix} c_0 \\ \vdots \\ c_n \end{pmatrix} = \begin{pmatrix} c_0 \\ \vdots \\ c_n \end{pmatrix} = \begin{pmatrix} y_0 \\ \vdots \\ y_n \end{pmatrix},$$

also $\vec{c} = \vec{y}$. Damit gilt für das eindeutig bestimmte Interpolationspolynom

$$p_n(x) = \sum_{j=0}^{n} y_j L_j(x). \tag{5.3}$$

Bei Verwendung der Formel (5.3) zur Darstellung des Interpolationspolynoms spricht man von der **Lagrange-Interpolation**. Die Interpolationsaufgabe reduziert sich im Wesentlichen auf die Berechnung der Lagrange-Basispolynome. Das folgende Programm erzeugt die Lagrange-Polynome und berechnet einen Wert des Interpolationspolynoms.

Beispiel

Für die Stützpunkte

x_i	1	2	3	4	7	10	12	13	15
y_i	3	2	6	7	9	15	18	27	30

erhält man mit der Lagrange-Interpolation ein Interpolationspolynom 8. Grades mit dem in der Abb. 5.2 dargestellten Verlauf. ◄

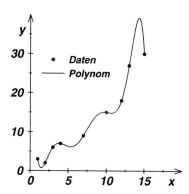

Abb. 5.2 Interpolationspolynom 8. Grades

```
# Programm 5.1 Lagrange–Interpolation
# Berechnung des Polynomwerts p_n(xx) des Lagrange–Polynoms
# fuer die Stuetzpunkte (x_0,y_0),...,(x_n,y_n)
# input:  Vektoren x(1:n+1), y(1:n+1), Stelle xx
# output: Polynomwert p_n(xx)
# Aufruf: [fwert] = lagrangeip_gb1(xx,x,y);
function [fwert] = lagrangeip_gb1(xx,x,y);
n=length(x)-1;
# Konstruktion der Lagrange–Basispoylnome l_0,l_1,...,l_n
# bei den Stuetzwerten x_0,x_1,...,x_n (=Vektor x(1:n+1))
# an der Stelle xx
for k=0:n
  faktor=1;
  for i=0:n
    if (i ~= k)
      faktor=faktor*(xx-x(i+1))/(x(k+1)-x(i+1));
    end
  end
  l(k+1)=faktor;
end
# Polynomwertberechnung p_n(xx)
# bei den Werten y_0,y_1,...,y_n (=Vektor y(1:n+1))
fwert = l(1:n+1)*y(1:n+1)';
end
```

Für die Bestimmung der Lagrange-Basispolynome sind $(2n + 1) \cdot (n + 1)$ Multiplikationen erforderlich und zur Polynomwertberechnung sind nochmal $n + 1$ Multiplikationen nötig. Man kann allerdings die Zahl der Multiplikationen für diese Aufgabe reduzieren, wenn man die Lagrange-Polynome anders darstellt. Darauf werden wir im Folgenden eingehen.

Mit den Formeln für die Lagrange-Basispolynome kann man $p_n(x)$ für $x \neq x_j$ in der Form

$$p_n(x) = \sum_{i=0}^{n} y_i \prod_{\substack{j=0 \\ j \neq i}}^{n} \frac{(x - x_j)}{(x_i - x_j)} = \sum_{i=0}^{n} y_i \frac{1}{x - x_i} [\prod_{\substack{j=0 \\ j \neq i}}^{n} \frac{1}{x_i - x_j}] \prod_{k=0}^{n} (x - x_k) \qquad (5.4)$$

darstellen. Die Koeffizienten in den eckigen Klammern

$$\lambda_i = \prod_{\substack{j=0 \\ j \neq i}}^{n} \frac{1}{x_i - x_j} = \frac{1}{\prod_{\substack{j=0 \\ j \neq i}}^{n} (x_i - x_j)} \quad (i = 0, 1, \dots, n) \qquad (5.5)$$

nennt man **Stützkoeffizienten**. Mit den Stützkoeffizienten führt man weiterhin mit

$$\mu_i = \frac{\lambda_i}{x - x_i} \quad (i = 0, 1, \dots, n) \qquad (5.6)$$

Größen ein, die von der Stelle x, an der interpoliert werden soll, abhängen. Unter Nutzung von λ_i, μ_i ergibt sich (5.4) zu

$$p_n(x) = [\sum_{i=0}^{n} \mu_i y_i] \prod_{k=0}^{n} (x - x_k). \qquad (5.7)$$

Betrachtet man (5.7) für die speziellen Werte $y_i = 1$ für $i = 0, \ldots, n$, dann ist $p_n(x) \equiv 1$ das eindeutig bestimmte Interpolationspolynom für die $n + 1$ Stützpunkte $(x_i, 1)$, so dass

$$1 = p_n(x) = \left[\sum_{i=0}^{n} \mu_i \right] \prod_{k=0}^{n} (x - x_k) \iff \prod_{k=0}^{n} (x - x_k) = \frac{1}{\sum_{i=0}^{n} \mu_i} \quad (5.8)$$

folgt. Aus (5.7) und (5.8) folgt mit

$$p_n(x) = \frac{\sum_{i=0}^{n} \mu_i y_i}{\sum_{i=0}^{n} \mu_i} \quad (5.9)$$

die sogenannte **baryzentrische Formel** der Lagrange-Interpolation. Bevor nun die Vorteile der baryzentrische Formel ausgenutzt werden sollen, wird im folgenden Satz eine wichtige Aussage zu den Stützkoeffizienten gemacht.

Satz 5.2. (*Summeneigenschaft der Stützkoeffizienten*)
Für die $n+1$ Stützkoeffizienten $\lambda_i^{(n)}$ zu den paarweise verschiedenen Stützstellen $x_0, x_1, \ldots, x_n$ gilt

$$\sum_{i=0}^{n} \lambda_i^{(n)} = 0. \quad (5.10)$$

Zum Nachweis von (5.10) betrachten wir $p_n(x)$ in der Darstellung

$$p_n(x) = \sum_{i=0}^{n} y_i \lambda_i^{(n)} \prod_{\substack{j=0 \\ j \neq i}}^{n} (x - x_j). \quad (5.11)$$

Der Koeffizient von x^n in (5.11) ist $a_n = \sum_{i=0}^{n} y_i$. Macht man nun den gleichen Trick wie oben und setzt $y_i = 1$ für $i = 0, \ldots, n$, dann ist $p_n(x) \equiv 1$ das eindeutig bestimmte Interpolationspolynom für die $n + 1$ Stützpunkte $(x_i, 1)$. Also gilt $a_j = 0$ für $j \geq 1$ für die Koeffizienten a_j von $p_n(x) = \sum_{j=0}^{n} a_j x^j$, also auch $a_n = 0$, woraus (5.10) folgt.

Die Formel (5.9) hat den Vorteil, dass man bei Hinzunahme einer $(n + 2)$-ten Stützstelle x_{n+1} zu den Stellen $x_0, \ldots, x_n$ die neuen λ-Werte $\lambda_i^{(n+1)}$ aus den alten $\lambda_i^{(n)}$ durch die Beziehungen

$$\lambda_i^{(n+1)} = \lambda_i^{(n)} / (x_i - x_{n+1}) \quad (i = 0, \ldots, n) \quad (5.12)$$

ermitteln kann. Den fehlenden Wert $\lambda_{n+1}^{(n+1)}$ bestimmt man unter Nutzung von (5.10) durch

$$\lambda_{n+1}^{(n+1)} = - \sum_{i=0}^{n} \lambda_i^{(n+1)}.$$

Die durchgeführten Überlegungen ermöglichen nun die sukzessive Bestimmung der Stützkoeffizienten λ_i und der baryzentrischen Gewichte μ_i für die Interpolation an einer Stelle x.

Beispiel

Für die Stützpunkte $(1,2)$, $(2,4)$, $(3,10)$ soll die baryzentrische Formel durch sukzessive Stützpunkthinzunahme aufgestellt werden. Für einen Stützpunkt $(x_0, y_0) = (1,2)$, d. h. $n = 0$, folgt

$$\lambda_0^{(0)} = 1, \quad \mu_0^{(0)} = \frac{\lambda_0^{(0)}}{x - x_0} = \frac{1}{x - 1} \quad \Longrightarrow \quad p_0(x) = \frac{\mu_0^{(0)} y_0}{\mu_0^{(0)}} = y_0 = 2.$$

Für die Punkte $(x_0, y_0) = (1,2)$, $(x_1, y_1) = (2,4)$, d. h. $n = 1$ ergibt sich

$$\lambda_0^{(1)} = \frac{\lambda_0^{(0)}}{x_0 - x_1} = \frac{1}{1 - 2} = -1, \quad \lambda_1^{(1)} = -\lambda_0^{(1)} = 1,$$

$$\mu_0^{(1)} = \frac{\lambda_0^{(1)}}{x - x_0} = \frac{-1}{x - 1}, \quad \mu_1^{(1)} = \frac{\lambda_1^{(1)}}{x - x_1} = \frac{1}{x - 2}$$

und damit

$$p_1(x) = \frac{\mu_0^{(1)} y_0 + \mu_1^{(1)} y_1}{\mu_0^{(1)} + \mu_1^{(1)}} = \cdots = 2x.$$

Die Hinzunahme des dritten Punktes ergibt $(x_0, y_0) = (1,2)$, $(x_1, y_1) = (2,4)$, $(x_2, y_2) = (3,10)$ bedeutet $n = 2$ und man erhält

$$\lambda_0^{(2)} = \frac{\lambda_0^{(1)}}{x_0 - x_2} = \frac{1}{2}, \quad \lambda_1^{(2)} = \frac{\lambda_1^{(1)}}{x_1 - x_2} = -1, \quad \lambda_2^{(2)} = -(\lambda_0^{(2)} + \lambda_1^{(2)}) = \frac{1}{2},$$

$$\mu_0^{(2)} = \frac{\lambda_0^{(2)}}{x - x_0} = \frac{1}{2(x - 1)}, \quad \mu_1^{(2)} = \frac{\lambda_1^{(2)}}{x - x_1} = \frac{-1}{x - 2}, \quad \mu_2^{(2)} = \frac{\lambda_2^{(2)}}{x - x_2} = \frac{1}{2(x - 3)},$$

so dass sich für das Polynom

$$p_2(x) = \frac{\mu_0^{(2)} y_0 + \mu_1^{(2)} y_2 + \mu_2^{(2)} y_2}{\mu_0^{(2)} + \mu_1^{(2)} + \mu_2^{(2)}} = \cdots = (x-2)(x-3) - 4(x-1)(x-3) + 5(x-1)(x-2)$$

ergibt. ◀

Ein effektives Programm zur sukzessiven Bestimmung der $\lambda_j^{(k)}$ bzw. zur Polynomwertberechnung folgt im Abschn. 5.4.

5.2.2 Newton-Interpolation

Die Newton-Interpolation ist ebenso wie die Lagrange-Interpolation eine Polynom-Interpolation. Die Problemstellung ist wie gehabt. Es sind Stützpunkte (x_i, y_i), $i = 0, \ldots, n$, gegeben, und es wird eine stetige und differenzierbare Funktion $p(x)$ gesucht, für die im Intervall $[x_0, x_n]$ an den Stützstellen $p(x_i) = y_i$ gilt. Wir setzen wieder voraus, dass die x_i paarweise verschieden sind.

Der Unterschied zwischen Newton- und Lagrange-Interpolation besteht in der Wahl der Polynombasis. Wenn man als Basis

$$\phi_0(x) = 1, \ \phi_1(x) = x - x_0,$$
$$\phi_2(x) = (x - x_0)(x - x_1), \ \ldots, \ \phi_n(x) = (x - x_0)(x - x_1)\ldots(x - x_{n-1})$$

verwendet, erhält man zur Bestimmung der Koeffizienten b_k von

$$p_n(x) = b_0 + b_1(x - x_0) + \cdots + b_n(x - x_0)(x - x_1)\ldots(x - x_{n-1})$$
$$= b_0\phi_0(x) + b_1\phi_1(x) + b_2\phi_2(x) + \cdots + b_n\phi_n(x)$$

ausgehend von dem Gleichungssystem (5.1) das folgende untere Dreieckssystem

$$
\begin{aligned}
y_0 &= b_0 \\
y_1 &= b_0 + b_1(x_1 - x_0) \\
&\ \vdots \\
y_n &= b_0 + b_1(x_n - x_0) + \cdots + b_n(x_n - x_0)(x_n - x_1)\ldots(x_n - x_{n-1}).
\end{aligned}
\tag{5.13}
$$

Man sieht, dass die Berechnung rekursiv recht einfach erfolgen kann. Hat man b_0, so kann man damit b_1 berechnen, und mit b_0 und b_1 kann man b_2 berechnen usw. Bei der schrittweisen Auflösung des Systems (5.13) lässt sich für jeden Koeffizienten b_i eine Formel mit Hilfe **dividierter Differenzen** angeben.

Sind von einer Funktion $f(x)$ an $n + 1$ Stützstellen $x_0, x_1, \ldots x_n$ die zugehörigen Funktionswerte $y_0 = f(x_0), \ldots, y_n = f(x_n)$ gegeben, so lassen sich die dividierten Differenzen, auch Steigungen genannt, der Ordnung 0 bis n berechnen. Wir definieren die Steigungen 0. Ordnung

$$[x_i] := y_i \ , \ i = 0, \ldots n,$$

die Steigungen 1. Ordnung

$$[x_i x_j] := \frac{[x_i] - [x_j]}{x_i - x_j} \ , \ i, j = 0, \ldots, n, \ i \neq j,$$

und allgemein die Steigungen r-ter Ordnung

$$[x_i x_{i+1} ... x_{i+r}] := \frac{[x_{i+1} ... x_{i+r}] - [x_i ... x_{i+r-1}]}{x_{i+r} - x_i} .$$

Eine wichtige Eigenschaft der dividierten Differenzen ist die Symmetrie in ihren Argumenten, d. h. es gilt z. B.

$$[x_0 x_1 ... x_n] = [x_n x_{n-1} ... x_0] = [x_{k_0} x_{k_1} ... x_{k_n}],$$

wobei $k_1, k_2, ..., k_n$ irgendeine beliebige Vertauschung (Permutation) der Indizes $1, 2, ..., n$ ist. Mit den eben erklärten Steigungen kann man $p_n(x)$ auch in der Form

$$p_n(x) = [x_0] + [x_0 x_1](x - x_0) + [x_0 x_1 x_2](x - x_0)(x - x_1) + \cdots +$$
$$[x_0 x_1 ... x_n](x - x_0)(x - x_1) ... (x - x_{n-1}) \tag{5.14}$$

notieren. Mit den Formeln der Steigungen lässt sich ein sogenanntes Steigungsschema oder Schema zur Berechnung der dividierten Differenzen aufstellen. Wir betrachten die Stützpunkte,

x_i	1	2	3
y_i	3	2	6

also die Ausgangsposition für ein Polynom 2. Grades. Dafür kann man das Schema

$$[x_0] = [1] = 3 \searrow$$
$$[x_1] = [2] = 2 \rightarrow [x_0 x_1] = [12] = \frac{3-2}{1-2} = -1 \searrow$$
$$[x_2] = [3] = 6 \rightarrow [x_1 x_2] = [23] = \frac{2-6}{2-3} = 4 \rightarrow [x_0 x_1 x_2] = [123] = \frac{-1-4}{1-3} = \frac{5}{2}$$

aufstellen und erhält

$$[x_0] = 3, \quad [x_0 x_1] = -1, \quad [x_0 x_1 x_2] = 2,5.$$

Damit erhält man das Newton'sche Interpolationspolynom

$$p_2(x) = [x_0] + [x_0 x_1](x - x_0) + [x_0 x_1 x_2](x - x_0)(x - x_1)$$
$$= 3 - (x - 1) + 2,5 \cdot (x - 1)(x - 2),$$

das mit dem Lagrange-Interpolationspolynom

$$p_2(x) = 3\frac{(x - 2)(x - 3)}{(1 - 2)(1 - 3)} + 2\frac{(x - 1)(x - 3)}{(2 - 1)(2 - 3)} + 6\frac{(x - 1)(x - 2)}{(3 - 1)(3 - 2)}$$

übereinstimmt. Das sollte als Übung überprüft werden.

Im folgenden Programm werden die dividierten Differenzen berechnet und der Wert des Interpolationspolynoms an einer Stelle berechnet. Dabei wurde das Horner-Schema

$$p(x) = a_n x^n + a_{n-1} x^{n-1} + \cdots + a_1 x + a_0$$
$$= x(a_n x^{n-1} + a_{n-1} x^{n-2} + \ldots a_1) + a_0$$
$$= x(\ldots x(x(x(x a_n + a_{n-1}) + a_{n-2}) + a_{n-3}) + \cdots + a_1) + a_0 \; .$$

zur effektiven Berechnung des Wertes eines Polynoms n-ten Grades verwendet.

```
# Programm 5.2 Newton–Interpolation ,
# Berechnung des Polynomwerts p_n(xx) des Newtonschen Interpolations–Polynoms
# fuer die Stuetzpunkte (x_0,y_0) ,...,(x_n,y_n)
# input:    Vektoren x(1:n+1), y(1:n+1), Stelle xx
# output:   Polynomwert p_n(xx)
# Aufruf:  fwert = newtonip_gbl(xx,x,y);
function [fwert] = newtonip_gbl(xx,x,y);
n=length(x)-1;
# dividierte Differenzen d_0,d_1,...,d_n
d(1:n+1) = y(1:n+1);
for k=1:n
  for i=n:-1:k
    d(i+1) = (d(i)-d(i+1))/(x(i+1-k)-x(i+1));
  end
end
# Polynomwertberechnung p_n(xx) mit dem Horner–Schema
fwert=d(n+1);
for i=n-1:-1:0
  fwert = d(i+1) + (xx - x(i+1))*fwert;
end
end
```

Für die Berechnung der dividierten Differenzen sind $\frac{n(n+1)}{2}$ Multiplikationen erforderlich und für die Polynomwertberechnung mit dem Horner-Schema kommen nochmal n Multiplikationen hinzu. Damit ist die Newton-Interpolation hinsichtlich der erforderlichen Multiplikationen weniger aufwendig als die Lagrange-Interpolation.

Die Newton-Interpolation hat gegenüber der Laplace-Interpolation den Vorteil, dass man bei der Hinzunahme eines weiteren Stützpunktes (x_{n+1}, y_{n+1}) zu den bereits verarbeiteten $n+1$ Punkten einfach die erforderliche dividierte Differenz $[x_0, x_1, \ldots, x_n, x_{n+1}]$ ausrechnet und ausgehend von der Darstellung (5.14) das Interpolationspolynom $(n + 1)$-ten Grades

$$p_{n+1}(x) = p_n(x) + [x_0 x_1 \ldots x_n x_{n+1}](x - x_0)(x - x_1) \ldots (x - x_{n-1})(x - x_n) \quad (5.15)$$

erhält. Bei der Lagrange-Interpolation muss man bei der Hinzunahme eines weiteren Stützpunktes sämtliche Basispolynome neu berechnen, während bei der Newton-Interpolation nur ein weiteres Basiselement hinzugefügt wird.

5.2.3 Fehlerabschätzungen der Polynominterpolation

Wenn es sich bei den Stützpunkten (x_i, y_i) nicht um diskrete Messwerte, sondern um die Wertetabelle einer gegebenen Funktion $f(x)$ handelt, ist der Fehler $f(x) - p_n(x)$, den man bei der Interpolation macht, von Interesse. Die Beziehung (5.15) ergibt speziell für $x = x_{n+1}$ die Interpolationsbedingung $y = f(x) = p_{n+1}(x)$ mit

$$p_{n+1}(x) = f(x) = p_n(x) + [x_0 x_1 \ldots x_n x](x - x_0)(x - x_1) \ldots (x - x_{n-1})(x - x_n)$$

bzw.

$$f(x) - p_n(x) = [x_0 x_1 \ldots x_n x](x - x_0)(x - x_1) \ldots (x - x_{n-1})(x - x_n). \qquad (5.16)$$

Der folgende Satz liefert die Grundlage für die Abschätzung des **Interpolationsfehlers** $f(x) - p_n(x)$.

Satz 5.3. *(Fehler der Polynominterpolation)*
Sei $]a, b[=] \min_{j=0,\ldots,n} x_j$, $\max_{j=0,\ldots,n} x_j[$ *und sei* $p_n(x)$ *das Interpolationspolynom zur Wertetabelle* $(x_i, f(x_i))$ *der* $(n+1)$-*mal stetig differenzierbaren Funktion* f *auf* $[a, b]$, *wobei die Stützstellen* $x_0, \ldots, x_n$ *paarweise verschieden sind. Dann gibt es für jedes* $\tilde{x} \in]a, b[$ *einen Zwischenwert* $\xi = \xi(x_0, \ldots, x_n) \in]a, b[$ *mit*

$$f(\tilde{x}) - p_n(\tilde{x}) = \frac{f^{(n+1)}(\xi)}{(n+1)!}(\tilde{x} - x_0)(\tilde{x} - x_1) \ldots (\tilde{x} - x_n). \qquad (5.17)$$

Zum Beweis des Satzes bzw. der Formel (5.17) betrachtet man die Funktion

$$\Phi(x) := f(x) - p_n(x) - c(\tilde{x}) \prod_{k=0}^{n}(x - x_k) \quad \text{mit} \quad c(\tilde{x}) = \frac{f(\tilde{x}) - p_n(\tilde{x})}{\prod_{k=0}^{n}(\tilde{x} - x_k)}, \qquad (5.18)$$

so dass $\tilde{x}$ eine Nullstelle von Φ ist, also $\Phi(\tilde{x}) = 0$ gilt. Die Funktion $\Phi(x)$ hat damit im Intervall $[a, b]$ aufgrund der **Interpolationseigenschaft** $f(x_k) = p_n(x_k)$ mindestens die $n + 2$ Nullstellen $x_0, \ldots, x_n, \tilde{x}$. Wegen der Differenzierbarkeits-Voraussetzung an $f(x)$ ist die Funktion $\Phi(x)$ ebenfalls $(n + 1)$-mal stetig differenzierbar. Nach dem Satz von Rolle findet man nun zwischen den Nullstellen von Φ jeweils Zwischenwerte $\xi_{11}^{(1)}, \xi_{12}^{(1)}, \ldots, \xi_{1n+1}^{(1)}$ mit $\Phi'(\xi_{ij}^{(1)}) = 0$. Zwischen den $n + 1$ Nullstellen von $\Phi'(x)$ findet man auf die gleiche Weise nach dem Satz von Rolle Zwischenwerte $\xi_{11}^{(2)}, \xi_{12}^{(2)}, \ldots, \xi_{1n}^{(2)}$ mit $\Phi''(\xi_{ij}^{(2)}) = 0$. Diese Schlussweise wendet man noch $(n - 1)$-mal an und erhält mit $\xi = \xi_{11}^{(n+1)} \in]a, b[$ eine Nullstelle von $\Phi^{(n+1)}$ (s. auch Abb. 5.3). Da $p_n(x)$ ein Polynom höchstens vom Grad n ist, gilt $p_n^{(n+1)}(x) = 0$. Mit $\Phi^{(n+1)}(\xi) = 0$ erhält man aus (5.18) schließlich

Abb. 5.3 Konstruktion der Nullstelle ξ von $\Psi^{(n+1)}(x)$ (für $n = 3$)

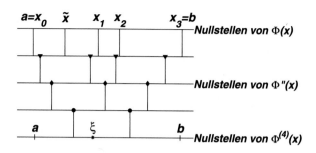

$$0 = \Phi^{(n+1)}(\xi) = f^{(n+1)}(\xi) - c(\tilde{x})(n+1)! \iff c(\tilde{x}) = \frac{f^{(n+1)}(\xi)}{(n+1)!},$$

also die Behauptung des Satzes 5.3.

Aus dem Satz 5.3 folgt nun direkt für eine $(n+1)$-mal stetig differenzierbare Funktion die Fehlerabschätzung

$$|f(x) - p_n(x)| \le \frac{\max_{\xi \in [a,b]} |f^{(n+1)}(\xi)|}{(n+1)!} |\prod_{k=0}^{n}(x - x_k)|. \tag{5.19}$$

Beispiel

Wir betrachten die quadratische Interpolation für die Stützpunkte

$$(x_0, f(x_0)),\ (x_1, f(x_1)),\ (x_2, f(x_2))$$

einer 3-mal stetig differenzierbaren Funktion $f(x)$. Die Stützstellen seien äquidistant um x_1 verteilt, d.h. $x_0 = x_1 - h$ und $x_2 = x_1 + h$ mit $h > 0$. $M_3 > 0$ sei eine Schranke für $|f^{(3)}(x)|$. Aus (5.19) folgt dann

$$|f(x) - p_2(x)| \le \frac{M_3}{3!}|(x - x_0)(x - x_1)(x - x_2)|.$$

Da das Extremalverhalten von $\omega(x) = (x - (x_1 - h))(x - x_1)(x - (x_1 + h))$ unabhängig von einer Translation $x := x + x_1$ ist, berechnen wir das Betragsmaximum von $\tilde{\omega}(x) :=\omega(x + x_1) = (x - h)x(x + h) = x(x^2 - h^2)$. Aus $\tilde{\omega}'(x) = 3x^2 - h^2 = 0$ folgen die Extremalstellen $x_{1,2} = \pm\frac{h}{\sqrt{3}}$. D.h. es gilt

$$\max_{x \in [x_0, x_2]}|\omega(x)| = \max_{x \in [-h,h]}|\tilde{\omega}(x)| = |\frac{h}{\sqrt{3}}(\frac{h^2}{3} - h^2)| = \frac{h}{\sqrt{3}}\frac{2h^2}{3} = \frac{2\sqrt{3}}{9}h^3,$$

so dass man am Ende bei der quadratischen Interpolation die Abschätzung

$$|f(x) - p_2(x)| \leq \frac{\sqrt{3}}{27} M_3 h^3 \quad (x \in [x_0, x_2])$$

erhält. Auf ähnliche Weise zeigt man für die kubische Interpolation ($n = 3$), etwa wenn man mit den äquidistanten Stützstellen

$$x_0 = a - \frac{3}{2}h, \; x_1 = a - \frac{h}{2}, \; x_2 = a + \frac{h}{2}, \; x_3 = a + \frac{3}{2}h$$

arbeitet, durch die Bestimmung des Betragsmaximums von

$$\tilde{\omega}(x) := \omega(x + a) = (x^2 - \frac{h^2}{4})(x^2 - \frac{9\,h^2}{4})$$

in den Intervallen $[x_i, x_{i+1}]$ für $i = 0, 1, 2$ die Abschätzung

$$|f(x) - p_3(x)| \leq \frac{1}{24} M_4 h^4 \, , \tag{5.20}$$

wobei mit $M_4 > 0$ die Existenz einer Schranke für $|f^{(4)}(x)|$ vorausgesetzt wurde. ◄

Offensichtlich ist der Fehler $f(x) - p_n(x)$ wesentlich durch das Verhalten der Funktion

$$\omega(x) = \prod_{k=0}^{n}(x - x_k) = (x - x_0)(x - x_1)\ldots(x - x_n) \tag{5.21}$$

bestimmt. Bei der Vorgabe äquidistanter Stützstellen für eine polynomiale Interpolation macht man die Erfahrung, dass $\omega(x)$ an den Enden des Intervalls $[a, b] = [x_0, x_n]$ (die Stützstellen seien der Größe nach geordnet) stark oszilliert. Hat man die Stützstellen $x_0, x_1, \ldots, x_n$ nicht fest vorgegeben und die Freiheit ihrer Wahl, kann man z. B. die Null-stellen des Tschebyscheff-Polynoms $T_{n+1}(x)$ auf das Intervall $[a, b]$ transformieren, und erhält mit

$$x_k^* = \frac{a+b}{2} + \frac{b-a}{2}\cos(\frac{2(n+1-k)-1}{2(n+1)}\pi) \quad (k = 0, 1, \ldots, n) \tag{5.22}$$

in gewissem Sinn optimale Stützstellen. Die Funktion

$$\omega^*(x) = \prod_{k=0}^{n}(x - x_k^*) \tag{5.23}$$

besitzt im Vergleich zu ω für äquidistante Stützstellen $x_k = a + \frac{k}{n}(b - a) \; (k = 0, \ldots, n)$ einen Verlauf mit wesentlich geringeren Oszillationen. Diesen Sachverhalt fassen wir im folgenden Satz zusammen.

Satz 5.4. *(optimale Stützstellen)*
Seien x_k äquidistante und x_k^* gemäß (5.22) verteilte Stützstellen des Intervalls $[a, b]$. Dann

gilt für die Funktionen $\omega(x)$ und $\omega^*(x)$

$$\max_{x\in[a,b]} |\omega^*(x)| \leq \max_{x\in[a,b]} |\omega(x)|.$$

Für wachsendes n konvergieren die Interpolationspolynome $p_n^*(x)$ für die Stützpunkte $(x_k^*, f(x_k^*))$ $(k = 0, \ldots, n)$ auf dem Intervall $[a, b]$ gegen die Funktion $f(x)$, falls $f(x)$ beliebig oft differenzierbar ist.

Zur Verifizierung dieses Sachverhalts betrachten wir ein instruktives Beispiel von Runge.

Beispiel

Die Interpolationspolynome $p_n(x)$ zur Funktion $f(x) = \frac{1}{x^2+1}$ über dem Intervall $[-5,5]$ für die äquidistanten Stützstellen $x_k = -5 + \frac{k}{n}10$ ergeben für wachsendes n einen stark ansteigenden maximalen Interpolationsfehler. Für die nichtäquidistanten Stützstellen x_k^* nach (5.22), im Fall $n = 12$ sind das

$$-4{,}964, -4{,}675, -4{,}115, -3{,}316, -2{,}324, -1{,}197, 0, 1{,}197, 2{,}324, 3{,}316, 4{,}115, 4{,}675, 4{,}964$$

konvergieren die Interpolationspolynome $p_n^*(x)$ für wachsendes n gegen die Funktion $f(x)$. In den Abb. 5.4 und 5.5 sind $p_{12}(x)$ und $p_{12}^*(x)$ im Vergleich zur Funktion $f(x)$ über dem Intervall $[-5,5]$ dargestellt. ◀

Abb. 5.4 Interpolationspolynom $p_{12}(x)$ mit äquidistanten Stützstellen

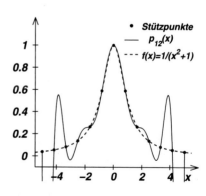

Abb. 5.5 Interpolationspolynom
$p_{12}^*(x)$ mit Stützstellen nach
Tschebyscheff

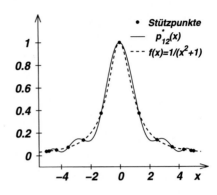

5.3   Extrapolation, Taylor-Polynome und Hermite-Interpolation

Als eine Folgerung des Satzes 5.3 ergibt sich mit (5.16) die Beziehung

$$[x_0 x_1 \ldots x_n x] = \frac{f^{(n+1)}(\xi)}{(n+1)!}, \tag{5.24}$$

wobei ξ zwischen $x_0, \ldots, x_n, x$ liegt und von allen diesen Punkten und der Funktion $f(x)$
abhängt. Die Beziehung (5.24 nennt man auch **Mittelwertsatz der dividierten Differenzen**.
Betrachtet man speziell $[x\, x_0] = \frac{f'(\xi)}{1!}$, erkennt man mit

$$\frac{f(x) - f(x_0)}{x - x_0} = f'(\xi) \tag{5.25}$$

den Mittelwertsatz der Differentialrechnung. Da bei der Formel (5.24) nicht gefordert ist,
dass x zwischen den Punkten $x_0, \ldots, x_n$ liegen muss, kann man das Newton'sche Interpolationspolynom (5.14) auch für diese x-Werte berechnen. Man spricht dann von **Extrapolation**.
Den Fehler der Extrapolation kann man mit der Beziehung (5.17) für $\tilde{x} = x$ abschätzen,
wobei er in der Regel größer wird, je weiter man sich mit x von den Stützstellen entfernt.

5.3.1   Taylorpolynom und Newton-Interpolation

Aus der Analysis ist mit dem Taylorpolynom eine Möglichkeit der Extrapolation von Funktionswerten bekannt, z. B. folgt aus dem Mittelwertsatz (5.25) sofort

$$f(x) \approx f(x_0) + f'(x_0)(x - x_0) =: T_1(x, x_0),$$

für x in der Nähe von x_0, wobei $T_1(x, x_0)$ das Taylorpolynom vom Grad 1 ist. Es ist bekannt,
dass für differenzierbare Funktionen gerade

$$\lim_{x \to x_0} \frac{f(x) - f(x_0)}{x - x_0} = f'(x_0) \iff \lim_{x \to x_0} [x x_0] = f'(x_0)$$

gilt. Dieses Resultat kann man verallgemeinern.

Satz 5.5. *(Darstellung der Ableitung als Grenzwert dividierter Differenzen)*
Sei f eine $(n + 1)$-mal stetig differenzierbare Funktion in einem Intervall um den Punkt x.
Dann gilt

$$\lim_{x_0 \to x, \ldots, x_n \to x} [x_0 x_1 \ldots x_n x] = \frac{f^{(n+1)}(x)}{(n + 1)!}.$$

Grundlage für den Beweis des Satzes, der hier nicht ausgeführt wird, ist die Beziehung
(5.24). Der Satz 5.5 rechtfertigt die Definition

$$\underbrace{[x x \ldots x]}_{n+2} = \frac{f^{(n+1)}(x)}{(n + 1)!}. \tag{5.26}$$

Mit der definierten Beziehung (5.26) und erhält man ausgehend von dem Newton'schen
Interpolationspolynom (5.14) mit

$$[x_0] + [x_0 x_0](x - x_0) + [x_0 x_0 x_0](x - x_0)(x - x_0) + \cdots +$$
$$\underbrace{[x_0 x_0 \ldots x_0]}_{n+1} \underbrace{(x - x_0)(x - x_0) \ldots (x - x_0)}_{n}$$
$$= f(x_0) + f'(x_0)(x - x_0) + \frac{f''(x_0)}{2!}(x - x_0)^2 + \cdots + \frac{f^{(n)}(x_0)}{n!}(x - x_0)^n$$
$$= T_n(x, x_0)$$

gerade das Taylorpolynom vom Grad n. Wir stellen hiermit fest, dass das Newton'sche
Interpolationspolynom für den Fall des „Zusammenfallens" aller Stützpunkte zum Taylorpolynom, das der Extrapolation von Funktionswerten in der Nähe des Entwicklungspunktes
x_0 dient, wird.

5.3.2 Hermite-Interpolation

Bei der Polynominterpolation waren Stützpunkte, bestehend aus Stützstellen x_k und Werten
(Mess- oder Funktionswerte) y_k vorgegeben. Es gibt aber auch die Situation, dass man z. B.
an den Stellen x_0, x_1 Funktionswerte y_0, y_1 und an der Stelle x_1 auch die Ableitungswerte
$y_1' = f'(x_1)$ und $y_1'' = f''(x_1)$ mit einem Polynom erfassen möchte. Dazu wollen wir zuerst
verabreden, was wir unter der Bezeichnung $[x_0 x_1 x_1]$ mit $x_0 \neq x_1$ verstehen wollen. Die
formale Anwendung der Rekursionsformel für dividierte Differenzen ergibt unter Nutzung
der Beziehung (5.26)

$$[x_0 x_1 x_1] = \frac{[x_0 x_1] - [x_1 x_1]}{x_0 - x_1} = \frac{[x_0 x_1] - f'(x_1)}{x_0 - x_1}$$

$$= \frac{1}{x_0 - x_1}[\frac{f(x_0) - f(x_1)}{x_0 - x_1} - f'(x_1)] = \frac{1}{x_1 - x_0}[f'(x_1) - \frac{f(x_1) - f(x_0)}{x_1 - x_0}].$$

Für $[x_0 x_1 x_1 x_1]$ erhält man auf die gleiche Weise

$$[x_0 x_1 x_1 x_1] = \frac{1}{x_1 - x_0}(\frac{f''(x_1)}{2} - \frac{1}{x_1 - x_0}[f'(x_1) - \frac{f(x_1) - f(x_0)}{x_1 - x_0}]).$$

Mit dem Polynom

$$p_3(x) = [x_0] + [x_0 x_1](x - x_0) + [x_0 x_1 x_1](x - x_0)(x - x_1)$$
$$+ [x_0 x_1 x_1 x_1](x - x_0)(x - x_1)(x - x_1)$$
$$= y_0 + \frac{y_1 - y_0}{x_1 - x_0}(x - x_0) + \frac{1}{x_1 - x_0}[y_1' - \frac{y_1 - y_0}{x_1 - x_0}](x - x_0)(x - x_1)$$
$$+ \frac{1}{x_1 - x_0}(\frac{y_2''}{2} - \frac{1}{x_1 - x_0}[y_1' - \frac{y_1 - y_0}{x_1 - x_0}])(x - x_0)(x - x_1)^2$$

erhält man nun genau ein Polynom vom Grad 3, das die obigen Forderungen

$$p_3(x_0) = y_0, \quad p_3'(x_1) = y_1', \quad p_3''(x_1) = y_1''$$

erfüllt. Der erste und der zweite Summand sichern die Erfüllung der Interpolations-Bedingungen $p_3(x_0) = y_0$ und $p_3(x_1) = y_1$. Zweiter und dritter Summand sichern $p_3'(x_1) = y_1'$ sowie dritter und vierter Summand die Erfüllung der Bedingung $p_3''(x_1) = y_1''$. Die benutzte Methode zur Interpolation von Funktions- und Ableitungswerten nennt man **Hermite-Interpolation** und die Polynome **Hermite-Interpolationspolynome**.

Die Konstruktion der Hermite-Interpolationspolynome soll an einem weiteren Beispiel demonstriert werden. Gegeben sind die Daten

$$x_0 = 0, \quad x_1 = 1, \quad y_0 = 1, \quad y_0' = 2, \quad y_0'' = 4, \quad y_1 = 2, \quad y_1' = 3.$$

Zur Erfüllung der fünf Bedingungen

$$p(0) = 1, \quad p'(0) = 2, \quad p''(0) = 4, \quad p(1) = 2, \quad p'(1) = 3$$

ist ein Polynom $p(x)$ mindestens vom Grad 4 erforderlich. Dessen Konstruktion soll nun schrittweise erfolgen. Mit

$$[0] + [00](x - 0) = 1 + y_0' x = 1 + 2x$$

erfüllt man die ersten beiden Bedingungen. Soll zusätzlich die dritte Bedingung $p''(0)$ gesichert werden, geschieht das durch

$$1 + 2x + [000](x - 0)(x - 0) = 1 + 2x + \frac{y_0''}{2!}x^2 = 1 + 2x + 2x^2.$$

Die zusätzliche Bedingung $p(1) = 2$ erfüllt man durch

$$1 + 2x + 2x^2 + [0001](x - 0)(x - 0)(x - 0) = 1 + 2x + 2x^2 + [0001]x^3.$$

Mit

$$p(x) = 1 + 2x + 2x^2 + [0001]x^3 + [00011]x^3(x - 1)$$

erhält man schließlich das gewünschte Hermite-Interpolationspolynom. Mit einem Steigungsschema wollen wir die Faktoren [0001] bzw. [00011], aber auch die anderen benutzten Steigungen berechnen. Die Stützstellen der fünf Bedingungen werden der Größe nach geordnet, so dass wir die Stützstellenfolge 0, 0, 0, 1, 1 erhalten. Als Steigungsschema ergibt sich

$$[0] = 1$$
$$\searrow$$
$$[0] = 1 \rightarrow [00] = y_0' = 2$$
$$\searrow \qquad\qquad \searrow$$
$$[0] = 1 \rightarrow [00] = y_0' = 2 \quad \rightarrow [000] = \frac{y_0''}{2} = 2$$
$$\searrow \qquad\qquad \searrow \qquad\qquad\qquad \searrow$$
$$[1] = 2 \rightarrow [01] = \frac{1-2}{0-1} = 1 \rightarrow [001] = \frac{2-1}{0-1} = -1 \rightarrow [0001] = \frac{2-(-1)}{0-1} = -3$$
$$\searrow \qquad\qquad \searrow \qquad\qquad\qquad \searrow$$
$$[1] = 2 \rightarrow [11] = y_1' = 3 \quad \rightarrow [011] = \frac{1-3}{0-1} = 2 \quad \rightarrow [0011] = \frac{-1-2}{0-1} = 3$$

und schließlich

$$[0001] = \frac{2-(-1)}{0-1} = -3$$
$$\searrow$$
$$[0011] = \frac{-1-2}{0-1} = 3 \quad \rightarrow [00011] = \frac{-3-3}{0-1} = 6 \,.$$

Aus dem Steigungsschema erhält man die Faktoren $[0001] = -3$ und $[00011] = 6$, so dass sich am Ende das Hermite-Polynom

$$p(x) = 1 + 2x + 2x^2 - 3x^3 + 6x^3(x - 1)$$

mit den geforderten Eigenschaften ergibt.

5.3.3   Polynomapproximation stetiger Funktionen

Bei den in den vorangegangenen Abschnitten betrachteten Fehlerabschätzungen für die Funktionsapproximation durch Interpolations-Polynome war die genügende Glattheit der zu approximierenden Funktionen (mehrfache Differenzierbarkeit) erforderlich. Weierstrass hat nachgewiesen (deshalb werden wir es hier nicht tun), dass man jede auf einem abgeschlossenen Intervall stetige Funktion beliebig gut durch ein Polynom approximieren kann. Es gilt der

Satz 5.6. *(Approximationssatz von Weierstrass)*
Sei die auf dem Intervall $[a, b]$ stetige Funktion f ($f \in C([a, b])$) und $\epsilon > 0$ gegeben. Dann existiert ein Polynom $p(x)$, so dass

$$|f(x) - p(x)| < \epsilon$$

für alle $x \in [a, b]$ gilt.

Der Satz enthält in der ursprünglichen, hier notierten Form nur die qualitative Aussage der Existenz eines Polynoms. Unter der Voraussetzung der **Lipschitz-Stetigkeit** der Funktion, d. h. der Existenz einer **Lipschitz-Konstanten** $K > 0$ mit $|f(x) - f(y)| \leq K|x - y|$ für alle $x \in [a, b]$, kann man mit der **Bernstein-Formel**

$$b_n(x) = \sum_{k=0}^{n} f(a + \frac{k}{n}(b - a))q_k(x) \tag{5.27}$$

unter Nutzung der **Bernstein-Polynome**

$$q_k(x) = \binom{n}{k}(\frac{x - a}{b - a})^k(\frac{b - x}{b - a})^{n-k} \qquad (k = 0, \dots, n) \tag{5.28}$$

für eine geforderte Genauigkeit $\epsilon > 0$ ein approximierendes Polynom konstruieren. Es gilt der

Satz 5.7. *(Approximation mit der Bernstein-Formel)*
Sei f auf dem Intervall $[a, b]$ Lipschitz-stetig mit der Lipschitz-Konstanten $K > 0$ und $\epsilon > 0$ gegeben. Dann gilt für $n > \frac{K^2}{\epsilon^2}$ die Abschätzung

$$|f(x) - b_n(x)| < \epsilon$$

mit den Polynomen $b_n(x)$ gemäß der Bernstein-Formel (5.27).

Die Aussage des Satzes 5.7 bedeutet für die Funktion $f(x) = |x|$ auf dem Intervall $[-1, 1]$ mit der Lipschitz-Konstanten $K = 1$, dass man f mit einer Genauigkeit von $\epsilon = 10^{-2}$ durch ein Polynom $b_{10.000}(x)$, also eine Linearkombination von Bernstein-Polynomen q_k bis zum Grad $k = 10.000$, approximieren kann.

Das Beispiel zeigt, dass die Bernstein-Formel bzw. die Bernstein-Polynome für die praktische Anwendung bei der Funktionsapproximation nur in Ausnahmefällen in Betracht kommen, denn die Verwendung von Polynomen bis zum Grad 10.000 ist nicht wirklich praktikabel. Bedeutung haben die Bernstein-Formel und die Bernstein-Polynome in der Wahrscheinlichkeitsrechnung, speziell beim Gesetz der großen Zahlen.

5.4   Numerische Differentiation

Bei der numerischen Differentiation geht es um die Approximation der k-ten Ableitung einer mindestens k-mal stetig differenzierbaren Funktion. Grundlage für diese Approximation ist die aus (5.24) folgende Beziehung

$$[x_0 x_1 \ldots x_k] = \frac{f^{(k)}(\xi)}{k!} \iff [x_0 x_1 \ldots x_k] k! = f^{(k)}(\xi), \qquad (5.29)$$

wobei ξ eine Zahl zwischen x_0 und x_k ist und die x_j der Größe nach geordnet sein sollen. Den Ausdruck $[x_0, x_1, \ldots, x_k] k!$ nennt man den k**-ten Differenzenquotienten**. Betrachten wir konkret die Stützstellen $x_0 = x_1 - h$, x_1, $x_2 = x_1 + h$ mit $h > 0$, dann bedeutet (5.29)

$$[x_0 x_1 x_2] = \frac{[x_0 x_1] - [x_1 x_2]}{x_0 - x_2} = \frac{1}{-2h} \left[\frac{f(x_0) - f(x_1)}{x_0 - x_1} - \frac{f(x_1) - f(x_2)}{x_1 - x_2} \right]$$
$$= \frac{f(x_0) - 2f(x_1) + f(x_2)}{2h^2} = \frac{f''(\xi)}{2!},$$

also

$$\frac{f(x_2) - 2f(x_1) + f(x_0)}{h^2} = f''(\xi),$$

wobei ξ im Intervall $[x_0, x_2]$ liegt. Die Stelle ξ, an der der k-te Differenzenquotient die k-te Ableitung der mindestens k-mal stetig differenzierbaren Funktion exakt ergibt, liegt oft in der Nähe des Mittelpunktes $x_M = \frac{1}{2}(x_0 + x_k)$. Deshalb wird der k-te Differenzenquotient die k-te Ableitung von $f(x)$ an der Stelle x_M in der Regel am besten approximieren. Das rechtfertigt die folgende Definition.

▶ **Definition 5.2.** (k-ter Differenzenquotient)
Seien $x_0, x_1, \ldots, x_k$ der Größe geordnete Zahlen und f eine auf $[x_0, x_k]$ k-mal stetig differenzierbare Funktion. Der Ausdruck

$$[x_0 x_1 \ldots x_k] k!$$

heißt k-ter Differenzenquotient der Funktion f an der Stelle $x_M = \frac{1}{2}(x_0 + x_k)$.

Man überprüft leicht, dass der konstante k-te Differenzenquotient gerade die k-te Ableitung des Interpolationspolynoms zu den Punkten $(x_j, f(x_j))$ $(j = 0, \ldots, k)$ ist, also

$$p_k^{(k)}(x) = [x_0, x_1, \ldots, x_k]k!.$$

Für $k = 1, 2, 3$ erhält man für äquidistante Stützstellen x_k mit $h = x_k - x_{k-1}$

$$f'(x_M) \approx [x_0x_1] = \frac{f(x_1) - f(x_0)}{h},$$

$$f''(x_M) \approx [x_0x_1x_2]2! = \frac{f(x_2) - 2f(x_1) + f(x_0)}{h^2},$$

$$f^{(3)}(x_M) \approx [x_0x_1x_2x_3]3! = \frac{f(x_3) - 3f(x_2) + 3f(x_1) - f(x_0)}{h^3}$$

den 1., 2. und 3. Differenzquotienten. Mit dem Satz von Taylor kann man nun zeigen,
dass

$$f'(x_M) = \frac{f(x_1) - f(x_0)}{h} + O(h^2)$$

$$f''(x_M) = \frac{f(x_2) - 2f(x_1) + f(x_0)}{h^2} + O(h^2)$$

$$f^{(3)}(x_M) = \frac{f(x_3) - 3f(x_2) + 3f(x_1) - f(x_0)}{h^3} + O(h^4)$$

gilt. Zur Konstruktion von Approximationen der k-ten Ableitung mit einer höherer Ordnung
als $O(h^k)$ benötigt man Interpolations-Polynome mit einem Grad $q > k$. Das soll am
Beispiel der ersten Ableitung demonstriert werden. Geht man zum Beispiel vom Polynom
$p_2(x) = [x_0] + [x_0x_1](x - x_0) + [x_0x_1x_2](x - x_0)(x - x_1)$ aus, so erhält man für die Ableitung
$p_2'(x) = [x_0x_1] + [x_0x_1x_2](2x - x_0 - x_1)$. Als Approximation der ersten Ableitung von
$f(x)$ an der Stelle x_j benutzt man

$$f'(x_j) \approx p_2'(x_j) \quad (j = 0, 1, 2).$$

Man erhält nun für äquidistante Stützstellen

$$f'(x_0) \approx \frac{f(x_1) - f(x_0)}{h} + \frac{1}{2h^2}[f(x_2) - 2f(x_1) + f(x_0)](-h)$$

$$= \frac{-f(x_2) + 4f(x_1) - 3f(x_0)}{2h}, \tag{5.30}$$

$$f'(x_1) \approx \frac{f(x_1) - f(x_0)}{h} + \frac{1}{2h^2}[f(x_2) - 2f(x_1) + f(x_0)]h$$

$$= \frac{f(x_2) - f(x_0)}{2h}, \tag{5.31}$$

$$f'(x_2) \approx \frac{f(x_1) - f(x_0)}{h} + \frac{1}{2h^2}[f(x_2) - 2f(x_1) + f(x_0)]3h$$

$$= \frac{3f(x_2) - 4f(x_1) + f(x_0)}{2h}. \tag{5.32}$$

Die Approximationen (5.30)–(5.32) sind alle von der Ordnung $O(h^2)$, was zur Übung unter Nutzung des Satzes von Taylor nachgewiesen werden sollte. Die Approximationen (5.30) und (5.32) benutzt man zur Approximation der ersten Ableitung an linken bzw. rechten Intervallenden. Die Formel (5.31) nennt man **zentralen Differenzenquotienten**.

Für eine weitere Erhöhung der Ordnung sind Polynome vom Grad $q > 2$, also mehr Informationen bzw. Stützpunkte erforderlich.

Bei der Berechnung von Differenzenquotienten kommt es bei den oft erforderlichen sehr kleinen Schrittweiten h zu Auslöschungsfehlern, d. h. die zu approximierenden Ableitungen sind evtl. fehlerhaft. Eine Analyse des Fehlers erhält man mit den folgenden Taylor-Reihen, wobei vorausgesetzt wird, dass die Funktion f beliebig oft differenzierbar ist, so dass die Taylor-Reihen auch konvergieren. Mit $y_0 = f(x_0) = f(x_1 - h)$ und $y_2 = f(x_2) = f(x_1 + h)$ erhält man die Reihen

$$y_2 = f(x_1) + hf'(x_1) + \frac{h^2}{2!}f''(x_1) + \frac{h^3}{3!}f^{(3)}(x_1) + \frac{h^4}{4!}f^{(4)}(x_1) + \dots$$

$$y_0 = f(x_1) - hf'(x_1) + \frac{h^2}{2!}f''(x_1) - \frac{h^3}{3!}f^{(3)}(x_1) + \frac{h^4}{4!}f^{(4)}(x_1) - +\dots$$

und die Linearkombinationen $\frac{1}{2h}[y_2 - y_0]$ bzw. $\frac{1}{h^2}[y_2 - 2y_1 + y_0]$ ergeben mit

$$\frac{1}{2h}[y_2 - y_0] = f'(x_1) + \frac{h^3}{3!}f^{(3)}(x_1) + \frac{h^5}{5!}f^{(5)}(x_1) + \dots$$

$$\frac{y_2 - 2y_1 + y_0}{h^2} = f''(x_1) + \frac{2h^2}{4!}f^{(4)}(x_1) + \frac{2h^4}{6!}f^{(6)}(x_1) + \frac{2h^6}{8!}f^{(8)}(x_1) + \dots$$

die Fehlerdarstellung des zentralen und des 2. Differenzenquotienten jeweils in Form einer Potenzreihe. Man hat also in beiden Fällen die Situation

$$Q(h) = A + a_1 h + a_2 h^2 + a_3 h^3 + \dots$$

und muss zur sehr guten Approximation von A den Differenzenquotienten $Q(h)$ für möglichst kleine h berechnen, was aber wegen der oben angesprochenen Auslöschungsfehler oder der Fehler im Ergebnis der Division durch sehr kleine Zahlen problematisch ist. Hier hilft ein Trick, der darin besteht, $Q(h)$ für einige nicht zu kleine Werte $h_0 > h_1 > \dots > h_n > 0$ zu berechnen sowie sukzessiv für $k = 0, \dots, n$ Interpolationspolynome $p_k(h)$ für die $k + 1$ Stützwerte $(h_i, Q(h_i))$ aufzustellen. Mit der Extrapolation $p_k(0)$ findet man für wachsendes k bessere Näherungswerte für $Q(\epsilon) \approx A$, wobei $\epsilon > 0$ eine sehr kleine Zahl symbolisiert. In der Praxis reicht es oft aus, etwa bis $k = 3$ zu gehen, um durch die Extrapolation $p_k(0)$ eine sehr gute Näherung der gewünschten Ableitung A zu erhalten.

Die folgenden Programme können zu der beschriebenen Extrapolationsmethode zur Berechnung eines Differenzenquotienten benutzt werden. Dabei werden die Stützkoeffizienten $\lambda_j^{(k)}$ und die baryzentrischen Gewichte $\mu_j^{(k)}$ sukzessiv für steigende k-Werte bestimmt sowie das Interpolationspolynom als Grundlage für die Extrapolation ermittelt.

```
# Programm 5.3
# zur sukzessiven Berechnung der Stuetzkoeffizienten
# fuer die Polynomappr. fuer die Stuetzpunkte (x_0,y_0),...,(x_n,y_n)
# und Polynomwert-Berechnung mit der baryzentrischen Formel
# input:  Vektoren x(1:n+1), y(1:n+1), Stelle xx
# output: Wert des Lagrange-Polynoms p_n(xx)
# Aufruf: [fwert] = lagrangebaryip_gb(xx,x,y)
function [fwert] = lagrangebaryip_gb(xx,x,y)
n = length(x)-1;
# Start mit lambda_0
lambda(1) = 1;
for k=1:n
  summe = 0.0;
# Berechnung der Stuetzkoeffizienten
  for i=0:k-1
    lambda(i+1) = lambda(i+1)/(x(i+1)-x(k+1));
    summe = summe + lambda(i+1);
  endfor
  lambda(k+1) = -summe;
# Berechnung des Interpolationspolynoms an der Stelle xx
  summe = 0.0; zaehler = 0.0;
  for i=0:k
    mue = lambda(i+1)/(xx-x(i+1));
    summe = summe + mue;
    zaehler = zaehler + mue*y(i+1);
  endfor
endfor
# Polynomwert mit der baryzentrischen Formel an der Stelle xx
fwert = zaehler/summe;
endfunction
```

Mit den folgenden Programmen wird eine Näherung des 2. Differenzenquotienten (Funktion „f2") einer Funktion („f0") an der Stelle „a" mit der Extrapolationsmethode berechnet.

```
# Programm 5.4
# Extrapolation der numerischen Ableitung f2 der Funktion f0
# an der Stelle a
# input:  h(1:n+1) als Vektor des R^(n+1)$ mit paarweise
#         verschiedenen Komponenten, Funktion f2(a,h), a
# output: extrapolierte Wert der Ableitung
# benutzte Programme: lagrangebaryip_gb, f2, f0
# Aufruf: fwert = extrap_f2_gb(h,a);
function [fwert] = extrap_f2_gb(h,a);
n = length(h)-1;
for k=0:n
  y(k+1) = f2(a,h(k+1));
endfor
fwert = lagrangebaryip_gb(0,h,y);
endfunction
```

Statt $f0 = \sin$ kann man natürlich auch eine beliebige differenzierbare Funktion codieren. Gibt man etwa $h(1) = 0{,}3$, $h(2) = 0{,}2$, $h(3) = 0{,}15$, $h(4) = 0{,}1$ und damit $n = 3$ vor, errechnet man mit dem Programm 5.4 unter Nutzung der Programme 5.3, 5.4a und 5.4b den 2. Differenzenquotienten der Sinus-Funktion an der Stelle $a = \frac{\pi}{4}$ mit der Extrapolationsmethode. Man erhält

k	h_k	$\frac{y2-2y1+y0}{h_k^2}$	$p_k(0)$
0	0,30	−0,70182	
1	0,20	−0,70475	−0,71062
2	0,15	−0,70578	−0,70712
3	0,10	−0,70652	−0,70711

also nach 3 Schritten annähernd den exakten Wert $-\sin(\frac{\pi}{4}) = -0,70711$.

5.5 Spline-Interpolation

Die Polynominterpolation hat den Vorteil, dass man im Ergebnis mit dem Polynom eine Funktion erhält, die zum einen die geforderten Eigenschaften hat und zweitens in Form einer geschlossenen Formel vorliegt. In der Abb. 5.2 ist aber zu sehen, dass schon bei einem Polynom 8. Grades, also einer Interpolationsfunktion für 9 vorgegebene Wertepaare, starke Oszillationen im Funktionsverlauf auftreten können.

Eine Möglichkeit, dies zu vermeiden, ist die lineare Interpolation oder die stückweise Interpolation mit quadratischen Polynomen. Allerdings geht dabei an den Stützstellen die Differenzierbarkeit der Interpolationskurve verloren.

Bei der sogenannten **Spline**-Interpolation passiert dies nicht. Die Methodik geht auf die Lösung eines Variationsproblems aus der Mechanik zurück und liefert im Unterschied zur polynomialen Interpolation meistens wesentlich brauchbarere Ergebnisse.

Gegeben sind wiederum $(n + 1)$ Datenpaare

$$(x_0, y_0), (x_1, y_1), \ldots, (x_n, y_n)$$

mit $x_0 < x_1 < \cdots < x_{n-1} < x_n$. Im Rahmen der Theorie der Splines nennt man die Stützstellen $x_0, x_1, \ldots, x_n$ auch **Knoten**. Eine Funktion $s_k(x)$ heißt **zu den Knoten** $x_0, x_1, \ldots, x_n$ **gehörende Spline-Funktion vom Grade** $k \geq 1$, wenn

a) $s_k(x)$ für $x \in [x_0, x_n]$ stetig und $(k - 1)$ mal stetig differenzierbar ist und
b) $s_k(x)$ für $x \in [x_i, x_{i+1}]$, $(i = 0, 1, \ldots, n - 1)$ ein Polynom höchstens k-ten Grades ist.

Eine solche Spline-Funktion $s_k(x)$ heißt **interpolierende Spline-Funktion**, wenn die für die Knoten $x_0, x_1, \ldots, x_n$ gegebenen Funktionswerte $y_0, y_1, \ldots, y_n$ interpoliert werden:

c) $s_k(x_i) = y_i$ $(i = 0, 1, \ldots, n)$.

Für $k = 1$ erhält man mit $s_1(x)$ eine stückweise lineare Funktion, deren Graph die Stützpunkte verbindet. In der Praxis der Interpolation kann man sich meist auf Spline-Funktionen niedriger Grade, etwa $k \leq 3$, beschränken. Wir betrachten den Fall $k = 3$ und bezeichnen die interpolierende Spline-Funktion $s_3(x)$ für $x \in [x_i, x_{i+1}]$ mit

$$p_i(x) = \alpha_i + \beta_i(x - x_i) + \gamma_i(x - x_i)^2 + \delta_i(x - x_i)^3, \tag{5.33}$$

$$p_i : [x_i, x_{i+1}] \to \mathbb{R}, \ i = 0, \ldots, n - 1.$$

Für den Wert des Splines und die ersten beiden Ableitungen auf den Intervallen $[x_i, x_{i+1}]$ für $i = 0, \ldots, n - 1$ erhält man aus (5.33) mit $h_i = x_{i+1} - x_i$

$$p_i(x_i) = \alpha_i = y_i \tag{5.34}$$

$$p_i(x_{i+1}) = \alpha_i + \beta_i h_i + \gamma_i h_i^2 + \delta_i h_i^3 = y_{i+1} \tag{5.35}$$

$$p_i'(x_i) = \beta_i \tag{5.36}$$

$$p_i'(x_{i+1}) = \beta_i + 2\gamma_i h_i + 3\delta_i h_i^2 \tag{5.37}$$

$$p_i''(x_i) = 2\gamma_i = m_i \tag{5.38}$$

$$p_i''(x_{i+1}) = 2\gamma_i + 6\delta_i h_i = m_{i+1}, \tag{5.39}$$

wobei $m_i = y_i''$ Hilfsgrößen sind, die für Werte der zweiten Ableitungen an den inneren Stützpunkten stehen. Nun kann man zur Erfüllung der Bedingungen (5.34),...,(5.39) die Koeffizienten α_i, β_i, γ_i, δ_i durch die gegebenen Werte y_i, y_{i+1} und die zweiten Ableitungen m_i, m_{i+1} ausdrücken. Aus (5.34),...,(5.39) erhält man

$$\alpha_i := y_i, \ \beta_i := \frac{y_{i+1} - y_i}{h_i} - \frac{2m_i + m_{i+1}}{6}h_i, \ \gamma_i := \frac{m_i}{2}, \ \delta_i := \frac{m_{i+1} - m_i}{6h_i}. \tag{5.40}$$

Es sind nun zur Berechnung des Splines neben den bekannten Werten y_i noch die unbekannten zweiten Ableitungen m_i zu bestimmen. Setzt man die Darstellungen (5.40) in (5.37) ein, so erhält man

$$p_i'(x_{i+1}) = \frac{1}{h_i}(y_{i+1} - y_i) + \frac{1}{6}h_i(m_i + 2m_{i+1})$$

bzw. für $p_{i-1}'(x_i)$ durch Substitution von i durch $i - 1$

$$p_{i-1}'(x_i) = \frac{1}{h_{i-1}}(y_i - y_{i-1}) + \frac{1}{6}h_{i-1}(m_{i-1} + 2m_i). \tag{5.41}$$

Die zu erfüllende Bedingung $p_{i-1}'(x_i) = p_i'(x_i)$ führt für eine innere Stützstelle $0 < i < n$ unter Nutzung von (5.41), (5.36) und (5.40) auf

$$\frac{1}{h_{i-1}}(y_i - y_{i-1}) + \frac{1}{6}h_{i-1}(m_{i-1} + 2m_i) = \frac{1}{h_i}(y_{i+1} - y_i) - \frac{1}{6}h_i(m_{i+1} + 2m_i)$$

bzw. nach Multiplikation mit 6 und einer Umordnung auf

$$h_{i-1}m_{i-1} + 2(h_{i-1} + h_i)m_i + h_i m_{i+1} = \frac{6}{h_i}(y_{i+1} - y_i) - \frac{6}{h_{i-1}}(y_i - y_{i-1}) \tag{5.42}$$

für $i = 1, \ldots, n - 1$. Die $(n - 1)$ linearen Gleichungen für $(n + 1)$ Hilfsgrößen m_i bringen im Wesentlichen zum Ausdruck, dass die interpolierende Spline-Funktion $s_3(x)$ an den inneren Knoten $x_1, x_2, \ldots, x_{n-1}$ stetige erste und zweite Ableitungen hat. Offenbar fehlen 2 Bedingungen, um für $m_0, m_1, \ldots, m_n$ eine eindeutige Lösung gewinnen zu können. Diese zusätzlichen Bedingungen werden i. Allg. durch gewisse Forderungen gewonnen, die man an das Verhalten der interpolierenden Spline-Funktion an den äußeren Knoten x_0, x_n stellt. Da hat man gewisse Freiheiten. Fordert man etwa in x_0, x_n das Verschwinden der zweiten Ableitungen

$$s_3''(x_0) = s_3''(x_n) = 0 \,,$$

so bedeutet das, dass das lineare Gleichungssystem durch die beiden Gleichungen

$$m_0 = 0, \qquad m_n = 0 \tag{5.43}$$

zu ergänzen ist, wodurch ein Gleichungssystem mit $n + 1$ Gleichungen für ebenso viele Unbekannte entstanden ist, das man aber unter Benutzung der trivialen Gleichungen auf ein System mit $n - 1$ Gleichungen sinnvollerweise reduziert.

Mit der Einführung von $c_i = \frac{6}{h_i}(y_{i+1} - y_i) - \frac{6}{h_{i-1}}(y_i - y_{i-1})$ hat das Gleichungssystem (5.42), (5.43) z. B. für $n = 5$ die Gestalt

$$\begin{pmatrix} 2(h_0 + h_1) & h_1 & 0 & 0 \\ h_1 & 2(h_1 + h_2) & h_2 & 0 \\ 0 & h_2 & 2(h_2 + h_3) & h_3 \\ 0 & 0 & h_3 & 2(h_3 + h_4) \end{pmatrix} \begin{pmatrix} m_1 \\ m_2 \\ m_3 \\ m_4 \end{pmatrix} = \begin{pmatrix} c_1 - h_0 m_0 \\ c_2 \\ c_3 \\ c_4 - h_4 m_5 \end{pmatrix} \tag{5.44}$$

oder kurz $S\vec{m} = \vec{c}$, wobei auf der rechten Seite $m_0 = m_n = 0$ zu berücksichtigen ist. Die Koeffizientenmatrizen $S = (s_{ij})$ vom Typ $p \times p$ $(p = n - 1)$ des Gleichungssystems (5.42), (5.43) haben allgemein die Eigenschaft

$$\sum_{\substack{j=1 \\ j \neq k}}^{p} |s_{kj}| < |s_{kk}| \quad (k = 1, \ldots, p). \tag{5.45}$$

Matrizen mit der Eigenschaft (5.45) heißen **strikt diagonal dominant**. Für strikt diagonal dominante Matrizen gilt der folgende

Satz 5.8. (Regularität strikt diagonal dominanter Matrizen)
Jede strikt diagonal dominante Matrix S vom Typ $p \times p$ ist regulär und es gilt

$$||\vec{x}||_\infty \leq \max_{k=1,\ldots,p} \left\{ \frac{1}{|s_{kk}| - \sum_{\substack{j=1 \\ j \neq k}}^{p} |s_{kj}|} \right\} ||S\vec{x}||_\infty. \tag{5.46}$$

Zum Nachweis der Ungleichung (5.46) wählt man k so, dass $|x_k| = ||\vec{x}||_\infty$ (s. dazu Normdefinitionen in Abschn. 1.3). Es gilt dann bei Beachtung der Dreiecksungleichung
$$|a| = |a + b - b| \le |a + b| + |b| \iff |a + b| \ge |a| - |b|$$

$$||S\vec{x}||_\infty \ge |(S\vec{x})_k| = |\sum_{j=1}^{p} s_{kj}x_j| \ge |s_{kk}|\,|x_k| - \sum_{\substack{j=1 \\ j \ne k}}^{p} |s_{kj}|\,|x_j|$$

$$\ge |s_{kk}|\,|x_k| - \sum_{\substack{j=1 \\ j \ne k}}^{p} |s_{kj}|\,||\vec{x}||_\infty = (|s_{kk}|\,|x_k| - \sum_{\substack{j=1 \\ j \ne k}}^{p} |s_{kj}|)||\vec{x}||_\infty,$$

also (5.46). Aufgrund von (5.46) existiert kein Vektor $\vec{x} \ne \vec{0}$, so dass $S\vec{x} = \vec{0}$ gilt, d.h. $S\vec{x} = \vec{0}$ hat als einzige Lösung $\vec{x} = \vec{0}$, was gleichbedeutend mit der Regularität der Matrix ist.

Der Satz 5.8 bedeutet, dass die oben konstruierten kubischen Splines existieren und eindeutig bestimmt sind.

In den Abb. 5.6 und 5.7 sind linearer ($k = 1$) und kubischer Spline ($k = 3$) zu den Knoten $(x_0, ..., x_4) = (0, 1, 2, 3, 4)$, die die Funktionswerte $(y_0, ...y_4) = (1, 3, 2, 5, 6)$ interpolieren, dargestellt. Dabei setzen sich die Splines $s_1(x)$ bzw. $s_3(x)$ jeweils aus den linearen bzw. kubischen Polynomen $p_0, ..., p_3$ zusammen.

Falls eine T-Periodizität im Periodenintervall $[x_0, x_n]$ mit $x_n = x_0 + T$ erfasst werden soll, führen z. B. die Bedingungen

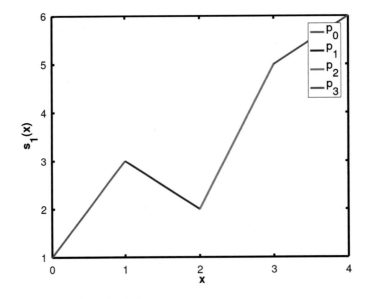

Abb. 5.6 Linearer interpolierender Spline

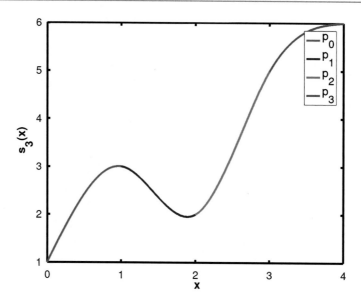

Abb. 5.7 Kubischer interpolierender Spline

$$y_0 = y_n, \ y_{-1} = y_{n-1}, \ y_0'' = y_n'', \ y_{-1}'' = y_{n-1}'' \iff m_0 = m_n, \ m_{-1} = m_{n-1}, \ h_{-1} = h_{n-1}$$

zusammen mit (5.42) für $i = 0, \ldots, n-1$ auf ein Gleichungssystem zur Bestimmung von $m_0, \ldots, m_{n-1}$ und damit zur Festlegung des Splines (s. dazu Schwarz (1997)).enlargethispage16pt

Die Abb. 5.8 zeigt das Ergebnis der Spline-Interpolation im Vergleich mit der Polynominterpolation zur Lösung der Interpolationsaufgabe. .

x_i	1	2	3	4	7	10	12	13	15
y_i	3	2	6	7	9	15	18	27	30

Dabei wird deutlich, dass die Spline-Interpolation im Vergleich zur Polynominterpolation wesentlich weniger und auch „sanftere" Oszillationen zeigt.

Mit steigender Anzahl von Stützstellen wird das Ergebnis einer Polynominterpolation i. Allg. immer problematischer. Wenn wir zum Beispiel die Interpolationsaufgabe

x_i	1	2	3	4	7	10	12	13	15	16	18	20
y_i	3	2	6	7	9	15	18	27	30	25	20	20

Abb. 5.8 Kubischer
interpolierender Spline und
Interpolationspolynom 8.
Grades

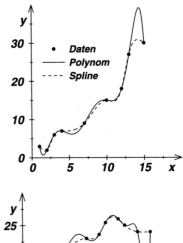

Abb. 5.9 Kubischer
interpolierender Spline und
Interpolationspolynom 11.
Grades

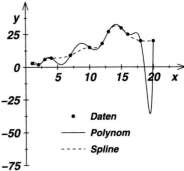

mit 12 Stützstellen betrachten, sieht man in der Abb. 5.9 deutlich die Unzulänglichkeiten
der Polynominterpolation.

Die bei Interpolationspolynomen höheren Grades oft auftretenden Oszillationen wirken
sich insbesondere dann sehr störend aus, wenn man die Interpolationskurve zur näherungsweisen Bestimmung der Ableitung einer durch die Stützstellen gehenden „vernünftigen"
Kurve benutzen will. Sinnvoller ist es dann in jedem Fall, wenn man die Ableitung auf dem
Intervall $[x_i, x_{i+1}]$ durch den Differenzenquotienten

$$\frac{y_{i+1} - y_i}{x_{i+1} - x_i} \approx: f'(x)$$

annähert oder aus einer Spline-Funktion niedrigen Grades bestimmt.

Beispiel

Betrachten wir noch einmal die Funktion $f(x) = \frac{1}{x^2+1}$ auf dem Intervall $[-5,5]$. Die
Spline-Interpolation mit 12 äquidistanten Stützstellen ergibt im Unterschied zur Polynominterpolation ein akzeptables Resultat, wie in der Abb. 5.10 zu sehen ist.

◄

Abb. 5.10 Kubischer Spline
zur Approximation von
$f(x) = \frac{1}{x^2+1}$

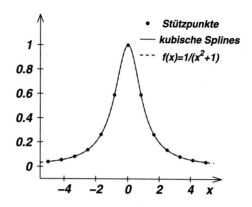

Dabei wurde die Interpolation mit den folgenden Programmen zur Berechnung eines kubischen Splines durchgeführt.

```
# Programm 5.5a zur Bestimmung der 2. Ableitungen
function [ys] = splabl1(x,y,n);
# Interpolation mit echten Splines/Bestimmung der Ableitungen ***
# Benutzung von tridia (Programm 2.4): -c xi-1 + d xi -e xi+1 = b ***
ys(1:n-1) = x(2:n) - x(1:n-1);
c(1:n-2) = -ys(1:n-2);
d(1:n-2) = 2*(ys(1:n-2)+ys(2:n-1));
e(1:n-2) = -ys(2:n-1);
c(1)=0.0; e(n-2)=0.0;
b(1:n-2) = 6*((y(3:n)-y(2:n-1))./ys(2:n-1) - (y(2:n-1)-y(1:n-2))./ys(1:n-2));
# *** Bestimmung der Ableitungen ys(1)...ys(n)
[xs] = tridia_gb(c,d,e,b,n-2);
ys(1)=0;
ys(n)=0;
ys(2:n-1) = xs(1:n-2);
endfunction


# Programm 5.5b zur Berechnung
# eines Funktionswertes eines kubischen Splines
function [splinew] = splber(z,x,y,ys,n)
# wobei x(1) <= z <= x(n) vorausgesetzt wird
i=1;
while (x(i) > z | z > x(i+1))
    i=i+1;
endwhile
iz=i;
h=x(iz+1)-x(iz);
z1=z-x(iz);
a0=y(iz);
a1=(y(iz+1)-y(iz))/h - h*(2*ys(iz)+ys(iz+1))/6;
a2=ys(iz)/2;
a3=(ys(iz+1)-ys(iz))/(6*h);
splinew = a0+(a1+(a2+a3*z1)*z1)*z1;
endfunction


# Programm 5.5 zur Berechnung eines kubischen Splines
# Berechnung des Wertes s(xx) eines kubischen Splines
# fuer die Stuetzpunkte (x_0,y_0),...,(x_n,y_n)
# input:  Vektoren x(1:n), y(1:n), Stelle xx
# output: Wert des Splines s(xx)
# berechnet wird ein interpolierender Spline
# benutzte Funktionen: splabl, splber
# aufruf: fwert = spline_gb1(xx,x,y);
```

```
function [fwert] = spline_gb1(xx,x,y);
n=length(x);
ys = splabl1(x,y,n);
fwert = splber(xx,x,y,ys,n);
endfunction
```

5.5.1 Fehlerabschätzung der Spline-Interpolation

Bei der Polynominterpolation hatten wir unter bestimmten Voraussetzungen an die Funktion $f(x)$ für kubische Interpolationspolynome bei äquidistanter Stützstellenwahl mit (5.20) gezeigt, dass $|f(x) - p_3(x)| = O(h^4)$ ist, also der Interpolationsfehler die Ordnung 4 hat. Für kubische Splines kann man nun folgende Aussagen machen.

Satz 5.9. *(Existenz, Eindeutigkeit, Fehlerabschätzung)*
Zu einer auf $[a, b]$ viermal stetig differenzierbaren Funktion f mit $f''(a) = f''(b) = 0$ und zu einer Zerlegung $a = x_0 < x_1 < \cdots < x_n = b$

a) *existiert genau eine kubische interpolierende Spline-Funktion s_3 mit $s_3''(a) = s_3''(b) = 0$ und*
b) *es gelten für alle $x \in [a, b]$ die Abschätzungen*

$$|f(x) - s_3(x)| \le cM_4\, h^4, \quad |f'(x) - s_3'(x)| \le cM_4 h^3,$$
$$|f''(x) - s_3''(x)| \le cM_4\, h^2, \quad |f'''(x) - s_3'''(x)| \le cM_4 h,$$

wobei mit $h_k = x_{k+1} - x_k$

$$h = \max_{k=0,\ldots,n-1} h_k, \quad c = \frac{h}{\min_{k=0,\ldots,n-1} h_k}$$

gilt und $M_4 > 0$ eine Schranke für $|f^{(4)}(x)|$ auf $[a, b]$ ist.

Die Behauptung a) folgt direkt aus dem Satz 5.8. Der Nachweis der Fehlerabschätzungen b) sprengt den Rahmen des Buches und kann hier nicht geführt werden. Den aufwendigen Beweis findet man z. B. bei Plato (2000).

Bei der kubischen Spline-Interpolation erhält man die gleiche Interpolationsordnung wie bei der kubischen Polynominterpolation, nämlich 4. Allerdings führt eine Genauigkeitserhöhung bei der Polynominterpolation durch Hinzunahme von Stützstellen bzw. der Verkleinerung von h auf Polynome höheren Grades mit den beschriebenen Oszillationseffekten. Bei der Spline-Interpolation kann man hingegen auf Teilintervallen $I \subset [a, b]$ mit großen vierten Ableitungen h verkleinern und damit die Genauigkeit ohne Oszillationseffekte erhöhen.

5.5.2 Vor- und Nachteile von Polynom- und Spline-Interpolationen

Die Vor- und Nachteile von Polynom- und Spline-Interpolation lassen sich in der folgenden Tabelle zusammenfassen.

Methode	Vorteil	Nachteil
Lagrange-Interpolation	Leichte Berechenbarkeit des Polynoms, Geschlossene Formel	Starke Oszillationen bei Mehr als 10 Stützstellen
Newton-Interpolation	Leichte Berechenbarkeit des Polynoms, Geschlossene Formel, Einfache Erweiterung der Formel bei Stützstellen-Hinzunahme	Starke Oszillationen bei Mehr als 10 Stützstellen
Spline-Interpolation	Keine „unnatürlichen" Oszillationen, kleinerer Aufwand Als bei der Polynominterpolation	Keine geschlossene Formel, Keine Extrapolation Möglich

5.6 Diskrete Fourier-Analyse

Ziel ist die Fourier-Analyse von periodischen Vorgängen $f(x)$. Ohne Beschränkung der Allgemeinheit sei die Periode 2π. Man sucht nach trigonometrischen Polynomen

$$s_m(x) = \frac{a_0}{2} + \sum_{k=1}^{m} [a_k \cos(kx) + b_k \sin(kx)],$$

die den Funktionsverlauf im quadratischen Mittel am besten approximieren. Das ist bekanntlich mit den Koeffizienten

$$a_k = \frac{1}{\pi} \int_0^{2\pi} f(x) \cos(kx)\,dx,\ k = 0, 1, 2, \ldots,\quad b_k = \frac{1}{\pi} \int_0^{2\pi} f(x) \sin(kx)\,dx,\ k = 1, 2, \ldots$$

$$(5.47)$$

möglich. Wir gehen von dem typischen Fall der Vorgabe von äquidistanten Ordinaten, d. h. Werten einer periodischen Funktion in äquidistanten Argumentwerten x, aus. Ziel ist nun die möglichst einfache Berechnung von Fourier-Koeffizienten auf der Basis der vorgegebenen diskreten Werte einer Funktion $y = f(x)$. Das mit diesen Fourier-Koeffizienten gebildete trigonometrische Polynom sollte dann den durch die diskreten Funktionswerte näherungsweise gegebenen periodischen Funktionsverlauf approximieren. Sei beispielsweise das Intervall $[0, 2\pi]$ in k gleiche Teile geteilt und es seien die Ordinaten bzw. Funktionswerte

$$y_0, y_1, y_2, ..., y_{k-1}, y_k = y_0 \tag{5.48}$$

in den Teilpunkten $x_j = j \frac{2\pi}{k}$

$$0, \frac{2\pi}{k}, 2\frac{2\pi}{k}, ..., (k-1)\frac{2\pi}{k}, 2\pi \tag{5.49}$$

bekannt. Dabei ist es egal, ob nur die diskreten Werte y_j gegeben sind oder ob die y_j durch $y_j = f(x_j)$ ausgehend von einer Funktion berechnet wurden.

Mittels der Anwendung der Trapezregel (s. dazu Abschn. 6.1) auf die Integraldarstellung (5.47) ergibt sich für den Fourier-Koeffizienten a_0 näherungsweise

$$a_0 \approx a_0^* = \frac{1}{\pi} \cdot \frac{2\pi}{k} \left[\frac{1}{2}y_0 + y_1 + y_2 + ... + y_{k-1} + \frac{1}{2}y_k \right].$$

Aufgrund der Periodizität ist $y_k = y_0$ und damit

$$\frac{k}{2}a_0^* = y_0 + y_1 + y_2 + ... + y_{k-1}. \tag{5.50}$$

Analog ergibt sich mit Hilfe der Trapezregel für die übrigen Integrale (5.47)

$$a_m^* = \frac{1}{\pi} \cdot \frac{2\pi}{k} \left[y_0 + y_1 \cos(m\frac{2\pi}{k}) + y_2 \cos(m\frac{2\cdot 2\pi}{k}) + ... + y_{k-1}\cos(m\frac{2(k-1)\pi}{k}) \right]$$

oder

$$a_m' = \frac{k}{2}a_m^* = \sum_{j=0}^{k-1} y_j \cos(m\frac{j2\pi}{k}) \tag{5.51}$$

sowie

$$b_m' = \frac{k}{2}b_m^* = \sum_{j=1}^{k-1} y_j \sin(m\frac{j2\pi}{k}). \tag{5.52}$$

Die entscheidenden mathematischen Grundlagen für die diskrete Fourier-Analyse liefern die folgenden zwei Sätze.

Satz 5.10. *(interpolierendes Fourier-Polynom)*
Es seien $k = 2n$, $n \in \mathbb{N}$ Werte einer periodischen Funktion (5.48) gegeben. Das spezielle Fourier-Polynom vom Grad n

$$g_n^*(x) := \frac{a_0^*}{2} + \sum_{j=1}^{n-1}\{a_j^* \cos(jx) + b_j^* \sin(jx)\} + \frac{a_n^*}{2}\cos(nx) \tag{5.53}$$

mit den Koeffizienten (5.51) bzw. (5.52) ist das eindeutige interpolierende Fourier-Polynom zu den Stützstellen (5.49), d. h. es gilt $g_n^*(x_j) = y_j$, $j = 0, ..., k$.

Der Satz 5.10 besagt damit, dass man mit den $k = 2n$ Koeffizienten a_j^*, $j = 0, \ldots, n-1$, und b_j^*, $j = 1, \ldots, n$, die vorgegebenen Werte y_j, $j = 0, \ldots, 2n$, einer periodischen Funktion **exakt** durch das spezielle Fourier-Polynom (5.53) wiedergeben kann. Im Normalfall ist die Zahl k sehr groß und man möchte die Funktionswerte durch ein Fourier-Polynom mit einem Grad $m < n$ approximieren. Der folgende Satz sagt etwas über die Qualität der Approximation der $j = 2n$ Funktionswerte y_j durch ein Fourier-Polynom vom Grad $m < n$ aus.

Satz 5.11. *(beste Approximation durch ein Fourier-Polynom)*
Es seien $k = 2n$, $n \in \mathbb{N}$, Werte einer periodischen Funktion (5.48) gegeben. Das Fourier-Polynom

$$g_m^*(x) := \frac{a_0^*}{2} + \sum_{j=1}^{m}\{a_j^* \cos(jx) + b_j^* \sin(jx)\} \tag{5.54}$$

vom Grad $m < n$ mit den Koeffizienten (5.51) bzw. (5.52) approximiert die durch $y_j = f(x_j)$, $j = 0, \ldots, k$ gegebene Funktion im diskreten quadratischen Mittel der k Stützstellen x_j (5.49) derart, dass die Summe der Quadrate der Abweichungen

$$F = \sum_{j=1}^{k}[g_m^*(x_j) - y_j]^2 \tag{5.55}$$

minimal ist.

Die Beweise der Sätze 5.10 und 5.11 basieren auf diskreten Orthogonalitätsrelationen für die trigonometrischen Funktionen.

Eine sehr effiziente Berechnung der Fourier-Koeffizienten (5.51) bzw. (5.52) ist über die schnelle Fourier-Transformation (fast Fourier transform, FFT) möglich, wobei die Zahl k gerade bzw. im Idealfall eine Zweierpotenz $k = 2^q$, $q \in \mathbb{N}$, sein soll. Die Grundlage für die FFT bildet die komplexe diskrete Fourier-Transformation. Und zwar bildet man ausgehend von den reellen Funktionswerten $y_j = f(x_j)$ die $n = \frac{k}{2}$ komplexen Zahlenwerte

$$z_j := y_{2j} + iy_{2j+1} = f(x_{2j}) + if(x_{2j+1}) \quad (j = 0, 1, \ldots, n-1). \tag{5.56}$$

Für diese komplexen Daten wird die diskrete komplexe Fourier-Analyse der Ordnung n wie folgt definiert.

▶ **Definition 5.3.** (diskrete komplexe Fourier-Transformation)
Durch

$$c_p := \sum_{j=0}^{n-1} z_j e^{-ijp\frac{2\pi}{n}} = \sum_{j=0}^{n-1} z_j w_n^{jp} \quad (p = 0, 1, \ldots, n-1) \tag{5.57}$$

werden die **komplexen Fourier-Transformierten** (komplexe Fourier-Koeffizienten) erklärt, wobei $w_n := e^{-i\frac{2\pi}{n}}$ gesetzt wurde.

Für die Rekonstruktion der Werte z_j gilt die Beziehung

$$z_p = \frac{1}{n} \sum_{j=0}^{n-1} c_j e^{i\,jp\frac{2\pi}{n}} = \frac{1}{n} \sum_{j=0}^{n-1} c_j w_n^{-jp} \qquad (p = 0, 1, \ldots, n-1). \tag{5.58}$$

Die Beziehung (5.58) weist man ausgehend von (5.57) nach, indem man benutzt, dass die Summe der n-ten Einheitswurzeln $w_n^{-j} = e^{i\,j\frac{2\pi}{n}}$ gleich 0 ist. Für den Fall $n = 4$ hat die Beziehung (5.57) die Form

$$\begin{pmatrix} c_0 \\ c_1 \\ c_2 \\ c_3 \end{pmatrix} = \begin{pmatrix} 1 & 1 & 1 & 1 \\ 1 & w^1 & w^2 & w^3 \\ 1 & w^2 & w^4 & w^6 \\ 1 & w^3 & w^6 & w^9 \end{pmatrix} \begin{pmatrix} z_0 \\ z_1 \\ z_2 \\ z_3 \end{pmatrix} = \begin{pmatrix} 1 & 1 & 1 & 1 \\ 1 & w^1 & w^2 & w^3 \\ 1 & w^2 & 1 & w^2 \\ 1 & w^3 & w^2 & w^1 \end{pmatrix} \begin{pmatrix} z_0 \\ z_1 \\ z_2 \\ z_3 \end{pmatrix} =: \mathbf{c} = \mathbf{W}_4 \mathbf{z}$$

mit $w = w_4$. Dabei wurde berücksichtigt, dass $w^{j+4} = w^j$ für alle $j \in \mathbb{Z}$ gilt. Zeilenvertauschungen und geeignete Faktorisierungen der Koeffizientenmatrix der Art

$$\begin{pmatrix} c_0 \\ c_2 \\ c_1 \\ c_3 \end{pmatrix} = \left(\begin{array}{cc|cc} 1 & 1 & 1 & 1 \\ 1 & w^2 & 1 & w^2 \\ \hline 1 & w & w^2 & w^3 \\ 1 & w^3 & w^2 & w^1 \end{array}\right) \begin{pmatrix} z_0 \\ z_1 \\ z_2 \\ z_3 \end{pmatrix} = \left(\begin{array}{cc|cc} 1 & 1 & 0 & 0 \\ 1 & w^2 & 0 & 0 \\ \hline 0 & 0 & 1 & 1 \\ 0 & 0 & 1 & w^2 \end{array}\right) \left(\begin{array}{cc|cc} 1 & 0 & 1 & 0 \\ 0 & 1 & 0 & 1 \\ \hline 1 & 0 & w^2 & 0 \\ 0 & w^1 & 0 & w^3 \end{array}\right) \begin{pmatrix} z_0 \\ z_1 \\ z_2 \\ z_3 \end{pmatrix}$$

(hier für $n = 4$) ermöglichen letztendlich im allgemeinen Fall eine drastische Reduzierung der Zahl der „teuren" Multiplikationen bei der Berechnung der Fourier-Transformierten c_j ausgehend von den z_j-Werten und erklären die Begriffswahl FFT. Mit der FFT ist es möglich, die Zahl der komplexen Multiplikationen von der Ordnung $O(n^2)$ auf $O(n \log_2 n)$ zu reduzieren. Für $n = 10^6$ komplexe Funktionswerte ergibt sich z. B. $n^2 = 10^{12}$ bzw. $n \log_2 n \equiv 2 \cdot 10^7$.

Mit Blick auf die oben angestrebte Approximation einer periodischen Funktion durch das trigonometrische Polynom (5.54) mit reellen Fourier-Koeffizienten wird die Definition 5.3 gerechtfertigt durch den folgenden

Satz 5.12. (*Beziehung zwischen komplexen und reellen Fourier-Koeffizienten*) *Für die reellen Fourier-Koeffizienten a'_j und b'_j und die komplexen Koeffizienten c_j gelten die Beziehungen*

$$a'_j - i b'_j = \frac{1}{2}(c_j + \bar{c}_{n-j}) + \frac{1}{2i}(c_j - \bar{c}_{n-j})e^{-i\frac{j\pi}{n}}, \tag{5.59}$$

$$a'_{n-j} - i b'_{n-j} = \frac{1}{2}(\bar{c}_j + c_{n-j}) + \frac{1}{2i}(\bar{c}_j - c_{n-j})e^{i\frac{j\pi}{n}} \tag{5.60}$$

für $j = 0, 1, \ldots, n$, falls $b'_0 = b'_n = 0$ und $c_n = c_0$ gesetzt wird.

Mit diesem Satz ist es möglich, aus dem Ergebnis der komplexen Fourier-Transformation das (spezielle) reelle Fourier-Polynom (5.53) mit den Koeffizienten $a_j^* = \frac{2}{k} a_j'$ ($j = 0, \ldots, n$) und $b_j^* = \frac{2}{k} b_j'$ ($j = 1, \ldots, n-1$) zu bestimmen, was ja ursprünglich beabsichtigt war.

Beispiel

Gegeben sind die 12 reellen Funktionswerte $y_0, \ldots, y_{11}$ (Tangentialkräfte einer Wärmekraftmaschine)

$$y_0 = -7200, \; y_1 = -300, \; y_2 = 7000, \; y_3 = 4300, \; y_4 = 0, \; y_5 = -5200,$$
$$y_6 = -7400, \; y_7 = -2250, \; y_8 = 3850, \; y_9 = 7600, \; y_{10} = 4500, \; y_{11} = 250.$$

Mit $z_j = y_{2j} + i\, y_{2j+1}$, ($j = 0, \ldots, 5$) und $w = w_6 = e^{-i \frac{2\pi}{6}} = \frac{1}{2} - i\frac{\sqrt{3}}{2}$ erhalten wir

$$\mathbf{z} = \begin{pmatrix} z_0 \\ z_1 \\ z_2 \\ z_3 \\ z_4 \\ z_5 \end{pmatrix} = \begin{pmatrix} -7200 - i\,300 \\ 7000 + i\,4300 \\ -i\,5200 \\ -7400 - i\,2250 \\ 3850 + i\,7600 \\ 4500 + i\,250 \end{pmatrix}$$

und

$$W_6 = \begin{pmatrix} 1 & 1 & 1 & 1 & 1 & 1 \\ 1 & w^1 & w^2 & w^3 & w^4 & w^5 \\ 1 & w^2 & w^4 & w^6 & w^8 & w^{10} \\ 1 & w^3 & w^6 & w^9 & w^{12} & w^{15} \\ 1 & w^4 & w^8 & w^{12} & w^{16} & w^{20} \\ 1 & w^5 & w^{10} & w^{15} & w^{20} & w^{25} \end{pmatrix} = \begin{pmatrix} 1 & 1 & 1 & 1 & 1 & 1 \\ 1 & w^1 & w^2 & w^3 & w^4 & w^5 \\ 1 & w^2 & w^4 & 1 & w^2 & w^4 \\ 1 & w^3 & 1 & w^3 & 1 & w^3 \\ 1 & w^4 & w^2 & 1 & w^4 & w^2 \\ 1 & w^5 & w^4 & w^3 & w^2 & w^1 \end{pmatrix},$$

wobei $w^{j+6} = w^j$ berücksichtigt wurde. Für $\mathbf{c} = W_6\,\mathbf{z}$ erhält man nach der Matrixmultiplikation

$$\mathbf{c} = \begin{pmatrix} c_0 \\ c_1 \\ c_2 \\ c_3 \\ c_4 \\ c_5 \end{pmatrix} = \begin{pmatrix} 750 - 4400i \\ -3552{,}7 + 4194{,}1i \\ -7682{,}5 - 11524i \\ -7459 - 200i \\ -36.868 - 525{,}7i \\ 11.603 + 1855{,}9i \end{pmatrix}.$$

Setzt man nun noch $c_6 = c_0$, dann ergibt die Formel (5.59) für die reellen Koeffizienten a_j' und b_j'

$$\begin{pmatrix} a'_0 - i\,b'_0 \\ a'_1 - i\,b'_1 \\ a'_2 - i\,b'_2 \\ a'_3 - i\,b'_3 \\ a'_4 - i\,b'_4 \\ a'_5 - i\,b'_5 \\ a'_6 - i\,b'_6 \end{pmatrix} = \begin{pmatrix} 5148 \\ 10.434 + 6222i \\ -37.926 - 7578i \\ -7452 + 198i \\ -6624 + 3420i \\ -2382 + 3884i \\ -3648 \end{pmatrix}$$

und man kann daraus die Koeffizienten ablesen. Nach der Multiplikation mit $\frac{2}{k} = \frac{1}{6}$ erhält man

$$a_0^* = 858,\ a_1^* = 1739,\ a_2^* = -6321,\ a_3^* = -1242,\ a_4^* = -1104,\ a_5^* = -397,\ a_6^* = -608$$

und

$$b_1^* = -1037,\ b_2^* = 1263,\ b_3^* = -33,\ b_4^* = -570,\ b_5^* = -649,$$

so dass sich das spezielle Fourier-Polynom

$$\begin{aligned} g_6^*(\varphi) = &\ 429 + 1739 \cos\varphi - 1037 \sin\varphi - 6321 \cos(2\varphi) + 1263 \sin(2\varphi) \\ &- 1242 \cos(3\varphi) - 33 \sin(3\varphi) \\ &- 1104 \cos(4\varphi) - 570 \sin(4\varphi) - 397 \cos(5\varphi) - 649 \sin(5\varphi) - 304 \cos(6\varphi) \end{aligned}$$

ergibt. ◄

Die gerade durchgeführte Fourier-Analyse kann man unter Nutzung der Octave- bzw. MATLAB-Routine „fft" mit folgendem Programm realisieren. Dabei bedeutet der Befehl „c = fft(z)" nichts anderes als die Matrix-Vektor-Multiplikation „$c = W_n z$".

```
# Programm 5.6 reelle Fourier-Analyse
# input:  k=2n diskrete Funktionswerte einer periodischen Funktion
#         y_1, y_2,...,y_k
# output: reelle Fourierkoeffizienten a_0,a_1,...,a_n, b_0,b_1,...,b_n
#         b_0 = b_n =0 dummy-Werte
# Aufruf: [a,b] = rfft_gb(y);
function [a,b] = rfft_gb(y);
k = length(y); n=k/2;
if (2*floor(k/2) ~= k)
    disp('ungerade Zahl von Funktionswerten');
    return;
endif
for k=1:n
    z(k)=y(2*k-1)+I*y(2*k);
endfor
# Bestimmung der komplexen Fourierkoeffizienten
c = fft(z);
c(n+1)=c(1);
# Berechnung der reellen Fourierkoeffizienten
for k=1:n+1
    ck = c(k); cck = conj(c(n+2-k));
    ab(k)=0.5*(ck+cck)-0.5*I*(ck-cck)*exp(-I*(k-1)*pi/n);
endfor
for k=1:n+1
    a(k)=real(ab(k))/n;
    if (k == 1 || k == n+1)
        b(k)=0;
    endif
```

Abb. 5.11 Diskrete
Funktionswerte und spezielles
Fourier-Polynom des Beispiels

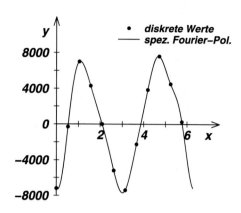

```
    b(k)=-imag(ab(k))/n;
endfor
endfunction
```

In der Abb. 5.11 sind die diskreten Funktionswerte und das spezielle Fourier-Polynom des Beispiels dargestellt.

5.7 Aufgaben

1) Ermitteln Sie den Aufwand, d.h. die Zahl der Rechenoperationen, zur Auswertung des Lagrange-Polynoms an einem beliebigen Punkt x mit der baryzentrischen Formel (5.9) und vergleichen Sie ihn mit dem Aufwand der klassischen Lagrange-Polynom-Berechnung nach (5.3).

2) Berechnen Sie für die Stützpunkte $(x_k, y_k) = (0,0), (1,3), (2,2), (3,1)$ die dividierten Differenzen

$$[x_0 x_1] \quad [x_0 x_1 x_2] \quad [x_0 x_1 x_2 x_3]$$

und geben Sie das Newton'sche Interpolationspolynom an.

3) Gesucht ist ein Polynom 4. Grades, das eine Funktion mit den Eigenschaften

$$f(1) = 2, \quad f'(1) = 1, \quad f(4) = 3, \quad f'(4) = 2, \quad f''(4) = 1$$

interpoliert (Hermite-Interpolation).

4) Zeigen Sie, dass die Differenzenquotienten in den Formeln (5.30), (5.31), (5.32) die dortigen Ableitungen mit der Ordnung $O(h^2)$ einer dreimal stetig differenzierbaren Funktion approximieren.

5) Untersuchen Sie die Funktion

$$f(x) = \begin{cases} \arctan x & \text{für } x \in [0,1] \\ \arctan(-x) & \text{für } x \in [-1,0[\end{cases}$$

auf Lipschitz-Stetigkeit und geben Sie gegebenenfalls den erforderlichen maximalen Grad n der Bernstein-Polynome zur Approximation von f auf dem Intervall $[-1, 1]$ mit b_n gemäß Formel (5.27) mit einer Genauigkeit von $\epsilon = 10^{-3}$ an.

6) Schreiben Sie ein Programm zur Spline-Interpolation für eine auf dem Intervall $[x_0, x_n]$ periodische Funktion, die durch die Stützpunkte $(x_0, y_0), \ldots, (x_n, y_n)$ gegeben ist.

7) Zur Berechnung der Wandschubspannung benötigt man die Ableitung der Tangentialkomponente u der Geschwindigkeit in Normalenrichtung y, also $\tau_w = \frac{\partial u}{\partial y}$ an der Wand. Gegeben sind äquidistante Werte des Geschwindikeitsprofils $u(y)$ in den Punkten $y = 0, k, 2k, 3k, \ldots, 100k$. Diskretisieren Sie $\frac{\partial u}{\partial y}$ an der Wand $y = 0$ durch einen einseitigen Differenzenquotienten mit der Ordnung $O(k^2)$ und extrapolieren Sie den Wert der Ableitung an der Wand $y = 0$ auf der Basis eines Interpolationspolynoms für den Differenzenquotienten (analog zur Vorgehensweise der Extrapolation der zweiten Ableitung mit den Programmen 5.4, 5.4a, 5.4b).

8) Transformieren Sie die 2-periodische Funktion

$$f(x) = |x - 2k|, \quad x \in [2k - 1, 2k + 1], \quad k \in \mathbb{Z}$$

durch eine geeignete Substitution auf eine 2π-periodische Funktion.

Numerische Integration

6

Inhaltsverzeichnis

Die analytische Bestimmung einer Stammfunktion und die damit gegebene einfache Möglichkeit der numerischen Berechnung von bestimmten Integralen ist manchmal sehr aufwendig und oft sogar unmöglich. In solchen Fällen kann man eine näherungsweise Berechnung der Integrale auf numerischem Weg vornehmen. Auch im Fall der Vorgabe von Funktionen in Tabellenform (z. B. Ergebnisse einer Messreihe) kann keine analytische Integration durchgeführt werden. In beiden Fällen ist es möglich, den Integranden als Wertetabelle der Form

$$(x_0, y_0), (x_1, y_1), \ldots, (x_n, y_n)$$

vorzugeben, wobei im Fall eines analytisch gegebenen Integranden die Abszissen $x_0, \ldots, x_n$ beliebig wählbar sind, während man bei Messreihen an die vorliegenden Messergebnisse gebunden ist.

Dabei wird einmal von der Näherung des bestimmten Integrals durch Riemann'sche Summen ausgegangen. Andererseits werden auf der Basis der Resultate des Kap. 5 zur Interpolation von Funktionen bzw. allgemein vorgegebenen Stützpunkten Methoden zur numerischen Integration dargestellt.

6.1   Trapez- und Kepler'sche Fassregel

In Erinnerung an die Definition des bestimmten Integrals mittels Riemann'scher Summen aus der Analysis kann man das Integral

© Der/die Autor(en), exklusiv lizenziert an Springer-Verlag GmbH, DE, ein Teil von Springer Nature 2022
G. Bärwolff und C. Tischendorf, *Numerik für Ingenieure, Physiker und Informatiker*,
https://doi.org/10.1007/978-3-662-65214-5_6

$$\int_a^b f(x)\, dx$$

für die in Form einer Wertetabelle gegebenen Funktion $f(x)$ durch die Formel

$$\int_a^b f(x)\, dx \approx \sum_{i=1}^n \frac{y_{i-1} + y_i}{2}(x_i - x_{i-1}) \tag{6.1}$$

annähern. Bei äquidistanter Teilung des Integrationsintervalls mit $x_k = a + kh$, $h = \frac{b-a}{n}$, $k = 0, 1, \ldots, n$, erhält man die summierte Trapezregel in folgender Form:

$$\int_a^b f(x)\, dx \approx h(\frac{1}{2}y_0 + y_1 + y_2 + \cdots + y_{n-1} + \frac{1}{2}y_n)\,.$$

Die Abb. 6.1 zeigt den Flächeninhalt im Ergebnis der Anwendung der Trapezregel (6.1). Es wird deutlich, dass die Trapezregel den exakten Wert des Integrals einer Funktion $f(x)$ liefert, die in den Punkten $x_0, x_1, \ldots, x_n$ die Funktionswerte $y_0, y_1, \ldots, y_n$ und in den Intervallen $[x_{i-1}, x_i]$ den linearen Verlauf

$$f(x) = y_{i-1} + \frac{x - x_{i-1}}{x_i - x_{i-1}}(y_i - y_{i-1})\,, \quad x \in [x_{i-1}, x_i]$$

hat. Die Trapezregel ist damit nicht in der Lage, kompliziertere als lineare Verläufe der Funktion zwischen den Stützstellen x_i zu erfassen. Das bedeutet eine i. Allg. recht grobe Näherung des Integrals durch die Trapezregel.

Eine genauere numerische Berechnung des Integrals ist mit der Simpson-Formel möglich. Ausgangspunkt ist wiederum eine Wertetabelle der Form

$$(x_0, y_0), (x_1, y_1), \ldots, (x_n, y_n)\,,$$

wobei wir allerdings fordern, dass n eine gerade Zahl ist, also die Darstellung $n = 2m$, $m \in \mathbb{N}$ hat. Betrachten wir zum Beispiel die Wertetabelle

Abb. 6.1 Skizze zur numerischen Integration

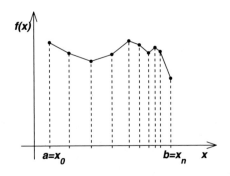

$$(1, 1), (2, 3), (3, 2)$$

zur sehr groben, diskreten Beschreibung einer bestimmten Funktion $f(x)$ (s. Abb. 6.2), die im Intervall $[1, 3]$ definiert ist: Die numerische Berechnung des Integrals mit der Trapezregel ergibt

$$\int_1^3 f(x)\,dx \approx 1 \cdot [\frac{1}{2} \cdot 1 + 3 + \frac{1}{2} \cdot 2] = 4,5 . \tag{6.2}$$

Wenn die Funktion aber etwa den in der Abb. 6.2 skizzierten Verlauf hat, also nicht eckig, sondern „glatt" ist, dann ist der mit der Trapezregel berechnete Wert nur eine sehr grobe Näherung. Im Abschnitt zum Thema „Interpolation" wurde gezeigt, dass man durch n Punkte genau ein Polynom $(n-1)$-ten Grades legen kann, also durch die Punkte $(1, 1), (2, 3), (3, 2)$ genau ein quadratisches Polynom $p_2(x)$. Dieses Polynom kann man in der Form

$$p_2(x) = \frac{(x-2)(x-3)}{2} \cdot 1 + \frac{(x-1)(x-3)}{-1} \cdot 3 + \frac{(x-1)(x-2)}{2} \cdot 2$$

aufschreiben und man nennt es Interpolationspolynom. Nun bietet sich zur näherungsweisen Berechnung des Integrals der punktweise gegebenen Funktion über dem Intervall $[1, 3]$ die Integration von $p_2(x)$ in den Grenzen 1 und 3 an, also

$$\int_1^3 f(x)\,dx \approx \int_1^3 p_2(x)\,dx = \frac{1}{3}[1 + 4 \cdot 3 + 2] = 5 . \tag{6.3}$$

Aus der Abb. 6.2 wird sichtbar, dass mit der Näherungsbeziehung (6.3) ein genaueres Ergebnis erzielt wird als mit der Trapezregel (6.2). Die Strichlinie bedeutet dabei die lineare Interpolation zwischen den Stützwerten. Nun kann man diese Überlegung der Näherung der Funktion mit einem Polynom 2. Grades auf das gesamte Integrationsintervall $[\alpha, \beta]$ übertragen. Dazu unterteilen wir das Integrationsintervall durch

$$\alpha = x_{10} < x_{11} < x_{12} = x_{20} < x_{21} < \cdots < x_{N-1\,2} = x_{N0} < x_{N1} < x_{N2} = \beta$$

Abb. 6.2 Lineare und polynomiale Interpolation

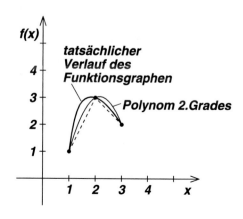

Abb. 6.3 Aufteilung des
Intervalls $[\alpha, \beta]$ in
Teilintervalle $[a, b]$ für $n = 2$

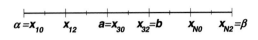

in N gleiche Teilintervalle, wobei $x_{j2} = x_{j+10}$ für $j = 1, \ldots, N - 1$ ist (s. auch Abb. 6.3).
Zur vereinfachten Darstellung nehmen wir eine äquidistante Stützstellenverteilung mit $h = \frac{\beta - \alpha}{2N}$ an. Es gilt

$$[\alpha, \beta] = \bigcup_{j=1}^{N} [x_{j0}, x_{j2}] \,. \tag{6.4}$$

In jedem der Teilintervalle $[x_{j0}, x_{j2}]$ bestimmt man nun für die Wertepaare

$$(x_{j0}, y_{j0}), (x_{j1}, y_{j1}), (x_{j2}, y_{j2})$$

ein quadratisches Polynom $p_{2,j}(x)$, das mit den Bedingungen $p_{2,j}(x_{j\mu}) = y_{j\mu}$ ($\mu = 0, 1, 2$)
eindeutig festgelegt ist. Damit nähert man die Funktion durch die stückweise Interpolation
mit quadratischen Polynomen. Man rechnet nun leicht die Beziehung

$$\int_{x_{j0}}^{x_{j2}} p_{2,j}(x)\,dx = \frac{h}{3}[y_{j2} + 4y_{j1} + y_{j0}] \tag{6.5}$$

nach, die als Kepler'sche Fassregel bezeichnet wird. Als Näherung für das Integral über
$[\alpha, \beta]$ erhält man daraus durch Summation die Quadraturformel

$$\int_{\alpha}^{\beta} f(x)\,dx \approx \sum_{j=1}^{N} \int_{x_{j0}}^{x_{j2}} p_{2,j}(x)\,dx =:$$

$$S_{2,N} = \frac{h}{3}[(y_{10} + y_{N2}) + 2(y_{12} + y_{22} + \cdots + y_{N-12}) + 4(y_{11} + y_{21} + \cdots + y_{N1})]$$

$$= \frac{h}{3}\left[(y_{10} + y_{N2}) + 2\sum_{j=1}^{N-1} y_{j2} + 4\sum_{j=1}^{N} y_{j1}\right] \,. \tag{6.6}$$

Die Formel (6.6) wird summierte Kepler'sche Fassregel oder Simpson-Regel genannt. Mit
(6.6) liegt nun eine Integrationsformel vor, die i. Allg. eine genauere Näherung des Integrals
der Funktion $f(x)$ ergibt als die summierte Trapez-Regel.

Im Folgenden sollen die eben dargestellten numerischen Integrationsverfahren unter Nutzung von Resultaten aus dem Abschn. 5 in Richtung einer Genauigkeitserhöhung verallgemeinert werden. Dabei werden auch allgemeine Fehlerabschätzungen, die die Spezialfälle
„Trapez-Regel" und „Kepler'sche Fassregel" einschließen, angegeben.

6.2 Newton-Cotes-Quadraturformeln

Die Trapez- und die Kepler'sche Fassregel sind für lineare bzw. quadratische Funktionen exakt. Da man Funktionen oft recht gut durch Polynome höheren Grades approximieren kann (z. B. durch Taylor-Polynome), sollen nun Formeln hergeleitet werden, die die exakte Integration dieser höhergradigen Polynome ermöglichen. Zur näherungsweisen Berechnung von

$$I = \int_a^b f(x)\,dx$$

für eine auf dem Intervall $[a, b]$ definierte reelle Funktion $f(x)$ betrachten wir die paarweise verschiedenen Stützstellen $x_0, x_1, \ldots, x_n$ mit

$$a \leq x_0 < x_1 < \cdots < x_{n-1} < x_n \leq b\,.$$

Zu den $n+1$ Stützwerten $y_k = f(x_k)$ existiert nach Satz 2 das eindeutig bestimmte Interpolationspolynom $p_n(x)$, das mit den Lagrange'schen Basispolynomen $L_j(x) = \prod_{\substack{i=0 \\ i \neq j}}^{n} \frac{(x-x_i)}{(x_j-x_i)}$ die Form

$$p_n(x) = \sum_{j=0}^{n} f(x_j) L_j(x)$$

haben. Zur Approximation von I bestimmen wir die Näherung

$$Q_n(x) = \int_a^b p_n(x)\,dx = \sum_{j=0}^{n} f(x_j) \int_a^b L_j(x)\,dx =: (b-a) \sum_{j=0}^{n} w_j f(x_j)\,, \qquad (6.7)$$

d. h. wir nähern I durch die exakte Integration des Interpolationspolynoms an. Aus (6.7) ergeben sich mit

$$w_j = \frac{1}{b-a} \int_a^b L_j(x)\,dx \qquad (j = 0, 1, \ldots, n) \qquad (6.8)$$

die **Integrationsgewichte** der Quadraturformel (6.7) zu den Integrationsstützstellen $x_0, x_1, \ldots, x_n$. (6.7) nennt man **interpolatorische Quadraturformel**.

Im Fall $n = 2$ erhält man bei einer äquidistanten Stützstellenverteilung $x_0 = a$, $x_1 = a + h$, $x_2 = a + 2h = b$ mit der Substitution $x = a + (b-a)t$, $dx = (b-a)dt$ für die Integrationsgewichte

$$w_0 = \frac{1}{b-a} \int_a^b L_0(x)\,dx = \frac{1}{b-a} \int_a^b \frac{(x-x_1)(x-x_2)}{(x_0-x_1)(x_0-x_2)}\,dx$$

$$= \int_0^1 \frac{(2t-1)(2t-2)}{(-1)(-2)}\,dt = \frac{1}{2}\int_0^1 (4t^2 - 6t + 2)\,dt = \frac{1}{6}\,,$$

$$w_1 = \int_0^1 \frac{2t(2t-2)}{(1)(-2)}\,dt = -\int_0^1 (4t^2 - 4t)\,dt = \frac{2}{3}\,,$$

$$w_2 = \int_0^1 \frac{2t(2t-1)}{(2)(1)}\,dt = \frac{1}{2}\int_0^1 (4t^2 - 2t)\,dt = \frac{1}{6}\,.$$

Es ergibt sich also mit

$$Q_2 = \frac{b-a}{6}[f(x_0) + 4f(x_1) + f(x_2)] = \frac{h}{3}[f(x_0) + 4f(x_1) + f(x_2)]$$

gerade die Kepler'sche Fassregel, d.h. (6.5). Für weitere Rechnungen sei auf die mit der Substitution $x = a + (b-a)t$ folgenden Beziehung

$$\prod_{\substack{i=0 \\ i \neq j}}^{n} \frac{(x-x_i)}{(x_j-x_i)} = \prod_{\substack{i=0 \\ i \neq j}}^{n} \frac{(n\,t - i)}{(j - i)} \tag{6.9}$$

hingewiesen, die als Übung nachgewiesen werden sollte.

Falls $f(x)$ ein Polynom höchstens vom Grad n ist, gilt offensichtlich $f(x) = p_n(x)$ und die Quadraturformel (6.7) liefert den exakten Wert von I. Es gibt auch Fälle, wo die Formel (6.7) auch noch exakt ist, wenn $f(x)$ ein Polynom vom Grad größer als n ist.

I.Allg. erhält man aber mit der Quadraturformel (6.7) eine Näherung Q_n von I und macht den Fehler

$$E_n[f] = I - Q_n = \int_a^b f(x)\,dx - (b-a)\sum_{j=0}^n w_j f(x_j)\,. \tag{6.10}$$

Zur Bewertung der Güte der Quadraturformel dient die folgende Definition.

Definition 6.1 (Genauigkeitsgrad der Quadraturformel)
Eine Quadraturformel (6.7) hat den Genauigkeitsgrad $m \in \mathbb{N}$, wenn sie alle Polynome $p(x)$ bis zum Grad m exakt integriert, d.h. $E_n[p] = 0$ ist, und m die größtmögliche Zahl mit dieser Eigenschaft ist.

Da $E_n[\alpha f + \beta g] = \alpha E_n[f] + \beta E_n[g]$ gilt, besitzt eine Quadraturformel (6.7) genau dann den Genauigkeitsgrad m, wenn die Aussage

$$E_n[x^k] = 0 \quad \text{für } k = 0, \ldots, m \quad \text{und} \quad E_n[x^{m+1}] \neq 0$$

gilt. Als Ergebnis der bisherigen Betrachtungen ergibt sich der folgende Satz.

Satz 6.1. *(Existenz einer Quadraturformel)*
Zu den $n + 1$ beliebig vorgegebenen paarweise verschiedenen Stützstellen $a \leq x_0 < x_1 < \cdots < x_n \leq b$ existiert eine eindeutig bestimmte interpolatorische Quadraturformel (6.7), deren Genauigkeitsgrad mindestens gleich n ist.

Wir wollen die Aussage für die Kepler'sche Fassregel überprüfen. Für $m = 2$ erhält man

$$E_2[x^2] = \int_a^b x^2 \, dx - \frac{b-a}{6}[a^2 + 4(\frac{a+b}{2})^2 + b^2]$$

$$= \frac{1}{3}(b^3 - a^3) - \frac{1}{6}(b-a)[a^2 + (a^2 + 2ab + b^2) + b^2)$$

$$= \frac{1}{3}(b^3 - a^3) - \frac{1}{3}(ba^2 + ab^2 + b^3 - a^3 - a^2b - ab^2) = 0 \,,$$

aber auch

$$E_2[x^3] = \int_a^b x^3 \, dx - \frac{b-a}{6}[a^3 + 4(\frac{a+b}{2})^3 + b^3]$$

$$= \frac{1}{4}(b^4 - a^4) - \frac{1}{6}(b-a)[a^3 + \frac{1}{2}(a^3 + 3a^2b + 3ab^2 + b^3) + b^3)$$

$$= (b-a)[\frac{1}{4}(b^3 + ab^2 + a^2b + a^3) - \frac{1}{4}(a^3 + a^2b + ab^2 + b^3)] = 0 \,.$$

Mit den leicht zu erbringenden Nachweisen von $E_2[1] = E_2[x] = 0$ erhält man für die Keplersche Fassregel mindestens einen Genauigkeistgrad 3. Da $E_2[x^4] \neq 0$ ist, was zur Übung z. B. für $a = -1$ und $b = 1$ nachgerechnet werden sollte, ist der Genauigkeitsgrad gleich 3, obwohl wir zur Konstruktion der Quadraturformel nur ein Interpolationspolynom vom Grad 2 verwendet hatten.

Wenn wir nun von einer äquidistanten Verteilung der Stützstellen $x_i = a + i\,h$ mit $h = \frac{b-a}{n}$ für $i = 0, 1, \ldots, n$ ausgehen, erhalten wir ausgehend von (6.7) sogenannte **abgeschlossenen Newton-Cotes-Quadraturformeln**. Für $n = 2$ haben wir bereits die Kepler'sche Fassregel erhalten. Für $n = 1$ ergibt sich unter Nutzung von (6.9)

$$w_0 = \frac{1}{b-a}\int_a^b L_0(x)\,dx = \frac{1}{b-a}\int_a^b \frac{x - x_1}{x_0 - x_1}\,dx$$

$$= \int_0^1 \frac{t-1}{(0-1)}\,dt = \int_0^1 (1 - t)\,dt = \frac{1}{2}\,,$$

$$w_1 = \int_0^1 \frac{t-0}{(1-0)}\,dt = \int_0^1 t\,dt = \frac{1}{2}\,,$$

d. h. mit

$$Q_1 = \frac{b-a}{2}[f(a) + f(b)]$$

die Trapez-Regel. Für $n = 3, 4, 5$ erhält man auf die gleiche Weise ausgehend von (6.7) die Quadraturformeln

$$Q_3 = \frac{3h_3}{8}[f(x_0) + 3f(x_1) + 3f(x_2) + f(x_3)] \,, \tag{6.11}$$

$$Q_4 = \frac{2h_4}{45}[7f(x_0) + 32f(x_1) + 12f(x_2) + 32f(x_3) + 7f(x_4)] \,, \tag{6.12}$$

$$Q_5 = \frac{5h_5}{288}[19f(x_0) + 75f(x_1) + 50f(x_2) + 50f(x_3) + 75f(x_4) + 19f(x_5)] \tag{6.13}$$

mit $h_n = \frac{b-a}{n}$. Die Formel (6.11) bezeichnet man als die 3/8-Regel von Newton. Da $E_3[x^4] \neq 0$ ist, besitzt die 3/8-Regel von Newton den Genauigkeitsgrad 3. Die Regeln (6.11) und (6.12) haben jeweils den Genauigkeitsgrad 5. Generell lässt sich zeigen, dass die abgeschlossenen Newton-Cotes-Formeln Q_n für gerades n immer den Genauigkeitsgrad $m = n + 1$ besitzen, während sie für ungerades n nur den Genauigkeitsgrad $m = n$ haben. Deshalb ist es hinsichtlich des Rechenaufwandes immmer sinnvoll, Newton-Cotes-Quadraturformeln für gerades n (also für eine ungerade Zahl von Stützstellen) zu verwenden.

Grundlage für eine Abschätzung des Quadraturfehlers $E_n[f]$ ist die Darstellung des Fehlers (5.17) für die Polynominterpolation. Es ergibt sich durch Integration

$$E_n[f] = \frac{1}{(n+1)!} \int_a^b f^{(n+1)}(\xi(x))\omega_n(x)\,dx \quad \text{mit} \quad \omega_n(x) = \prod_{i=0}^{n}(x - x_i)\,. \tag{6.14}$$

Da die Newton-Cotes-Formeln für eine ungerade Anzahl von Stützstellen, d. h. für gerades n zu bevorzugen sind, wird für diesen Fall im folgenden Satz eine handhabbare Form des Quadraturfehlers $E_n[f]$ angegeben. Dabei setzen wir eine äquidistante Verteilung der Stützstellen $x_0, \ldots, x_n$ voraus.

Satz 6.2. *(Quadraturfehler abgeschlossener Newton-Cotes-Formeln)*
Ist n gerade und $f(x)$ eine im Intervall $[a, b]$ $(n + 2)$-mal stetig differenzierbare Funktion, dann ist der Quadraturfehler der abgeschlossenen Newton-Cotes-Formel (6.7) gegeben durch

$$E_n[f] = \frac{K_n}{(n+2)!} f^{(n+2)}(\eta) \quad (a < \eta < b), \quad \text{mit} \quad K_n = \int_a^b x\omega_n(x)\,dx\,. \tag{6.15}$$

Ist n ungerade und $f(x)$ zumindest $(n + 1)$-mal stetig differenzierbar in $[a, b]$, dann gilt für den Quadraturfehler

$$E_n[f] = \frac{L_n}{(n+1)!} f^{(n+1)}(\eta) \quad (a < \eta < b), \quad \text{mit} \quad L_n = \int_a^b \omega_n(x)\,dx\,. \tag{6.16}$$

Die Abschätzung (6.16) erhält man ausgehend von (6.14) direkt aus dem Mittelwertsatz der Integralrechnung. Zum Nachweis von (6.15) betrachten wir mit der Hinzunahme einer weiteren Stützstelle $\bar{x} \neq x_k$ $(k = 0, \ldots, n)$ die Darstellung

$$f(x) = [x_0] + [x_0x_1](x - x_0) + \cdots + [x_0x_1 \ldots x_n](x - x_0) \ldots (x - x_{n-1})$$

$$+ [x_0x_1 \ldots x_n\bar{x}] \prod_{i=0}^{n}(x - x_i) + \frac{f^{(n+2)}(\xi(x))}{(n+2)!}(x - \bar{x}) \prod_{i=0}^{n}(x - x_i) \qquad (6.17)$$

$$= p_n(x) + [x_0x_1 \ldots x_n\bar{x}] \prod_{i=0}^{n}(x - x_i) + \frac{f^{(n+2)}(\xi(x))}{(n+2)!}(x - \bar{x}) \prod_{i=0}^{n}(x - x_i) \ .$$

Der entscheidende Grund für die Gültigkeit von (6.15) ist der Fakt, dass der vorletzte Summand $[x_0 \ldots x_n\bar{x}] \prod_{i=0}^{n}(x - x_i) = [x_0 \ldots x_n\bar{x}]\psi(x)$ eine ungerade Funktion bezüglich des Mittelpunktes $x_{n/2}$ des Integrationsintervalls $[a, b]$ ist. Damit verschwindet das Integral $\int_a^b \psi(x)\,dx$, so dass sich

$$\int_a^b (f(x) - p_n(x))\,dx = \frac{1}{(n+2)!} \int_a^b f^{(n+2)}(\xi(x))(x - \bar{x}) \prod_{i=0}^{n}(x - x_i)\,dx$$

ergibt. Da das Integral stetig von $\bar{x}$ abhängt, ergibt der Grenzübergang $\bar{x} \to 0$ und die Anwendung des Mittelwertsatzes der Integralrechnung schließlich die Beziehung (6.15). An dieser Stelle sei noch darauf hingewiesen, dass (6.15) auch im Fall von Stützstellen, die symmetrisch im Intervall $[a, b]$ liegen, also für

$$x_{n-i} = a + b - x_i \quad (i = 0, 1, \ldots, n)$$

gilt. Für $n = 2$ mit den Stützstellen $x_0 = 0$, $x_1 = 1$, $x_2 = 2$ und $n = 4$ mit den Stützstellen $x_0 = -1$, $x_1 = 0$, $x_2 = 1$, $x_3 = 2$, $x_4 = 3$ sind die um 1 ungerade Funktionen $\psi(x)$ in der Abb. 6.4 dargestellt. Die Berechnung der Größen K_n und L_n durch die entsprechende Integralberechnung ergibt mit $h = \frac{b-a}{n}$

Abb. 6.4 Funktionen $\psi(x)$ für $n = 2$ und $n = 4$

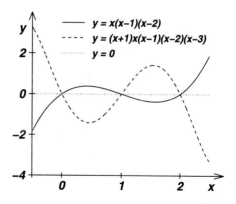

n	1	2	3	4	5	6
K_n		$-\frac{4}{15}h^5$		$-\frac{384}{63}h^7$		$-\frac{1296}{5}h^9$
L_n	$-\frac{1}{6}h^3$		$-\frac{9}{10}h^5$		$-\frac{1375}{84}h^7$	

Damit erhält man gemäß Satz 6.2 für die ersten sechs Newton-Cotes-Quadraturformeln die Fehler

$$E_1[f] = -\frac{1}{12}h^3 f''(\eta)\,, \quad E_2[f] = -\frac{1}{90}h^5 f^{(4)}(\eta)\,, \quad E_3[f] = -\frac{3}{80}h^5 f^{(4)}(\eta)\,,$$

$$E_4[f] = -\frac{8}{945}h^7 f^{(6)}(\eta)\,, \quad E_5[f] = -\frac{275}{12096}h^7 f^{(6)}(\eta)\,, \quad E_6[f] = -\frac{9}{1400}h^9 f^{(8)}(\eta)\,,$$

wobei $\eta \in [a, b]$ jeweils ein geeigneter Zwischenwert ist. Da es in der Regel bei Integrationsaufgaben um größere Integrations-Intervalle geht, ist z.B. bei $n = 2$ die Schrittweite h ziemlich groß, so dass die Quadraturfehler recht groß werden können. Im Abschn. 6.1 wurde mit den summierten Trapez- und Kepler'scher Fassregeln eine Möglichkeit zur genaueren numerischen Intergation aufgezeigt.

Soll das Integral $\int_\alpha^\beta f(x)\,dx$ berechnet werden, wobei das Intervall $[\alpha, \beta]$ durch

$$\alpha = x_{10} < \cdots < x_{1n} = x_{20} < \cdots < x_{2n} = \cdots < x_{N-1\,n} = x_{N0} < \cdots < x_{Nn} = \beta$$

in N gleich große Teilintervalle $[x_{j0}, x_{jn}]$ $(j = 1, \ldots, N)$ mit jeweils $n + 1$ Stützstellen unterteilt sein soll. Auf den Teilintervallen $[a, b] = [x_{j0}, x_{jn}]$ nähert man das Integral $\int_{x_{j0}}^{x_{jn}} f(x)\,dx$ mit der Quadraturformel $Q_{n,j}$ zu den Stützstellen $x_{j0}, \ldots, x_{jn}$ an. Analog zum Vorgehen im Abschn. 6.1 summiert man über j und erhält mit

$$S_{n,N} = \sum_{j=1}^{N} Q_{n,j} \tag{6.18}$$

die sogenannten **summierten abgeschlossenen Newton-Cotes-Formeln**. Mit $y_{jk} = f(x_{jk})$ erhält man für $n = 1$ die summierte Trapez-Regel

$$S_{1,N} = h[\frac{1}{2}y_{10} + y_{20} + y_{30} + y_{40} + \cdots + y_{N0} + \frac{1}{2}y_{N1}]\,,$$

wobei das Intervall $[\alpha, \beta]$ in N gleiche Teilintervalle $[x_{j0}, x_{j1}]$ unterteilt wurde und $x_{j1} = x_{j+10}$ bzw. $y_{j1} = y_{j+10}$ für $j = 1, \ldots, N - 1$ gilt (s. auch Abb. 6.5), d. h. die Teilintervalle sind in diesem Fall nicht weiter unterteilt. Für $n = 2$ ergibt sich die summierte Kepler'sche Fassregel (6.6), auch Simpson-Regel genannt. Nummeriert man die Stützstellen durch, d. h. setzt man $\tilde{x}_{k+(j-1)(n+1)} = x_{jk}$ und $\tilde{y}_{k+(j-1)(n+1)} = y_{jk}$ für $j = 1, \ldots, N$ und $k = 0, \ldots, n$, dann erhält man ausgehend von Q_4 für $n = 4$ mit $\tilde{y}_i = f(\tilde{x}_i)$ die summierte abgeschlossene Newton-Cotes-Formel

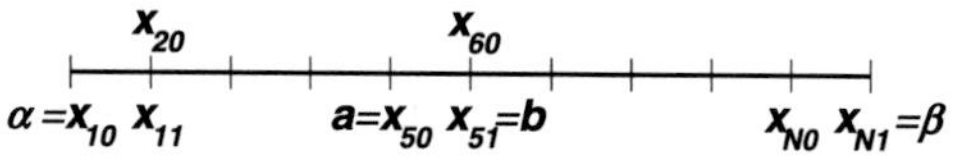

Abb. 6.5 Aufteilung des Intervalls $[\alpha, \beta]$ in Teilintervalle $[a, b]$ für $n = 1$

$$S_{4,N} = \frac{2h}{45}[7(\tilde{y}_0 + \tilde{y}_{5N}) + 32(\tilde{y}_1 + \tilde{y}_3) + 12\tilde{y}_2$$

$$+ \sum_{k=1}^{N-1}\{14\tilde{y}_{4k} + 32(\tilde{y}_{4k+1} + \tilde{y}_{4k+3}) + 12\tilde{y}_{4k+2}\}],$$

wobei $h = \frac{\beta-\alpha}{4N}$ ist.

Die Fehler der summierten abgeschlossenen Newton-Cotes-Formeln erhält man ausgehend von (6.15) bzw. (6.16) durch Summation. Für den Fehler der Simpson-Regel ($n = 2$, $h = \frac{\beta-\alpha}{2N}$) erhält man unter Nutzung des Zwischenwertsatzes

$$E_{S_{2,N}}[f] = \sum_{j=1}^{N}[-\frac{1}{90}h^5 f^{(4)}(\eta_j)] = -\frac{1}{90}h^5 f^{(4)}(\eta)\sum_{j=1}^{N}1$$

$$= -\frac{1}{90}h^5 f^{(4)}(\eta)N = -\frac{1}{90}h^5 f^{(4)}(\eta)\frac{\beta-\alpha}{2h} = -\frac{\beta-\alpha}{180}h^4 f^{(4)}(\eta).$$

Für die summierte 3/8-Regel von Newton ergibt sich mit $n = 3$ und $h = \frac{\beta-\alpha}{3N}$ der Fehler

$$E_{S_{3,N}}[f] = \sum_{j=1}^{N}[-\frac{3}{80}h^5 f^{(4)}(\eta_j)] = -\frac{3}{80}h^5 f^{(4)}(\eta)\sum_{j=1}^{N}1$$

$$= -\frac{3}{80}h^5 f^{(4)}(\eta)N = -\frac{3}{80}h^5 f^{(4)}(\eta)\frac{\beta-\alpha}{3h} = -\frac{\beta-\alpha}{80}h^4 f^{(4)}(\eta).$$

Generell kann man für die Quadraturfehler der summierten abgeschlossenen Newton-Cotes-Formeln den folgenden Satz formulieren.

Satz 6.3. *(Quadraturfehler summierter abgeschlossener Newton-Cotes-Formeln)*
Wenn $f(x)$ in $[\alpha, \beta]$ für gerades n eine stetige $(n+2)$-te Ableitung und für ungerades n eine stetige $(n+1)$-te Ableitung besitzt, dann existiert ein Zwischenwert $\xi \in]a, b[$, so dass mit $h = (\beta - \alpha)/(nN)$ die Beziehungen

$$E_{S_{n,N}}[f] = Kh^{n+2} f^{(n+2)}(\xi)$$

für gerades n und

$$E_{S_{n,N}}[f] = Lh^{n+1} f^{(n+1)}(\xi)$$

für ungerades n gelten, wobei K und L von α, β abhängige Konstanten sind.

Mit dem folgenden Programm kann man das bestimmte Integral $\int_0^1 \frac{4}{x^2+1}\,dx$ (durch entsprechende Modifikationen auch andere) mit der summierten Kepler'schen Fassregel (Simpson-Regel) berechnen.

```
# Programm 6.1 Simpson-Regel
# zur Berechnung von \int_0^1 fkt61(x) dx
# exakter Wert ist \pi
# input:  Intervallgrenzen a,b, n (2n-1 Stuetzwerte)
# output: Integralwert
# benutztes Programm: fkt61a
# Aufruf: [integralwert] = fassregel_gb1(a,b,n);
function [integralwert] = fassregel_gb1(a,b,n);
h=(b-a)/(2*n);
x = linspace(a+h,a+h*(2*n-1),2*n-1);
summe = 2*sum(fkt61a(x(2:2:2*n-2)).+ 2*fkt61a(x(3:2:2*n-1)));
integralwert = h*(fkt61a(a) + 4*fkt61a(x(1)) + fkt61a(b) + summe)/3;
end
```

Hier kann man auch eine andere zu integrierende Funktion programmieren.

```
# Nutzer-Funktion
# exakter Wert von \int_0^1 4/(x*x+1) dx ist pi
function [y]=fkt61a(x);
   y = 4./(x.*x+1);
endfunction
```

6.3   Gauß-Quadraturen

Mit den Newton-Cotes-Quadraturformeln konnte man bei der Vorgabe von einer ungeraden Zahl von $n + 1$ Stützpunkten einen Genauigkeitsgrad von $n + 1$ erreichen. D.h. man konnte Polynome bis zum Grad $n + 1$ mit den Formeln exakt integrieren. Als Freiheitsgrade hatte man dabei die Integrationsgewichte w_k zur Verfügung. Die Stützstellen $x_0, \ldots, x_n$ und die Stützwerte $y_0 = f(x_0), \ldots, y_n = f(x_n)$ waren fest vorgegeben bzw. man hat sie mit einer gewissen Intuition vorgegeben, bevor man die Newton-Cotes-Quadraturformeln durch die geeignete Wahl der Freiheitsgrade w_k konstruiert hat. An dieser Stelle sei darauf hingewiesen, dass die Stützstellen bei der Gauß-Quadratur auch oft in der Literatur durch $\lambda_1, \ldots, \lambda_n$ bezeichnet werden, da sie sich letztendlich als Nullstellen eines Polynoms n-ten Grades ergeben werden. Wir bezeichnen allerdings wie bei den bisher besprochenen Quadratur-Formeln die Stützstellen mit x_k.

Bei den Gauß-Quadraturen verzichtet man bei der numerischen Berechnung des Integrals $\int_a^b g(x)\,dx$ auf die Vorgabe der Stützstellen und erhöht somit die Zahl der Freiheitsgrade. Dabei gibt man die zu integrierende Funktion $g(x)$ in der Form $g(x) = f(x)\rho(x)$ mit einer Funktion $\rho(x)$, die mit der evtl. Ausnahme von endlich vielen Punkten auf $[a, b]$ positiv sein soll, vor. Die Funktion $\rho(x)$ nennt man **Gewichtsfunktion**. Es ist dann das Integral

$$J = \int_a^b f(x)\rho(x)\,dx = \int_a^b g(x)\,dx$$

numerisch zu berechnen.

Im Unterschied zu den vorangegangenen Abschnitten nummerieren wir bei den Gauß-Quadraturen die Stützstellen $x_1, x_2, \ldots, x_n$ ebenso wie die Integrationsgewichte $\sigma_1, \sigma_2, \ldots, \sigma_n$ mit dem Startindex 1 beginnend durch. Im Folgenden geht es darum, Stützstellen $x_k \in [a, b]$ und Integrationsgewichte σ_k so zu bestimmen, dass

$$J_n = \sum_{j=1}^{n} \sigma_j f(x_j) \tag{6.19}$$

eine möglichst gute Näherung des Integrals J ergibt. Fordert man, dass die Formel (6.19) für alle Polynome $f(x)$ bis zum Grad $2n - 1$, d.h. für $x^0, x^1, \ldots, x^{2n-1}$ exakt ist und somit $J_n = J$ gilt, dann müssen die Stützstellen $x_1, \ldots, x_n$ und die Gewichte $\sigma_1, \ldots, \sigma_n$ Lösungen des Gleichungssystems

$$\sum_{j=1}^{n} \sigma_j x_j^k = \int_a^b x^k \rho(x)\, dx \quad (k = 0, 1, \ldots, 2n - 1) \tag{6.20}$$

sein. Wir werden im Folgenden zeigen, dass das Gleichungssystem (6.20) eindeutig lösbar ist, dass für die Stützstellen $x_k \in\,]a, b[$ gilt und dass die Gewichte positiv sind. Dazu müssen allerdings einige mathematische Hilfsmittel bereitgestellt werden.

Beispiel

Für die Berechnung von $\int_{-1}^{1} f(x)\rho(x)\, dx$ mit der Gewichtsfunktion $\rho(x) \equiv 1$ und der Vorgabe von $n = 2$ bedeutet (6.20) mit

$$\int_{-1}^{1} dx = 2, \quad \int_{-1}^{1} x\, dx = 0, \quad \int_{-1}^{1} x^2\, dx = \frac{2}{3}, \quad \int_{-1}^{1} x^3\, dx = 0$$

das Gleichungssystem

$$\begin{aligned} \sigma_1 + \sigma_2 &= 2 \\ \sigma_1 x_1 + \sigma_2 x_2 &= 0 \\ \sigma_1 x_1^2 + \sigma_2 x_2^2 &= \frac{2}{3} \\ \sigma_1 x_1^3 + \sigma_2 x_2^3 &= 0 \,. \end{aligned} \tag{6.21}$$

Bei den Gleichungssystemen (6.20) bzw. (6.21) handelt es sich um nichtlineare Gleichungssysteme, deren Lösung in der Regel aufwendig ist. Für (6.21) stellt man fest, dass

$$x_1 = -\frac{1}{\sqrt{3}}, \quad x_2 = \frac{1}{\sqrt{3}}, \quad \sigma_1 = \sigma_2 = 1$$

eine Lösung ist. Damit haben wir mit

$$J_2 = f(-\frac{1}{\sqrt{3}}) + f(\frac{1}{\sqrt{3}})$$

eine Quadraturformel gefunden, die für alle Polynome $f(x)$ bis zum Grad 3 die Eigenschaft $J_2 = J$ hat, d. h. es gilt

$$\int_{-1}^{1} f(x)\, dx = f(-\frac{1}{\sqrt{3}}) + f(\frac{1}{\sqrt{3}})\,.$$

◀

Zur Bestimmung der Stützstellen und Gewichte für die Gauß-Quadratur spielen die sogenannten orthogonalen Polynome eine grundlegende Rolle. Deshalb sollen im folgenden Abschnitt die wichtigsten Eigenschaften orthogonaler Polynome zusammengefasst werden.

6.3.1   Orthogonale Polynome

Mit $\rho(x)$ sei auf $[a, b]$ eine Gewichtsfunktion vorgegeben, die bis auf endlich vielen Stellen auf $[a, b]$ positiv sein soll. Auf dem Vektorraum $\mathcal{P}$ aller Polynome über dem Körper der reellen Zahlen ist durch

$$\langle p, q \rangle_\rho := \int_a^b p(x)q(x)\rho(x)\, dx \tag{6.22}$$

für $p, q \in \mathcal{P}$ ein Skalarprodukt definiert. Folglich ist durch

$$\|p\|_\rho^2 = \langle p, p \rangle_\rho = \int_a^b p^2(x)\rho(x)\, dx \tag{6.23}$$

eine Norm auf $\mathcal{P}$ erklärt. Man spricht in diesem Fall von dem durch $\rho(x)$ gewichteten Skalarprodukt (betrachtet man allgemeiner Polynome über dem Körper der komplexen Zahlen, muss man (6.22) in der Form $\langle p, q \rangle_\rho = \int_a^b \overline{p(x)}q(x)\rho(x)\, dx$ verallgemeinern). Der Nachweis, dass (6.22) bzw. (6.23) Skalarprodukt- bzw. Normeigenschaften haben, wird als Übung empfohlen.

Mit dem Skalarprodukt definiert man nun die Orthogonalität von Polynomen analog zur Orthogonalität von Vektoren aus dem $\mathbb{R}^n$ mit dem euklidischen Skalarprodukt.

Definition 6.2 (Orthogonalität von Polynomen bezügl. $\langle \cdot, \cdot \rangle_\rho$)
Die Polynome $p, q \in \mathcal{P}$ heißen **orthogonal**, wenn

$$\langle p, q \rangle_\rho = 0$$

gilt. Ist V ein Unterraum von $\mathcal{P}$, dann wird durch

$$V^\perp = \{ f \in \mathcal{P} \mid \langle f, p \rangle_\rho = 0 \text{ für alle } p \in V \}$$

das **orthogonale Komplement** von V bezeichnet.

Die lineare Hülle der Funktionen $p_1, \ldots, p_n \in \mathcal{P}$ wird durch

$$\text{span}\{p_1, \ldots, p_n\} = \{c_1 p_1 + \cdots + c_n p_n \mid c_1, \ldots, c_n \in K\},$$

definiert wobei K der Zahlkörper ist, über dem der Vektorraum der Polynome $\mathcal{P}$ betrachtet wird. Wenn nichts anderes gesagt wird, betrachten wir $K = \mathbb{R}$.

Beispiel

Ist $[a, b] = [-1, 1]$ und $\rho(x) \equiv 1$, dann gilt

$$\langle 1, \sum_{k=0}^{m} a_k x^k \rangle_\rho = 2 \sum_{j=0}^{[m/2]} \frac{a_{2j}}{2j + 1},$$

so dass alle die Polynome $q(x) = \sum_{k=0}^{m} a_k x^k$ vom Grad m orthogonal zu $p(x) = 1$ sind, für die

$$\sum_{j=0}^{[m/2]} \frac{a_{2j}}{2j + 1} = 0$$

gilt, z. B. $q(x) = 1 + 10x - 3x^2 + 6x^3$, aber auch sämtliche Polynome mit $a_{2j} = 0$ ($j = 1, 2, \ldots$). ◄

Das Beispiel zeigt, dass die Charakterisierung des orthogonalen Komplements von $V = \text{span}\{1\}$ recht aufwendig ist. Einfacher wird es, wenn man eine Folge paarweise orthogonaler Polynome mit ansteigendem Grad gegeben hat. Eine solche Folge kann man immer durch die Orthogonalisierung der Monome $1, x, x^2,\ldots$ mit dem Orthogonalisierungsverfahren von E. Schmidt erhalten. Man setzt $p_0(x) = 1$. Dann wird durch

$$p_n(x) = x^n - \sum_{j=0}^{n-1} \frac{\langle x^n, p_j \rangle_\rho}{\langle p_j, p_j \rangle_\rho} p_j(x) \tag{6.24}$$

eine Folge von paarweise orthogonalen Polynomen definiert.

Beispiel

Betrachten wir wieder $[a, b] = [-1, 1]$ und $\rho(x) \equiv 1$. Dann erhält man ausgehend von $p_0(x) = 1$

$$p_1(x) = x - \frac{\langle x, 1 \rangle_\rho}{\langle 1, 1 \rangle_\rho} \cdot 1 = x,$$

$$p_2(x) = x^2 - [\frac{\langle x^2, 1 \rangle_\rho}{\langle 1, 1 \rangle_\rho} \cdot 1 + \frac{\langle x^2, x \rangle_\rho}{\langle x, x \rangle_\rho} x] = x^2 - [\frac{2/3}{2} + \frac{0}{2/3}x] = x^2 - \frac{1}{3},$$

$$p_3(x) = x^3 - [\frac{\langle x^3, 1 \rangle_\rho}{\langle 1, 1 \rangle_\rho} \cdot 1 + \frac{\langle x^3, x \rangle_\rho}{\langle x, x \rangle_\rho} x + \frac{\langle x^3, x^2 \rangle_\rho}{\langle x^2, x^2 \rangle_\rho} (x^2 - \frac{1}{3})] = x^3 - \frac{3}{5}x$$

mit p_0, p_1, p_2, p_3 paarweise orthogonale Polynome bezüglich des verwendeten Skalarproduktes. Die soeben konstruierten orthogonalen Polynome heißen **Legendre-Polynome.** ◄

Bezeichnet man durch

$$\mathcal{P}_k = \text{span}\{p_0, p_1, \dots, p_k\}$$

den Vektorraum der Polynome bis zum Grad k, dann gilt allgemein für die Folge paarweise orthogonaler Polynome $p_0, \dots, p_n$ mit aufsteigendem Grad

$$p_n \in \mathcal{P}_{n-1}^{\perp}.$$

Neben dem Schmidt'schen Orthogonalisierungsverfahren kann man die orthogonalen Polynome (6.24) auch durch die sogenannte Drei-Term-Rekursion erhalten. Es gilt der

Satz 6.4. *(Drei-Term-Rekursion)*
Für die mit $p_0 = 1$ durch (6.24) definierten orthogonalen Polynome p_n gilt die Rekursion

$$p_0(x) = 1, \quad p_1(x) = x - \beta_0, \quad p_{n+1}(x) = (x - \beta_n)p_n(x) - \gamma_n^2 p_{n-1} \quad (n = 1, 2, \dots),$$

wobei gilt:

$$\beta_n = \frac{\langle x p_n, p_n \rangle_\rho}{\langle p_n, p_n \rangle_\rho}, \ n = 0, 1, \dots, \quad \gamma_n^2 = \frac{\langle p_n, p_n \rangle_\rho}{\langle p_{n-1}, p_{n-1} \rangle_\rho}, \ n = 1, 2, \dots.$$

Den Satz 6.4 kann man z. B. mit der vollständigen Induktion beweisen, worauf wir aber hier verzichten.

Bei den oben konstruierten Legendre-Polynomen stellt man fest, dass die Nullstellen des n-ten Polynoms einfach und reell sind. Für $p_3(x) = x^3 - \frac{3}{5}x$ findet man sofort mit $x_1 = -\sqrt{\frac{3}{5}}, x_2 = 0$ und $x_3 = \sqrt{\frac{3}{5}}$ die einfachen reellen Nullstellen. Außerdem liegen die Nullstellen von $p_3(x)$ im Inneren des Intervalls $[-1, 1]$. Generell gilt der

Satz 6.5. *(Eigenschaften der Nullstellen des n-ten Orthogonalpolynoms)*
Die Nullstellen des n-ten Orthogonalpolynoms bezüglich eines Intervalls $[a, b]$ und einer Gewichtsfunktion ρ sind alle einfach, reell und liegen im Intervall $]a, b[$.

Beispiel

Mit dem Intervall $[a, b] = [-1, 1]$ und der Gewichtsfunktion $\rho(x) = (1 - x^2)^{-1/2} = \frac{1}{\sqrt{1-x^2}}$ erhält man mit dem Schmidt'schen Orthogonalisierungsverfahren oder der Drei-Term-Rekursion ausgehend von $p_0 = 1$ mit

$$p_0(x) = 1, \quad p_1(x) = x, \quad p_2(x) = x^2 - \frac{1}{2}, \quad p_3(x) = x^3 - \frac{3}{4}x, \ldots$$

die orthogonalen Tschebyscheff-Polynome 1. Art. Die Nullstellen $x_1 = -\frac{\sqrt{3}}{2}$, $x_2 = 0$ und $x_3 = \frac{\sqrt{3}}{2}$ von $p_3(x)$ bestätigen die Aussage des Satzes 6.5. ◄

6.3.2 Konstruktion der Gauß-Quadratur

Bevor die Gauß-Quadraturformeln mit Hilfe der Orthogonalpolynome konstruiert werden, soll kurz gezeigt werden, wie man durch eine geeignete Substitution die Integration über das Intervall $[a, b]$ auf ein Integral über das Intervall $[-1, 1]$ zurückführt. Die Substitution

$$t(x) = \frac{a+b}{2} + x\frac{b-a}{2}$$

transformiert das Intervall $[-1, 1]$ auf das Intervall $[a, b]$. Es ergibt sich mit $dt = \frac{b-a}{2}dx$

$$\int_a^b g(t)\, dt = \frac{b-a}{2} \int_{-1}^1 g(t(x))\, dx = \frac{b-a}{2} \int_{-1}^1 g(\frac{a+b}{2} + x\frac{b-a}{2})\, dx \, .$$

Gegeben seien nun die Orthogonalpolynome $p_0, p_1, \ldots, p_n$, d. h. es gilt

$$\langle p_i, p_j \rangle_\rho = \int_a^b p_i(x) p_j(x) \rho(x)\, dx = c\delta_{ij} \quad (c \in \mathbb{R}, \ c > 0)$$

für $i, j = 0, \ldots, n$ mit einer Gewichtsfunktion $\rho(x)$. Mit $L_j(x) = \prod_{\substack{i=1 \\ i \neq j}}^n \frac{(x-x_i)}{(x_j-x_i)}$ werden die den Nullstellen des n-ten Orthogonalpolynoms $p_n(x)$ zugeordneten Lagrange'schen Basispolynome bezeichnet.

▶ **Definition 6.3** (Gauß-Quadratur) Mit $x_1, x_2, \ldots, x_n$ seien die Nullstellen des n-ten Orthogonalpolynoms $p_n(x)$ gegeben. Die numerische Integrationsformel

$$J_n = \sum_{j=1}^n \sigma_j f(x_j) \quad \text{mit den Gewichten} \quad \sigma_j = \langle L_j, 1 \rangle_\rho = \int_a^b L_j(x)\rho(x)\, dx \qquad (6.25)$$

heißt **Gauß'sche Quadraturformel der n-ten Ordnung** oder kurz **Gauß-Quadratur** zur Gewichtsfunktion ρ.

Im Folgenden werden wir zeigen, dass die Stützstellen x_k und Gewichte σ_k als Lösung des Gleichungssystems (6.20) gerade die Nullstellen des n-ten Orthogonalpolynoms $p_n(x)$ bzw. die Gewichte gemäß (6.25) sind und somit die Gleichwertigkeit der Formeln (6.19) und (6.25) nachweisen. Es gilt der fundamentale

Satz 6.6. *(Eigenschaften der Gauß-Quadratur)*
Mit $x_1, x_2, \ldots, x_n$ seien die Nullstellen des n-ten Orthogonalpolynoms $p_n(x)$ gegeben. Es existiert eine eindeutig bestimmte Gauß-Quadratur (6.25). Bei der Gauß'schen Quadratur sind alle Gewichte gemäß (6.25) positiv und die Quadratur ist für jedes Polynom vom Grad $m \leq 2n - 1$ exakt, d.h. es gilt

$$\int_a^b p(x)\rho(x)\,dx = \langle p, 1 \rangle_\rho = \sum_{j=1}^n \sigma_j p(x_j) \quad \text{für alle} \quad p \in \mathcal{P}_{2n-1} . \tag{6.26}$$

Außerdem ist die Quadratur interpolatorisch, d.h. es gilt für das Interpolationspolynom q_{n-1} zu den Stützpunkten $(x_1, f(x_1)), \ldots, (x_n, f(x_n))$

$$\int_a^b q_{n-1}(x)\rho(x)\,dx = \sum_{j=1}^n \sigma_j q_{n-1}(x_j) = \sum_{j=1}^n \sigma_j f(x_j) .$$

Zum Beweis des Satzes betrachten wir ein Polynom $p \in \mathcal{P}_{2n-1}$ mit einem Grad $m \leq 2n - 1$. Durch Polynomdivision findet man für das n-te Orthogonalpolynom p_n Polynome $q, r \in \mathcal{P}_{n-1}$ mit

$$\frac{p}{p_n} = q + \frac{r}{p_n} \quad \Longleftrightarrow \quad p = q p_n + r .$$

Mit den Nullstellen $x_1, \ldots, x_n$ von p_n gilt $p(x_j) = r(x_j)$ für $j = 1, 2, \ldots, n$. Das Lagrange'sche Interpolationspolynom für $r(x)$ ergibt dann

$$r(x) = \sum_{j=1}^n r(x_j) L_j(x) = \sum_{j=1}^n p(x_j) L_j(x) .$$

Wegen $\langle q, p_n \rangle_\rho = 0$ gilt

$$\int_a^b p(x)\rho(x)\,dx = \langle p, 1 \rangle_\rho = \langle r, 1 \rangle_\rho = \sum_{j=1}^n p(x_j)\langle L_j, 1 \rangle_\rho = \sum_{j=1}^n \sigma_j p(x_j) .$$

Die Anwendung der Formel (6.26) auf das Polynom $p(x) = L_j^2(x) \in \mathcal{P}_{2n-2}$ liefert mit

$$0 < \|L_j\|_\rho^2 = \langle L_j^2, 1 \rangle_\rho = \sum_{k=1}^n \sigma_k L_j^2(x_k) = \sigma_j .$$

wegen $L_j^2(x_k) = \delta_{jk}^2$ die Positivität der Gewichte. Zum Nachweis der Eindeutigkeit der Gauß-Quadratur nimmt man an, dass eine weitere Formel

$$J_n^* = \sum_{j=1}^{n} \sigma_j^* f(x_j^*) \qquad (6.27)$$

existiert mit $x_k^* \neq x_j^*$ für alle $k \neq j$, deren Genauigkeitsgrad ebenfalls gleich $2n - 1$ ist. Die Positivität der Gewichte σ_j^* ergibt sich analog zum Nachweis der Positivität der σ_j. Für das Hilfspolynom vom Grad $2n - 1$

$$h(x) = L_k^*(x)p_n(x), \qquad L_k^*(x) = \prod_{\substack{j=1 \\ j \neq k}}^{n} \frac{(x - x_j^*)}{(x_k^* - x_j^*)},$$

ergibt die Quadraturformel (6.27) den exakten Wert des Integrals für $h(x)$, also gilt

$$\int_a^b h(x)\rho(x)dx = \int_a^b L_k^*(x)p_n(x)\rho(x)dx = \sum_{j=1}^{n} \sigma_j^* L_k(x_j^*)p_n(x_j^*) = \sigma_k^* p_n(x_k^*)$$

für alle $k = 1, \ldots, n$. Da das zweite Integral $\int_a^b L_k^*(x)p_n(x)\rho(x)dx = \langle L_k^*, p_n \rangle_\rho$ wegen der Orthogonalität von p_n zu allen Polynomen bis zum Grad $n - 1$ gleich null ist, folgt $\sigma_k^* p_n(x_k^*) = 0$ für alle $k = 1, \ldots, n$. Wegen der Positivität der Gewichte müssen die x_k^* Nullstellen des n-ten Orthogonalpolynoms $p_n(x)$ sein, die eindeutig bestimmt sind. Damit ist die Eindeutigkeit der Gauß-Quadratur bewiesen.

Beispiel

Betrachten wir nun noch einmal das Beispiel vom Anfang dieses Abschnitts. Für die Berechnung von $\int_{-1}^{1} f(x)\rho(x)\,dx$ mit der Gewichtsfunktion $\rho(x) \equiv 1$ und der Vorgabe von $n = 2$ ist das n-te Orthogonalpolynom gerade das Legendre-Polynom $p_2(x) = x^2 - \frac{1}{3}$. Die Nullstellen sind $x_1 = -\frac{1}{\sqrt{3}}$ und $x_2 = \frac{1}{\sqrt{3}}$. Für die Gewichte ergibt sich nach (6.25)

$$\sigma_1 = \langle L_1, 1 \rangle = \int_{-1}^{1} \frac{x - \frac{1}{\sqrt{3}}}{-\frac{1}{\sqrt{3}} - \frac{1}{\sqrt{3}}}dx = 1, \quad \sigma_2 = \langle L_2, 1 \rangle = \int_{-1}^{1} \frac{x + \frac{1}{\sqrt{3}}}{\frac{1}{\sqrt{3}} + \frac{1}{\sqrt{3}}}dx = 1 \,,$$

also genau die Lösung des Gleichungssystems (6.21). ◀

In der folgenden Tabelle sind Intervalle, Gewichte und jeweils die ersten Orthogonalpolynome angegeben.

Mit den in der Tabelle angegebenen Polynomen ist es möglich, Gauß-Quadraturformeln für den Fall des endlichen, halbendlichen und unendlichen Integrationsintervalls zu

Intervall	$\rho(x)$	$p_0, p_1, \ldots$	Bezeichnung
$[-1,1]$	1	$1, x, x^2 - \frac{1}{3}$	Legendre
$[-1,1]$	$\frac{1}{\sqrt{1-x^2}}$	$1, x, x^2 - \frac{1}{2}$	Tschebyscheff
$[-1,1]$	$(1-x)^\alpha (1+x)^\beta$	$1, \frac{1}{2}(n+\alpha+\beta)x + (\alpha-\beta)$	Jacobi $(\alpha, \beta > -1)$
$]-\infty, \infty[$	e^{-x^2}	$1, x, x^2 - \frac{1}{2}, x^3 - \frac{3}{2}x$	Hermite
$[0, \infty[$	$e^{-x} x^\alpha$	$1, x - \alpha - 1,$	Laguerre $(\alpha > -1)$
		$x^2 - 4(\alpha+2)(x - \alpha + 2)$	

konstruieren. In Abhängigkeit von den verwendeten Orthogonalpolynomen bezeichnet man die Quadratur z. B. Gauß-Tschebyscheff-Quadratur, wenn man orthogonale Tschebyscheff-Polynome verwendet, oder Gauß-Legendre-Quadratur bei Verwendung von orthogonalen Legendre-Polynomen.

Beispiele

1) Zur Berechnung des Integrals $\int_{-\infty}^{\infty} e^{-x^2}\, dx$ könnte man auf die Idee kommen, die Hermite-Orthogonalpolynome zu nutzen. Allerdings führt im Fall $n = 3$ die Berechnung der Gewichte $\sigma_1, \sigma_2, \sigma_3$ für die Nullstellen $x_1 = -\sqrt{\frac{3}{2}}$, $x_2 = 0$, $x_3 = \sqrt{\frac{3}{2}}$ auf

$$\sigma_1 = \frac{1}{6} \int_{-\infty}^{\infty} e^{-x^2}\, dx, \quad \sigma_2 = \frac{2}{3} \int_{-\infty}^{\infty} e^{-x^2}\, dx, \quad \sigma_3 = \frac{1}{6} \int_{-\infty}^{\infty} e^{-x^2}\, dx,$$

so dass man für die Funktion $f(x) \equiv 1$ mit

$$\int_{-\infty}^{\infty} e^{-x^2}\, dx = \int_{-\infty}^{\infty} f(x)\, e^{-x^2}\, dx = \sigma_1 f(x_1) + \sigma_2 f(x_2) + \sigma_3 f(x_3) = \sigma_1 + \sigma_2 + \sigma_3$$

$$= \frac{1}{6} \int_{-\infty}^{\infty} e^{-x^2}\, dx + \frac{2}{3} \int_{-\infty}^{\infty} e^{-x^2}\, dx + \frac{1}{6} \int_{-\infty}^{\infty} e^{-x^2}\, dx = \int_{-\infty}^{\infty} e^{-x^2}\, dx$$

nur feststellt, dass die Gauß-Quadratur für das Polynom $f(x) \equiv 1$ exakt ist. Ansonsten dreht man sich allerdings im Kreis. Da man aber mit Mitteln der Analysis

$$\int_{-\infty}^{\infty} e^{-\frac{\xi^2}{2}}\, d\xi = \sqrt{2\pi} \quad \text{bzw.} \quad \int_{-\infty}^{\infty} e^{-x^2}\, dx = \sqrt{\pi}$$

bestimmt, kann man mit diesem Resultat auch Gauß-Hermite-Quadraturformeln konstruieren.

2) Es soll das bestimmte Integral der Funktion $g(t) = \sin(t^2)$ über das Intervall $[0, \sqrt{\frac{\pi}{2}}]$ berechnet werden. Dazu soll eine Gauß-Quadratur mit den orthogonalen Tschebyscheff-Polynomen benutzt werden. Zuerst wird mit der Substitution

$$t : [-1, 1] \to [0, \sqrt{\frac{\pi}{2}}], \quad t(x) = \frac{\sqrt{\frac{\pi}{2}}}{2} + \frac{\sqrt{\frac{\pi}{2}}}{2} x$$

die Transformation auf das Integrationsintervall $[-1, 1]$ vorgenommen:

$$\int_0^{\sqrt{\frac{\pi}{2}}} g(t) \, dt = \frac{\sqrt{\frac{\pi}{2}}}{2} \int_{-1}^1 g(t(x)) dx$$

$$= \frac{\sqrt{\frac{\pi}{2}}}{2} \int_{-1}^1 g\left(\frac{\sqrt{\frac{\pi}{2}}}{2} + \frac{\sqrt{\frac{\pi}{2}}}{2} x\right) dx \ .$$

Um die Gewichtsfunktion $\rho(x) = \frac{1}{\sqrt{1-x^2}}$ nutzen zu können, wird durch

$$\frac{\sqrt{\frac{\pi}{2}}}{2} \int_{-1}^1 g\left(\frac{\sqrt{\frac{\pi}{2}}}{2} + \frac{\sqrt{\frac{\pi}{2}}}{2} x\right) dx = \frac{\sqrt{\frac{\pi}{2}}}{2} \int_{-1}^1 g\left(\frac{\sqrt{\frac{\pi}{2}}}{2} + \frac{\sqrt{\frac{\pi}{2}}}{2} x\right) \sqrt{1 - x^2} \, \frac{1}{\sqrt{1 - x^2}} dx$$

mit $f(x) = g\left(\frac{\sqrt{\frac{\pi}{2}}}{2} + \frac{\sqrt{\frac{\pi}{2}}}{2} x\right)\sqrt{1 - x^2}$ eine Hilfsfunktion eingeführt. Für das dritte Tschebyscheff'sche Orthogonalpolynom ergeben sich die Nullstellen $x_1 = -\frac{\sqrt{3}}{2}$, $x_2 = 0$ und $x_3 = \frac{\sqrt{3}}{2}$. Für das Gewicht σ_1 erhält man

$$\sigma_1 = \int_{-1}^1 \left(\frac{x - x_2}{x_1 - x_2}\right)\left(\frac{x - x_3}{x_1 - x_3}\right) \frac{1}{\sqrt{1 - x^2}} dx$$

$$= \frac{1}{(-\frac{\sqrt{3}}{2})(-\frac{\sqrt{3}}{2} - \frac{\sqrt{3}}{2})} \int_{-1}^1 (x^2 - \frac{\sqrt{3}}{2} x) \frac{1}{\sqrt{1 - x^2}} dx = \frac{2}{3} \int_{-1}^1 \frac{x^2}{\sqrt{1 - x^2}} dx = \frac{\pi}{3} \ .$$

Für die anderen beiden Gewichte ergibt sich $\sigma_2 = \sigma_3 = \frac{\pi}{3}$. Für das zu berechnende Integral bedeutet das

$$\int_0^{\sqrt{\frac{\pi}{2}}} \sin(t^2) \, dt \approx \frac{\sqrt{\frac{\pi}{2}}}{2} \frac{\pi}{3} \sum_{j=1}^3 \sin\left(\left[\frac{\sqrt{\frac{\pi}{2}}}{2} + \frac{\sqrt{\frac{\pi}{2}}}{2} x_j\right]^2\right) \sqrt{1 - x_j^2} \ .$$

◄

Ganz allgemein ergeben sich für das n-te Tschebyscheff'sche Orthogonalpolynom die Nullstellen und Gewichte

$$x_j = \cos\left(\frac{(2j - 1)\pi}{2n}\right), \quad \sigma_j = \frac{\pi}{n} \quad (j = n, \ldots, 1) \ . \tag{6.28}$$

Zum Nachweis dieser Beziehungen benutzt man die Darstellung des k-ten Tschebyscheff-Orthogonalpolynoms in der Form $T_k(x) = \cos(k \arccos x)$, von der man die Gültigkeit der Drei-Term-Rekursion (s. dazu Satz 6.4) zeigen kann. Das sei als Übung empfohlen.

Die explizit gegebenen Nullstellen und Gewichte (6.28) machen die Benutzung der Gauß-Tschebyscheff-Quadratur sehr bequem.

Mit dem folgenden Programm wird ein bestimmtes Integral $\int_a^b f(t)\,dt$ mit einer Gauß-Tschebyscheff-Quadratur berechnet.

```
# Programm 6.2
# Gauss–Tschebyscheff–Quadratur
# \int_a^b fkt61(x) dx
# input:  Intervallgrenzen a,b, Stuetzstellenzahl n
# output: Wert des Integrals
# benutzte Funktion: fkt61a
# Aufruf: [integralwert] = gausstscheby_gb1(a,b,n)
function [integralwert] = gausstscheby_gb1(a,b,n);
aa = 1:2:2*n−1;
x = cos(aa*pi/(2*n));
t = (b+a)/2 + (b−a)/2.*x;
integral = sum(fkt62a(t(1:n)).*sqrt(1−x(1:n).*x(1:n)));
integralwert = integral*pi*(b−a)/(2*n);
end
```

Als zu integrierende Funktion programmieren wir z. B. $f(t) = \sin(t^2)$.

```
# Nutzer–Funktion
function [y]=fkt62a(t);
    y=sin(t.*t);
endfunction
```

6.3.3   Fehler der Gauß-Quadratur

Die Konstruktion der Gauß-Quadratur ist verglichen mit den Newton-Cotes-Formeln zweifellos aufwendiger. Allerdings ist das Resultat auch beträchtlich leistungfähiger, denn die Gauß-Quadraturen sind ja für Polynome bis zum Grad $2n - 1$ exakt, während die Newton-Cotes-Formeln im günstigsten Fall nur für Polynome bis zum Grad $n + 1$ exakt sind. Hinsichtlich des Fehlers der Gauß-Quadratur gilt der folgende

Satz 6.7. *(Fehler der Gauß-Quadratur)*
Mit den Stützstellen und Gewichten aus Satz 6.6 gilt für auf dem Intervall $[a, b]$ $2n$-mal stetig differenzierbare Funktionen $f(x)$

$$\int_a^b f(x)\rho(x)\,dx - \sum_{j=1}^n \sigma_j f(x_j) = \frac{\|p_n\|_\rho^2}{(2n)!} f^{(2n)}(\xi)$$

mit einem Zwischenwert $\xi \in]a, b[$.

Der Beweis basiert auf dem Fehler der Polynominterpolation von $f(x)$ durch ein Polynom n-ten Grades. Allerdings wollen wir hier auf diesen Beweis verzichten. Um einen Eindruck von der Größenordnung des Koeffizienten $c_n = \frac{\|p_n\|_\rho^2}{(2n)!}$ zu erhalten, wollen wir c_n für den Fall des n-ten orthogonalen Legendre-Polynoms betrachten. Auf der Basis der Drei-Term-Rekursion kann man mit der vollständigen Induktion zeigen, dass

$$\|p_n\|_\rho^2 = \frac{2^{2n+1}(n!)^4}{(2n)!(2n+1)!}$$

gilt. Mit der Stirling'schen Formel zur Näherung der Fakultät

$$n! = \sqrt{2\pi n}\left(\frac{n}{e}\right)^n\left(1 + O\left(\frac{1}{n}\right)\right)$$

gilt für c_n

$$c_n = \frac{1}{2}\sqrt{\frac{\pi}{n}}\left(\frac{e}{4n}\right)^{2n}\left(1 + O\left(\frac{1}{n}\right)\right).$$

Damit erhält man z. B. für $n = 1, 3, 5, 10, 20$ die Konstanten

$$c_1 \approx \frac{1}{3}, \quad c_3 \approx \frac{6,35}{10^5}, \quad c_5 \approx \frac{8,08}{10^{10}} \quad c_{10} \approx \frac{1,2}{10^{24}}, \quad c_{20} \approx \frac{3,46}{10^{60}}.$$

Diese Zahlen belegen eine im Vergleich zu den Newton-Cotes-Formeln wesentlich bessere Approximation durch die Gauß-Quadraturen. Für die Simpson-Regel mit $N = 10$, d. h. 21 Funktionsauswertungen, erhält man die Fehlerschranke

$$1,12 \cdot 10^{-6} \max_{\xi \in [-1,1]} |f^{(4)}(\xi)|$$

und für die Gauß-Quadratur (mit dem n-ten Legendre'schen Orthogonalpolynom) erhält für $n = 20$, d. h. für 20 Funktionsauswertungen, die Fehlerschranke

$$3,46 \cdot 10^{-60} \max_{\xi \in [-1,1]} |f^{(40)}(\xi)|.$$

6.4 Approximierende Quadraturformeln

Bisher wurden interpolatorische Quadraturformeln besprochen. D.h. Quadraturformeln auf der Basis von Polynomen, die die zu integrierende Funktion an den Stützstellen interpoliert. Es gibt aber auch die Möglichkeit, Quadraturformeln auf der Basis von approximierenden Polynomen zu konstruieren. Das ist z.B. dann von Vorteil, wenn die approximierenden Polynome bessere Konvergenzeigenschaften haben als interpolierende Polynome. Das soll am Beispiel der Bernsteinformel, die i. Allg. kein interpolierendes Polynom ergibt, kurz diskutiert werden. Die Polynome $b_n(x)$ gemäß der Bernsteinformel (5.27) konvergieren z.B. nach dem Satz von Weierstrass gleichmäßig gegen die zu approximierende Funktion f. Daraus folgt, dass das Integral $\int_a^b b_n(x)\,dx$ gegen $\int_a^b f(x)\,dx$ konvergiert. Also ist

$$A_n[f] = \int_a^b b_n(x)\,dx = \sum_{k=0}^{n} \int_a^b \binom{n}{k}\left(\frac{x-a}{b-a}\right)^k\left(\frac{b-x}{b-a}\right)^{n-k} dx\, f\left(a + \frac{k}{n}(b-a)\right)$$

$$=: \sum_{k=0}^{n} \sigma_k f\left(a + \frac{k}{n}(b-a)\right) \tag{6.29}$$

eine approximierende Quadraturformel und es gilt $\lim_{n\to\infty} A_n(f) = \int_a^b f(x)\,dx$ (s. auch Übungsaufgabe 6).

6.5   Aufgaben

1) Zeigen Sie, dass die Kepler'sche Fassregel einen Genauigkeitsgrad kleiner oder gleich 3 hat, d. h., dass $E_2[x^4] \neq 0$ ist.
2) Schätzen Sie den Fehler in Abhängigkeit von der äquidistanten Unterteilung des Integrationsintervalls in Teilintervalle der Länge h ab, den man bei der numerischen Integration mit der summierten Trapezregel bzw. Kepler'schen Fassregel im Fall des Integrals

$$\int_0^{10} \arctan x \, dx$$

   macht.
3) Formulieren Sie die Gauß-Tschebyscheff-Quadraturformel für das Integral

$$\int_1^3 \frac{\sin x}{x} \, dx \ .$$

4) Bestimmen Sie mit der Drei-Term-Rekursion das vierte orthogonale Legendre-Polynom $p_3(x)$ und berechnen Sie mit der Gauß-Legendre-Quadratur eine Näherung für das Integral

$$\int_2^4 \sin(x^2) \, dx$$

   unter Nutzung der Nullstellen des vierten orthogonalen Legendre-Polynoms als Stützstellen.
5) Transformieren Sie das Integral

$$\int_{-\infty}^2 e^{-x^2} \, dx \ \text{ auf ein Integral der Form } \ \int_0^{\infty} g(\xi) e^{-\xi} \, d\xi$$

   als Vorbereitung für die Näherung des Integrals durch eine Gauß-Laguerre-Quadratur.
6) Bestimmen Sie die Gewichte der Quadraturformel (6.29), die auf Polynomen gemäß der Bernstein-Formel (5.27) für $n = 2, 3$ und 4 beruht. Als Intervall sei $[a, b] = [0, 1]$ gegeben. Ermitteln Sie jeweils den Genauigkeitsgrad und vergleichen Sie die Quadraturformel mit der Approximation des Integrals durch eine Riemann'sche Summe.

Iterative Verfahren zur Lösung von Gleichungen 7

Inhaltsverzeichnis

Viele Probleme der angewandten Mathematik münden in der Aufgabe, Gleichungen der Art

$$f(x) = 0$$

lösen, wobei $f : D \to \mathbb{R}$ eine nichtlineare, reellwertige Funktion war. Sowohl bei der Berechnung von Nullstellen von Polynomen oder der Auswertung von notwendigen Bedingungen für Extremalprobleme kann man die in der Regel nichtlinearen Gleichungen nur lösen, wenn man Glück hat bzw. weil Beispiele geschickt gewählt wurden. In der Regel ist es nicht möglich, die Lösungen in Form von geschlossenen analytischen Ausdrücken exakt auszurechnen. In den meisten Fällen ist es allerdings möglich, Lösungen als Grenzwerte von Iterationsfolgen numerisch zu berechnen.

Zur guten näherungsweisen Berechnung ist eine Iteration erforderlich. Neben der Lösung nichtlinearer Gleichungen und Gleichungssysteme werden in diesem Kapitel auch iterative Verfahren zur Lösung linearer Gleichungssysteme behandelt. Die iterative Lösung linearer Gleichungssysteme ist besonders im Fall von Systemmatrizen mit einer regelmäßigen Struktur, die bei der Diskretisierung partieller Differentialgleichungen entstehen, verbreitet. Wesentliche Grundlagen zu den iterativen Lösungsmethoden findet man z. B. in Young 1971 und Varga 2009.

© Der/die Autor(en), exklusiv lizenziert an Springer-Verlag GmbH, DE, ein Teil von Springer Nature 2022
G. Bärwolff und C. Tischendorf, *Numerik für Ingenieure, Physiker und Informatiker,*
https://doi.org/10.1007/978-3-662-65214-5_7

7.1   Banach'scher Fixpunktsatz

Zur Bestimmung des Schnittpunktes der Geraden $y = x$ und dem Graph der Kosinus-Funktion $y = \cos x$ setzt man die Funktionen gleich, d. h. es ist eine Zahl x mit

$$x = \cos x$$

gesucht. Die Aufgabe besteht also in der Bestimmung eines Fixpunktes der Funktion $f(x) = \cos x$.

▶ **Definition 7.1** (Fixpunkt)
Sei $f : I \to I$ eine Funktion, die das reelle Intervall I in sich abbildet. Jede Lösung $\bar{x}$ der Gleichung

$$x = f(x) \qquad\qquad (7.1)$$

heißt **Fixpunkt** von f. Die Gl. (7.1) wird daher auch **Fixpunktgleichung** genannt.

Geometrisch bedeutet ein Fixpunkt $\bar{x}$ gerade die x-Koordinate eines Schnittpunktes der Geraden $y = x$ mit dem Graphen der Funktion $y = f(x)$. Oder auch: Durch $f(x)$ wird jeder Punkt $x \in I$ auf einen Punkt $f(x) \in I$ abgebildet. Original und Bildpunkt sind i. Allg. unterschiedliche Punkte aus I. Wird nun ein Punkt $\bar{x}$ durch $f(\bar{x})$ auf sich selbst abgebildet, so bleibt er bei der Abbildung durch f fest (fix), ist also ein **Fixpunkt** von f (s. dazu Abb. 7.1). Jede Gleichung $g(x) = 0$ kann man durch Einführung von $f(x) := g(x) + x$ als Fixpunktgleichung $x = f(x)$ aufschreiben. Wenn man keinerlei Vorstellung von der Lösung der Gl. (7.1) hat, findet man mitunter mit der Folge

$$(x_n), \qquad x_0 \in I, \ x_{n+1} = f(x_n), \ n \in \mathbb{N} \qquad\qquad (7.2)$$

eine Folge, die, wenn sie konvergiert, im Fall einer stetigen Funktion gegen einen Fixpunkt von f konvergiert. Die Iteration (7.2) heißt **Fixpunktiteration** oder **Picard-Iteration**. Bei dem obigen Beispiel der Bestimmung eines Fixpunktes $\bar{x}$ der Kosinusfunktion ergibt sich zum Beispiel durch das mehrmalige Drücken der Kosinustaste eines Taschenrechners die Folge $x_{n+1} = \cos x_n$ ($n = 0, 1, 2, \ldots$) und man findet nach ca. 40 Schritten mit $x_{40} = 0{,}73909$ eine recht gute Näherung des einzigen Fixpunktes, wie man sich durch eine Betrachtung der Graphen der Funktionen $y = x$ und $y = \cos x$ überlegt, wobei im Taschenrechner ohne explizite Eingabe $x_0 = 0$ verwendet wird. Wählt man $x_0 = 0{,}5$, braucht man für eine gleich gute Näherung weniger Iterationen (ca. 30).

Bevor mit einem fundamentalen Satz eine hinreichende Bedingung für die Konvergenz der Iterationsfolge (x_n) formuliert wird, soll der wichtige Begriff der Kontraktion definiert werden.

Abb. 7.1 Fixpunkte von f

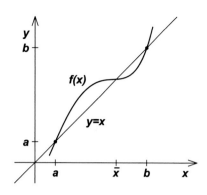

▶ **Definition 7.2** (Kontraktion)

Eine auf einer Teilmenge $D \subset \mathbb{R}$ definierte Funktion $f : D \to \mathbb{R}$ heißt **Kontraktion**, wenn eine Konstante $K \in [0, 1[$ existiert, so dass für alle $x_1, x_2 \in D$

$$|f(x_1) - f(x_2)| \leq K|x_1 - x_2|$$

gilt.

Der Begriff Kontraktion bedeutet, dass die Bilder zweier Punkte immer näher zusammenliegen als die die Urbilder. Die Punkte werden durch die Abbildung f kontrahiert.

Satz 7.1 *(Banach'scher Fixpunktsatz in $\mathbb{R}$)*

Sei $f : I \to I$ eine reellwertige Funktion, die ein abgeschlossenes Intervall I in sich abbildet. Weiterhin gelte für alle $x_1, x_2 \in I$ die Ungleichung

$$|f(x_1) - f(x_2)| \leq K|x_1 - x_2| \tag{7.3}$$

mit einer von x_1, x_2 unabhängigen Konstanten $K < 1$, d. h. f ist eine Kontraktion

Dann hat f genau einen Fixpunkt $\bar{x} \in I$ und die durch die Fixpunktiteration $x_{n+1} = f(x_n)$ definierte Iterationsfolge (x_n) konvergiert für jeden beliebigen Anfangspunkt $x_0 \in I$ gegen diesen Fixpunkt.

Beweis Für die Iterationsfolge (x_n) gilt aufgrund der Voraussetzungen

$$|x_{n+1} - x_n| = |f(x_n) - f(x_{n-1})| \leq K|x_n - x_{n-1}|, \quad \text{für alle } n = 1, 2, 3, \dots,$$

also folgt auch

$$|x_{n+1} - x_n| \leq K|x_n - x_{n-1}| \leq K^2|x_{n-1} - x_{n-2}| \leq \cdots \leq K^n|x_1 - x_0| \quad \text{bzw.}$$

$$|x_{n+1} - x_n| \leq K^n|x_1 - x_0| \quad \text{für alle } n = 0, 1, 2, 3, \dots.$$

Für $n < m$ folgt damit

$$
\begin{aligned}
|x_n - x_m| &= |(x_n - x_{n+1}) + (x_{n+1} - x_{n+2}) \\
&\quad + (x_{n+2} - x_{n+3}) + \cdots + (x_{m-1} - x_m)| \\
&\leq |x_n - x_{n+1}| + |x_{n+1} - x_{n+2}| \\
&\quad + |x_{n+2} - x_{n+3}| + \cdots + |x_{m-1} - x_m| \\
&\leq K^n|x_1 - x_0| + K^{n+1}|x_1 - x_0| \\
&\quad + K^{n+2}|x_1 - x_0| + \cdots + K^{m-1}|x_1 - x_0| \\
&\leq K^n(1 + K + K^2 + \cdots + K^{m-n-1})|x_1 - x_0| \\
&= K^n \frac{1 - K^{m-n}}{1 - K}|x_1 - x_0| \leq K^n \frac{1}{1 - K}|x_1 - x_0| \,,
\end{aligned}
\tag{7.4}
$$

also

$$
|x_n - x_m| \leq \frac{K^n}{1 - K}|x_1 - x_0|, \qquad (m > n).
\tag{7.5}
$$

Die rechte Seite von (7.5) kann beliebig klein gemacht werden, wenn n groß genug gewählt wird, da $K^n \to 0$ für $n \to \infty$; also gibt es auch ein n_0, so dass für alle $n \geq n_0$ die rechte Seite kleiner als ein beliebig vorgegebenes $\epsilon > 0$ wird. Damit gilt

$$
|x_n - x_m| < \epsilon
$$

für alle $n \geq n_0$, und nach dem Cauchy'schen Konvergenzkriterium konvergiert (x_n) gegen einen Grenzwert $\bar{x}$. $\bar{x}$ ist ein Fixpunkt von f, denn es gilt

$$
\begin{aligned}
|\bar{x} - f(\bar{x})| &= |\bar{x} - x_n + x_n - f(\bar{x})| \leq |\bar{x} - x_n| + |x_n - f(\bar{x})| \\
&= |\bar{x} - x_n| + |f(x_{n-1}) - f(\bar{x})| \\
&\leq |\bar{x} - x_n| + K|x_{n-1} - \bar{x}| \to 0 \quad \text{für} \quad n \to \infty.
\end{aligned}
$$

$\bar{x}$ ist der einzige Fixpunkt, denn wenn wir einen weiteren Fixpunkt $\bar{\bar{x}}$ annehmen, würde

$$
|\bar{x} - \bar{\bar{x}}| = |f(\bar{x}) - f(\bar{\bar{x}})| \leq K|\bar{x} - \bar{\bar{x}}| < |\bar{x} - \bar{\bar{x}}|
$$

gelten, also $|\bar{x} - \bar{\bar{x}}| < |\bar{x} - \bar{\bar{x}}|$, was einen Widerspruch darstellt. $\qquad\square$

Aus dem Banach'schen Fixpunktsatz ergeben sich die Fehlerabschätzungen

$$
|x_n - \bar{x}| \leq \frac{K^n}{1 - K}|x_1 - x_0| \qquad \text{(A-priori-Abschätzung)}
\tag{7.6}
$$

$$
|x_n - \bar{x}| \leq \frac{1}{1 - K}|x_{n+1} - x_n| \qquad \text{(A-posteriori-Abschätzung)},
\tag{7.7}
$$

wobei die A-priori-Abschätzung (7.6) sofort aus (7.5) folgt. Aus (7.6) folgt für $n = 0$ die für jedes $x_0 \in I$ gültige Beziehung

$$|x_0 - \bar{x}| \leq \frac{1}{1-K}|x_1 - x_0| \quad \text{bzw.} \quad |x - \bar{x}| \leq \frac{1}{1-K}|f(x) - x|$$

und damit speziell für $x_n = x$ die A-posteriori-Abschätzung (7.7).

Die Voraussetzungen des Satzes 7.1, speziell die Ungleichung (7.3) mit einer Konstanten $K < 1$, sind oft nur auf Teilmengen des Definitionsbereiches der Funktion $f(x)$ erfüllt. Hat die Funktion f einen Fixpunkt $\bar{x}$, dann kann man mit folgendem Satz unter bestimmten Voraussetzungen immer eine konvergente Fixpunktiteration finden.

Satz 7.2 *(Existenz einer Kontraktion)*
Es sei G eine offene Teilmenge von $\mathbb{R}$ und es sei $f : G \to \mathbb{R}$ stetig differenzierbar mit einem Fixpunkt $\bar{x} \in G$.

Wenn $|f'(\bar{x})| < 1$ gilt, dann existiert ein abgeschlossenes Intervall $D \subset G$ mit $\bar{x} \in D$ und $f(D) \subset D$, auf dem f eine Kontraktion ist.

Da f' stetig auf der offenen Menge G ist, existiert eine offene Umgebung $K_{\bar{x},\epsilon} = \{x \mid |x - \bar{x}| < \epsilon\} \subset G$, auf der die Beträge der Ableitung von f immer noch kleiner als 1 sind. Setzt man nun $D = [\bar{x} - \frac{\epsilon}{2}, \bar{x} + \frac{\epsilon}{2}]$, so gilt für alle $x_1, x_2 \in D$ aufgrund des Mittelwertsatzes der Differentialrechnung

$$|f(x_1) - f(x_2)| \leq k|x_1 - x_2|$$

mit $k = \max_{\xi \in D} |f'(\xi)| < 1$. Damit ist der Beweis des Satzes 7.2 erbracht.

Ist die Voraussetzung $|f'(\bar{x})| < 1$ des Satzes 7.2 nicht erfüllt, dann findet man in der Nähe von $\bar{x}$ keine Kontraktion. Betrachtet man nun einen Punkt x in der Nähe des Fixpunktes $\bar{x}$, dann ergibt sich aufgrund des Mittelwertsatzes $|f(x) - \bar{x}| = |f(x) - f(\bar{x})| \approx |f'(\bar{x})| \, |x - \bar{x}|$, so dass

$$|f(x) - \bar{x}| < |x - \bar{x}| \quad \text{falls} \quad |f'(\bar{x})| < 1 \tag{7.8}$$

$$|f(x) - \bar{x}| > |x - \bar{x}| \quad \text{falls} \quad |f'(\bar{x})| > 1 \tag{7.9}$$

gilt. Aus (7.8) folgt, dass der Punkt x von $\bar{x}$ angezogen wird, und (7.9) bedeutet, dass der Punkt x von $\bar{x}$ abgestoßen wird. Dies rechtfertigt die folgende

▶ **Definition 7.3** (anziehender und abstoßender Fixpunkt)
Ein Fixpunkt $\bar{x}$ heißt **anziehender Fixpunkt**, wenn $|f'(\bar{x})| < 1$ gilt, und $\bar{x}$ heißt **abstoßender Fixpunkt**, wenn $|f'(\bar{x})| > 1$ gilt.

Beispiel

Es sollen die Nullstellen des Polynoms $p_3(x) = \frac{1}{4}x^3 - x + \frac{1}{5}$ berechnet werden. Schreibt man die Gleichung $p_3(x) = 0$ in der Form

$$x = f(x) := \frac{1}{4}x^3 + \frac{1}{5}$$

auf, stellt man fest, dass $f : [0, 1] \to [0, 1]$ die Voraussetzungen des Satzes (7.1) erfüllt:
Man kann einen Fixpunkt $\bar{x} \in [0, 1]$ von f und damit eine Nullstelle von $p_3(x)$ durch
die Iterationsfolge $x_{n+1} = f(x_n)$, z. B. mit $x_0 = \frac{1}{2}$, bis auf eine beliebige Genauig-
keit berechnen. Wegen $|f'(x)| < 1$ auf $[0, 1]$ sind alle Fixpunkte in $[0, 1]$ anziehende
Fixpunkte. Nachfolgend ist der Ausdruck eines kleinen Computerprogramms für die
Iteration zu finden.

```
It.-Nr =  0,  x=   0.5
It.-Nr =  1,  x=   0.231250003
It.-Nr =  2,  x=   0.203091621
It.-Nr =  3,  x=   0.202094197
It.-Nr =  4,  x=   0.202063486
It.-Nr =  5,  x=   0.202062547
It.-Nr =  6,  x=   0.202062517
```

Man kann für die Funktion $f(x) = \frac{1}{4}x^3 + \frac{1}{5}$ aus dem Mittelwertsatz der Differentialrechnung die Abschätzung

$$|f(x) - f(x^*)| \leq \frac{3}{4}|x - x^*| \quad \text{für} \quad x, x^* \in [0,1]$$

herleiten; (7.3) gilt also mit $K = \frac{3}{4}$. Damit kann man mit der A-posteriori-Abschätzung
(7.7) den Abstand der 5. Fixpunkt-Iteration x_5 von dem Fixpunkt $\bar{x}$ durch

$$|x_5 - \bar{x}| \leq \frac{1}{1 - 0{,}75}|x_6 - x_5| = 4 \cdot 0{,}3 \cdot 10^{-8} = 1{,}2 \cdot 10^{-8}$$

berechnen. Man kann sich leicht davon überzeugen, dass die A-priori-Abschätzung (7.6)
mit

$$|x_6 - \bar{x}| \leq \frac{0{,}75^6}{1 - 0{,}75}|x_1 - x_0| = 0{,}71191406 \cdot 0{,}26875 = 0{,}1913269$$

eine wesentlich pessimistischere Schätzung der Genauigkeit ergibt. Die restlichen beiden
Nullstellen von $p_3(x)$ lassen sich nun nach Division durch $x - \bar{x} = x - 0{,}202062517$
mit der $p - q$–Formel quasi-exakt berechnen. ◄

In einem weiteren Beispiel sollen verschiedene Möglichkeiten zur Lösung einer nichtlinearen Gleichung erörtert werden. Die Nullstellen von $f(x) = e^x - \sin x$ sind auch Lösungen
der Fixpunktgleichungen $\Psi_k(x) = x$ mit

$$\Psi_1(x) = e^x - \sin x + x , \quad \Psi_2(x) = \sin x - e^x + x ,$$

$$\Psi_3(x) = \arcsin e^x \quad (x < 0) , \quad \Psi_4(x) = \ln(\sin x) \quad \sin x > 0 .$$

Für die Ableitungen ergibt sich

$$\Psi_1'(x) = e^x - \cos x, \ \Psi_2' = \cos x - e^x, \ \Psi_3' = \frac{e^x}{\sqrt{1 - e^{2x}}}, \ \Psi_4'(x) = \cot x.$$

Aufgrund der Eigenschaften der Exponentialfunktion und der Sinusfunktion liegen die Nullstellen von f im Intervall $]-\infty, 0[$. Graphisch kann man sich durch die Zeichnung der Graphen von Ψ_k und der Winkelhalbierenden einen Überblick über die Fixpunkte verschaffen. Zusammen mit den Graphen der Ableitungen kann man anziehende und abstoßende Fixpunkte charakterisieren und somit geeignete Startwerte für die Fixpunktiterationen finden. Die Abb. 7.2 bis 7.5 enthalten die entsprechenden Informationen für Ψ_1 und Ψ_2. Man erkennt in den Abb. 7.4 und 7.5, dass sich die Anziehungsbereiche ($|\Psi_1'(x)| < 1$, $|\Psi_2'(x)| < 1$) und Abstoßungsbereiche ($|\Psi_1'(x)| \geq 1$, $|\Psi_2'(x)| \geq 1$) abwechseln. Insgesamt ist es durch Nutzung der Fixpunktiterationen $x_{n+1} = \Psi_1(x_n)$ und $x_{n+1} = \Psi_2(x_n)$ durch die geeignete Wahl von Startwerten x_0 aus den jeweiligen Anziehungsbereichen möglich, alle Fixpunkte zu ermitteln.

Abb. 7.2 Fixpunkte von
$\Psi_1(x)$

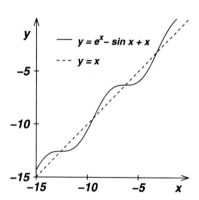

Abb. 7.3 Fixpunkte von
$\Psi_2(x)$

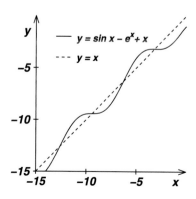

Abb. 7.4 $\Psi_1'(x)$ zur
Bereichs-Charakterisierung

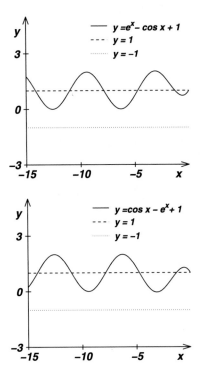

Abb. 7.5 $\Psi_2'(x)$ zur
Bereichs-Charakterisierung

Die Funktionen $\Psi_3(x)$ und $\Psi_4(x)$ sind als Ausgangspunkt für Fixpunktiterationen unge-eignet. Das kann man durch die Betrachtung der Ableitungen und der graphischen Darstel-lung von Fixpunkten erkennen. Diese Untersuchungen werden als Übung empfohlen.

Gilt für die Folge $x_{n+1} = \Psi(x_n)$ die Abschätzung

$$|x_{n+1} - \bar{x}| \le C_1 |x_n - \bar{x}|^p$$

mit $p \ge 1$, $p \in \mathbb{N}$ und einer vom Startwert x_0 abhängigen Konstanten $C_1 > 0$ (die im Fall $p = 1$ kleiner 1 sein muss), dann sagt man, die Fixpunktiteration hat die **Konvergenz-ordnung** p. Für Kontraktionen Ψ ergibt sich gemäß dem Banach'schen Fixpunktsatz eine lineare Konvergenzordnung, denn es gilt

$$|x_{n+1} - \bar{x}| \le C_1 |x_n - \bar{x}|^p$$

mit $p = 1$ und $0 < C_1 < 1$. Zur Abschätzung der Konvergenzgeschwindigkeit einer Fixpunktiteration gilt der folgende

Satz 7.3 *(Konvergenzgeschwindigkeit einer Fixpunktiteration)*
Sei $\Psi : \mathbb{R} \to \mathbb{R}$, $\bar{x}$ ein Fixpunkt und sei Ψ in $\bar{x}$ differenzierbar mit $|\Psi'(\bar{x})| < 1$. Dann gibt es eine Umgebung $K_{\bar{x}, \delta} =]\bar{x} - \delta, \bar{x} + \delta[$, so dass das Fixpunktiterationsverfahren mit

$x_0 \in K_{\bar{x},\delta}$ konvergiert (d. h. das Verfahren ist **lokal konvergent**) und es gilt die Abschätzung

$$|x_n - \bar{x}| \leq e^{-\gamma n}|x_0 - \bar{x}|, \tag{7.10}$$

falls $\gamma < |\ln|\Psi'(\bar{x})||$ und $x_0 - \bar{x}$ hinreichend klein sind.

Satz 7.3, der hier nicht bewiesen wird, kann mit der Abschätzung (7.10) zur Bestimmung der Konvergenzgeschwindigkeit benutzt werden. Wenn sich z. B. nach k Iterationen Konvergenz ergibt oder Anzeichen dafür, dann hat man mit $|\ln|\Psi'(x_k)||$ eine Näherung für eine Schranke von γ. Fordert man nun $|x_n - \bar{x}| < \epsilon$, kann man mit $\gamma \approx |\ln|\Psi'(x_k)||$ aus der Ungleichung

$$e^{-\gamma n}|x_0 - x_k| < \epsilon \iff n > \frac{1}{\gamma}\ln\left(\frac{\epsilon}{|x_0 - x_k|}\right)$$

eine grobe Abschätzung für die erforderliche Iterationszahl erhalten.

Die Konvergenzordnung erhöht sich, wenn z. B. $\Psi'(\bar{x}) = 0$ ist. Dann erhält man in der Nähe von $\bar{x}$ mit dem Satz von Taylor

$$x_{n+1} - \bar{x} = \Psi(x_n) - \Psi(\bar{x}) = \frac{\Psi''(\xi_n)}{2!}(x_n - \bar{x})^2$$

mit einem Zwischenwert ξ_n. Damit ergibt sich bei Beschränktheit der 2. Ableitung von Ψ mit

$$|x_{n+1} - \bar{x}| \leq C_2|x_n - \bar{x}|^2$$

eine quadratische Konvergenzordnung. Diese Überlegung kann man verallgemeinern.

Satz 7.4 (superlineare Konvergenz)
Es sei $\Psi : D \to \mathbb{R}$ eine auf p-mal stetig differenzierbare Funktion mit dem Fixpunkt $\bar{x} \in D$. Es gelte $\Psi'(\bar{x}) = \cdots = \Psi^{(p-1)}(\bar{x}) = 0$.

a) Falls $\Psi(D) \subset D$ gilt und D ein abgeschlossenes Intervall ist, gilt für $x_{n+1} = \Psi(x_n)$ mit $x_0 \in D$

$$|x_{n+1} - \bar{x}| \leq C_p|x_n - \bar{x}|^p \quad \text{mit} \quad C_p = \frac{1}{p!}\max_{\xi \in D}|\Psi^{(p)}(\xi)|.$$

b) Die Fixpunktiteration $x_{n+1} = \Psi(x_n)$ ist lokal superlinear konvergent, d. h. es gibt ein $\epsilon > 0$ und eine Umgebung $K_{\bar{x},\epsilon} = \{x \mid |x - \bar{x}| \leq \epsilon\}$ von $\bar{x}$ und eine Konstante C_l, so dass $|x_{n+1} - \bar{x}| \leq C_l|x_n - \bar{x}|^p$ gilt.

Ein Intervall $D \in \mathbb{R}$ mit $\Psi(D) \subset D$ ist oft nicht oder nur mit großem Aufwand zu finden. Deshalb kann man oft nur die Aussage b) des Satzes zur lokalen superlinearen Konvergenz verwenden.

Beispiel

Die Aussage b) des Satzes 7.4 soll an 2 Beispielen geprüft werden. Gesucht ist ein Fixpunkt der Funktion $\Psi(x) = 2e^{1-x} - e^{2(1-x)}$. Startet man mit $x_0 = 0,5$ oder $x_0 = 2$, ergibt die Fixpunktiteration nach 7 bis 8 Iterationen den Fixpunkt $\bar{x} = 1$ mit einer sehr guten Näherung. Der Grund hierfür ist die quadratische (superlineare) Konvergenzordnung, denn es gilt $\Psi'(1) = 0$. Allerdings stellt man auch sehr schnell fest, dass die Iteration nur dann konvergiert, wenn der Startwert in der Nähe des Fixpunktes liegt. Schon die Wahl von $x_0 = 3$ ergibt keine konvergente Iterationsfolge. Noch krasser ist das Beispiel der Funktion

$$\Psi(x) = -0.6\pi e^{x-\pi}\cos x + 0.1\pi e^{x-\pi}\sin x + 0.4\pi e^{\pi-x}$$

mit dem Fixpunkt $\bar{x} = \pi$. Es gilt $\Psi'(\pi) = \Psi''(\pi) = 0$ und somit nach Satz 7.4 eine Konvergenzordnung $p = 3$. Die Wahl von $x_0 = 2$ oder $x_0 = 5$ ergibt divergente Fixpunktiterationsfolgen. Für $2,5 \leq x_0 \leq 4$ erhält man die superlineare Konvergenz. ◄

7.2   Newton-Verfahren für nichtlineare Gleichungen

Die eben besprochene Banach'sche Fixpunktiteration hat den Vorteil der sehr einfachen Realisierung, ist allerdings aufgrund der erforderlichen Voraussetzungen oft nicht anwendbar. Mit dem Newton-Verfahren wollen wir ein Verfahren besprechen, das in fast allen Situationen anwendbar ist. Allerdings hängt der Erfolg des Verfahrens ganz im Unterschied zum eben behandelten Verfahren wesentlich von der Wahl einer „guten" Startiteration ab. Dies sollte aber für einen fähigen Physiker oder Ingenieur keine Hürde sein, denn eine vernünftige mathematische Modellierung des jeweiligen Problems vorausgesetzt, hat man meistens eine Vorstellung, wo die Lösung etwa liegen sollte.

Gelöst werden soll wiederum eine Gleichung $f(x) = 0$. Die Grundidee des Newton-Verfahrens besteht in dem Anlegen von Tangenten an eine Funktion f in Punkten des Definitionsbereichs von f, die man sukzessiv als Schnittpunkte der Tangenten mit der x-Achse erhält, und wenn alles gut geht, erreicht man auch den Schnittpunkt des Funktionsgraphen mit der x-Achse und damit eine Nullstelle. In der Abb. 7.6 ist dieses iterative Verfahren angedeutet.

Angenommen x_0 ist als in der Nähe einer Nullstelle $\bar{x}$ befindlich bekannt. Die Gleichung der Tangente an f in x_0 ist

$$g(x) = f(x_0) + f'(x_0)(x - x_0),$$

und für den Schnittpunkt x_1 von $g(x)$ mit der x-Achse findet man

$$g(x_1) = f(x_0) + f'(x_0)(x_1 - x_0) = 0 \quad \text{bzw.} \quad x_1 = x_0 - \frac{f(x_0)}{f'(x_0)}.$$

Abb. 7.6 Newton-Verfahren

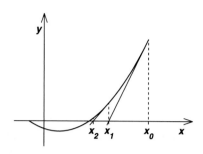

Dabei wird $f'(x) \neq 0$ im gesamten Definitionsintervall I vorausgesetzt. In vielen Fällen ist x_1 eine bessere Näherungslösung als x_0, d. h. liegt näher bei $\bar{x}$. Mit dieser Erfahrung kann man durch

$$x_{n+1} = x_n - \frac{f(x_n)}{f'(x_n)} \qquad (n = 0, 1, 2, ...) \tag{7.11}$$

eine Zahlenfolge konstruieren, von der wir annehmen, dass alle Glieder in I liegen. Die Newton-Folge (7.11) konvergiert unter bestimmten Voraussetzungen gegen eine Nullstelle $\bar{x}$. Im folgenden Satz werden hinreichende Bedingungen für die Konvergenz formuliert.

Satz 7.5 *(Newton-Verfahren)*
Sei $f : I \to \mathbb{R}$ eine auf einem Intervall $I \supset [x_0 - r, x_0 + r]$, $r > 0$, definierte, zweimal stetig differenzierbare Funktion, mit $f'(x) \neq 0$ für alle $x \in I$. Weiterhin existiere eine reelle Zahl K, $0 < K < 1$, mit

$$|\frac{f(x)f''(x)}{f'(x)^2}| \leq K \qquad \text{für alle } x \in I \tag{7.12}$$

und

$$|\frac{f(x_0)}{f'(x_0)}| \leq (1 - K)r. \tag{7.13}$$

Dann hat f genau eine Nullstelle $\bar{x}$ in I und die Newton-Folge (7.11) konvergiert quadratisch gegen $\bar{x}$, d. h. es gilt

$$|x_{n+1} - \bar{x}| \leq C(x_n - \bar{x})^2 \qquad \text{für alle } n = 0, 1, 2, ...$$

mit einer Konstanten C. Außerdem gilt die Fehlerabschätzung

$$|x_n - \bar{x}| \leq \frac{|f(x_n)|}{M} \qquad \text{mit } 0 < M = \min_{x \in I} |f'(x)|.$$

Der Beweis des Satzes 7.5 wird durch die Definition der Hilfsfunktion

$$g(x) = x - \frac{f(x)}{f'(x)}$$

auf den Banach'schen Fixpunktsatz und den Nachweis der Existenz eines Fixpunktes von g als Grenzwert der Iterationsfolge $x_{n+1} = g(x_n)$ zurückgeführt. Der Satz 7.5 besagt, dass das Newton-Verfahren zur Berechnung einer Nullstelle als Grenzwert einer Newton-Folge (7.11) funktioniert, wenn x_0 nah genug bei $\bar{x}$ liegt und somit $|f(x_0)|$ klein ist, denn dann gibt es Chancen, dass die nicht weiter spezifizierten Konstanten $r > 0$ und $K > 0$ existieren und die Voraussetzungen (7.12) und (7.13) erfüllt sind. Die Erfüllung von (7.12) und (7.13) bedeuten, dass $g(x)$ in der Nähe von $\bar{x}$ eine Kontraktion ist.

In der Praxis ist man in der Regel auf Probieren (trial and error) angewiesen, d. h. man probiert das Verfahren für sinnvoll erscheinende Startnäherungen x_0 und hat oft nach ein paar Versuchen Glück. Nicht auf Glück ist man bei konvexen Funktionen angewiesen, wie der folgende Satz zeigt.

Satz 7.6 *(Nullstelle einer konvexen Funktion)*
Sei $f : [a, b] \to \mathbb{R}$ zweimal stetig differenzierbar und konvex $(f'(x) \neq 0$ auf $[a, b])$. Die Vorzeichen von $f(a)$ und $f(b)$ seien verschieden. Dann konvergiert die Newton-Folge (7.11) von f für $x_0 = a$, falls $f(a) > 0$ und für $x_0 = b$, falls $f(b) > 0$, gegen die einzige Nullstelle $\bar{x}$ von f.

Beispiele

1) Betrachten wir das Standardbeispiel zum Newton-Verfahren, die Bestimmung der Nullstelle der Funktion $f(x) = x^2 - d$, $d > 0$, was gleichbedeutend mit der Berechnung von $\sqrt{d}$ ist. Wir wählen b und c so, dass $b^2 - d < 0$, $c^2 - d > 0$ ist. Dann kann $[b, c]$ die Rolle des Intervalls $[a, b]$ im Satz 7.6 einnehmen (s. dazu Abb. 7.7). Sämtliche Voraussetzungen des Satzes 7.6 sind erfüllt. Für $f'(x)$ erhalten wir $f'(x) = 2x$ und damit die Newton-Folge

$$x_{n+1} = x_n - \frac{x_n^2 - d}{2x_n} = \frac{1}{2}\left(x_n + \frac{d}{x_n}\right).$$

Abb. 7.7 Wahl eines Intervalls
für das Newton-Verfahren

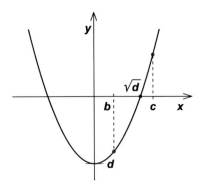

Nachfolgend ist der Ausdruck eines kleinen Computerprogramms für die Iteration zur Berechnung von $\sqrt{2}$, d. h. $d = 2$, zu finden.

```
It.-Nr = 0,  x=  1.5
It.-Nr = 1,  x=  1.41666663
It.-Nr = 2,  x=  1.41421568
It.-Nr = 3,  x=  1.41421354
It.-Nr = 4,  x=  1.41421354  .
```

2) Nullstelle des Polynoms $p_3(x) = \frac{1}{4}x^3 - x + \frac{1}{5}$. Wir finden $p_3'(x) = \frac{3}{4}x^2 - 1$ und damit die Newton-Folge $x_{n+1} = x_n - \frac{\frac{1}{4}x_n^3 - x_n + \frac{1}{5}}{\frac{3}{4}x_n^2 - 1}$. Die Iteration ergibt das Resultat

```
It.-Nr = 0,  x=   0.899999976
It.-Nr = 1,  x=  -0.419108152
It.-Nr = 2,  x=   0.272738785
It.-Nr = 3,  x=   0.20107384
It.-Nr = 4,  x=   0.202062368
It.-Nr = 5,  x=   0.202062517
It.-Nr = 6,  x=   0.202062517  .
```

Startet man statt mit $x_0 = 0{,}9$ mit der besseren Näherung $x_0 = 0{,}5$, erhält man

```
It.-Nr = 0,  x=  0.5
It.-Nr = 1,  x=  0.169230774
It.-Nr = 2,  x=  0.201913655
It.-Nr = 3,  x=  0.202062517
It.-Nr = 4,  x=  0.202062517  ,
```

also eine Näherungslösung der gleichen Güte nach 4 Schritten. Mit der oben durchgeführten Banach'schen Fixpunktiteration hatten wir 6 Schritte bei der Wahl der Startiteration $x_0 = 0{,}5$ benötigt.

◄

7.3   Sekantenverfahren — Regula falsi

Beim eben dargelegten Newton-Verfahren war die Differenzierbarkeit der Funktion f entscheidend für die Konstruktion des numerischen Lösungsverfahrens. Allerdings ist die Differenzierbarkeit nicht notwendig für die Existenz einer Nullstelle. Wenn für die auf dem Intervall $[a, b]$ stetige Funktion f die Bedingung $f(a)f(b) < 0$ erfüllt ist, dann existiert nach dem Zwischenwertsatz auf jeden Fall mindestens eine Nullstelle $\bar{x} \in]a, b[$. Diese findet man auf jeden Fall mit dem Bisektionsverfahren (auch Intervallhalbierungsverfahren genannt). Wir setzen $a_0 = a$ und $b_0 = b$. Für den Mittelpunkt $x_1 = \frac{a_0 + b_0}{2}$ (s. Abb. 7.8) gilt auf jeden Fall

$$|x_1 - \bar{x}| \le \frac{b_0 - a_0}{2} \, .$$

Geht man nun von einer Näherung x_k als Mittelpunkt des Intervalls $[a_{k-1}, b_{k-1}]$ für die Nullstelle $\bar{x}$ aus, dann setzt man im Fall $f(x_k) \ne 0$ (anderenfalls ist man fertig und hat mit x_k eine Nullstelle gefunden)

$$
\begin{aligned}
a_k &= \begin{cases} a_{k-1} & \text{falls } f(x_k)f(a_{k-1}) < 0 \\ x_k & \text{falls } f(x_k)f(b_{k-1}) < 0 \end{cases}, \\[1ex]
b_k &= \begin{cases} x_k & \text{falls } f(x_k)f(a_{k-1}) < 0 \\ b_{k-1} & \text{falls } f(x_k)f(b_{k-1}) < 0 \end{cases}, \\[1ex]
x_{k+1} &= \begin{cases} \frac{a_{k-1}+x_k}{2} & \text{falls } f(x_k)f(a_{k-1}) < 0 \\ \frac{x_k+b_{k-1}}{2} & \text{falls } f(x_k)f(b_{k-1}) < 0 \end{cases}
\end{aligned}
\tag{7.14}
$$

und erhält für den Mittelpunkt x_{k+1} des Intervalls $[a_k, b_k]$ die Abschätzung

$$|x_{k+1} - \bar{x}| \le \frac{b_0 - a_0}{2^{k+1}} \quad \text{bzw.} \quad |x_{k+1} - \bar{x}| \le \frac{1}{2}|x_k - \bar{x}| \le \cdots \le \frac{1}{2^{k+1}}|x_0 - \bar{x}| \, ,$$

d. h. aufgrund von $|x_{k+1} - \bar{x}| \le \frac{1}{2}|x_k - \bar{x}|^p$ mit $p = 1$ ist die Konvergenzordnung des Verfahrens gleich 1.

Der aufwendig aussehende Algorithmus (7.14) lässt sich im folgenden Programm mit wenigen Anweisungen implementieren.

```
# Programm 7.1 Bisektionsverfahren
# zur Berechnung einer Nullstelle von w2(x)
# input:  a,b mit w2(a)*w2(b)<0
# output: Nullstelle x
# Aufruf: bisektion_gb(a,b)
function [ ] = bisektion_gb(a,b);
if (w2(a)*w2(b) > 0)
   disp('a,b_sind_unzulaessige_Startwerte');
   return;
endif
it = 0; x = b;
w2x = w2(x);
while (abs(w2x) > 10^(-10))
   x = (b+a)/2; w2x = w2(x);
   if (w2x*w2(a) < 0)
      b = x;
   else
      a = x;
   endif
   it = it+1;
endwhile
x
it
endfunction


# Programm
# zur Bereitstellung einer Funktion w2(x)
function [y2] = w2(x);
   y2 = cos(x)-x;
endfunction
```

Der Vorteil des Bisektionsverfahrens besteht darin, dass es immer funktioniert, d. h. man findet immer eine Nullstelle. Allerdings findet man mit dem beschriebenen Verfahren nur eine Nullstelle.

Satz 7.7 *(Bisektionsverfahren)*
Sei f eine auf $[a, b]$ stetige Funktion mit $f(a)f(b) < 0$. Mit $x_0 = a$ konvergiert das Bisektionsverfahren (7.14) gegen eine Nullstelle $\bar{x}$ der Funktion f. Die Konvergenzordnung ist 1. Es gilt

$$|x_k - \bar{x}| \le \frac{1}{2^k}|x_0 - \bar{x}| = e^{-\gamma k}|x_0 - \bar{x}|$$

mit dem Konvergenzexponenten $\gamma = \ln 2$.

Eine weitere Möglichkeit der Nullstellenbestimmung ohne die Nutzung der Ableitung der Funktion f ist das Sekanten-Verfahren, das auch Regula falsi genannt wird. Man geht von 2 Näherungen x_k, x_{k-1} aus dem Intervall $[a, b]$ mit $f(a)f(b) < 0$ aus und führt statt des Newton-Schrittes $x_{k+1} = x_k - \frac{f(x_k)}{f'(x_k)}$ den Schritt

$$x_{k+1} = x_k - \frac{f(x_k)}{\frac{f(x_k) - f(x_{k-1})}{x_k - x_{k-1}}} = x_k - \frac{x_k - x_{k-1}}{f(x_k) - f(x_{k-1})} f(x_k) \qquad (7.15)$$

aus. Den Schritt (7.15) kann man einmal als genäherten Newton-Schritt mit der Approximation von $f'(x_k)$ durch den Differenzenquotienten $\frac{f(x_k) - f(x_{k-1})}{x_k - x_{k-1}}$ interpretieren. Andererseits bedeutet (7.15) geometrisch die Berechnung des Schnittpunktes der Sekante durch die Punkte $(x_{k-1}, f(x_{k-1}))$ und $(x_k, f(x_k))$ mit der x-Achse (s. Abb. 7.9). Beide Interpretationen erklären die Namen „Regula falsi" bzw. „Sekantenverfahren". Das Sekantenverfahren hat den Nachteil, dass die neue Näherung x_{k+1} nicht unbedingt im Intervall $[a, b]$ liegen muss. Das ist nur der Fall, wenn $f(x_k)f(x_{k-1}) < 0$ gilt. Die Modifikation von (7.15) in der Form

$$x_{k+1} = x_k - \frac{f(x_k)}{\frac{f(x_k) - f(x_j)}{x_k - x_j}} = x_k - \frac{x_k - x_j}{f(x_k) - f(x_j)} f(x_k) \qquad (7.16)$$

mit $j \le k - 1$ als größtem Index mit $f(x_k)f(x_j) < 0$ ergibt in jedem Fall eine Näherung $x_{k+1} \in [a, b]$, wenn die Startwerte $x_0, x_1 \in [a, b]$ die Eigenschaft $f(x_0)f(x_1) < 0$ haben.

Die Modifikation (7.16) bedeutet gegenüber (7.15) nur den geringen Mehraufwand der Ermittlung des Index j. Es gilt der

Satz 7.8 *(Sekantenverfahren)*
Sei f eine auf $[a, b]$ stetige Funktion mit $f(a)f(b) < 0$ und $x_0, x_1 \in [a, b]$ Startwerte mit der Eigenschaft $f(x_0)f(x_1) < 0$. Dann konvergiert das Sekantenverfahren (7.16) gegen eine Nullstelle $\bar{x}$ der Funktion f.

Abb. 7.8
Bisektions-Verfahren

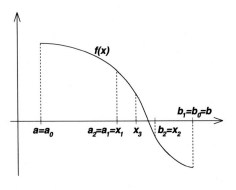

Abb. 7.9 Sekantenverfahren
— Regula falsi

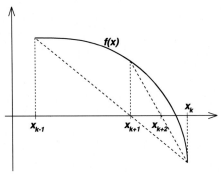

Das Sekantenverfahren (7.15) konvergiert lokal in einer Umgebung um $\bar{x}$ mit einer Konvergenzordnung $p > 1$ schneller als das Bisektionsverfahren. Für eine um $\bar{x}$ zweimal stetig differenzierbare Funktion f mit $f'(\bar{x})$ soll das gezeigt werden. In der Nähe von $\bar{x}$ gilt

$$f(x) \approx f(\bar{x}) + f'(\bar{x})(x - \bar{x}) + \frac{1}{2}f''(\bar{x})(x - \bar{x})^2 = f'(\bar{x})(x - \bar{x}) + \frac{1}{2}f''(\bar{x})(x - \bar{x})^2$$

und mit $\Delta_k = x_k - \bar{x}$ folgt aus (7.15)

$$\Delta_{k+1} \approx \Delta_k - \frac{\Delta_k - \Delta_{k-1}}{f'(\bar{x})(\Delta_k - \Delta_{k-1}) + \frac{1}{2}f''(\bar{x})(\Delta_k^2 - \Delta_{k-1}^2)}(f'(\bar{x})\Delta_k + \frac{1}{2}f''(\bar{x})\Delta_k^2) \ .$$

Mit der realistischen Voraussetzung $|\Delta_k|, |\Delta_{k-1}| \ll 1$ gilt

$$\Delta_{k+1} \approx \Delta_k - \frac{f'(\bar{x})\Delta_k + \frac{1}{2}f''(\bar{x})\Delta_k^2}{f'(\bar{x}) + \frac{1}{2}f''(\bar{x})(\Delta_k + \Delta_{k-1})}$$

$$= \frac{\frac{1}{2}f''(\bar{x})\Delta_k\Delta_{k-1}}{f'(\bar{x}) + \frac{1}{2}f''(\bar{x})(\Delta_k + \Delta_{k+1})} \approx \frac{\frac{1}{2}f''(\bar{x})\Delta_k\Delta_{k-1}}{f'(\bar{x})} \ ,$$

d. h.

$$|\Delta_{k+1}| \approx |\frac{f''(\bar{x})}{2f'(\bar{x})}||\Delta_k||\Delta_{k-1}| =: c|\Delta_k||\Delta_{k-1}|. \tag{7.17}$$

Mit der Zahl $p > 0$, die der Gleichung $p - 1 = \frac{1}{p}$ genügt, also $p = \frac{1+\sqrt{5}}{2} \approx 1{,}618$, folgt aus (7.17) für $\tilde{\Delta}_k = c|\Delta_k|$

$$\tilde{\Delta}_{k+1} = \tilde{\Delta}_k \tilde{\Delta}_{k-1} \quad \text{und} \quad \frac{\tilde{\Delta}_{k+1}}{\tilde{\Delta}_k^p} = [\frac{\tilde{\Delta}_{k-1}^p}{\tilde{\Delta}_k}]^{1/p}. \tag{7.18}$$

Mit $a_k := \ln \frac{\tilde{\Delta}_{k+1}}{\tilde{\Delta}_k^p}$ erhält man durch Logarithmieren von (7.18) mit $a_k = -a_{k-1}/p$ ($k = 1, 2, \ldots$) eine Folge, die für jeden Startwert a_0 wegen $p > 1$ gegen null konvergiert. Daraus folgt aufgrund der Definition von a_k und der Stetigkeit der ln-Funktion

$$\lim_{k \to \infty} a_k = \lim_{k \to \infty} \ln \frac{\tilde{\Delta}_{k+1}}{\tilde{\Delta}_k^p} = 0 = \ln 1 \iff \lim_{k \to \infty} \frac{\tilde{\Delta}_{k+1}}{\tilde{\Delta}_k^p} = 1 \iff \lim_{k \to \infty} \frac{|\Delta_{k+1}|}{|\Delta_k|^p} = c^{p-1}.$$

Schließlich erhalten wir mit

$$|\Delta_{k+1}| \approx c^{p-1}|\Delta_k| \iff |x_{k+1} - \bar{x}| \approx c^{p-1}|x_k - \bar{x}|^p$$

die lokale Konvergenzordnung $p \approx 1{,}618$ des Sekantenverfahrens.

Beispiel

Zur Berechnung der Nullstelle der Funktion $f(x) = \cos x - x$ erhält man die Nullstelle $\bar{x} \approx 0{,}73909$ mit einer Genauigkeit von 10^{-10} mit 30 Iterationen des Bisektionsverfahrens, 5 Iterationen des Sekantenverfahrens und 4 Iterationen des Newton-Verfahrens bei der Wahl von $x_0 = 2$, $x_1 = 0$. Hinsichtlich der Funktionsauswertungen sind beim Bisektions- und Newton-Verfahren pro Schritt je 2 Funktionswertberechnungen erforderlich, während beim Sekantenverfahren nur eine nötig ist. ◄

7.4   Iterative Lösung nichtlinearer Gleichungssysteme

Bei den verschiedensten Anwendungen und mathematischen Aufgabenstellungen sind am Ende **nichtlineare Gleichungssysteme** zu lösen. Als Beispiele seien hier nur die nichtlineare Optimierung, die numerische Lösung nichtlinearer partieller oder gewöhnlicher Dfferenti- algleichungen genannt.

Dabei ist ein Gleichungssystem aus n Gleichungen mit n Unbekannten

$$f_1(x_1, x_2, ..., x_n) = 0$$
$$f_2(x_1, x_2, ..., x_n) = 0$$
$$\vdots \qquad\qquad\qquad\qquad (7.19)$$
$$f_n(x_1, x_2, ..., x_n) = 0$$

zu lösen. Mit $\mathbf{x} = (x_1, x_2, ..., x_n)^T$ und $F = (f_1, f_2, ..., f_n)^T$ kann man (7.19) kürzer in der Form

$$F(\mathbf{x}) = \mathbf{0} \qquad\qquad (7.20)$$

aufschreiben[1]. Dabei sei $D \subset \mathbb{R}^n$ der Definitionsbereich von F, einer Abbildung von D in den $\mathbb{R}^n$. F wird als stetig differenzierbar vorausgesetzt. Es seien etwa alle Komponenten von F in $\dot{D}$ stetig partiell differenzierbar (vgl. Satz 6.4)[2]. Gesucht sind Punkte $\mathbf{x} \in D$, die die Gl. (7.20) erfüllen. Solche $\mathbf{x}$ nennen wir Lösung der Gl. (7.20).

Bevor konkrete Verfahren behandelt werden, sind einige Grundbegriffe mit der folgenden Definition bereitzustellen.

▶ **Definition 7.4** (Ableitung einer Abbildung von $\mathbb{R}^n$ in den $\mathbb{R}^m$)
Sei $F : D \to \mathbb{R}^m$ mit $D \subset \mathbb{R}^n$ mit den Komponenten $f_1, \ldots, f_m$ durch

$$F(\mathbf{x}) = \begin{pmatrix} f_1(x_1, x_2, ..., x_n) \\ f_2(x_1, x_2, ..., x_n) \\ \vdots \\ f_m(x_1, x_2, ..., x_n) \end{pmatrix}$$

gegeben, wobei die Komponenten partiell differenzierbar seien. Die Ableitung, **Ableitungsmatrix** oder **Jacobi-Matrix** von F ist die $(m \times n)$-Matrix

$$F'(\mathbf{x}) = \begin{pmatrix} \frac{\partial f_1}{\partial x_1}(\mathbf{x}) & \frac{\partial f_1}{\partial x_2}(\mathbf{x}) & \cdots & \frac{\partial f_1}{\partial x_n}(\mathbf{x}) \\ \frac{\partial f_2}{\partial x_1}(\mathbf{x}) & \frac{\partial f_2}{\partial x_2}(\mathbf{x}) & \cdots & \frac{\partial f_2}{\partial x_n}(\mathbf{x}) \\ \vdots & \vdots & & \vdots \\ \frac{\partial f_m}{\partial x_1}(\mathbf{x}) & \frac{\partial f_m}{\partial x_2}(\mathbf{x}) & \cdots & \frac{\partial f_m}{\partial x_n}(\mathbf{x}) \end{pmatrix} . \qquad (7.21)$$

Im Fall $m = 1$ der reellwertigen Abbildung bzw. Funktion ist durch

$$\nabla F(\mathbf{x}) = \begin{pmatrix} \frac{\partial f_1}{\partial x_1}(\mathbf{x}) \\ \frac{\partial f_1}{\partial x_2}(\mathbf{x}) \\ \vdots \\ \frac{\partial f_1}{\partial x_n}(\mathbf{x}) \end{pmatrix} \qquad\qquad (7.22)$$

---

[1] Die Schreibweisen $F(\mathbf{x})$ und $F(x_1.x_2, \ldots, x_n)$ bedeuten dasselbe.
[2] Mit $\dot{D}$ werden die inneren Punkte von D bezeichnet.

der **Gradient** von F definiert. Es gilt im Fall $m = 1$

$$\nabla F(\mathbf{x}) = F'(\mathbf{x})^T \quad \text{bzw.} \quad F'(\mathbf{x}) = \nabla F(\mathbf{x})^T.$$

Beispiel

Für die Abbildung $F : \mathbb{R}^2 \rightarrow \mathbb{R}^3$

$$F(x, y) = \begin{pmatrix} \sin(xy) \\ x^2 + \exp(y) \\ x + y \end{pmatrix}$$

ergibt sich für die Jacobi-Matrix

$$F'(x, y) = \begin{pmatrix} y\cos(xy) & x\cos(xy) \\ 2x & \exp(y) \\ 1 & 1 \end{pmatrix}.$$

Für die Funktion[3] $f(x, y, z) = x^2 + z\sin(y^2) + xz$ erhält man den Gradienten

$$\nabla f(x, y, z) = \begin{pmatrix} 2x + z \\ 2yz\cos(y^2) \\ \sin(y^2) + x \end{pmatrix}.$$

◀

7.4.1 Newton-Verfahren für Gleichungssysteme

Im Abschn. 7.2 wurde das Newton-Verfahren für die Nullstellenbestimmung einer reellwertigen Funktion einer Veränderlichen $F : I \rightarrow \mathbb{R}$, $I \subset \mathbb{R}$ behandelt. Hier soll nun zuerst das Newton-Verfahren im $\mathbb{R}^n$, d. h. für Abbildungen $F : D \rightarrow \mathbb{R}^n$, $D \subset \mathbb{R}^n$, besprochen werden.

Liegt $\mathbf{x}_0 \in \dot{D}$ in der Nähe einer Lösung $\mathbf{x}$ von $F(\mathbf{x}) = \mathbf{0}$, so bildet man die Tangentenabbildung

$$T(\mathbf{x}) = F(\mathbf{x}_0) + F'(\mathbf{x}_0)(\mathbf{x} - \mathbf{x}_0), \ \mathbf{x} \in D,$$

von F in $\mathbf{x}_0$ und löst anstelle von $F(\mathbf{x}) = \mathbf{0}$ die Gleichung $T(\mathbf{x}) = \mathbf{0}$, d. h. man sucht eine Lösung $\mathbf{x}_1$ der Gleichung

$$T(\mathbf{x}_1) = F(\mathbf{x}_0) + F'(\mathbf{x}_0)(\mathbf{x}_1 - \mathbf{x}_0) = \mathbf{0}.$$

---

[3] Reellwertige Abbildungen bezeichnet man einfacher als Funktion.

Es handelt sich dabei um ein **lineares** Gleichungssystem für $\mathbf{x}_1$, für das uns Lösungsmethoden bekannt sind. Hat man $\mathbf{x}_1$ bestimmt, führt man ausgehend von $\mathbf{x}_1$ den gleichen Rechenschritt aus und sucht ein $\mathbf{x}_2$ als Lösung der Gleichung $F(\mathbf{x}_1) + F'(\mathbf{x}_1)(\mathbf{x}_2 - \mathbf{x}_1) = \mathbf{0}$. Allgemein kann man unter der Voraussetzung, dass $\mathbf{x}_k \in \dot{D}$ liegt, $\mathbf{x}_{k+1}$ aus der Gleichung

$$F(\mathbf{x}_k) + F'(\mathbf{x}_k)(\mathbf{x}_{k+1} - \mathbf{x}_k) = \mathbf{0}$$

bestimmen und erhält nach Multiplikation der Gleichung mit $[F'(\mathbf{x}_k)]^{-1}$ bei einem gegebenen $\mathbf{x}_0$ das Newton-Verfahren

$$\mathbf{x}_0 \text{ gegeben}, \quad \mathbf{x}_{k+1} := \mathbf{x}_k - [F'(\mathbf{x}_k)]^{-1} F(\mathbf{x}_k) \text{ für } k = 0, 1, 2, \dots . \qquad (7.23)$$

Damit ist die vollständige Analogie zum Newton-Verfahren bei einer reellen Unbekannten gegeben (vgl. Abschn. 7.2).

Wir fassen den Algorithmus des Newton-Verfahrens zusammen:

Es sei $F : D \to \mathbb{R}^n$, $D \subset \mathbb{R}^n$ stetig differenzierbar gegeben. Zur Lösung der Gleichung $F(\mathbf{x}) = \mathbf{0}$ führt man die folgenden Schritte durch.

Newton-Verfahren

1) Man wählt einen Anfangswert $\mathbf{x}_0 \in \dot{D}$.
2) Man berechnet $\mathbf{x}_1, \mathbf{x}_2, \mathbf{x}_3, \dots, \mathbf{x}_k, \dots$, indem man nacheinander für $k = 0, 1, 2, \dots$ das Gleichungssystem

$$F'(\mathbf{x}_k)\mathbf{z}_{k+1} = -F(\mathbf{x}_k) \qquad (7.24)$$

nach $\mathbf{z}_{k+1}$ auflöst und $\mathbf{x}_{k+1} := \mathbf{x}_k + \mathbf{z}_{k+1}$ bildet. Dabei wird $F'(\mathbf{x}_k)$ als regulär und $\mathbf{x}_k \in \dot{D}$ für $k = 0, 1, 2, \dots$ vorausgesetzt.
3) Das Verfahren wird abgebrochen, wenn $\|\mathbf{x}_{k+1} - \mathbf{x}_k\|$ unterhalb einer vorgegebenen Genauigkeitsschranke liegt oder eine vorgegebene maximale Iterationszahl erreicht ist.

An dieser Stelle sei darauf hingewiesen, dass das Newton-Verfahren im Fall eines linearen Gleichungssystems $A \cdot \mathbf{x} = \mathbf{b}$ nur einen Iterationsschritt bis zur Lösung benötigt. Für $F(\mathbf{x}) = A \cdot \mathbf{x} - \mathbf{b}$ ist die Ableitungsmatrix $\vec{f}\,'(\vec{x})$ gleich der Koeffizientenmatrix A des linearen Gleichungssystems und damit konstant. Der Schritt 2) der eben beschriebenen Methode bedeutet dann gerade die Lösung des linearen Gleichungssystems $A \cdot \mathbf{x} = \mathbf{b}$.

Satz 7.9 *(Konvergenzaussage zum Newton-Verfahren)*
$F : D \to \mathbb{R}^n$, $D \subset \mathbb{R}^n$ sei zweimal stetig differenzierbar und besitze eine Nullstelle $\overline{\mathbf{x}} \in \dot{D}$. Weiterhin sei $F'(\mathbf{x})$ für jedes $\mathbf{x} \in D$ regulär. Dann folgt:

Es gibt eine Umgebung U von $\overline{\mathbf{x}}$, so dass die durch (7.23) definierte Newton-Folge $\mathbf{x}_1, \mathbf{x}_2, \mathbf{x}_3, \ldots, \mathbf{x}_k, \ldots$ von einem beliebigen $\mathbf{x}_0 \in U$ ausgehend gegen die Nullstelle $\overline{\mathbf{x}}$ konvergiert. Die Konvergenz ist quadratisch, d.h. es gibt eine Konstante $C > 0$, so dass für alle $k = 1, 2, 3, \ldots$

$$||\mathbf{x}_k - \overline{\mathbf{x}}||_2 \leq C ||\mathbf{x}_{k-1} - \overline{\mathbf{x}}||_2^2$$

gilt. Eine einfache Fehlerabschätzung lautet

$$||\mathbf{x}_k - \overline{\mathbf{x}}||_2 \leq ||F(\mathbf{x}_k)||_2 \sup_{\mathbf{x} \in \dot{D}} ||[F'(\mathbf{x})]^{-1}|| \,,$$

wobei auf der rechten Seite die Matrixnorm $||A|| = \sqrt{\sum_{i,j=1}^n a_{ij}^2}$ für eine $(n \times n)$-Matrix $A = (a_{ij})$ verwendet wurde.

Es gibt Situationen, da **schießt man über das Ziel hinaus**, d.h. man macht zu große Schritte. In diesen Fällen (also wenn das Newton-Verfahren nicht konvergiert) kann man versuchen, die Schritte zu dämpfen.

Man betrachtet

$$\mathbf{x}_{k+1} = \mathbf{x}_k - \alpha[F'(\mathbf{x}_k)]^{-1} F(\mathbf{x}_k), \quad k = 0, 1, \ldots$$

mit $\alpha \in]0, 1[$, und spricht hier von einem **gedämpften Newton-Verfahren.**

Mit gedämpften Newton-Verfahren erreicht man mitunter Konvergenz der Newton-Folge, wenn das Standard-Newton-Verfahren ($\alpha = 1$) versagt. Es gilt dann mit $\mathbf{z}_{k+1} = \mathbf{x}_{k+1} - \mathbf{x}_k$ das Gleichungssystem

$$F'(\mathbf{x}_k)\mathbf{z}_{k+1} = -\alpha F(\mathbf{x}_k)$$

zu lösen, und wie üblich erhält man mit

$$\mathbf{x}_{k+1} = \mathbf{z}_{k+1} + \mathbf{x}_k$$

die neue Iterierte.

7.4.2   Nichtlineare Gleichungssysteme der Optimierung und deren Lösung

Die Aufgabenstellung der nichtlinearen Optimierung besteht in der Bestimmung des Minimums (oder Maximums)[4] einer Funktion $F : D \to \mathbb{R}, D \subset \mathbb{R}^n$. Gibt es keine weiteren Restriktionen, spricht man bei der Aufgabe

---

[4] Ohne Beschränkung der Allgemeinheit betrachten wir im Folgenden Minimum-Probleme, die Suche nach einem Maximum von F ist gleich der Suche nach einem Minimum von $-F$.

$$\min_{\mathbf{x} \in D} F(\mathbf{x}) \tag{7.25}$$

von einem **unrestringierten Optimierungsproblem.** Gesucht sind Minimalstellen. Theoretische Grundlagen zu diesen Aufgabenstellungen findet man z.B. in Tröltzsch 2009, M. Ulbrich and S. Ulbrich 2012, Boggs and Tolle 2000 und Geiger and Kanzow 2002.

▶ **Definition 7.5** (lokale oder relative Extrema)

Es sei $F : D \to \mathbb{R}$, $D \subset \mathbb{R}^n$ gegeben. Ist $\mathbf{x}_0 \in D$ ein Punkt, zu dem es eine Umgebung U mit

$$F(\mathbf{x}) \geq F(\mathbf{x}_0) \quad \text{für alle} \quad \mathbf{x} \in U \cap D, \ \mathbf{x} \neq \mathbf{x}_0,$$

gibt, so sagt man: F besitzt in $\mathbf{x}_0$ ein **lokales** oder **relatives Minimum.** Der Punkt $\mathbf{x}_0$ selbst heißt eine **lokale Minimalstelle** von F. Steht „>" statt „≥", wird $\mathbf{x}_0$ als **echte** oder **strikte** lokale Minimalstelle von F bezeichnet.

Analog zur Definition des Minimums und der Minimalstelle werden **Maximum** und Maximalstelle („≤" bzw. „<" statt „≥" bzw. „>") definiert. Maximal- und Minimalstellen nennen wir allgemein **Extremalstellen** oder **-punkte.**

Im folgenden Satz wird die notwendige Extremalbedingung für Funktionen einer reellen Veränderlichen verallgemeinert.

Satz 7.10 *(notwendige Bedingung)*

Ist $\mathbf{x}_0 \in \dot{D}$ lokale Extremalstelle einer partiell differenzierbaren Funktion
$f : D \to \mathbb{R}$, $D \subset \mathbb{R}^n$, so gilt

$$F'(\mathbf{x}_0) = \nabla F(\mathbf{x}_0)^T = \mathbf{0}, \tag{7.26}$$

d.h. sämtliche partiellen Ableitungen von f verschwinden [5].

Der Satz 7.10 besagt also, dass man Kandidaten $\mathbf{x}_0$ durch Auswertung der Bedingung $F'(\mathbf{x}_0) = \mathbf{0}$ ermitteln kann, d.h. Lösungen des im Allg. nichtlinearen Gleichungssystems (7.26) erhalten kann. Lösungen von (7.26) nennt man auch **kritische Punkte** oder **stationäre Punkte** von F.

Um eine **hinreichende** Extremalbedingung formulieren zu können, benötigen wir ein Pendant zur zweiten Ableitung einer Funktion einer reellen Variablen. Dies leistet die HESSE-Matrix einer Funktion F.

---

[5] Es sei hier darauf hingewiesen, dass die Ableitung einer Funktion $F : \mathbb{R}^n \to \mathbb{R}$ eine Matrix vom Typ $(1 \times n)$ ist, während der Gradient von F ein Spaltenvektor ist. Deshalb wird er in der Gl. (7.26) transponiert.

$$F''(\mathbf{x}) := \begin{pmatrix} \frac{\partial^2 F}{\partial x_1 \partial x_1}(\mathbf{x}) & \frac{\partial^2 F}{\partial x_1 \partial x_2}(\mathbf{x}) & \cdots & \frac{\partial^2 F}{\partial x_1 \partial x_n}(\mathbf{x}) \\ \frac{\partial^2 F}{\partial x_2 \partial x_1}(\mathbf{x}) & \frac{\partial^2 F}{\partial x_2 \partial x_2}(\mathbf{x}) & \cdots & \frac{\partial^2 F}{\partial x_2 \partial x_n}(\mathbf{x}) \\ \vdots & & & \\ \frac{\partial^2 F}{\partial x_n \partial x_1}(\mathbf{x}) & \frac{\partial^2 F}{\partial x_n \partial x_2}(\mathbf{x}) & \cdots & \frac{\partial^2 F}{\partial x_n \partial x_n}(\mathbf{x}) \end{pmatrix}. \tag{7.27}$$

Statt F'' verwendet man die Bezeichnung H_F für die HESSE-Matrix.

Die Verallgemeinerung der hinreichenden Extremalbedingung aus der reellen Analysis liefert der folgende Satz.

Satz 7.11 *(hinreichende Bedingung)*

Ist $F : D \to \mathbb{R}$, $D \subset \mathbb{R}^n$, zweimal stetig partiell differenzierbar, so folgt:

Ein Punkt $\mathbf{x}_0 \in \dot{D}$ mit $F'(\mathbf{x}_0) = \mathbf{0}$ ist eine

a) *echte lokale Maximalstelle, falls die Eigenwerte der HESSE-Matrix $F''(\mathbf{x}_0)$ alle negativ sind, d. h. $F''(\mathbf{x}_0)$ negativ definit ist,*

b) *echte lokale Minimalstelle, falls die Eigenwerte der HESSE-Matrix $F''(\mathbf{x}_0)$ alle positiv sind, d. h. $F''(\mathbf{x}_0)$ positiv definit ist.*

Die HESSE-Matrix ist symmetrisch, wenn die zweiten partiellen Ableitungen von F stetig sind, was in den meisten Anwendungsfällen gegeben ist. Eine wichtige Aussage zur generellen Lösbarkeit von Extremalproblemen ist im folgenden Satz formuliert.

Satz 7.12 *(Stetigkeit auf Kompaktum)*

Ist $F : D \to \mathbb{R}$, $D \subset \mathbb{R}^n$, stetig und ist der Definitionsbereich D eine kompakten, d. h. abgeschlossene und beschränkte Menge, dann existieren Punkte $\mathbf{x}_{\min}$ und $\mathbf{x}_{\max}$ in D mit

$$\min_{\mathbf{x} \in D} F(\mathbf{x}) = F(\mathbf{x}_{\min}) \quad \text{und} \quad \max_{\mathbf{x} \in D} F(\mathbf{x}) = F(\mathbf{x}_{\max}),$$

d. h. F nimmt auf D Minimum und Maximum an.

Zusammengefasst bedeutet die Lösung eines unrestringierten Optimierungsproblems die Auswertung der Bedingung (7.26) zur Findung von kritischen Punkten im Innern von D und der Test mit der hinreichenden Bedingung (Kriterium 7.11, Eigenschaft der jeweiligen HESSE-Matrix), ob es sich tatsächlich um Extremalpunkte handelt. In den folgenden Abschnitten werden Methoden zur Lösung von Gleichungssystemen der Art (7.26) behandelt.

Gauß-Newton-Verfahren

Eine Lösungsmethode für (7.26) soll anhand eines konkreten Anwendungsproblems besprochen werden. Ein nichtlineares **Ausgleichsproblem** oder Regressionsproblem ist zu lösen. Gegeben sind „Messwerte"

$$x_{i,1}, x_{i,2}, \ldots, x_{i,n} \quad \text{und} \quad y_i \, , \, i = 1, \ldots, k,$$

und gesucht ist ein funktionaler Zusammenhang

$$f(x_1, x_2, \ldots, x_n; a_1, a_2, \ldots, a_p) = y,$$

wobei solche Parameter

$$a = (a_1, a_2, \ldots, a_p)$$

gesucht sind, dass das Residuum bzw. die Länge des Residuenvektors R

$$R(a) = \begin{pmatrix} f(x_{1,1}, x_{1,2}, \ldots, x_{1,n}; a_1, a_2, \ldots, a_p) - y_1 \\ f(x_{2,1}, x_{2,2}, \ldots, x_{2,n}; a_1, a_2, \ldots, a_p) - y_2 \\ \vdots \\ f(x_{k,1}, x_{k,2}, \ldots, x_{k,n}; a_1, a_2, \ldots, a_p) - y_k \end{pmatrix} =: \begin{pmatrix} r_1(a) \\ r_2(a) \\ \vdots \\ r_k(a) \end{pmatrix}$$

minimal wird. Wir setzen $k \geq p$ voraus. R ist eine Abbildung von $\mathbb{R}^p$ nach $\mathbb{R}^k$.

Wir betrachten den allgemeinen Fall, dass R nichtlinear von a abhängt. Zu lösen ist das Minimum-Problem

$$\min_{a \in \mathbb{R}^p} F(a) \quad \text{für} \quad F(a) = \frac{1}{2} \|R(a)\|_2^2.$$

Man geht von einer Näherung $a^{(i)}$ von a aus. Die lineare Approximation von R an der Entwicklungsstelle $a^{(i)}$ ergibt

$$R(a) \approx R(a^{(i)}) + R'(a^{(i)})(a - a^{(i)}),$$

wobei R' die Ableitung der Abbildung R, also die Matrix der partiellen Ableitungen

$$R' = (r'_{ji}) = \left(\frac{\partial r_j}{\partial a_i}\right), \quad j = 1, \ldots, k, \, i = 1, \ldots, p \, ,$$

ist[6]. Durch die Lösung a^* des Minimum-Problems

$$\min_{a \in \mathbb{R}^p} \|R(a^{(i)}) + R'(a^{(i)})(a - a^{(i)})\|_2^2, \tag{7.28}$$

bestimmt man eine neue Näherung

$$a^{(i+1)} = \alpha a^* + (1 - \alpha)a^{(i)},$$

wobei man mit $\alpha \in \,]0, 1]$ die Möglichkeit einer Dämpfung (Relaxation) hat. In vielen Fällen hat man im ungedämpften Fall mit $\alpha = 1$ keine oder nur eine sehr langsame Konvergenz,

---

[6] Der Faktor $\frac{1}{2}$ bei der Funktion $F(a)$ hat keine schwerwiegende inhaltliche Bedeutung, er führt nur auf eine "schönere" Ableitung von F

während man bei geeigneter Wahl von $0 < \alpha < 1$ eine konvergente Folge erhält. Schreibt man

$$R(a^{(i)}) + R'(a^{(i)})(a - a^{(i)}) \tag{7.29}$$

in der Form $Ma - y$ mit

$$M = R'(a^{(i)}) , \quad y = R'(a^{(i)})a^{(i)} - R(a^{(i)})$$

auf, dann kann man die Lösung a^* von

$$\min_{a \in \mathbb{R}^p} ||Ma - y||_2^2$$

entweder mit einer QR-Zerlegung von M bestimmen, oder durch die Lösung des Normalgleichungssystems

$$M^T M a = M^T y \Longleftrightarrow a = [M^T M]^{-1} M^T y$$

erhalten (s. auch Abschn. 3.3).

Aus Effizienzgründen (jeweiliger Aufbau von y) schreibt man (7.29) auch in der Form $Ms - \hat{y}$ mit $s = a - a^{(i)}$ und $\hat{y} = -R(a^{(i)})$ auf und löst das Minimum-Problem

$$\min_{s \in \mathbb{R}^p} ||Ms - \hat{y}||_2^2$$

und berechnet durch

$$a^* = s + a^{(i)} \quad a^{(i+1)} = \alpha a^* + (1 - \alpha)a^{(i)}$$

die neue Näherung.

Für den Fall $\alpha = 1$ (keine Dämpfung) bedeutet das Gauß-Newton-Verfahren nichts anderes als die Fixpunktiteration

$$a^{(i+1)} = a^{(i)} - [R'(a^{(i)})^T R'(a^{(i)})]^{-1} R'(a^{(i)})^T R(a^{(i)}) ,$$

und bei Konvergenz gegen a^* hat man (unter der Voraussetzung der Regularität von $[R'^T R']^{-1}$) die Bedingung

$$R'(a^*)^T R(a^*) = \mathbf{0} \tag{7.30}$$

erfüllt. Wenn man die Ableitung bzw. den Gradienten von $F(a)$ ausrechnet, stellt man fest, dass die Bedingung (7.30) wegen

$$F'(a^*) = R'(a^*)^T R(a^*)$$

äquivalent zur notwendigen Extremalbedingung

$$F'(a^*) = \nabla F(a^*)^T = \mathbf{0}$$

für das Funktional F ist. Für die Abbruchbedingung gibt man eine Genauigkeit ϵ vor und bricht die Iteration dann ab, wenn $||a^{(i+1)} - a^{(i)}||_2 < \epsilon$ erfüllt ist.

Im Unterschied zum Gauß-Newton-Verfahren kann man kritische Punkte als Kandidaten für Extremalstellen des Funktionals $F : \mathbb{R}^p \to \mathbb{R}$

$$F(a) = \frac{1}{2}||R(a)||_2^2$$

durch die direkte Auswertung der notwendigen Extremalbedingung

$$\nabla F(a) = \mathbf{0} \tag{7.31}$$

mit dem Newton-Verfahren bestimmen. Diese Methode ist allerdings "teurer" als das Gauß-Newton-Verfahren, da man pro Newton-Iteration jeweils die Jacobi-Matrix von $G : \mathbb{R}^p \to \mathbb{R}^p$

$$G(a) := F'(a),$$

d. h. die HESSE-Matrix von F berechnen muss.

Beispiel

Gegeben ist eine Wertetabelle

k	1	2	3	4	5	6	7
x_k	$-1{,}5$	0	1	2	3	4	4,5
y_k	$-0{,}5$	0,1	0,45	0,35	0	$-0{,}4$	$-0{,}5$

und es gibt die Überlegung nach einer Funktion

$$y = f(x; a_1, a_2, a_3) = a_2 \sin(a_1 x + a_3) \tag{7.32}$$

mit solchen Parametern $a, b \in \mathbb{R}$ zu suchen, so dass die halbe Länge des Residuenvektors

$$R(a_1, a_2, a_3) = \begin{pmatrix} a_2 \sin(a_1 x_1 + a_3) - y_1 \\ a_2 \sin(a_1 x_2 + a_3) - y_2 \\ \vdots \\ a_2 \sin(a_1 x_7 + a_3) - y_7 \end{pmatrix}$$

minimal wird, also

$$\min_{(a_1, a_2, a_3) \in \mathbb{R}^3} \frac{1}{2}||R(a_1, a_2, a_3)||_2^2.$$

Wir haben die Aufgabe sowohl mit dem Newtonverfahren zur Bestimmung von Nullstellen des Gradienten des Funktionals

$$F(a_1, a_2, a_3) = \frac{1}{2} \|R(a_1, a_2, a_3)\|_2^2,$$

als auch mit dem Gauß-Newton-Verfahren bearbeitet. Beide Verfahren waren erfolgreich (d. h. konvergent). Allerdings zeigte sich, dass es mehrere Lösungen gibt, was wegen der Periodizität der sin-Funktion nicht ungewöhnlich ist.

Im Unterschied zu linearen Ausgleichsproblemen sind bei nichtlinearen Aufgabenstellungen zusätzliche Betrachtungen zur evtl. Mehrdeutigkeit des Problems $\nabla F(a) = 0$ und zur Bewertung der gefundenen kritischen Stellen (lok. Maximum/lok. Minimum) durch die Überprüfung hinreichender Extremalbedingungen (Definitheit der HESSE-Matrix) erforderlich.

Mitentscheidend für die Lösung nichtlinearer Ausgleichsprobleme ist die Wahl eines passenden Modells, durch das die vorgegebene Wertetabelle (x_k, y_k) gut "gefittet" wird. Für geeignete Startnäherungen im Fall $p = 2$ lohnt es sich, den Verlauf bzw. den Graphen der Funktion $F(a_1, a_2)$ mit einem geeigneten Plot-Befehl anzusehen, z. B. *surfc* von Octave. ◄

Abstiegsverfahren

Will man das Verhalten einer differenzierbaren Funktion $F : D \to \mathbb{R}$, $D \subset \mathbb{R}^n$, an einem Punkt $\mathbf{x} \in D$ in eine bestimmte Richtung $\mathbf{d} \in \mathbb{R}^n$ untersuchen, kann man das mit der Richtungsableitung

$$\frac{\partial F}{\partial \mathbf{d}}(\mathbf{x}) = \lim_{t \to 0} \frac{F(\mathbf{x} + t\,\mathbf{d}) - F(\mathbf{x})}{t} \tag{7.33}$$

tun. Ist F stetig partiell differenzierbar, dann gilt

$$\frac{\partial F}{\partial \mathbf{d}}(\mathbf{x}) = \nabla F(\mathbf{x})^T \mathbf{d} = \langle \nabla F(\mathbf{x}), \mathbf{d} \rangle_2.$$

Mit der Eigenschaft des euklidischen Skalarprodukts

$$\langle \nabla F(\mathbf{x}), \mathbf{d} \rangle_2 = \|\nabla F(\mathbf{x})\|_2 \cdot \|\mathbf{d}\|_2 \cos \alpha,$$

α als Winkel zwischen $\nabla F(\mathbf{x})$ und $\mathbf{d}$, ergibt sich der stärkste Abstieg von F, also der kleinste Wert der Richtungsableitung, wenn die beiden Vektoren in die entgegengesetzte Richtung zeigen, also wenn $\mathbf{d} = -\beta \nabla F(\mathbf{x})$ $(\beta > 0)$ ist, denn dann ist $\alpha = \pi$ und der Kosinus gleich -1.

Diese Überlegung macht man sich zunutze, um das Problem (7.25) zu lösen, also um lokale Minimalstellen zu finden. Anstatt die notwendige Bedingung (7.10) auszuwerten, versucht man, sich sukzessive einem lokalen Minimum zu nähern. Man startet die Suche in einem Punkt $\mathbf{x}_k$, $k \in \mathbb{N}$, und sucht eine möglichst große Schrittweite t_k, so dass mit einem $\rho \in]0, 1[$

$$F(\mathbf{x}_k + t_k \mathbf{d}_k) < F(\mathbf{x}_k) + \rho t \nabla F(\mathbf{x}_k)^T \mathbf{d}_k \tag{7.34}$$

gilt. Mit dem Update

$$\mathbf{x}_{k+1} = \mathbf{x}_k + t_k \mathbf{d}_k \tag{7.35}$$

hat man sich möglicherweise einem Minimum genähert, zumindest hat man einen kleineren Funktionswert des zu minimierenden Funktionals gefunden.

Zur Bestimmung einer möglichst großen Schrittweite t_k benutzt man den Algorithmus 1.

Algorithm 1 Armijo-Schrittweitenalgorithmus

---
input: Abstiegsrichtung $\mathbf{d}$
$0 < \beta, \rho < 1 =$ wählen, z. B. $\frac{1}{2}$
$l := 0, t_0 = \beta$
while (7.34) ist nicht erfüllt **do**
  $l = l + 1, t = \beta * 0,5$
end while
$t_k = t$

Die Abstiegsmethode kann man zwar generell auf unrestringierte Extremalprobleme anwenden, aber für die Konvergenz der Folge (7.35) muss man zumindest fordern, dass F nach unten beschränkt ist. Dies ist z. B. für konvexe Funktionen der Fall.

▶ **Definition 7.6** (konvexe Funktion)
Eine Funktion $F : D \to \mathbb{R}, D \subset \mathbb{R}^n$, heißt **konvex,** wenn für $\mathbf{x}, \mathbf{y} \in D$

$$F(\lambda \mathbf{x} + (1 - \lambda)\mathbf{y}) \leq \lambda F(\mathbf{x}) + (1 - \lambda)F(\mathbf{y}) \;, \quad \lambda \in [0, 1], \tag{7.36}$$

gilt. Gilt „$<$" statt „$\leq$", heißt F streng konvex. Gelten die umgekehrten Ungleichungsrelationen, spricht man von **konkaven** bzw. streng konkaven Funktionen.

Z. B. ist die Funktion $F(x, y) = x^2 + y^2$ konvex. Die Wurzelfunktion $f(x) = \sqrt{x}$ ist auf $[0, \infty[$ konkav.

Mit dem folgenden Programm wird ein Minimum der **Himmelblau**-Funktion (s. Abb. 7.10) $F : \mathbb{R}^2 \to \mathbb{R}, \; F = (x^2 + y - 11)^2 + (x + y^2 - 7)^2$ mit dem Abstiegsverfahren bestimmt. Bei der Wahl einer geeigneten Startiteration hilft ein Blick auf den Graphen der Funktion.

```
# Programm 7.2 zum Abstiegsverfahren (Armijo–Schrittweiten) (abstieg_gb.m)
# Min H(x,y) , H und gradH (Spaltenvektor)
#             sind als Programme (Function) bereitzustellen
# input:  Startwert (x0,y0),
#         alpha (Daempfung des Gradienten), rho (Armijo–Parameter)
# output: Loesung (x*,y*), H(x*,y*) und grad H(x*,y*)
# Aufruf: [xs,ys,Hs,ngrad] = abstieg_gb(x0,y0,alpha,rho)
# z.B. ⟹ alpha = 0.5, rho = 0.1
function [xs,ys,Hs,ngrad] = abstieg_gb(x0,y0,alpha,rho);
```

```
t0 = 0.25; l = 0; k = 0; epsilon = 0.0001;
ngrad = 10;
x = x0; y = y0; t = t0;
grad = gradH(x,y); d = -alpha*grad;
fex = H(x,y);
xn = x + t*d(1);yn = y + t*d(2);
fexn = H(xn,yn);
while (ngrad > epsilon)
    b0 = fex + t*rho*grad'*d < fexn
    while b0 && t > 0.01
        l = l+1;
        t = t*0.5;
        xn = x + t*d(1); yn = y + t*d(2);
        fexn = H(xn,yn);
        b0 = fex + t*rho*grad'*d < fexn
    endwhile
    l = 0;
    ngrad = norm(grad); # Norm des Gradienten
    fex = fexn
    x = x + t*d(1); y = y + t*d(2);
    grad = gradH(x,y);
    d = -alpha*grad;
    fexn = H(x,y);
    t = t0;
    k = k+1 # Iterationszaehler
endwhile
xs = x; ys = y;
Hs = fex;
ngrad;
endfunction
```

Funktion und Gradienten berechnet man den mit den Programmen

```
function f = F(x,y);
f = (x^2 + y - 11)^2 + (x + y^2 -7)^2; # Himmelblau-Fkt.
endfunction
function grad = gradF(x,y);
# Gradient der Himmelblau-Funktion
grad = [4*(x^2 + y -11)*x + 2*(x + y^2 -7);2*(x^2 + y -11) + 4*(x + y^2 -7)*y];
endfunction
```

Restringierte Optimierungsaufgaben

Bei den unrestringierten Optimierungsaufgaben wurde als Menge, in der man nach Extremalpunkten einer Funktion $F : D \to \mathbb{R}$ suchte, der gesamte Definitionsbereich D als zulässiger Bereich betrachtet. Sucht man allerdings nur auf einer durch Bedingungen vorgegebenen Teilmenge von D nach Extermalpunkten, dann spricht man von **restringierten Optimierungsproblemen**. Eine Restriktion kann z. B. darin bestehen, dass man im $\mathbb{R}^3$ nur auf einer Kugeloberfläche nach Minima einer Funktion $F : \mathbb{R}^3 \to \mathbb{R}$ sucht, also

$$\min_{(x,y,z)\in\mathbb{R}^3} F(x, y, z) \quad \text{unter der Nebenbedingung} \quad x^2 + y^2 + z^2 = 1 \ .$$

Allgemein lautet die Aufgabe

$$\min_{\mathbf{x}\in D} F(\mathbf{x})$$
$$u.d.N. \ G(\mathbf{x}) = \mathbf{0}$$
$$U(\mathbf{x}) \le \mathbf{0} \quad .$$

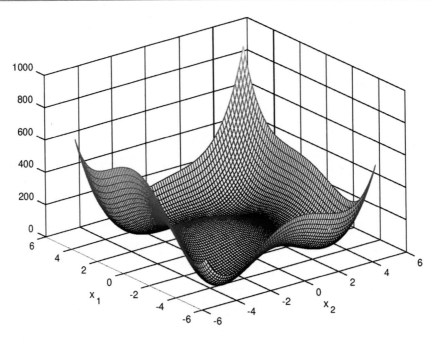

Abb. 7.10 Graph der Himmelblau-Funktion

G und U sind hier vektorwertige Abbildungen $G : D \to \mathbb{R}^p$, $U : D \to \mathbb{R}^q$, um auch mehrere Gleichungs- bzw. Ungleichungsnebenbedingungen zu erfassen[7]. Hier wollen wir nur den Spezialfall der restringierten Aufgabenstellung ohne die Bedingung $U(\mathbf{x}) \leq \mathbf{0}$ betrachten, da die Behandlung von Ungleichungsnebenbedingungen den Rahmen dieses Buches sprengen würde. Es sei dazu nur soviel gesagt, dass man durch die Einführung sogenannter Schlupfvariablen aus Ungleichungsnebenbedingungen Gleichungsnebenbedingungen macht. Eine ausführliche Diskussion der dadurch entstehenden restringierten Problemstellung findet man bei Geiger and Kanzow 2002, M. Ulbrich and S.Ulbrich2012 oder Tröltzsch 2009.

Bevor man Methoden zur Lösung der obigen Aufgabe anstellt, sollte man überlegen, ob man die Nebenbedingung $G(\mathbf{x}) = 0$ im Fall $p = 1$ nicht nach einer Komponente auflösen kann, und somit das Problem auf ein unrestringiertes Minimumproblem zurückführen könnte.

Als Beispiel betrachten wir die o. gen. Nebenbedingung $x^2 + y^2 + z^2 = 1$. Löst man die Kugeloberflächengleichung nach z auf, d. h. $z = \sqrt{1 - x^2 - y^2}$, und definiert

$$\hat{F}(x, y) = F(x, y, \sqrt{1 - x^2 - y^2}),$$

---

[7] u.d.N. steht für "unter der Nebenbedingung"

dann muss man statt des restringierten Problems mit

$$\min_{x^2+y^2 \le 1} \hat{F}(x, y)$$

ein unrestringiertes lösen, was im Allg. einfacher ist.

Im Folgenden betrachten wir das restringierte Minimumproblem

$$\min_{\mathbf{x} \in D} \quad F(\mathbf{x})$$

$$u.d.N. \ G(\mathbf{x}) = \mathbf{0} \ , \tag{7.37}$$

ein Minimumproblem mit Gleichungsnebenbedingungen, $D \subset \mathbb{R}^n$, $G : D \to \mathbb{R}^p$, $p < n$. Die Voraussetzung $p < n$ bewirkt, dass $G(\mathbf{x}) = \mathbf{0}$ ein unterbestimmtes Gleichungssystem für $\mathbf{x}$ ist (Anzahl der Gleichungen kleiner als die Anzahl der Unbekannten). Die Menge

$$M = \{\mathbf{x} \mid \mathbf{x} \in D, \ G(\mathbf{x}) = \mathbf{0}\} \subset D$$

wird dann i. Allg. eine Mannigfaltigkeit mit $(n - p)$ freien Parametern sein. Die Suche nach Extremalstellen von F auf M ist sinnvoll. Bei $n \le p$ würde M i. Allg. aus einem Punkt bestehen oder leer sein. Eine Suche nach Extremwerten von f auf einer solchen Menge wäre sinnlos.

Eine Methode bzw. Kriterien zur Ermittlung von Extremalstellen einer Funktion F unter Berücksichtigung von p Nebenbedingungen liefert der folgende Satz.

Satz 7.13 (*notwendige Extremalbedingung bei p Nebenbedingungen*)
Die Funktion $F : D \to \mathbb{R}$ und die Abbildung $G : D \to \mathbb{R}^p$ seien stetig partiell differenzierbar auf einer offenen Menge $D \subset \mathbb{R}^n$, $n > p$, wobei die JACOBI-Matrix $G'(\mathbf{x})$ für jedes $\mathbf{x} \in D$ den Rang p hat. Dann folgt:

Ist $\mathbf{x}_0 \in D$ eine lokale Extremalstelle von F unter der Nebenbedingung $G(\mathbf{x}) = \mathbf{0}$, so existiert dazu eine $(1 \times p)$-Matrix (Zeilenvektor) $\mathbf{L} = (\lambda_1, \lambda_2, ..., \lambda_p)$ mit

$$F'(\mathbf{x}_0) + \mathbf{L} \, G'(\mathbf{x}_0) = \mathbf{0}. \tag{7.38}$$

Die reellen Zahlen $\lambda_1, \lambda_2, ..., \lambda_m$ heißen LAGRANGEsche Multiplikatoren.

Bemerkung 7.1 Zur Begründung der Gültigkeit der Gl. (7.38) stellen wir die folgende Überlegung für den Fall $p = 1$ an. Wir suchen die Extrema der Funktion $F(\mathbf{x})$ unter Berücksichtigung der Nebenbedingung $G(\mathbf{x}) = 0$, also suchen wir Extremalstellen von F auf dem Null-Niveau M von G (Höhenlinie von G). Nicht nur als Bergwanderer weiß man, dass der Gradient von G als Richtung des stärksten Anstiegs senkrecht auf den Niveaus von G steht. Sei $\mathbf{x}_0 \in M$ eine lokale Extremalstelle von F. Dann gilt für $\mathbf{x} \in M$ in der Nähe von $\mathbf{x}_0$

$$F(\mathbf{x}) \approx F(\mathbf{x}_0) + \nabla F(\mathbf{x}_0) \cdot (\mathbf{x} - \mathbf{x}_0) =: F(\mathbf{x}_0) + \nabla F(\mathbf{x}_0) \cdot \mathbf{t},$$

woraus folgt, dass $\nabla F(\mathbf{x}_0) \cdot \mathbf{t} = \langle \nabla F(\mathbf{x}_0), \mathbf{t} \rangle_2 \approx 0$ ist. Das bedeutet, dass der Gradient von F im Punkt $\mathbf{x}_0$ senkrecht auf dem Tangentenvektor $\mathbf{t}$ der Niveaulinie von G steht. Da der Gradient $\nabla G(\mathbf{x}_0)$ von G ebenfalls senkrecht auf dem Tangentenvektor $\mathbf{t}$ steht, folgt die Existenz einer Zahl α, so dass für $\mathbf{x}_0$

$$\nabla F(\mathbf{x}_0) = \alpha \nabla G(\mathbf{x}_0) \Longleftrightarrow F'(\mathbf{x}_0) = \alpha G'(\mathbf{x}_0)$$

gilt. Mit der Setzung $\lambda = -\alpha$ folgt die Gl. (7.38).

Mit $\mathbf{x} = (x_1, \ldots, x_n)$, $G = (g_1, \ldots, g_p)^T$ und $\mathbf{L} = (\lambda_1, \lambda_2, \ldots, \lambda_p)$ erhalten die Gleichungen des Systems (7.38) die Form

$$\frac{\partial F}{\partial x_j}(\mathbf{x}) + \sum_{k=1}^{p} \lambda_k \frac{\partial g_k}{\partial x_j}(\mathbf{x}) = \mathbf{0} \quad \text{für alle} \quad j = 1, 2, \ldots, n, \tag{7.39}$$

und

$$g_k(\mathbf{x}) = 0 \quad \text{für alle} \quad k = 1, 2, \ldots, p. \tag{7.40}$$

Es liegen damit $n + p$ Gleichungen für die $n + p$ Unbekannten $x_1, \ldots, x_n, \lambda_1, \ldots, \lambda_p$ vor. Lösungen $\mathbf{x} = (x_1, x_2, \ldots, x_n)^T$ der Gl. (7.39) und (7.40) heißen **stationäre** oder **kritische Punkte** von F unter der Nebenbedingung $G(\mathbf{x}) = \mathbf{0}$ und sind Kandidaten für Extremalstellen. Stationäre Punkte bezeichnet man auch als Karush-Kuhn-Tucker-Punkte (KKT-Punkte), benannt nach W. Karush, H.W. Kuhn und A.W. Tucker, Mathematikern, die Grundlagen für die Thematik "Nichtlineare Optimierung" geschaffen haben und z. B. die notwendige Extremalbedingung (7.39), (7.40) formuliert haben. Diese wird deshalb auch KKT-Bedingung genannt. Die Funktion

$$\mathcal{L}(\mathbf{x}, L) = F(\mathbf{x}) + \sum_{k=1}^{p} \lambda_k g_k(\mathbf{x}) \tag{7.41}$$

bezeichnet man als **Lagrange**-Funktion. Mit Hilfe von (7.41) kann man das Gleichungssystem (7.39) auch in der Form[8]

$$\nabla \mathcal{L}(\mathbf{x}, L) = \nabla F(\mathbf{x}) + \nabla G(\mathbf{x}) \mathbf{L}^T = 0$$

$$= \nabla F(\mathbf{x}) + \sum_{k=1}^{p} \lambda_k \nabla g_k(\mathbf{x}) = 0$$

darstellen, wobei ∇G als die Matrix mit den Gradienten ∇g_k, $k = 1, \ldots, p$, als Spalten zu verstehen ist. Oft kann kann man Lösungen von (7.39),(7.40) nicht oder nur sehr schwer

---

[8] Die Bildung des Gradienten von $\mathcal{L}$ und auch später der HESSE-Matrix von $\mathcal{L}$ bezieht sich ausschließlich auf die Differentiation nach Komponenten von $\mathbf{x}$.

ausrechnen. Deshalb muss dieses nichtlineare Gleichungssystem im Allg. numerisch gelöst werden.

In der Regel ist die Frage, ob stationäre Punkte lokale Extremalstellen sind, schwer zu beantworten. Hier hilft oft ingenieurmäßige Intuition oder numerische Rechnung. Eine Hilfe bei der Entscheidung liefert der Satz 7.12, dass jede stetige Funktion auf einer kompakten Menge ihr Maximum und Minimum annimmt. Bei kompakter Nebenbedingungsmenge

$$M = \{\mathbf{x} \in D \mid G(\mathbf{x}) = \mathbf{0}\}$$

hat man daher unter den Lösungen der LAGRANGE-Methode und den Randpunkten aus $M \cap \partial D$ diejenigen mit minimalem Funktionswert $f(\mathbf{x})$ herauszusuchen. Diese Punkte sind alle gesuchten Minimalstellen. Für Maximalstellen gilt Entsprechendes. Die numerische Lösung von (7.39), (7.40) soll hier nicht weiter besprochen werden. In dem folgenden Abschnitt soll allerdings eine recht elegante Methode zur näherungsweisen Lösung behandelt werden.

SQP-Methode

In der Numerik werden nichtlineare Aufgaben oft durch lineare Aufgabenstellungen approximiert, weil diese einfacher zu lösen sind. Das soll auch mit dem nichtlinearen Gleichungssystem (7.39), (7.40) geschehen. Linearisierungen von $\mathcal{L}$ und $G = (g_1, \ldots, g_p)^T$ um den Punkt $\mathbf{x}_0$ ergeben

$$\mathcal{L}(\mathbf{x}, L) \approx \mathcal{L}(\mathbf{x}_0, L) + \nabla \mathcal{L}(\mathbf{x}_0, L)^T \Delta\mathbf{x} + \frac{1}{2} \Delta\mathbf{x}^T B \Delta\mathbf{x}$$

$$= \mathcal{L}(\mathbf{x}_0, L) + \nabla F(\mathbf{x}_0)^T \Delta\mathbf{x} + \sum_{k=1}^{p} \lambda_k \nabla g_k(\mathbf{x}_0)^T \Delta\mathbf{x} + \frac{1}{2} \Delta\mathbf{x}^T B \Delta\mathbf{x}$$

mit $\Delta\mathbf{x} = \mathbf{x} - \mathbf{x}_0$ und

$$g_k(\mathbf{x}) \approx g_k(\mathbf{x}_0) + \nabla g_k(\mathbf{x}_0)^T \Delta\mathbf{x},$$

wobei B die HESSE-Matrix von $\mathcal{L}$ oder eine Approximation davon sein soll. Das linearisierte Extremalproblem lautet nun

$$\min_{\mathbf{x} \in D} \mathcal{L}(\mathbf{x}_0, L) + \nabla F(\mathbf{x}_0)^T \Delta\mathbf{x} + \sum_{k=1}^{p} \lambda_k \nabla g_k(\mathbf{x}_0)^T \Delta\mathbf{x} + \frac{1}{2} \Delta\mathbf{x}^T B \Delta\mathbf{x}$$

$$u.d.N. \qquad g_k(\mathbf{x}_0) + \nabla g_k(\mathbf{x}_0)^T \Delta\mathbf{x} = 0 \qquad (7.42)$$

Die notwendige Extremalbedingung (7.39) bedeutet für das approximierte restringierte Minimum-Problem (7.42)

$$B \Delta\mathbf{x} + \sum_{k=1}^{p} \lambda_k \nabla g_k(\mathbf{x}_0) = -\nabla F(\mathbf{x}_0)$$

$$\nabla g_k(\mathbf{x}_0)^T \Delta\mathbf{x} = -g_k(\mathbf{x}_0), \quad k = 1, \ldots, p,$$

oder als Block-System

$$\begin{pmatrix} B & \nabla G(\mathbf{x}) \\ \nabla G(\mathbf{x})^T & \mathbf{0} \end{pmatrix} \begin{pmatrix} \Delta \mathbf{x} \\ L^T \end{pmatrix} = \begin{pmatrix} -\nabla F(\mathbf{x}_0) \\ -G(\mathbf{x}) \end{pmatrix}. \tag{7.43}$$

Setzt man in (7.43) $L^{(j+1)} = L^{(j)} + \Delta L$ mit einem gegebenen Lagrange-Multiplikator $L^{(l)}$ und $\Delta \mathbf{x} = \mathbf{x}^{(j+1)} - \mathbf{x}^{(j)}$ bei gegebenem $\mathbf{x}^{(j)}$ ein, sowie $B = B^{(j)} = H_{\mathcal{L}}(\mathbf{x}^{(j)}, L^{(j)})$, so erhält man

$$\begin{pmatrix} B^{(j)} & \nabla G(\mathbf{x}^{(j)}) \\ \nabla G(\mathbf{x}^{(j)})^T & \mathbf{0} \end{pmatrix} \begin{pmatrix} \Delta \mathbf{x} \\ \Delta L^T \end{pmatrix} = \begin{pmatrix} -\nabla \mathcal{L}(\mathbf{x}^{(j)}, L^{(j)}) \\ -G(\mathbf{x}^{(j)}) \end{pmatrix}, \tag{7.44}$$

wobei wir

$$\nabla \mathcal{L}(\mathbf{x}^{(j)}, L^{(j)}) = \nabla F(\mathbf{x}^{(j)}) + \nabla G(\mathbf{x}^{(j)})[L^{(j)}]^T$$

benutzt haben. Mit (7.44) liegt eine Folge von quadratischen Optimierungsproblemen mit

$$\mathbf{x}^{(j+1)} = \Delta \mathbf{x} + \mathbf{x}^{(j)}$$
$$L^{(j+1)} = \Delta L + L^{(j)}$$

vor, deshalb die Bezeichnung **Sequential Quadratic Programming** => SQP. Statt $B^{(j)} = H_{\mathcal{L}}(\mathbf{x}^{(j)}, L^{(j)})$ sind auch Approximationen der HESSE-Matrix von $\mathcal{L}$ als Wahl von $B^{(j)}$ möglich. Entscheidend ist hier aber, dass die Matrizen positiv definit sein sollten.

Bemerkung 7.2 Verwendet man

$$L^{(0)} = -[\nabla G(\mathbf{x}^{(0)})^T \nabla G(\mathbf{x}^{(0)})]^{-1} \nabla G(\mathbf{x}^{(0)})^T \nabla F(\mathbf{x}^{(0)})$$

als Startwert für die Lagrange-Multiplikatoren mit $\mathbf{x}^{(0)}$, das nahe genug bei der Lösung $\mathbf{x}^*$ liegt, also $||\mathbf{x}^{(0)} - \mathbf{x}^*||_2$ genügend klein ist, dann konvergiert die Lösungsfolge $(\mathbf{x}^{(j)})$ von (7.44) quadratisch gegen eine Lösung $(\mathbf{x}^*, L^*)$ des Ausgangsproblems (7.37).

Von G aus den Nebenbedingungen muss gelten, dass die Spalten von $\nabla G(\mathbf{x}^{(j)})$, $j = 0, 1, \ldots$, in den Problemen (7.44) linear unabhängig sind.

Im folgenden Programm ist die SQP-Methode für das restringierte Minimum-Problem

$$\min_{(x,y) \in D} F(x, y) \quad \text{u.d.N.} \quad G(x, y) = 0$$

umgesetzt. Für die Beispiel-Funktionen $F(x, y) = xy$ und $G(x, y) = x^2 + y^2 - 1$ sind 3 SQP-Iterationen zur Minimum-Bestimmung erforderlich (z. B. mit den Startwerten $x_0 = 0{,}8$, $y_0 = -0{,}7$, $\lambda_0 = 0{,}3$).

```
# Programm 7.3 zum SQP-Verfahren (sqp_gb.m)
# Min F(x,y) , u.d.N. G(x,y) = 0
#
# F, G, gradF und gradG sind als Programme (Function)
# Spaltenvektoren, bereitzustellen
# input:   Startwert (x0,y0,lambda0), Lagrange-Multiplikator
# output:  Loesung (x*,y*,lambda*), F(x*,y*) und G(x*,y*)
# Aufruf:  [xs,ys,lambda,f,g] = sqp_gb(x0,y0,lambda0)
#
function [xs,ys,lambdas,f,g] = sqp_gb(x0,y0,lambda0)
M = zeros(3,3);
x = x0; y = y0; lambda = lambda0;
B = [2*lambda , 1 ; 1 , 2*lambda];
M = [ B , gradG(x,y); gradG(x,y)' , 0];
rhs = [-gradF(x,y)-lambda*gradG(x,y) ; -G(x,y)];
#
epsilon = 0.0001;
k = 0;
while abs(G(x,y)) > epsilon && k < 20
  k = k + 1
  X = M\rhs;
  dx = X(1); dy = X(2); dlambda = X(3);
  x = x + dx; y = y + dy; lambda = lambda + dlambda;
  B = [2*lambda , 1 ; 1 , 2*lambda];
  M = [ B , gradG(x,y); gradG(x,y)' , 0];
  rhs = [-gradF(x,y)-lambda*gradG(x,y) ; -G(x,y)];
endwhile
xs = x;
ys = y;
lambdas = lambda;
f= F(x,y);
g = G(x,y);
endfunction
```

Bemerkung 7.3 Wie beim Newtonverfahren, Gauß-Newtonverfahren, Abstiegsverfahren
und SQP-Verfahren ist die Wahl guter Startnäherungen entscheidend für die Konvergenz
und deren Geschwindigkeit. Ein wichtiger Ansatz besteht in der Nutzung von Informationen z. B. aus dem Kontext der technischen Problemstellung hinter dem mathematischen
Modell. Eine andere Möglichkeit, Startiterationen zu finden, bietet z. B. die Auswertung
graphischer Informationen über die Zielfunktionen. Hierbei hilft Octave bzw. MATLAB
mit den Befehlen *mesh, surfc* oder *contour* im Fall von Funktionen $F : D \to \mathbb{R}, D \subset \mathbb{R}^2$.
Als Beispiel betrachten wir die "Three-Hump-Camel"-Funktion

$$F(x_1, x_2) = 2x_1^2 - 1.05x_1^4 + \frac{x_1^6}{6} + x_1x_2 + x_2^2 \quad \text{auf } D = [-2, 2] \times [-2, 2],$$

und die Griewank-Funktion

$$G(x_1, x_2) = (x_1^2 + x_2^2)/4000 - \cos(x_1)\cos(\frac{x_2}{\sqrt{2}}) + 1 \quad \text{auf } D = [-5, 5] \times [-5, 5].$$

Mit dem *surfc*-Befehl von Octave erhält man die Grafiken 7.11 und 7.12, auf denen die
Graphen der Funktionen und die Höhenlinien (Niveaus) zu sehen sind. Durch eventuelles
Drehen der Grafik am Rechner kann man für die Extremumsuche in vielen Fällen passende
Startwerte finden.

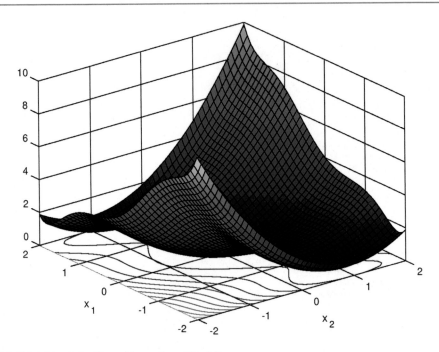

Abb. 7.11 Graph der Three-Hump Camel-Funktion

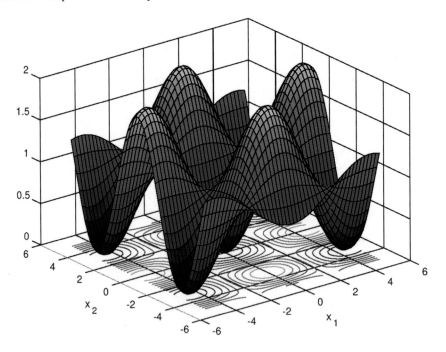

Abb. 7.12 Graph der Griewank-Funktion

Die SQP-Methode hat sich als sehr leistungsfähig bei der Bestimmung von stationären Punkten erwiesen. Allerdings erhält man mit der Methode im Unterschied zum Gauß-Newton-Verfahren und der Abstiegsmethode nur stationäre Punkte, die nicht unbedingt lokale Extremalpunkte sein müssen (auch weil die zu minimierende (maximierende) Funktion in der Methode nicht direkt vorkommt). Am Ende muss man immer noch gesondert entscheiden, ob es sich bei den gefundenen Punkten tatsächlich um Extremalpunkte oder Sattelpunkte handelt.

7.5 Iterative Lösung linearer Gleichungssysteme

Neben den in Kap. 2 beschriebenen direkten Lösungsverfahren für lineare Gleichungssysteme kann man diese auch iterativ lösen. Ziel ist die Berechnung der Lösung des linearen Gleichungssystems

$$A\vec{x} = \vec{b}, \tag{7.45}$$

wobei A eine reguläre Matrix vom Typ $n \times n$ und $\vec{b} \in \mathbb{R}^n$ gegeben sind. Zerlegt man A mit der regulären Matrix B in der Form $A = B + (A - B)$, dann gilt für das lineares Gleichungssystem (7.45)

$$A\vec{x} = \vec{b} \iff B\vec{x} = (B - A)\vec{x} + \vec{b} \iff \vec{x} = (E - B^{-1}A)\vec{x} + B^{-1}\vec{b}.$$

Wählt man nun B als leicht invertierbare Matrix, dann ergibt sich im Fall der Konvergenz der Fixpunktiteration

$$\vec{x}^{(k)} = (E - B^{-1}A)\vec{x}^{(k-1)} + B^{-1}\vec{b} \quad (k = 1, 2, \dots) \tag{7.46}$$

bei Wahl irgendeiner Startnäherung $\vec{x}^{(0)} \in \mathbb{R}^n$ mit dem Grenzwert $\vec{x} = \lim_{k\to\infty} \vec{x}^{(k)}$ die Lösung des linearen Gleichungssystems (7.45). Die Matrix $S = (E - B^{-1}A)$ heißt **Iterationsmatrix**. Konvergenz gegen $\vec{x}$ liegt vor, wenn $\lim_{k\to\infty} ||\vec{x} - \vec{x}^{(k)}|| = 0$ ist. Mit der Lösung $\vec{x}$ und $\delta\vec{x}^{(k)} = \vec{x} - \vec{x}^{(k)}$ folgt aus (7.46)

$$\delta\vec{x}^{(k)} = (E - B^{-1}A)\delta\vec{x}^{(k-1)} = (E - B^{-1}A)^k\delta\vec{x}^{(0)} = S^k\delta\vec{x}^{(0)},$$

also gilt für irgendeine Vektornorm und eine dadurch induzierte Matrixnorm

$$||\delta\vec{x}^{(k)}|| \leq ||S^k|| \, ||\delta\vec{x}^{(0)}||. \tag{7.47}$$

Das iterative Lösungsverfahren konvergiert also, wenn $\lim_{k\to\infty} S^k = \mathbf{0}$ bzw. $\lim_{k\to\infty} ||S^k|| = 0$ gilt. Im Folgenden wird dargestellt, unter welchen Bedingungen an A und B bzw. S Konvergenz folgt. Hilfreich dafür ist der

Satz 7.14 *(äquivalente Eigenschaften einer quadratischen Matrix)*
Sei S eine Matrix vom Typ n × n. S habe den Spektralradius r(S) < 1 (s. Definition 1.5).
Dann sind die folgenden Aussagen äquivalent:

a) *Der Spektralradius $r(S)$ von S ist kleiner als 1.*
b) $S^k \to \mathbf{0}$ *für $k \to \infty$.*
c) *Es gibt eine Vektornorm, so dass sich für die induzierte Matrixnorm $||S|| < 1$ ergibt.*

Zum Beweis des Satzes nutzt man die für jede Matrix existierende verallgemeinerte Jordan-Zerlegung $S = T^{-1}JT$ mit einer regulären Matrix T und der Jordan-Matrix J bestehend aus den Jordan-Blöcken J_i

$$
J = \begin{pmatrix} J_1 & & \\ & \ddots & \\ & & J_r \end{pmatrix}, \quad
J_i = \begin{pmatrix} \lambda_i & \epsilon & & & \\ & \lambda_i & \epsilon & & \\ & & \ddots & \ddots & \\ & & & \lambda_i & \epsilon \\ & & & & \lambda_i \end{pmatrix}
$$

für die Eigenwerte $\lambda_1, \ldots, \lambda_r$ von S mit $0 < \epsilon < 1 - |\lambda_i|$ für $i = 1, \ldots, r$. Es gilt $||S^k|| = ||T J^k T^{-1}||$. Die Potenzen von J enthalten für wachsendes k immer größere Potenzen von λ_i, so dass wegen $|\lambda_i| < 1$ für alle Eigenwerte $||S^k||$ gegen null geht und damit auch b) gilt. Mit der Zeilensummennorm gilt wegen der Voraussetzung zum Spektralradius von S, der gleich dem von J ist, und der Wahl von ϵ

$$
||J||_\infty = \max_{i=1,\ldots,r} ||J_i||_\infty < 1.
$$

Durch

$$
||\vec{x}||_T := ||T\vec{x}||_\infty \quad (\vec{x} \in \mathbb{R}^n)
$$

ist eine Norm auf dem $\mathbb{R}^n$ erklärt, was zur Übung nachgewiesen werden sollte. Für die durch $|| \cdot ||_T$ induzierte Matrixnorm gilt $||S||_T < 1$, denn es gilt

$$
||S\vec{x}||_T = ||T S\vec{x}||_\infty = ||J T\vec{x}||_\infty \leq ||J||_\infty ||T\vec{x}||_\infty = ||J||_\infty ||\vec{x}||_T
$$

und damit $\frac{||S\vec{x}||_T}{||\vec{x}||_T} \leq ||J||_\infty < 1$ für alle $\vec{x} \neq \vec{0}$. Damit ist a) $\Longrightarrow$ b) und a) $\Longrightarrow$ c) gezeigt. Die Nachweise der anderen z. T. trivialen Implikationen werden als Übung empfohlen (s. dazu Plato 2000).

Der Satz 7.14 ist ein wichtiges Hilfsmittel, um die Konvergenz von Iterationsverfahren für die Lösung linearer Gleichungssysteme zu entscheiden. Als direkte Folgerung ergibt sich mit den zu Beginn des Abschnitts durchgeführten Überlegungen der

Satz 7.15 *(Konvergenzkriterium für die Iteration (7.46))*
Seien A und B reguläre (n × n)-Matrizen. Die Iteration (7.46) konvergiert für alle Start-werte $\vec{x}^{(0)}$ genau dann gegen die eindeutig bestimmte Lösung $\vec{x}$ von $A\vec{x} = \vec{b}$, wenn der Spektralradius $r = r(S)$ der Iterationsmatrix $S = (E - B^{-1}A)$ kleiner als 1 ist.
Ist S diagonalisierbar, dann gilt

$$\|\vec{x}^{(k)} - \vec{x}\| \le Cr^k \quad (C = \text{const.} \in \mathbb{R}) . \tag{7.48}$$

Falls S nicht diagonalisierbar ist, gilt (7.48) mit $C = Mk^n$, $M = \text{const.} \in \mathbb{R}$.

7.5.1 Jacobi-Verfahren

Für die weitere Betrachtung stellen wir die quadratische Matrix $A = (a_{ij})$ als Summe der unteren Dreiecksmatrix $L = (l_{ij})$, der Diagonalmatrix $D = (d_{ij})$ und der oberen Dreiecksmatrix $U = (u_{ij})$

$$A = L + D + U \tag{7.49}$$

mit

$$l_{ij} = \begin{cases} a_{ij} \text{ falls } i > j \\ 0 \quad \text{falls } i \le j \end{cases} , \quad u_{ij} = \begin{cases} 0 \quad \text{falls } i \ge j \\ a_{ij} \text{ falls } i < j \end{cases} , \quad d_{ij} = \begin{cases} a_{ij} \text{ falls } i = j \\ 0 \quad \text{falls } i \ne j \end{cases}$$

dar. Eine oft angewendete Zerlegung der Matrix A wird durch die Wahl von $B = D$ als der Diagonalmatrix der Hauptdiagonalelemente von A konstruiert. Die Iterationsmatrix S hat dann die Form

$$S = E - B^{-1}A = -D^{-1}(L+U) = \begin{pmatrix} 0 & -\frac{a_{12}}{a_{11}} & \cdots & -\frac{a_{1n}}{a_{11}} \\ -\frac{a_{21}}{a_{22}} & 0 & \cdots & -\frac{a_{2n}}{a_{22}} \\ \vdots & & \ddots & \\ -\frac{a_{n1}}{a_{nn}} & \cdots & -\frac{a_{nn}}{a_{nn}} & 0 \end{pmatrix} . \tag{7.50}$$

Das Verfahren (7.46) mit der durch die Wahl von $B = D$ definierten Iterationsmatrix (7.50) heißt **Jacobi-Verfahren** oder **Gesamtschrittverfahren**. Bezeichnet man die Koordinaten von $\vec{x}^{(k)}$ mit $x_j^{(k)}$ ($j = 1, \ldots, n$), dann ergibt sich für das Jacobi-Verfahren koordinatenweise

$$x_j^{(k)} = \frac{1}{a_{jj}}(b_j - \sum_{\substack{i=1 \\ i \ne j}}^{n} a_{ji} x_i^{(k-1)}) \quad (j = 1, \ldots, n).$$

Zur Konvergenz des Jacobi-Verfahrens gilt der

Satz 7.16 *(Konvergenz des Jacobi-Verfahrens I)*
Sei A eine strikt diagonal dominante (n × n)-Matrix. Dann ist der Spektralradius von S
kleiner als eins und das Jacobi-Verfahren konvergiert mit den Geschwindigkeiten nach Satz
7.15.

Strikte Diagonaldominanz bedeutet

$$|a_{ii}| > \sum_{\substack{j=1 \\ j \neq i}}^{n} |a_{ij}| \iff \sum_{\substack{j=1 \\ j \neq i}}^{n} \frac{|a_{ij}|}{|a_{ii}|} < 1 \quad (i = 1, \ldots, n),$$

so dass die Zeilensummennorm von S kleiner als eins ist. Gemäß Satz 7.14 ist der Spektralradius von S kleiner als eins und es gilt $\lim_{k \to \infty} S^k = 0$, woraus die Konvergenz folgt.
An dieser Stelle sei an das Gleichungssystem (5.44) aus dem Kap. 5 zur Berechnung eines
kubischen Splines erinnert, das eine strikt diagonal dominante Koeffizientenmatrix besitzt
und somit mit einem Jacobi-Verfahren gelöst werden kann.

Bevor wir zu weiteren und effektiveren iterativen Lösungsverfahren kommen, soll mit
den diagonal dominanten irreduziblen Matrizen eine ganz wichtige Klasse von Matrizen aus
dem Gebiet der numerischen Lösung partieller Differentialgleichungen behandelt werden.
Bei der numerischen Lösung eines Zweipunkt-Randwertproblems (s. auch Kap. 8)

$$-\frac{d^2 y}{dx^2} = f(x), \ a < x < b, \quad y(a) = y_a, \ \frac{dy}{dx}(b) = y_b,$$

mit finiten Differenzen oder finiten Volumen entsteht ein Gleichungssystem der Form

$$\begin{pmatrix} 2 & -1 & 0 & 0 & \ldots & 0 \\ -1 & 2 & -1 & 0 & \ldots & 0 \\ & \ddots & \ddots & \ddots & & \\ 0 & \ldots & 0 & -1 & 2 & -1 \\ 0 & \ldots & 0 & 0 & -1 & 1 \end{pmatrix} \begin{pmatrix} y_1 \\ y_2 \\ \vdots \\ y_{n-1} \\ y_n \end{pmatrix} = \begin{pmatrix} h^2 f_1 + y_a \\ h^2 f_2 \\ \vdots \\ h^2 f_{n-1} \\ h y_b \end{pmatrix} \iff A\vec{y} = \vec{b} \qquad (7.51)$$

mit einer tridiagonalen Matrix A. Für die Matrix A gilt

$$|a_{ii}| \geq \sum_{\substack{j=1 \\ j \neq i}}^{n} |a_{ij}| \qquad\qquad \text{für } i = 1, \ldots, n, \qquad\qquad (7.52)$$

$$|a_{ll}| > \sum_{\substack{j=1 \\ j \neq l}}^{n} |a_{lj}| \text{ gilt für mindestens einen Index } l \in \{1, 2, \ldots, n\}. \qquad (7.53)$$

Allgemeine quadratische $(n \times n)$-Matrizen A, für die (7.52) gilt, heißen **schwach diagonal
dominant**. Um die Konvergenz des Jacobi-Verfahrens für eine schwach diagonal dominante

Matrix A zu sichern, muss man noch (7.53) und die Irreduzibilität (Unzerlegbarkeit) der Matrix fordern.

▶ **Definition 7.7** (irreduzible Matrix)
Eine $(n \times n)$-Matrix $A = (a_{ij})$ heißt **irreduzibel**, wenn für alle $i, j \in \{1, 2, \ldots, n\}$ entweder $a_{ij} \neq 0$ ist oder eine Indexfolge $i_1, \ldots, i_s \in \{1, 2, \ldots, n\}$ existiert, so dass

$$a_{ii_1} a_{i_1 i_2} a_{i_2 i_3} \ldots a_{i_s j} \neq 0$$

ist. Anderenfalls heißt A reduzibel.

Schwach diagonal dominante irreduzible Matrizen mit der Eigenschaft (7.53) werden auch **irreduzibel diagonal dominant** genannt. Die Irreduzibilität ist formal schwer fassbar, allerdings gibt es eine eingängige geometrische Interpretation. Man ordnet einer $(n \times n)$-Matrix einen Graphen $G(A)$ mit n Knoten zu. Für jedes Indexpaar (i, j) mit $a_{ij} \neq 0$ gibt es eine gerichtete Kante vom Knoten i zum Knoten j. Falls $a_{ij} \neq 0$ und $a_{ji} \neq 0$ sind, gibt es gerichtete Kanten von den Knoten i nach j und von j nach i. Für $a_{ii} \neq 0$ gibt es in $G(A)$ eine Schleife. Die Matrix A ist genau dann irreduzibel, falls der Graph zusammenhängend in dem Sinn ist, dass man von jedem Knoten i jeden anderen Knoten j über mindestens einen gerichteten Weg, der sich aus gerichteten Kanten zusammensetzt, erreichen kann. Die Matrix

$$M = \begin{pmatrix} 2 & -1 & 0 & 0 \\ -1 & 2 & -1 & 0 \\ 0 & -1 & 2 & -1 \\ 0 & 0 & -1 & 1 \end{pmatrix}$$

hat den in der Abb. 7.13 dargestellten Graph $G(M)$ und ist damit irreduzibel. Auf ähnliche Weise stellt man die Irreduzibilität der Matrix A aus (7.51) fest. Für irreduzibel diagonal dominante Matrizen gilt der

Satz 7.17 (*Konvergenz der Jacobi-Verfahrens (II)*)
Für eine irreduzibel diagonal dominante Matrix A ist das Jacobi-Verfahren konvergent.

Der Beweis dieses Satzes sprengt den Rahmen dieses Buches. Deshalb sei dazu auf Schwarz 1997 verwiesen. Mit dem Satz 7.17 ist die Konvergenz des Jacobi-Verfahrens für die Lösung der Gleichungssysteme, die bei der Diskretisierung elliptischer Randwertprobleme entstehen, in den meisten Fällen gesichert, da Finite-Volumen- oder Finite-Element-Diskretisierungen in der Regel auf irreduzibel diagonal dominante Koeffizientenmatrizen führen (s. dazu auch Kap. 10).

Mit dem folgenden Programm löst man ein lineares Gleichungssystem mit einer tridiagonalen Koeffizientenmatrix mit der Haupdiagonale $\vec{d} = (d_1, \ldots, d_n)$, der darunterliegenden

Abb. 7.13 Graph $G(M)$ der
irreduziblen Matrix M

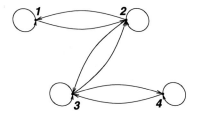

Diagonale $\vec{l} = (l_2, \ldots, l_n)$ und der darüberliegenden Diagonale $\vec{u} = (u_1, \ldots, u_{n-1})$ sowie
dem Abbruchkriterium $\dfrac{||\vec{x}^{(k+1)} - \vec{x}^{(k)}||}{||\vec{x}^{(k)}||} \leq 10^{-10}$.

```
# Programm 7.4 zur Jacobi-Iteration (jacobiit_gb.m)
# input:   Diagonalen l,d,u der Koeffizientenmatrix a, l(1) und u(n) sind dummy-Werte
#          rechte Seite b
# output: Loesung x
# Aufruf: [x] = jacobiit_gb2(l,d,u,b)
function [x] = jacobiit_gb2(l,d,u,b);
xdiff = 1; xnorm = 1; it = 0; n = length(d); x(1:n) = 0.0;
while (xdiff/xnorm > 10^(-10))
    xneu(1) = (b(1) - u(1)*x(2))/d(1);
    xneu(2:n-1) = (b(2:n-1) - l(2:n-1).*x(1:n-2) - u(2:n-1).*x(3:n))./d(2:n-1);
    xneu(n) = (b(n) - l(n)*x(n-1))/d(n);
    xdiff = norm(xneu-x);
    x = xneu;
    xnorm = norm(x);
    if (xnorm == 0)
        xnorm = 1;
    end
    it = it + 1;
end
it
end
```

7.5.2　Gauß-Seidel-Iterationsverfahren

Geht man wieder von der Matrixzerlegung (7.49) aus, d. h. $A = L + D + U$, dann kann
man durch die Wahl von $B = L + D$ das sogenannte **Gauß-Seidel-Verfahren** oder **Einzelschrittverfahren**

$$\vec{x}^{(k)} = (E - B^{-1}A)\vec{x}^{(k-1)} + B^{-1}\vec{b} = (L+D)^{-1}(-U\vec{x}^{(k-1)} + \vec{b}) \quad (k = 1, 2, \ldots) \quad (7.54)$$

formulieren. Die Matrix $B = L + D$ ist eine reguläre untere Dreiecksmatrix und damit
leicht zu invertieren. Aber dazu etwas später. Für die Iterationsmatrix $S = -(L + D)^{-1}U$
kann man die Ungleichung

$$||S||_\infty = ||(L+D)^{-1}U||_\infty \leq ||D^{-1}(L+U)||_\infty \quad (7.55)$$

zeigen. Zum Nachweis dieser Ungleichung verweisen wir auf Plato (2000). Aufgrund dieser
Ungleichung (7.55) gilt der folgende Satz zur Konvergenz des Gauß-Seidel-Verfahrens.

Satz 7.18 *(Konvergenz des Gauß-Seidel-Verfahrens)*
Das Gauß-Seidel-Verfahren (7.54) konvergent für beliebige Startiterationen $\vec{x}^{(0)} \in \mathbb{R}^n$ *in allen Fällen, in denen das Jacobi-Verfahren konvergiert.*

Also insbesondere im Fall einer irreduzibel diagonal dominanten Matrix A *vom Typ* $n \times n$.

Wenn man (7.54) zu der äquivalenten Berechnungsformel

$$\vec{x}^{(k)} = D^{-1}(-L\vec{x}^{(k)} - U\vec{x}^{(k-1)} + \vec{b}) \quad (k = 1, 2, \dots) \tag{7.56}$$

umschreibt, erkennt man bei der koordinatenweisen Berechnung der neuen Iteration

$$x_j^{(k)} = \frac{1}{a_{jj}}(b_j - \sum_{i=1}^{j-1} a_{ji}x_i^{(k)} - \sum_{i=j+1}^{n} a_{ji}x_i^{(k-1)}) \quad (j = 1, \dots, n) \tag{7.57}$$

zwar, dass auf beiden Seiten der Formeln $\vec{x}^{(k)}$ vorkommt. Allerdings benötigt man zur Berechnung der j-ten Komponenten von $\vec{x}^{(k)}$ nur die Komponenten $x_1^{(k)}, \dots, x_{j-1}^{(k)}$ der neuen Iteration. Diese kennt man aber bereits. Damit kann man die Formel (7.57) für $j = 1, 2, \dots, n$ sukzessiv zum Update der Koordinaten von $\vec{x}$ anwenden. Die Konsequenzen für die Implementierung des Gauß-Seidel-Verfahrens sind im Vergleich zum Jacobi-Verfahren angenehm. Man braucht eigentlich nur ein Vektorfeld für die Lösungsberechnung. Das erkennt man im folgenden Programm.

```
# Programm 7.5 zur Gauss–Seidel–Iteration (gaussseidelit_gb.m)
# input:  Diagonalen l,d,u der Koeffizientenmatrix a, l(1) und u(n) sind dummy-Werte
#         rechte Seite b
# output: Loesung x
# Aufruf: [x] = gaussseidelit_gb1(l,d,u,b)
function [x] = gaussseidelit_gb1(l,d,u,b);
xdiff = 1; xnorm = 1; it = 0;
n = length(d);
x(1:n) = 0.0;
while (xdiff/xnorm > 10^(-10))
    xalt = x;
    x(1) = (b(1) - u(1)*x(2))/d(1);
    for i=2:n-1
        x(i) = (b(i) - l(i)*x(i-1) - u(i)*x(i+1))/d(i);
    end
    x(n) = (b(n) - l(n)*x(n-1))/d(n);
    xdiff = norm(x - xalt);
    xnorm = norm(xalt);
    if (xnorm == 0)
        xnorm = 1;
    end
    it = it + 1;
end
it
end
```

Der Vergleich des Jacobi-Verfahrens mit dem Gauß-Seidel-Verfahren am Beispiel der iterativen Lösung des linearen Gleichungssystems

$$\begin{pmatrix} 2 & -1 & 0 \\ -1 & 2 & -1 \\ 0 & -1 & 2 \end{pmatrix} \begin{pmatrix} x_1 \\ x_2 \\ x_3 \end{pmatrix} = \begin{pmatrix} 1 \\ 1 \\ 1 \end{pmatrix} \tag{7.58}$$

erfordert bei einer geforderten Genauigkeit von $\epsilon = 10^{-10}$ nur halb so viele Gauß-Seidel-Iterationen wie Jacobi-Iterationen. Dabei ist anzumerken, dass der Rechenaufwand einer Jacobi-Iteration und einer Gauß-Seidel-Iteration gleich sind.

7.5.3 Gauß-Seidel-Verfahren mit Relaxation

Ohne den Rechenaufwand gegenüber der Gauß-Seidel-Verfahren wesentlich zu erhöhen, kann man durch eine Dämpfung oder Relaxation ein eventuelles Überschießen während des Iterationsprozesses vermeiden und in der Regel die Konvergenz beschleunigen. Das ist dann besonders hilfreich, wenn die Gauß-Seidel- Iterationsfolge alternierend konvergiert, d. h. $x_j^{(k)} < x_j$, $x_j^{(k+1)} > x_j$ usw., wobei x_j eine Koordinate der Lösung bezeichnet. Man macht also einen Gauß-Seidel-Schritt

$$\hat{\vec{x}}^{(k)} = D^{-1}(-L\vec{x}^{(k)} - U\vec{x}^{(k-1)} + \vec{b})$$

und berechnet durch

$$\vec{x}^{(k)} = \omega\hat{\vec{x}}^{(k)} + (1-\omega)\vec{x}^{(k-1)}$$

die neue Iterierte. In der Koordinatenform bedeutet die Relaxation

$$\hat{x}_j^{(k)} = \frac{1}{a_{jj}}(b_j - \sum_{i=1}^{j-1} a_{ji}x_j^{(k)} - \sum_{i=j+1}^{n} a_{ji}x_j^{(k-1)})$$

$$x_j^{(k)} = \omega\hat{x}_j^{(k)} + (1-\omega)x_j^{(k-1)}$$

Fasst man die Schritte zusammen, erhält man die Berechnungsformel

$$\vec{x}^{(k)} = S_\omega\vec{x}^{(k-1)} + \omega(D + \omega L)^{-1}\vec{b} \tag{7.59}$$

mit der Iterationsmatrix

$$S_\omega = (D + \omega L)^{-1}[(1-\omega)D - \omega U] = E - \omega(D + \omega L)^{-1}A,$$

wobei wir wieder von der Zerlegung $A = L + D + U$ ausgehen und $A\vec{x} = \vec{b}$ lösen wollen. Bei $\omega > 1$ spricht man von Überrelaxation und bei $\omega < 1$ von Unterrelaxation. Das Verfahren (7.59) heißt **Gauß-Seidel-Verfahren mit Relaxation** oder **Sukzessives Überrelaxationsverfahren,** abgekürzt **SOR-Verfahren** (successive overrelaxation). Das SOR-Verfahren wurde von D.M. Young in seiner Dissertation 1949 entwickelt und begründet und gilt als Grundstein für die moderne numerische Mathematik. Zur optimalen Wahl von ω gibt es keine allgemeine Regel. Für $\omega = 1$ erhält man das Gauß-Seidel-Verfahren. Wenn

$\lambda_1, \ldots, \lambda_n$ die Eigenwerte von S_ω sind und wenn wir berücksichtigen, dass das Produkt der Eigenwerte einer Matrix gleich deren Determinante ist, dann gilt

$$\prod_{i=1}^{n} \lambda_i = \det(S_\omega) = \det(D + \omega L)^{-1} \det((1 - \omega)D - \omega U) = \prod_{i=1}^{n} \frac{1}{a_{ii}} \prod_{i=1}^{n} (1 - \omega)a_{ii} = (1 - \omega)^n.$$

Daraus folgt für den Spektralradius von S_ω

$$r(S_\omega)^n \geq \prod_{i=1}^{n} |\lambda_i| = |1 - \omega|^n \iff r(S_\omega) \geq |1 - \omega|, \qquad (7.60)$$

so dass $r(S_\omega)$ für $\omega \notin]0, 2[$ größer oder gleich eins ist. Das beweist den

Satz 7.19 *(notwendige Bedingung für den Relaxationsparameter)*
Das SOR-Verfahren konvergiert höchstens für $\omega \in]0, 2[$.

In der Praxis testet man bei der Verwendung des SOR-Verfahrens verschiedene Relaxationsparameter $\omega \in]0, 2[$ aus und wählt den mit Blick auf die Iterationsanzahl günstigsten aus. Abhängig von den Eigenschaften der Matrix A kann man allerdings die folgenden gesicherten Aussagen zur Konvergenz des SOR-Verfahrens in Abhängigkeit von ω treffen.

Satz 7.20 *(hinreichende Bedingung für den Relaxationsparameter)*
Für irreduzibel diagonal dominante Matrizen A konvergiert das SOR-Verfahren für alle $\omega \in]0, 1]$.
Für symmetrische und positiv definite Matrizen A konvergiert das SOR-Verfahren für alle $\omega \in]0, 2[$.

```
# Programm 7.6 zum SOR-Verfahren (sorit_gb.m)
# input:   Diagonalen l,d,u der Koeffizientenmatrix a, l(1) und u(n) sind dummy-Werte
#          rechte Seite b,
#          Relaxationsfaktor omega \in ]0,2[
# output: Loesung x
# Aufruf: [x] = sorit_gb1(l,d,u,b,omega);
function [x] = sorit_gb1(l,d,u,b,omega);
xdiff = 1; xnorm = 1; it = 0; n = length(d); x(1:n) = 0.0;
while (xdiff/xnorm > 10^(-10))
    xalt = x;
    x(1) = (b(1) - u(1)*x(2))/d(1);
    for i=2:n-1
        x(i) = (b(i) - l(i)*x(i-1) - u(i)*x(i+1))/d(i);
    end
    x(n) = (b(n) - l(n)*x(n-1))/d(n);
    xdiff = 0; xnorm = 0;
    x = omega*x + (1-omega)*xalt;
    xdiff = norm(x - xalt);
    xnorm = norm(xalt);
    if (xnorm == 0)
        xnorm = 1;
    end
    it = it + 1;
end
it
end
```

Für die Lösung des Gleichungssystems (7.58) kann man bei der Wahl von $\omega = 1,3$ mit dem SOR-Verfahren die Zahl der für die vorgegebene Genauigkeit erforderlichen Iterationen auf ca. 60 % der Iterationszahl des Gauß-Seidel-Verfahrens reduzieren.

7.5.4　Methode der konjugierten Gradienten

Bei den im Folgenden konstruierten iterativen Lösungsverfahren der Gleichung $A\vec{x} = \vec{b}$ wird die Symmetrie und positive Definitheit der $(n \times n)$-Matrix A vorausgesetzt. Solche Gleichungssysteme entstehen bei der numerischen Lösung elliptischer und parabolischer Randwertprobleme mit Finiten-Volumen- bzw. Finite-Element-Methoden. Entscheidende Grundlage für die Begründung der iterativen Lösungsverfahren ist die Äquivalenz der Lösung des Gleichungssystems mit der Lösung des Minimumproblems einer quadratischen Funktion. Es gilt der Satz

Satz 7.21 *(Äquivalenz zu einem Minimumproblem)*
Die Lösung $\vec{x}$ von $A\vec{x} = \vec{b}$ mit einer symmetrischen und positiv definiten Matrix A vom Typ $n \times n$ ist das Minimum der quadratischen Funktion

$$F(\vec{v}) = \frac{1}{2} \sum_{j=1}^{n} \sum_{i=1}^{n} a_{ij} v_i v_j - \sum_{j=1}^{n} b_j v_j = \frac{1}{2} \langle \vec{v}, A\vec{v} \rangle - \langle \vec{b}, \vec{v} \rangle. \tag{7.61}$$

Zum Nachweis berechnet man den Gradienten von F. Mit den Komponenten

$$\frac{\partial F}{\partial v_j} = \sum_{i=1}^{n} a_{ji} v_i - b_j, \quad (j = 1, \ldots, n)$$

ergibt sich

$$\operatorname{grad} F(\vec{v}) = A\vec{v} - \vec{b} = \vec{r}$$

mit dem Residuenvektor $\vec{r}$. Mit der Lösung $\vec{x}$ von $A\vec{x} = \vec{b}$ ist mit $\operatorname{grad} F(\vec{x}) = \vec{0}$ die notwendige Bedingung für ein Extremum erfüllt. Die HESSE-Matrix H_F ist mit $H_F = A$ positiv definit (hat also nur positive Eigenwerte), so dass F an der Stelle $\vec{x}$ ein Minimum annimmt.

Umgekehrt gilt $\operatorname{grad} F(\vec{v}) = A\vec{v} - \vec{b} = \vec{0}$ für jede Minimalstelle $\vec{v}$ von F, also $A\vec{v} = \vec{b}$, d. h. $\vec{v}$ muss gleich der eindeutigen Lösung $\vec{x}$ von $A\vec{x} = \vec{b}$ sein.

Bei dem Verfahren der konjugierten Gradienten handelt es sich um eine iterative Methode zur Bestimmung des Minimums von F. Ausgehend von einem Näherungsvektor $\vec{v}$ und einem geeigneten Richtungsvektor $\vec{p}$ ist das Minimum von F in Richtung von $\vec{p}$ zu suchen, d. h. man sucht ein $t \in \mathbb{R}$ und ein $\vec{v}' = \vec{v} + t\vec{p}$, so dass

$$F(\vec{v} + t\vec{p}) = \min!$$

gilt. Sind $\vec{v}$, $\vec{p}$ gegeben, kann man zur Bestimmung von t eine Bedingung herleiten. Es ergibt sich

$$F(\vec{v} + t\vec{p}) = \frac{1}{2}\langle \vec{v} + t\vec{p}, A(\vec{v} + t\vec{p})\rangle - \langle \vec{b}, \vec{v} + t\vec{p}\rangle$$

$$= \frac{1}{2}\langle \vec{v}, A\vec{v}\rangle + t\langle \vec{p}, A\vec{v}\rangle + \frac{1}{2}t^2\langle \vec{p}, A\vec{p}\rangle - \langle \vec{b}, \vec{v}\rangle - t\langle \vec{b}, \vec{p}\rangle$$

$$= \frac{1}{2}t^2\langle \vec{p}, A\vec{p}\rangle + t\langle \vec{p}, \vec{r}\rangle + F(\vec{v}) =: F^*(t)$$

durch Nullsetzen von der Ableitung von F^* nach t

$$t_{\min} = -\frac{\langle \vec{p}, \vec{r}\rangle}{\langle \vec{p}, A\vec{p}\rangle} \ , \quad \vec{r} = A\vec{v} - \vec{b}. \tag{7.62}$$

Dass es sich bei $t_{\min}$ tatsächlich um eine Minimalstelle handelt, zeigt sich mit der Positivität der zweiten Ableitung von F^* bei einem Richtungsvektor $\vec{p} \neq \vec{0}$. Für den mit dem Richtungsvektor $\vec{p}$ und $t_{\min}$ bestimmte Minimalpunkt $\vec{v}'$ kann man Folgendes zeigen.

Satz 7.22 (*Orthogonalität von Richtungsvektor und Residuum*)
Für die Minimalstelle $\vec{v}'$ ist der zugehörige Residuenvektor $\vec{r}' = A\vec{v}' - \vec{b}$ orthogonal zum Richtungsvektor $\vec{p}$.

Die Aussage ergibt sich durch die kurze Rechnung

$$\langle \vec{p}, \vec{r}'\rangle = \langle \vec{p}, A\vec{v}' - \vec{b}\rangle = \langle \vec{p}, A(\vec{v} + t_{\min}\vec{p}) - \vec{b}\rangle$$

$$= \langle \vec{p}, \vec{r} + t_{\min}A\vec{p}\rangle = \langle \vec{p}, \vec{r}\rangle + t_{\min}\langle \vec{p}, A\vec{p}\rangle = 0.$$

Für die Wahl der Richtung $\vec{p}$ ist aufgrund der Formel für $t_{\min}$ erforderlich, dass $\vec{p}$ nicht orthogonal zum Residuenvektor $\vec{r}$ sein darf, da sonst $t_{\min} = 0$ und $\vec{v}' = \vec{v}$ ist. Da der Gradient die Richtung des steilsten Anstiegs bedeutet, führt die Wahl von $\vec{p} = -\text{grad}\, F(\vec{v}) = -A\vec{v} + \vec{b} = -\vec{r}$ auf die Methode des stärksten Abstiegs, also sicherlich in die richtige Richtung. Allerdings gibt es Richtungen, die erfolgversprechender sind. Für die gute Wahl einer Richtung $\vec{p}$ ist eine geometrische Veranschaulichung des Verhaltens von $F(\vec{v})$ für $n = 2$ hilfreich. Die Niveaulinien $F(\vec{v}) = $ const. sind aufgrund der positiven Definitheit von A konzentrische Ellipsen mit der Minimalstelle $\vec{x}$ als Mittelpunkt. Sind die Ellipsen sehr lang gestreckt, führt die Wahl von $\vec{p} = -\text{grad}\, F(\vec{v})$ zwar zu einer Verbesserung der Näherung $\vec{v}$, allerdings kann man durch Wahl einer Richtung, die direkt auf $\vec{x}$ zeigt, durch die Berechnung von $t_{\min}$ mit $\vec{x} = \vec{v} + t\vec{p}$ die Lösung in einem Schritt berechnen. Ein Vektor $\vec{p}$ mit dieser Eigenschaft ist mit der Tangentenrichtung $\vec{q}$ im Punkt $\vec{v}$ orthogonal bezüglich des Skalarproduktes

$$\langle \vec{x}, \vec{y}\rangle_A := \langle \vec{x}, A\vec{y}\rangle \ . \tag{7.63}$$

Der Nachweis, dass es sich bei (7.63) tatsächlich um ein Skalarprodukt des $\mathbb{R}^n$ handelt, wird als Übung empfohlen. Gilt $\langle \vec{x}, \vec{y} \rangle_A = \langle \vec{x}, A\vec{y} \rangle = 0$, dann heißen die Vektoren $\vec{x}, \vec{y} \in \mathbb{R}^n$ **konjugiert** oder **A-orthogonal**. Damit sind alle Voraussetzungen zur Berechnung einer vielversprechenden Richtung $\vec{p}$ zur Verbesserung einer Näherung $\vec{v}$ der Lösung $\vec{x}$ vorhanden.

Ausgehend von einem Startvektor $\vec{x}^{(0)}$ wird im ersten Schritt der Richtungsvektor $\vec{p}^{(1)}$ durch den negativen Residuenvektor festgelegt und der Minimalpunkt $\vec{x}^{(1)}$ von $F(\vec{x}^{(0)} + t\vec{p}^{(1)})$ berechnet. Gemäß (7.62) ergibt sich

$$
\vec{p}^{(1)} = -\vec{r}^{(0)} = -A\vec{x}^{(0)} - \vec{b},
$$

$$
q_1 := -\frac{\langle \vec{p}^{(1)}, \vec{r}^{(0)} \rangle}{\langle \vec{p}^{(1)}, A\vec{p}^{(1)} \rangle} = \frac{\langle \vec{r}^{(0)}, \vec{r}^{(0)} \rangle}{\langle \vec{p}^{(1)}, A\vec{p}^{(1)} \rangle}, \quad \vec{x}^{(1)} = \vec{x}^{(0)} + q_1 \vec{p}^{(1)}. \tag{7.64}
$$

Jetzt kann man in einem allgemeinen k-ten Schritt ($k \geq 2$) ausgehend von $\vec{x}^{(k-1)}, \vec{x}^{(k-2)}$, $\vec{p}^{(k-1)}, \vec{r}^{(k-1)}$ mit einem in gewissem Sinn optimalen Richtungsvektor $\vec{p}^{(k)}$ die verbesserte Lösung $\vec{x}^{(k)}$ berechnen. In den Abb. 7.14 und 7.15 sind der Fall des steilsten Abstieges und der Fall einer optimalen Richtungsbestimmung dargestellt. Der Richtungsvektor $\vec{p}^{(k-1)}$ und der Residuenvektor $\vec{r}^{(k-1)}$ sind nach dem Satz 7.22 orthogonal, spannen also im Punkt $\vec{x}^{(k-1)}$ eine Ebene E auf. Diese Ebene schneidet aus der Niveaufläche $\{\vec{v} \mid F(\vec{v}) = F(\vec{x}^{(k-1)})\}$ eine Ellipse heraus (im Fall $n = 3$ kann man sich das auch recht gut vorstellen, denn dann ist die Niveaufläche ein Ellipsiod), wie in Abb. 7.15 dargestellt ist. Die neue Richtung $\vec{p}^{(k)}$ wird nun als Vektor in der Ebene E so bestimmt, dass $\vec{p}^{(k)}$ vom Punkt $\vec{x}^{(k-1)}$ zum Mittelpunkt der Ellipse $M = \vec{x}^{(k)}$ zeigt. Dieser Vektor $\vec{p}^{(k)}$ ist A-orthogonal zu $\vec{p}^{(k-1)}$. All diese Informationen ergeben den sinnvollen Ansatz

$$
\vec{p}^{(k)} = -\vec{r}^{(k-1)} + e_{k-1}\vec{p}^{(k-1)}, \tag{7.65}
$$

wobei für den Koeffizienten e_{k-1} aus der Bedingung $\langle \vec{p}^{(k)}, A\vec{p}^{(k-1)} \rangle = 0$ der A-Orthogonalität

$$
e_{k-1} = \frac{\langle \vec{r}^{(k-1)}, A\vec{p}^{(k-1)} \rangle}{\langle \vec{p}^{(k-1)}, A\vec{p}^{(k-1)} \rangle} \tag{7.66}
$$

folgt. Damit ergibt sich für $\vec{x}^{(k)}$ als Minimalstelle von $F(\vec{x}^{(k-1)} + t\vec{p}^{(k)})$ gemäß (7.62)

$$
\vec{x}^{(k)} = \vec{x}^{(k-1)} + q_k \vec{p}^{(k)} \quad \text{mit } q_k = -\frac{\langle \vec{p}^{(k)}, \vec{r}^{(k-1)} \rangle}{\langle \vec{p}^{(k)}, A\vec{p}^{(k)} \rangle}. \tag{7.67}
$$

Die Beziehungen (7.66), (7.67) sind wohldefiniert, solange $\vec{x}^{(k-1)}$ und $\vec{x}^{(k)}$ ungleich der Lösung $\vec{x}$ sind. Der Residuenvektor $\vec{r}^{(k)}$ zu $\vec{x}^{(k)}$ ist durch

$$
\vec{r}^{(k)} = A\vec{x}^{(k)} - \vec{b} = A(\vec{x}^{(k-1)} + q_k \vec{p}^{(k)}) - \vec{b} = \vec{r}^{(k-1)} + q_k(A\vec{p}^{(k)}) \tag{7.68}
$$

rekursiv berechenbar. Nach Satz 7.22 ist $\vec{r}^{(k)}$ orthogonal zu $\vec{p}^{(k)}$. Aufgrund der jeweiligen Wahl von q_k und e_{k-1} folgt weiterhin

$$\langle \vec{r}^{(k)}, \vec{r}^{(k-1)} \rangle = 0, \quad \langle \vec{r}^{(k)}, \vec{p}^{(k-1)} \rangle = 0.$$

Damit ergibt sich für den Zähler von q_k

$$\langle \vec{r}^{(k-1)}, \vec{p}^{(k)} \rangle = \langle \vec{r}^{(k-1)}, -\vec{r}^{(k-1)} + e_{k-1}\vec{p}^{(k)} \rangle = -\langle \vec{r}^{(k-1)}, \vec{r}^{(k-1)} \rangle,$$

also folgt

$$q_k = \frac{\langle \vec{r}^{(k-1)}, \vec{r}^{(k-1)} \rangle}{\langle \vec{p}^{(k)}, A\vec{p}^{(k)} \rangle}, \tag{7.69}$$

d. h. q_k ist positiv, falls $\vec{r}^{(k-1)} \neq \vec{0}$ gilt (anderenfalls, d. h. mit $\vec{r}^{(k-1)} = \vec{0}$, wären wir fertig). Für den Zähler von e_{k-1} folgt mit (7.68) für $k-1$ statt k

$$A\vec{p}^{(k-1)} = \frac{1}{q_{k-1}}(\vec{r}^{(k-1)} - \vec{r}^{(k-2)}), \ \langle \vec{r}^{(k-1)}, A\vec{p}^{(k-1)} \rangle = \frac{1}{q_{k-1}}\langle \vec{r}^{(k-1)}, \vec{r}^{(k-1)} \rangle.$$

Mit der Formel (7.69) ergibt sich schließlich aus (7.66)

$$e_{k-1} = \frac{\langle \vec{r}^{(k-1)}, \vec{r}^{(k-1)} \rangle}{\langle \vec{r}^{(k-2)}, \vec{r}^{(k-2)} \rangle}. \tag{7.70}$$

Die Darstellungen (7.69) und (7.70) reduzieren den Rechenaufwand im Vergleich zu den ursprünglichen Formeln. Das Verfahren zur Berechnung der Näherungen $\vec{x}^{(k)}$ mit den Formeln (7.64), (7.67), (7.69), (7.70) heißt **Methode der konjugierten Gradienten** oder kurz **CG-Verfahren**.

Der folgende Satz entschädigt nun für die durchgeführten diffizilen Betrachtungen zu den Eigenschaften von Richtungs- und Residuenvektoren.

Satz 7.23 *(Konvergenz des CG-Verfahrens)*
Die Methode der konjugierten Gradienten ergibt die Lösung des Gleichungssystems $A\vec{x} = \vec{b}$ mit einer symmetrischen und positiv definiten $(n \times n)$-Matrix A in höchstens n Schritten.

Abb. 7.14 $\vec{p}$ als Richtung des steilsten Abstieges

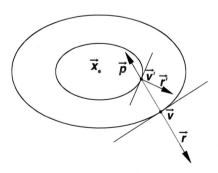

Abb. 7.15 $\vec{p}$ als optimale
Richtung des k-ten Schrittes

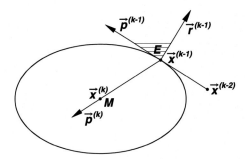

Zum Beweis weist man mit vollständiger Induktion nach (sei als Übung empfohlen), dass die Residuenvektoren $\vec{r}^{(0)}, \dots, \vec{r}^{(k)}$ im $\mathbb{R}^n$ ein Orthogonalsystem bilden, so dass spätestens der Vektor $\vec{r}^{(n)}$ gleich dem Nullvektor sein muss, da es im Orthogonalsystem nur n vom Nullvektor verschiedene Vektoren geben kann. $\vec{r}^{(n)} = \vec{0}$ bedeutet aber $\vec{x}^{(n)} = \vec{x}$ als Lösung von $A\vec{x} = \vec{b}$.

Im nachfolgenden Octave-Programm ist das CG-Verfahren implementiert, wobei bei der Matrix-Vektor-Multiplikation und der Speicherung der Matrix die Symmetrie nicht ausgenutzt wurde.

```
# Programm 7.7 CG-Verfahren zur Loesung von A x = b , A symm., pos. def.
# gegeben A = (a_{ij}), b = (b_i) als Spaltenvektor, i,j=1,...,n
# input:  Matrix a, Spaltenvektor b
# output: Loesung x
# Aufruf: x = cgit_gb(a,b);
function [x] = cgit_gb(a,b);
if (testpd_gb(a) ~= 1)
   disp('Matrix_nicht_pos._definit');
   return;
endif
n = length(b); y = b; x=y;
r = a*x − b; p = −r;
it = 0;
while ( norm(r) > 10^(−8) )
   if (it > 0)
      e = (r'*r)/(ra'*ra);
      p = −r + e*p;
   endif
   z = a*p;
   q = (r'*r)/(p'*z);
   x = x + q*p;
   ra = r;
   r = r + q*z;
   it = it+1;
endwhile
it
endfunction
```

Die Konvergenzgeschwindigkeit des CG-Verfahrens hängt folgendermaßen mit der Konditionszahl cond(A) der Matrix A zusammen.

Satz 7.24 *(Konvergenzgeschwindigkeit des CG-Verfahrens)*
Ist $\vec{x}$ die Lösung des Gleichungssystems $A\vec{x} = \vec{b}$ mit der symmetrischen positiv definiten Matrix A, dann gilt die Abschätzung

$$||\vec{x}^{(k)} - \vec{x}||_A \leq 2(\frac{\sqrt{\text{cond}(A)} - 1}{\sqrt{\text{cond}(A)} + 1})^k ||\vec{x}^{(0)} - \vec{x}||_A,$$

wobei $||\vec{v}||_A = \sqrt{\langle \vec{v}, \vec{v} \rangle}_A = \sqrt{\langle \vec{v}, A\vec{v} \rangle}$ die sogenannte Energienorm ist.

Mitunter ist es sinnvoll, statt dem Gleichungssystem $A\vec{x} = \vec{b}$ durch eine Vorkonditionierung mit einer regulären Matrix C, der **Vorkonditionierungsmatrix**, das Gleichungssystem

$$C^{-1}AC^{-T}C^T\vec{x} = C^{-1}\vec{b}$$

zu lösen (C^{-T} bedeutet hier $C^{T^{-1}}$), das mit den Festlegungen

$$\tilde{A} = C^{-1}AC^{-T}, \quad \tilde{\vec{x}} = C^T\vec{x}, \quad \tilde{\vec{b}} = C^{-1}\vec{b}$$

dem Gleichungssystem

$$\tilde{A}\tilde{\vec{x}} = \tilde{\vec{b}},$$

ähnlich ist. Sinn und Zweck dieser Transformation ist, durch eine geeignete Wahl der Vorkonditionierungsmatrix C die Kondition des Problems zu verbessern, d. h.

$$\text{cond}(\tilde{A}) < \text{cond}(A)$$

zu erreichen, und damit die Konvergenzgeschwindigkeit des CG-Verfahrens zu erhöhen. Oft hilft schon die Wahl recht einfacher Vorkonditionierungsmatrizen C, um die Kondition zu verbessern. Zu weiteren Ausführungen zur Vorkonditionierung sei auf Plato 2000 verwiesen.

7.5.5   Für und Wider iterativer Löser

Iterative Verfahren zur Lösung linearer Gleichungssysteme sind immer dann den direkten Methoden vorzuziehen, wenn die Koeffizientenmatrizen strukturiert sind, also z. B. Bandmatrizen sind, oder wenn Matrizen bestimmte Eigenschaften wie z. B. die positive Definitheit haben. Speziell bei den Gleichungssystemen, die im Ergebnis von Diskretisierungen von Anfangs-Randwertproblemen oder Randwertproblemen entstehen (s. dazu Kap. 10), treten strukturierte, schwach besetzten Matrizen auf, die bei den iterativen Methoden durch das Vorhandensein eines klaren Berechnungsmusters im Prinzip keinen Speicherplatz für die Matrix erfordern. Das CG-Verfahren als Methode zur Lösung von linearen Gleichungssystemen mit symmetrischen positiv definiten Koeffizientenmatrizen hat eine große Bedeutung für das Lösen von Gleichungssystemen, die bei Finite-Volumen- oder Finite-Element-

Verfahren zur Behandlung von parabolischen oder elliptischen Anfangs-Randwert- bzw. Randwertprobleme partieller Differentialgleichungen auftreten.

Der Rechenaufwandes bei der direkten Lösung, z. B. auf der Basis einer Cholesky-Zerlegung einer Matrix A vom Typ $n \times n$, beträgt etwa $\frac{1}{6}n^3$ multiplikative Operationen. Hat die positive definite Matrix A nur $\mu \cdot n$ ($\mu \ll n$) Nichtnullelemente, dann sind für eine CG-Iteration $(\mu + 5)n$ Operationen erforderlich. Da die Zahl der für eine vorgegebene Genauigkeit erforderlichen Iterationen meistens deutlich kleiner als n ist, ist der Rechenaufwand des CG-Verfahrens wesentlich geringer als der Aufwand der direkten Lösung mittels einer Cholesky-Zerlegung.

Iterative Methoden lassen sich in der Regel wesentlich einfacher implementieren als direkte Lösungsverfahren. Mit den Computeralgebrasystemen Octave oder MATLAB hat man außerdem eine komfortable Umgebung, um die bei CG-Verfahren erforderlichen Matrix- und Vektormanipulationen (Skalarproduktbildung, Berechnung von Matrix-Vektor-Produkten) leicht umzusetzen.

Auch im Fall von unsymmetrischen oder oder unstrukturierten nichtsingulären Koeffizientenmatrizen eines linearen Gleichungssystems $A\vec{x} = \vec{b}$ kann man durch den Übergang zum Gleichungssystem

$$A^T A\vec{x} = A^T \vec{b} \iff \tilde{A}\vec{x} = \tilde{\vec{b}}$$

mit der symmetrischen und positiv definiten Koeffizientenmatrix $\tilde{A} = A^T A$ iterative Löser nutzen.

Allerdings gibt es auch eine Vielzahl von Aufgabenstellungen, bei denen lineare Gleichungssysteme mit unstrukturierten schwach besetzten Koeffizientenmatrizen auftreten, wo iterative Löser uneffektiv bzw. ungeeignet sind. Als Beispiele seien hier mathematische Modelle zum Schaltkreisentwurf oder Modelle der Reaktionskinetik genannt. In diesen Fällen sind spezielle direkte Lösungsverfahren für schwach besetzte Matrizen (sparse) den iterativen Verfahren deutlich überlegen.

7.6   Aufgaben

1) Zeigen Sie, dass die Fixpunkt-Abbildungen

$$\Psi_3(x) = \arcsin e^x \ (x < 0) \ \text{und} \ \Psi_4(x) = \ln(\sin x) \ (\sin x > 0)$$

zur Lösung der Gleichung $e^x = \sin x$ ungeeignet sind.

2) Ermitteln Sie unter Nutzung des Satzes 7.3 die erforderliche Iterationszahl der Fixpunktiteration $x_{n+1} = \Psi(x_n)$ für $\Psi(x) = \cos x$ zur Lösung der Gleichung $x = \cos x$ mit einer Genauigkeit von $|x_n - \bar{x}| < 10^{-4}$.

3) Zeigen Sie, dass aus der A-priori-Abschätzung (7.6) für $0 < K < 1$ die Abschätzung

$$|x_n - \bar{x}| \le e^{-\gamma n} \frac{|x_1 - x_0|}{1 - K}$$

mit dem Konvergenzexponenten $\gamma = -\ln K > 0$ folgt.

4) Lösen Sie die Gleichung $\arcsin\frac{1}{2x} = \frac{3}{4x}$ mit einem Newton-Verfahren oder durch die Formulierung einer geeigneten Fixpunktabbildung Ψ mit einer Fixpunktiteration.

5) Lösen Sie das im Rahmen der Lösung einer Extremwertaufgabe mit einer Nebenbedingung entstehende nichtlineare Gleichungssystem

$$\sin(zy) + 2x\lambda = 0$$
$$xz\cos(zy) + 2y\lambda = 0$$
$$xy\cos(zy) + 2z\lambda = 0$$
$$x^2 + y^2 + z^2 - 4 = 0$$

mit einem Newton-Verfahren.

6) Implementieren Sie das Gauß-Newton-Verfahren zur Lösung des nichtlinearen Ausgleichsproblems zur Bestimmung der optimalen Parameter a_1, a_2 und a_3 der Funktion (7.32).

7) Bestimmen Sie den minimalen Abstand des Punktes $\mathbf{x} = (3, 4, 5)^T$ von der Kugel mit dem Mittelpunkt $\mathbf{x}_{mp} = (1, 2, 0)^T$ und dem Radius eins.

8) Bestimmen Sie die lokalen Extremalstellen der Funktion $F(x, y) = x^2 + 3y^2 + 2$ unter der Nebenbedingung $G(x, y) = x^2 - y - 2 = 0$.

9) Bestimmen Sie die Extrema der Funktion $F(x, y, z) = xyz$ unter der Nebenbedingung $G(x, y, z) = x^2 + y^2 + z^2 - 1 = 0$.

10) Untersuchen Sie die Matrizen

$$A = \begin{pmatrix} 1 & 1 & 0 & 0 \\ 0 & 1 & 1 & 0 \\ 0 & 0 & 1 & 1 \\ 0 & 1 & 1 & 0 \end{pmatrix}, \quad B = \begin{pmatrix} 1 & 0 & 1 & 0 \\ 0 & 1 & 1 & 1 \\ 1 & 0 & 1 & 0 \\ 0 & 1 & 1 & 1 \end{pmatrix}, \quad C = \begin{pmatrix} 1 & 0 & 1 & 0 \\ 1 & 0 & 1 & 0 \\ 0 & 1 & 0 & 1 \\ 1 & 0 & 0 & 1 \end{pmatrix}$$

auf Irreduzibilität.

11) Verändern Sie die Reihenfolge der Unbekannten x_k, $k = 1, \ldots, 4$ (Spaltentausch) des Gleichungssystems

$$\begin{pmatrix} 2 & 0 & -1 & 0 \\ -1 & -1 & 2 & 0 \\ 0 & 2 & -1 & -1 \\ 0 & -1 & 0 & 2 \end{pmatrix} \begin{pmatrix} x_1 \\ x_2 \\ x_3 \\ x_4 \end{pmatrix} = \begin{pmatrix} 1 \\ 2 \\ 3 \\ 4 \end{pmatrix}$$

so, dass die resultierende Koeffizientenmatrix irreduzibel diagonal dominant ist. Lösen Sie das resultierende Gleichungssystem mit einem Gauß-Seidel-Iterationsverfahren.

12) Zeigen Sie, dass die tridiagonale $n \times n$-Matrix ($b, c \neq 0$)

$$A = \begin{pmatrix} a & b & 0 & \dots & 0 \\ c & a & b & & 0 \\ & \ddots & \ddots & \ddots & \\ 0 & & c & a & b \\ 0 & \dots & 0 & c & a \end{pmatrix}$$

die Eigenwerte $\lambda_k = a + 2\sqrt{cb}\cos\frac{k\pi}{n+1}$, und die dazugehörenden Eigenvektoren

$$\vec{v}_k = \begin{pmatrix} (\frac{c}{b})^{1/2} \sin\frac{k\pi}{n+1} \\ (\frac{c}{b})^{2/2} \sin\frac{2k\pi}{n+1} \\ \vdots \\ (\frac{c}{b})^{n/2} \sin\frac{nk\pi}{n+1} \end{pmatrix} \qquad (k = 1, \dots, n)$$

besitzt.

13) Berechnen Sie den Spektralradius und die Konditionszahl der Matrix A aus Aufgabe 12 für $a = 2, b = c = -1$ und zeigen Sie die Konvergenz des Einzelschrittverfahrens. Berücksichtigen Sie hierbei, dass die Eigenwerte der inversen Matrix A^{-1} gerade die Kehrwerte der Eigenwerte der Matrix A sind.

Numerische Lösung gewöhnlicher Differentialgleichungen

Inhaltsverzeichnis

In vielen Bereichen der Ingenieur- und Naturwissenschaften, aber auch in den Sozialwissenschaften und der Medizin erhält man im Ergebnis von mathematischen Modellierungen Gleichungen, in denen neben der gesuchten Funktion einer Veränderlichen auch deren Ableitungen vorkommen. Beispiele für das Auftreten solcher Gleichungen sind Steuerung von Raketen und Satelliten in der Luft- und Raumfahrt, chemische Reaktionen in der Verfahrenstechnik, Steuerung der automatischen Produktion im Rahmen der Robotertechnik und in der Gerichtsmedizin die Bestimmung des Todeszeitpunktes bei Gewaltverbrechen.

In einigen Fällen kann man die Differentialgleichungen bzw. die Anfangswertprobleme geschlossen analytisch lösen und das ausführlich erläuterte Instrumentarium dazu findet man z. B. in Bärwolff (2017) oder Boyce und Di Prima (1995). In der Regel ist man aber auf numerische Lösungsmethoden angewiesen. Bei den oben genannten Anwendungen in der Raumfahrt oder der chemischen Reaktionskinetik werden gewöhnliche Differentialgleichungen numerisch gelöst, wobei die besondere Herausforderung darin besteht, unterschiedlich schnell ablaufende Teilprozesse genau zu erfassen. Im Folgenden werden einige wichtige Methoden vorgestellt, wobei auf einige Probleme typischer Anwendungsfälle eingegangen wird. Hinsichtlich der theoretische Grundlagen der Numerik von gewöhnlicher Differentialgleichungen sei z. B. auf Grigorieff (1977), Golub und Ortega (1992) oder Schwarz (1997) verwiesen.

© Der/die Autor(en), exklusiv lizenziert an Springer-Verlag GmbH, DE, ein Teil von Springer Nature 2022
G. Bärwolff und C. Tischendorf, *Numerik für Ingenieure, Physiker und Informatiker*,
https://doi.org/10.1007/978-3-662-65214-5_8

Im Ergebnis einer Modellierung sei eine Differentialgleichung der Form

$$\vec{y}\,'(x) = \vec{F}(x, \vec{y}) \tag{8.1}$$

gegeben. Dabei wird von der Lösung $\vec{y} : I \rightarrow \mathbb{R}^n$ die Erfüllung einer Anfangsbedingung der Form

$$\vec{y}(x_0) = \vec{y}_0, \quad \vec{y}_0 \in \mathbb{R}^n \tag{8.2}$$

gefordert. $\vec{F} : I \times D \rightarrow \mathbb{R}^n$, $D \subset \mathbb{R}^n$ ist eine gegebene Abbildung. $I \subset \mathbb{R}$ ist ein Intervall, das x_0 enthält. Als Beispiel einer Differentialgleichung (8.1) betrachten wir das System

$$y_1' = -0,1xy_1 + 100y_2y_3$$
$$y_2' = 0,1y_1 - 100y_2y_3 - 500xy_2^2$$
$$y_3' = 500y_2^2 - 0,5y_3,$$

wobei hier $\vec{y}$ und $\vec{F}$ aus (8.1) die Form

$$\vec{y}(x) = \begin{pmatrix} y_1(x) \\ y_2(x) \\ y_3(x) \end{pmatrix}, \quad \vec{F}(x, \vec{y}) = \begin{pmatrix} -0,1xy_1 + 100y_2y_3 \\ 0,1y_1 - 100y_2y_3 - 500xy_2^2 \\ 500y_2^2 - 0,5y_3 \end{pmatrix}$$

haben. Als Anfangsbedingung ist z. B. $\vec{y}(0) = (y_1(0), y_2(0), y_3(0))^T = (1, 1, 1)^T$ denkbar.

Als Generalvoraussetzung fordern wir bei den im Folgenden zu lösenden Differentialgleichungen, dass die rechte Seite $\vec{F}$ stetig differenzierbar auf einer offenen Menge $U \subset I \times D, D \subset \mathbb{R}^n$ ist. Unter dieser Voraussetzung ist die eindeutige Lösbarkeit des Anfangswertproblems (8.1), (8.2) für einen Punkt $(x_0, \vec{y}_0) \in U$ gesichert.

Zur Konstruktion der numerischen Lösungsmethoden betrachten wir aus Darstellungsgründen nur den Fall $n = 1$. Allerdings sind sämtliche besprochenen Methoden auch problemlos auf den allgemeinen Fall $n > 1$ übertragbar, was im Abschn. 8.1.8 auch dargestellt wird.

Da als unabhängige Veränderliche auch oft die Zeit fungiert, wird statt der Bezeichnung „x" auch oft „t" benutzt. Z.B. wird durch $x(t)$ die Bewegung eines „Ortspunktes" beschrieben, $v(t) = \dot{x}(t)$ dessen Geschwindigkeit und $a(t) = \dot{v}(t)$ die Beschleunigung. Im folgenden Kapitel wird aber in den meisten Fällen x als unabhängige Veränderliche verwendet.

8.1   Einschrittverfahren

Als erste Gruppe von Lösungsverfahren sollen die sogenannten **Einschrittverfahren** behandelt werden. Sie sind dadurch charakterisiert, dass man ausgehend vom Wert y_k als Näherung für den Wert $y(x_k)$ der Lösung an der Stelle x_k über eine mehr oder weniger aufwendige Weise den Wert der Näherungslösung y_{k+1} als Näherung für den Wert $y(x_{k+1})$ an der Stelle $x_{k+1} = x_k + h$ berechnet.

8.1.1 Die Methode von Euler

Wir betrachten die Differentialgleichung

$$y'(x) = f(x, y(x)) \tag{8.3}$$

für die gesuchte Funktion $y(x)$, die der Anfangsbedingung

$$y(x_0) = y_0, \tag{8.4}$$

genügt, wobei x_0 und y_0 vorgegebene Werte sind. Da die Differentialgleichung (8.3) im Punkt (x_0, y_0) mit dem Wert $y'(x_0) = f(x_0, y_0)$ die Steigung der Tangente der gesuchten Funktion festlegt, besteht die einfachste numerische Methode zur numerischen Lösung des Anfangswertproblems (8.3), (8.4) darin, die Lösungskurve im Sinn einer Linearisierung durch die Tangente zu approximieren. Mit der Schrittweite h und den zugehörigen äquidistanten Stützstellen

$$x_k = x_0 + k\,h \qquad (k = 1, 2, \ldots).$$

erhält man die Näherungen y_k für die exakten Lösungswerte $y(x_k)$ aufgrund der Rechenvorschrift

$$y_{k+1} = y_k + h\,f(x_k, y_k) \qquad (k = 1, 2, \ldots) \tag{8.5}$$

Die durch (8.5) definierte Methode nennt man **Integrationsmethode von Euler.** Sie benutzt in den einzelnen Näherungspunkten (x_k, y_k) die Steigung des durch die Differentialgleichung definierten Richtungsfeldes dazu, den nächstfolgenden Näherungswert y_{k+1} zu bestimmen. Wegen der geometrisch anschaulichen Konstruktion der Näherungen bezeichnet man das Verfahren auch als **Polygonzugmethode.** Diese Methode ist recht grob und ergibt nur bei sehr kleinen Schrittweiten h gute Näherungswerte. Die Polygonzugmethode ist die einfachste explizite Einzelschrittmethode. Die Abb. 8.1 verdeutlicht die Methode graphisch.

Abb. 8.1 Explizite
Euler-Methode

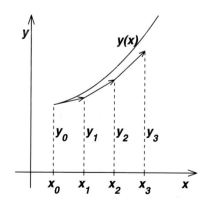

Man kann die Polygonzugmethode auch durch Integration der Gl. (8.3) über das Intervall $[x_k, x_{k+1}]$ erklären. Es gilt

$$\int_{x_k}^{x_{k+1}} y'(x)\,dx = \int_{x_k}^{x_{k+1}} f(x, y(x))\,dx \iff y(x_{k+1}) - y(x_k) = \int_{x_k}^{x_{k+1}} f(x, y(x))\,dx.$$

(8.6)

Da die Stammfunktion von $f(x, y)$ nicht bekannt ist, kann man das Integral auf der rechten Seite z. B. mit der Rechteckregel durch $(x_{k+1} - x_k) f(x_k, y(x_k)) = h f(x_k, y(x_k))$ approximieren. Die Gl. (8.6) ist dann nur noch genähert gültig und deshalb wird $y(x_{k+1})$ durch y_{k+1} bzw. $y(x_k)$ durch y_k ersetzt und man erhält damit das Euler-Verfahren

$$y_{k+1} = y_k + h\, f(x_k, y_k).$$

8.1.2 Diskretisierungsfehler und Fehlerordnung

Es wurde schon darauf hingewiesen, dass es sich beim Euler-Verfahren um eine relativ grobe Methode handelt. Zur quantitativen Beurteilung der Genauigkeit von Einzelschrittverfahren betrachten wir in Verallgemeinerung der bisher betrachteten Methode eine implizite Rechenvorschrift der Art

$$y_{k+1} = y_k + h\, \Phi(x_k, y_k, y_{k+1}, h),$$

(8.7)

aus der man bei gegebener Näherung (x_k, y_k) und der Schrittweite h den neuen Näherungswert y_{k+1} an der Stelle $x_{k+1} = x_k + h$ zu berechnen hat. Bei der expliziten Euler-Methode ist

$$\Phi(x_k, y_k, y_{k+1}, h) = f(x_k, y_k)$$

als explizite Methode unabhängig von y_{k+1}. Hängt Φ tatsächlich von y_{k+1} ab, bedeutet (8.7) in jedem Zeitschritt die Lösung einer i. Allg. nichtlinearen Gleichung zur Bestimmung von y_{k+1}.

▶ **Definition 8.1** (lokaler Diskretisierungsfehler)
Unter dem **lokalen Diskretisierungsfehler** an der Stelle x_{k+1} versteht man den Wert

$$d_{k+1} := y(x_{k+1}) - y(x_k) - h\Phi(x_k, y(x_k), y(x_{k+1}), h).$$

(8.8)

Der lokale Diskretisierungsfehler d_{k+1} stellt die Abweichung dar, um die die exakte Lösungsfunktion $y(x)$ die Integrationsvorschrift in einem einzelnen Schritt nicht erfüllt. Im Fall der Euler-Methode besitzt d_{k+1} die Bedeutung der Differenz zwischen dem exakten Wert $y(x_{k+1})$ und dem berechneten Wert y_{k+1}, falls an der Stelle x_k vom exakten Wert $y(x_k)$ ausgegangen wird, d. h. $y_k = y(x_k)$ gesetzt wird. Der Wert d_{k+1} stellt dann den **lokalen** Fehler eines einzelnen Integrationsschrittes dar.

Für die praktische numerische Lösung der Differentialgleichung ist der Fehler wichtig, den die Näherung nach einer bestimmten Zahl von Integrationsschritten gegenüber der exakten Lösung aufweist.

▶ **Definition 8.2** (globaler Diskretisierungsfehler)
Unter dem **globalen Diskretisierungsfehler** g_k an der Stelle x_k versteht man den Wert

$$g_k := y(x_k) - y_k. \tag{8.9}$$

Es ist im Rahmen dieses Buches nicht möglich, ausführlich über das sehr umfassende Gebiet der numerischen Lösungsverfahren von Differentialgleichungen zu sprechen. Ein Eindruck und einige wichtige Aussagen sollen jedoch vermittelt werden. Um Fehler überhaupt abschätzen zu können, sind von Φ

$$|\Phi(x, y, z, h) - \Phi(x, y^*, z, h)| \leq L|y - y^*| \tag{8.10}$$

$$|\Phi(x, y, z, h) - \Phi(x, y, z^*, h)| \leq L|z - z^*| \tag{8.11}$$

zu erfüllen. Dabei sind (x, y, z, h), (x, y^*, z, h) und (x, y, z^*, h) beliebige Punkte aus einem Bereich B, der für die numerisch zu lösende Differentialgleichung relevant ist; L ist eine Konstante $(0 < L < \infty)$. Bedingungen der Art (8.10), (8.11) heißen Lipschitz-Bedingungen mit der Lipschitz-Konstanten L. Fordert man, dass $\Phi(x, y, z, h)$ in B stetig ist, und stetige partielle Ableitungen Φ_y, Φ_z mit $|\Phi_y(x, y, z, h)| \leq M$, $|\Phi_z(x, y, z, h)| \leq M$ hat, dann folgt aus dem Mittelwertsatz, dass (8.10), (8.11) mit der Lipschitz-Konstanten $L = M$ erfüllt sind. Wir werden diese Forderung an Φ stellen und außerdem von der Lösungsfunktion $y(x)$ verlangen, dass sie hinreichend oft differenzierbar ist.

Aus der Definition des lokalen Diskretisierungsfehlers errechnet man

$$y(x_{k+1}) = y(x_k) + h\Phi(x_k, y(x_k), y(x_{k+1}), h) + d_{k+1}$$

und durch Subtraktion von (8.7) erhält man nach Ergänzung einer „nahrhaften" Null

$$g_{k+1} = g_k + h[\Phi(x_k, y(x_k), y(x_{k+1}), h) - \Phi(x_k, y_k, y(x_{k+1}), h) +$$

$$+ \Phi(x_k, y_k, y(x_{k+1}), h) - \Phi(x_k, y_k, y_{k+1}, h)] + d_{k+1}.$$

Wegen der Lipschitz-Bedingungen folgt daraus im allgemeinen impliziten Fall

$$|g_{k+1}| \leq |g_k| + h[L|y(x_k) - y_k| + L|y(x_{k+1}) - y_{k+1}|] + |d_{k+1}|$$
$$= (1 + hL)|g_k| + hL|g_{k+1}| + |d_{k+1}|. \tag{8.12}$$

Unter der Voraussetzung $hL < 1$ ergibt sich weiter

$$|g_{k+1}| \leq \frac{1 + hL}{1 - hL}|g_k| + \frac{|d_{k+1}|}{1 - hL}. \tag{8.13}$$

Zu jedem $h > 0$ existiert eine Konstante $K > 0$, so dass in (8.13)

$$\frac{1 + hL}{1 - hL} = 1 + hK$$

gilt. Für ein explizites Einschrittverfahren entfällt in (8.12) das Glied $hL|g_{k+1}|$, so dass aus (8.12) die Ungleichung

$$|g_{k+1}| \leq (1 + hL)|g_k| + |d_{k+1}| \tag{8.14}$$

folgt. Der Betrag des lokalen Diskretisierungsfehlers soll durch

$$\max_k |d_k| \leq D$$

abgeschätzt werden. Bei entsprechender Festsetzung der Konstanten a und b erfüllen die Beträge gemäß (8.13) und (8.14) eine Differenzenungleichung

$$|g_{k+1}| \leq (1 + a)|g_k| + b. \quad (k = 0, 1, 2, \ldots). \tag{8.15}$$

Satz 8.1 *(1. Abschätzung des globalen Diskretisierungsfehlers)*
Erfüllen die Werte g_k die Ungleichung (8.15), dann gilt

$$|g_k| \leq b\frac{(1 + a)^n - 1}{a} + (1 + a)^k|g_0| \leq \frac{b}{a}[e^{ka} - 1] + e^{ka}|g_0|. \tag{8.16}$$

Der Beweis ergibt sich durch die wiederholte Anwendung der Ungleichung (8.15) bzw. der Eigenschaft der Exponentialfunktion $(1 + t) \leq e^t$ für alle t. Aus dem Satz 8.1 ergibt sich der folgende wichtige Satz.

Satz 8.2 *(2. Abschätzung des globalen Diskretisierungsfehlers)*
Für den globalen Fehler g_k an der festen Stelle $x_k = x_0 + k h$ gilt für eine explizite Einschrittmethode

$$|g_k| \leq \frac{D}{hL}[e^{khL} - 1] \leq \frac{D}{hL}e^{khL} \tag{8.17}$$

und für eine implizite Methode

$$|g_k| \leq \frac{D}{hK(1 - kL)}[e^{khK} - 1] \leq \frac{D}{hK(1 - hL)}e^{khK}. \tag{8.18}$$

Unter „normalen" Umständen (hier ist die zweifache stetige Differenzierbarkeit der Lösungsfunktion y der Differentialgleichung gemeint) kann man für die Konstante D zur Abschätzung des maximalen lokalen Diskretisierungsfehlers die Beziehung

$$D \leq \frac{1}{2}h^2 M \tag{8.19}$$

zeigen, wobei M eine obere Schranke des Betrages der 2. Ableitung von der Lösung y ist. Damit ergibt sich z. B. für das explizite Euler-Verfahren die Abschätzung

$$|g_k| \leq h \frac{M}{2L} e^{L(x_k - x_0)} := hC \quad (C \in \mathbb{R}) \tag{8.20}$$

für den globalen Fehler. Wenn man die Stelle x_k festhält und die Schrittweite $h = \frac{x_k - x_0}{k}$ mit größer werdendem k abnimmt, dann bedeutet (8.20), dass die Fehlerschranke proportional zur Schrittweite abnimmt. Man sagt, dass die Methode von Euler die Fehlerordnung 1 besitzt.

▶ **Definition 8.3** (Fehlerordnung, Konsistenz)
Ein Einschrittverfahren (8.7) besitzt die **Fehlerordnung** p, falls für seinen lokalen Diskretisierungsfehler d_k die Abschätzung

$$\max_{1 \leq k \leq n} |d_k| \leq D = \text{const.} \cdot h^{p+1} = O(h^{p+1}) \tag{8.21}$$

gilt. Ist die Fehlerordnung $p \geq 1$, dann heißt das Einschrittverfahren mit der Differentialgleichung (8.3) **konsistent.**

Es ergibt sich die Schlussfolgerung, dass der globale Fehler einer expliziten Methode mit der Fehlerordnung p wegen (8.17) beschränkt ist durch

$$|g_k| \leq \frac{\text{const.}}{L} e^{khL} \cdot h^p = O(h^p). \tag{8.22}$$

Zusammenfassend kann man unter der Voraussetzung der Konsistenz aus den Sätzen 8.1 und 8.2 auf die Konvergenz der Einzelschrittverfahren in dem Sinn schließen, dass man an irgendeiner festgehaltenen Stelle $x = x_k$ mit der Schrittweite $h = (x_k - x_0)/k$ bei größer werdendem k bzw. für $h \to 0$ aus den Abschätzungen (8.17) bzw. (8.18) auf $g_k = y(x_k) - y_k \to 0$ schließt.

Die Geschwindigkeit der Konvergenz hängt dabei wesentlich von der Fehlerordnung und der Größenordnung der Lipschitz-Konstanten L ab, d. h. vom Verhalten der höheren Ableitungen der Lösungsfunktion $y(x)$ und der rechten Seite $f(x, y(x))$. Die Konvergenzresultate der Sätze 8.1 und 8.2 sind auf die im Folgenden betrachteten Einzelschrittverfahren anwendbar.

8.1.3 Verbesserte Polygonzugmethode und Trapezmethode

Um zu einer Methode mit einer Fehlerordnung größer als 1 zu gelangen, nehmen wir an, mit der Polygonzugmethode (8.5) seien bis zu einer gegebenen Stelle x zwei Integrationen durchgeführt worden, zuerst mit der Schrittweite $h_1 = h$ und dann mit der Schrittweite $h_2 = \frac{h}{2}$. Für die erhaltenen Werte y_k und y_{2k} nach k bzw. $2k$ Integrationsschritten gilt näherungsweise

$$y_k \approx y(x) + c_1 h + O(h^2)$$
$$y_{2k} \approx y(x) + c_1 \frac{h}{2} + O(h^2).$$

Durch Linearkombination der beiden Beziehungen erhält man nach der sogenannten Richardson-Extrapolation den extrapolierten Wert

$$\tilde{y} = 2y_{2k} - y_k \approx y(x) + O(h^2), \tag{8.23}$$

dessen Fehler gegenüber $y(x)$ von **zweiter** Ordnung in h ist. Anstatt eine Differentialgleichung nach der Euler-Methode zweimal mit unterschiedlichen Schrittweiten parallel zu integrieren, ist es besser, die Extrapolation direkt auf die Werte anzuwenden, die einmal von einem Integrationsschritt mit der Schrittweite h und andererseits von einem Doppelschritt mit halber Schrittweite stammen. In beiden Fällen startet man vom Näherungspunkt (x_k, y_k).

Der Normalschritt mit der Euler-Methode mit der Schrittweite h ergibt

$$y_{k+1}^{(1)} = y_k + hf(x_k, y_k). \tag{8.24}$$

Ein Doppelschritt mit der Schrittweite $\frac{h}{2}$ ergibt sukzessive die Werte

$$y_{k+\frac{1}{2}}^{(2)} = y_k + \frac{h}{2} f(x_k, y_k),$$
$$y_{k+1}^{(2)} = y_{k+\frac{1}{2}}^{(2)} + \frac{h}{2} f\left(x_k + \frac{h}{2}, y_{k+\frac{1}{2}}^{(2)}\right). \tag{8.25}$$

Die Richardson-Extrapolation, angewandt auf $y_{k+1}^{(2)}$ und $y_{k+1}^{(1)}$, ergibt

$$\begin{aligned}
y_{k+1} &= 2y_{k+1}^{(2)} - y_{k+1}^{(1)} \\
&= 2y_{k+\frac{1}{2}}^{(2)} + hf\left(x_k + \frac{h}{2}, y_{k+\frac{1}{2}}^{(2)}\right) - y_k - hf(x_k, y_k) \\
&= 2y_k + hf(x_k, y_k) + hf\left(x_k + \frac{h}{2}, y_{k+\frac{1}{2}}^{(2)}\right) - y_k - hf(x_k, y_k) \\
&= y_k + hf\left(x_k + \frac{h}{2}, y_k + \frac{h}{2} f(x_k, y_k)\right). \tag{8.26}
\end{aligned}$$

Wir fassen das Ergebnis (8.26) algorithmisch zusammen

$$\begin{aligned}
k_1 &= f(x_k, y_k) \\
k_2 &= f\left(x_k + \frac{h}{2}, y_k + \frac{h}{2} k_1\right) \\
y_{k+1} &= y_k + h k_2
\end{aligned} \tag{8.27}$$

Abb. 8.2 Verbesserte
Polygonzugmethode

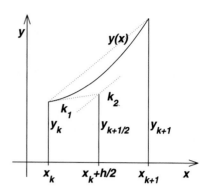

und nennen die Rechenvorschrift (8.27) **verbesserte** Polygonzugmethode von Euler. Für die Funktion Φ ergibt sich im Fall der verbesserten Polygonzugmethode

$$\Phi(x_k, y_k, y_{k+1}, h) = f\left(x_k + \frac{h}{2}, y_k + \frac{h}{2} f(x_k, y_k)\right).$$

k_1 stellt die Steigung des Richtungsfeldes im Punkt (x_k, y_k) dar, mit der der Hilfspunkt $(x_k + \frac{h}{2}, y_k + \frac{h}{2} k_1)$ und die dazugehörige Steigung k_2 berechnet wird. Schließlich wird y_{k+1} mit der Steigung k_2 berechnet. Die geometrische Interpretation eines Verfahrensschrittes ist in Abb. 8.2 dargestellt.

Eine genaue Untersuchung des lokalen Diskretisierungsfehlers d_{k+1}, die hier nicht angeführt werden soll, ergibt eine Fehlerordnung der verbesserten Polygonzugmethode von 2.

Wir betrachten nun die zur Differentialgleichung (8.3) äquivalente Integralgleichung (8.6). Da für die rechte Seite i. d. R. keine Stammfunktion angegeben werden kann, wird das Integral mit einer Quadraturformel approximiert. Wenn man im Unterschied zur oben verwendeten Rechteckregel die Trapezregel anwendet (vgl. Abschn. 6.1), wird (8.6) nur näherungsweise gelöst, so dass nach den Ersetzungen $y(x_{k+1})$ durch y_{k+1} und $y(x_k)$ durch y_k mit

$$y_{k+1} = y_k + \frac{h}{2}[f(x_k, y_k) + f(x_{k+1}, y_{k+1})] \tag{8.28}$$

die **Trapezmethode** als **implizite** Integrationsmethode entsteht. Implizit deshalb, weil in jedem Integrationsschritt eine Gleichung zur Bestimmung von y_{k+1} zu lösen ist.

Da diese Gleichung oft nichtlinear ist, wird zur Lösung eine Fixpunktiteration verwendet. Man startet mit

$$y_{k+1}^{(0)} = y_k + h f(x_k, y_k) \tag{8.29}$$

und der Wertefolge

$$y_{k+1}^{(s+1)} = y_k + \frac{h}{2}[f(x_k, y_k) + f(x_{k+1}, y_{k+1}^{(s)})] \quad (s = 0, 1, 2, \ldots) \tag{8.30}$$

konvergiert gegen den Fixpunkt y_{k+1}, falls $\Psi(x, y) := f(x, y)$ die Bedingung (8.10), d. h. $|f(x, y) - f(x, y^*)| \leq L|y - y^*|$, mit der Konstanten L erfüllt und $\frac{hL}{2} < 1$ ist, weil damit die Voraussetzungen des Banach'schen Fixpunktsatzes (vgl. Abschn. 7.1) erfüllt sind.

Da der Wert y_{k+1}, wie er durch (8.28) definiert ist, nur eine Näherung für $y(x_{k+1})$ ist, beschränkt man sich in der Praxis darauf, in der Fixpunktiteration (8.30) nur einen Schritt auszuführen. Damit erhält man die Methode von Heun in der Form

$$y_{k+1}^{(p)} = y_k + hf(x_k, y_k)$$

$$y_{k+1} = y_k + \frac{h}{2}[f(x_k, y_k) + f(x_{k+1}, y_{k+1}^{(p)})]. \tag{8.31}$$

Dabei wird mit der expliziten Methode von Euler ein sogenannter **Prädiktorwert** $y_{k+1}^{(p)}$ bestimmt, der dann mit der impliziten Trapezmethode zum Wert y_{k+1} korrigiert wird. Die Methode von Heun bezeichnet man deshalb auch als **Prädiktor-Korrektor**-Methode, die algorithmisch die Form

$$k_1 = f(x_k, y_k)$$

$$k_2 = f(x_k + h, y_k + h\,k_1) \tag{8.32}$$

$$y_{k+1} = y_k + \frac{h}{2}[k_1 + k_2]$$

hat. Es werden also die Steigungen k_1 und k_2 zur Bestimmung von y_{k+1} gemittelt.

Die Trapez-Methode und die Prädiktor-Korrektor-Methode haben ebenso wie die verbesserte Polygonzugmethode die Fehlerordnung 2.

8.1.4 Runge-Kutta-Verfahren

Die verbesserte Polygonzugmethode und die Methode von Heun sind Repräsentanten von expliziten zweistufigen **Runge-Kutta-Verfahren** mit der Fehlerordnung 2. Nun soll die Herleitung von Einschrittmethoden höherer Fehlerordnung am Beispiel eines dreistufigen Runge-Kutta-Verfahrens kurz dargelegt werden.

Ausgangspunkt ist wiederum die zur Differentialgleichung äquivalente Integralgleichung

$$y(x_{k+1}) - y(x_k) = \int_{x_k}^{x_{k+1}} f(x, y(x))\,dx\,.$$

Der Wert des Integrals soll durch eine allgemeine Quadraturformel, die auf 3 Stützstellen im Intervall $[x_k, x_{k+1}]$ mit entsprechenden Gewichten beruht, beschrieben werden, so dass man den Ansatz

$$y_{k+1} = y_k + h[c_1 f(\xi_1, y(\xi_1)) + c_2 f(\xi_2, y(\xi_2)) + c_3 f(\xi_3, y(\xi_3))] \tag{8.33}$$

mit $c_1 + c_2 + c_3 = 1$ erhält. In (8.33) sind also einerseits die Interpolationsstellen ξ_i und die unbekannten Werte $y(\xi_i)$ festzulegen. Für die Letzteren wird die Idee der Prädiktormethode verwendet, wobei die Methode explizit bleiben soll. Für die Interpolationsstellen setzt man

$$\xi_1 = x_k, \qquad \xi_2 = x_k + a_2 h, \qquad \xi_3 = x_k + a_3 h, \qquad 0 < a_2, a_3 \leq 1 \qquad (8.34)$$

an. Wegen $\xi_1 = x_k$ wird $y(\xi_1) = y_k$ gesetzt. Für die verbleibenden Werte werden die Prädiktoransätze

$$
\begin{aligned}
y(\xi_2): \quad & y_2^* = y_k + h\, b_{21} f(x_k, y_k) \\
y(\xi_3): \quad & y_3^* = y_k + h\, b_{31} f(x_k, y_k) + h\, b_{32} f(x_k + a_2 h, y_2^*)
\end{aligned}
\qquad (8.35)
$$

mit den drei weiteren Parametern b_{21}, b_{31}, b_{32} gemacht. Der erste Prädiktorwert y_2^* hängt von der Steigung in (x_k, y_k) ab und der zweite Wert y_3^* hängt darüber hinaus noch von der Steigung im Hilfspunkt (ξ_2, y_2^*) ab. Wenn man die Ansätze (8.34) und (8.35) in (8.33) einsetzt, ergibt sich der Algorithmus

$$
\begin{aligned}
k_1 &= f(x_k, y_k) \\
k_2 &= f(x_k + a_2 h, y_k + h\, b_{21} k_1) \\
k_3 &= f(x_k + a_3 h, y_k + h(b_{31} k_1 + b_{32} k_2)) \\
y_{k+1} &= y_k + h[c_1 k_1 + c_2 k_2 + c_3 k_3].
\end{aligned}
\qquad (8.36)
$$

Da beim Algorithmus (8.36) die Funktion $f(x, y)$ pro Integrationsschritt dreimal ausgewertet werden muss, spricht man von einem dreistufigen Runge-Kutta-Verfahren.

Ziel bei der Bestimmung der 8 Parameter $a_2, a_3, b_{21}, b_{31}, b_{32}, c_1, c_2, c_3$ ist eine möglichst hohe Fehlerordnung des Verfahrens. Dies wird im Rahmen einer Analyse des lokalen Diskretisierungsfehlers angestrebt. Bevor man dies tut, wird von den Parametern

$$a_2 = b_{21}, \qquad a_3 = b_{31} + b_{32} \qquad (8.37)$$

gefordert, mit dem Motiv, dass die Prädiktorwerte y_2^* und y_3^* für die spezielle Differentialgleichung $y' = 1$ exakt sein sollen.

Der lokale Diskretisierungsfehler des Verfahrens (8.36) ist gegeben durch

$$d_{k+1} = y(x_{k+1}) - y(x_k) - h[c_1 \bar{k}_1 + c_2 \bar{k}_2 + c_3 \bar{k}_3], \qquad (8.38)$$

wobei $\bar{k}_i$ die Ausdrücke bedeuten, die aus k_i dadurch hervorgehen, dass y_k durch $y(x_k)$ ersetzt wird. Nach der Entwicklung von k_i in Taylor-Reihen an der Stelle x_k und längeren Herleitungen erhält man für den lokalen Diskretisierungsfehler

$$d_{k+1} = h F_1 [1 - c_1 - c_2 - c_3] + h^2 F_2 \left[\frac{1}{2} - a_2 c_2 - a_3 c_3 \right] +$$

$$+ h^3 \left[F_{31} \left(\frac{1}{6} - a_2 c_3 b_{32} \right) + F_{32} \left(\frac{1}{6} - \frac{1}{2} a_2^2 c_2 - \frac{1}{2} a_3^2 c_3 \right) \right] + O(h^4), \quad (8.39)$$

wobei F_1, F_2, F_{31}, F_{32} Koeffizientenfunktionen sind, die im Ergebnis der Taylor-Reihenentwicklung entstehen und von den Ableitungen der Lösungsfunktion $y(x)$ abhängen. Soll das Verfahren mindestens die Fehlerordnung 3 haben, ist das Gleichungssystem

$$c_1 + c_2 + c_3 = 1$$

$$a_2 c_3 + a_3 c_3 = \frac{1}{2}$$

$$a_2 c_3 b_{32} = \frac{1}{6}$$

$$a_2^2 c_2 + a_3^2 c_3 = \frac{1}{3} \quad (8.40)$$

zu erfüllen, denn dann fallen in (8.39) alle Glieder außer $O(h^4)$ weg. Unter der Einschränkung $a_2 \neq a_3$ und $a_2 \neq \frac{2}{3}$ erhält man in Abhängigkeit von den freien Parametern a_2, a_3 die Lösung

$$c_2 = \frac{3a_3 - 2}{6a_2(a_3 - a_2)}, \qquad c_3 = \frac{2 - 3a_2}{6a_3(a_3 - a_2)},$$

$$c_1 = \frac{6a_2 a_3 + 2 - 3(a_2 + a_3)}{6a_2 a_3}, \qquad b_{32} = \frac{a_3(a_3 - a_2)}{a_2(2 - 3a_2)}. \quad (8.41)$$

Ein Runge-Kutta-Verfahren dritter Ordnung erhält man z. B. mit

$$a_2 = \frac{1}{3}, \; a_3 = \frac{2}{3}, \; c_2 = 0, \; c_3 = \frac{3}{4}, \; c_1 = \frac{1}{4}, \; b_{32} = \frac{2}{3}, \; b_{31} = a_3 - b_{32} = 0.$$

Man nennt das Verfahren auch Methode von Heun dritter Ordnung und der Algorithmus lautet

$$k_1 = f(x_k, y_k)$$

$$k_2 = f\left(x_k + \frac{1}{3}h, \; y_k + h\frac{1}{3}k_1 \right) \quad (8.42)$$

$$k_3 = f\left(x_k + \frac{2}{3}h, \; y_k + h\frac{2}{3}k_2 \right)$$

$$y_{k+1} = y_k + h\left[\frac{1}{4}k_1 + \frac{3}{4}k_3 \right].$$

Wählt man $a_2 = \frac{1}{2}$ und $a_3 = 1$, dann folgt aus (8.41) und (8.37)

$$c_2 = \frac{2}{3}, \ c_3 = \frac{1}{6}, \ c_1 = \frac{1}{6}, \ b_{32} = 2, \ b_{31} = a_3 - b_{23} = -1$$

und damit das Verfahren von Kutta dritter Ordnung

$$k_1 = f(x_k, y_k), \ k_2 = f\left(x_k + \frac{1}{2}h, \ y_k + h\frac{1}{2}k_1\right), \ k_3 = f(x_k + h, \ y_k - hk_1 + 2hk_2)$$

$$y_{k+1} = y_k + \frac{h}{6}[k_1 + 4k_2 + k_3]. \tag{8.43}$$

Die Wahl der Parameter erfolgt auch so, dass man möglichst prägnante Koeffizienten und ein „einfaches" Verfahren erhält. Man sieht, dass durch die Existenz unendlich vieler Lösungen unendlich viele Runge-Kutta-Verfahren existieren.

Die Abb. 8.3 und 8.4 zeigen die Ergebnisse der Berechnung der Lösung des Anfangswertproblems

$$y' = \frac{1}{x \ln x} y, \qquad y(2) = \ln 2$$

mit der Euler-Methode, der verbesserten Polygonzugmethode, der Trapez-Heun-Methode und der Runge-Kutta-Methode dritter Ordnung im Vergleich mit der exakten Lösung $y = \ln x$ im Intervall [2, 100]. Die Abbildungen zeigen, dass die Verwendung von Verfahren höherer Ordnung (hier Trapez-Heun-Methode und Runge-Kutta-Methode 3. Ordnung) speziell für größere Berechnungsintervalle $[0, x_1]$ erforderlich sind. Dass die Verkleinerung der Schrittweite von $0,5$ auf $0,1$ einen Genauigkeitsgewinn ergibt, ist offensichtlich.

Aufgrund der verbreiteten Anwendung soll zum Schluss noch das klassische 4-stufige Runge-Kutta-Verfahren

Abb. 8.3 Numerische Lösung mit der Schrittweite $h = 0,5$

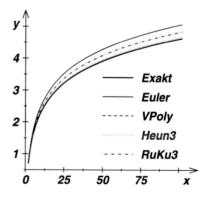

Abb. 8.4 Numerische Lösung
mit der Schrittweite $h = 0,1$

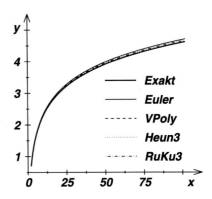

$$k_1 = f(x_k, y_k), \; k_2 = f\left(x_k + \frac{1}{2}h, \, y_k + h\frac{1}{2}k_1\right), \qquad (8.44)$$

$$k_3 = f\left(x_k + \frac{1}{2}h, \, y_k + \frac{1}{2}hk_2\right), \; k_4 = f(x_k + h, \, y_k + hk_3),$$

$$y_{k+1} = y_k + \frac{h}{6}[k_1 + 2k_2 + 2k_3 + k_4]$$

genannt werden. Es ist eines der ältesten Integrationsverfahren für gewöhnliche Differentialgleichungen und enthält sehr einfache Formeln zur Steigungsberechnung.

Im folgenden Programm ist das klassische 4-stufige Runge-Kutta-Verfahren implementiert.

```
# Programm 8.1  (ruku4_gb.m)
# zur Loesung von gew. DGL 1. Ordnung y'=f(x,y), y(x0)=y0
# klassisches Runge-Kutta-Verfahren 4. Ordnung
# input:  Schrittweite h, Intervallgrenzen x0,x1, Anfangswert y0=y(x0)
# output: Loesung y(x) an den Punkten x
# benutztes Programm: Nutzerfunktion f (rechte Seite der Dgl.)
# Aufruf: [y,x] = ruku4_gb(x0,x1,y0,h)
function [y,x] = ruku4_gb(x0,x1,y0,h);
n = (x1 - x0)/h;
yn = y0; y(1)=y0;
xn = x0; x(1)=x0;
for k=1:n
  k1 = f(xn,yn);
  k2 = f(xn+0.5*h,yn+0.5*h*k1);
  k3 = f(xn+0.5*h,yn+0.5*h*k2);
  k4 = f(xn+h,yn+h*k3);
  yn = yn + h*(k1+2.0*k2+2.0*k3+k4)/6.0;
  xn = xn+h; x(k+1)=xn; y(k+1)=yn;
endfor
endfunction
```

Mit dem Programm 8.1 löst man das Anfangswertproblem

$$y' = \frac{y}{1+x} + (x+1)\cos x, \quad y(0) = 0,$$

das die exakte Lösung $y(x) = (1+x)\sin x$ besitzt.
Mit dem Programm 8.1 löst man das Anfangswertproblem

$$y' = \frac{y}{1+x} + (x+1)\cos x, \quad y(0) = 0,$$

das die exakte Lösung $y(x) = (1+x)\sin x$ besitzt. Benutzen Sie die Programme und testen Sie unterschiedliche Schrittweiten von $h = 0{,}001 \ldots 0{,}02$ und vergleichen Sie die numerische mit der exakten Lösung.

8.1.5 Implizite Runge-Kutta-Verfahren

Bisher wurden im Wesentlichen explizite Einschrittverfahren betrachtet. Werden die Steigungen $k_1, k_2, \ldots$ eines Einschrittverfahrens durch ein implizites Gleichungssystem beschrieben, dann nennt man das betreffende Verfahren **implizites Runge-Kutta-Verfahren.** Diese Klasse von numerischen Lösungsverfahren hat die komfortable Eigenschaft, absolut stabil zu sein (s. auch Abschn. 8.3). Deshalb soll hier kurz auf diese Verfahrensklasse eingegangen werden. Ein ganz einfaches Verfahren ist durch

$$\begin{aligned} k_1 &= f(x_k + a_1 h, y_k + b_{11} h k_1) \\ y_{k+1} &= y_k + h c_1 k_1 \end{aligned}$$

erklärt. Um eine möglichst hohe Fehlerordnung des Verfahrens zu erreichen, ist $\bar{k}_1 = f(x_k + a_1 h, y_k + b_{11} h \bar{k}_1)$ in eine Taylorreihe zu entwickeln. Mit der Wahl von $c_1 = 1$ und $a_1 = b_{11} = \frac{1}{2}$ erreicht man für den lokalen Diskretisierungsfehler $d_{k+1} = O(h^3)$, so dass das implizite Runge-Kutta-Verfahren

$$\begin{aligned} k_1 &= f(x_k + \tfrac{1}{2}h, y_k + \tfrac{1}{2}h k_1) \\ y_{k+1} &= y_k + h k_1 \end{aligned} \tag{8.45}$$

die Ordnung 2 hat. In jedem Integrationsschritt ist ein implizites Gleichungssystem zu lösen, was mit einer Fixpunktiteration möglich ist. Mit dem Ansatz

$$\begin{aligned} k_1 &= f(x_k + a_1 h, y_k + b_{11} h k_1 + b_{12} h k_2) \\ k_2 &= f(x_k + a_2 h, y_k + b_{21} h k_1 + b_{22} h k_2) \\ y_{k+1} &= y_k + h[c_1 k_1 + c_2 k_2] \end{aligned}$$

kann man unter den Restriktionen $a_1 = b_{11} + b_{12}$ und $a_2 = b_{21} + b_{22}$ durch die Forderung $d_{k+1} = O(h^5)$ mit einer Taylor-Reihenentwicklung des lokalen Diskretisierungsfehlers das implizite Runge-Kutta-Verfahren

$$\begin{aligned} k_1 &= f(x_k + \tfrac{3-\sqrt{3}}{6}h, y_k + \tfrac{1}{4}h k_1 + \tfrac{3-2\sqrt{3}}{12}h k_2) \\ k_2 &= f(x_k + \tfrac{3+\sqrt{3}}{6}h, y_k + \tfrac{3+2\sqrt{3}}{12}h k_1 + \tfrac{1}{4}h k_2) \\ y_{k+1} &= y_k + \tfrac{h}{2}[k_1 + k_2] \end{aligned} \tag{8.46}$$

mit der Fehlerordnung 4 erhalten. Die Lösung des impliziten Gleichungssystem in k_1, k_2 pro Integrationsschritt kann mit einer Fixpunktiteration erfolgen.

Allgemein kann man bei einem m-stufigen Runge-Kutta-Verfahren durch geeignete Wahl der $m(m+1)$ freien Koeffizienten die maximale Fehlerordnung $2m$ erreichen. Im Abschn. 8.3 wird noch einmal auf die impliziten Runge-Kutta-Methoden Bezug genommen.

8.1.6 Schrittweitensteuerung

Bisher wurde die Schrittweite $h = x_{k+1} - x_k$ in der Regel äquidistant vorgegeben. Lässt man hier eine Variabilität zu, hat man die Möglichkeit, den lokalen Diskretisierungsfehler d_{k+1} durch die Wahl einer geeigneten Schrittweite $h_{k+1} = x_{k+1} - x_k$ betragsmäßig zu beschränken. Man spricht hier von **Schrittweitensteuerung.** Das Prinzip soll am Beispiel des Heun-Verfahrens (8.32)

$$k_1 = f(x_k, y_k), \quad k_2 = f(x_k + h, y_k + h\,k_1), \quad y_{k+1} = y_k + \frac{h}{2}[k_1 + k_2]$$

erläutert werden. Als lokaler Diskretisierungsfehler ergibt sich

$$d_{k+1}^{(H)} = y(x_{k+1}) - y(x_k) - \frac{h}{2}[\bar{k}_1 + \bar{k}_2],$$

wobei $\bar{k}_1, \bar{k}_2$ aus k_1, k_2 dadurch hervorgehen, dass y_k durch $y(x_k)$ ersetzt wird. Nun sucht man ein Verfahren höherer, also mindestens dritter Ordnung, dessen Steigungen k_1 und k_2 mit den Steigungen des Heun-Verfahrens übereinstimmen. Solch ein Runge-Kutta-Verfahren 3. Ordnung soll nun konstruiert werden. Wir gehen von (8.36) aus. Die Forderung der Gleichheit der Steigungen k_1 und k_2 bedeutet $a_2 = b_{21} = 1$. Die weiteren Parameter ergeben sich aus dem Gleichungssystem (8.40) bei der Wahl von $a_3 = \frac{1}{2}$

$$c_3 = \frac{2}{3}, \quad c_2 = \frac{1}{6}, \quad c_1 = \frac{1}{6}, \quad b_{32} = \frac{1}{4}, \quad b_{31} = a_3 - b_{32} = \frac{1}{4},$$

so dass sich das Runge-Kutta-Verfahren 3. Ordnung

$$k_1 = f(x_k, y_k), \ k_2 = f(x_k + h, y_k + h\,k_1), \ k_3 = f\left(x_k + \frac{1}{2}h, y_k + \frac{h}{4}(k_1 + k_2)\right) \quad (8.47)$$

$$y_{k+1} = y_k + \frac{h}{6}[k_1 + k_2 + 4k_3]$$

ergibt. Für den lokalen Diskretisierungsfehler des Verfahrens (8.48) ergibt sich

$$d_{k+1}^{(RK)} = y(x_{k+1}) - y(x_k) - \frac{h}{6}[\bar{k}_1 + \bar{k}_2 + 4\bar{k}_3].$$

Damit kann man den lokalen Diskretisierungsfehler des Heun-Verfahrens in der Form

$$d_{k+1}^{(H)} = \frac{h}{6}[\bar{k}_1 + \bar{k}_2 + 4\bar{k}_3] - \frac{h}{2}[\bar{k}_1 + \bar{k}_2] + d_{k+1}^{(RK)}$$

darstellen. Ersetzt man nun die unbekannten Werte von $\bar{k}_j$ durch die Näherungen k_j und berücksichtigt $d_{k+1}^{(RK)} = O(h^4)$, so erhält man

$$d_{k+1}^{(H)} = \frac{h}{6}[k_1 + k_2 + 4k_3] - \frac{h}{2}[k_1 + k_2] + O(h^4) = \frac{h}{3}[-k_1 - k_2 + 2k_3] + O(h^4)$$

und damit kann der lokale Diskretisierungsfehler des Heun-Verfahrens mit der zusätzlichen Steigungsberechnung von k_3 durch den Ausdruck $\frac{h}{3}[2k_3 - k_1 - k_2]$ recht gut geschätzt werden. Aufgrund der Kontrolle des Betrages dieses Ausdrucks kann man eine vorgegebene Schranke $\epsilon_{tol} > 0$ durch entsprechende Wahl von $h = h_{k+1} = x_{k+1} - x_k$

$$h_{k+1} < \frac{3\epsilon_{tol}}{|2k_3 - k_1 - k_2|} \iff \frac{h_{k+1}}{3}|2k_3 - k_1 - k_2| < \epsilon_{tol}$$

unterschreiten.

Man spricht bei der dargestellten Methode der Schrittweitensteuerung auch von einer Einbettung des Heun-Verfahrens (8.32) zweiter Ordnung in das Runge-Kutta-Verfahren (8.48) dritter Ordnung. Im folgenden Programm ist das eingebettete Heun-Verfahren mit der Schrittweitensteuerung implementiert, wobei die Schrittweite halbiert wird, falls $\frac{h}{3}|2k_3 - k_1 - k_2| > \epsilon_{tol}$ ist, bzw. verdoppelt wird, falls $\frac{h}{3}|2k_3 - k_1 - k_2| < 0,1\epsilon_{tol}$ ist.

```
# Programm 8.2 (heun2rk3_gb.m)
# zur Loesung von gew. DGL 1. Ordnung y'=f(x,y), y(x_0)=y_0
# Heun-Verfahren 2. Ordnung eingebettet in ein RK-Verfahren 3. Ordnung
# input:   Start-Schrittweite h, Intervallgrenzen x0,x1, Anfangswert y0=y(x0),
#          Genauigkeit epsilon
# output: Loesung y(x) an den Punkten x
# benutztes Programm: Nutzerfunktion f (rechte Seite der Dgl.)
# Aufruf: [y,x] = heun2rk3_gb(x0,x1,y0,h,epsilon)
function [y,x] = heun2rk3_gb(x0,x1,y0,h,epsilon);
yn = y0; y(1)=y0; k=1;
xn = x0; x(1)=x0; hs(1)=h;
while (xn+h < x1)
   k1 = f(xn,yn);
   k2 = f(xn+h,yn+h*k1);
   k3 = f(xn+0.5*h,yn+0.25*h*(k1+k2));
   yn = yn + 0.5*h*(k1+k2);
   rk = abs(h*(2*k3-k1-k2)/3);
   if (rk > epsilon)
     h = 0.5*h;
   endif
   if (rk < 0.1*epsilon)
     h = 2*h;
   endif
   xn=xn+h; x(k+1)=xn; y(k+1)=yn; hs(k+1)=h; k=k+1;
endwhile
endfunction
```

Tab. 8.1 Butcher-Tableau eines m-stufigen Einschrittverfahrens

$$
\begin{array}{c|ccccc}
a_2 & b_{21} \\
a_3 & b_{31} & b_{32} \\
\vdots & \vdots & \vdots & \ddots \\
a_m & b_{m1} & b_{m2} & \cdots & b_{m\,m-1} \\
\hline
 & c_1 & c_2 & c_3 & c_{m-1} & c_m
\end{array}
$$

8.1.7 Beschreibung von Runge-Kutta-Verfahren mit Butcher-Tableaus

Bisher haben wir Runge-Kutta-Verfahren durch die Angabe der Steigungen k_j und die Verfahrensfunktion mit den gewichteten Steigungen aufgeschrieben. Allgemein berechnet man die Steigungen beim expliziten m-stufigen RK-Verfahren (RK steht für Runge-Kutta) durch $k_1 = f(x_k, y_k)$ bzw.

$$k_j = f(x_k + a_j h_k, y_k + h_k(b_{j1}k_1 + b_{j2}k_2 + \cdots + b_{jj-1}k_{j-1})), \ \ j = 2, \ldots, m,$$

und man erhält mit den Gewichten c_j das Verfahren

$$y_{k+1} = y_k + h_k[c_1k_1 + c_2k_2 + \cdots + c_mk_m].$$

Damit reicht das Tableau 8.1 aus, um ein explizites m-stufiges Einschrittverfahren vollständig zu beschreiben. Die Polygonzugmethode (8.27) wird durch die Butcher-Tabelle[1]

$$
\begin{array}{c|cc}
\frac{1}{2} & \frac{1}{2} \\
\hline
 & 0 & 1
\end{array}
$$

beschrieben. Das klassische 4-stufige RK-Verfahren (8.44) hat die Butcher-Tabelle

$$
\begin{array}{c|cccc}
\frac{1}{2} & \frac{1}{2} \\
\frac{1}{2} & 0 & \frac{1}{2} \\
1 & 0 & 0 & 1 \\
\hline
 & \frac{1}{6} & \frac{1}{3} & \frac{1}{3} & \frac{1}{6}
\end{array}.
$$

Während die Butcher-Tableaus der expliziten RK-Verfahren ein „unteres Dreieck" bilden, sind die Tabellen zur Beschreibung von impliziten m-stufigen RK-Verfahren „quadratisch". Die Steigungen k_j sind Lösungen des im Allg. nichtlinearen Gleichungssystems

---

[1] John C. Butcher ist ein neuseeländischer Mathematiker, der diese Tabellen eingeführt hat.

Tab. 8.2 Butcher-Tableau eines m-stufigen (impliziten) Einschrittverfahrens

$$
\begin{array}{c|ccc}
a_1 & b_{11} & \cdots & b_{1m} \\
a_2 & b_{21} & \cdots & b_{2m} \\
\vdots & & & \\
a_m & b_{m1} & \cdots & b_{mm} \\
\hline
& c_1 & \cdots & c_m
\end{array}
$$

$$
\begin{aligned}
k_1 &= f(x_k + a_1 h_k, y_k + h_k(b_{11}k_1 + \cdots + b_{1m}k_m)) \\
k_2 &= f(x_k + a_2 h_k, y_k + h_k(b_{21}k_1 + \cdots + b_{2m}k_m)) \\
&\vdots \\
k_m &= f(x_k + a_m h_k, y_k + h_k(b_{m1}k_1 + \cdots + b_{mm}k_m))
\end{aligned}
$$

und mit den Gewichten c_j ergibt sich dann das Verfahren zu

$$
y_{k+1} = y_k + h_k(c_1 k_1 + c_2 k_2 + \cdots + c_m k_m),
$$

und damit hat die Butcher-Tabelle die Gestalt von Tab. 8.2. Wir haben den Begriff Runge-Kutta-Verfahren zwar schon benutzt, wollen ihn aber nochmal exakt definieren.

▶ **Definition 8.4** (Runge-Kutta-Verfahren) Einschrittverfahren, die durch ein Butcher-Tableau der Art 8.2 beschrieben werden, und für die $a_k \in [0, 1]$, $k = 1, \ldots, m$ und $\sum_{j=1}^{m} c_j = 1$ gilt, heißen m-stufige **Runge-Kutta-Verfahren.**

Das implizite Euler-Verfahren und die Trapezmethode haben die Butcher-Tabellen

$$
\begin{array}{c|c}
1 & 1 \\
\hline
& 1
\end{array}
\quad \text{bzw.} \quad
\begin{array}{c|cc}
1 & 1 & 0 \\
1 & \frac{1}{2} & \frac{1}{2} \\
\hline
& \frac{1}{2} & \frac{1}{2}
\end{array}
\ .
$$

Bei dem Blick auf die Butcher-Tabellen für die bisher angegebenen Verfahren fällt auf, dass in jeder Zeile die Summe der Koeffizienten b_{ji} gleich dem Koeffizienten a_j ist. Außerdem ist jeweils die Summe der Gewichte c_j gleich eins. Bei ausreichender Glattheit von f gilt offensichtlich

$$
f(x + ha, y + hb) = f(x, y) + ha\, f_x(x, y) + hb\, f_y(x, y) + O(h^2),
$$

also für die Steigungen

$$\bar{k}_j = f(x + a_j h, y(x) + h \sum_{i=1}^{m} b_{ji} \bar{k}_i)$$

$$= f(x, y(x)) + h(a_j f_x(x, y(x)) + \sum_{i=1}^{m} b_{ji} \bar{k}_i f_y(x, y(x))) + O(h^2)$$

$$= f(x, y(x)) + h(a_j f_x(x, y(x)) + \sum_{i=1}^{m} b_{ji} f(x, y(x)) f_y(x, y(x))) + O(h^2).$$

Gilt $a_j = \sum_{i=1}^{m} b_{ji}$, dann folgt daraus für den lokalen Diskretisierungsfehler

$$d = y(x + h) - y(x) - h(c_1 \bar{k}_1 + \ldots c_m \bar{k}_m)$$

$$= h y'(x) + \frac{h^2}{2} y''(x) - h \sum_{j=1}^{m} c_j f(x, y(x))$$

$$- h^2 \sum_{j=1}^{m} c_j \left[a_j f_x(x, y(x)) + \sum_{i=1}^{m} b_{ji} \bar{k}_i f_y(x, y(x)) \right] + O(h^3) \ \left(\text{mit } a_j = \sum_{i=1}^{m} b_{ji} \right)$$

$$= \frac{h^2}{2} y''(x) - h^2 \sum_{j=1}^{m} c_j a_j (f_x(x, y(x)) + \bar{k}_i f_y(x, y(x))) + O(h^3)$$

$$= \frac{h^2}{2} y''(x) - h^2 \sum_{j=1}^{m} c_j a_j (f_x(x, y(x)) + f(x, y(x)) f_y(x, y(x))) + O(h^3)$$

$$= \frac{h^2}{2} y''(x) - h^2 \sum_{j=1}^{m} c_j a_j y''(x) + O(h^3).$$

Damit gilt bei zweimaliger stetiger partieller Differenzierbarkeit von f der

Satz 8.3 *(hinreichende Konsistenzbedingungen)*
Ein m-stufiges RK-Verfahren ist konsistent, wenn $\sum_{j=1}^{m} c_j = 1$ gilt, und das Verfahren hat mindestens die Konsistenzordnung $p = 2$, falls

$$a_j = \sum_{i=1}^{m} b_{ji}, \ j = 1, \ldots, m, \quad und \quad \frac{1}{2} = \sum_{j=1}^{m} c_j a_j$$

gilt.

Bemerkung 8.1 Die Bedingung $a_j = \sum_{i=1}^{m} b_{ji}$ garantiert übrigens die sinnvolle Eigenschaft des dazugehörigen RK-Verfahrens, dass die Lösung der Differentialgleichung $y' = 1$ mit dem Verfahren exakt approximiert wird.

8.1.8 Differentialgleichungen höherer Ordnung und Differentialgleichungssysteme erster Ordnung

Bisher wurden nur Anfangswertprobleme der Form

$$y' = f(x, y), \quad y(x_0) = y_0,$$

mit $y(x)$ als der Lösung $y(x)$ als Funktion einer Veränderlichen betrachtet. Sämtliche Methoden lassen sich problemlos auf Systeme der Form

$$\vec{y}\,' = \vec{F}(x, \vec{y}), \quad \vec{y}(x_0) = \vec{y}_0 \in \mathbb{R}^n, \tag{8.48}$$

mit $\vec{y} : I \to \mathbb{R}^n$, $\vec{F} : I \times D \to \mathbb{R}^n$, $D \subset \mathbb{R}^n$ übertragen. In den betrachteten Verfahren von Euler, Heun, Runge-Kutta etc. muss man im Fall eines Anfangswertproblems der Form (8.48) nur berücksichtigen, dass es sich bei den Funktionswerten der Lösung, der rechten Seite und den Steigungen um Vektoren $\vec{y}_k$, $\vec{y}_{k+1}$, $\vec{F}$, $\vec{k}_j$ handelt. Als Beispiel soll hier das Heun-Verfahren (8.32) vektoriell für ein System aufgeschrieben werden. Man erhält

$$\begin{aligned} \vec{k}_1 &= \vec{F}(x_k, \vec{y}_k), \\ \vec{k}_2 &= \vec{F}(x_k + h, \vec{y}_k + h\,\vec{k}_1), \\ \vec{y}_{k+1} &= \vec{y}_k + \frac{h}{2}[\vec{k}_1 + \vec{k}_2] \end{aligned} \tag{8.49}$$

und muss bei der Implementierung auf dem Rechner nur berücksichtigen, dass man beim Update von $\vec{k}_1, \vec{k}_2, \vec{y}_{k+1}$ immer n Komponenten zu berechnen hat.

Anfangswertprobleme n-ter Ordnung der Form

$$y^{(n)} + a_{n-1}(x)y^{(n-1)} + \cdots + a_1(x)y' + a_0(x)y = g(x), \tag{8.50}$$

$$y^{(n-1)}(x_0) = \eta_{n-1}, y^{(n-2)}(x_0) = \eta_{n-2}, \ldots, y'(x_0) = \eta_1, y(x_0) = \eta_0 \tag{8.51}$$

sind äquivalent zu einem System 1. Ordnung der Form (8.48). Durch Einführung der Hilfsgrößen $v_1 = y$, $v_2 = y'$, ..., $v_n = y^{(n-1)}$ kann man (8.50) in der Form

$$\begin{pmatrix} v_1' \\ v_2' \\ \vdots \\ v_{n-1}' \\ v_n' \end{pmatrix} = \begin{pmatrix} v_2 \\ v_3 \\ \vdots \\ v_n \\ g(x) - (a_{n-1}(x)v_n + \cdots + a_0(x)v_1) \end{pmatrix} \iff \vec{v}\,' = \vec{F}(x, \vec{v}) \tag{8.52}$$

aufschreiben. Als Anfangsbedingung für $\vec{v}$ erhält man ausgehend von (8.51)

$$\vec{y}(x_0) = (\eta_0, \eta_1, \ldots, \eta_{n-1})^T. \tag{8.53}$$

Mit (8.52), (8.53) hat man ein zum Anfangswertproblem n-ter Ordnung (8.50), (8.51) äquivalentes System, auf das man wie oben beschrieben die besprochenen numerischen Lösungsverfahren für Systeme 1. Ordnung wie z. B. das Heun-Verfahren (8.49) anwenden kann.

Mit der Einführung von Hilfsfunktionen kann man auf die gleiche Weise wie im Fall eines Anfangswertproblems n-ter Ordnung auch Differentialgleichungssysteme höherer Ordnung auf Systeme 1. Ordnung zurückführen, so dass die in den Abschn. 8.1 und 8.2 behandelten Methoden angewandt werden können.

8.2   Mehrschrittverfahren

Die Klasse der Mehrschrittverfahren zur Lösung von Anfangswertproblemen ist dadurch gekennzeichnet, dass man zur Berechnung des Näherungswertes y_{k+1} nicht nur den Wert y_k verwendet, sondern auch weiter zurückliegende Werte, z. B. y_{k-1}, y_{k-2}, y_{k-3}. Ausgangspunkt für die Mehrschrittverfahren bildet die zur Differentialgleichung (8.3) äquivalente Integralgleichung

$$y(x_{k+1}) = y(x_k) + \int_{x_k}^{x_{k+1}} f(x, y(x))\, dx. \tag{8.54}$$

Kennt man z. B. die Werte $f_k = f(x_k, y_k), \ldots, f_{k-3} = f(x_{k-3}, y_{k-3})$, dann kann man das Integral auf der rechten Seite durch eine interpolatorische Quadraturformel i. d. R. besser approximieren als bei den Einschrittverfahren unter ausschließlicher Nutzung des Wertes f_k. Das ist die Grundidee der Mehrschrittverfahren. Man bestimmt das Interpolationspolynom durch die Stützpunkte (x_j, f_j) $(j = k - 3, \ldots, k)$

$$p_3(x) = \sum_{j=0}^{3} f_{k-j} L_{k-j}(x)$$

mit den Lagrange'schen Basispolynomen

$$L_j(x) = \prod_{\substack{i=k-3 \\ i \neq j}}^{k} \frac{x - x_i}{x_j - x_i} \quad (j = k - 3, k - 2, k - 1, k)$$

und bestimmt das Integral in (8.54) unter Nutzung der Näherung von f durch p_3. Man erhält

$$y_{k+1} = y_k + \int_{x_k}^{x_{k+1}} \sum_{j=0}^{3} f_{k-j} L_{k-j}(x)\, dx = y_k + \sum_{j=0}^{3} f_{k-j} \int_{x_k}^{x_{k+1}} L_{k-j}(x)\, dx.$$

Im Fall äquidistanter Stützstellen und $h = x_{k+1} - x_k$ erhält man für den zweiten Integralsummanden $(j = 1)$

$$I_1 = \int_{x_k}^{x_{k+1}} L_{k-1}(x)\, dx = \int_{x_k}^{x_{k+1}} \frac{(x - x_{k-3})(x - x_{k-2})(x - x_k)}{(x_{k-1} - x_{k-3})(x_{k-1} - x_{k-2})(x_{k-1} - x_k)}\, dx$$

und nach der Substitution $\xi = \frac{x - x_k}{h}$, $dx = h\, d\xi$,

$$I_1 = h \int_0^1 \frac{(\xi + 3)(\xi + 2)\xi}{2 \cdot 1 \cdot (-1)}\, d\xi = -\frac{h}{2} \int_0^1 (\xi^3 + 5\xi^2 + 6\xi)\, d\xi = -\frac{59}{24}h.$$

Für die restlichen Summanden erhält man

$$I_0 = \frac{55}{24}h, \quad I_2 = \frac{37}{24}h, \quad I_3 = -\frac{9}{24}h,$$

so dass sich schließlich mit

$$y_{k+1} = y_k + \frac{h}{24}[55 f_k - 59 f_{k-1} + 37 f_{k-2} - 9 f_{k-3}] \tag{8.55}$$

die **Methode von Adams-Bashforth** (kurz AB-Verfahren) ergibt. Es handelt sich dabei um eine explizites lineares 4-Schritt-Verfahren, da insgesamt 4 Stützwerte zur Approximation von f zwecks näherungsweiser Berechnung des Integrals in (8.54) verwendet wurden. Durch Taylor-Reihenentwicklung erhält man bei entsprechender Glattheit (sechsfache stetige Differenzierbarkeit von $y(x)$) den lokalen Diskretisierungsfehler

$$d_{k+1} = \frac{251}{720}h^5 y^{(5)} + O(h^6). \tag{8.56}$$

Bei Verwendung von m Stützwerten $(x_k, f_k), \ldots, (x_{k-m+1}, f_{k-m+1})$ zur Berechnung eines Interpolationspolynoms p_{m-1} zur Approximation von f zwecks näherungsweiser Berechnung des Integrals (8.54) spricht man von einem linearen m-**Schrittverfahren**. In Verallgemeinerung zu Definition 8.3 definieren wir die Fehlerordnung eines m-Schrittverfahrens.

▶ **Definition 8.5** (Fehlerordnung eines m-Schrittverfahrens)
Ein m-Schrittverfahren hat die Fehlerordnung p, falls für seinen lokalen Diskretisierungsfehler d_k die Abschätzung

$$\max_{m \leq k \leq n} |d_k| \leq K = O(h^{p+1})$$

gilt.

Das Adams-Bashforth-Verfahren (8.55) besitzt aufgrund der Abschätzung (8.56) die Fehlerordnung 4. Allgemein lässt sich durch geeignete Taylor-Entwicklungen bei ausreichender Glattheit der Lösung $y(x)$ von (8.3) zeigen, dass explizite m-Schrittverfahren vom Adams-Bashforth-Typ die Fehlerordnung m besitzen. Mit etwas Rechenarbeit kann man die folgenden 3-, 4-, 5- und 6-Schritt-Verfahren vom Adams-Bashforth-Typ herleiten.

$$y_{k+1} = y_k + \frac{h}{12}[23 f_k - 16 f_{k-1} + 5 f_{k-2}], \tag{8.57}$$

$$y_{k+1} = y_k + \frac{h}{24}[55 f_k - 59 f_{k-1} + 37 f_{k-2} - 9 f_{k-3}], \tag{8.58}$$

$$y_{k+1} = y_k + \frac{h}{720}[1901 f_k - 2774 f_{k-1} + 2616 f_{k-2} - 1274 f_{k-3} + 251 f_{k-4}], \tag{8.59}$$

$$y_{k+1} = y_k + \frac{h}{1440}[4277 f_k - 7923 f_{k-1} + 9982 f_{k-2} - 7298 f_{k-3} + 2877 f_{k-4} - 475 f_{k-5}].$$

Die Formeln der Mehrschrittverfahren funktionieren erst ab dem Index $k = m$, d. h. bei einem 3-Schrittverfahren braucht man die Werte y_0, y_1, y_2, um y_3 mit der Formel (8.57) berechnen zu können. Die Startwerte y_1, y_2 werden meistens mit einem Runge-Kutta-Verfahren berechnet, wobei evtl. auch mehrere Schritte mit kleineren Schrittweiten $\tilde{h} < h$, z. B. 4 Runge-Kutta-Schritte mit der Schrittweite $\tilde{h} = h/2$ zur Berechnung von $y_{1/2}$, y_1, $y_{3/2}$, y_2 benutzt werden.

Es ist offensichtlich möglich, die Qualität der Lösungsverfahren für das Anfangswertproblem (8.3), (8.4) zu erhöhen, indem man das Integral in der Beziehung (8.54) genauer berechnet. Das soll nun durch die Hinzunahme des Stützpunktes (x_{k+1}, f_{k+1}), also die Benutzung des unbekannten Funktionswertes $f_{k+1} := f(x_{k+1}, y_{k+1})$ getan werden. Analog zur Herleitung der Formel (8.55) erhält man mit dem Ansatz

$$p_4(x) = \sum_{j=-1}^{3} f_{k-j} L_{k-j}(x)$$

bei Verwendung der Lagrange'schen Basispolynome $L_{k+1}, \ldots, L_{k-3}$

$$y_{k+1} = y_k + \int_{x_k}^{x_{k+1}} \sum_{j=-1}^{3} f_{k-j} L_{k-j}(x)\, dx = y_k + \sum_{j=-1}^{3} f_{k-j} \int_{x_k}^{x_{k+1}} L_{k-j}(x)\, dx$$

bzw. nach Auswertung der Integrale

$$y_{k+1} = y_k + \frac{h}{720}[251 f(x_{k+1}, y_{k+1}) + 646 f_k - 264 f_{k-1} + 106 f_{k-2} - 19 f_{k-3}]. \tag{8.60}$$

Das Verfahren (8.60) heißt **Methode von Adams-Moulton** (kurz AM-Verfahren) und ist eine implizite 4-Schritt-Methode, da die Formel (8.60) auf beiden Seiten y_{k+1} enthält und die 4 Werte $y_k, \ldots, y_{k-3}$ zur Berechnung von y_{k+1} benutzt werden. Für ein implizites 3-Schritt-Verfahren vom Adams-Moulton-Typ erhält man auf analogem Weg

$$y_{k+1} = y_k + \frac{h}{24}[9 f(x_{k+1}, y_{k+1}) + 19 f_k - 5 f_{k-1} + f_{k-2}]. \tag{8.61}$$

Zur Bestimmung von y_{k+1} bei den impliziten Verfahren (8.60) bzw. (8.61) kann man z. B. eine Fixpunktiteration der Art

$$y_{k+1}^{(s+1)} = y_k + \frac{h}{24}[9f(x_{k+1}, y_{k+1}^{(s)}) + 19f_k - 5f_{k-1} + f_{k-2}]$$

zur Lösung von (8.61) durchführen (als Startwert empfiehlt sich $y_{k+1}^{(0)} = y_k$).

Bestimmt man den Startwert $y_{k+1}^{(0)}$ als Resultat eines expliziten 3-Schritt-Adams-Bashforth-Verfahrens und führt nur eine Fixpunktiteration durch, dann erhält man in Analogie zum Heun-Verfahren das Prädiktor-Korrektor-Verfahren

$$y_{k+1}^{(p)} = y_k + \frac{h}{12}[23f_k - 16f_{k-1} + 5f_{k-2}],$$

$$y_{k+1} = y_k + \frac{h}{24}[9f(x_{k+1}, y_{k+1}^{(p)}) + 19f_k - 5f_{k-1} + f_{k-2}]. \tag{8.62}$$

Diese Kombination von Adams-Bashforth- und Adams-Moulton-Verfahren bezeichnet man als **Adams-Bashforth-Moulton-Verfahren** (kurz als ABM-Verfahren). Das ABM-Verfahren (8.62) hat ebenso wie das Verfahren (8.61) den lokalen Diskretisierungsfehler $d_{k+1} = O(h^5)$ und damit die Fehlerordnung 4. Generell kann man zeigen, dass m-Schritt-Verfahren vom AM- oder ABM-Typ jeweils die Fehlerordnung m haben ($d_{k+1} = O(h^p)$ mit $p = m + 1$).

Bei den Mehrschrittverfahren haben wir bisher die zurückliegenden Werte $y_k, \ldots, y_{k-m+1}$ nur benutzt, um das Integral in (8.54) möglichst genau zu approximieren. Schreibt man das 3-Schritt-Adams-Bashforth-Verfahren (8.57) in der Form

$$\frac{y_{k+1} - y_k}{h} = \frac{1}{12}[23f_k - 16f_{k-1} + 5f_{k-2}]$$

auf, dann ist die rechte Seite eine Approximation des Funktionswertes von f an der Stelle (x_k, y_k) von der Ordnung $O(h^3)$. Die linke Seite ist allerdings nur eine Approximation der Ordnung $O(h)$ von y' an der Stelle x_k. Da man die Werte y_k, y_{k-1}, y_{k-2} sowieso benutzt, kann man sie auch verwenden, um die Ableitung y' genauer zu approximieren. Das ist die Grundidee der allgemeinen linearen Mehrschrittverfahren.

▶ **Definition 8.6** (allgemeine lineare Mehrschrittverfahren)
Unter einem linearen m-Schrittverfahren ($m > 1$) versteht man eine Vorschrift mit $s = k - m + 1$

$$\sum_{j=0}^{m} a_j y_{s+j} = h \sum_{j=0}^{m} b_j f(x_{s+j}, y_{s+j}), \tag{8.63}$$

wobei $a_m \neq 0$ ist und a_j, b_j geeignet zu wählende reelle Zahlen sind. Die konkrete Wahl der Koeffizienten a_j, b_j entscheidet über die Ordnung des Verfahrens (8.63).

In den bisher behandelten Verfahren war jeweils $a_m = 1$ und $a_{m-1} = -1$ sowie $a_{m-2} = \cdots = a_0 = 0$. Bei expliziten Verfahren ist $b_m = 0$ und bei impliziten Verfahren ist $b_m \neq 0$. Ohne die Allgemeinheit einzuschränken, setzen wir im Folgenden $a_m = 1$. Die anderen $2m - 1$ freien Parameter a_j, b_j sind so zu wählen, dass die linke und die rechte Seite von

(8.63) Approximationen von

$$\alpha[y(x_{k+1}) - y(x_k)] \qquad \text{bzw.} \qquad \alpha \int_{x_k}^{x_{k+1}} f(x, y(x)) \, dx$$

sind, wobei α eine von null verschiedene Zahl ist.

▶ **Definition 8.7** (Fehlerordnung allgemeiner linearer Mehrschrittverfahren)
Das lineare Mehrschrittverfahren (8.63) hat die Fehlerordnung p, falls in der Entwicklung des lokalen Diskretisierungsfehlers d_{k+1} in eine Potenzreihe von h für eine beliebige Stelle $\tilde{x} \in [x_{k-m+1}, x_{k+1}]$

$$\begin{aligned} d_{k+1} &= \sum_{j=0}^{m}[a_j y(x_{s+j}) - hb_j f(x_{s+j}, y(x_{s+j}))] \\ &= c_0 y(\tilde{x}) + c_1 h y'(\tilde{x}) + \cdots + c_p h^p y^{(p)}(\tilde{x}) + c_{p+1} h^{p+1} y^{(p+1)}(\tilde{x}) + \cdots \end{aligned} \tag{8.64}$$

$c_0 = \cdots = c_p = 0$ und $c_{p+1} \neq 0$ gilt.

Durch eine günstige Wahl von $\tilde{x}$ kann man die Entwicklungskoeffizienten c_j oft in einfacher Form als Linearkombinationen von a_j, b_j darstellen und erhält mit der Bedingung $c_0 = \cdots = c_p = 0$ Bestimmungsgleichungen für die Koeffizienten des Mehrschrittverfahrens. Damit das Mehrschrittverfahren (8.63) überhaupt zur numerischen Lösung des Anfangswertproblems (8.3), (8.4) taugt, muss die Ordnung mindestens gleich 1 sein. Ist die Ordnung des Mehrschrittverfahren (8.63) mindestens gleich 1, dann heißt es **konsistent.**

Mit der Wahl von $\tilde{x} = x_{k-m+1} = x_s$ ergeben sich für y und y' die Taylor-Reihen

$$\begin{aligned} y(x_{s+j}) &= y(\tilde{x} + jh) = \sum_{r=0}^{q} \frac{(jh)^r}{r!} y^{(r)}(\tilde{x}) + R_{q+1} \\ y'(x_{s+j}) &= y'(\tilde{x} + jh) = \sum_{r=0}^{q-1} \frac{(jh)^r}{r!} y^{(r+1)}(\tilde{x}) + \bar{R}_q. \end{aligned} \tag{8.65}$$

Die Substitution der Reihen (8.65) in (8.64) ergibt für die Koeffizienten c_j

$$\begin{aligned} c_0 &= a_0 + a_1 + \cdots + a_m, \\ c_1 &= a_1 + 2a_2 + \cdots + ma_m - (b_0 + b_1 + \cdots + b_m), \\ c_2 &= \tfrac{1}{2!}(a_1 + 2^2 a_2 + \cdots + m^2 a_m) - \tfrac{1}{1!}(b_1 + 2b_2 + \cdots + mb_m), \\ &\vdots \\ c_r &= \tfrac{1}{r!}(a_1 + 2^r a_2 + \cdots + m^r a_m) - \tfrac{1}{(r-1)!}(b_1 + 2^{r-1} b_2 + \cdots + m^{r-1} b_m) \end{aligned} \tag{8.66}$$

für $r = 2, 3, \ldots, q$. (8.66) kann man auch durch

$$\vec{c} = M\vec{k} \quad \text{mit} \quad \vec{k} = (a_0, \ldots, a_m, b_0, \ldots, b_m)^T$$

zusammen fassen. Eine nicht-triviale Lösung von $M\vec{k} = \mathbf{0}$ führt dazu, dass ein m-schrittiges lineares Mehrschrittverfahren immer die Ordnung q haben kann, also im Fall $q = m$ die Ordnung m.

Beispiel

Es soll ein explizites 2-Schritt-Verfahren

$$a_0 y_{k-1} + a_1 y_k + a_2 y_{k+1} = h[b_0 f_{k-1} + b_1 f_k]$$

der Ordnung 2 bestimmt werden. Mit der Festsetzung $a_2 = 1$ ergibt sich für c_0, c_1, c_2

$$c_0 = a_0 + a_1 + 1 = 0,$$
$$c_1 = a_1 + 2 - (b_0 + b_1) = 0,$$
$$c_2 = \tfrac{1}{2}(a_1 + 4) - b_1 = 0.$$

Zur Bestimmung von 4 Unbekannten stehen 3 Gleichungen zur Verfügung, also ist eine Unbekannte frei wählbar. Die Festlegung von $a_1 = 0$ führt auf die Lösung $a_0 = -1$, $b_0 = 0$ und $b_1 = 2$, so dass das 2-Schritt-Verfahren die Form

$$y_{k+1} = y_{k-1} + h\,2\,f_k \tag{8.67}$$

hat. ◄

Es wurde schon darauf hingewiesen, dass nur konsistente Verfahren (Ordnung mindestens gleich 1) von Interesse sind. Aus dem Gleichungssystem (8.66) kann mit dem **ersten** und **zweiten charakteristischen Polynom**

$$\rho(z) = \sum_{j=0}^{m} a_j z^j, \qquad \sigma(z) = \sum_{j=0}^{m} b_j z^j \tag{8.68}$$

des Mehrschrittverfahrens (8.63) eine notwendige und hinreichende Bedingung für die Konsistenz formulieren.

Satz 8.4 (*notwendige und hinreichende Bedingung für die Konsistenz*)
Notwendig und hinreichend für die Konsistenz des Mehrschrittverfahrens (8.63) ist die Erfüllung der Bedingungen

$$c_0 = \rho(1) = 0, \qquad c_1 = \rho'(1) - \sigma(1) = 0. \tag{8.69}$$

Macht man außer der Wahl von $a_2 = 1$ keine weiteren Einschränkungen an die Koeffizienten des expliziten 2-Schritt-Verfahrens

$$a_0 y_{k-1} + a_1 y_k + a_2 y_{k+1} = h[b_0 f_{k-1} + b_1 f_k],$$

dann erreicht man die maximale Ordnung $p = 3$ durch die Lösung des Gleichungssystems (8.66) für $q = 3$, also $c_j = 0$ ($j = 0, 1, 2, 3$). Man findet die eindeutige Lösung

$$a_0 = -5, \quad a_1 = 4, \quad b_0 = 2, \quad b_1 = 4$$

und damit das Verfahren

$$y_{k+1} = 5y_{k-1} - 4y_k + h[4f_k + 2f_{k-1}]. \tag{8.70}$$

Obwohl das Verfahren die maximale Fehlerordnung $p = 3$ hat, ist es im Vergleich zum Verfahren (8.67) unbrauchbar, weil es nicht stabil ist. Das soll im Folgenden genauer untersucht werden. Wir betrachten dazu die Testdifferentialgleichung

$$y' = \lambda y, \quad y(0) = 1 \quad \lambda \in \mathbb{R}, \ \lambda < 0, \tag{8.71}$$

von der wir die exakte abklingende Lösung $y(x) = e^{\lambda x}$ kennen. Von einem brauchbaren numerischen Lösungsverfahren erwartet man mindestens die Widerspiegelung des qualitativen Lösungsverhaltens. Mit $f = \lambda y$ folgt für das Verfahren (8.70)

$$(-5 - \lambda h 2)y_{k-1} + (4 - \lambda h 4)y_k + y_{k+1} = 0. \tag{8.72}$$

Macht man für die Lösung y_k der Differenzengleichung (8.72) den Ansatz $y_k = z^k$, $z \neq 0$, dann erhält man durch Einsetzen in (8.72) nach Division durch z^{k-1}

$$(-5 - \lambda h 2) + (4 - \lambda h 4)z + z^2 = 0 \iff \phi(z) = \rho(z) - \lambda h \sigma(z) = 0 \tag{8.73}$$

mit den ersten und zweiten charakteristischen Polynomen der Methode (8.70). Die Nullstellen $z_{1,2} = -2 + \lambda h 2 \pm \sqrt{(2 - \lambda h 2)^2 + 5 + \lambda h 2}$ von $\phi(z)$ aus (8.73) liefern die allgemeine Lösung von (8.72)

$$y_k = c_1 z_1^k + c_2 z_2^k \quad (c_1, c_2 \text{ beliebig}). \tag{8.74}$$

Die Konstanten c_1, c_2 sind mit den vorzugebenden Startwerten der 2-Schritt-Methode y_0, y_1 eindeutig als Lösung des linearen Gleichungssystems

$$c_1 + c_2 = y_0,$$
$$z_1 c_1 + z_2 c_2 = y_1$$

festgelegt. Notwendig für das Abklingen der Lösung y_k in der Form (8.74) für wachsendes k ist die Bedingung $|z_{1,2}| \leq 1$. Da für $h \to 0$ die Nullstellen von $\phi(z)$ in die Nullstellen des ersten charakteristischen Polynoms übergehen, dürfen diese dem Betrage nach nicht größer als 1 sein. Im Fall einer doppelten Nullstelle z von $\phi(z)$ eines 2-Schritt-Verfahrens hat die Lösung y_k der entsprechenden Differenzengleichung die Form

$$y_k = c_1 z^k + c_2 k z^k,$$

so dass das Abklingen der Lösung y_k unter der stärkeren Bedingung $|z| < 1$ erreicht wird. Eine Verallgemeinerung der durchgeführten Überlegungen rechtfertigt die folgende Definition.

▶ **Definition 8.8** (nullstabiles Verfahren)

Das Mehrschrittverfahren (8.63) heißt **nullstabil,** falls die Nullstellen z_j des ersten charakteristischen Polynoms $\rho(z)$

a) betragsmäßig nicht größer als 1 sind und

b) mehrfache Nullstellen betragsmäßig echt kleiner als 1 sind.

Man erkennt nun, dass aufgrund der Nullstellen $z_{1,2} = -2 \pm 3$ des ersten charakteristischen Polynoms $\rho(z)$ das Verfahren (8.70) der Ordnung 3 nicht nullstabil ist. Im Unterschied dazu ist das Verfahren (8.67) der Ordnung 2 mit dem ersten charakteristischen Polynom $\rho(z) = -1 + z^2$ und den Nullstellen $z_{1,2} = \pm 1$ nullstabil. An dieser Stelle sei darauf hingewiesen, dass wir bei den Einschrittverfahren den Begriff der Nullstabilität nicht verwendet haben, weil jedes Einschrittverfahren das triviale erste charakteristische Polynom $\rho(z) = -1 + z$ hat und damit nullstabil ist.

Generell erkennt man leicht an den ersten charakteristischen Polynomen, dass Adams-Bashforth- und Adams-Moulton-Verfahren nullstabil sind. Es gilt der

Satz 8.5 *(Konvergenz von Mehrschrittverfahren)*
Konsistente und nullstabile Mehrschrittverfahren sind konvergent. D.h. die berechneten Näherungswerte an einer festen Stelle $x = x_0 + hk$ für $h \to 0$ mit $kh = x - x_0$ konvergieren gegen den Wert der Lösung $y(x)$ der Differentialgleichung.

Zum Nachweis der Konvergenz sind ähnliche Abschätzungen wie im Abschn. 8.1.2 für den lokalen und globalen Diskretisierungsfehler erforderlich. Dabei erhält man für ein m-Schrittverfahren eine Abschätzung der Form

$$|g_k| \leq [G + \frac{D}{h\,L\,B}]e^{k\,h\,L\,B} \tag{8.75}$$

für den globalen Diskretisierungsfehler $g_k = y(x_k) - y_k$. G ist dabei der maximale Betrag des Anfangsfehlers

$$G := \max_{0 \leq j \leq m-1} |y(x_j) - y_j|,$$

L ist die Lipschitz-Konstante von f, D ist eine Schranke für die Beträge der lokalen Diskretisierungsfehler $D = \max_{m \leq j \leq k} |d_k|$ und B ergibt sich aus den Koeffizienten des zweiten charakteristischen Polynoms zu

$$B := \sum_{j=0}^{m-1} |b_j|.$$

Zum Beweis des Satzes 8.5 respektive der Abschätzung (8.75) im Fall von expliziten Verfahren sei auf Schwarz (1997) verwiesen.

8.3   Stabilität von Lösungsverfahren

Im vorangegangenen Abschnitt wurde die Nullstabilität von m-Schritt-Verfahren als Kriterium für die Tauglichkeit der Verfahren zur korrekten Wiedergabe des Abklingverhaltens der numerischen Lösung im Vergleich zur Lösung der Testaufgabe (8.71) behandelt. Nun soll der Begriff der absoluten Stabilität von Verfahren eingeführt werden. Ausgangspunkt ist wiederum eine im Vergleich zu (8.71) leicht modifizierte Testaufgabe

$$y' = \lambda y, \quad y(0) = 1, \quad \lambda \in \mathbb{R} \text{ oder } \lambda \in \mathbb{C}, \tag{8.76}$$

mit der Lösung $y(x) = e^{\lambda x}$. Die Zulässigkeit von komplexen Zahlen λ beinhaltet z. B. auch den Fall von Lösungen der Form $e^{\alpha x} \cos(\beta x)$. Die numerischen Verfahren sollen auch in diesem Fall für $\alpha = Re(\lambda) < 0$ den dann stattfindenden Abklingprozess korrekt wiedergeben. Betrachtet man das Euler-Verfahren

$$y_{k+1} = y_k + hf(x_k, y_k),$$

dann erhält man mit $f(x, y) = \lambda y$

$$y_{k+1} = y_k + h\lambda y_k \iff y_{k+1} = (1 + h\lambda)y_k =: F(h\lambda)y_k.$$

Falls $\lambda > 0$ und reell ist, wird die Lösung, für die $y(x_{k+1}) = y(x_k + h) = e^{h\lambda}y(x_k)$ gilt, in jedem Fall qualitativ richtig wiedergegeben, denn der Faktor $F(h\lambda) = 1 + \lambda h$ besteht ja gerade aus den ersten beiden Summanden der e-Reihe, und es wird ein Fehler der Ordnung 2 gemacht, was mit der Ordnung 1 des Euler-Verfahrens korreliert. Im Fall eines reellen $\lambda < 0$ wird nur unter der Bedingung $|F(h\lambda)| = |1 + h\lambda| < 1$ das Abklingverhalten der Lösung beschrieben. Der Fall $\lambda < 0$ und reell ist deshalb im Folgenden von Interesse.

Beim Kutta-Verfahren 3. Ordnung (8.43) ergeben die gleichen Überlegungen

$$k_1 = \lambda y_k, \quad k_2 = \lambda \left(y_k + \frac{1}{2}hk_1 \right) = \left(\lambda + \frac{1}{2}h\lambda^2 \right) y_k,$$

$$k_3 = \lambda(y_k - hk_1 + 2hk_2) = (\lambda + h\lambda^2 + h^2\lambda^3)y_k,$$

$$y_{k+1} = y_k + \frac{h}{6}[k_1 + 4k_2 + k_3] = \left(1 + h\lambda + \frac{1}{2}h^2\lambda^2 + \frac{1}{6}h^3\lambda^3 \right) y_k, \tag{8.77}$$

also y_{k+1} als Produkt von y_k mit dem Faktor

$$F(h\lambda) = 1 + h\lambda + \frac{1}{2}h^2\lambda^2 + \frac{1}{6}h^3\lambda^3. \tag{8.78}$$

Der Faktor (8.78) enthält gerade die ersten 4 Summanden der e-Reihe und es wird ein Fehler der Ordnung 4 gemacht, so dass die Lösung $y(x) = e^{\lambda x}$ qualitativ durch (8.77) beschrieben wird. Für reelles $\lambda < 0$ muss die Lösung abklingen, was nur bei $|F(h\lambda)| < 1$ erreicht wird. Wegen $\lim_{h\lambda \to -\infty} F(h\lambda) = -\infty$ ist die Bedingung $|F(h\lambda)| < 1$ nicht für alle negativen Werte von $h\lambda$ erfüllt. Auch im Fall einer komplexen Zahl λ sollte für den Fall $\alpha = Re(\lambda) < 0$ durch das numerische Verfahren das Abklingverhalten qualitativ korrekt beschrieben werden. Das ist der Fall, wenn die Bedingung $|F(h\lambda)| < 1$ erfüllt ist. Offensichtlich arbeiten die numerischen Verfahren genau dann stabil, wenn die Bedingung $|F(h\lambda)| < 1$ erfüllt ist. Damit ist die folgende Definition gerechtfertigt.

▶ **Definition 8.9** (Gebiet der absoluten Stabilität eines Einschrittverfahrens)
Für ein Einschrittverfahren, das für das Testanfangswertproblem (8.76) auf $y_{k+1} = F(h\lambda)y_k$ führt, nennt man die Menge

$$B = \{\mu \in \mathbb{C} \,|\, |F(\mu)| < 1\} \tag{8.79}$$

Gebiet der absoluten Stabilität.

Um mit einem Einschrittverfahren im Fall $Re(\lambda) < 0$ das Abklingen des Betrages der Lösung zu sichern, ist also eine Schrittweite h zu wählen, so dass $\mu = h\lambda \in B$ gilt. Hat man es mit mehreren Abklingkonstanten λ_j mit $Re(\lambda_j) < 0$ zu tun, muss $h\lambda_j \in B$ für alle j gelten. Das Gebiet der absoluten Stabilität liefert also eine Information zur Wahl der Schrittweite h. Da man allerdings in den meisten Fällen evtl. Abklingkonstanten des von der zu lösenden Differentialgleichung beschriebenen Modells nicht kennt, hat man in der Regel keine quantitative Bedingung zur Wahl der Schrittweite zur Verfügung.

In der Abb. 8.5 sind die Gebiete der absoluten Stabilität für das explizite Euler-Verfahren 1. Ordnung ($F(\mu) = F(h\lambda) = 1 + h\lambda$) und ein explizites Runge-Kutta-Verfahren 2. Ordnung ($F(\mu) = F(h\lambda) = 1 + h\lambda + h^2\lambda^2/2$) skizziert.

Den Rand des Gebietes der absoluten Stabilität des Runge-Kutta-Verfahrens (8.43) erhält man wegen $|e^{i\theta}| = 1$ über die Parametrisierung

$$F(\mu) = 1 + \mu + \frac{1}{2}\mu^2 = e^{i\theta} \quad (\theta \in [0, 2\pi]),$$

Abb. 8.5 Gebiete der absoluten Stabilität

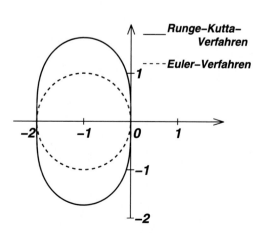

Tab. 8.3 Stabilitätsintervalle expliziter Runge-Kutta-Verfahren

r	Stabilitätsintervall
1	$]-2,0[$
2	$]-2,0[$
3	$]-2,51,0[$
4	$]-2,78,0[$
5	$]-3,21,0[$

so dass die Lösungen der quadratischen Gleichung $\mu^2 + 2\mu + 2 - 2e^{i\theta} = 0$

$$\mu(\theta) = -1 \pm \sqrt{1 - 2 + 2e^{i\theta}} \quad (\theta \in [0, 2\pi])$$

gerade die Randpunkte ergeben. Die Gebiete der absoluten Stabilität für explizite Verfahren höherer Ordnung werden größer als in den betrachteten Fällen, wobei die Bestimmung der Gebiete recht aufwendig ist. In der folgenden Tabelle sind die reellen Stabilitätsintervalle, d. h. die Schnittmenge der Gebiete der absoluten Stabilität mit der $Re(\mu)$-Achse, für explizite r-stufige Runge-Kutta-Verfahren angegeben.

Besonders komfortabel ist die Situation, wenn das Gebiet der absoluten Stabiltät eines Verfahrens mindestens aus der gesamten linken Halbebene, d. h. $B \supseteq \{\mu \in \mathbb{C} \mid Re(\mu) < 0\}$, besteht. Dann gibt es keine Einschränkungen für die Schrittweite und das Verfahren nennt man **absolut stabil.**

Unter den Einschrittverfahren sind die oben betrachteten impliziten Runge-Kutta-Verfahren (8.45) und (8.46) absolut stabil. Für (8.45) erhält man mit $f = \lambda y$

$$k_1 = \lambda(y_k + \frac{1}{2}hk_1) \implies k_1 = \frac{\lambda}{1 - \frac{1}{2}h\lambda}y_k,$$

$$y_{k+1} = y_k + hk_1 = y_k + \frac{h\lambda}{1 - \frac{1}{2}h\lambda}y_k = \frac{1 + \frac{1}{2}h\lambda}{1 - \frac{1}{2}h\lambda}y_k = F(h\lambda)y_k.$$

Der Faktor $F(h\lambda)$ ist für λ mit negativem Realteil $\alpha = Re(\lambda) < 0$ dem Betrage nach kleiner als 1, denn es gilt für negatives a offensichtlich

$$|1 + a + bi| < |1 - a - bi|. \tag{8.80}$$

Für das implizite Runge-Kutta-Verfahren 2. Ordnung (8.46) erhält man auf ähnliche Weise

$$F(h\lambda) = \frac{1 + \frac{1}{2}h\lambda + \frac{1}{12}h^2\lambda^2}{1 - \frac{1}{2}h\lambda + \frac{1}{12}h^2\lambda^2}$$

und stellt ebenso wie bei (8.45) die absolute Stabilität fest, weil $|F(h\lambda)| < 1$ aus (8.80) folgt.

Für die Trapezmethode (8.28) $y_{k+1} = y_k + \frac{h}{2}(f(x_k, y_k) + f(x_{k+1}, y_{k+1}))$ erhält man den gleichen Faktor $F(h\lambda)$ wie im Fall des Runge-Kutta-Verfahrens (8.45), so dass die absolute Stabilät folgt.

Bei den Mehrschrittverfahren (8.63) versteht man unter Stabilität ebenfalls die Verfahrenseigenschaft, dass im Fall $Re(\lambda) < 0$ die numerische Lösung der Testaufgabe (8.76) das Abklingverhalten der analytischen Lösung der Aufgabe hat. Wir erhalten mit den Nullstellen $z_1, \ldots, z_m$ der charakteristischen Gleichung $\phi(z) = \rho(z) - h\lambda\sigma(z)$ des jeweiligen Verfahrens für die Testaufgabe im Fall paarweise verschiedener Nullstellen

$$y_k = c_1 z_1^k + c_2 z_2^k + \cdots + c_m z_m^k$$

als numerische Lösung. y_k klingt mit wachsendem k genau dann ab, wenn $|z_j| < 1$ für alle j gilt. Das führt auf die

▶ **Definition 8.10** (Gebiet der absoluten Stabilität eines Mehrschrittverfahrens)
Das Gebiet der absoluten Stabilität eines Mehrschrittverfahrens (8.63) besteht aus den Zahlen $\mu = h\lambda$, für die die charakteristische Gleichung $\rho(z) - h\lambda\sigma(z) = 0$ nur Lösungen $z_j \in \mathbb{C}$ aus dem Inneren des Einheitskreises hat.

Die Lokalisierung des Randes des Gebietes der absoluten Stabilität ist durch die Gleichung $|z| = 1$ möglich. Man bestimmt $\mu = h\lambda$ aus der charakteristischen Gleichung mit den Punkten des Einheitskreises $z = e^{i\theta}$, $\theta \in [0, 2\pi]$ und erhält mit

$$\mu(z(\theta)) = \frac{\rho(z)}{\sigma(z)} = \frac{\rho(e^{i\theta})}{\sigma(e^{i\theta})}$$

die Randpunkte. Für das Adams-Bashforth-Verfahren (8.55) ergibt sich konkret

$$\mu(z(\theta)) = \frac{24z^4 - 24z^3}{55z^3 - 59z^2 + 37z - 9} = \frac{24e^{i4\theta} - 24e^{i3\theta}}{55e^{i3\theta} - 59e^{i2\theta} + 37e^{i\theta} - 9}$$

als Randkurve, die in der Abb. 8.6 skizziert ist.

Abb. 8.6 Gebiete der absoluten Stabilität von AB- und AM-Verfahren

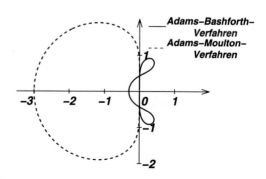

Bei der Bestimmung der Gebiete der absoluten Stabilität zeigt sich, dass die Adams-Moulton-Methoden größere Stabilätsbereiche als die Adams-Bashforth-Methoden haben. Für das 3-Schritt-AM-Verfahren (8.61) ergibt sich mit dem ersten und zweiten charakteristischen Polynom

$$\rho(z) = z^3 - z^2 \quad \text{und} \quad \sigma(z) = \frac{9}{24}z^3 + \frac{19}{24}z^2 - \frac{5}{24}z + \frac{1}{24}$$

der Rand des Gebietes der absoluten Stabilität als

$$\mu(z(\theta)) = \frac{24z^3 - 24z^2}{9z^3 + 19z^2 - 5z + 1} = \frac{24e^{i3\theta} - 24e^{i2\theta}}{9e^{i3\theta} + 19e^{i2\theta} - 5e^{i\theta} + 1} \quad (\theta \in [0, 2\pi]),$$

der in der Abb. 8.6 im Vergleich zum AB-Verfahren skizziert ist.

Mehrschritt-Verfahren (8.63), bei denen bis auf den Koeffizienten b_m alle anderen b-Koeffizienten gleich null sind, also Verfahren der Form

$$\sum_{j=0}^{m} a_j y_{k-m+1+j} = h b_m f(x_{k+1}, y_{k+1}), \tag{8.81}$$

werden Rückwärtsdifferentiationsmethoden oder kurz **BDF-Verfahren** (backward differentiation formula) genannt. Die einfachsten 2- und 3-Schritt-BDF-Verfahren 2. und 3. Ordnung haben die Form

$$\frac{3}{2}y_{k+1} - 2y_k + \frac{1}{2}y_{k-1} = hf(x_{k+1}, y_{k+1}), \tag{8.82}$$

$$\frac{11}{6}y_{k+1} - 3y_k + \frac{3}{2}y_{k-1} - \frac{1}{3}y_{k-2} = hf(x_{k+1}, y_{k+1}). \tag{8.83}$$

Das einfachste BDF-Verfahren ist das sogenannte Euler-rückwärts-Verfahren

$$y_{k+1} - y_k = hf(x_{k+1}, y_{k+1}). \tag{8.84}$$

Für das Euler-rückwärts-Verfahren findet man für das Testproblem $y' = \lambda y$ schnell mit der Beziehung

$$y_{k+1} = \frac{1}{1 - h\lambda}y_k = F(h\lambda)y_k$$

heraus, dass $|F(h\lambda)| < 1$ für $Re(\lambda) < 0$ ist. D. h. das Euler-rückwärts-Verfahren ist absolut stabil. Das BDF-Verfahren (8.82) hat die charakteristische Gleichung

$$\phi(z) = \frac{3}{2}z^2 - 2z + \frac{1}{2} - \mu z^2 = 0 \iff \mu(z) = \frac{3z^2 - 4z + 1}{2z^2}.$$

Abb. 8.7 Gebiete der absoluten Stabilität der BDF-Verfahren (8.82), (8.83) und (8.85)

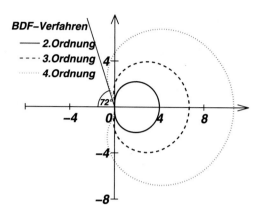

Für die Punkte $z = e^{i\theta}$, $\theta \in [0, 2\pi]$ erhält man die in der Abb. 8.7 skizzierte Randkurve $\mu(z(\theta))$ des Gebiets der absoluten Stabilität. Da man z. B. für $\mu = -\frac{1}{2}$ die Lösung $z_{1,2} = \frac{1}{2}$ mit $|z_{1,2}| < 1$ findet, kann man schlussfolgern, dass der Bereich der absoluten Stabilität im Außenbereich der Randkurve liegt. Damit ist das Verfahren (8.82) absolut stabil.

Das Verfahren (8.83) ist nicht absolut stabil, weil das Gebiet der absoluten Stabilität nicht die gesamte linke komplexe Halbebene enthält. In der Abb. 8.7 ist der Rand des Gebietes der absoluten Stabilität des Verfahrens skizziert. Das Gebiet liegt wiederum im Außenbereich der Randkurve. In solchen Situationen kann man den Winkel α zwischen der reellen Achse und einer Tangente an die Randkurve durch den Ursprung legen. Bei dem BDF-Verfahren (8.83) ist der Winkel $\alpha = 88^o$, so dass das Verfahren $A(88^o)$-stabil ist. $A(90^o)$-Stabilität bedeutet absolute Stabilität. Liegt der Winkel α nahe bei 90°, dann liegt zwar kein absolut stabiles, jedoch ein „sehr" stabiles Verfahren vor. Bei BDF-Verfahren höherer Ordnung wird der Winkel α kleiner, so dass die Stabilität der BDF-Verfahren nachlässt, jedoch zumindest noch $A(\alpha)$-stabil sind. Zur Illustration ist das Gebiet der absoluten Stabilität des 4-Schritt-BDF-Verfahrens

$$\frac{25}{12}y_{k+1} - 4y_k + 3y_{k-1} - \frac{4}{3}y_{k-2} + \frac{1}{4}y_{k-3} = hf(x_{k+1}, y_{k+1}), \qquad (8.85)$$

also die Kurve

$$\mu(z(\theta)) = \frac{\frac{25}{12}z^4 - 4z^3 + 3z^2 - \frac{4}{3}z + \frac{1}{4}}{z^4} = \frac{\frac{25}{12}e^{i4\theta} - 4e^{i3\theta} + 3e^{i2\theta} - \frac{4}{3}e^{i\theta} + \frac{1}{4}}{e^{i4\theta}},$$

$\theta \in [0, 2\pi]$, in der Abb. 8.7 im Vergleich zu den Verfahren (8.82) und (8.83) skizziert. Das Verfahren (8.85) ist $A(72^o)$-stabil.

Beispiel

Im folgenden Beispiel soll das Schwingungsproblem

$$y'' + \sin y = 0, \quad y(0) = 1, \quad y'(0) = 0, \tag{8.86}$$

mit einem zweischrittigen BDF-Verfahren (8.82) auf dem Intervall $[0, 2\pi]$ numerisch gelöst werden. Das Anfangswertproblem (8.86) ist nicht geschlossen exakt lösbar. Allerdings kann man aufgrund von $\sin y \approx y$ für kleine y (Auslenkungen) mit $y(t) = \cos t$ eine exakte Lösung des verwandten Problems

$$y'' + y = 0, \quad y(0) = 1, \quad y'(0) = 0, \tag{8.87}$$

angeben. Mit der Einführung von $z = y'$ erhält man ausgehend von (8.86) das äquivalente System erster Ordnung

$$\begin{pmatrix} z \\ y \end{pmatrix}' = \begin{pmatrix} -\sin y \\ z \end{pmatrix}, \quad \begin{pmatrix} z(0) \\ y(0) \end{pmatrix} = \begin{pmatrix} 0 \\ 1 \end{pmatrix}. \tag{8.88}$$

Mit den folgenden Programmen wird das BDF-Verfahren zur Lösung von (8.88) implementiert. Die Abb. 8.8 und 8.9 zeigen das Ergebnis der Anwendung der Programme.

```
# Programm 8.3, BDF-2-Verfahren
function fs = fo(y,x,t)
        fs(1) = y(1) − x(2);
        fs(2) = y(2) + sin(x(1));
end
function fbdf = bdf2step_fo(x,xk,xkml,tkp1,h)
        ykp1 = (1.5*x − 2.0*xk + 0.5*xkml)/h;
        fbdf = fo(ykp1,x,tkp1);
end
function [x,t] = bdf2_gbo(t0,tf,x0,x1,h)
n = floor((tf − t0)/h);
[r,m] = size(x0);
t = zeros(n+1,1); x = zeros(n+1,m);
t(1) = t0; t(2) = t0 + h;
x(1,:) = x0; x(2,:) = x1;
xkml = x0; xk = x1; tkp1 = t0 + 2.0*h;
for k=2:n
        fun = @(x)bdf2step_fo(x,xk,xkml,tkp1,h);
        xkp1 = fsolve(fun,xk); # best. Nullst. v. bdf2step_fo (x_{k} Startnaeherung)
        t(k+1) = tkp1;      # speichere Zeitpunkt t_{k+1}
        x(k+1,:) = xkp1;    # speichere Loesung x_{k+1}
        tkp1 = tkp1+h;      # update t_{k+1} fuer naechsten Schritt
        xkml = xk;          # update x_{k-1} fuer naechsten Schritt
        xk = xkp1;          # update x_{k} fuer naechsten Schritt
end
end

# Loesung der Schwingungsgleichung x'' + sin(x) = 0, x(0) = 1, x'(0) = 0
# Vergleich mit der exakten Loesung von der Approximation x'' + x = 0
# BDF2-Verfahren, verwendete Programme: bdf2_gbo.m, bdf2step_fo.m, f0.m
t0 = 0; tf = 2*pi; h = 1e-2;
x0 = [1.0,0.0]; x1 = [cos(h),sin(h)];
[x,t] = bdf2_gbo(t0,tf,x0,x1,h);
# berechne exakte Loesung unter der Annahme sin(x) ~ x fuer kleine x-Werte
nn = size(t); xx = ones(nn);
```

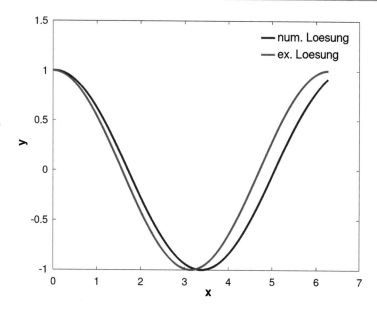

Abb. 8.8 Numerische Lösung im Vergleich mit der verwandten exakten Lösung von (8.87)

```
xx(:,1) = cos(t(:));
xx(:,2) = -sin(t(:));
```

Im Programm wurde zur Lösung des nichtlinearen Gleichungssystems, das pro BDF-Schritt gelöst werden muss, die Matlab/Octave-Funktion „fsolve" zur Bestimmung von Nullstellen einer Funktion benutzt bei Vorgabe eines Startwerts. Hier kann man selbstverständlich auch ein Newton-Verfahren programmieren und nutzen. Die Routine „fsolve" wird auch in nachfolgenden Kapiteln zur Nullstellenbestimmung von Funktionen verwendet. ◄

8.4 Steife Differentialgleichungen

Differentialgleichungssysteme, die physikalische oder chemische Prozesse beschreiben, haben oft Lösungen, die sich aus sehr unterschiedlich schnell abklingenden Komponenten zusammensetzen. Das passiert dann, wenn Teilprozesse mit stark unterschiedlichen Geschwindigkeiten ablaufen. Man spricht hier auch von Teilprozessen mit sehr unterschiedlichen Zeitkonstanten.

Als Beispiel soll hier das lineare Differentialgleichungssystem

$$y_1' = -y_1 + 50y_2$$
$$y_2' = \qquad -70y_2$$

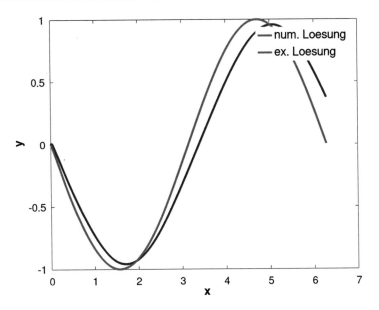

Abb. 8.9 Ableitungen im Vergleich

mit den Anfangswerten $y_1(0) = 1$ und $y_2(0) = 10$ betrachtet werden. Als Lösung findet man mit der Eigenwertmethode mit den Eigenwerten $\lambda_1 = -1$, $\lambda_2 = -70$ und den dazugehörigen Eigenvektoren $\vec{v}_1 = (1, 0)^T$ bzw. $\vec{v}_2 = (-50, 69)^T$ unter Berücksichtigung der Anfangsbedingungen

$$y_1(x) = 8{,}24638e^{-x} - 7{,}2464e^{-70x}, \quad y_2(x) = 10e^{-70x}.$$

Um die am schnellsten abklingende Komponente mit einer Genauigkeit von $\epsilon = 10^{-4}$ durch ein numerisches Lösungsverfahren zu erfassen, muss man die Schrittweite h so wählen, dass e^{-70h} mit $F(-70h)e^0 = F(-70h)$ auf fünf Stellen übereinstimmt. Bei dem Runge-Kutta-Verfahren 3. Ordnung (8.43) mit

$$F(\lambda h) = 1 + h\lambda + \frac{1}{2}h^2\lambda^2 + \frac{1}{6}h^3\lambda^3$$

bedeutet das aufgrund des Restglieds der Taylor-Reihenentwicklung der e-Reihe die Erfüllung der Ungleichung

$$|e^{-70h} - F(-70h)| \leq \frac{1}{24}(70h)^4 \leq 10^{-6},$$

was mit $h = 0{,}001$ möglich ist. Nach 100 Schritten ist die Lösungskomponente mit der Abklingfunktion e^{-70x} gegenüber der langsamer abklingenden Komponente e^{-x} schon sehr klein geworden ($e^{-70 \cdot 0,1} = 0{,}00091188 < e^{-0,1} = 0{,}90484$). Deshalb kann man im weiteren Verlauf der numerischen Integration die Schrittweite erhöhen durch die Forderung der Übereinstimmung von e^{-h} mit $F(-h)$ auf fünf Stellen. Die entsprechende Ungleichung

$$|e^{-h} - F(-h)| \leq \frac{1}{24}h^4 \leq 10^{-6}$$

wird mit $h = 0,069$ erfüllt. Da $-70h = -4,8995 < -2,17$ außerhalb des Intervalls der absoluten Stabilität des 3-stufigen Runge-Kutta-Verfahrens liegt (s. dazu Tab. 8.3), kann man die numerische Integration aber zumindest mit der Schrittweite $h = \frac{-70}{-2,17} = 0,031$ stabil fortsetzen. Allerdings ist dieses Beispiel mit $S = |\lambda_2/\lambda_1| = 70$ (s. dazu Def. 19)) nicht sehr steif. Von steifen Systemen spricht man etwa ab $S = 10^3$.

Das Beispiel zeigt in etwa die Problematik der Lösung von Differentialgleichungen bzw. Systemen, mit denen Prozesse mit stark unterschiedlichen abklingenden Teilprozessen beschrieben werden. Um überhaupt etwas von dem Abklingprozess mit der Konstanten $\lambda_2 = -70$ im numerischen Lösungsprozess wiederzuerkennen, darf man auf keinen Fall mit maximalen Schrittweiten h gemäß Stabilitätsintervall des Verfahrens am Beginn der Rechnung arbeiten. Die Schrittweiten müssen zum jeweils relevanten Abklingverhalten der Lösung passen. Der Begriff der Steifheit soll für ein lineares Differentialgleichungssystem erklärt werden.

▶ **Definition 8.11** (Steifheit[2] eines Differentialgleichungssystems) Das lineare Differentialgleichungssystem mit der Matrix A vom Typ $n \times n$

$$\vec{y}\,'(x) = A\vec{y}(x) + \vec{b}(x) \quad (\vec{y}(x), \vec{b} \in \mathbb{R}^n) \tag{8.89}$$

heißt **steif,** falls die Eigenwerte λ_j $(j = 1, \ldots, n)$ von A sich sehr stark unterscheidende negative Realteile besitzen. Als Maß S der Steifheit des Differentialgleichungssystems (8.89) gilt der Quotient der Beträge der absolut größten und kleinsten Realteile der Eigenwerte

$$S = \frac{\max_{1 \leq j \leq n} |\text{Re}(\lambda_j)|}{\min_{1 \leq j \leq n} |\text{Re}(\lambda_j)|}. \tag{8.90}$$

Das oben beschriebene Phänomen der Steifheit tritt sehr häufig bei nichtlinearen Differentialgleichungssystemen

$$\vec{y}\,'(x) = \vec{F}(x, \vec{y}(x)) \quad (\vec{y}(x) \in \mathbb{R}^n) \tag{8.91}$$

auf und es entsteht das Problem, dass man die Abklingkonstanten nicht a priori kennt. Man kann aber versuchen, die Steifheit von (8.91) durch eine schrittweise Linearisierung zu analysieren. Ausgehend von einer bekannten Näherung $\vec{y}_k$ an der Stelle x_k kann man den Ansatz $\vec{y}(x) = \vec{y}_k + \vec{z}(x)$ für $x_k \leq x \leq x_k + h$ für eine kleine Schrittweite h und einen

---

[2] Steifigkeitsmatrizen, die man bei der Diskretisierung elliptischer bzw. parabolischer Differentialgleichungen erhält (s. a. Abschn. 10.2), haben die Eigenschaft, dass der Betrag des Quotienten des größten und kleinsten Eigenwertes sehr groß ist, weshalb die entstehenden gewöhnlichen Differentialgleichungssysteme den Prototyp von steifen Differentialgleichungen darstellen.

Änderungsvektor $\vec{z}(x)$ mit einer kleinen Länge machen. Aus (8.91) folgt dann

$$\vec{y}\,'(x) = \vec{z}\,'(x) = \vec{F}(x, \vec{y}(x)) = \vec{F}(x_k + (x - x_k), \vec{y}_k + \vec{z}(x)) \quad (\vec{z}(x) \in \mathbb{R}^n). \qquad (8.92)$$

In Verallgemeinerung der Linearisierung einer Funktion zweier Veränderlicher

$$f(x + \Delta x, y + \Delta y) \approx f(x, y) + \frac{\partial f}{\partial x}(x, y)\Delta x + \frac{\partial f}{\partial y}(x, y)\Delta y$$

erhält man für (8.92) die Linearisierung

$$\vec{z}\,'(x) \approx \vec{F}_x(x_k, \vec{y}_k)(x - x_k) + \vec{F}_y(x_k, \vec{y}_k)\vec{z}(x), \qquad (8.93)$$

wobei

$$\vec{F}_x(x_k, \vec{y}_k) = \begin{pmatrix} \frac{\partial f_1}{\partial x}(x_k, \vec{y}_k) \\ \vdots \\ \frac{\partial f_n}{\partial x}(x_k, \vec{y}_k) \end{pmatrix} =: \vec{q}, \ \vec{F}_y(x_k, \vec{y}_k) = \begin{pmatrix} \frac{\partial f_1}{\partial y_1}(x_k, \vec{y}_k) & \dots & \frac{\partial f_1}{\partial y_n}(x_k, \vec{y}_k) \\ \frac{\partial f_2}{\partial y_1}(x_k, \vec{y}_k) & \dots & \frac{\partial f_2}{\partial y_n}(x_k, \vec{y}_k) \\ \vdots & & \vdots \\ \frac{\partial f_n}{\partial y_1}(x_k, \vec{y}_k) & \dots & \frac{\partial f_n}{\partial y_n}(x_k, \vec{y}_k) \end{pmatrix} =: A_k$$

$$(8.94)$$

gilt[3]. Mit dem Vektor $\vec{b}(x) = (x - x_k)\vec{q}$ und der Matrix A_k nach (8.94) ist (8.93) ein lineares Differentialgleichungssystem der Form (8.89), also

$$\vec{z}\,'(x) \approx A_k\vec{z}(x) + \vec{b}(x),$$

für das man die Steifheit durch Betrachtung der Eigenwerte von A_k ermitteln kann. In der Regel kann man somit im k-Integrationsschritt durch eine Eigenwertbetrachtung der Matrix A_k Informationen für die Wahl einer Schrittweite h erhalten, die eine Berücksichtigung aller Lösungskomponenten mit unterschiedlichem Abklingverhalten sichert.

Bei der praktischen Anwendung dieser Methode stellt man fest, dass die Steifheit eines Differentialgleichungssystems an unterschiedlichen Stellen x_k variiert. Speziell bei der Beschreibung von chemischen Reaktionen durch nichtlineare Differentialgleichungssysteme nimmt die Steifheit mit wachsendem x oft ab.

Als Integrationsverfahren benötigt man Verfahren, die die Wahl großer Schrittweiten h ermöglicht. In Frage kommen hauptsächlich die absolut stabilen impliziten Runge-Kutta-Methoden und die $A(\alpha)$-stabilen BDF-Methoden. Bei Verwendung anderer Methoden muss man bei der Schrittweitenwahl immer die aufgrund eines endlichen Stabilitätsintervalls existierende untere Schranke für $h\lambda$ im Fall einer reellen Abklingkonstante $\lambda < 0$ berücksichtigen.

---

[3] Die aus $\vec{F}_x$ und $\vec{F}_y$ gebildete $(n + 1) \times (n + 1)$-Matrix $[\vec{F}_x \ \vec{F}_y]$ ist die Jacobi-Matrix von F.

Beispiel

In Schwarz[1997] wurde das Gleichungssystem

$$y_1' = -0,1y_1 + 100y_2y_3$$
$$y_2' = 0,1y_1 - 100y_2y_3 - 500y_2^2 \qquad (8.95)$$
$$y_3' = 500y_2^2 - 0,5y_3$$

zur Beschreibung der kinetischen Reaktion von drei chemischen Substanzen Y_1, Y_2, Y_3 mit den Anfangsbedingungen $y_1(0) = 4$, $y_2(0) = 2$, $y_3(0) = 0,5$ untersucht. Die Lösungskomponenten $y_1(t)$, $y_2(t)$, $y_3(t)$ bedeuten dabei die Konzentrationen der Substanzen zum Zeitpunkt t. Eine genauere Analyse der Eigenwerte der Jacobi-Matrizen $\vec{F}'$ der Linearisierung (8.93) ergab abnehmende Steifheiten im Laufe der Zeit. Im folgenden Programm ist das klassische Runge-Kutta-Verfahren 4. Ordnung (8.44) zur Lösung des Systems implementiert. ◄

```
# Programm 8.4 (ruku4sys_gb.m)
# zur Loesung eines Systems von 3 DGL 1. Ordnung y_j'=g_j(x,y), y_(x_0)=y_0j
# klassisches Runge-Kutta-Verfahren 4. Ordnung
# input:  Schrittweite h, Intervallgrenzen x0,x1, Anfangswerte y0j=y_j(x0),
# output: Loesung y1(x),y2(x),y3(x) an den Punkten x
# benutztes Programm: Nutzerfunktion g (rechte Seite der Dgl.)
# Aufruf: [y1,y2,y3,x] = ruku4sys_gb(x0,x1,y01,y02,y03,h);
function [y1,y2,y3,x] = ruku4sys_gb(x0,x1,y01,y02,y03,h);
n = (x1 - x0)/h;
yn1 = y01; yn2 = y02; yn3 = y03;
y1(1)=y01; y2(1)=y02; y3(1)=y03;
xn = x0; x(1)=x0;
for k=1:n
   k11 = g(1,xn,yn1,yn2,yn3);
   k12 = g(2,xn,yn1,yn2,yn3);
   k13 = g(3,xn,yn1,yn2,yn3);
   k21 = g(1,xn+0.5*h,yn1+0.5*h*k11,yn2+0.5*h*k12,yn3+0.5*h*k13);
   k22 = g(2,xn+0.5*h,yn1+0.5*h*k11,yn2+0.5*h*k12,yn3+0.5*h*k13);
   k23 = g(3,xn+0.5*h,yn1+0.5*h*k11,yn2+0.5*h*k12,yn3+0.5*h*k13);
   k31 = g(1,xn+0.5*h,yn1+0.5*h*k21,yn2+0.5*h*k22,yn3+0.5*h*k23);
   k32 = g(2,xn+0.5*h,yn1+0.5*h*k21,yn2+0.5*h*k22,yn3+0.5*h*k23);
   k33 = g(3,xn+0.5*h,yn1+0.5*h*k21,yn2+0.5*h*k22,yn3+0.5*h*k23);
   k41 = g(1,xn+h,yn1+h*k31,yn2+h*k32,yn3+h*k33);
   k42 = g(2,xn+h,yn1+h*k31,yn2+h*k32,yn3+h*k33);
   k43 = g(3,xn+h,yn1+h*k31,yn2+h*k32,yn3+h*k33);
   yn1 = yn1 + h*(k11+2.0*k21+2.0*k31+k41)/6.0;
   yn2 = yn2 + h*(k12+2.0*k22+2.0*k32+k42)/6.0;
   yn3 = yn3 + h*(k13+2.0*k23+2.0*k33+k43)/6.0;
   xn = xn+h; x(k+1)=xn; y1(k+1)=yn1; y2(k+1)=yn2; y3(k+1)=yn3;
endfor
endfunction
```

Die rechten Seiten des Systems (8.95) werden mit dem Programm

```
function g = G(x,y);
g = x^2 + y^2 -1;
end
```

codiert. Die Resultate der Berechnung des Anfangswertproblems der kinetischen Reaktion mit einer äquidistanten Schrittweite $h = 0,0002$ bis zum Zeitpunkt $t = 10$ mit den

Programmen 8.3 sind in den Abb. 8.10 und 8.11 dargestellt. In der Abb. 8.12 ist die Steifheit $S(t)$ in ihrer zeitlichen Entwicklung dargestellt. Dazu wurde im Abstand von 100 Schritten jeweils die Eigenwerte der Jacobi-Matrix $\vec{F}'(x_k, \vec{y}_k)$ ausgewertet.

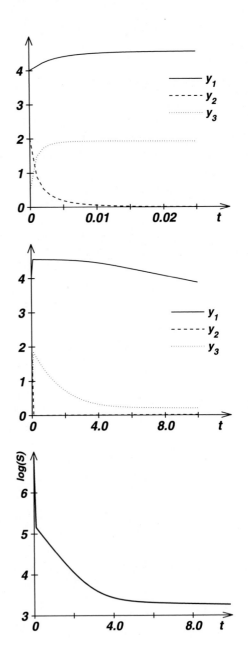

Abb. 8.10 Verlauf der Konzentrationen y_1, y_2, y_3 im Intervall $[0, 0,025]$

Abb. 8.11 Verlauf der Konzentrationen y_1, y_2, y_3 im Intervall $[0, 10]$

Abb. 8.12 Entwicklung der Steifheit S im Verlauf der Reaktion

8.5   Zweipunkt-Randwertprobleme

Zur Beschreibung des Schwingungsverhaltens einer eingespannten Saite oder der Belastung eines an zwei Punkten aufliegenden Balkens entstehen Aufgabenstellungen der Art

$$y'' = f(x, y, y'), \; x \in]a, b[, \tag{8.96}$$

$$y(a) = \eta_a, \; y(b) = \eta_b. \tag{8.97}$$

Statt der Randbedingungen (8.97) sind auch Randbedingungen der Art

$$y(a) = \eta_a, \; y'(b) = \eta_b \tag{8.98}$$

oder in der allgemeineren Form

$$\alpha y(a) + \beta y'(a) = \eta_a, \; \gamma y(b) + \delta y'(b) = \eta_b \; (\alpha^2 + \beta^2 > 0, \; \gamma^2 + \delta^2 > 0) \tag{8.99}$$

möglich. Die Differentialgleichung (8.96) und die Randbedingung (8.97) bezeichnet man als **erstes Randwertproblem,** die Probleme (8.96), (8.98) bzw. (8.96), (8.99) als zweites bzw. drittes Randwertproblem. Ist die rechte Seite f linear bezüglich y und y', d. h. die Differentialgleichung von der Form

$$y'' = f(x, y, y') = b(x) + a_0(x)y + a_1(x)y', \tag{8.100}$$

dann spricht man von einem **linearen Randwertproblem.** Aufgrund der Vorgabe von Randwerten an den zwei Endpunkten des Intervalls $[a, b]$ bezeichnet man Aufgaben der beschriebenen Art als **Zweipunkt-Randwertprobleme.**

Beispiel

Zur Lösbarkeit der unterschiedlichen Randwertproblemen betrachten wir als Beispiel ein lineares Randwertproblem mit auf $[a, b]$ stetigen Funktionen b, a_0, a_1. Die allgemeine Lösung hat die Form

$$y(x) = c_1 y_1(x) + c_2 y_2(x) + y_p(x),$$

wobei y_1, y_2 Fundamentallösungen der homogenen Differentialgleichung ($b(x) = 0$) sind und $y_p(x)$ eine partikuläre Lösung ist. Das erste Randwertproblem ist lösbar, wenn die Bedingungen

$$y(a) = \eta_a = c_1 y_1(a) + c_2 y_2(a) + y_p(a), \quad y(b) = \eta_b = c_1 y_1(b) + c_2 y_2(b) + y_p(b),$$

erfüllt sind, d. h. wenn das lineare Gleichungssystem

$$\begin{pmatrix} y_1(a) & y_2(a) \\ y_1(b) & y_2(b) \end{pmatrix} \begin{pmatrix} c_1 \\ c_2 \end{pmatrix} = \begin{pmatrix} \eta_a - y_p(a) \\ \eta_b - y_p(b) \end{pmatrix} \tag{8.101}$$

lösbar ist. Die Lösbarkeit des zweiten Randwertproblems ist gegeben, wenn das lineare Gleichungssystem

$$\begin{pmatrix} y_1(a) & y_2(a) \\ y_1'(b) & y_2'(b) \end{pmatrix} \begin{pmatrix} c_1 \\ c_2 \end{pmatrix} = \begin{pmatrix} \eta_a - y_p(a) \\ \eta_b - y_p'(b) \end{pmatrix} \tag{8.102}$$

lösbar ist. Die eindeutige Lösbarkeit der Gleichungssysteme (8.101) bzw. (8.102) bedeutet die eindeutige Lösbarkeit des ersten bzw. zweiten Randwertproblems. Für den Fall der Balkengleichung $y'' = b(x)$ erhält man als Fundamentallösungen der homogenen Gleichung $y'' = 0$ die Funktionen $y_1(x) = 1$, $y_2(x) = x$. In diesem Fall sind die Koeffizientenmatrizen der Gleichungssysteme (8.101) bzw. (8.102) regulär, so dass das erste und das zweite Randwertproblem mit der Balkengleichung für eine stetige rechte Seite b eindeutig lösbar sind. Ist die Balkengleichung mit der Randbedingung (8.99) dritter Art mit $\alpha = \gamma = 0$ zu lösen, dann hängt die Lösbarkeit des Randwertproblems von der Lösbarkeit des Gleichungssystems

$$\begin{pmatrix} 0 & \beta \\ 0 & \delta \end{pmatrix} \begin{pmatrix} c_1 \\ c_2 \end{pmatrix} = \begin{pmatrix} \eta_a - \beta y_p'(a) \\ \eta_b - \delta y_p'(b) \end{pmatrix} \tag{8.103}$$

ab. Das Gleichungssystem (8.103) ist genau dann lösbar, wenn die Bedingung

$$\frac{\beta}{\delta} = \frac{\eta_a - \beta y_p'(a)}{\eta_b - \delta y_p'(b)} \quad \Longleftrightarrow \quad \frac{\eta_a}{\beta} - y_p'(a) = \frac{\eta_b}{\delta} - y_p'(b)$$

erfüllt ist. Damit ist das dritte Randwertproblem für die Balkengleichung entweder nicht lösbar oder es existieren unendlich viele Lösungen. ◄

Im Folgenden gehen wir davon aus, dass im Ergebnis einer adäquaten Modellierung lösbare Zweipunkt-Randwertprobleme vorliegen. Bei der Betrachtung numerischer Lösungsverfahren beschränken wir uns auf die Fälle von ersten und zweiten linearen Randwertproblemen, die man nicht oder nur sehr aufwendig analytisch lösen kann.

8.5.1 Finite-Volumen-Methode

Für die numerische Lösung ist das Randwertproblem zu diskretisieren. Von den zahlreichen Methoden zur Diskretisierung soll hier eine Bilanzmethode, auch **Finite-Volumen-Methode** (FVM bzw. FV-Methode) genannt, behandelt werden. Bevor wir die Diskretisierung vornehmen, modifizieren wir die Differentialgleichung, um eine gute Ausgangsposition für die Diskretisierung zu schaffen. Es soll eine Funktion $s(x)$ bestimmt werden, so dass die Äquivalenz

$$-y'' + a_1(x)y' + a_0(x)y + b(x) = 0 \quad \Longleftrightarrow \quad -(e^{s(x)}y')' + e^{s(x)}a_0(x) + e^{s(x)}b(x) = 0 \tag{8.104}$$

gilt. Man erhält nach Differentiation

$$-(e^{s(x)}y')' = -s'(x)e^{s(x)}y' - e^{s(x)}y'',$$

so dass die Äquivalenz (8.104) gilt, wenn

$$-s'(x) = a_1(x) \iff s(x) = \int a_1(x)\,dx$$

ist. Damit kann man statt der Differentialgleichung (8.100) mit der äquivalenten Gleichung

$$-(\lambda(x)y')' + k(x)y = c(x) \tag{8.105}$$

arbeiten, wobei für die Koeffizienten

$$\lambda(x) = e^{s(x)}, \quad k(x) = e^{s(x)}a_0(x), \quad c(x) = -e^{s(x)}b(x), \quad s(x) = \int a_1(x)\,dx$$

gilt. (8.105) ist der Form (8.104) der Aufgabenstellung vorzuziehen, weil sich für das resultierende Gleichungssystem zur numerischen Lösung eine symmetrische Koeffizientenmatrix ergibt. Außerdem erspart man sich bei der Verwendung der Gleichung in der Form (8.105) die Diskretisierung erster Ableitungen, die aufwendiger als die Diskretisierung von zweiten Ableitungen ist. (8.105) soll nun diskretisiert werden. Dazu unterteilen wir das Intervall $[a, b]$ durch die Wahl von paarweise verschiedenen Stützstellen x_j

$$a = x_0 < x_1 < \cdots < x_i < \cdots < x_n = b.$$

In der Abb. 8.13 ist die Intervalldiskretisierung skizziert.

Ziel ist es jetzt, eine diskrete Näherungslösung y an der Stützstellen x_j zu berechnen. Man bezeichnet y auch als **Gitterfunktion** und die Werte y_j als Stützwerte. Die Gl. (8.105), die in $]a, b[$ gilt, wird nun über das Intervall $[x_{i-1/2}, x_{i+1/2}]$ integriert und man erhält die Integralgleichung

$$\int_{x_{i-1/2}}^{x_{i+1/2}} (\lambda(x)y')'\,dx = \int_{x_{i-1/2}}^{x_{i+1/2}} [k(x)y - c(x)]\,dx$$

$$\implies [\lambda(x)y']_{x_{i+1/2}} - [\lambda(x)y']_{x_{i+1/2}} = \int_{x_{i-1/2}}^{x_{i+1/2}} [k(x)y - c(x)]\,dx. \tag{8.106}$$

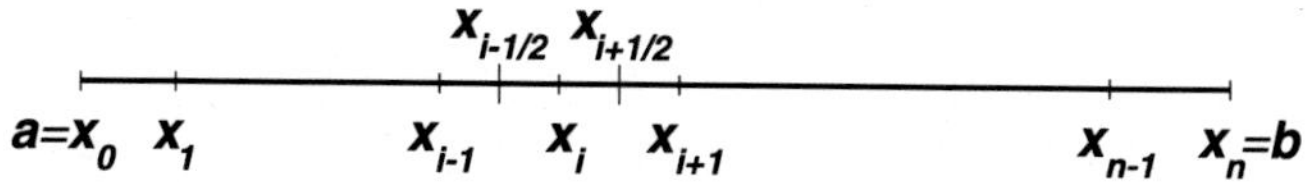

Abb. 8.13 Diskretisierung des Intervalls $[a, b]$

Mit den Definitionen $\Delta x_{i+1/2} = x_{i+1} - x_i$, $\Delta x_i = x_{i+1/2} - x_{i-1/2}$ und den Stützwerten y_i an den Stellen x_i kann man die Gl. (8.106) durch

$$\lambda(x_{i+1/2})\frac{y_{i+1} - y_i}{\Delta x_{i+1/2}} - \lambda(x_{i-1/2})\frac{y_i - y_{i-1}}{\Delta x_{i-1/2}} = \Delta x_i[k(x_i)y_i - c(x_i)] \tag{8.107}$$

approximieren. Nach Division durch Δx_i erhält man mit

$$-[\lambda(x_{i+1/2})\frac{y_{i+1} - y_i}{\Delta x_{i+1/2}} - \lambda(x_{i-1/2})\frac{y_i - y_{i-1}}{\Delta x_{i-1/2}}]/\Delta x_i + k(x_i)y_i = c(x_i) \tag{8.108}$$

für $i = 1, \ldots, n - 1$ eine Differenzenapproximation der Differentialgleichung (8.105). Im Fall des ersten Randwertproblems erhält man mit (8.108) und den Randgleichungen $y_0 = \eta_a, y_n = \eta_b$ ein lineares Gleichungssystem zur Bestimmung der numerischen Lösung $y_0, y_1, \ldots, y_n$. Das Gleichungssystem hat unter Berücksichtigung der Randbedingungen die Gestalt

$$\begin{pmatrix} d_1 & -e_1 & 0 & 0 & \cdots & 0 \\ -c_2 & d_2 & -e_2 & 0 & \cdots & 0 \\ \cdots \\ 0 & \cdots & 0 & -c_{n-2} & d_{n-2} & -e_{n-2} \\ 0 & \cdots & 0 & 0 & -c_{n-1} & d_{n-1} \end{pmatrix} \begin{pmatrix} y_1 \\ y_2 \\ \vdots \\ y_{n-1} \end{pmatrix} = \begin{pmatrix} g_1 \\ g_2 \\ \vdots \\ g_{n-1} \end{pmatrix} \tag{8.109}$$

mit

$$d_i = \frac{\lambda(x_{i+1/2})}{\Delta x_{i+1/2}\Delta x_i} + \frac{\lambda(x_{i-1/2})}{\Delta x_{i-1/2}\Delta x_i} + k(x_i), \quad e_i = \frac{\lambda(x_{i+1/2})}{\Delta x_{i+1/2}\Delta x_i}, \quad c_i = \frac{\lambda(x_{i-1/2})}{\Delta x_{i-1/2}\Delta x_i}$$

und

$$g_i = \begin{cases} c(x_1) + \eta_a \dfrac{\lambda(x_{1/2})}{\Delta x_{1/2}\Delta x_1} & \text{falls } i = 1 \\ c(x_i) & \text{falls } 1 < i < n - 1 \\ c(x_{n-1}) + \eta_b \dfrac{\lambda(x_{n-1/2})}{\Delta x_{n-1/2}\Delta x_{n-1}} & \text{falls } i = n - 1 \end{cases}.$$

Setzt man $y(x_{i+1}), y(x_i)$ und $y(x_{i-1})$ für y_{i+1}, y_i und y_{i-1} in die Gl. (8.108) ein, erhält man nach Subtraktion der Gl. (8.105) im Fall einer äquidistanten Intervalldiskretisierung ($\Delta x_i = \Delta x_{i+1/2} =: h$) mit Hilfe geeigneter Taylor-Polynome für den lokalen Diskretisierungsfehler τ_i die Abschätzung

$$\tau_i = -[\lambda(x_{i+1/2})\frac{y(x_{i+1}) - y(x_i)}{h} - \lambda(x_{i-1/2})\frac{y(x_i) - y(x_{i-1})}{h}]/h + (\lambda(x)y')'|_{x=x_i} = O(h^2), \tag{8.110}$$

die die Konsistenz der FV-Diskretisierung (8.108) bedeutet. Dabei wurde die viermalige bzw. dreimalige stetige Differenzierbarkeit von $y(x)$ bzw. $\lambda(x)$ auf $[a, b]$ vorausgesetzt. Unter diesen Voraussetzungen kann man die Konvergenz der numerischen Lösung $y_0, y_1, \ldots, y_n$ gegen die Lösung $y(x)$ in dem Sinne zeigen, dass $\max_{1 < i < n-1} |y(x_i) - y_i| \to 0$ für $h \to 0$ gilt.

Bei der vorgenommenen Konstruktion der FV-Diskretisierung durch die Bilanzierung der Gleichung macht man einen Bilanzierungsfehler, denn die Summe der lokalen Bilanzen über die Teilintervalle $[x_{i-1/2}, x_{i+1/2}]$ ist nicht gleich der globalen Bilanz über das Gesamtintervall, da über die Halbintervalle $[x_0, x_{1/2}]$ und $[x_{n-1/2}, x_n]$ nicht bilanziert wird. Der Fehler der diskreten Bilanz hat die Größenordnung $O(h^2)$, wobei h das Maximum der beiden Halbintervall-Längen ist. Im nächsten Kapitel werden FV-Diskretisierungen besprochen, die ohne diskreten Bilanzfehler auskommen.

Für das zweite Randwertproblem mit den Randbedingungen

$$y'(a) = \eta_a, \quad y(b) = \eta_b$$

ändern sich von den Koeffizienten im Gleichungssystem (8.109) nur d_1 und g_1 zu

$$d_1 = \frac{\lambda(x_{1+1/2})}{\Delta x_{1+1/2}\Delta x_1} + k(x_1), \quad g_1 = c(x_1) + \eta_a \frac{\lambda(x_{1/2})}{\Delta x_1}.$$

Dabei wird die Randbedingung $y'(a) = \eta_a$ durch $\frac{y_1 - y_0}{\Delta x_1} = \eta_a$ approximiert.

Beispiel

Wir betrachten das zweite Randwertproblem

$$y'' + \frac{1}{x}y' + 4y = 0 \iff (xy')' + 4xy = 0 \quad (x \in]0, 8[), \quad y'(0) = 0, \quad y(8) = -0,174899.$$

Mit dem folgenden Programm kann das Problem numerisch gelöst werden.

```
# Programm 8.5 zur Loesung eines Zweipunkt-Randwertproblmes (rwp2p2_gb2.m)
# -(la(x)y')' + k(x)y = c(x) ,\; y'(a)=eta0, y(b)=eta1
# vorzugeben: a, b, eta0, eta1, n
# input: Intervallgrenzen a,b, Randwerte eta0, eta1, n=(b-a)/h
# output: Loesung yy(x) an den Stellen x
# Benutzung der Programme tridia (Programm 2.4), la, k, c
# z.B. a = 0; b = 8; eta0 = 0; eta1 = -1.749; n = 200;
# Aufruf: [yy,x] = rwp2p2_gb2(a,b,eta0,eta1,n);
function [yy,x] = rwp2p2_gb2(a,b,eta0,eta1,n);
h = (b-a)/n;
x = linspace(a,b,n+1);
xp = (x(1:end-1)+x(2:end))/2;
dxp=x(2:end)-x(1:end-1);
dx=xp(2:end)-xp(1:end-1);
vla = la(xp);
vk = k(x);
vc = c(x);
# Aufbau der Matrix und der rechten Seite
dd(1) = vla(2)/(dxp(2)*dx(1))+vk(2);
cc(1) = 0;
dd(2:n-1) = vla(3:n)./(dxp(3:n).*dx(2:n-1))+vla(2:n-1)./(dxp(2:n-1).*dx(2:n-1))+vk(3:n);
cc(2:n-1) = vla(2:n-1)./(dxp(2:n-1).*dx(2:n-1));
ee(1:n-2) = vla(2:n-1)./(dxp(2:n-1).*dx(1:n-2));
ee(n-1) = 0;
bb(1) = vc(2)+eta0*vla(1)/dx(1);
bb(2:n-2) = vc(3:n-1);
bb(n-1) = vc(n)+eta1*vla(n)/(dxp(n)*dx(n-1));
# Loesung
```

```
y = tridia_gb(cc,dd,ee,bb,n-1);
yy(1) = y(1)-dxp(1)*eta0;
yy(2:n) = y(1:n-1);
yy(n+1) = eta1;
end
```

◄

Zum Programm 8.4 ist anzumerken, dass mit einer äquidistanten Diskretisierung des Intervalls $[a, b]$ gearbeitet wurde. Eine Modifikation zur Lösung von ersten Randwertproblemen ist durch wenige Änderungen möglich und wird dem Leser überlassen. Mit der Vorgabe von $a = 0, b = 8$ und $\eta_0 = 0$ und $\eta_1 = -0,174899$ sowie einer Anzahl n von Teilintervallen sowie den Programmen

```
# Programme fuer die Koeffizienten
function [y] = la(x);
    y = x;
endfunction
function [y] = k(x);
    y = -4*x;
endfunction
function [y] = c(x);
    y = 0*x;
endfunction
```

kann man das Beispiel-Randwertproblem lösen. In der Abb. 8.14 ist die Lösung $y(x)$ für $n = 200$ ($h = 0,04$) dargestellt, die sehr gut mit der exakten Lösung $J_0(2x)$ im Intervall $[0, 8]$ übereinstimmt.

Statt der oben dargestellten Bilanzmethode kann man eine numerische Lösung von Zweipunkt-Randwertproblemen u. a. mit der Finite-Element-Methode (FE-Methode), Galerkin-Methoden oder den sogenannten Schießverfahren berechnen. Bei der FE-Methode und Galerkin-Methode sucht man Näherungslösungen y_h als Linearkombinationen der Form

$$y_h(x) = \sum_{j=1}^{n} y_j \varphi_j(x)$$

Abb. 8.14 Numerische
Lösung des
Beispiel-Randwertproblems

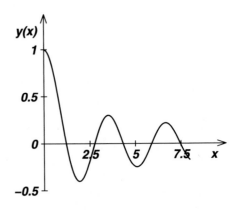

mit geeigneten Ansatzfunktionen $\varphi_j(x)$ und erhält Gleichungssysteme zur Bestimmung der Koeffizienten y_j ($j = 1, \ldots, n$) ähnlich wie bei der dargelegten Bilanzmethode.

Im Fall von nichtlinearen Zweipunkt-Randwertproblemen diskretisiert man die Differentialgleichung und die Randbedingungen analog zum dargestellten linearen Fall. Statt (8.109) erhält man dann ein nichtlineares Gleichungssystem zur Berechnung der Stützwerte y_k, das mit einem Newton-Verfahren oder einer Fixpunktiteration gelöst werden kann (Startwerte für eine Newton- oder Fixpunktiteration kann man z. B. als Lösung linearer Näherungen des nichtlinearen Zweipunkt-Randwertproblems erhalten, s. dazu auch Abschn. 10.2.6).

8.5.2 Schießverfahren

Schießverfahren zur Lösung von Zweipunkt-Randwertproblemen basieren auf Methoden zur Lösung von Anfangswertproblemen. Beim ersten Randwertproblem

$$y'' = f(x, y), \quad y(a) = \eta_a, \quad y(b) = \eta_b \tag{8.111}$$

nutzt man dabei z. B. die Randbedingung $y(a) = \eta_a$ als Anfangsbedingung und versucht durch eine geeignete Wahl von $\zeta_a = y'(a)$ als Anfangsbedingung für die Ableitung mit einer Lösung des Anfangswertproblems

$$y'' = f(x, y), \quad y(a) = \eta_a, \quad y'(a) = \zeta \tag{8.112}$$

die Randbedingung $y(b) = \eta_b$ zu treffen. Für vorgegebenes ζ sei $y(x, \zeta)$ die Lösung von (8.112). $y(x, \zeta)$ ist dann Lösung des Zweipunkt-Randwertproblems (8.111), wenn ζ Nullstelle der Funktion

$$g(\zeta) = y(b, \zeta) - \eta_b \tag{8.113}$$

ist. Für eine Funktionswertberechnung von g ist ein Anfangswertproblem (8.111) zu lösen. Eine Möglichkeit zur Bestimmung der Nullstelle von g ist mit dem Bisektionsverfahren gegeben. Allerdings ist es durchaus möglich, dass durch Fehler bei der Lösung des Anfangswertproblems das Vorzeichen von g nicht immer korrekt berechnet werden kann, so dass das Bisektionsverfahren unbrauchbar wird.

Eine andere Möglichkeit zur Bestimmung der Nullstelle von g bietet das Newton-Verfahren. Die Differentiation von g nach ζ ergibt

$$g'(\zeta) = y_\zeta(b, \zeta), \tag{8.114}$$

wobei $y_\zeta(b, \zeta)$ die partielle Ableitung von $y(x, \zeta)$ nach ζ ausgewertet an der Stelle $x = b$ ist. Die Differentiation der Gleichung $y''(x, \zeta) = f(x, y(x, \zeta))$ nach ζ ergibt

$$\frac{\partial}{\partial \zeta}[y''(x, \zeta)] = f_y(x, y(x, \zeta))y_\zeta(x, \zeta). \tag{8.115}$$

f_y bedeutet dabei die partielle Ableitung von $f(x, y)$ nach y. Mit der Voraussetzung der Vertauschbarkeit der Ableitungen nach ζ und x erhält man aus (8.115) die Differentialgleichung 2. Ordnung

$$y''_\zeta(x, \zeta) = f_y(x, y(x, \zeta)) y_\zeta(x, \zeta) \tag{8.116}$$

für $y_\zeta(x, \zeta)$. Durch Differentiation der Anfangsbedingungen der Aufgabe (8.112) nach ζ erhält man die Anfangsbedingungen

$$y_\zeta(a, \zeta) = 0, \quad y'_\zeta(a, \zeta) = 1. \tag{8.117}$$

Mit (8.116), (8.117) liegt ein Anfangswertproblem zur Berechnung von $y_\zeta(x, \zeta)$, also auch zur Berechnung der Ableitung von g vor (gemäß (8.114)). Damit kann man durch Lösung der Anfangswertprobleme (8.112) und (8.116), (8.117) Funktionswert und Ableitung von $g(\zeta)$ berechnen und kann somit ein Newton-Verfahren zur Nullstellenberechnung von g durchführen. Hierzu ist anzumerken, dass man zur Lösung von (8.116), (8.117) die Funktion $y(x, \zeta)$ als Lösung des Anfangswertproblems (8.112) benötigt, um die Funktionswerte von $f_y(x, y(x, \zeta))$ berechnen zu können. Da man die exakte Lösung $y(x, \zeta)$ nicht zur Verfügung hat, verwendet man die Näherungswerte y_k an den Stützstellen x_k des Intervalls $[a, b]$ zur Berechnung von f_y an den Stützstellen x_k. Beim Schießverfahren ist es in jedem Fall sinnvoll, ein recht genaues Verfahren zur erforderlichen Lösung der Anfangswertprobleme (8.112) und (8.116), (8.117) zu verwenden, da speziell bei wachsenden Lösungen die Sensibilität der Lösung $y(x, \zeta)$ von ζ sehr groß sein kann und somit kleine Änderungen von ζ große Auswirkungen auf $y(b, \zeta)$ haben können. Schießverfahren kann man bei nichtlinearen Problemen anwenden, da bei den benötigten Integrationsverfahren für gewöhnliche Differentialgleichungen die Linearität der Gleichungen nicht notwendig ist. Im Kapitel 10 wird noch ein anderer Zugang zur Lösung nichtlinearer Randwertprobleme behandelt. Im folgenden Programm ist ein Schießverfahren mit einem Newton-Verfahren zur Nullstellenbestimmung umgesetzt.

```
# Programm 8.6 Schiessverfahren zur Loesung eines 2-Punkt-RWP (schiessv_gb.m)
# y''=fs(x,y), y(a)=eta0, y(b)=eta1
# input:  Intervallgrenzen a,b, n Anzahl der Teilintervalle, eta0,eta1
#         zeta als Startwert des Newton-Verfahrens fuer y'(a)
# output: Loesung y1(x) an den Stellen x
# benutzte Programme: fs1,fs2,fsy2 fuer die rechten Seiten der AWPs
#         rungek4fs(x,y01,y11,h,n),rungek4fsy(x,y1,y2,y02,y12,h,n)
#         zur Implementierung des klassischen RK-Verfahrens 4.Ordn.
# z.B. a = 0; b = 2; eta0 = 0; eta1 = 1; n = 100; zeta = 0.5;
# Aufruf: [y1,x] = schiessv_gb1(a,b,eta0,eta1,n,zeta);
function [y1,x] = schiessv_gb1(a,b,eta0,eta1,n,zeta);
h=(b-a)/n;
x = linspace(a,b,n+1);
it=0; g=1; y02=0; y12=1; y01=eta0;
while (abs(g) > 10^(-6) && it < 10)
   y11=zeta;
   [y1,y2] = rungek4fs(x,y01,y11,h,n);
   g = y1(n+1)-eta1
#
   [yy1,yy2] = rungek4fsy(x,y1,y02,y12,h,n);
   gy = yy1(n+1);
   zeta = zeta - g/gy
   it = it+1;
```

```
end
end
```

Beispiel

Zur Lösung des Zweipunkt-Randwertproblems

$$y'' = \frac{x}{1 + y^2}, \quad y(0) = 0, \quad y(2) = 1 \qquad (8.118)$$

mit einem Schießverfahren (Diskretisierung des Intervalls $[0, 2]$ mit $h = 0,02$, d.h. $n = 100$) werden angegebenen Funktions-Unterprogramme benötigt.

```
# Programm zum
# klassischen Runge–Kutta–Verfahren 4. Ordnung
function [y1,y2] = rungek4fs(x,y01,y02,h,n);
yn1 = y01; yn2 = y02; y1(1)=y01; y2(1)=y02;
xn = x(1);
for k=1:n
  k11 = fs1(xn,yn1,yn2); k12 = fs2(xn,yn1,yn2);
  k21 = fs1(xn+0.5*h,yn1+0.5*h*k11,yn2+0.5*h*k12);
  k22 = fs2(xn+0.5*h,yn1+0.5*h*k11,yn2+0.5*h*k12);
  k31 = fs1(xn+0.5*h,yn1+0.5*h*k21,yn2+0.5*h*k22);
  k32 = fs2(xn+0.5*h,yn1+0.5*h*k21,yn2+0.5*h*k22);
  k41 = fs1(xn+h,yn1+h*k31,yn2+h*k32);
  k42 = fs2(xn+h,yn1+h*k31,yn2+h*k32);
  yn1 = yn1 + h*(k11+2.0*k21+2.0*k31+k41)/6.0;
  yn2 = yn2 + h*(k12+2.0*k22+2.0*k32+k42)/6.0;
  xn = x(k+1); y1(k+1)=yn1; y2(k+1)=yn2;
endfor
endfunction
# Programm zum
# klassischen Runge–Kutta–Verfahren 4. Ordnung
function [y1,y2] = rungek4fsy(x,y,y01,y02,h,n);
yn1 = y01; yn2 = y02; y1(1)=y01; y2(1)=y02;
xn = x(1);
for k=1:n
  yk = y(k);
  k11 = fs1(xn,yn1,yn2); k12 = fsy2(xn,yk,yn1,yn2);
  k21 = fs1(xn+0.5*h,yn1+0.5*h*k11,yn2+0.5*h*k12);
  k22 = fsy2(xn+0.5*h,yk,yn1+0.5*h*k11,yn2+0.5*h*k12);
  k31 = fs1(xn+0.5*h,yn1+0.5*h*k21,yn2+0.5*h*k22);
  k32 = fsy2(xn+0.5*h,yk,yn1+0.5*h*k21,yn2+0.5*h*k22);
  k41 = fs1(xn+h,yn1+h*k31,yn2+h*k32);
  k42 = fsy2(xn+h,yk,yn1+h*k31,yn2+h*k32);
  yn1 = yn1 + h*(k11+2.0*k21+2.0*k31+k41)/6.0;
  yn2 = yn2 + h*(k12+2.0*k22+2.0*k32+k42)/6.0;
  xn = x(k+1); y1(k+1)=yn1; y2(k+1)=yn2;
endfor
endfunction
# Programm fuer die rechten Seiten
function [y] = fs1(x,y1,y2);
  y = y2;
endfunction
function [y] = fs2(x,y1,y2);
  y = x/(1+y1^2);
endfunction
function [y] = fsy2(x,yk,y1,y2);
  y = -y1*2*x*yk/(1+yk^2)^2;
endfunction
```

Die Programme zur Realisierung des klassischen Runge-Kutta-Verfahrens wurden nur deshalb „gespiegelt", weil in den rechten Seiten zur Lösung des Anfangswertproblems (8.116), (8.117) die Lösung des Problems (8.112) benötigt wird. Das kann man zweifellos eleganter realisieren und sei dem Leser als Übung empfohlen. Die Tabelle

Newton-Iteration	ζ	$g(\zeta)$
0	1	1,6482
1	$-0,04855$	0,13518
2	$-0,13697$	$-0,0045652$
3	$-0,13420$	$-2,4728\text{e-}05$
4	$-0,13419$	$-1,0019\text{e-}07$

zeigt, dass nach 4 Newton-Schritten die Abbruchbedingung $|g(\zeta)| < 10^{-6}$ erfüllt wurde. In der Abb. 8.15 ist die mit dem Schießverfahren erhaltene Lösung des Zweipunkt-Randwertproblems dargestellt. ◄

Weitere Ausführungen zu den hier nicht behandelten Methoden findet man in Golub und Ortega (1992) bzw. im folgenden Kapitel.

8.6   Aufgaben

1) Konstruieren Sie ein implizites 3-Schritt-Verfahren maximaler Ordnung p durch die Auswertung des Gleichungssystems $c_k = 0$, $k = 0, \ldots, p$ mit den Koeffizienten c_k aus (8.66) bei der Vorgabe von

     a) $a_2 = a_1 = 1$ und
     b) $a_0 = a_1 = 0$.

Abb. 8.15 Lösung des Zweipunkt-Randwertproblems (8.118)

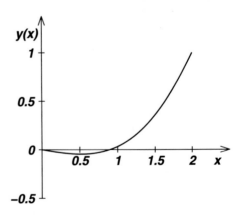

2) Bestimmen Sie die Gebiete der absoluten Stabilität der in 1) konstruierten Verfahren und begründen Sie die Unbrauchbarkeit des Verfahrens 1a) zur Lösung von Anfangswertproblemen.

3) Bestimmen Sie die numerische Lösung des Differentialgleichungssystems

$$\dot{x} = \frac{y}{x^2 + y^2}$$
$$\dot{y} = \frac{-x}{x^2 + y^2}$$

bei Vorgabe des Anfangswertes $(x(0), y(0))^T = (1, 0)^T$ mit dem expliziten Euler-Verfahren, der verbesserten Polygonzugmethode, der Methode von Heun dritter Ordnung und dem klassischen 4-stufigen Runge-Kutta-Verfahren. Vergleichen Sie Ihre Ergebnisse mit der analytischen Lösung $(x(t), y(t))^T = (\cos t, \sin t)^T$.

4) Implementieren Sie das implizite Runge-Kutta-Verfahren 4. Ordnung (8.46) mit einer Fixpunktiteration zur Lösung der impliziten Gleichungen im Integrationsschritt.

5) Implementieren Sie das implizite 3-Schritt-Verfahren aus Aufgabe 1b), wobei zur Berechnung der für den Start des Verfahrens notwendigen Werte y_1, y_2 zwei Schritte mit einem geeigneten Einschrittverfahren erforderlich werden.

6) Berechnen Sie die numerische Lösung des Zweipunkt-Randwertproblems

$$-y'' + \sigma y^4 = 0, \ 0 < x < 10, \ y(0) = y_a, \ y'(10) = q$$

mit $\sigma = 6{,}79 \cdot 10^{-12}$, $q = -105{,}4$, $y_a = 3000$ mit einer FV-Methode. Lösen Sie das dabei entstehende nichtlineare Gleichungssystem mit einem Newton-Verfahren.

7) Lösen Sie das im Vergleich zur Aufgabe 7) modifizierte Zweipunkt-Randwertproblem

$$-y'' + \sigma y^4 = 0, \ 0 < x < 10, \ y(0) = y_a, \ y(10) = y_b$$

mit $\sigma = 6{,}79 \cdot 10^{-12}$, $y_a = 3000$, $y_b = 770$ mit einem Schießverfahren.

Lösung differential-algebraischer Gleichungen 9

Inhaltsverzeichnis

Wie bereits in Kap. 8 dargestellt wurde, dienen gewöhnliche Differentialgleichungen der Beschreibung dynamischer Prozesse. In einer Reihe von Anwendungen unterliegen solche Prozesse noch zusätzlichen Beschränkungen. Ein Beispiel hierfür ist die Bewegung eines Industrieroboters. Die einzelnen Segmente sind durch Gelenke miteinander verbunden und können sich daher nicht beliebig frei im Raum bewegen. Als weiteres Beispiel sei der Stromfluss in einer elektrischen Schaltung genannt. Die Summe der an einem Knoten zusammenfließenden Zweigströme ist (unter Beachtung der Vorzeichen) gleich null. Die Zweigströme sind also nicht unabhängig voneinander. Solche Vorgänge lassen sich mit Hilfe differential-algebraischer Gleichungen beschreiben. Auch diese Systeme lassen sich in der Regel nicht analytisch lösen. In diesem Kapitel werden einige Methoden zur numerischen Lösung differential-algebraischer Gleichungen vorgestellt. Im Vergleich zu den gewöhnlichen Differentialgleichungen gibt es jedoch besondere numerische Schwierigkeiten zu beachten, die hier exemplarisch demonstriert werden. Eine detailliertere Diskussion findet man z. B. in Brenan et al. (1995), Kunkel und Mehrmann (2006), Riaza (2008), und Lamour et al. (2013). Neuere Entwicklungen auf dem Gebiet findet man u. a. in der Springer-Buchreihe Differential-Algebraic Equations Forum.

Wir betrachten hier implizite Systeme von Differentialgleichungen der Form

$$f(x', x, t) = 0, \tag{9.1}$$

© Der/die Autor(en), exklusiv lizenziert an Springer-Verlag GmbH, DE, ein Teil von Springer Nature 2022

G. Bärwolff und C. Tischendorf, *Numerik für Ingenieure, Physiker und Informatiker*,
https://doi.org/10.1007/978-3-662-65214-5_9

wobei $f : \mathbb{R}^n \times D \times I \to \mathbb{R}^n$ mit $D \subset \mathbb{R}^n$ eine stetige Abbildung und $I \subset \mathbb{R}$ ein Intervall ist. Hierbei ist $y = y(x) : I \to \mathbb{R}^n$ die gesuchte Funktion. Zusätzlich setzen wir voraus, dass f die partiellen Ableitungen $\partial_y f(y, x, t)$ und $\partial_x f(y, x, t)$ besitzt und diese auch stetig sind.

Bemerkung 9.1 An dieser Stelle sei darauf hingewiesen, dass wir unter der partiellen Ableitung $\partial_y f(y, x, t)$ die Ableitungsmatrix oder auch Jacobi-Matrix der Abbildung $y \mapsto f(y, x, t)$, $f(\cdot, x, t) : \mathbb{R}^n \to \mathbb{R}^n$ verstehen. Die partielle Ableitung $\partial_y f(y, x, t)$ ist also eine Matrix.

▶ **Definition 9.1** (differential-algebraische Gleichung)
Man nennt das System (9.1) eine **differential-algebraische Gleichung** (DAE, Differential-Algebraic Equation), falls $\partial_y f(y, x, t)$ für alle $(y, x, t) \in \mathbb{R}^n \times D \times I$ singulär ist.

Als Beispiel betrachten wir die Bewegung mechanischer Mehrkörpersysteme. Diese lassen sich als ein System der Form

$$p' = v$$
$$M v' = f_a(p, v, t) - G(p)^\top \lambda$$
$$g(p) = 0$$

mit $G(p) = \partial_p g(p)$ beschreiben. Die Variablen p und v beschreiben Ort und Geschwindigkeit der Massepunkte des sich bewegenden Mehrkörpersystems. M stellt die Massematrix dar, und f_a beschreibt die äußeren Kräfte, die auf das System wirken. Die Beschränkungen/Nebenbedingungen, denen das System unterliegt, sind durch die Gleichung $g(p) = 0$ dargestellt. Aufgrund des d'Alembert'schen Prinzips lassen sich die Zwangskräfte mit Hilfe von $G(p)^T \lambda$ beschreiben, wobei λ der sogenannte Lagrange-Multiplikator ist. Zudem können wir aufgrund der physikalischen Eigenschaften annehmen, dass sowohl M als auch $G(p)G(p)^T$ regulär sind. Für

$$f(x', x, t) := \begin{pmatrix} p' - v \\ M v' - f_a(t, p, v) + G(p)^T \lambda \\ g(p) \end{pmatrix} \quad \text{mit} \quad x := \begin{pmatrix} p \\ v \\ \lambda \end{pmatrix}$$

ergibt sich eine DAE im Sinne der oben angegebenen Definition, denn die Matrix $\partial_y f(y, x, t) = \begin{pmatrix} I & 0 & 0 \\ 0 & M & 0 \\ 0 & 0 & 0 \end{pmatrix}$ ist singulär für alle $(y, x, t) \in \mathbb{R}^n \times \mathbb{R}^n \times \mathbb{R}$.

Als weiteres Beispiel betrachten wir das transiente Verhalten einer elektrischen Schaltung. Diese lassen sich als ein System der Form

$$g(u', i', u, i, t) = 0 \tag{9.2a}$$

$$Ai = 0 \tag{9.2b}$$

$$Bu = 0 \tag{9.2c}$$

beschreiben, bei dem i und v die Vektoren aller Zweigströme und Zweigspannungen darstellen. Dabei beschreibt jede Zeile von (9.2a) eine Strom-Spannungs-Kurve eines Bauelementes der Schaltung, beispielsweise $i_k = Cu'_k$ für kapazitive Bauelemente und $u_k = Li'_k$ für induktive Bauelemente. Die Gl. (9.2b) und (9.2c) widerspiegeln die algebraischen Nebenbedingungen in Form der Kirchhoff'schen Gesetze.

Schließlich sei noch erwähnt, dass man differential-algebraischen Systemen auch bei Prozessen begegnet, die sowohl zeitabhängig als auch ortsabhängig sind und gewissen Beschränkungen unterliegen. Dies ist beispielsweise der Fall bei der Modellierung des Gasflusses in Gastransportnetzwerken, Benner et al. (2018). Nach einer örtlichen Diskretisierung der Rohrgleichungen erhält man ein differential-algebraisches System der Form (9.1).

9.1 Charakteristische Eigenschaften von DAEs

DAEs haben einige essenzielle Eigenschaften, die sie von (expliziten) gewöhnlichen Differentialgleichungen unterscheiden. Diese demonstrieren wir an folgendem einfachen Beispiel:

$$x'_1 = x_1 - x_2 - x_3 \tag{9.3a}$$

$$x'_2 = x_1 - x_2 \tag{9.3b}$$

$$x'_3 = x_4 \tag{9.3c}$$

$$0 = x_1 - r(t) \tag{9.3d}$$

Für die Lösung des Systems gilt $x_1(t) = r(t)$ und

$$x_2(t) = e^{-(t-t_0)}\left(x_2(t_0) + \int_{t_0}^t r(s)e^{s-t_0}\,\mathrm{d}s\right), \qquad x_3(t) = r(t) - r'(t) - x_2(t)$$

sowie $x_4(t) = r'(t) - r''(t) - r(t) + x_2(t)$. Wir beobachten nun folgende Besonderheiten von DAEs:

1. Obwohl in der oben formulierten Form (9.1) einer DAE scheinbar Differenzierbarkeit von x in allen Komponenten gefordert ist, so benötigt man hier tatsächlich nur Differenzierbarkeit von x_1, x_2 und x_3.

2. Im Gegensatz zu (expliziten) gewöhnlichen Differentialgleichungen kann man die Anfangswerte nicht mehr in allen Komponenten frei wählen. Hier kann nur eine Komponente ($x_2(t_0)$) frei vorgegeben werden. Es sei angemerkt, dass man anstelle von $x_2(t_0)$

auch $x_3(t_0)$ oder $x_4(t_0)$ frei wählen könnte. Der Anfangswert $x_2(t_0)$ ist dann durch (9.3a), (9.3c) und (9.3d) im Anfangspunkt t_0 eindeutig bestimmt.

3. Für die Lösbarkeit der DAE muss die Inputfunktion r zweimal differenzierbar sein. Je nach Struktur einer DAE kann es auch höhere oder geringere Differenzierbarkeitsanforderungen an die Inputfunktionen geben.

4. Zur numerischen Lösung einer DAE sind nicht nur numerische Integrationsverfahren, sondern auch Approximationsverfahren zur Berechnung von Ableitungen nötig. Letztere sind in der Praxis problematisch, da die numerische Differentiation schlecht konditioniert ist.

9.2 Lineare DAEs mit konstanten Koeffizienten

Lineare differential-algebraischer Gleichungen mit konstanten Koeffizienten sind Systeme von der Form

$$Ax' + Bx = r(t), \tag{9.4}$$

wobei $A, B \in \mathbb{R}^{n,n}$ konstante Matrizen und $r : I \to \mathbb{R}^n$ eine gegebene Abbildung auf einem Intervall $I \subset \mathbb{R}$ ist. Die eindeutige Lösbarkeit und eine Klassifizierung der Lösungen linearer DAEs (9.4) ist eng mit der Regularität des Matrixpaares $\{A, B\}$ verknüpft.

▶ **Definition 9.2** Das Matrixpaar $\{A, B\}$ heißt **regulär,** falls das Polynom $p(\lambda) := \det(\lambda A + B)$ nicht das Nullpolynom ist. Ansonsten nennt man das Matrixpaar $\{A, B\}$ **singulär.**

Für singuläre Matrixpaare ist

$$x(t) = e^{\lambda t} z_\lambda \quad \text{mit } z_\lambda \in \ker(\lambda A + B)$$

für jedes $\lambda \in \mathbb{R}$ eine Lösung der linearen DAE (9.4) mit $r = 0$. Somit bekommt man selbst bei Fixierung eines Startwertes keine eindeutige Lösung. Daher betrachten wir im Folgenden nur reguläre Matrixpaare.

Falls das Matrixpaar $\{A, B\}$ regulär ist, dann existieren reguläre reelle Transformationsmatrizen U und V, so dass

$$UAV = \begin{pmatrix} I & 0 \\ 0 & N \end{pmatrix} \quad \text{und} \quad UBV = \begin{pmatrix} W & 0 \\ 0 & I \end{pmatrix},$$

wobei I die Einheitsmatrix, $W \in \mathbb{R}^{k \times k}$ eine Matrix und $N \in \mathbb{R}^{(n-k) \times (n-k)}$ eine nilpotente Matrix ist. Eine Matrix N heißt nilpotent[1], falls es eine natürliche Zahl $\mu > 0$ gibt, so dass $N^\mu = 0$. Die kleinste Zahl μ mit dieser Eigenschaft heißt Nilpotenz von N. Eine solche

---

[1] Die höheren Potenzen erhält man jeweils durch die Multiplikation von links, also $N^\nu = N N^{\nu-1}$.

Transformation des Matrixpaares $\{A, B\}$ bezeichnet man als Transformation in **Kronecker-Normalform.** Die Dimension k und die Nilpotenz μ von N sind dabei unabhängig von der Wahl der Transformationsmatrizen U und V. Für einen Beweis sei auf Lamour et al. (2013) verwiesen. Entsprechend bezeichnet man die Nilpotenz μ als **Kronecker-Index** des Matrixpaares $\{A, B\}$. Multipliziert man (9.4) mit solch einer Matrix U und definiert man $y := V^{-1}x$, so erhält man

$$(UAV)y' + UBVy = Uq,$$

das heißt, die lineare DAE (9.4) ist äquivalent zu dem System

$$y_1' + Wy_1 = s_1, \tag{9.5}$$
$$Ny_2' + y_2 = s_2, \tag{9.6}$$

wobei $s = Ur$. Die erste Gleichung (9.5) stellt eine gewöhnliche DGL dar. Die zweite Gleichung (9.6) kann rekursiv durch iterative Multiplikation mit N und Differentiation aufgelöst werden. Man erhält die explizite Darstellung

$$y_2(t) = \sum_{i=0}^{\mu-1} (-1)^i N^i s_2^{(i)}(t), \tag{9.7}$$

wobei vorausgesetzt wird, dass s hinreichend oft differenzierbar ist. Die Lösungsdarstellung (9.7) zeigt die Abhängigkeit der Lösung von den Ableitungen des Quell- oder Störungsterms s. Je größer die Nilpotenz μ ist, desto mehr Differentiationen sind involviert. Nur im Fall einer Nilpotenz $\mu = 1$ haben wir $N = 0$ und daher $y_2(t) = s_2(t)$, d. h., es sind dann keine Differentiationen nötig. Der Kronecker-Index eines Matrixpaares $\{A, B\}$ charakterisiert damit wesentlich die Struktur der Lösung und ihrer Eigenschaften.

▶ **Definition 9.3** Eine lineare DAE (9.4) besitzt den Index μ, falls das Matrixpaar $\{A, B\}$ regulär ist und den Kronecker-Index μ besitzt.

Aus der Lösungsdarstellung (9.5)–(9.6) lässt sich direkt folgender Satz zur Lösbarkeit linearer DAEs ableiten.

Satz 9.1 *Sei die DAE (9.4) eine DAE vom Index μ. Dann ist sie für $q \in C^{\mu-1}(I, \mathbb{R}^n)$ lösbar. Die Lösung der DAE (9.4) ist bei Wahl eines konsistenten Anfangswertes $x_0 = x(t_0)$ eindeutig.*

Dabei heißt ein Anfangswert x_0 von (9.4) konsistent, falls es eine Lösung x von (9.4) mit $x(t_0) = x_0$ gibt. Nach obiger Lösungsdarstellung ist ein Anfangswert x_0 von (9.4) mit regulärem Matrixpaar $\{A, B\}$ genau dann konsistent, falls

$$y_{2,0} = y_2(t_0) = \sum_{i=0}^{k-1} (-1)^i N^i s_2^{(i)}(t_0),$$

wobei $y_0 = V^{-1}x_0$, $s = Ur$ und U, V Transformationsmatrizen sind, die die DAE (9.4) in das System der Form (9.5)–(9.6) transformieren.

9.3   Numerische Verfahren für lineare DAEs

Das explizite Euler-Verfahren für gewöhnliche Differentialgleichungen der Form $x' = Mx + r$ lässt sich in der Form

$$\frac{1}{h}(x_{k+1} - x_k) = Mx_k + r(t_k)$$

schreiben. Eine natürliche Erweiterung auf lineare DAEs (9.4) wäre durch die Verfahrensvorschrift

$$\frac{1}{h}A(x_{k+1} - x_k) + Bx_k = r(t_k)$$

gegeben. An dieser Stelle stoßen wir sofort auf ein Problem. Die Matrix A ist singulär. Daher erhalten wir keine eindeutige Lösung x_{k+1}. Dieses Problem existiert bei sämtlichen expliziten numerischen Verfahren für DAEs. Demgegenüber liefert das implizite Euler-Verfahren

$$\frac{1}{h}A(x_{k+1} - x_k) + Bx_{k+1} = r(t_{k+1})$$

für hinreichende kleine Schrittweiten h stets eine eindeutige Lösung x_{k+1}, falls das Matrixpaar $\{A, B\}$ regulär ist. Dies liegt daran, dass die Matrix $\frac{1}{h}A + B$ für reguläre Matrixpaare $\{A, B\}$ nur für endlich viele h nicht regulär ist.

9.3.1   Lineare Mehrschrittverfahren

Überträgt man den Ansatz eines linearen Mehrschrittverfahrens für gewöhnliche Differentialgleichungen auf differential-algebraische Gleichungen, dann erhält man für lineare DAEs (9.4) ein Verfahren der Form

$$\frac{1}{h}A\sum_{j=0}^{m} a_j x_{s+j} + \sum_{j=0}^{m} b_j Bx_{s+j} = \sum_{j=0}^{m} b_j r(t_{s+j})$$

mit $s = k - m + 1$. Für den Spezialfall der trivialen DAE $x = r(t)$ ergibt sich

$$\sum_{j=0}^{m} b_j x_{s+j} = \sum_{j=0}^{m} b_j r(t_{s+j}).$$

Offenbar erhält man nur dann eine Lösung x_{k+1}, wenn $b_m \neq 0$. Damit ist klar, dass lineare Mehrschrittverfahren zur Lösung einer DAE stets implizit sein müssen. Zugleich wird mit dem Spezialfall klar, dass sich eine Fortpflanzung von Fehlern in den Startwerten nur dann vermeiden lässt, wenn $b_j = 0$ für $0 \leq j < m$. Entsprechend eignen sich zur numerischen Lösung von DAEs die sogenannten BDF-Verfahren (backward differential formulas), d. h. die linearen Mehrschrittverfahren der Form

$$\frac{1}{h} A \sum_{j=0}^{m} a_j x_{s+j} + B x_{k+1} = r(t_{k+1}) \quad \text{mit } s = k - m + 1.$$

Offenbar liefern diese für $a_m \neq 0$ hinreichend kleine Schrittweiten h und reguläre Matrixpaare $\{A, B\}$ stets eine numerische Lösung x_{k+1}, da die Matrix $\frac{a_m}{h} A + B$ nur für endlich viele h nicht regulär ist. Berücksichtigen wir noch die beim Rechnen auftretenden Rundungsfehler δ_{k+1} in jedem Schritt, so gilt für die numerische Lösung x_{k+1}, dass

$$\frac{1}{h} A \sum_{j=0}^{m} a_j x_{s+j} + B x_{k+1} = r(t_{k+1}) + \delta_{k+1}. \tag{9.8}$$

Um den Fehler zwischen der numerischen Lösung x_{k+1} und der exakten Lösung $x(t_{k+1})$ abschätzen zu können, betrachten wir wieder Transformationsmatrizen U und V, die das Matrixpaar $\{A, B\}$ in Kronecker-Normalform überführen. Multiplikation von (9.8) mit U von links und Variablentransformation $y := V^{-1} x$ ergeben

$$\frac{1}{h} \sum_{j=0}^{m} a_j y_{1,s+j} + W y_{1,k+1} = s_1(t_{k+1}) + \Delta_{1,k+1}, \tag{9.9}$$

$$\frac{1}{h} \sum_{j=0}^{m} a_j N y_{2,s+j} + y_{2,k+1} = s_2(t_{k+1}) + \Delta_{2,k+1} \tag{9.10}$$

mit $s(t) := U r(t)$ und $\Delta_{k+1} := U \delta_{k+1}$. Offenbar entspricht (9.9) genau dem BDF-Verfahren für die gewöhnliche DGL (9.5). Hierfür wissen wir aus dem vorangegangenen Kapitel, dass

$$\| y_1(t_k) - y_{1,k} \| \leq e^{khL} [G + \frac{1}{hL} D + \max_{m \leq j \leq k} \| \Delta_{1,j} \|], \tag{9.11}$$

falls h hinreichend klein ist. Dabei ist $G := \max_{0 \leq j \leq m-1} \| y(t_j) - y_{1,j} \|$ die maximale Norm der Anfangsfehler, $L := \| W \|$ und D eine obere Schranke für die lokalen Diskretisierungsfehler, die im Falle der m-schrittigen BDF-Verfahren von der Größe $O(h^{m+1})$ sind. Subtrahieren wir von (9.10) die Gleichung

$$Ny_2'(t_{k+1}) + y_2(t_{k+1}) = s_2(t_{k+1}), \tag{9.12}$$

die für die exakte Lösung $y_2(t)$ von (9.6) gilt, so ergibt sich für den globalen Fehler $e_{2,k} := y_{2,k} - y_2(t_k)$ in den algebraischen Komponenten die Rekursion

$$N\frac{1}{h}\sum_{j=0}^{m} a_j e_{2,s+j} + e_{2,k+1} = \Delta_{2,k+1} + N\tau_{2,k+1}, \tag{9.13}$$

wobei $\tau_{2,k+1} := y_2'(t_{k+1}) - \frac{1}{h}\sum_{j=0}^{m} a_j y_2(t_{s+j})$ den Fehler bei der Differenzenapproximation von $y_2'(t_{k+1})$ beschreibt. Mit Taylorreihenentwicklung lässt sich zeigen, dass $\tau_{2,k+1} = O(h^m)$, falls y_2 hinreichend oft differenzierbar ist. Im Falle von DAEs vom Index 1 gilt $N = 0$ und damit

$$\|e_{2,k+1}\| = \|\Delta_{2,k+1}\|.$$

Für DAEs vom Index-2 gilt $N^2 = 0$ und damit $Ne_{2,k+1} = N\Delta_{2,k+1}$, woraus

$$N\frac{1}{h}\sum_{j=0}^{m} a_j \Delta_{2,k+1-m+j} + e_{2,k+1} = \Delta_{2,k+1} + N\tau_{2,k+1}$$

für $k + 1 \geq m$ folgt und damit die Abschätzung

$$\|e_{2,k+1}\| \leq c_1 \|\tau_{2,k+1}\| + \frac{1}{h} c_2 \max_{0 \leq j \leq m} \|\Delta_{2,k+1-j}\|$$

für $c_1 := \|N\|$ und $c_2 := \max\{h, c_1 \sum_{j=0}^{m} |a_j|\}$. Dies bedeutet, dass die Rundungsfehler mit einem Faktor von $\frac{1}{h}$ verstärkt werden. Die Ursache liegt in der numerischen Differentiation, die zur Lösung von (9.12) nötig ist, falls die DAE einen Index > 1 besitzt.

Per Induktion lässt sich zeigen, dass im Falle einer DAE vom Index μ Konstanten $c_1 > 0$ und $c_2 > 0$ existieren, so dass für $k \geq (\mu - 1)m$:

$$\|e_{2,k+1}\| \leq c_1 \max_{0 \leq j \leq \max\{0,(\mu-2)m\}} \|\tau_{2,k+1-j}\| + \frac{1}{h^{\mu-1}} c_2 \max_{0 \leq j \leq (\mu-1)m} \|\Delta_{2,k+1-j}\|.$$

Zusammenfassend ergibt sich folgender Konvergenzsatz.

Satz 9.2 *Für die m-schrittige BDF ($m \leq 6$) mit hinreichend kleiner, konstanter Schrittweite h gilt bei Anwendung auf lineare DAEs (9.4), dass es eine Konstante $c > 0$ gibt, so dass*

$$\max_{k \geq M} \|x(t_k) - x_k\| \leq c \left(\max_{0 \leq k < m} \|x(t_k) - x_k\| + h^m + \frac{1}{h^{\mu-1}} \max_{k \geq m} \|\delta_k\| \right).$$

mit $M := \max\{m, (\mu - 1)m\}$.

Der Beweis des Satzes folgt aus den oberhalb dargelegten Abschätzungen sowie der Kenntnis, dass die m-schrittigen BDF-Verfahren für gewöhnliche Differentialgleichungen die Konsistenzordnung m besitzen und im Falle $1 \leq m \leq 6$ auch stabil sind, wenn man berücksichtigt, dass

$$\|x(t_k) - x_k\| = \|V y(t_k) - V y_k\| = \|V e_k\| = \|V_1 e_{1,k} + V_2 e_{2,k}\|$$
$$\leq \|V_1\| \|e_{1,k}\| + \|V_2\| \|e_{2,k}\|$$

mit $V =: (V_1 \; V_2)$ und $e_k := y(t_k) - y_k$.

Beispiel

Zur Demonstration der zunehmenden Fehlerverstärkung für DAEs mit einem Index $\mu > 1$ bei kleiner werdender Schrittweite betrachten wir die folgende DAE vom Index 3.

$$x_1' = x_2, \quad x_2' = x_3, \quad x_1 = \sin(t). \tag{9.14}$$

Offenbar ist die Lösung eindeutig durch $x_1(t) = \sin(t)$, $x_2(t) = \cos(t)$ und $x_3(t) = -\sin(t)$ gegeben. In der Abb. 9.1 ist die Lösung des BDF-2-Verfahrens für eine moderate Schrittweite $h = 10^{-3}$ zu sehen. Diese approximiert die Lösung in der gewünschten Form. In der Abb. 9.2 sehen wir die Lösung des BDF-2-Verfahrens für eine deutlich kleinere Schrittweite $h = 10^{-8}$. Hier sieht man den starken Einfluss der Rundungsfehler. Die Lösung x_2 ergibt sich durch Differentiation von x_1. Die Rundungsfehler bei der numerischen Lösung werden dementsprechend mit dem Faktor $h^{-1} = 10^8$ verstärkt. Die Lösung x_3 ergibt sich durch zweifache Differentiation von x_1. Hier haben wir eine Fehlerverstärkung von der Größe $h^{-2} = 10^{16}$. Damit ist die numerische Lösung unbrauchbar.

◀

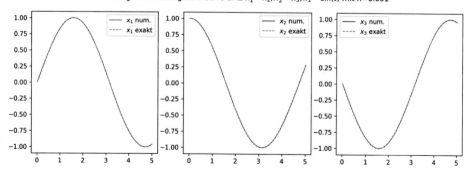

Abb. 9.1 Lösung der 2-schrittigen BDF-Methode für die Index-3-DAE (9.14) mit moderater Schrittweite $h = 10^{-3}$

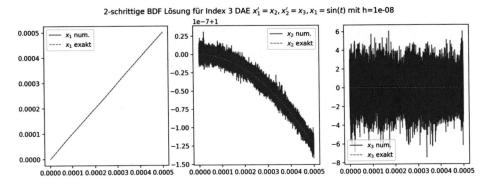

Abb. 9.2 Lösung der 2-schrittigen BDF-Methode für die Index-3-DAE (9.14) mit kleiner Schrittweite $h = 10^{-8}$

Deshalb muss man in der Praxis bei der numerischen Lösung von DAEs stets beachten, dass die Schrittweite nicht nur hinreichend klein sein muss, damit der Konsistenzfehler hinreichend klein ist, sondern auch hinreichend groß sein muss, damit die Rundungsfehler die Lösung nicht zu stark verfälschen. Das Problem besteht allerdings nur für DAEs mit höherem Index. Daher sollte man stets versuchen, den interessierenden Prozess mit Hilfe einer DAE vom Index ≤ 1 zu modellieren.

Es gibt für DAEs mit Index $\mu \geq 3$ noch ein weiteres Problem. Für eine effiziente numerische Lösung ist man an Verfahren mit variabler Schrittweite interessiert, die die Schrittweite so groß wie möglich wählen und nur bei steilen Flanken der Lösung die Schrittweite hinreichend verkleinern, um eine gewünschte Genauigkeit mit möglichst wenig Aufwand zu erzielen. Im Falle von DAEs vom Index ≥ 3 können die Lösungen bei variabler Schrittweite völlig unbrauchbar sein, wie folgendes Beispiel zeigt.

Beispiel

Wir wenden das implizite Euler-Verfahren mit variabler Schrittweite $h_k = t_k - t_{k-1}$ auf die DAE

$$x_1 = g(t), \quad x_1' = x_2, \quad x_2' = x_3$$

für eine beliebige zweimal stetig differenzierbare Funktion $g(t)$ an und erhalten

$$x_{1k} = g(t_k), \quad \frac{x_{1k} - x_{1,k-1}}{h_k} = x_{2k}, \quad \frac{x_{2k} - x_{2,k-1}}{h_k} = x_{3k}.$$

Die exakte Lösung lautet $x_1(t) = g(t)$, $x_2(t) = g'(t)$, $x_3(t) = g''(t)$. Bei Vernachlässigung der Rundungsfehler erhalten wir die numerische Lösung

$$x_{1k} = g(t_k), \quad x_{2k} = \frac{g(t_k) - g(t_{k-1})}{h_k},$$

$$x_{3k} = \frac{1}{h_k} \left(\frac{g(t_k) - g(t_{k-1})}{h_k} - \frac{g(t_{k-1}) - g(t_{k-2})}{h_{k-1}} \right).$$

Offenbar gilt $|x_{1k} - x_1(t_k)| = 0$ und $|x_{2k} - x_2(t_k)| = \mathcal{O}(h_k)$. Mittels Taylorreihenent-wicklung von g in t_k erhalten wir jedoch für die dritte Komponente, dass

$$x_{3k} = g''(t_k) - \frac{h_k - h_{k-1}}{2h_k} g''(t_k) + \mathcal{O}(h),$$

für $h = \max\{h_k, h_{k-1}\}$. Falls $g''(t_k) \neq 0$, dann erhält man offenbar nur für $h_k = h_{k-1}$ eine brauchbare Lösung. ◄

Runge-Kutta-Verfahren

Wir hatten schon gesehen, dass wir für DAEs stets implizite Verfahren benötigen. Ent-sprechend betrachten wir Runge-Kutta-Verfahren mit Verfahrenskoeffizienten des Butcher-Tableaus 8.2, die die Eigenschaft besitzen, dass die Matrix $\mathcal{B} := (b_{ij})_{i=1,\ldots,m, j=1,\ldots,m}$ regulär ist. Im Falle gewöhnlicher Differentialgleichungen $x' = Mx + r$ ist die numerische Lösung eine Linearkombination der Steigungen

$$k_i = M(x_k + h \sum_{j=1}^{m} b_{ij} k_j) + r(t_k + a_i h)$$

$i = 1, \ldots, m$. Dabei ist k_i eine Approximation von $x'(t_k + a_i h)$. Im Falle von DAEs haben wir nicht für alle Komponenten Steigungsinformationen zur Verfügung. Da die Verfahrensmatrix $\mathcal{B}$ regulär ist, so lässt sich das Verfahren jedoch äquivalent in Approximationen

$$\ell_i := x_k + h \sum_{j=1}^{m} b_{ij} k_j$$

der Lösung $x(t_k + a_i h)$ wie folgt formulieren. Seien β_{ij} die Koeffizienten von $\mathcal{B}^{-1}$. Dann gilt $k_i = \frac{1}{h} \sum_{j=1}^{m} \beta_{ij} (\ell_j - x_k)$, und das Runge-Kutta-Verfahren mit ℓ_i lautet entsprechend

$$\frac{1}{h} \sum_{j=1}^{m} \beta_{ij} (\ell_j - x_k) = M\ell_i + r(t_k + a_i h). \tag{9.15}$$

Wählt man nun noch die Verfahrenskoeffizienten so, dass $b_{mi} = c_i$ für alle $i = 1, \ldots, m$ und $a_m = 1$, dann erhalten wir

$$x_{k+1} = x_k + h \sum_{j=1}^{m} c_j k_j = x_k + h_k \sum_{j=1}^{m} b_{mj} k_j = \ell_m$$

Tab. 9.1 Butcher-Tableau des zweistufigen Radau-IIA-Verfahrens

$\frac{1}{3}$	$\frac{5}{12}$	$-\frac{1}{12}$
1	$\frac{3}{4}$	$\frac{1}{4}$
	$\frac{3}{4}$	$\frac{1}{4}$

als Approximation für $x(t_k + h) = x(t_{k+1})$. Solche Verfahren eignen sich auch besonders für steife Differentialgleichungen und haben daher einen eigenen Namen.

▶ **Definition 9.4** Ein Runge-Kutta-Verfahren mit dem Butcher-Tableau 8.2 heißt **steif akkurat,** falls die Verfahrensmatrix $\mathcal{B}$ regulär ist sowie $b_{mi} = c_i$ für alle $i = 1, \ldots, m$ und $a_m = 1$.

Beispiel

Das zweistufige Radau-IIA-Verfahren besitzt das Butcher-Tableau 9.1.

Es ist leicht zu sehen, dass das Radau-IIA-Verfahren steif akkurat ist. Wir erhalten hierbei die Koeffizienten β_{ij} als Koeffizienten der Matrix

$$(\beta_{ij})_{i=1,\ldots,m, j=1,\ldots,m} = \mathcal{B}^{-1} = \begin{pmatrix} \frac{3}{2} & \frac{1}{2} \\ -\frac{9}{2} & \frac{5}{2} \end{pmatrix} \cdot$$

◀

Steif akkurate Runge-Kutta-Verfahren lassen sich mit der Formulierung (9.15) direkt auf DAEs übertragen. Es ergibt sich in natürlicher Weise für lineare DAEs (9.4) das Runge-Kutta-Verfahren

$$\frac{1}{h} A \sum_{j=1}^{m} \beta_{ij} (\ell_j - x_k) + B\ell_i = r(t_k + a_i h) \tag{9.16}$$

für $i = 1, \ldots, m$ sowie $x_{k+1} = \ell_m$. Wie bei den BDF-Verfahren erhält man auch hier eine eindeutige Lösung x_{k+1} für reguläre Matrixpaare $\{A, B\}$ bei hinreichend kleiner Schrittweite h.

Zur Abschätzung des globalen Fehlers $e_{k+1} := x(t_{k+1}) - x_{k+1}$ berücksichtigen wir wie bei den BDF-Verfahren auch die Fehler δ_i, die bei der Lösung des linearen Gleichungssystems entstehen, d. h.

$$\frac{1}{h} A \sum_{j=1}^{m} \beta_{ij} (\ell_j - x_k) + B\ell_i = r(t_k + a_i h) + \delta_{k,i} \tag{9.17}$$

für $i = 1, \ldots, m$. Für reguläre Matrixpaare $\{A, B\}$ finden wir reguläre Transformationsmatrizen U und V, so dass (9.16) äquivalent zu

$$\frac{1}{h} \sum_{j=1}^{m} \beta_{ij}(\lambda_{1,j} - y_{1,k}) + W\lambda_{1,i} = s_1(t_k + a_i h) + \Delta_{1i} \tag{9.18a}$$

$$\frac{1}{h} N \sum_{j=1}^{m} \beta_{ij}(\lambda_{2,j} - y_{2,k}) + \lambda_{2,i} = s_2(t_k + a_i h) + \Delta_{2i} \tag{9.18b}$$

für $i = 1, \ldots, m$ ist sowie $y_{k+1} = \lambda_m$, wobei $\lambda_i := V^{-1}\ell_i$, $y_k := V^{-1}x_k$, $s := Ur$ und $\Delta_{k,i} := U\delta_{k,i}$. Damit entspricht (9.18a) genau einem Runge-Kutta-Verfahren mit dem Butcher-Tableau 8.2 für die gewöhnliche Differentialgleichung $y_1' + Wy_1 = s_1$. Damit erhalten wir für y_1 die gleiche Genauigkeit, wie wir sie für gewöhnliche Differentialgleichungen kennen.

Subtrahieren wir von (9.18b) die Gleichung

$$Ny_2'(t_k + a_i h) + y_2(t_k + a_i h) = s_2(t_k + a_i h), \tag{9.19}$$

die für die exakte Lösung $y_2(t)$ von (9.6) gilt, so ergibt sich für den Fehler $\varepsilon_{2,i} := \lambda_{2,i} - y_2(t_k + a_i h)$ und $e_{2,k} := y_{2,k} - y_2(t_k)$ in den algebraischen Komponenten die Rekursion

$$\frac{1}{h} N \sum_{j=1}^{m} \beta_{ij}(\varepsilon_{2,j} - e_{2,k}) + \varepsilon_{2,i} = \Delta_{2,k,i} + N\tau_{2,i}, \tag{9.20}$$

wobei

$$\tau_{2,i} := y_2'(t_k + a_i h) - \frac{1}{h} \sum_{j=1}^{m} \beta_{ij}(y_2(t_k + a_j h) - y_2(t_k)) \tag{9.21}$$

den Fehler der Approximation von $y_2'(t_k + a_i h)$ beschreibt. Dieser ist per Definition von der Größe $O(h^q)$, wenn q die Stufenordnung des Runge-Kutta-Verfahrens ist. Im Falle von DAEs vom Index 1 haben wir $N = 0$, und damit folgt aus (9.20), dass

$$\|e_{2,k+1}\| = \|\varepsilon_{2,m}\| = \|\Delta_{2,k,m}\|. \tag{9.22}$$

Fassen wir die vorangegangenen Überlegungen zusammen, so ergibt sich folgender Konvergenzsatz.

Satz 9.3 *Sei ein steif akkurates Runge-Kutta-Verfahren mit der Ordnung p für gewöhnliche Differentialgleichungen gegeben. Dann gilt für lineare DAEs (9.4) vom Index 1 und hinreichend kleine Schrittweiten $h > 0$, dass es eine Konstante $c > 0$ gibt, so dass*

$$\max_{k \geq 1} \|x(t_k) - x_k\| \leq c(h^p + \max_{k \geq 1, 1 \leq i \leq m} \|\delta_{k,i}\|).$$

Der Beweis des Satzes folgt aus den oberhalb dargelegten Abschätzungen, wenn man beachtet, dass $\|\Delta_{k,i}\| \leq \|U\| \|\delta_{k,i}\|$ und

$$\|x(t_k) - x_k\| = \|Vy(t_k) - Vy_k\| = \|Ve_k\| = \|V_1 e_{1,k} + V_2 e_{2,k}\|$$
$$\leq \|V_1\| \|e_{1,k}\| + \|V_2\| \|e_{2,k}\|$$

mit $V =: (V_1 \, V_2)$ und $e_k := y(t_k) - y_k$ sowie die Existenz einer Konstanten $c_1 > 0$, so dass

$$\|e_{1,k}\| = \|y_{1,k} - y_1(t_k)\| \leq c_1(h^p + \max_{k \geq 1, 1 \leq i \leq m} \|\delta_{k,i}\|),$$

da das Runge-Kutta-Verfahren die Ordnung p für gewöhnliche Differentialgleichungen besitzt.

Für DAEs vom Index 2 folgt aus (9.20) und $N^2 = 0$ zunächst für alle $i = 1, \ldots, m$, dass $N\varepsilon_{2,i} = N\Delta_{2,k,i}$ und $Ne_{2,k} = N\Delta_{2,k-1,m}$ für $k > 1$ aus dem vorangegangenen Schritt. Setzen wir dies in (9.20) für $i = m$ ein, so erhalten wir

$$\frac{1}{h} N \sum_{j=1}^{m} \beta_{mj}(\Delta_{2,k,j} - \Delta_{2,k-1,m}) + \varepsilon_{2,m} = \Delta_{2,k,m} + N\tau_{2,m} \tag{9.23}$$

und damit

$$\|e_{2,k+1}\| = \|\varepsilon_{2,m}\| \leq c_2 \|\tau_{2,m}\| + \frac{1}{h} c_3 \max_{k \geq 1, 1 \leq i \leq m} \|\Delta_{2,k,i}\|$$

für $k > 1$, $c_2 := \|N\|$ und $c_3 := \max\{h, c_2 \sum_{j=1}^{m} |\beta_{mj}|\}$. Zusammengefasst erhalten wir folgenden Konvergenzsatz.

Satz 9.4 *Sei ein steif akkurates Runge-Kutta-Verfahren mit der Ordnung p und der Stufenordnung q für gewöhnliche Differentialgleichungen gegeben. Dann gilt für lineare DAEs (9.4) vom Index 2 und hinreichend kleine Schrittweiten $h > 0$, dass es eine Konstante $c > 0$ gibt, so dass*

$$\max_{k \geq 1} \|x(t_k) - x_k\| \leq c(h^{\min\{p,q\}} + \frac{1}{h} \max_{k \geq 1, 1 \leq i \leq m} \|\delta_{k,i}\|).$$

Der Beweis ergibt sich aus den vorangegangenen Überlegungen analog zum Beweis für DAEs vom Index 1, wobei hier zu beachten ist, dass $\tau_{2,m} = O(h^q)$ aufgrund der Stufenordnung q und daher

$$\|e_{2,k+1}\| \leq c_4 h^q + \frac{1}{h} c_3 \max_{k \geq 1, 1 \leq i \leq m} \|\Delta_{2,k,i}|$$

für eine entsprechende Konstante $c_4 > 0$.

9.4 Modellierung und Lösung von linearen DAEs mit zeitabhängigen Koeffizienten

Wir betrachten jetzt lineare DAEs der Form

$$A(t)x' + B(t)x = q(t) \tag{9.24}$$

mit zeitabhängigen Matrixfunktionen $A(t)$ und $B(t)$. Hier gibt es interessante Effekte, die man bei DAEs mit konstanten Koeffizienten nicht beobachten kann. Die Matrixfunktionen $A(\cdot)$, $B(\cdot)$ und die Inputfunktion $q(\cdot)$ seien auf einem Zeitintervall $I = [t_0, T]$ definiert.

Im Falle linearer DAEs mit konstanten Koeffizienten war die eindeutige Lösbarkeit durch ein reguläres Matrixpaar $\{A, B\}$ und konsistente Anfangswerte garantiert. Daher könnte man vermuten, dass die Regularität des (lokalen) Matrixpaares $\{A(t), B(t)\}$ wesentlich für die Lösbarkeit und die Eindeutigkeit von Lösungen von (9.24) ist. Überraschenderweise ist dies jedoch im Allg. nicht der Fall, wie die folgenden beiden Beispiele zeigen.

Beispiel

Die DAE

$$tx_1' - t^2 x_2' = x_1, \qquad x_1' - t x_2' = x_2$$

besitzt ein reguläres Matrixpaar $\{A(t), B(t)\}$ für alle $t \in \mathbb{R}$, denn

$$\det(\lambda A(t) + B(t)) = \det \begin{pmatrix} \lambda t - 1 & -\lambda t^2 \\ \lambda & -1 - \lambda t \end{pmatrix} = 1.$$

Dennoch besitzt die DAE beliebig viele Lösungen, denn $x_1(t) := t h(t)$ und $x_2(t) = h(t)$ sind Lösungen für beliebige, stetig differenzierbare Funktionen $h(\cdot)$.
Dieses Beispiel hat gezeigt, dass die Regularität des Matrixpaares $\{A(t), B(t)\}$ keine eindeutige Lösbarkeit garantiert. ◄

Beispiel

Schauen wir uns die DAE

$$0 = x_1 - t x_2 - q_1(t), \qquad x_1' - t x_2' = q_2(t)$$

mit zweimal stetig differenzierbaren Funktionen $q_1(\cdot)$ und $q_2(\cdot)$ auf $\mathbb{R}$ an. Das Matrixpaar $\{A(t), B(t)\}$ ist singulär für alle $t \in \mathbb{R}$, denn

$$\det(\lambda A(t) + B(t)) = \det \begin{pmatrix} -1 & t \\ \lambda & -\lambda t \end{pmatrix} \equiv 0.$$

Trotzdem besitzt die DAE die eindeutige Lösung $x_1(t) = q_1(t) + tq_2(t) - tq_1'(t)$, $x_2(t) = q_2(t) - q_1'(t)$. ◄

Dieses Beispiel zeigt uns, dass die Regularität des Matrixpaares $\{A(t), B(t)\}$ auch nicht notwendig für eindeutige Lösbarkeit ist. Ursache für dieses Verhalten ist die Tatsache, dass im Falle zeitabhängiger Matrixpaare $\{A(t), B(t)\}$ für reguläre Transformationen $V(t)$

$$A(t)x' = A(t)V(t)(V^{-1}(t)x)'$$

im Allg. nicht mehr gilt.

Zudem sehen wir an einem weiteren Beispiel, dass die Formulierung der DAE auch einen essenziellen Einfluss auf das Verhalten numerischer Verfahren haben kann.

Beispiel

(Gear und Petzold 1984) Sei $\eta \in \mathbb{R}$ ein gegebener Parameter. Wenn wir das implizite Euler-Verfahren auf die DAE

$$x_1' + \eta t x_2' + (1 + \eta)x_2 = 0 \tag{9.25}$$
$$x_1 + \eta t x_2 = \exp(-t)$$

wie im Falle linearer DAEs mit konstanten Koeffizienten anwenden, erhalten wir die Verfahrensvorschrift

$$\frac{1}{h}(x_{1,k+1} - x_{1,k}) + \eta t_{k+1}\frac{1}{h}(x_{2,k+1} - x_{2,k}) + (1 + \eta)x_{2,k+1} = 0 \tag{9.26}$$
$$x_{1,k+1} + \eta t_{k+1}x_{2,k+1} = \exp(-t_{k+1}).$$

Die Abb. 9.3 zeigt die numerische Lösung x_1 für verschiedene Parameterwerte η stets mit der gleichen Schrittweite h. Bei kleineren Parametern η erhält man instabile Lösungen. Dies beobachtet man auch bei anderen numerischen Verfahren, so beispielsweise den BDF-2-Verfahren und den Radau-IIA-Verfahren. Alle genannten Verfahren sind in der Regel gut zur numerischen Lösung von DAEs geeignet und A-stabil für gewöhnliche Differentialgleichungen. Dennoch benötigt man für diese DAE deutlich kleinere Schrittweiten h, um auch numerisch stabile Lösungen zu bekommen.

Interessant ist jedoch, dass man gar keine kleineren Schrittweiten benötigt, wenn man die DAE äquivalent wie folgt formuliert:

$$x_1' + (\eta t x_2)' + x_2 = 0, \tag{9.27}$$
$$x_1 + \eta t x_2 = \exp(-t).$$

Wenden wir darauf das implizite Euler-Verfahren an, dann erhalten wir die Verfahrensvorschrift

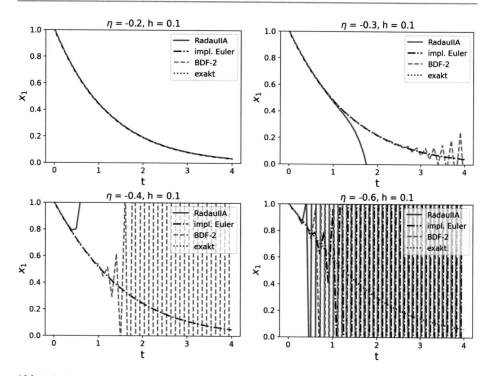

Abb. 9.3 Numerische Lösungen für die DAE (9.25) in klassischer Formulierung für das implizite Euler-Verfahren, die BDF-Verfahren und die Radau-IIa-Verfahren mit konstanter Schrittweite h für verschiedene Parameterwerte η

$$\frac{1}{h}(x_{1,k+1} - x_{1,k}) + \frac{1}{h}(\eta t_{k+1}x_{2,k+1} - \eta t_k x_{2,k}) + x_{2,k+1} = 0 \qquad (9.28)$$

$$x_{1,k+1} + \eta t_{k+1}x_{2,k+1} = \exp(-t_{k+1}).$$

Jetzt liefern die numerischen Verfahren mit denselben Parameterwerten und derselben Schrittweite h die in Abb. 9.4 dargestellten Lösungen. Durch geeignete Umformulierung des Systems erhalten wir also ein numerisch deutlich besseres Verhalten. ◀

Man kann zeigen, dass es im Allg. von Vorteil ist, DAEs mit zeitabhängigen Koeffizienten als DAEs mit einem sogenannten proper formuliertem Ableitungsterm zu formulieren.

▶ **Definition 9.5** Eine DAE der Form

$$A(t)(D(t)x)' + B(t)x = r \qquad (9.29)$$

heißt DAE mit **proper formuliertem Ableitungsterm,** falls $A(t) \in \mathbb{R}^{n \times \ell}$ und $D(t) \in \mathbb{R}^{\ell \times n}$ für alle $t \in I$ konstanten Rang k haben und stetig differenzierbare Basisfunktionen $d_i(\cdot)$ des $\mathbb{R}^\ell$ auf I für $i = 1, \ldots, \ell$ existieren, so dass

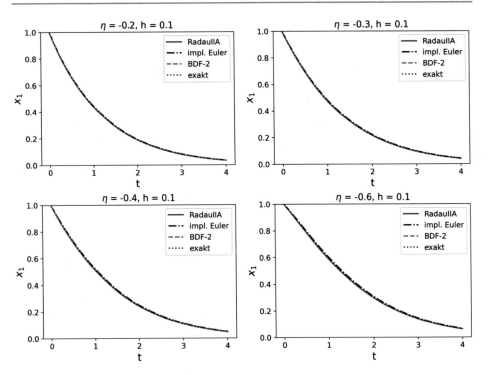

Abb. 9.4 Numerische Lösungen für die DAE (9.27) mit proper formuliertem Ableitungsterm für das implizite Euler-Verfahren, die BDF-Verfahren und die Radau-IIa-Verfahren mit konstanter Schrittweite h für verschiedene Parameterwerte η

$$\text{im } D(t) = \text{span}\{d_1(t), \ldots, d_k(t)\}, \quad \ker A(t) = \text{span}\{d_{k+1}(t), \ldots, d_\ell(t)\}.$$

Für solche DAEs lässt sich mit Hilfe eines Projektor-basierten Ansatzes der für lineare DAEs mit konstanten Koeffizienten eingeführte Index einer DAE so definieren, dass sich DAEs der Form (9.29) in ähnlicher Weise wie bei der Transformation mit Kronecker-Matrixtransformationen auf eine Normalform bringen lassen, die aus einer gewöhnlichen Differentialgleichung für die dynamischen Komponenten und einer Nebenbedingung für die algebraischen Komponenten besteht, wobei Letztere im Falle eines DAE-Index > 1 auch wieder Differentiationen enthält.

Satz 9.5 *Die Lösungen von DAEs (9.29) mit proper formuliertem Ableitungsterm und Index μ lassen sich in der Form $x = \sum_{i=0}^{\mu-1} v_i + M_x(t)u$ darstellen, wobei u Lösung einer gewöhnlichen Differentialgleichung der Form*

$$u' = K_u(t)u + K_r(t)r$$

ist und v_i für $i = 0, \ldots, \mu - 1$ Lösungen von Gleichungen der Form

$$v_i = M_{iu}(t)u + \sum_{j=0}^{i-1} \left(K_{ij}(t)(D(t)v_j)' + M_{ij}(t)v_j \right) + M_{ir}(t)r$$

sind.

Für nähere Informationen verweisen wir auf Lamour et al. (2013). Wir beschränken uns hier auf eine kurze Erläuterung für DAEs der Form (9.29) vom Index 1.

▶ **Definition 9.6** Eine DAE (9.29) mit proper formuliertem Ableitungsterm heißt **regulär vom Index 1,** falls es eine stetige Funktion $D^-(t)$ gibt, so dass punktweise für alle $t \in I$ gilt:

$$D^- D D^- = D^-, \quad D D^- D = D, \quad \ker D^- = \ker A,$$

$R := D D^-$ ist stetig differenzierbar, und $G := A D + B Q$ ist regulär für $Q := I - D^- D$.

Beispiel

Die DAE

$$x_1' - (t x_2)' + x_1 = r_1, \qquad t x_1 + x_2 = r_2$$

besitzt mit

$$A = \begin{pmatrix} 1 \\ 0 \end{pmatrix}, \qquad D = \begin{pmatrix} 1 & -t \end{pmatrix}, \qquad B = \begin{pmatrix} 1 & 0 \\ t & 1 \end{pmatrix}, \qquad D^- = \begin{pmatrix} 1 \\ 0 \end{pmatrix}$$

einen proper formulierten Ableitungsterm und ist regulär vom Index 1, wie sich leicht nachprüfen lässt. Für reguläre DAEs (9.29) vom Index 1 mit proper formuliertem Ableitungsterm gilt

$$D Q = 0, \quad Q D^- = 0, \quad R D = D, \quad G D^- = A R = A, \quad G Q = B Q$$

und

$$x = D^-(Dx) + Qx, \quad R(Dx)' = (Dx)' - R'Dx.$$

Daher sind reguläre DAEs (9.29) vom Index 1 mit proper formuliertem Ableitungsterm und der Anfangsbedingung $D(t_0)x(t_0) = u_0 \in \operatorname{im} D(t_0)$ äquivalent zu dem System

$$u' = K_u(t)u + K_r(t)r \tag{9.30}$$

$$v = M_u(t)u + M_r(t)r \tag{9.31}$$

mit $u(t_0) = u_0$, wobei $u(t) = D(t)x(t)$, $v(t) = Q(t)x(t)$,

$$K_u(t) = R'(t) - D(t)G(t)^{-1}B(t)D^-(t), \qquad K_r(t) = D(t)G(t)^{-1},$$
$$M_u(t) = -Q(t)G(t)^{-1}B(t)D^-(t), \qquad M_r(t) = Q(t)G(t)^{-1}.$$

Dabei ergeben sich (9.30) und (9.31) durch Multiplikation von (9.29) von links mit $D(t)G(t)^{-1}$ bzw. $Q(t)G(t)^{-1}$. Man kann sich leicht davon überzeugen, dass jede Lösung u und v von (9.30)–(9.31) mit $u(t_0) = u_0 \in$ im $D(t_0)$ eine Lösung $x := D^-u + v$ von (9.29) mit $D(t_0)x(t_0) = u_0$ ergibt. ◄

9.4.1 Numerische Verfahren für lineare DAEs mit zeitabhängigen Koeffizienten

BDF-Verfahren

Die BDF-Verfahren für DAEs der Form

$$A(t)(D(t)x)' + B(t)x = r$$

sind kanonisch gegeben durch

$$A(t_{k+1})\left(\frac{1}{h}\sum_{j=0}^{k} a_j D(t_{s+j})x_{s+j}\right) + B(t_{k+1})x_{k+1} = r(t_{k+1}) \qquad (9.32)$$

für $s := k + 1 - m$. Diese liefern eine eindeutige Lösung x_{k+1} genau dann, wenn die Matrix $\frac{1}{h}A(t_{k+1})D(t_{k+1}) + B(t_{k+1})$ regulär ist. Dies ist für reguläre DAEs mit endlichem Index μ stets gegeben, falls h hinreichend klein ist.

Man kann zeigen, dass sich unter der Voraussetzung, dass im $D(t)$ konstant ist, die Lösung von (9.32) im Falle regulärer DAEs vom Index 1 als $x_{k+1} = D^-(t_{k+1})u_{k+1} + v_{k+1}$ mit

$$\frac{1}{h}\sum_{i=0}^{k} a_j u_{s+j} = K_u(t_{k+1})u_{k+1} + K_r(t_{k+1})r(t_{k+1}) \qquad (9.33)$$

$$v_{k+1} = M_u(t_{k+1})u_{k+1} + M_r(t_{k+1})r(t_{k+1}) \qquad (9.34)$$

darstellen lässt. Entsprechend übertragen sich die Konvergenzaussagen der BDF für gewöhnliche Differentialgleichungen auf reguläre DAEs (9.29) vom Index 1 mit proper formuliertem Hauptterm, falls im $D(t)$ konstant ist.

Runge-Kutta-Verfahren

Wie im Falle konstanter Koeffizienten betrachten wir steif akkurate Runge-Kutta-Verfahren mit dem Butcher-Tableau 8.2. Seien β_{ij} wieder die Koeffizienten von $\mathcal{B}^{-1}$. Dann ergibt sich für DAEs der Form

$$A(t)(D(t)x)' + B(t)x = r$$

kanonisch die Verfahrensvorschrift

$$\frac{1}{h}A(t_{ki}) \sum_{j=1}^{m} \beta_{ij}(D(t_{kj})\ell_{kj} - D(t_k)x_k) + B(t_{ki})\ell_{ki} = r(t_{ki}) \tag{9.35}$$

mit $t_{ki} := t_k + a_i h$ für $i = 1, \ldots, m$ sowie $x_{k+1} = \ell_{km}$. Man kann zeigen, dass sich unter der Voraussetzung, dass im $D(t)$ konstant ist, die Lösung von (9.32) im Falle regulärer DAEs vom Index 1 als $x_{k+1} = D^-(t_{k+1})u_{k+1} + v_{k+1,m}$ darstellen, wobei $u_{k+1} = u_{km}$ Lösung des Systems

$$\frac{1}{h} \sum_{j=1}^{m} \beta_{ij}(u_{kj} - u_k) = K_u(t_{ki})u_{ki} + K_r(t_{ki})r(t_{ki})$$

für $i = 1, \ldots, m$ ist und

$$v_{k+1} = M_u(t_{k+1})u_{k+1} + M_r(t_{k+1})r(t_{k+1}).$$

Damit ist u_{k+1} genau die Lösung des Runge-Kutta-Verfahrens für die gewöhnliche Differentialgleichung $u' = K_u(t)u + K_r(t)r$. Entsprechend übertragen sich die Konvergenzaussagen der steif akkuraten Runge-Kutta-Verfahren für gewöhnliche Differentialgleichungen auf reguläre DAEs (9.29) vom Index 1 mit proper formuliertem Hauptterm, falls im $D(t)$ konstant ist.

9.5 Lösung nichtlinearer differential-algebraischer Gleichungen

Wir betrachten nun nichtlineare Gleichungen der Form

$$f(\frac{\mathrm{d}}{\mathrm{d}t}d(x(t), t), x(t), t) = 0, \tag{9.36}$$

wobei $f(y, x, t) \in \mathbb{R}^n$ und $d(x, t) \in \mathbb{R}^\ell$ für $y \in \mathbb{R}^\ell$, $x \in \mathcal{D}$ und $x \in I$. Sei dabei $\mathcal{D} \subseteq \mathbb{R}^n$ offen und $I \subseteq \mathbb{R}$ ein Intervall. Die Funktionen f und d seien stetig differenzierbar. Im Spezialfall $d(x, t) = x$ erhalten wir nichtlineare DAEs in Standardform

$$f(x'(t), x(t), t) = 0. \tag{9.37}$$

In der Regel ist es jedoch nicht notwendig, dass alle Komponenten von x differenzierbar sein müssen. Entsprechend kann man mit d die Komponenten beschreiben, die tatsächlich differenziell in die DAE eingehen. Die Zeitabhängigkeit von d erlaubt zugleich eine Verallgemeinerung der im vorherigen Abschnitt formulierten linearen DAEs mit zeitabhängigen Koeffizienten und proper formuliertem Ableitungsterm. Schauen wir uns als Beispiel semiexplizite Systeme der Form

$$x_1' = g_1(x_1, x_2, t),$$
$$0 = g_2(x_1, x_2, t)$$

an. Diese lassen sich als DAE $f((d(x(t), t))', x(t), t) = 0$ mit

$$f(y, x, t) = \begin{pmatrix} y - g_1(x_1, x_2, t) \\ - g_2(x_1, x_2, t) \end{pmatrix} \quad \text{und} \quad d(x, t) = x_1$$

schreiben. Hier haben wir die Ableitung nur für x_1 durch $d(x, t)$ repräsentiert. Die y-Variable entspricht x_1' und enthält keine unnötigen Ableitungsterme x_2'.

9.5.1 Lösungsdarstellung für Index-1-DAEs

Wir präsentieren hier einen lokalen Entkopplungmechanismus für reguläre Index-1-DAEs mit proper formuliertem Ableitungsterm der Form

$$f((D(t)x(t))', x(t), t) = 0, \tag{9.38}$$

der es uns ermöglicht, Lösbarkeits- und Konvergenzaussagen numerischer Verfahren für nichtlineare DAEs zu erhalten.

▶ **Definition 9.7** Die DAE (9.38) heißt regulär vom Index 1 mit proper formuliertem Ableitungsterm, falls die partiellen Ableitungen f_y und f_x existieren und es eine stetige Funktion $D^-(t)$ gibt, so dass punktweise für alle $t \in I$ gilt: $D^- D D^- = D^-$, $D D^- D = D$, $R := D D^-$ ist stetig differenzierbar,

$$\ker D^-(t) = \ker f_y(y, x, t) \quad \text{für alle } y \in \mathbb{R}^\ell, \ x \in \mathcal{D}, \ t \in I$$

und $G(y, x, t) := f_y(y, x, t)D(t) + f_x(y, x, t)Q(t)$ ist regulär für $Q := I - D^- D$ für alle $y \in \mathbb{R}^\ell, x \in \mathcal{D}, t \in I$.

Satz 9.6 *Jede Lösung x einer regulären Index-1-DAE* (9.38) *mit proper formuliertem Ableitungsterm und $D(t_0)x(t_0) = u_0 \in \text{im } D(t_0)$ besitzt die Darstellung*

$$x(t) = D^-(t)u(t) + Q(t)\omega(u(t), t) \tag{9.39}$$

*mit einer stetig differenzierbaren Funktion u, die die inhärente gewöhnliche Differential-
gleichung*

$$u' = R'(t)u + D(t)\omega(u, t) \tag{9.40}$$

*mit $u(t_0) = u_0$ löst, und einer stetigen Funktion ω, die von einer Umgebung $\mathcal{D}_\omega$ von (u_0, t_0)
nach $\mathbb{R}^n$ abbildet und implizit durch*

$$f(D(t)\omega(u, t), D^-(t)u + Q(t)\omega(u, t), t) = 0 \quad \forall (u, t) \in \mathcal{D}_\omega$$

gegeben ist.

Für einen detaillierten Beweis verweisen wir auf das Buch Lamour et al. (2013). Hier
skizzieren wir nur kurz die Beweisidee. Die Existenz der Funktion ω ergibt sich aus dem
Satz über implizite Funktionen für die Funktion $F : \mathcal{D}_\mathcal{F} \to \mathbb{R}^n$ mit

$$F(w, u, t) = f(D(t)w, D^-(t)u + Q(t)w, t),$$

wobei $\mathcal{D}_\mathcal{F}$ eine offene Teilmenge von $\{(w, u, t) \in \mathbb{R}^n \times \mathbb{R}^\ell \times I : D(t)^-u + Q(t)w \in \mathcal{D}\}$
ist. Dann gilt für jede Lösung x von (9.38), dass $F(w(t), u(t), t) = 0$ und

$$F_w(w(t), u(t), t) = G(u'(t), x(t), t)$$

regulär für $w(t) := D^-(t)u'(t) + Q(t)x(t)$ und $u(t) := D(t)x(t)$ ist. Dann lässt sich leicht
nachprüfen, dass

$$x(t) = D^-(t)u(t) + Q(t)\omega(u(t), t)$$

eine Lösung von (9.38) mit $D(t_0)x(t_0) = u_0 \in \text{im } D(t_0)$ genau dann ist, wenn u eine Lösung
von

$$u' = R'(t)u + D(t)\omega(u, t)$$

mit $u(t_0) = u_0$ ist. Die Lösungsdarstellung (9.39) zeigt die innere Struktur einer regulären
Index-1-DAE (9.38) mit proper formuliertem Ableitungsterm. Die inhärente gewöhnliche
Differentialgleichung (9.40) beschreibt den dynamischen Teil der DAE. Dieser betrifft die
Komponente $u = Dx$. Hingegen ist die Komponente Qx algebraisch durch die implizit
gegebene Funktion ω mit $Qx = Q\omega(u, t)$ bestimmt.

Mit Hilfe des Satzes von Picard-Lindelöf lässt sich damit auch lokal eindeutige Lösbarkeit
für reguläre Index-1-DAE (9.38) mit proper formuliertem Ableitungsterm zeigen.

Satz 9.7 *(Eindeutige Lösbarkeit)*
Sei die DAE (9.38) regulär vom Index 1 mit proper formuliertem Ableitungsterm und

$$x_0 \in \mathcal{M}(t_0) := \{x \in \mathcal{D} : \exists\, y \in \mathbb{R}^{\ell} : f(y, x, t_0) = 0\}.$$

Dann existiert lokal um (x_0, t_0) eine eindeutig bestimmte Lösung der DAE (9.38) mit $x(t_0) = x_0$.

9.5.2 Numerische Verfahren für nichtlineare DAEs

Wir betrachten wieder exemplarisch für die Mehrschrittverfahren die BDF-Methoden und für die Einschrittverfahren die steif akkuraten Runge-Kutta-Methoden.

BDF-Verfahren

Die BDF-Verfahren für DAEs der Form

$$f\left(\frac{\mathrm{d}}{\mathrm{d}t} d(x(t), t), x(t), t\right) = 0$$

lassen sich formulieren als

$$f\left(\frac{1}{h} \sum_{j=0}^{m} a_j d(x_{s+j}, t_{s+j}), x_{k+1}, t_{k+1}\right) = 0 \tag{9.41}$$

mit $s := k + 1 - m$. Man kann zeigen, dass sich unter der Voraussetzung, dass $d(x, t) = D(t)x$ und im $D(t)$ konstant ist, die Lösung von (9.41) für reguläre DAEs (9.38) vom Index 1 mit proper formuliertem Ableitungsterm als $x_{k+1} = D^-(t_{k+1})u_{k+1} + \omega(u_{k+1}, t_{k+1})$ darstellen lässt, wobei u_{k+1} Lösung des BDF-Verfahrens

$$\frac{1}{h} \sum_{j=0}^{m} a_j u_{s+j} = D(t_{k+1})\omega(u_{k+1}, t_{k+1})$$

für die inhärente gewöhnliche Differentialgleichung $u' = D(t)\omega(u, t)$ mit $u(t_0) = u_0 = D(t_0)x_0$ ist. Hierbei sei darauf hingewiesen, dass $R'(t)u = 0$, falls im $D(t)$ konstant ist. Entsprechend übertragen sich die Konvergenzaussagen der BDF für gewöhnliche Differentialgleichungen auf nichtlineare reguläre DAEs (9.38) vom Index 1 mit proper formuliertem Ableitungsterm, falls im $D(t)$ konstant ist.

Steif akkurate Runge-Kutta-Verfahren

Sei wieder ein steif akkurates Runge-Kutta-Verfahren mit dem Butcher-Tableau 8.2 gegeben. Seien β_{ij} die Koeffizienten von $\mathcal{B}^{-1}$. Dann ergibt sich für nichtlineare DAEs

$$f\left(\frac{\mathrm{d}}{\mathrm{d}t} d(x(t), t), x(t), t\right) = 0$$

die Verfahrensvorschrift

$$f\left(\frac{1}{h}\sum_{j=1}^{m}\beta_{ij}(d(\ell_{kj},t_{kj})-d(x_k,t_k)),\ell_{ki},t_{ki}\right)=0 \qquad (9.42)$$

mit $t_{ki} := t_k + a_i h$ für $i = 1,\ldots,m$ sowie $x_{k+1} = \ell_{km}$. Unter der Voraussetzung, dass $d(x,t) = D(t)x$ und im $D(t)$ konstant ist, lässt sich die Lösung von (9.42) im Falle regulärer DAEs vom Index 1 mit proper formuliertem Ableitungsterm als $x_{k+1} = D^-(t_{k+1})u_{k+1} + \omega(u_{k+1}, t_{k+1})$ darstellen, wobei $u_{k+1} = u_{km}$ Lösung des Systems

$$\frac{1}{h}\sum_{j=1}^{m}\beta_{ij}(u_{kj}-u_k)=D(t_{ki})\omega(u_{ki},t_{ki}) \qquad (9.43)$$

für $i = 1,\ldots,m$ ist. Damit ist u_{k+1} Lösung des steif akkuraten Runge-Kutta-Verfahrens für die inhärente gewöhnliche Differentialgleichung $u' = D(t)\omega(u,t)$ mit $u(t_0) = u_0 = D(t_0)x_0$. Hierbei sei wieder darauf hingewiesen, dass $R'(t)u = 0$, falls im $D(t)$ konstant ist. Entsprechend übertragen sich die Konvergenzaussagen der steif akkuraten Runge-Kutta-Verfahren für gewöhnliche Differentialgleichungen auf nichtlineare reguläre DAEs (9.38) vom Index 1 mit proper formuliertem Ableitungsterm, falls im $D(t)$ konstant ist.

Für DAEs in Hessenberg-Form vom Index 2, d. h., Systeme der Form

$$x_1' = \varphi(x_1,x_2), \quad 0 = \psi(x_1)$$

für die $\partial_{x_1}\psi(x_1)\partial_{x_2}\varphi(x_1,x_2)$ für alle (x_1,x_2) regulär ist, ist auch Konvergenz bei hinreichenden Glattheitsvoraussetzungen von φ und ψ für die steif akkuraten Runge-Kutta-Verfahren bei hinreichend kleinen Schrittweiten h gegeben. Wie im Falle linearer DAEs erhält man für x jedoch nur noch die Konvergenzordnung $O(h^{\min\{p,q\}})$, wobei p die Ordnung des Runge-Kutta-Verfahrens für gewöhnliche Differentialgleichungen und q die Stufenordnung des Verfahrens ist. Zudem hat man auch hier das Problem, dass Fehler bei der Lösung von $\psi(x_1) = 0$ mit dem Faktor $\frac{1}{h}$ verstärkt werden. Für detaillierte Aussagen verweisen wir auf Hairer et al. (1989).

Beispiel

Zur Demonstration der Anwendung numerischer Verfahren auf nichtlineare DAEs betrachten wir die Simulation einer kleinen Schaltung, bei der ein (idealer) Kondensator, eine Diode und eine Spannungsquelle in Reihe geschaltet sind. Diese lässt sich durch folgende DAE beschreiben.

$$Cx_1' + g(x_1 - x_2) = 0 \qquad (9.44)$$
$$-g(x_1 - x_2) + x_3 = 0$$
$$x_2 = v_{in}$$

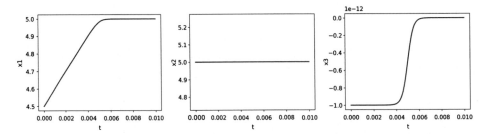

Abb. 9.5 Numerische Lösung für die DAE (9.44) für das zweistufige Radau-IIA-Verfahren mit konstanter Schrittweite $h = 10^{-5}$

Dabei bezeichnen x_1 und x_2 die Knotenpotentiale an den Knoten 1 (zwischen Kondensator und Diode) und Knoten 2 (zwischen Diode und Spannungsquelle). Die Variable x_3 repräsentiert den Strom durch die Spannungsquelle. $C = 10^{-14}$F ist die Kapazität des Kondensators, v_{in} ist die Input-Spannung der Spannungsquelle, und die nichtlineare Funktion beschreibt die charakteristische Funktion der Diode, d. h.

$$g(u) = i_S(\exp(u/u_T) - 1)$$

mit dem Sperrsättigungsstrom $i_S = 10^{-12}$A und der Temperaturspannung $u_T = 25$mV. Als Inputspannung sei $v_{in} = 5$V gewählt. Offenbar können wir nur den Startwert für x_1 frei wählen. Setzen wir diesen gleich 4,5V, dann ergibt sich das in Abb. 9.5 sichtbare Einschwingverhalten. ◄

Unten stehend findet sich eine Realisierung des zweistufigen Radau-IIA-Verfahrens mit konstanter Schrittweite für die angegebene Schaltung als Python-Code[2].

```python
#!/usr/bin/python
# -*-coding: utf-8-*-

import numpy as np
import scipy.optimize as scopt
import math
import matplotlib.pyplot as plt

# Programme zur Bereitstellung der nichtlinearen Funktion f(y,x,t) und d(x,t)
# der DAE f((d(x,t))',x,t) = 0
# input: daetype = 'classic' fuer d(x,t) = x
#        daetype = 'proper', falls ker(f_y) oplus im(d_x)
#        parameter fuer Parameter der DAE

def f(y,x,t,daetype,parameter):
    C  = parameter[0] # Kapazitaet
    iS = parameter[1] # Sperrsaettigungsstrom
    uT = parameter[2] # Temperaturspannung
    u_input = parameter[3] # Spannung der Spannungsquelle
```

---

[2] Im bereit gestellten Material auf den Webseiten der AutorInnen ist u. a. auch eine Octave/Matlab-Version zur Realisierung dieses Radau-IIA-Verfahrens zu finden.

```
        i_diode = iS*(math.exp((x[0]−x[1])/uT)−1.0)
        if daetype == 'proper':
            f1 = C*y + i_diode
            f2 = x[2] − i_diode
            f3 = x[1] − u_input
        else:
            f1 = C*y[0] + i_diode
            f2 = x[2] − i_diode
            f3 = x[1] − u_input
        return np.array([f1,f2,f3])
# end def


def d(x,t,daetype,parameter):
    eta = parameter
    if daetype == 'proper':
        d = x[0]
    else:
        d = x
    return d
# end def



# Programm 9.1 (radauIIA_dae_nonlin.py) zur Loesung der DAE f((d(x,t))',x,t)=0
# 2−stufiges Radau–IIA–Verfahren (Ordnung 3)
# input:  Intervallgrenzen t0,tf; Anfangswert x0=x(t0); Schrittweite h
# output: Loesung x(t) an den Punkten t
# benutzte Programme: Nutzerfunktionen f und d
# Aufruf: [x,t] = radauIIA(t0,tf,x0,h)

def radauIIA(t0,tf,x0,h,daetype,parameter):
    n = int((tf − t0)/h)
    m = len(x0)

    t = np.zeros(n+1); x = np.zeros((n+1,m))
    xk = x0 # starte mit x_k:=x0
    tk = t0 # aktueller Zeitpunkt t_k
    t[0] = t0; x[0] = x0

    beta11 = 1.5;  beta12 = 0.5
    beta21 = −4.5; beta22 = 2.5
    a1 = 1.0/3.0; a2 = 1.0

    # Die Stufenloesung X=(X1,X2) eines Radau–IIA–Schrittes
    # ist Nullstelle von radauIIAstep_f (nahe (x_k,x_k)).
    def radauIIAstep_f(X,xk,tk,h,daetype,parameter):
        X1 = X[0:m]
        X2 = X[m:2*m]
        dX1 = d(X1,tk+a1*h,daetype,parameter)
        dX2 = d(X2,tk+a2*h,daetype,parameter)
        dxk = d(xk,tk,daetype,parameter)
        Y1 = (beta11*(dX1-dxk) + beta12*(dX2-dxk))/h
        Y2 = (beta21*(dX1-dxk) + beta22*(dX2-dxk))/h
        F1 = f(Y1,X1,tk+a1*h,daetype,parameter)
        F2 = f(Y2,X2,tk+a2*h,daetype,parameter)
        return np.concatenate((F1,F2))
    # end def

    for k in range(n):
        args = (xk,tk,h,daetype,parameter)
        # berechne Nullstelle von radauIIAstep_f
        # und nehme (x_k,x_k) als Startnaeherung:
        Xstart = np.concatenate((xk,xk))
        X = scopt.fsolve(radauIIAstep_f,Xstart,args)
        xkp1 = X[m:2*m] # Loesung der letzten Stufe s=2

        tk = tk+h       # update t_k fuer naechsten Schritt
        xk = xkp1       # update x_k fuer naechsten Schritt
```

```
            t[k+1] = tk      # speichere aktuellen Zeitpunkt t_{k+1}
            x[k+1,:] = xk    # speichere aktuelle Loesung x_{k+1}
        # end for
        return (x,t)
# end def

def main():
    t0 = 0.0;  tf = 1e-2; h = 1e-5

    C = 1.5e-14 # Kapazitaet
    iS = 1e-12 # Sperrsaettigungsstrom
    uT = 25e-3 # Temperaturspannung
    u_input = 5.0 # Spannung der Spannungsquelle

    # Startwert x0:
    x0 = np.zeros(3)
    x0[0] = 4.5
    x0[1] = u_input
    x0[2] = iS*(math.exp((x0[0]-x0[1])/uT)-1.0)

    parameter = np.array([C,iS,uT,u_input])

    x, t = radauIIA(t0,tf,x0,h,'classic',parameter)

    # graphische Darstellung der numerischen Loesung
    fig, axes = plt.subplots(1, 3, figsize=(18,4))
    for i in range(3):
        axes[i].plot(t, x[:,i], color="blue", linewidth=2,linestyle="-")
        axes[i].set_xlabel('t')
        axes[i].set_ylabel('x'+str(i+1))

    plt.savefig("radauIIA_Schaltungs_DAE.png",dpi=300, bbox_inches='tight')
    plt.show()

if __name__ == '__main__':
    main()
```

Anmerkungen zur numerischen Lösung für DAEs

Wie bereits zuvor demonstriert wurde, ergaben sich im Falle von DAEs mit höherem Index größere numerische Schwierigkeiten. Um dem Problem begegnen zu können, sollte man versuchen, das reale Anwendungsproblem in Form einer DAE mit niedrigem Index (möglichst Index 1) zu formulieren. Dafür gibt es eine Reihe von Index-Reduktionstechniken, von denen wir hier kurz auf drei Methoden verweisen möchten.

Bei der ersten Methode ersetzt man die algebraische Nebenbedingung durch deren erste oder auch höhere Ableitung und projiziert die berechnete Lösung anschließend auf die Untermannigfaltigkeit, die durch die algebraische Nebenbedingung beschrieben wird. Exemplarisch sei als weiterführende Literatur hierzu Ascher und Petzold (1991), Jay (1993) genannt.

Eine zweite Möglichkeit besteht darin, Ableitungen der algebraischen Nebenbedingungen zu dem System hinzuzufügen und dann nach numerischer Diskretisierung ein überbestimmtes Gleichungssystem mit einem Optimierungsverfahren zu lösen. Hierfür sei exemplarisch auf Kunkel und Mehrmann (2006) verwiesen. Um das System nicht unnötig zu erweitern, kann man mit Hilfe von strukturellen Analysen der DAE nur die wirklich benötigten Ableitungen der algebraischen Nebenbedingungen herausfiltern, siehe beispielsweise Scholz und Steinbrecher (2016).

Eine dritte Möglichkeit besteht in dem Hinzufügen von Ableitungen der algebraischen Nebenbedingungen sowie weiterer Zwangsvariablen, die die numerische Lösung stabilisieren, siehe beispielsweise Gear et al. (1985), Burgermeister et al. (2006).

9.6 Aufgaben

1) Zeigen Sie, dass die DAE (9.14) eine DAE vom Index 3 ist. Hinweis: Durch geeignetes Umsortieren der Gleichungen erhält man eine Kronecker-Normalform mit

$$N = \begin{pmatrix} 0 & 0 & 0 \\ -1 & 0 & 0 \\ 0 & -1 & 0 \end{pmatrix}.$$

2) Sei $I := [0, 3] \subset \mathbb{R}, t \in I$. Wir betrachten die DAE

$$x_1' + \eta t x_2' + (1 + \eta)x_2 = 0 \tag{9.45a}$$

$$x_1 + \eta t x_2 = \exp(-t) \tag{9.45b}$$

a) Bestimmen Sie die eindeutige Lösung der DAE (9.45).
b) Bestimmen Sie für (9.45) einen konsistenten Anfangswert in $t_0 = 0$, d. h. einen Anfangswert $x_0 = (x_{0,1}, x_{0,2})$, für den (9.45) eine Lösung besitzt.
c) Berechnen Sie die numerische Lösung mit dem ein-, zwei- und dreischrittigen BDF-Verfahren für $\eta = 0, 1$, $\eta = -0,1$ und $\eta = -0,6$, jeweils mit der Schrittweite $h = 0,05$.
d) Experimentieren Sie etwas mit der Wahl der Schrittweite.
e) Das System (9.45) ist äquivalent zu dem System

$$x_1' + (\eta t x_2)' + x_2 = 0, \tag{9.46a}$$

$$x_1 + \eta t x_2 = \exp(-t). \tag{9.46b}$$

f) Zeigen Sie, dass (9.46) einen proper formulierten Ableitungsterm besitzt.
g) Berechnen Sie für (9.46) die numerische Lösung mit dem BDF1, BDF2 und BDF3-Verfahren für $\eta = -0,1$ und $\eta = -0,6$, jeweils mit der Schrittweite $h = 0,05$.

3) a) Geben Sie eine Funktion f und eine Funktion d an, so dass die DAE (9.44) die Form

$$f(\frac{\mathrm{d}}{\mathrm{d}t}d(x(t), t), x(t), t) = 0$$

besitzt. Passen Sie nun f und d so an, dass die DAE (9.44) einen proper formulierten Ableitungsterm besitzt.

b) Zeigen Sie, dass die DAE (9.44) mit den von Ihnen gewählten Funktionen f und d regulär vom Index 1 ist.

c) Berechnen Sie die numerische Lösung von (9.44) auf dem Intervall $[t_0, t_f]$ mit $t_0 = 0$ und $t_f = 10^{-2}$ mit dem Radau-IIA-Verfahren. Wie ändert sich die Lösung, wenn man die Kapazität $C = 1{,}5 \cdot 10^{-14}\,\mathrm{F}$ anstelle von $C = 10^{-14}\,\mathrm{F}$ wählt?

Numerische Lösung partieller Differentialgleichungen

10

Inhaltsverzeichnis

Gleichungen, die partielle Ableitungen von Funktionen mehrerer Veränderlicher enthalten, nennt man partielle Differentialgleichungen. Als Beispiele seien die Schwingungs- oder Wellengleichung, die Wärmeleitungsgleichung, die Maxwell'schen Gleichungen oder die Schrödingergleichung genannt.

Eine Übersicht über Möglichkeiten der analytischen Lösung ist in Bärwolff (2017) zu finden. Im Folgenden sollen einige typische numerische Lösungsmethoden sowie deren funktionalanalytische Grundlagen dargelegt werden, die in der Physik, Struktur- und Strömungsmechanik Anwendung finden. Dabei wird einmal mit der Bilanzmethode ein heuristischer Weg und mit dem Galerkin-Verfahren bzw. der Finite-Element-Methode ein funktionalanalytischer Zugang beschritten. Das Hauptaugenmerk wird auf Differentialgleichungen 2. Ordnung, d. h. Gleichungen, die partielle Ableitungen bis zur Ordnung 2 enthalten, gelegt. Ähnlich wie bei den gewöhnlichen Differentialgleichungen geht es meistens nicht darum, irgendeine Lösung der partiellen Differentialgleichung zu ermitteln, sondern eine, die außer der Differentialgleichung noch gewisse Zusatzbedingungen erfüllt. Als solche Zusatzbedingungen kommen z. B. Vorgaben über die gesuchte Funktion an den Rändern eines räumlichen Gebiets D (Randbedingungen) und/oder für einen Anfangszeitpunkt (Anfangsbedingungen) in Frage.

Man spricht von Randwertproblemen, Anfangswertproblemen bzw. Anfangs-Randwertproblemen. Hinsichtlich der analytischen Grundlagen und numerischen Konzepte

© Der/die Autor(en), exklusiv lizenziert an Springer-Verlag GmbH, DE, ein Teil von Springer Nature 2022

G. Bärwolff und C. Tischendorf, *Numerik für Ingenieure, Physiker und Informatiker*,
https://doi.org/10.1007/978-3-662-65214-5_10

sei hier z. B. auf Gajewski et al. (1974), Braess (1992), Goering et al. (1985), Schwarz (1991), Großmann und Roos (1994), Samarskij (1984), Smith (1971), Dahmen und Reusken (2008) und Eymard et al. (2000) für elliptische und parabolische Probleme, sowie Kröner (1997) und Leveque (2004) im Fall von hyperbolischen Problemen verwiesen. Da Fragen wie Existenz oder Eindeutigkeit von Lösungen von Randwertproblemen oder Anfangs-Randwertproblemen bei partiellen Differentialgleichungen wesentlich komplizierter als im Fall von Anfangswertproblemen oder Zweipunkt-Randwertproblemen gewöhnlicher Differentialgleichungen zu beantworten sind, gehen wir von einer adäquaten mathematischen Modellierung aus, die die Existenz einer in der Regel eindeutigen Lösung sichert.

10.1 Partielle Differentialgleichungen 2. Ordnung

10.1.1 Grundbegriffe

In der mathematischen Physik spielen insbesondere partielle Differentialgleichungen 2. Ordnung eine Rolle. Im Folgenden sollen konkret einige Klassen von Gleichungen besprochen werden, die physikalisch von besonderem Interesse sind.

(a) Der allgemeinste Typ, den wir hier angeben wollen, ist die **quasilineare** partielle Differentialgleichung 2. Ordnung

$$\sum_{1 \leq i,j \leq n} a_{ij}\left(\vec{x}, u, \frac{\partial u}{\partial x_1}, \dots, \frac{\partial u}{\partial x_n}\right) \frac{\partial^2 u}{\partial x_i \partial x_j} + b\left(\vec{x}, u, \frac{\partial u}{\partial x_1}, \dots, \frac{\partial u}{\partial x_n}\right) = 0.$$

Für $1 \leq i, j \leq n$ soll dabei stets $a_{ij} = a_{ji}$ gelten. Als schon nicht mehr ganz einfaches Beispiel für eine quasilineare Differentialgleichung führen wir die Gleichung für das Geschwindigkeitspotential $\Phi(x, y)$ einer stationären, ebenen, wirbelfreien, isentropischen Strömung eines perfekten Gases an:

$$\left[c^2 - \left(\frac{\partial \Phi}{\partial x}\right)^2\right] \frac{\partial^2 \Phi}{\partial x^2} + \left[c^2 - \left(\frac{\partial \Phi}{\partial y}\right)^2\right] \frac{\partial^2 \Phi}{\partial y^2} - 2\frac{\partial \Phi}{\partial x}\frac{\partial \Phi}{\partial y}\frac{\partial^2 \Phi}{\partial x \partial y} = 0$$

mit $c^2 = c_0^2 - \frac{\kappa-1}{2}[(\frac{\partial \Phi}{\partial x})^2 + (\frac{\partial \Phi}{\partial y})^2]$. c ist die lokale Schallgeschwindigkeit, κ (Isentropenexponent) und c_0 (Ruheschallgeschwindigkeit) sind Konstanten; die Strömungsgeschwindigkeit $\mathbf{v}(x, y)$ erhält man aus $\Phi(x, y)$ durch $\mathbf{v} = \text{grad } \Phi$. Diese Gleichung findet z. B. bei der Berechnung von Unterschallströmungen um Tragflügelprofile Anwendung.

(b) Gleichungen der Form

$$\sum_{1 \leq i,j \leq n} a_{ij}(\vec{x}) \frac{\partial^2 u}{\partial x_i \partial x_j} + b\left(\vec{x}, u, \frac{\partial u}{\partial x_1}, \dots, \frac{\partial u}{\partial x_n}\right) = 0$$

heißen **fastlinear** oder linear in den höchsten Ableitungen.

(c) Eine partielle Differentialgleichung 2. Ordnung heißt **linear**, wenn sie sich in der Form

$$\sum_{1 \leq i,j \leq n} a_{ij}(\vec{x}) \frac{\partial^2 u}{\partial x_i \partial x_j}(\vec{x}) + \sum_{j=1}^{n} b_j(\vec{x}) \frac{\partial u}{\partial x_j}(\vec{x}) + c(\vec{x})u(\vec{x}) + f(\vec{x}) = 0 \qquad (10.1)$$

aufschreiben lässt. Als Beispiel kann die Wärmeleitungsgleichung für inhomogene Körper mit inneren Wärmequellen dienen:

$$c_p \rho \frac{\partial u}{\partial t} = \frac{\partial}{\partial x_1}\left(\lambda(\vec{x})\frac{\partial u}{\partial x_1}\right) + \frac{\partial}{\partial x_2}\left(\lambda(\vec{x})\frac{\partial u}{\partial x_2}\right) + \frac{\partial}{\partial x_3}\left(\lambda(\vec{x})\frac{\partial u}{\partial x_3}\right) + \tilde{f}(\vec{x},t).$$

$u(\vec{x},t)$ ist die Temperatur, $\lambda(\vec{x})$ die ortsabhängige Wärmeleitfähigkeit, c_p die spezifische Wärme, ρ die Dichte des Körpers und $\tilde{f}(\vec{x},t)$ beschreibt die Intensität der Wärmequellen an der Stelle $\vec{x}$ zur Zeit t. Durch Ausdifferenzieren erhält die Gleichung die kanonische Form (10.1) einer linearen partiellen Differentialgleichung 2. Ordnung. Im Fall von konstanten c_p, ρ, λ vereinfacht sich die Gleichung zu

$$\frac{\partial u}{\partial t} = a^2 \Delta u + f(\vec{x},t)$$

mit der konstanten Temperaturleitzahl $a^2 = \frac{\lambda}{c_p \rho}$ und $f = \frac{\tilde{f}}{c_p \rho}$.

(d) Sind die Funktionen a_{ij}, b_j, c in (10.1) reelle Konstanten, so hat man mit

$$\sum_{1 \leq i,j \leq n} a_{ij} \frac{\partial^2 u}{\partial x_i \partial x_j} + \sum_{j=1}^{n} b_j \frac{\partial u}{\partial x_j} + cu + f(\vec{x}) = 0 \qquad (10.2)$$

eine lineare **partielle Differentialgleichung mit konstanten Koeffizienten**. Für diesen Gleichungstyp geben wir unten noch Beispiele an.

Eine lineare Differentialgleichung (10.1) oder (10.2) heißt **homogen**, wenn $f(\vec{x}) \equiv 0$ ist, anderenfalls heißt sie **inhomogen**. Für lineare homogene Gleichungen gilt das oft sehr nützliche **Superpositionsprinzip**: Sind u_1, u_2 zwei Lösungen derselben Gl. (10.1) (oder (10.2)) mit $f(\vec{x}) \equiv 0$ und sind α, β reelle Zahlen, so ist auch $\alpha u_1 + \beta u_2$ eine Lösung dieser Gleichung.

10.1.2 Typeneinteilung

Lösungsmethoden und Eigenschaften hängen vom **Typ** der partiellen Differentialgleichung ab. Wir wollen diese Typeneinteilung jetzt für lineare Differentialgleichungen mit n unabhängigen Veränderlichen $x_1, x_2, \ldots, x_n$ vornehmen, deren physikalische Bedeutung hier keine Rolle spielt. Die folgenden Betrachtungen gelten für die Differentialgleichung der Form (10.1). Die Koeffizientenfunktionen a_{ij} ($a_{ij} = a_{ji}$), b_j, c, f seien in einem Gebiet

$D \subset \mathbb{R}^n$ definiert. Wir betrachten die Gl. (10.1) in einem festen Punkt $\vec{x} \in D$ und ordnen ihr dort die quadratische Form

$$S(\mu; \vec{x}) = \sum_{1 \leq i,j \leq n} a_{ij}(\vec{x})\mu_i\mu_j = \mu^T A(\vec{x})\mu \qquad (10.3)$$

zu. Dabei ist $\mu = (\mu_1, \mu_2, \ldots, \mu_n)^T$ und $A(\vec{x}) = (a_{ij}(\vec{x}))$, wobei die symmetrische Matrix A natürlich nicht die Nullmatrix sein soll, d. h. zweite Ableitungen sollen in (10.1) wirklich vorkommen. Man nennt $S(\mu; \vec{x})$ das **Symbol** der Differentialgleichung (10.1) im Punkt $\vec{x}$.

Die Hauptachsentransformation von S bzw. die Art der n reellen Eigenwerte von $A(\vec{x})$ bestimmen nun den Typ von (10.1):

▶ **Definition 10.1** (Typ einer linearen Differentialgleichung 2. Ordnung)
Die Gl. (10.1) ist im Punkt $\vec{x} \in D$

a) **elliptisch,** wenn die n Eigenwerte von $A(\vec{x})$ alle positiv (oder alle negativ) sind,

b) **parabolisch,** wenn mindestens ein Eigenwert von $A(\vec{x})$ verschwindet,

c) **hyperbolisch,** wenn ein Eigenwert von $A(\vec{x})$ positiv (negativ) und die $(n-1)$ übrigen Eigenwerte negativ (positiv) sind, und

d) **ultrahyperbolisch,** wenn es ein m mit $1 < m < n-1$ gibt, so dass $(n-m)$ Eigenwerte von $A(\vec{x})$ positiv und die übrigen negativ sind.

Dies ist bezüglich eines festen Punktes $\vec{x} \in D$ eine vollständige Klassifikation. Bei im Punkt $\vec{x}$ elliptischen Gleichungen ist $S(\mu; \vec{x})$ eine definite quadratische Form. Für $n = 2$ gibt es nur die Typen a), b), c). Ist eine Gleichung nicht für alle $\vec{x} \in D$ vom gleichen Typ, so nennt man sie in D vom **gemischten Typ.** Bei linearen Gleichungen mit konstanten Koeffizienten hängen das Symbol **S** und der Typ nicht von $\vec{x}$ ab.

Beispiele

1) Die Differentialgleichung

$$(1 - x^2 - y^2)\frac{\partial^2 u}{\partial x^2} + \frac{\partial^2 u}{\partial y^2} - (x^2 + y^2)u = 0$$

hat das Symbol

$$S(\mu) = (1 - x^2 - y^2)\mu_1^2 + \mu_2^2 = (\mu_1, \mu_2)\begin{pmatrix} 1 - x^2 - y^2 & 0 \\ 0 & 1 \end{pmatrix}\begin{pmatrix} \mu_1 \\ \mu_2 \end{pmatrix} =: (\mu_1, \mu_2)A\begin{pmatrix} \mu_1 \\ \mu_2 \end{pmatrix}.$$

Die Matrix A hat die Eigenwerte $\lambda_1 = 1 - x^2 - y^2$, $\lambda_2 = 1$. Damit ist die Gleichung für $x^2 + y^2 < 1$ elliptisch, für $x^2 + y^2 = 1$ parabolisch und für $x^2 + y^2 > 1$ hyperbolisch. Im $\mathbb{R}^2$ ist die Gleichung also vom gemischten Typ.

2) Die Differentialgleichung $\frac{\partial^2 u}{\partial x^2} - 2\frac{\partial^2 u}{\partial x \partial y} + 4\frac{\partial^2 u}{\partial y^2} + 5u = sin(xy)$ hat das Symbol

$$\mathcal{S}(\mu) = \mu_1^2 - 2\mu_1\mu_2 + 4\mu_2^2 = (\mu_1, \mu_2) \begin{pmatrix} 1 & -1 \\ -1 & 4 \end{pmatrix} \begin{pmatrix} \mu_1 \\ \mu_2 \end{pmatrix} =: (\mu_1, \mu_2) A \begin{pmatrix} \mu_1 \\ \mu_2 \end{pmatrix}$$

$$= (\mu_1 - \mu_2)^2 + 3\mu_2^2 \geq 0.$$

Die Eigenwerte von A sind $\lambda_1 = \frac{5+\sqrt{13}}{2}, \lambda_2 = \frac{5-\sqrt{13}}{2} > 0$ und damit ist die Gleichung elliptisch, dem entspricht die positiv definite quadratische Form $\mathcal{S}(\mu)$.

◄

Wozu klassifiziert man Differentialgleichungen? Einmal sagt der Typ der Differentialgleichung etwas über das qualitative Verhalten des durch die Differentialgleichung beschriebenen Prozesses. So werden i. Allg. stationäre Zustände durch elliptische Problemstellungen, Ausgleichsprozesse (z. B. Diffusion, Wärmeleitung) durch parabolische Probleme beschrieben. Hyperbolische Probleme treten z. B. auf bei Schwingungen und der Ausbreitung von Wellenfronten. Hinsichtlich der mathematischen, speziell der numerischen Lösung von Differentialgleichungen 2. Ordnung ist der Typ deshalb von Interesse, weil davon abhängig unterschiedliche Lösungsmethoden Anwendung finden. Deshalb muss man vor der Wahl einer Lösungsmethode oder der Anwendung eines kommerziellen Differentialgleichungslösers den Typ seines zu lösenden Problems kennen.

10.1.3 Beispiele von Differentialgleichungen aus der Physik

Im Folgenden sollen einige wichtige Differentialgleichungen der mathematischen Physik und einige Zusammenhänge zwischen ihnen angegeben werden. Dabei werden die Operatoren der Vektoranalysis Δ, ∇, div, rot des Nabla-Kalküls (s. dazu Bärwolff 2017) genutzt. Diese Operatoren sollen dabei nur auf die n Ortskoordinaten $x_1, x_2, \ldots, x_n$, nicht auf die Zeit t wirken. Auf Rand- und Anfangsbedingungen gehen wir hier nicht ein.

1) Die **Wellengleichung**

$$\frac{\partial^2 u(\vec{x}, t)}{\partial t^2} = c^2 \Delta u(\vec{x}, t) + f(\vec{x}, t), \ \vec{x} \in D \subset \mathbb{R}^n, \ t \in [0, \infty[\tag{10.4}$$

mit vorgegebener Funktion $f(\vec{x}, t)$ und einer Konstanten $c > 0$ ist eine lineare hyperbolische Differentialgleichung 2. Ordnung mit konstanten Koeffizienten für die gesuchte Funktion $u(\vec{x}, t)$. Die $(n + 1)$ Eigenwerte der aus den Koeffizienten der 2. Ableitungen gebildeten Matrix A sind $\lambda_1 = \lambda_2 = \cdots = \lambda_n = c^2$ und $\lambda_{n+1} = -1$. Die Wellengleichung (10.4) beschreibt (bei $n \leq 3$) Schwingungen und Wellenausbreitungsvorgänge in homogenen Festkörpern und Fluiden und spielt auch bei der Beschreibung elektromagnetischer Felder eine große Rolle. $u(\vec{x}, t)$ ist dabei die Abweichung der betrachteten physikalischen Größe von einem Bezugswert (z. B. Ruhezustand). c bedeutet die Phasengeschwindigkeit der Wellenausbreitung, $f(\vec{x}, t)$ beschreibt eine von außen aufgeprägte Anregung. (10.4) ist eine homogene Gleichung, wenn $f(\vec{x}, t) \equiv 0$ für $(\vec{x}, t) \in D \times [0, \infty[$, sonst eine inhomogene Gleichung.

2) Die **Wärmeleitungsgleichung**

$$\frac{\partial u(\vec{x}, t)}{\partial t} = a^2 \Delta u(\vec{x}, t) + f(\vec{x}, t), \ \vec{x} \in D \subset \mathbb{R}^n, \ t \in [0, \infty[\tag{10.5}$$

ist eine lineare partielle Differentialgleichung 2. Ordnung mit konstanten Koeffizienten vom parabolischen Typ für die gesuchte Funktion $u(\vec{x}, t)$; die Matrix A hat die Eigenwerte $\lambda_1 = \lambda_2 = \cdots = \lambda_n = a^2$ und $\lambda_{n+1} = 0$. Die Gl. (10.5) beschreibt (bei $n \leq 3$) z. B. die Verteilung der Temperatur $u(\vec{x}, t)$ in einem homogenen Festkörper oder in einer ruhenden Flüssigkeit. Mit der vorgegebenen Funktion $f(\vec{x}, t)$ wird evtl. vorhandenen Wärmequellen Rechnung getragen. Die Wärmeleitungsgleichung beruht auf dem empirischen Fourier'schen Gesetz, wonach die Wärmestromdichte in Richtung $\vec{n}$ ($\|\vec{n}\| = 1$) proportional zu $-\frac{\partial u}{\partial n} = (-\operatorname{grad} u) \cdot \vec{n}$ ist. Einem analogen Gesetz genügt die Massenstromdichte eines in einem homogenen porösen Festkörper oder in einer ruhenden Flüssigkeit diffundierenden Stoffes. Folglich kann man (10.5) auch zur Beschreibung solcher Diffusionsprozesse nutzen, wenn man unter $u(\vec{x}, t)$ die Konzentration des diffundierenden Stoffes, unter a^2 den Diffusionskoeffizienten versteht und mit $f(\vec{x}, t)$ evtl. vorhandene Quellen oder Senken des diffundierenden Stoffes beschreibt. In diesem Zusammenhang heißt (10.5) **Diffusionsgleichung.**

3) Die **Laplace-** oder **Potentialgleichung**

$$\Delta u(\vec{x}) = 0, \ \vec{x} \in D \subset \mathbb{R}^n \tag{10.6}$$

ist eine elliptische Differentialgleichung. Die zugehörige inhomogene Gleichung

$$\Delta u(\vec{x}) = f(\vec{x}), \ \vec{x} \in D \subset \mathbb{R}^n \tag{10.7}$$

heißt Poisson-Gleichung. Z. B. genügt das Geschwindigkeitspotential einer stationären, wirbel- und quellenfreien Strömung eines inkompressiblen Fluids der Laplace-Gleichung. Das stationäre elektrische Feld ist wirbelfrei und folglich aus einem elektromagnetischen Potential u ableitbar. Dieses u genügt in D der Poisson-Gleichung oder der Laplace-Gleichung ($n \leq 3$), je nachdem, ob in D räumliche Ladungen (Quellen des elektrischen Feldes) vorhanden sind oder nicht. Laplace- oder Poisson-Gleichung kommen z. B. dann ins Spiel, wenn man sich für stationäre (zeitunabhängige) Lösungen der Wärmeleitungsgleichung interessiert (z. B. für Zustände bei $t \to \infty$).

4) Die Funktion $f(\vec{x}, t)$ in der inhomogenen Wellengleichung (10.4) sei zeitlich periodisch mit vorgegebener Kreisfrequenz ω, z. B. $f(\vec{x}, t) = f_0(\vec{x}) \cos(\omega t)$. In komplexer Schreibweise lautet die Wellengleichung dann

$$\frac{\partial^2 \tilde{u}(\vec{x}, t)}{\partial t^2} = c^2 \Delta \tilde{u}(\vec{x}, t) + f_0(\vec{x}) e^{i\,\omega t}. \tag{10.8}$$

$u(\vec{x}, t) = \operatorname{Re} \tilde{u}(\vec{x}, t)$ ist die Lösung des reellen Problems. Fragt man nach Lösungen $\tilde{u}$ der Form $\tilde{u}(\vec{x}, t) = U(\vec{x}) e^{i\,\omega t}$ (erzwungene Schwingungen), so entsteht durch Einsetzen des Ansatzes in (10.8)

$$-\omega^2 U(\vec{x}) = c^2 \Delta U(\vec{x}) + f_0(\vec{x}) \iff \Delta U(\vec{x}) + k^2 U(\vec{x}) = -f_0(\vec{x}) \quad \left(k^2 = \frac{\omega^2}{c^2} \right). \tag{10.9}$$

Diese elliptische Differentialgleichung heißt **Helmholtz-Gleichung** oder Schwingungsgleichung. Die homogene Form der Helmholtz-Gleichung

$$\Delta U(\vec{x}) + k^2 U(\vec{x}) = 0 \tag{10.10}$$

entsteht aus der homogenen Gl. (10.4) z. B. dann, wenn die erzwungenen Schwingungen durch zeitlich periodische Randbedingungen erzeugt werden.

Unter gewissen Voraussetzungen hat auch die **Schrödinger-Gleichung** der Quantenphysik die Form der homogenen Helmholtz-Gleichung:

$$\Delta \Psi + \frac{2\mu E}{\hbar^2} \Psi = 0$$

(μ Masse, E Gesamtenergie des Teilchens, $h = 2\pi \hbar$ Planck'sches Wirkungsquantum). Die Wellenfunktion $\Psi(\vec{x})$ bestimmt die Aufenthaltswahrscheinlichkeit für das Teilchen in der Volumeneinheit an der Stelle $\vec{x}$.

Für $k = 0$ gehen die homogene Helmholtz-Gleichung (10.10) in die Laplace-Gleichung (10.6) und die inhomogene Helmholtz-Gleichung (10.9) in die Poisson-Gleichung (10.7) über.

5) Die **Kontinuitätsgleichung**

$$\frac{\partial \rho(\vec{x}, t)}{\partial t} + \nabla \cdot (\rho(\vec{x}, t) \vec{v}(\vec{x}, t)) = 0, \ \vec{x} \in D \subset \mathbb{R}^n, \ t \in [0, \infty[$$

mit einem gegebenen Vektorfeld $\vec{v}(\vec{x}, t)$ ist eine lineare partielle Differentialgleichung 1. Ordnung für die Funktion $\rho(\vec{x}, t)$. $\rho(\vec{x}, t)$ steht hier für die Dichteverteilung eines mit der Geschwindigkeit $\vec{v}(\vec{x}, t)$ strömenden kompressiblen Mediums. In der mathematischen Physik sind nur die Fälle $n \leq 3$ von Interesse. Die Formulierungen für beliebiges $n \in \mathbb{N}$ sind dem Allgemeinheitsstreben des Mathematikers geschuldet.

6) Die Gleichungen des elektromagnetischen Feldes, die **Maxwell'schen Gleichungen,** lauten unter gewissen Voraussetzungen (z. B. homogenes, isotropes Medium, Ladungsfreiheit)

$$\text{div } \vec{H}(\vec{x}, t) = 0 \tag{10.11}$$

$$\text{div } \vec{E}(\vec{x}, t) = 0 \tag{10.12}$$

$$\text{rot } \vec{E}(\vec{x}, t) = -\mu \frac{\partial}{\partial t} \vec{H}(\vec{x}, t) \tag{10.13}$$

$$\text{rot } \vec{H}(\vec{x}, t) = \epsilon \frac{\partial}{\partial t} \vec{E}(\vec{x}, t) + \sigma \vec{E}(\vec{x}, t) \tag{10.14}$$

für $\vec{x} \in D \subset \mathbb{R}^3$, $t \in [0, \infty[$. Dabei sind $\vec{H}(\vec{x}, t)$ bzw. $\vec{E}(\vec{x}, t)$ die magnetische bzw. die elektrische Feldstärke, ϵ (Dielektrizitätskonstante), μ (Permeabilität) und σ (elektrische Leitfähigkeit) sind nicht-negative Konstanten. Die Maxwell'schen Gleichungen stellen ein System von 8 linearen partiellen Differentialgleichungen erster Ordnung für je 3 Komponenten der Vektoren $\vec{E}$ und $\vec{H}$ dar. Wir zeigen, dass jede dieser 6 Komponenten ein und derselben linearen partiellen Differentialgleichung 2. Ordnung genügen muss. Aus (10.13) und (10.12) folgt

$$\text{rot rot } \vec{H} = \epsilon \frac{\partial}{\partial t} \text{rot } \vec{E} + \sigma \text{rot } \vec{E} = -\epsilon \mu \frac{\partial^2 \vec{H}}{\partial t^2} - \sigma \mu \frac{\partial \vec{H}}{\partial t}.$$

Aus der allgemeinen Formel der Vektoranalysis $\text{rot rot } \vec{H} = \text{grad div } \vec{H} - \Delta \vec{H}$ erhält man mit (10.11) $\text{rot rot } \vec{H} = -\Delta \vec{H}$ und daher gilt

$$\epsilon \mu \frac{\partial^2 \vec{H}}{\partial t^2} + \sigma \mu \frac{\partial \vec{H}}{\partial t} = \Delta \vec{H}. \tag{10.15}$$

Diese Gleichung gilt also für jede einzelne Komponente von $\vec{H}$. Ganz analog folgt, dass auch jede Komponente von $\vec{E}$ diese Gleichung erfüllen muss. Eine Gleichung der Form

$$a \frac{\partial^2 u(\vec{x}, t)}{\partial t^2} + b \frac{\partial u(\vec{x}, t)}{\partial t} = \Delta u(\vec{x}, t)$$

mit konstanten, nicht-negativen Koeffizienten a, b ($a^2 + b^2 > 0$) nennt man **Telegrafengleichung.** Sie ist für $a > 0$ hyperbolisch, für $a = 0$ parabolisch. Für $\sigma \ll \epsilon$ (nichtleitendes Medium) genügen die Komponenten von $\vec{E}$ und $\vec{H}$ nach (10.15) näherungsweise einer Wellengleichung (10.4), für $\epsilon \ll \sigma$ (hohe Leitfähigkeit) einer Wärmeleitungsgleichung (10.5).

In den folgenden Abschnitten geht es um die Konstruktion numerischer Lösungsmethoden für Randwertprobleme und Anfangs-Randwertprobleme partieller Differentialgleichungen 2. Ordnung (bis auf die Kontinuitätsgleichung waren alle im vorigen Abschnitt besprochenen Gleichungen Differentialgleichungen 2. Ordnung). Hauptaugenmerk gilt dabei den elliptischen und parabolischen Differentialgleichungen, wobei grundlegende Diskretisierungsprinzipien auch in anderen Fällen anwendbar sind.

10.2   Numerische Lösung elliptischer Randwertprobleme

Zur Beschreibung stationärer Diffusions- oder Wärmeleitaufgaben entstehen im Ergebnis von Wärme- oder Stoffbilanzen Differentialgleichungen der Form

$$- \operatorname{div}(\lambda(\vec{x})\operatorname{grad} u) = f(\vec{x}) \quad (\vec{x} \in \Omega \subset \mathbb{R}^n). \tag{10.16}$$

Dabei steht $u : \Omega \to \mathbb{R}$, $\Omega \subset \mathbb{R}^n$ für die Temperatur bzw. Konzentration und wird als Lösung der Differentialgleichung gesucht. λ ist ein positiver Leitfähigkeitskoeffizient und f ein Quell-Senken-Glied. Im allgemeinsten Fall können λ und f nicht nur ortsabhängig sein, sondern auch von der Lösung u bzw. von $\operatorname{grad} u$ abhängig sein. An der prinzipiellen Herangehensweise zur Konstruktion von Lösungsverfahren ändert sich nichts Wesentliches. Allerdings ergeben sich im Unterschied zum linearen Fall (10.16) im Endeffekt nichtlineare algebraische Gleichungssysteme zur Berechnung einer numerischen Lösung. Im Spezialfall $\lambda = \text{const.}$ wird (10.16) zur Poisson-Gleichung. Am Rand $\Gamma = \partial\Omega$ des Bereiches Ω sind Randbedingungen der Form

$$u(\vec{x}) = u_d(\vec{x}), \ \vec{x} \in \Gamma_d, \quad \lambda\frac{\partial u}{\partial \vec{n}}(\vec{x}) + \mu u(\vec{x}) = q_n(\vec{x}), \ \vec{x} \in \Gamma_n \tag{10.17}$$

vorgegeben. Für den Rand von Ω soll $\Gamma_d \cup \Gamma_n = \Gamma$ gelten, wobei $\Gamma_d \cap \Gamma_n$ gleich der leeren Menge oder einer Menge vom Maß Null (im $\mathbb{R}^1$ können das endlich viele einzelne Punkte sein, im $\mathbb{R}^2$ endlich viele Kurven usw.) ist. Ist $\Gamma = \Gamma_d$, dann nennt man das Randwertproblem (10.16) und (10.17) **Dirichlet-Problem**. Die Randbedingung auf Γ_d heißt **Dirichlet-Bedingung**. Die Randbedingung auf Γ_n nennt man **natürliche Randbedingung** oder **Randbedingung 3. Art**. Ist der Koeffizient μ in der Randbedingung auf Γ_n gleich null, nennt man die Randbedingung auf Γ_n **Neumann'sche Randbedingung**. Ist $\Gamma = \Gamma_n$ und $\mu = 0$, nennt man das Randwertproblem (10.16) und (10.17) **Neumann-Problem**. Ist $\lambda \cdot \mu \neq 0$, wird die Randbedingung auf Γ_n auch **Robin-Randbedingung** genannt.

Da man in der Regel die auf Γ_d vorgegebene Funktion u_d auf Ω und Γ_n als hinreichend glatte Funktion fortsetzen kann (z. B. als Lösung des Randwertproblems $-\operatorname{div}(\lambda(\vec{x})\operatorname{grad} u) = 0$, $u = u_d|_{\Gamma_d}$, $\lambda\frac{\partial u}{\partial \vec{n}}|_{\Gamma_n} = 0$), kann man durch die Modifikation der rechten Seite

$$\hat{f} = f + \operatorname{div}(\lambda \operatorname{grad} u_d)$$

das Randwertproblem (10.16) und (10.17) homogenisieren und erhält mit

$$- \operatorname{div}(\lambda(\vec{x})\operatorname{grad} u) = \hat{f}(\vec{x}), \ \vec{x} \in \Omega, \ u = 0|_{\Gamma_d}, \ \left(\lambda\frac{\partial u}{\partial \vec{n}} + \mu u\right)\bigg|_{\Gamma_n} = q_n, \tag{10.18}$$

ein Randwertproblem mit homogenen Dirichlet-Randbedingungen. Die homogenisierte Form (10.18) ist insbesondere bei der funktionalanalytischen Begründung von Galerkin- bzw. Finite-Elemente-Verfahren nützlich.

Die Gl. (10.16) beschreibt die Wärmeleitung und Diffusion einschließlich vorhandener Volumenquellen- oder -senken. Soll zusätzlich noch ein konvektiver Wärme- oder Stofftransport aufgrund einer Strömung des Mediums mit der Geschwindigkeit $\vec{v}$ in der Bilanz berücksichtigt werden, dann erhält man statt (10.16) die Gleichung

$$\vec{v}(\vec{x}) \cdot \operatorname{grad} u - \operatorname{div}(\lambda(\vec{x}) \operatorname{grad} u) = \hat{f}(\vec{x}), \quad \vec{x} \in \Omega,$$

die man **Konvektions-Diffusions-Gleichung** nennt. Ist das Medium inkompressibel, d. h. ist $\operatorname{div} \vec{v} = 0$, dann kann man (10.19) auch in der sogenannten divergenten oder konservativen Form

$$\operatorname{div}(\vec{v}(\vec{x}) \, u) - \operatorname{div}(\lambda(\vec{x}) \operatorname{grad} u) = \hat{f}(\vec{x}), \quad \vec{x} \in \Omega \qquad (10.19)$$

aufschreiben. Die konservative Form (10.19) ist speziell bei der Konstruktion von Lösungsverfahren mit der Bilanzmethode von Vorteil.

10.2.1 Finite-Volumen-Methode

Im Folgenden wird die im Abschn. 8.5.1 zur Lösung von Zweipunkt-Randwertaufgaben beschriebene Bilanzmethode für Aufgaben der Form (10.16) und (10.17) verallgemeinert. Der Gauß'sche Integralsatz (auch Divergenz-Theorem oder Satz von Gauß-Ostrogradski genannt) für die Bereiche $\Omega_\nu \subset \mathbb{R}^\nu$, ν gleich 2 oder 3, mit stückweise glatter Berandung $\partial\Omega_\nu$ und ein stetig differenzierbares Vektorfeld $\vec{v} : D \to \mathbb{R}^\nu$, D offene Menge und $\Omega_\nu \subset D$,

$$\int_{\Omega_\nu} \operatorname{div} \vec{v} \, dV = \int_{\partial\Omega_\nu} \vec{v} \cdot \vec{n} \, dF, \qquad (10.20)$$

ist das wesentliche Hilfsmittel bei der Konstruktion von Finite-Volumen-Diskretisierungen. $\vec{n}$ ist dabei der äußere Normalenvektor auf dem Rand $\partial\Omega_\nu$. Im zweidimensionalen Fall ($\nu = 2$) ist das Integral auf der rechten Seite von (10.20) ein Linienintegral und im dreidimensionalen Fall ein Flussintegral. Die Beziehung (10.20) bedeutet eine Flussbilanz über den Rand von Ω unter Berücksichtigung der Quelldichte $\operatorname{div}\vec{v}$ in Ω.

Aus Gründen der besseren Anschauung betrachten wir den zweidimensionalen Fall $\Omega \subset \mathbb{R}^2$. Der Bereich Ω wird mit einem Gitter überzogen und damit in quadrilaterale Elemente ω_{ij} unterteilt (im $\mathbb{R}^3$ **finite Volumen**, daher der Name **Finite-Volumen-Methode**). In der Abb. 10.1 ist die Unterteilung nebst Position der diskreten Stützwerte skizziert. Die Begriffe Stützwerte, Gitterfunktion, diskrete Lösung (FV-Lösung) oder Differenzenlösung werden synonym verwendet und bezeichnen an Stützstellen (Gitterpunkten) zu berechnende oder vorgegebene Werte.

Die Integration des (-1)-fachen der linken Seite der Gl. (10.16) über das Element ω_{ij} und die Anwendung des Gauß'schen Satzes in der Ebene ergibt

Abb. 10.1 Diskretisierung des Bereichs Ω mit dem Element ω_{ij}

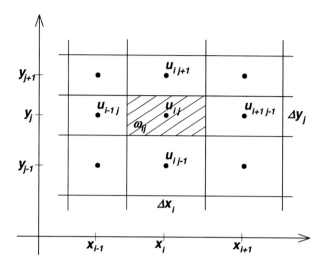

$$\int_{\omega_{ij}} [\operatorname{div}(\lambda \operatorname{grad} u)] \, dF = \int_{\partial \omega_{ij}} \lambda \operatorname{grad} u \cdot \vec{n} \, ds = \int_{\partial \omega_o} \lambda \operatorname{grad} u \cdot \vec{n} \, ds$$

$$+ \int_{\partial \omega_w} \lambda \operatorname{grad} u \cdot \vec{n} \, ds + \int_{\partial \omega_n} \lambda \operatorname{grad} u \cdot \vec{n} \, ds + \int_{\partial \omega_s} \lambda \operatorname{grad} u \cdot \vec{n} \, ds$$

$$= \int_{\partial \omega_o} \lambda \frac{\partial u}{\partial x} \, dy - \int_{\partial \omega_w} \lambda \frac{\partial u}{\partial x} \, dy + \int_{\partial \omega_n} \lambda \frac{\partial u}{\partial y} \, dx - \int_{\partial \omega_s} \lambda \frac{\partial u}{\partial y} \, dx, \qquad (10.21)$$

wobei $\vec{n}$ der äußere Normalenvektor ist und $\partial \omega_w$, $\partial \omega_o$, $\partial \omega_n$, $\partial \omega_s$ westlicher, östlicher, nördlicher und südlicher Rand von ω_{ij} sind. Z. B. ist $\vec{n}$ auf $\partial \omega_o$ gleich $\binom{-1}{0}$, so dass $\operatorname{grad} u \cdot \vec{n} = -\frac{\partial u}{\partial x}$ ist. Gemäß der Abb. 10.1 werden ausgehend von den Stützpunkten (x_i, y_j) die Vereinbarungen

$$x_{i+1/2\,j} = (x_{i+1} + x_i)/2, \; y_{i\,j+1/2} = (y_{j+1} + y_j)/2, \; \Delta x_i = (x_{i+1} - x_{i-1})/2,$$

$$\Delta y_j = (y_{j+1} - y_{j-1})/2, \; \Delta x_{i+1/2} = x_{i+1} - x_i, \; \Delta y_{j+1/2} = y_{j+1} - y_j,$$

$$\lambda_{i+1/2\,j} = \lambda(x_{i+1/2\,j}, y_j), \; \lambda_{i\,j+1/2} = \lambda(x_i, y_{j+1/2}), \; f_{ij} = f(x_i, y_j)$$

getroffen. Unter Nutzung der Stützwerte u_{ij} approximiert man die Linienintegrale (10.21) in kanonischer Weise durch

$$\int_{\partial \omega_o} \lambda \frac{\partial u}{\partial x} \, dy \approx \lambda_{i+1/2\,j} \frac{u_{i+1\,j} - u_{ij}}{\Delta x_{i+1/2}} \Delta y_j, \quad \int_{\partial \omega_w} \lambda \frac{\partial u}{\partial x} \, dy \approx \lambda_{i-1/2\,j} \frac{u_{ij} - u_{i-1\,j}}{\Delta x_{i-1/2}} \Delta y_j,$$

$$\int_{\partial \omega_n} \lambda \frac{\partial u}{\partial y} \, dx \approx \lambda_{i\,j+1/2} \frac{u_{ij+1} - u_{ij}}{\Delta y_{j+1/2}} \Delta x_i, \quad \int_{\partial \omega_s} \lambda \frac{\partial u}{\partial y} \, dx \approx \lambda_{i\,j-1/2} \frac{u_{ij} - u_{ij-1}}{\Delta y_{j-1/2}} \Delta x_i,$$

bzw. im Fall eines Randstücks $\partial \omega$ als Teil eines Neumann-Randes durch

$$\int_{\partial\omega} \lambda \frac{\partial u}{\partial \vec{n}} \, ds \approx L(\partial\omega)q$$

mit $L(\partial\omega)$ als Länge des Randstücks $\partial\omega$. Die Integration der rechten Seite der Gl. (10.16) ergibt

$$\int_{\omega_{ij}} f \, dF \approx \Delta x_i \Delta y_j f_{ij},$$

so dass die Bilanz der Gl. (10.16) über das Element ω_{ij} insgesamt

$$\left(\lambda_{i+1/2j} \frac{u_{i+1j} - u_{ij}}{\Delta x_{i+1/2}} - \lambda_{i-1/2j} \frac{u_{ij} - u_{i-1j}}{\Delta x_{i-1/2}}\right) \Delta y_j$$

$$+ \left(\lambda_{ij+1/2} \frac{u_{ij+1} - u_{ij}}{\Delta y_{j+1/2}} - \lambda_{ij-1/2} \frac{u_{ij} - u_{ij-1}}{\Delta y_{j-1/2}}\right) \Delta x_i = \Delta x_i \Delta y_j f_{ij},$$

bzw. nach Division mit $\Delta x_i \Delta y_j$ die Gleichung

$$\left(\lambda_{i+1/2j} \frac{u_{i+1j} - u_{ij}}{\Delta x_{i+1/2}} - \lambda_{i-1/2j} \frac{u_{ij} - u_{i-1j}}{\Delta x_{i-1/2}}\right) / \Delta x_i$$

$$+ \left(\lambda_{ij+1/2} \frac{u_{ij+1} - u_{ij}}{\Delta y_{j+1/2}} - \lambda_{ij-1/2} \frac{u_{ij} - u_{ij-1}}{\Delta y_{j-1/2}}\right) / \Delta y_j = f_{ij} \qquad (10.22)$$

für alle Elemente, die keine Kanten als Teile eines Neumann-Randes besitzen, liefert. Für Elemente, deren rechte Kante $\partial\omega_o$ Teil eines Neumann-Randes ist, erhält man statt (10.22) die Gleichung

$$\left(q_{i+1/2j} - \lambda_{i-1/2j} \frac{u_{ij} - u_{i-1j}}{\Delta x_{i-1/2}}\right) / \Delta x_i$$

$$+ \left(\lambda_{ij+1/2} \frac{u_{ij+1} - u_{ij}}{\Delta y_{j+1/2}} - \lambda_{ij-1/2} \frac{u_{ij} - u_{ij-1}}{\Delta y_{j-1/2}}\right) / \Delta y_j = f_{ij}. \qquad (10.23)$$

In den Gl. (10.22) und (10.23) für Elemente ω_{ij}, die an einen Dirichlet-Rand grenzen, wird auf Stützwerte $u_{i+1j}, u_{i-1j}, u_{ij+1}$ oder u_{ij-1} zurück gegriffen, die außerhalb von Ω liegen (s. dazu die Abb. 10.2). Diese Stützwerte bezeichnet man als **Ghost-Werte**. Nimmt man Linearität von u in Richtung der äußeren Normalen $\vec{n}$ von Γ_d an, dann kann man mit Bedingungen der Art

$$\begin{aligned}
(u_{i+1j} + u_{ij})/2 &= u_d(x_{i+1/2}, y_j), & (x_{i+1/2}, y_j) &\in \Gamma_d, \\
(u_{i-1j} + u_{ij})/2 &= u_d(x_{i-1/2}, y_j), & (x_{i-1/2}, y_j) &\in \Gamma_d, \\
(u_{ij+1} + u_{ij})/2 &= u_d(x_i, y_{j+1/2}), & (x_i, y_{j+1/2}) &\in \Gamma_d, \\
(u_{ij-1} + u_{ij})/2 &= u_d(x_i, y_{j-1/2}), & (x_i, y_{j-1/2}) &\in \Gamma_d
\end{aligned} \qquad (10.24)$$

die Dirichlet-Randbedingungen (10.17) approximieren und das Gleichungssystem zur Berechnung der unbekannten Stützwerte u_{ij} abschließen. In der Abb. 10.2 sind die Orte

Abb. 10.2 Rechteck Ω als Integrationsbereich mit dem Neumann-Rand Γ_1 und den Dirichlet-Randstücken $\Gamma_2, \ldots \Gamma_4$

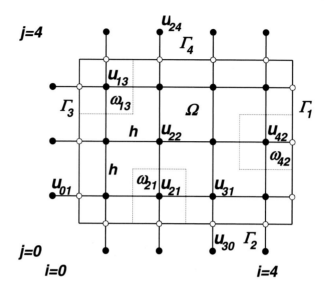

mit unbekannten Stützwerten durch •-Punkte gekennzeichnet. ○-Punkte bezeichnen Orte, an denen die Randwerte von u oder q-Werte vorgegeben sind.

Die Ghost-Werte kann man mit Hilfe der Randgleichungen (10.24) eliminieren. Damit liegt mit (10.22) bzw. (10.23) unter Berücksichtigung von (10.24) ein Gleichungssystem zur Bestimmung der u_{ij} für $(x_i, y_j) \in \Omega \cup \Gamma$ vor. Verwendet man die in der Abb. 10.2 vorgenommene äquidistante Diskretisierung von Ω ($h = \Delta x = \Delta x_{i+1/2} = \Delta x_i$, $h = \Delta y = \Delta y_{j+1/2} = \Delta y_j$), dann erhält man bei konstantem λ für die gesuchten Stützwerte u_{ij} das Gleichungssystem

$$
\begin{pmatrix}
6 & -1 & 0 & 0 & -1 & 0 & 0 & 0 & 0 & 0 & 0 & 0 \\
-1 & 5 & -1 & 0 & 0 & -1 & 0 & 0 & 0 & 0 & 0 & 0 \\
0 & -1 & 5 & -1 & 0 & 0 & -1 & 0 & 0 & 0 & 0 & 0 \\
0 & 0 & -1 & 6 & 0 & 0 & 0 & -1 & 0 & 0 & 0 & 0 \\
-1 & 0 & 0 & 0 & 5 & -1 & 0 & 0 & -1 & 0 & 0 & 0 \\
0 & -1 & 0 & 0 & -1 & 4 & -1 & 0 & 0 & -1 & 0 & 0 \\
0 & 0 & -1 & 0 & 0 & -1 & 4 & -1 & 0 & 0 & -1 & 0 \\
0 & 0 & 0 & -1 & 0 & 0 & -1 & 5 & 0 & 0 & 0 & -1 \\
0 & 0 & 0 & 0 & -1 & 0 & 0 & 0 & 6 & -1 & 0 & 0 \\
0 & 0 & 0 & 0 & 0 & -1 & 0 & 0 & -1 & 5 & -1 & 0 \\
0 & 0 & 0 & 0 & 0 & 0 & -1 & 0 & 0 & -1 & 5 & -1 \\
0 & 0 & 0 & 0 & 0 & 0 & 0 & -1 & 0 & 0 & -1 & 6
\end{pmatrix}
\begin{pmatrix}
u_{11} \\ u_{21} \\ u_{31} \\ u_{41} \\ u_{12} \\ u_{22} \\ u_{32} \\ u_{42} \\ u_{13} \\ u_{23} \\ u_{33} \\ u_{43}
\end{pmatrix}
=
\begin{pmatrix}
\tilde{f}_{11} + 2u_{1\,1/2} + 2u_{1/2\,1} \\
\tilde{f}_{21} + 2u_{2\,1/2} \\
\tilde{f}_{31} + 2u_{3\,1/2} \\
\tilde{f}_{41} + 2u_{4\,1/2} + \frac{hq_{4+1/2\,1}}{\lambda} \\
\tilde{f}_{12} + 2u_{1/2\,2} \\
\tilde{f}_{22} \\
\tilde{f}_{32} \\
\tilde{f}_{42} + \frac{hq_{4+1/2\,2}}{\lambda} \\
\tilde{f}_{13} + 2u_{1/2\,3} + u_{1\,3+1/2} \\
\tilde{f}_{23} + 2u_{2\,3+1/2} \\
\tilde{f}_{33} + 2u_{3\,3+1/2} \\
\tilde{f}_{43} + 2u_{4\,3+1/2} + \frac{hq_{4+1/2\,3}}{\lambda}
\end{pmatrix}
\tag{10.25}
$$

mit $\tilde{f}_{ij} = \frac{h^2}{\lambda} f_{ij}$. Dabei wurden die Randgleichungen (10.24) eliminiert, so dass ein Gleichungssystem zur Berechnung von u_{ij}, $i = 1, \ldots, 4$, $j = 1, 2, 3$ entsteht. Man erkennt die Symmetrie der Koeffizientenmatrix und die Diagonaldominanz, so dass das Gleichungssystem eindeutig lösbar ist. Die Matrix (10.25) hat eine Blockstruktur und 5 Nichtnull-Diagonalen.

Aus der Abb. 10.2 und den durchgeführten Bilanzierungen über die Elemente ω_{ij}, $i = 1, \ldots, 4$, $j = 1, 2, 3$ ist zu ersehen, dass die Finite-Volumen-Methode sämtliche lokalen Bilanzen über alle $\omega_{ij} \subset \Omega$ im Diskreten erfüllt, d.h. $-\int_{\omega_{ij}} \mathrm{div}\,(\lambda \mathrm{grad}\, u)\, dF = \int_{\omega_{ij}} f\, dF$ und die Summation über alle Elemente ergibt mit

$$-\sum_{\omega_{ij} \in \Omega} \int_{\omega_{ij}} \mathrm{div}\,(\lambda \mathrm{grad}\, u)\, dF = \sum_{\omega_{ij} \in \Omega} \int_{\omega_{ij}} f\, dF \iff -\int_{\Omega} \mathrm{div}\,(\lambda \mathrm{grad}\, u)\, dF = \int_{\Omega} f\, dF$$

die globale Bilanz, wobei allerdings $\cup_{\omega_{ij} \in \Omega} = \Omega$ gesichert sein muss. Diese lokale und globale Erhaltungseigenschaft ist der Hauptgrund, weshalb die Finite-Volumen-Methode in den Ingenieurwissenschaften und der Physik oft anderen Diskretisierungsmethoden vorgezogen wird.

Die Finite-Volumen-Methode ergibt für Rechteckgebiete Ω klar strukturierte Gleichungssysteme der Form (10.25). Im Fall von krummlinig berandeten Bereichen soll die FV-Diskretisierung für Dirichlet- und Neumann-Randbedingungen an zwei Beispielen demonstriert werden. Ausgangspunkt ist eine Diskretisierung von Ω durch ein Gitter, bestehend aus den Elementen ω_{ij}. Die Elemente ω_{ij}, bei denen die Mittelpunkte der westlichen, östlichen, nördlichen und südlichen Nachbarelemente in $\Omega \cup \Gamma$ liegen, bleiben als innere Elemente unverändert. Elemente, die vom Rand geschnitten werden, sind als Randelemente ω_r zu bilanzieren (s. Abb. 10.3).

In der Abb. 10.3 ist die Situation einer krummlinigen Berandung für den Fall von Dirichlet-Randbedingungen dargestellt, wobei wir voraussetzen, dass der Rand polygonal ist oder durch einen Polygonzug gut approximiert werden kann. u_a, u_b und u_d sind vorgegebene Randwerte. Die Gl. (10.16) soll nun exemplarisch über die Randelemente ω_r und ω_Δ bilanziert werden. Für ω_r erhält man

$$-\int_{\gamma_{cb}} \lambda \frac{\partial u}{\partial \vec{n}}\, ds - \int_{\gamma_{bd}} \lambda \frac{\partial u}{\partial \vec{n}}\, ds + \int_{\gamma_{de}} \lambda \frac{\partial u}{\partial x}\, dy + \int_{\partial \omega_s} \lambda \frac{\partial u}{\partial y}\, dx = \int_{\omega_r} f\, dF$$

und mit den Bezeichnungen

$$\Delta y_d = y_d - y_{j-1/2}, \quad \Delta y_b = y_b - y_{j-1/2}, \quad \Delta y_{bd} = \sqrt{(y_d - y_b)^2 + \Delta x_{i-1}^2},$$

$$\Delta x_a = x_a - x_{i-1/2}, \quad \alpha = y_d - y_b, \quad \beta = \Delta x_{i-1}$$

ergibt sich die Gleichung

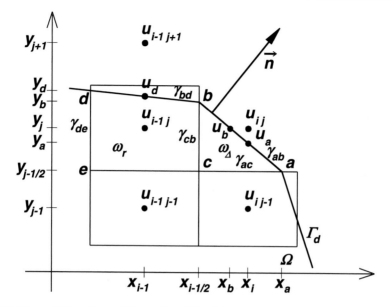

Abb. 10.3 Krummliniges Randstück von Ω und Randelement ω_r (Dirichlet-Randbedingungen)

$$-\lambda_{i-1/2\,j}\frac{u_{ij}-u_{i-1j}}{\Delta x_{i-1/2}}\Delta y_b - \frac{\lambda_{bd}}{\alpha+\beta}[\alpha\frac{u_{ij}-u_{i-1j}}{\Delta x_{i-1/2}}+\beta\frac{u_{i-1j+1}-u_{i-1j}}{\Delta y_{j+1/2}}]\Delta y_{bd}$$

$$+\lambda_{i-3/2\,j}\frac{u_{i-2j}-u_{i-1j}}{\Delta x_{i-3/2}}\Delta y_d + \lambda_{ij-1/2}\frac{u_{i-1j}-u_{i-1j-1}}{\Delta y_{j-1/2}}\Delta x_{i-1}$$

$$= \Delta x_{i-1}\frac{\Delta y_d+\Delta y_b}{2}f_{i-1j}, \tag{10.26}$$

wobei λ_{bd} ein geeignet zu wählender Mittelwert von λ auf der Kante γ_{bd} ist. Unter der Voraussetzung der Linearität von u in Randnähe gilt mit den Randwerten u_d und u_b näherungsweise

$$\frac{y_{j+1}-y_d}{\Delta y_{j+1/2}}u_{i-1j+1}+\frac{y_d-y_j}{\Delta y_{j+1/2}}u_{i-1j}=u_d, \quad \frac{x_i-x_b}{\Delta x_{i-1/2}}u_{ij}+\frac{x_b-x_{i-1}}{\Delta x_{i-1/2}}u_{i-1j}=u_b. \tag{10.27}$$

Unter Nutzung von (10.27) kann man die Ghost-Werte u_{i-1j+1} und u_{ij} aus der Gl. (10.26) eliminieren.

Für das Dreieck ω_Δ bilanziert man

$$-\int_{\gamma_{ab}}\lambda\frac{\partial u}{\partial\vec{n}}\,ds - \int_{\gamma_{bc}}\lambda\frac{\partial u}{\partial\vec{n}}\,ds - \int_{\gamma_{ca}}\lambda\frac{\partial u}{\partial\vec{n}}\,ds = \int_{\omega_\Delta}f\,dF$$

und mit den obigen Bezeichnungen erhält man

$$-\frac{\lambda_{ab}}{\Delta y_b + \Delta x_a}\left[\Delta y_b\frac{u_{ij} - u_{i-1j}}{\Delta x_{i-1/2}} + \Delta x_a\frac{u_{ij} - u_{ij-1}}{\Delta y_{j-1/2}}\right]\Delta y_{ab} \qquad (10.28)$$

$$+\lambda_{bc}\frac{u_{ij} - u_{i-1j}}{\Delta x_{i-1/2}}\Delta y_b + \lambda_{ca}\frac{u_{ij} - u_{ij-1}}{\Delta y_{j-1/2}}\Delta x_a = \frac{\Delta y_b\Delta x_a}{2}f_{ij}.$$

Mit der Approximation der Randwerte u_a, u_b

$$\frac{x_i - x_b}{\Delta x_{i-1/2}}u_{ij} + \frac{x_b - x_{i-1}}{\Delta x_{i-1/2}}u_{i-1j} = u_b, \quad \frac{y_j - y_a}{\Delta y_{j-1/2}}\tilde{u}_{ij} + \frac{y_a - y_{j-1}}{\Delta y_{j-1/2}}u_{ij-1} = u_a \quad (10.29)$$

kann man die Ghost-Werte $u_{ij}, \tilde{u}_{ij}$ aus (10.28) eliminieren, wobei hier am Ghost-Punkt (x_i, y_j) zwei Ghost-Werte zur Realisierung der Randbedingungen benötigt wurden (darauf wird weiter unten noch einmal eingegangen).

In der Abb. 10.4 ist die Situation eines krummlinigen Randstücks mit Neumann-Randbedingungen dargestellt. Ausgangspunkt ist wiederum eine Diskretisierung von Ω durch ein Gitter mit den Elementen ω_{ij}. Wird das Element ω_{ij} vom Rand Γ_n geschnitten, muss das Element zu einem Randelement ω_r wie folgt modifiziert werden.

Die Randkurve durch die Punkte a, b und e soll mit einer ausreichenden Genauigkeit durch einen Polygonzug durch diese Punkte approximiert werden können, so dass die Bilanzelemente ω_r mit den Ecken a, b, c, d (Kanten $\gamma_{ac}, \gamma_{ba}, \gamma_{bd}, \partial\omega_s$) und ω_Δ mit den Ecken b, d, e ein Vier- bzw. Dreieck sind. Zuerst betrachten wir die Bilanz der Gl. (10.16) über dem Dreieck ω_Δ und erhalten nach Anwendung des Gauß'schen Satzes

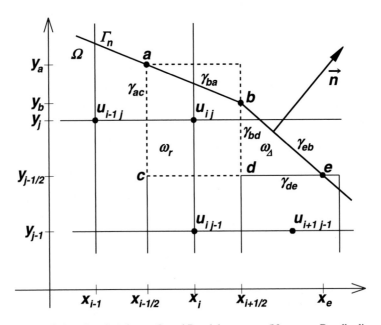

Abb. 10.4 Krummliniges Randstück von Ω und Randelement ω_r (Neumann-Randbedingungen)

$$- \int_{\gamma_{bd}} \lambda \frac{\partial u}{\partial \vec{n}} \, ds - \int_{\gamma_{de}} \lambda \frac{\partial u}{\partial \vec{n}} \, ds - \int_{\gamma_{eb}} \lambda \frac{\partial u}{\partial \vec{n}} \, ds = \int_{\omega_\Delta} f \, dF, \tag{10.30}$$

wobei γ_{bd}, γ_{de} und γ_{eb} die Kanten des Dreiecks ω_Δ sind und $\vec{n}$ die jeweilige äußere Normale auf dem Randstück ist. Man kann nun näherungsweise davon ausgehen, dass sich die Flüsse über die Kanten γ_{de} und γ_{bd} wie ihre Längen Δ_{de} und Δ_{bd} verhalten, also

$$\frac{\int_{\gamma_{bd}} \lambda \frac{\partial u}{\partial \vec{n}} \, ds}{\int_{\gamma_{de}} \lambda \frac{\partial u}{\partial \vec{n}} \, ds} = \frac{\Delta_{bd}}{\Delta_{de}} \iff \int_{\gamma_{de}} \lambda \frac{\partial u}{\partial \vec{n}} \, ds = \frac{\Delta_{de}}{\Delta_{bd}} \int_{\gamma_{bd}} \lambda \frac{\partial u}{\partial \vec{n}} \, ds$$

gilt. Aus (10.30) folgt dann

$$\begin{aligned}
F_{bd} := \int_{\gamma_{bd}} \lambda \frac{\partial u}{\partial \vec{n}} \, ds &= \frac{\Delta_{bd}}{\Delta_{bd} + \Delta_{de}} \left[\int_{\gamma_{eb}} \lambda \frac{\partial u}{\partial \vec{n}} \, ds - \int_{\omega_\Delta} f \, dF \right] \\
&\approx \frac{\Delta_{bd}}{\Delta_{bd} + \Delta_{de}} \left[\Delta_{eb} \hat{q} - \frac{\Delta_{bd} \Delta_{de}}{2} \hat{f} \right],
\end{aligned} \tag{10.31}$$

wobei $\hat{q}$ und $\hat{f}$ geeignete Mittelwerte von q auf der Kante γ_{eb} und von f auf dem Dreieck ω_Δ sind. Die Bilanz der Gl. (10.16) über das Randelement ω_r ergibt nach Anwendung des Gauß'schen Satzes

$$\int_{\gamma_{ac}} \lambda \frac{\partial u}{\partial x} \, dy + \int_{\partial \omega_s} \lambda \frac{\partial u}{\partial y} \, dx - \int_{\gamma_{ba}} \lambda \frac{\partial u}{\partial \vec{n}} \, ds - \int_{\gamma_{bd}} \lambda \frac{\partial u}{\partial \vec{m}} \, ds = \int_{\omega_r} f \, dF$$

mit den äußeren Normalenvektoren $\vec{n}$ auf dem Rand γ_{ba} und $\vec{m}$ auf γ_{bd}. Mit den üblichen Approximationen der partiellen Ableitungen $\frac{\partial u}{\partial x}$ und $\frac{\partial u}{\partial y}$ auf den Kanten $\partial \omega_w$ und $\partial \omega_s$ sowie des Integrals auf der rechten Seite erhält man mit der Berücksichtigung der Neumann-Randbedingung auf γ_{ba} und (10.31)

$$\begin{aligned}
\lambda_{i-1/2 j} \frac{u_{ij} - u_{i-1j}}{\Delta x_{i-1/2}} \Delta_{ac} &+ \lambda_{ij-1/2} \frac{u_{ij} - u_{ij-1}}{\Delta y_{j-1/2}} \Delta x_i \\
- \Delta_{ba} \tilde{q} + F_{bd} &= \Delta x_i \frac{\Delta_{ac} + \Delta_{bd}}{2} f_{ij}.
\end{aligned} \tag{10.32}$$

Δ_{ac} bzw. Δ_{ba} sind dabei die Längen der Kanten γ_{ac} bzw. γ_{ba} und $\tilde{q}$ ist ein geeignet zu wählender Mittelwert von q auf der Kante γ_{ba}. An dieser Stelle ist anzumerken, dass bei der Bilanz über dem Dreieck der äußere Normalenvektor $\vec{n}$ auf γ_{bd} gleich $-\vec{m}$ ($\vec{m}$ war der äußere Normalenvektor am Rand γ_{bd} von ω_r) ist.

Mit (10.31) liegt die Bilanz der Gl. (10.16) über dem Randelement ω_r vor. Allerdings ist der Aufwand zur Herleitung der Randgleichungen (10.26) und (10.32) recht umfangreich und zeigt, dass die Finite-Volumen-Methode im Fall komplizierter Integrationsbereiche Ω und Gitter, die die krummlinigen Randkonturen nicht speziell berücksichtigen, recht aufwendig ist.

Abb. 10.5 Krummliniges
Randstück von Ω mit
angepasstem Gitter

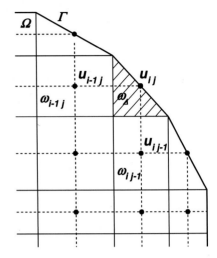

Abb. 10.6 Randbedingungen
an einer konkaven Ecke von Ω

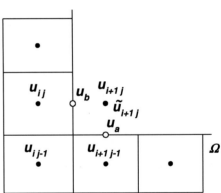

In der Abb. 10.5 wurde ein Gitter der Randkontur angepasst, so dass die Herleitung einer Gleichung für u_{ij} durch eine Bilanz der Gl. (10.16) über dem Randdreieck ω_Δ unter Nutzung der Neumann'schen Randbedingung $\lambda \frac{\partial u}{\partial \bar{n}} = q$ recht einfach wird.

An dieser Stelle sei auch darauf hingewiesen, dass die Realisierung von Dirichlet-Randbedinungen mit Ghost-Werten bei krummlinigen Berandungen und konkaven Gebieten dazu führt, dass man an einem Ghost-Punkt mitunter 2 Ghost-Werte benötigt. In der Abb. 10.6 ist so eine Situation dargestellt.

Am Ghost-Punkt der konkaven Ecke braucht man zwei Ghost-Werte u_{i+1j} bzw. $\tilde{u}_{i+1j}$, um die Randwerte u_b bzw. u_a durch

$$(u_{ij} + u_{i+1j})/2 = u_b, \quad (u_{i+1j-1} + \tilde{u}_{i+1j})/2 = u_a$$

zu approximieren.

Beispiel

Im folgenden Beispiel wird die stationäre Wärmeleitungsgleichung $-\mathrm{div}\,(\lambda\,\mathrm{grad}\,u) = f$ auf einem Nichtrechteckgebiet, das in der Abb. 10.7 dargestellt ist, gelöst. Auf Γ_d wird $u = 0$ und auf Γ_n die Neumann-Randbedingung $\lambda\frac{\partial u}{\partial n} = q$ vorgegeben.

In der Abb. 10.7 sind die Orte der unbekannten Werte u_{ij} mit einem • und die der bekannten Randwerte mit einem ∘ gekennzeichnet. In der Abb. 10.8 werden die Elemente ω_{ij}, in denen Gleichungen unterschiedlichen Typs gelten, durch entsprechende Kennzahlen markiert (diese Markierung wird auch im Programm 9.1 verwendet).

Für die Parameter $L = 1$, $H = 0{,}65625$, $\lambda = 1$, $q = 1$ und $f \equiv 0$ wurde bei der Wahl von $n = 25$, $m = 22$ die in der Abb. 10.9 dargestellte Lösung u mit dem nachfolgenden Programm berechnet.

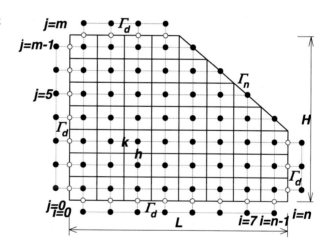

Abb. 10.7 Nichtrechteckgebiet Ω mit angepasstem Gitter

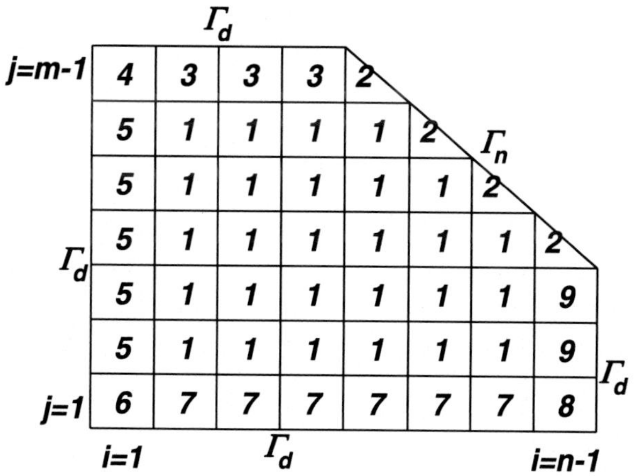

Abb. 10.8 Markierungsmatrix mg

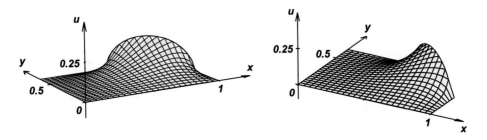

Abb. 10.9 Lösung $u(x, y)$ der Beispielaufgabe

```
# Programm 10.1 Loesung der Poisson–Gleichung (pdenr_gb.m)
# auf einen Nichtrechteckgebietmit Dirichlet– und Neumann-RB
# input:
# output: Loesung u(x,y) auf dem Gitter x,y
# Aufruf: [u,x,y] = pdenr_gb1;
function [u,x,y] = pdenr_gb1;
# Materialdaten, Quellen
la = 1.0; q = 1.0; ff=0;
# Gebeitslaenge, Gebietshoehe
ll = 1; hh = 10.5*ll/16.0;
lll = ll/2.0; hh1 = hh*3.0/7.0;
mm = (hh–hh1)/(lll–ll);
nn = hh–mm*lll;
# Dimensionierung des Gitters
# nf = 6; n = nf*8+1; m = nf*7+1;
nf = 3; n = nf*8+1; m = nf*7+1;
# Gitterinitialisierung
x(1) = 0.0; y(1) = 0.0;
h=1/(nf*8); k=3*h/4;
x = linspace(0,h*(n–1),n);
y = linspace(0,k*(m–1),m);
# Initialisierung der Gebietsmatrix
mg = zeros(n,m);
mg(2:n–1,2:m–1) = 1;
for i=1:n–1
  for j=1:m–1
    if (j == m–1)
      mg(i,j) = 3;
    end
    if (i == 1)
      mg(i,j) = 5;
    end
    if (j == 1)
      mg(i,j) = 7;
    end
    if (i == n–1)
      mg(i,j) = 9;
    end
  end
end
mg(1,m–1) = 4; mg(1,1) = 6; mg(n–1,1) = 8;
for i=1:n–1
  for j=1:m–1
    if (abs(mm*x(i)+nn–y(j)) < 10^(–6))
      mg(i,j) = 2;
    end
    if (y(j) >mm*x(i)+nn)
      mg(i,j) = 0;
    end
```

```
    end
  end
  # Startfeld incl. homogener Dirichlet–Randbedingungen
  u = zeros(n,m);
  # Konstanten
  omega = 1.6;
  h2=h^2; k2=k^2;
  dd1=1/(2/h2+2/k2); dd2=1/(1/h2+1/k2); dd3=1/(2/h2+3/k2); dd4=1/(3/h2+3/k2);
  dd5=1/(3/h2+2/k2); dd6=dd4; dd7=dd3; dd8=dd4; dd9=dd5;
  whk=q*sqrt(h2+k2)/(h*k)/la; udiff = 1; unorm = 1; it = 0; la2=2*la;
  # Randwerte
  un=0; us=0; uo=0; uw=0;
  # sor–Iteration
  while (sqrt(udiff/unorm) > 10^(-3) && it < 1200)
    ualt = u;
    for i=1:n-1
      for j=1:m-1
        if (mg(i,j) == 1)
          u(i,j) = dd1*(ff/la + (u(i+1,j) + u(i-1,j))/h2 + (u(i,j+1)+u(i,j-1))/k2);
        elseif (mg(i,j) == 2)
          u(i,j) = dd2*(ff/la2 + u(i-1,j)/h2 + u(i,j-1)/k2 + whk);
        elseif (mg(i,j) == 3)
          u(i,j) = dd3*(ff/la + (u(i+1,j) + u(i-1,j))/h2 + (2*un+u(i,j-1))/k2);
        elseif (mg(i,j) == 4)
          u(i,j) = dd4*(ff/la + (u(i+1,j) + 2*uw)/h2 + (2*un+u(i,j-1))/k2);
        elseif (mg(i,j) == 5)
          u(i,j) = dd5*(ff/la + (u(i+1,j) + 2*uw)/h2 + (u(i,j+1)+u(i,j-1))/k2);
        elseif (mg(i,j) == 6)
          u(i,j) = dd6*(ff/la + (u(i+1,j) + 2*uw)/h2 + (u(i,j+1)+2*us)/k2);
        elseif (mg(i,j) == 7)
          u(i,j) = dd7*(ff/la + (u(i+1,j) + u(i-1,j))/h2 + (u(i,j+1)+2*us)/k2);
        elseif (mg(i,j) == 8)
          u(i,j) = dd8*(ff/la + (2*uo + u(i-1,j))/h2 + (u(i,j+1)+2*us)/k2);
        elseif (mg(i,j) == 9)
          u(i,j) = dd9*(ff/la + (2*uo + u(i-1,j))/h2 + (u(i,j+1)+u(i,j-1))/k2);
        end
      end
    end
    u(1:n-1,1:m-1) = omega*u(1:n-1,1:m-1) + (1-omega)*ualt(1:n-1,1:m-1);
    udiff = norm(u - ualt);
    unorm = norm(ualt);
    if (unorm == 0.0)
      unorm = 1;
    end
    it = it + 1;
  end
  # Loesungsskizze
  [X,Y] = meshgrid(x,y);
  surf(X,Y,u')
end
```

Im Programm 9.1 wird das bei der Diskretisierung entstandene Gleichungssystem mit einem SOR-Verfahren gelöst. Dabei werden die Gitterpunkte durch das Feld „mg" markiert, um die unterschiedlichen Gleichungen für die jeweiligen Gitterpunkte bei der SOR-Iteration aufzurufen. Für die Lösung waren 135 SOR-Iterationen mit dem Relaxationsparameter $\omega = 1{,}6$ erforderlich, um die Abbruchbedingung

$$\frac{||u^{(i+1)} - u^{(i)}||_2}{||u^{(i)}||_2} < 10^{-3}$$

zu erfüllen.

◄

Der Vorteil der Nutzung von iterativen Lösungsverfahren besteht in der relativ einfachen Implementierbarkeit und der akzeptablen Konvergenzgeschwindigkeit im Fall von positiv definiten Koeffizientenmatrizen, wie es im Beispiel der Fall war. Allerdings kann man zur Lösung der Gleichungssysteme auch direkte Löser für Gleichungssysteme mit schwach besetzten Matrizen (Bandmatrizen) bzw. Tridiagonalsysteme bei eindimensionalen Aufgaben (siehe dazu auch Zweipunkt-Randwertprobleme) nutzen.

10.2.2 Konsistenz, Stabilität und Konvergenz

Um die Konvergenz einer FV-Lösung gegen die exakte Lösung eines Randwertproblems nachzuweisen, muss man Konsistenz und Stabilität der FV-Diskretisierung des Randwertproblems nachweisen. Zu lösen ist das Randwertproblem

$$L(u) = \vec{0}, \ L(u) := \begin{cases} -\text{div}(\lambda\,\text{grad}\,u) - f & (x, y) \in \Omega \\ u - \varphi & (x, y) \in \Gamma \end{cases}, \tag{10.33}$$

d. h. man sucht Funktionen u, so dass der Differentialoperator L angewandt auf u gleich $\vec{0}$ ist. Zur numerischen Lösung mit einem FV-Verfahren überzieht man Ω mit einem Gitter und bezeichnet die Gitterpunkte aus Ω bzw. Γ mit Ω_h bzw. Γ_h. Man konstruiert dann, wie im vorigen Abschnitt beschrieben, für alle Elemente $\omega_{ij} \subset \Omega \cup \Gamma$ Gleichungen zur Berechnung der Gitterfunktion $u_h = u_{ij}$. Man erhält mit der FV-Methode z. B. für konstantes λ und ein äquidistantes Gitter mit den Maschenweiten h und k das diskrete Gleichungssystem

$$L_h(u_h) = \vec{0}, \ L_h(u_h) := \begin{cases} -\lambda\left[\frac{u_{i+1j}-2u_{ij}+u_{i-1j}}{h^2} + \frac{u_{ij+1}-2u_{ij}+u_{ij-1}}{k^2}\right] - f_{ij} & (x_i, y_j) \in \Omega_h \\ r(u_h) - \varphi & (x_i, y_j) \in \Gamma_h. \end{cases} \tag{10.34}$$

$r(u_h)$ steht dabei für eine Approximation der Dirichlet-Randbedingung (z. B. der Art (10.24)). Die Funktion $u_h = u_{ij}$ mit Werten auf $\bar{\Omega}_h := \Omega_h \cup \Gamma_h$ wird Gitterfunktion genannt. Der Restriktionsoperator

$$P_h(u(x, y))_{ij} := u(x_i, y_j)$$

projiziert auf $\bar{\Omega} := \Omega \cup \Gamma$ definierte Funktionen u auf das Gitter $\bar{\Omega}_h$ und erzeugt somit eine Gitterfunktion $P_h(u)$. Damit kann man den **lokalen Diskretisierungsfehler**

$$\tau_h(u) = L_h(P_h(u)) \tag{10.35}$$

definieren, d. h. den Fehler, der entsteht, wenn man eine auf $\bar{\Omega}$ definierte Funktion u in den Punkten von $\bar{\Omega}_h$ in die FV-Diskretisierung einsetzt und mit der Projektion von $L(u)$ vergleicht (s. auch Ausführungen zum lokalen Diskretisierungsfehler im Kap. 8 bei der Behandlung von Zweipunkt-Randwertaufgaben).

▶ **Definition 10.2** (Konsistenz)
Der Differenzenoperator L_h ist mit dem Differentialoperator L **konsistent**, wenn es eine Konstante $K > 0$ und eine Zahl $\nu > 0$ gibt, so dass für auf $\bar\Omega$ viermal stetig differenzierbare Funktionen u (d. h. $u \in C^{(4)}(\bar\Omega)$) die Ungleichung

$$\|\tau_h(u)\|_\infty := \max_{(x_i, y_j) \in \bar\Omega_h} |\tau_h(u)_{ij}| \leq K\, h^\nu$$

gilt. ν bezeichnet man als die Ordnung des lokalen Diskretisierungsfehlers.

Im Fall von (10.33) und (10.34) kann man durch Taylor-Approximationen nachweisen, dass die Ungleichung

$$\|\tau_h(u)\|_\infty \leq K h^2$$

gilt, wobei K von den Schranken der vierten Ableitung von u auf $\bar\Omega$ bestimmt wird.

▶ **Definition 10.3** (Stabilität)
Kann man für den Differenzenoperator L_h eine Konstante $M > 0$ finden, so dass für zwei Gitterfunktionen u_h, v_h die Ungleichung

$$\|u_h - v_h\|_\infty \leq M\|L_h(u_h) - L_h(v_h)\|_\infty$$

gilt, dann ist der Differenzenoperator L_h **stabil.**

Ohne den umfangreichen Nachweis zu führen, sei hier darauf hingewiesen, dass der Differenzenoperator L_h gemäß (10.34) stabil ist.
   Bei FV-Verfahren gilt wie bei anderen numerischen Lösungsverfahren das Prinzip

$$\text{Konsistenz} + \text{Stabilität} \implies \textbf{Konvergenz.}$$

Es kann gezeigt werden, dass sowohl das Randwertproblem (10.33) als auch das Problem (10.34) eindeutig lösbar sind und es gilt der

Satz 10.1 *(Konvergenz der FV-Lösung)*
Falls die Lösung u von (10.33) aus $C^{(4)}(\bar\Omega)$ ist, so konvergiert die Lösung u_h von (10.34) mit der Ordnung 2 gegen u, d. h. es gibt eine Konstante $C > 0$, so dass

$$\|u_h - P_h(u)\|_\infty := \max_{(x_i, y_j) \in \bar\Omega_h} |u_{ij} - u(x_i, y_j)| \leq C h^2$$

gilt[1].

---

[1] Entscheidend für die Konvergenzordnung ist hier die Konsistenzordnung im Inneren. Die Aussage des Satzes gilt auch im Fall von Approximationen der Randbedingung mit der Ordnung $O(1)$.

Beispiel

Bis auf den Nachweis der Existenz einer eindeutig bestimmten Lösung soll für die eindimensionale Aufgabe

$$-\frac{d^2u}{dx^2} = f(x),\ a < x < b,\ u(a) = u_a, u(b) = u_b,\ L(u) := \begin{cases} -\frac{d^2u}{dx^2} - f(x),\ x \in]a,b[\\ u(a) - u_a \\ u(b) - u_b \end{cases} \quad (10.36)$$

zumindest mit der Konsistenz einer FV-Diskretisierung eine Voraussetzung für die Konvergenz der FV-Lösung gegen die exakte Lösung gezeigt werden. Unter der Voraussetzung $f \in C^{(2)}(\bar{\Omega})$ ist die Lösung $u \in C^{(4)}(\bar{\Omega})$. Das Intervall $[a, b]$ wird mit der Wahl von paarweise verschiedenen Stützstellen x_j

$$a = x_0 < x_1 < \cdots < x_i < \cdots < x_n = b$$

diskretisiert (s. auch Abb. 10.10).

Die Bilanzierung der Gleichung von (10.36) über alle Teilintervalle $[x_{i-1}, x_i]$, $i = 1, \ldots, n$ ergibt für die Gitterfunktion u_h an den Stützwerten $x_{i-1/2}$, $i = 1, , \ldots, n$ bei einer äquidistanten Unterteilung die Gleichungen

$$-\left[\frac{u_{i+1/2} - u_{i-1/2}}{h} - \frac{u_{i-1/2} - u_{i-3/2}}{h}\right] = hf_{i-1/2},\ i = 1, \ldots, n. \quad (10.37)$$

Zur Approximation der Randbedingungen von (10.36) nutzt man die linearen Approximationen

$$(u_{-1/2} + u_{1/2})/2 = u_a, \quad (u_{n+1/2} + u_{n-1/2})/2 = u_b$$

und erhält damit zusammen mit (10.37)

$$L_h(u_h) = \begin{cases} \frac{2u_{i+1/2} - u_{i-1/2} - u_{i-3/2}}{h^2} - f_{i-1/2} & i = 1, \ldots, n \\ (u_{-1/2} + u_{1/2})/2 - u_a \\ (u_{n+1/2} + u_{n-1/2})/2 - u_b \end{cases} \quad (10.38)$$

als FV-Approximation des Differentialoperators L aus (10.36). $u_{-1/2}$ und $u_{n+1/2}$ sind Ghost-Werte, die als Hilfsvariable benötigt werden. Das im Ergebnis der FV-Approximation entstandene diskrete Problem $L_h(u_h) = \vec{0}$ ist eindeutig lösbar, weil

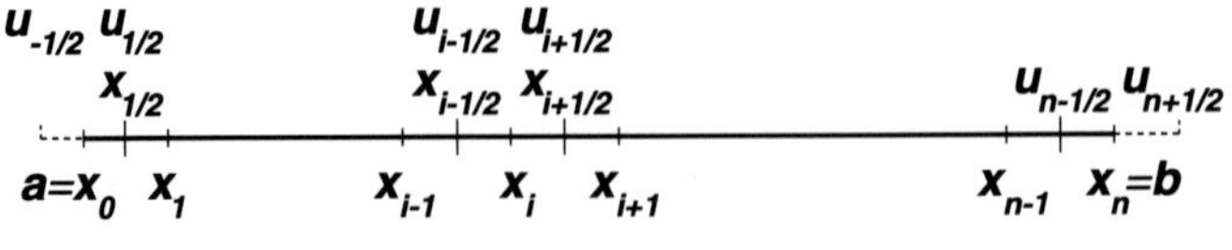

Abb. 10.10 Diskretisierung des Intervalls $[a, b]$ und Stützwerte

die Koeffizientenmatrix des linearen Gleichungssystems irreduzibel diagonal dominant, also regulär ist.

Für den lokalen Diskretisierungsfehler findet man mit den Taylor-Approximationen

$$u(x_{i+1/2}) = u(x_{i-1/2} + h)$$
$$= u(x_{i-1/2}) + hu'(x_{i-1/2}) + \frac{h^2}{2}u''(x_{i-1/2}) + \frac{h^3}{6}u'''(x_{i-1/2}) + O(h^4),$$
$$u(x_{i-3/2}) = u(x_{i-1/2} - h)$$
$$= u(x_{i-1/2}) - hu'(x_{i-1/2}) + \frac{h^2}{2}u''(x_{i-1/2}) - \frac{h^3}{6}u'''(x_{i-1/2}) + O(h^4),$$
$$u(x_{i\pm1/2}) = u(x_i) \pm \frac{h}{2}u'(x_i) + \frac{h^2}{2}u''(x_i) + O(h^3)$$

und $L_h(P_h(u))_{i+1/2} = L_h(u)|_{x=x_{i-1/2}}$ letztendlich

$$L_h(P_h(u)) = O(h^2) \iff ||L_h(P_h(u))||_\infty \le K\,h^2 \tag{10.39}$$

($K = $ const. > 0), also die Konsistenz des Differenzenoperators L_h zum Differential-operator L. Der Beweis der Stabilität

$$||u_h - v_h||_\infty \le M||L_h(u_h) - L_h(v_h)||_\infty \tag{10.40}$$

mit einer Konstanten $M > 0$ ist recht umfangreich und sprengt den Rahmen dieses Buches (zum Nachweis s. z. B. Samarskij[1984]). Aus der Ungleichung (10.40) folgt

$$||u_h - P_h(u)||_\infty \le M||L_h(u_h) - L_h(P_h(u))||_\infty = M||L_h(P_h(u))||_\infty,$$

da $L_h(u_h) = \vec{0}$ gilt. Mit der Konsistenz folgt schließlich für die Lösungen u bzw. u_h

$$||u_h - P_h(u)||_\infty \le M||L_h(P_h(u))||_\infty \le KM\,h^2,$$

also die Konvergenz. ◄

Die Ergebnisse des eindimensionalen Beispiels lassen sich auf zweidimensionale ellipti-sche Randwertprobleme mit den oben dargelegten FV-Diskretisierungen übertragen. Gene-rell erhält man mit der sorgfältig angewandten Bilanzmethode zur Konstruktion von FV-Diskretisierungen die Konsistenz, die durch Taylor-Entwicklungen auch leicht nachvollzieh-bar ist. Der Nachweis der Stabilität von FV-Diskretisierungen erfordert, sofern er möglich ist, in der Regel einen größeren Aufwand.

10.2.3 Zentraldifferenzen- und Upwind-Approximation

Zu Beginn des Kapitels wurde mit der Konvektions-Diffusionsgleichung eine wichtige Gleichung zur Beschreibung des diffusiven und des konvektiven Transports angegeben, d. h. im Fall eines divergenzfreien Geschwindigkeitsfeldes $\vec{v}$

$$\text{div}\,(\vec{v}T) = \text{div}\,(\lambda \text{grad}\,T) + f. \tag{10.41}$$

Ist T hier z. B. im zweidimensionalen Fall die Temperatur eines mit der Geschwindigkeit $\vec{v} = \binom{u}{v}$ strömenden Mediums, dann beschreibt der Term $\text{div}\,(\lambda \text{grad}\,T)$ den Wärmetransport durch Leitung und $\text{div}\,(\vec{v}T)$ den konvektiven Wärmetransport. $\vec{v}$ kann gegeben sein oder im Ergebnis einer Modellierung des Massen- und Impulstransports Lösung eines Randwertproblems sein. Im Folgenden soll auf die FV-Diskretisierung des konvektiven Terms $\text{div}\,(\vec{v}T)$ eingegangen werden. Im Zweidimensionalen ergibt die Bilanzierung über ein Element ω_{ij} (s. Abb. 10.1) in Analogie zur Gl. (10.21)

$$\int_{\omega_{ij}} \text{div}\,(\vec{v}T)\,dF = \int_{\partial\omega_o} uT\,ds - \int_{\partial\omega_w} uT\,ds + \int_{\partial\omega_n} vT\,ds - \int_{\partial\omega_s} vT\,ds.$$

Die kanonische Wahl von uT bzw. vT auf den Kanten $\partial\omega_o, \dots, \partial\omega_s$ ergibt mit

$$\int_{\omega_{ij}} \text{div}\,(\vec{v}T)\,dF \approx (u_{i+1/2\,j}(T_{i+1j} + T_{ij})/2 - u_{i-1/2\,j}(T_{ij} + T_{i-1j})/2)\Delta y$$
$$+ v_{ij+1/2}(T_{ij+1} + T_{ij})/2 - v_{ij-1/2}(T_{ij} - T_{ij-1})/2)\Delta x$$

die **Zentraldifferenzen-Approximation** oder die zentralen Differenzenquotienten. Diese Approximation hat allerdings die Eigenschaft, dass unter Umständen die resultierenden Gleichungssysteme zur Berechnung von T_{ij} Diagonalmatrizen haben, die nicht schwach diagonal dominant sind. Das kann Probleme bei der Lösung der Gleichungssysteme nach sich ziehen.

Wählt man uT bzw. vT auf den Kanten $\partial\omega_o, \dots, \partial\omega_s$ mit der **Upwind-Approximation** oder die Upwind-Differenzenquotienten

$$\int_{\partial\omega_o} uT\,ds \approx \frac{u_{i+1/2j} + |u_{i+1/2j}|}{2} T_{ij}\Delta y + \frac{u_{i+1/2j} - |u_{i+1/2j}|}{2} T_{i+1j}\Delta y,$$

$$\int_{\partial\omega_w} uT\,ds \approx \frac{u_{i-1/2j} + |u_{i-1/2j}|}{2} T_{i-1j}\Delta y + \frac{u_{i-1/2j} - |u_{i-1/2j}|}{2} T_{ij}\Delta y,$$

$$\int_{\partial\omega_n} vT\,ds \approx \frac{v_{ij+1/2} + |v_{ij+1/2}|}{2} T_{ij}\Delta x + \frac{v_{ij-1/2} - |v_{ij-1/2}|}{2} T_{ij+1}\Delta x,$$

$$\int_{\partial\omega_s} vT\,ds \approx \frac{v_{ij-1/2} + |v_{ij-1/2}|}{2} T_{ij-1}\Delta x + \frac{v_{ij-1/2} - |v_{ij-1/2}|}{2} T_{ij}\Delta x,$$

erhält man unabhängig vom Vorzeichen der Geschwindigkeitskomponenten eine Stärkung der Hauptdiagonalelemente und im Fall eines konstanten Vektorfeldes $\vec{v} = (u, v)^T$ insgesamt eine irreduzibel diagonal dominante Koeffizientenmatrix zur Berechnung der gesuchten Lösung T_{ij} der Gl. (10.41), ergänzt durch jeweils gegebene Randbedingungen für T.

10.2.4 Galerkin-Verfahren

Ausgangspunkt für das Galerkin- bzw. das im nachfolgenden Abschnitt behandelte Finite-Elemente-Verfahren ist die sogenannte schwache Formulierung von Randwertproblemen. Für das Randwertproblem (10.18) erhält man ausgehend von der Poisson-Gleichung nach Multiplikation mit einer Funktion v, die auf Γ_d gleich null ist, und der Integration über Ω

$$\int_\Omega -\mathrm{div}\,(\lambda\,\mathrm{grad}\,u)v\,dF = \int_\Omega \hat{f}v\,dF. \tag{10.42}$$

Die Anwendung der ersten Green'schen Integralformel

$$\int_{\partial\Omega} \lambda v \frac{\partial u}{\partial \vec{n}}\,ds = \int_\Omega [\mathrm{div}\,(\lambda\,\mathrm{grad}\,u)\,v + \lambda\,\mathrm{grad}\,u \cdot \mathrm{grad}\,v]\,dF \tag{10.43}$$

auf die linke Seite der Gl. (10.42) ergibt

$$\int_\Omega \lambda\,\mathrm{grad}\,u \cdot \mathrm{grad}\,v\,dF - \int_\Gamma \lambda v \frac{\partial u}{\partial \vec{n}}\,ds = \int_\Omega \hat{f}v\,dF$$

und die Berücksichtigung der Randbedingungen auf Γ_d und Γ_n führt auf die **schwache Formulierung**

$$\int_\Omega \lambda\,\mathrm{grad}\,u \cdot \mathrm{grad}\,v\,dF + \int_{\Gamma_n} \mu\,u\,v\,ds - \int_{\Gamma_n} q\,v\,ds = \int_\Omega \hat{f}v\,dF \tag{10.44}$$

des Randwertproblems (10.18). Dabei fordert man von den sogenannten Testfunktionen v, der rechten Seite $\hat{f}$ und von u, dass die Integrale in (10.44) existieren. Die Existenz der Integrale ist gesichert, wenn die beteiligten Funktionen Elemente geeigneter Funktionenräume sind. Als umfassendsten Raum benötigen wir den Raum der auf Ω messbaren Funktionen

$$L_2(\Omega) = \left\{ u \;\middle|\; \int_\Omega |u|^2\,dF < \infty \right\},$$

der ein **Hilbertraum,** also ein vollständiger normierter Raum, mit dem Skalarprodukt bzw. der Norm

$$\langle u, v \rangle_{L_2} = \int_\Omega uv\,dF \qquad \|u\|_{L_2} = \left(\int_\Omega |u|^2\,dF \right)^{1/2}$$

ist. Da man in der Mathematik immer bemüht ist, so wenig wie möglich vorauszu-
setzen, wird der Begriff der Ableitung verallgemeinert bzw. abgeschwächt. Der Vektor
$\alpha = (\alpha_1, \alpha_2, \ldots, \alpha_n)$ mit nicht-negativen ganzen Zahlen α_j heißt **Multiindex** der Länge
$|\alpha| = \sum_{j=1}^{n} \alpha_j$. Ableitungen einer Funktion $u : \Omega \to \mathbb{R}$, $\Omega \subset \mathbb{R}^2$, nach den Variablen
$x_1, x_2, \ldots, x_n$ werden durch

$$D^\alpha u := \frac{\partial^{\alpha_1 + \cdots + \alpha_n}}{\partial x_1^{\alpha_1} \partial x_2^{\alpha_2} \ldots \partial x_n^{\alpha_n}}$$

bezeichnet. Für $\alpha = (1, 2)$ ist z. B. für $u : \Omega \to \mathbb{R}$, $\Omega \subset \mathbb{R}^2$,

$$D^\alpha u = \frac{\partial^3 u}{\partial x_1^2 \partial x_2}.$$

Ist $u \in C^{(r)}(\Omega)$ und $|\alpha| = r$, dann existiert $D^\alpha u$ und ist stetig. Mit Funktionen φ aus dem
Funktionenraum

$$C_0^\infty(\Omega) = \{\varphi \in C^\infty(\Omega) \mid D^\beta \varphi = 0 \text{ auf } \Gamma = \partial\Omega \text{ für alle Multiindizes } \beta\}$$

erhält man durch partielle Integration bzw. die erste Green'sche Integralformel die Beziehung

$$\int_\Omega D^\alpha u \, \varphi \, dF = (-1)^\alpha \int_\Omega u \, D^\alpha \varphi \, dF, \tag{10.45}$$

da φ und sämtliche Ableitungen von φ auf $\partial\Omega$ verschwinden. Die rechte Seite der Beziehung
(10.45) ist für Funktionen $u \in L_2(\Omega)$ erklärt und erlaubt die

▶ **Definition 10.4** (verallgemeinerte Ableitung)
Für eine Funktion $u \in L_2(\Omega)$ heißt die Funktion $v \in L_2(\Omega)$ **verallgemeinerte Ableitung**
zum Multiindex α, wenn

$$\int_\Omega v \, \varphi \, dF = (-1)^\alpha \int_\Omega u \, D^\alpha \varphi \, dF$$

für alle $\varphi \in C_0^\infty(\Omega)$ gilt, wobei die Schreibweise $v := D^\alpha u$ verwendet wird.

Die verallgemeinerte oder **schwache Ableitung** von u ist eindeutig bestimmt, d. h. aus

$$v_1 = D^\alpha u \quad \text{und} \quad v_2 = D^\alpha u$$

folgt $v_1 = v_2$ fast überall auf Ω (ist $\Omega \subset \mathbb{R}$ ein Intervall, dann gilt $v_1 = v_2$ mit Aus-
nahme von endlich vielen Stellen im Intervall). Für $u \in C^{(r)}(\Omega)$ und $|\alpha| = r$ stimmt die
verallgemeinerte Ableitung $D^\alpha u$ mit der üblichen klassischen Ableitung überein.

Beispiel

Sei $\Omega = [0, 1]$ und

$$u(x) = \begin{cases} \frac{x}{2}, & 0 \le x \le \frac{1}{2} \\ \frac{1}{2} - \frac{x}{2}, & \frac{1}{2} \le x \le 1 \end{cases}.$$

$u(x)$ ist im klassischen Sinn im Intervall $[0, 1]$ nicht differenzierbar. Für jede auf $\Omega = [0, 1]$ differenzierbare Funktion φ, die auf dem Rand von Ω verschwindet, d. h. $\varphi(0) = \varphi(1) = 0$, gilt allerdings nach Anwendung der partiellen Integration für $\varphi' = D^1\varphi$

$$\int_0^1 u\,\varphi'\,dx = \int_0^{1/2} \frac{x}{2}\varphi'\,dx + \int_{1/2}^1 \left(\frac{1}{2} - \frac{x}{2}\right)\varphi'\,dx = -\left[\frac{1}{2}\int_0^{1/2} \varphi\,dx - \frac{1}{2}\int_{1/2}^1 \varphi\,dx\right].$$

Im Sinne der Definition 10.4 folgt

$$v = D^1 u = \begin{cases} \frac{1}{2}, & 0 \le x < \frac{1}{2} \\ -\frac{1}{2}, & \frac{1}{2} < x \le 1 \end{cases}$$

für die existierende verallgemeinerte Ableitung von u, wobei für $x = \frac{1}{2}$ ein beliebiger Wert für v gesetzt werden kann (Abb. 10.11). Die schwache oder verallgemeinerte Ableitung existiert also auch für im klassischen Sinn nicht differenzierbare Funktionen, wie das Beispiel zeigt. Bedeutung haben diese verallgemeinerten Ableitungen auch im Zusammenhang mit Differentialgleichungen der mathematischen Physik, die Lösungen haben, welche im klassischen Sinn nicht differenzierbar sind, wohl aber im verallgemeinerten Sinn. ◄

Der Funktionenraum

$$H^r(\Omega) = \{u \in L_2(\Omega) \mid D^\alpha u \in L_2(\Omega), |\alpha| \le r\}$$

heißt **Sobolev-Raum**. $H^r(\Omega)$ ist mit der Norm

Abb. 10.11 Funktion u und verallgemeinerte Ableitung v

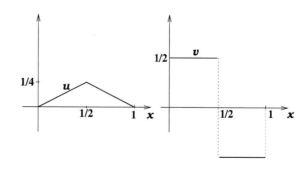

$$||u||_{H^r} = \left(\sum_{|\alpha| \leq r} ||D^\alpha u||^2_{L_2} \right)^{1/2}$$

ein Banach-Raum. Es gilt nun

$$H^{r_2}(\Omega) \subset H^{r_1}(\Omega) \subset H^0(\Omega) = L_2(\Omega)$$

für $r_2 \geq r_1 \geq 0$. Als Lösungsraum der Aufgabe (10.44) definieren wir den Unterraum des $L_2(\Omega)$

$$H_0^1(\Omega) = \{ u \in H^1(\Omega) \, | \, u = 0 \text{ auf } \Gamma_d \}.$$

Für Funktionen $u, v \in H_0^1(\Omega)$ und $\hat{f} \in L^2(\Omega)$ ist offensichtlich die Gl. (10.44) sinnvoll, d. h. die Integrale existieren. Durch

$$A(u, v) = \int_\Omega \lambda \operatorname{grad} u \cdot \operatorname{grad} v \, dF + \int_{\Gamma_n} \mu \, uv \, ds, \quad F(v) = \int_\Omega \hat{f} v \, dF + \int_{\Gamma_n} q v \, ds \quad (10.46)$$

werden eine **Bilinearform** A, d. h. für Skalare α, β und $u, v \in H_0^1(\Omega)$ gilt

$$A(\alpha u + \beta v, w) = \alpha A(u, w) + \beta A(v, w), \quad A(u, \alpha v + \beta w) = \alpha A(u, v) + \beta A(u, w),$$

und ein lineares Funktional F auf $H_0^1(\Omega) \times H_0^1(\Omega)$ bzw. $H_0^1(\Omega)$ definiert und man kann die schwache Formulierung des Randwertproblems (10.18) wie folgt erklären.

▶ **Definition 10.5** (schwache Formulierung, schwache Lösung)
Die Funktion $u \in H_0^1(\Omega)$ heißt **schwache Lösung** des Randwertproblems (10.18), wenn u die Gleichung

$$A(u, v) = F(v) \tag{10.47}$$

für alle Funktionen $v \in H_0^1(\Omega)$ erfüllt. Die Gl. (10.47) heißt **schwache Formulierung** des Randwertproblems (10.18).

Die Rechnungen am Anfang dieses Abschnitts zeigen, dass eine Lösung des Randwertproblems (10.18) auch immer eine schwache Lösung ist. Die Umkehrung gilt i. Allg. nicht.

Die Herleitung der schwachen Formulierung (10.47) für allgemeine elliptische Randwertprobleme

$$Lu = f \quad \text{in } \Omega, \quad Bu = 0 \quad \text{auf } \Gamma_r \subset \partial\Omega,$$

mit einem elliptischen Operator L und einem Randoperator B bedeutet die Konstruktion einer zum Operator L gehörenden Bilinearform $A : U \times V \to \mathbb{R}$ und eines linearen Funktionals $F : V \to \mathbb{R}$, das von der rechten Seite f und evtl. vom Randoperator B abhängt. Die Räume U bzw. V der zulässigen Lösungen u bzw. der Testfunktionen v sind so zu wählen, dass man mit A und F eine sinnvolle schwache Formulierung $A(u, v) = F(v)$

erhält. U und V können sich evtl. auch unterscheiden. Im Fall des Randwertproblems (10.18) ist

$$Lu = -\text{div}\,(\lambda \text{grad}\, u), \quad Bu = \lambda \frac{\partial u}{\partial \vec{n}} + \mu u \text{ auf } \Gamma_n \subset \Gamma$$

und $U = V = H_0^1(\Omega)$. Die Randbedingung $u|_{\Gamma_d} = 0$ wurde durch die Wahl des Lösungsraums $U = H_0^1(\Omega)$ berücksichtigt.

Zur Existenz und Eindeutigkeit einer schwachen Lösung $u \in U = V$ gilt der folgende fundamentale Satz, der hier nicht bewiesen werden soll.

Satz 10.2 *(Existenz und Eindeutigkeit einer schwachen Lösung)*
Gegeben sei ein Hilbertraum V mit der Norm $||v||_V$, die Bilinearform $A : V \times V \to \mathbb{R}$ und ein lineares Funktional $F : V \to \mathbb{R}$. Sind A und F stetig, d.h. es gibt Konstanten $c > 0, d > 0$ mit

$$|A(u,v)| \leq c||u||_V ||v||_V \text{ für alle } u, v \in V, \quad |F(v)| \leq d||v||_V \text{ für alle } v \in V,$$
$$(10.48)$$

*und ist A **koerzitiv**, d.h. es gibt eine Zahl $\alpha > 0$ mit*

$$A(v,v) \geq \alpha ||v||_V^2 \text{ für alle } v \in V,$$
$$(10.49)$$

dann existiert eine eindeutige schwache Lösung $u \in V$ einer schwachen Formulierung der Art (10.47), die der Abschätzung

$$||u||_V \leq \frac{1}{\alpha} \sup_{v \in V, ||v||_V = 1} |F(v)|$$

genügt.

Ausführliche Betrachtungen zur Konvergenz von Galerkin-Verfahren, die den Rahmen dieses Buches sprengen, findet man z.B. in Gajewski et al. (1974), Quarteroni (2017) und Braess (1992).

Unter dem Galerkin-Verfahren versteht man die Berechnung einer numerischen Lösung u_h von (10.47) und (10.46) mit $U = V = H_0^1(\Omega)$ in der Form

$$u_h(\vec{x}) = \sum_{j=1}^{N} c_j \varphi_j(\vec{x}),$$
$$(10.50)$$

wobei $\varphi_j(\vec{x})$, , $j = 1, \ldots, N$ die Basis eines N-dimensionalen Unterraums V_h von V ist und die Koeffizienten c_j Lösung des Gleichungssystems

$$A(u_h, \varphi_j) = F(\varphi_j) \quad (j = 1, \ldots, N)$$
$$(10.51)$$

sind. Die Koeffizientenmatrix S bzw. die rechte Seite $\vec{b}$ des Gleichungssystems zur Bestimmung der Galerkin-Koeffizienten $\vec{c} = (c_j)$ nennt man aufgrund des ursprünglichen Anwendungsgebiets der Verfahren **Steifigkeitsmatrix** bzw. **Lastvektor.** h und N sind Diskretisierungsparameter und zwischen ihnen gelten i. d. R. die Relationen $h = O(\frac{1}{N})$ bzw. $N = O(h^{-1})$. Beim klassischen Galerkin-Verfahren sind die Basisfunktionen $\varphi_j(\vec{x})$ trigonometrische Funktionen oder Polynome, die die vorgegebenen Randbedingungen erfüllen und somit in $H_0^1(\Omega)$ liegen.

Von der Konvergenz einer Galerkin-Lösung $u_h \in V_h$ gegen die schwache Lösung $u \in U = V$ eines elliptischen Randwertproblems spricht man, wenn

$$\lim_{N \to \infty} ||u - u_h||_V = 0$$

gilt. Unter der Voraussetzung, dass die Unterräume $V_h \subset V$ die Bedingung

$$\lim_{h \to 0} \inf_{v_h \in V_h} ||v - v_h||_V = 0 \iff \lim_{N \to \infty} \inf_{v_h \in V_h} ||v - v_h||_V = 0 \quad \text{für alle } v \in V \quad (10.52)$$

erfüllen, kann man unter den Voraussetzungen des Satzes 10.2 die Konvergenz der eindeutig bestimmten Galerkin-Lösung gegen die schwache Lösung zeigen. Die Bedingung (10.52) bedeutet gewissermaßen, dass man den Funktionenraum V beliebig gut durch einen geeigneten Unterraum $V_h \subset V$ mit einer entsprechend großen Dimension $N \sim h^{-1}$ annähern kann.

An dieser Stelle ist allerdings anzumerken, dass man in der Physik oder in vielen Ingenieurdisziplinen Galerkin-Verfahren erfolgreich einsetzt, ohne in jedem Fall sichere Konvergenzaussagen zur Verfügung zu haben. Oft werden Basisfunktionen gewählt, die dem Problem immanente Eigenschaften besitzen, und bei denen man davon ausgehen kann, dass man die eigentliche Problemlösung durch eine Superposition der Basisfunktionen nähern kann. Statt eines mathematischen Konvergenzbeweises ist eine geringer werdende Änderung der Galerkin-Lösung u_h bei Erhöhung der Anzahl der Basisfunktionen eine Rechtfertigung für die gewählte Herangehensweise und in jedem Fall notwendig für die Konvergenz der Galerkin-Lösung.

Beispiel

Betrachten wir das eindimensionale Randwertproblem (also das Zweipunkt-Randwertproblem)

$$-\frac{d^2u}{dx^2} = \sin(ax), \quad 0 < x < 1, \quad u(0) = u(1) = 0, \quad (10.53)$$

das die exakte Lösung $u(x) = \frac{1}{a^2}(\sin(ax) - x\sin a)$ besitzt. Mit $\Omega =]0, 1[$ ergibt sich der Lösungsraum

$$U = V = H_0^1(\Omega) = \{u \in L_2(\Omega) \, | \, u(0) = u(1) = 0\}.$$

Die Funktionen $\varphi_j(x) = \sin(j\pi x)$, $j = 1, \ldots, N$ bilden die Basis eines N-dimensionalen Unterraums von V. Mit dem Ansatz

$$u_h(x) = \sum_{j=1}^{N} c_j \varphi_j(x) = \sum_{j=1}^{N} c_j \sin(j\pi x)$$

erhält man aus (10.51) das Gleichungssystem

$$\sum_{j=1}^{N} c_j \langle \varphi_j', \varphi_k' \rangle_{L_2} = \langle f, \varphi_k \rangle_{L_2}$$

$$\Longleftrightarrow \quad \sum_{j=1}^{N} c_j (jk\pi^2) \int_0^1 \cos(j\pi x)\cos(k\pi x)\,dx = \int_0^1 \sin(ax)\sin(k\pi x)\,dx$$

bzw. nach Auswertung der Integrale für $a \neq j\pi$, $j \in \mathbb{Z}$,

$$c_k \frac{(k\pi)^2}{2} = \frac{(-1)^k k\pi \sin a}{a^2 - (k\pi)^2} \Longrightarrow c_k = \frac{(-1)^k 2 \sin a}{k\pi(a^2 - (k\pi)^2)} \quad (k = 1, \ldots, N).$$

Aufgrund der Orthogonalität der Basisfunktionen und ihrer Ableitungen wird das lineare Gleichungssystem zur Bestimmung der Galerkin-Koeffizienten c_k mit einer Diagonalmatrix trivial lösbar. In der Abb. 10.12 sind die numerischen Lösungen für $N = 5, 10, 15$ bei der Vorgabe von $a = \frac{13\pi}{2}$ dargestellt und man erkennt, dass $N = 5$ nicht ausreicht, um die in der rechten Seite $f = \sin ax = \sin(6\pi + \frac{\pi}{2})x$ enthaltenen Frequenzen in der numerischen Lösung widerzuspiegeln. ◀

Abb. 10.12 Numerische Lösungen und exakte Lösung des Problems (10.53)

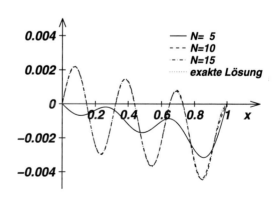

Beispiel

Modifiziert man das obige Beispiel zu

$$-\frac{d^2\hat{u}}{dx^2} + x^2\hat{u} = \sin(ax), \quad 0 < x < 1, \quad \hat{u}(0) = 0, \ \hat{u}(1) = 1,$$

dann kann man das Problem durch die Einführung der „neuen" Funktion $u(x) = \hat{u}(x) - x$ homogenisieren und erhält für u das äquivalente Randwertproblem

$$-\frac{d^2u}{dx^2} + x^2u = \sin(ax) + x^3, \quad 0 < x < 1, \quad u(0) = u(1) = 0 \qquad (10.54)$$

mit homogenen Dirichlet-Randbedinungen. Mit der Basis $\varphi_j(x) = \sin(j\pi x)$, $j = 1, \ldots, N$ und dem Ansatz $u_h(x) = \sum_{j=1}^N c_j \varphi_j(x)$ erhält man mit

$$A(u, v) := \int_0^1 u'v' \, dx + \int_0^1 x^2 uv \, dx, \quad F(v) := \int_0^1 (\sin(ax) + x^3)v \, dx$$

das Galerkin-Verfahren

$$A(u_h, \varphi_j) = F(\varphi_j), \quad j = 1, \ldots, N.$$

Mit den Skalarprodukten des obigen Beispiels und den nach mehrfacher partieller Integration erhaltenen Resultaten

$$\int_0^1 x^2 \sin(j\pi x) \sin(k\pi x) \, dx = \begin{cases} \frac{1}{6} - \frac{1}{k^2\pi^24} & \text{für } j = k \\ \frac{4jk(-1)^{j+1}}{(j^2-k^2)^2\pi^2} & \text{für } j \neq k \end{cases},$$

$$\int_0^1 x^3 \sin(j\pi x) \, dx = (-1)^j \left(\frac{6}{(j\pi)^3} - \frac{1}{j\pi} \right)$$

ergibt sich das Gleichungssystem $S\vec{c} = \vec{b}$ mit der Steifigkeitsmatrix $S = (s_{jk})$ und dem Lastvektor $\vec{b} = (b_j)$

$$s_{jk} = \begin{cases} \frac{1}{2}(k\pi)^2 + \frac{1}{6} - \frac{1}{k^2\pi^24} & \text{für } j = k \\ \frac{4jk(-1)^{j+1}}{(j^2-k^2)^2\pi^2} & \text{für } j \neq k \end{cases},$$

$$b_j = (-1)^j \left(\frac{j\pi \sin(a)}{(a^2 - \pi^2 j^2)} + \frac{6}{(j\pi)^3} - \frac{1}{j\pi} \right).$$

Zur Matrix S ist anzumerken, dass der Term x^2u in der Gleichung zur voll besetzten Matrix S führt. In der Abb. 10.13 ist die Lösung u_h für $N = 15$ und $a = \frac{9\pi}{2}$ dargestellt. Die numerische Lösung $\hat{u}_h$ des Ausgangsproblems mit inhomogenen Randbedingungen erhält man durch die Rückrechnung $\hat{u}_h(x) = u_h(x) + x$. ◄

Abb. 10.13 Numerische Lösung $u_h = \hat{u}_h - x$ des Randwertproblems (10.54)

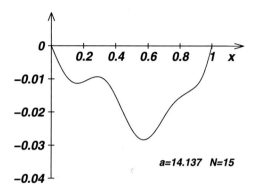

Mit der H^1-Norm erfüllen die schwachen Formulierungen der Randwertprobleme (10.53) und (10.54) die Voraussetzungen des Satzes 10.2, so dass jeweils eine eindeutige schwache Lösung existiert. Außerdem erfüllen die Unterräume $V_h \subset V = H_0^1(\Omega)$ mit den Basen $\varphi_j(x) = \sin(j\pi x)$, $j = 1, \ldots, N$ die Bedingung (10.52), so dass die Konvergenz der Galerkin-Lösung gegen die schwache Lösung bei beiden Beispielaufgaben gesichert ist.

Aufgrund der Orthogonalität der Basisfunktionen sind die Steifigkeitsmatrizen beim klassischen Galerkin-Verfahren meist recht einfach zu bestimmen. Das Finden geeigneter Basisfunktionen ist allerdings nicht immer so einfach wie in den beiden eindimensionalen Beispielen. Die dort verwendeten Basisfunktionen $\varphi_j(x) = \sin(j\pi x)$ sind gerade die Eigenfunktionen des Randeigenwertproblems

$$-\frac{d^2 u}{dx^2} = \lambda u, \ 0 < x < 1, \quad u(0) = u(1) = 0.$$

Generell kann man bei Kenntnis der Eigenfunktionen $\varphi(x)$ eines elliptischen Randwertproblems diese als Basisfunktionen für ein Galerkin-Verfahren verwenden. Z. B. sind die Eigenfunktionen $\varphi_{ij}(x, y) = \sin(i\pi x) \sin(j\pi y)$ des Randeigenwertproblems

$$-\Delta u = \lambda u, \ x \in \Omega =]0, 1[\times]0, 1[, \quad u|_{\partial\Omega} = 0$$

als Basisfunktionen für ein Galerkin-Verfahren zur numerischen Lösung des elliptischen Randwertproblems

$$-\Delta u = f, \ x \in \Omega =]0, 1[\times]0, 1[, \quad u|_{\partial\Omega} = 0 \tag{10.55}$$

verwendbar. Da für die Funktionen $\varphi_{ij}(x, y) = \sin(i\pi x) \sin(j\pi y)$ (und ihre jeweiligen partiellen Ableitungen) Orthogonalitätsrelationen der Form

$$\langle \varphi_{ij}, \varphi_{kl} \rangle_{L_2} = \begin{cases} \frac{1}{4} & \text{für } i = k \text{ und } j = l \\ 0 & \text{sonst} \end{cases}$$

gelten, erhält man zur numerischen Lösung des elliptischen Randwertproblems (10.55) ein Gleichungssystem zur Bestimmung der Galerkin-Koeffizienten c_{ij} mit einer diagonalen Steifigkeitsmatrix.

Beispiel

Gesucht ist die Lösung des elliptischen Randwertproblems

$$- \Delta u = (x^2 - 2x)(y^2 - y), \quad (x, y) \in \Omega =]0, 2[\times]0, 1[, \quad u|_{\partial \Omega} = 0. \qquad (10.56)$$

Mit den Basisfunktionen $\varphi_{ij}(x, y) = \sin(\frac{i\pi}{2}x) \sin(j\pi y)$, $i = 1, \ldots, n$, $j = 1, \ldots, m$ erhält man ausgehend von der schwachen Formulierung

$$A(u, v) = F(v), \quad A(u, v) = \int_{\Omega} \operatorname{grad} u \cdot \operatorname{grad} v \, dF, \quad F(v) = \int_{\Omega} (x^2 - 2x)(y^2 - y) v \, dF$$

als Steifigkeitsmatrix $S = (s_{IJ})$ eine Diagonalmatrix. Aufgrund der Orthogonalität der trigonometrischen Basisfunktionen gilt

$$\left\langle \frac{\partial \varphi_{ij}}{\partial x}, \frac{\partial \varphi_{kl}}{\partial x} \right\rangle_{L^2} = \int_{\Omega} \frac{i\pi}{2} \cos\left(\frac{i\pi}{2}x\right) \sin(j\pi y) \frac{k\pi}{2} \cos\left(\frac{k\pi}{2}x\right) \sin(l\pi y) \, dF$$

$$= \begin{cases} \frac{i^2\pi^2}{16} & \text{für } i = k \text{ und } j = l \\ 0 & \text{sonst} \end{cases}$$

$$\left\langle \frac{\partial \varphi_{ij}}{\partial y}, \frac{\partial \varphi_{kl}}{\partial y} \right\rangle_{L^2} = \int_{\Omega} j\pi \sin\left(\frac{i\pi}{2}x\right) \cos(j\pi y) l\pi \sin\left(\frac{k\pi}{2}x\right) \cos(l\pi y) \, dF$$

$$= \begin{cases} \frac{j^2\pi^2}{4} & \text{für } i = k \text{ und } j = l \\ 0 & \text{sonst} \end{cases}$$

sowie

$$\langle (x^2 - 2x)(y^2 - y), \varphi_{kl} \rangle_{L^2} = \int_{\Omega} (x^2 - 2x)(y^2 - y) \varphi_{kl} \, dF$$

$$= \frac{32}{(k\pi)^3 (l\pi)^3} ((-1)^k - 1)((-1)^l - 1).$$

Somit ergibt sich für die Diagonalelemente der Steifigkeitsmatrix $S = (s_{IJ})$ und die Komponenten der rechten Seite $\vec{b} = (b_I)$ mit $I = i + (j - 1)n$, $i = 1, \ldots, n$, $j = 1, \ldots, m$

$$s_{II} = \frac{i^2\pi^2}{16} + \frac{j^2\pi^2}{4}, \quad b_I = \frac{32}{(i\pi)^3 (j\pi)^3} ((-1)^i - 1)((-1)^j - 1).$$

Für die Galerkin-Koeffizienten und die Galerkin-Lösung u_h folgt damit $c_{i+(j-1)n} = s_{i+(j-1)n \, i+(j-1)n} / b_{i+(j-1)n}$, $i = 1, \ldots, n$, $j = 1, \ldots, m$ bzw.

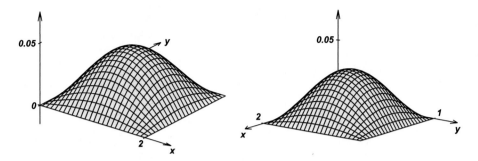

Abb. 10.14 Numerische Lösung u_h des Randwertproblems (10.56)

$$u_h(x, y) = \sum_{i=1}^{n} \sum_{j=1}^{m} c_{i+(j-1)n} \sin\left(\frac{i\pi}{2}x\right) \sin(j\pi y).$$

In der Abb. 10.14 ist die Lösung für $n = 4$, $m = 4$ dargestellt. Eine Erhöhung der Dimension des Unterraums V_h durch Vergrößerung von n bzw. m erwies sich als nicht erforderlich. ◄

Das Finden von Basisfunktionen für das klassische Galerkin-Verfahren wird im Fall von komplizierten Integrationsbereichen $\Omega \in \mathbb{R}^\nu$, $\nu \geq 2$ in der Regel sehr schwierig bzw. auf analytischem Weg unmöglich. Das ist ein entscheidendes Motiv zum Übergang zu speziellen Basisfunktionen, die nur auf kleinen Teilelementen von Ω von null verschieden sind. Die Variabilität der Basisfunktionen bezüglich der Geometrie von Ω wird damit erhöht. Der Preis, den man dafür bezahlen muss, besteht im Verlust der Orthogonalität der Basisfunktionen, die charakteristisch für das klassische Galerkin-Verfahren ist. Diese auch h-lokal genannten Basisfunktionen heißen **finite Elemente,** die im folgenden Abschnitt betrachtet werden sollen.

10.2.5 Finite-Element-Methode

Bei der Finite-Element-Methode (FEM) werden Unterräume V_h bzw. Basisfunktionen von V_h konstruiert, die die Behandlung von i. Allg. kompliziert beranderten Bereichen Ω zulassen. Wir konzentrieren uns bei der Darstellung der Finite-Element-Methode auf die Fälle $\Omega \subset \mathbb{R}^\nu$, $\nu = 1, 2$ und haben die numerische Lösung der schwachen Formulierung (10.47) des Randwertproblems (10.18) als Ziel. Vom Bereich Ω fordern wir eine polygonale Berandung, so dass sich $\bar{\Omega} = \Omega \cup \partial\Omega$ immer als Vereinigung endlich vieler Polyeder K_j

$$\bar{\Omega} = \cup_{j=1}^{N} K_j \tag{10.57}$$

darstellen lässt. Als Grundlage für die Finite-Element-Methode werden Zerlegungen (10.57) mit speziellen Eigenschaften benötigt, die auf folgende Definition führen.

▶ **Definition 10.6** (zulässige Triangulierung)
Die Menge $T_h = \{K_1, \ldots, K_N\}$ mit $\bar{\Omega} = \cup_{j=1}^N K_j$ heißt **zulässige Triangulierung** von Ω, wenn für die K_j Folgendes gilt:

i) K_j, $j = 1, \ldots, N$, sind Polyeder mit der Eigenschaft $\dot{K}_j \neq \emptyset$ ($\dot{K}_j$ bezeichnet die Menge der inneren Punkte von K_j).
ii) $\dot{K}_j \cap \dot{K}_i = \emptyset$ für alle $j \neq i$.
iii) Falls $S = K_j \cap K_i \neq \emptyset$, so ist S gemeinsame Fläche ($\Omega \subset \mathbb{R}^3$), gemeinsame Seite ($\Omega \subset \mathbb{R}^2$) oder gemeinsamer Eckpunkt (Ω Intervall aus $\mathbb{R}$) von K_j und K_i.

Mit dem Durchmesser $\mathrm{diam}(K_j) := \sup_{\vec{x}, \vec{y} \in K_j} \{\|\vec{x} - \vec{y}\|\}$ eines Elements K_j wird durch

$$h = \max_{j=1,\ldots,N} \mathrm{diam}(K_j)$$

der Diskretisierungsparameter bzw. die **Feinheit** h der Triangulierung T_h erklärt.

In der Abb. 10.15 ist die rechte Triangulierung unzulässig, weil der Durchschnitt $K_4 \cap K_5$ nicht leer ist, aber keine Seite (nur ein Teil davon) von K_4 ist. Die Forderung iii) der Definition 10.6 ist nicht erfüllt.

Die Ecken der Elemente K_j werden **Knoten** genannt und mit $\mathbf{a}_1, \mathbf{a}_2, \ldots, \mathbf{a}_M$ durchnummeriert. Dabei wird nach inneren Knoten $\mathbf{a}_i \in \Omega$ und Randknoten $\mathbf{a}_i \in \partial\Omega$ unterschieden. In der Abb. 10.16 ist eine Triangulierung mit den inneren Knoten $\mathbf{a}_1, \ldots, \mathbf{a}_5$ und den Randknoten $\mathbf{a}_6, \ldots, \mathbf{a}_{17}$ dargestellt. Der Begriff **finite Elemente** wird außer für die h-lokalen Basisfunktionen auch für die Elemente K_j einer Triangulierung synonym verwendet.

Im Folgenden werden wir uns im Fall $\Omega \subset \mathbb{R}^2$ bei der Darstellung der Finite-Element-Methode auf Dreieckszerlegungen mit Dreiecken K_j wie in den Abb. 10.15 und 10.16 beschränken. Als endlichdimensionale Räume $V_h \subset V$ werden über der Triangulierung Räume stückweise polynomialer Funktionen eingeführt. Bezeichnet man den Funktionenraum der Polynome k-ten Grades mit $\mathcal{P}_k$, dann sollen die Elemente $v_h \in V_h$ auf jedem Element K_j der Triangulierung ein Polynom aus $\mathcal{P}_k$ sein. Den Raum der dreieckigen finiten

Abb. 10.15 Zulässige (links) und unzulässige (rechts) Triangulierung

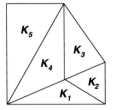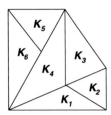

Abb. 10.16 Zulässige
Triangulierung mit inneren und
Randknoten

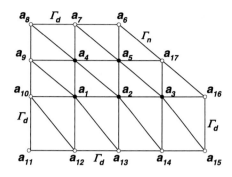

Elemente definiert man durch

$$X_h^k := \{v_h \in C^0(\bar{\Omega}) \mid v_h|_{K_j} \in \mathcal{P}_k \text{ für alle } K_j \in T_h\},$$

wobei $k \geq 1$ sein soll (mindestens Polynome ersten Grades). Die Elemente aus X_h^k müssen demnach stetig auf $\bar{\Omega}$ und auf jedem Dreieck K_j ein Polynom k-ten Grades sein. Im eindimensionalen Fall (Ω als reelles Intervall) und der Wahl von $k = 1$ sucht man also nach auf Ω stetigen, stückweise linearen Näherungslösungen, die auf jedem Element $K_j, j = 1, \ldots, N$ für $\Omega \subset \mathbb{R}$ die Form

$$v_h(x) = \alpha_j x + \beta_j \quad (\alpha_j, \beta_j \in \mathbb{R})$$

bzw. für $\Omega \subset \mathbb{R}^2$ die Form

$$v_h(x, y) = \alpha_{j1} x + \alpha_{j2} y + \beta_j \quad (\alpha_{j1}, \alpha_{j2}, \beta_j \in \mathbb{R})$$

haben. Abhängig vom zu lösenden konkreten Randwertproblem muss man den Raum der Näherungslösungen V_h als Unterraum von X_h^k geeignet wählen. Für das Randwertproblem (10.18) bzw. (10.47) ist das der Raum

$$V_h = \{v_h \in X_h^k \mid v_h|_{\Gamma_d} = 0.\} \tag{10.58}$$

Eine möglichst einfache Beschreibung der Basisfunktionen $\varphi_i(\vec{x})$, $i = 1, \ldots, M$ von X_h^k liefert die Forderung

$$\varphi_i(\mathbf{a}_j) = \delta_{ij}, \quad i, j = 1, \ldots, M. \tag{10.59}$$

an den Knoten $\mathbf{a}_i$ der Triangulierung T_h.

Zusammen mit der Forderung, dass $\varphi_i(\vec{x})$ auf jedem Element K_j ein Polynom vom Grad k sein soll, entstehen im Fall $k = 1$ Hutfunktionen, wie in der Abb. 10.17 für $\Omega \in \mathbb{R}^2$ dargestellt. Diese Basisfunktionen werden auch **Formfunktionen** genannt. Die Formfunktionen haben die wichtige Eigenschaft, dass ihr Träger

$$\text{supp}(\varphi_i) = \{\vec{x} \in \Omega \mid \varphi_i(\vec{x}) \neq 0\}$$

Abb. 10.17 Stückweise
lineare Formfunktionen
($k = 1$), Träger schraffiert

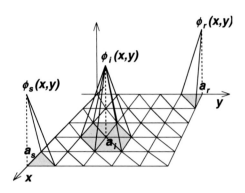

klein ist, d. h. nur durch die Elemente K_j, die an den Knoten $\mathbf{a}_i$ grenzen, gebildet wird. Damit wird die Skalarproduktberechnung zur Bestimmung der Koeffizienten des Gleichungssystems (10.51) in der Regel einfach. Der Unterraum V_h mit der Formfunktionsbasis $\varphi_i(\vec{x})$, $i = 1, \ldots, M$ hat die Dimension M, d. h. die Zahl der Knoten der Triangulierung. Ist $k > 1$, muss man zur eindeutigen Festlegung von Basisfunktionen neben den Knoten an den Ecken der Elemente K_j weitere Knoten auf den Elementen K_j festlegen. Ist Ω ein Intervall aus $\mathbb{R}$, dann ist der Fall $k = 2$ in der Abb. 10.19 dargestellt. Für $k = 2$ wird neben der Forderung $\varphi_i(\mathbf{a}_j) = \delta_{ij}$ durch die zusätzliche Forderung $\varphi_i = 0$ in der Mitte der Elemente $K_{i+1/2}$ bzw. $K_{i-1/2}$ eine Basisfunktion $\varphi_i(x) = \alpha x^2 + \beta x + \gamma$ mit den geforderten Eigenschaften (stetig auf Ω, auf den Elementen K_j ein Polynom aus $\mathcal{P}_2$) eindeutig festgelegt.

Zum Vergleich ist der Fall $k = 1$ (stückweise Linearität) in der Abb. 10.18 skizziert. Für $\Omega \subset \mathbb{R}^2$ muss man bei einer Dreieckszerlegung im Fall $k = 2$ auf den Kantenmitten des Elements K_j mit dem Knoten a_i als Ecke durch die Forderung $\varphi_i = 0$ zusätzliche Freiheitsgrade zur eindeutigen Festlegung von $\varphi_i(x, y) = \alpha_1 x^2 + \alpha_{12}xy + \alpha_2 y^2 + \beta_1 x + \beta_2 y + \gamma$ schaffen. Generell sind zur Bestimmung der Basisfunktionen $\varphi_i(\vec{x}) \in \mathcal{P}_k$ auf den Elementen $K_j \subset \mathbb{R}^n$ insgesamt $\binom{n+k}{k}$ Bedingungen nötig, so dass neben der Forderung $\varphi_i(\mathbf{a}_j) = \delta_{ij}$ in den Knoten a_j weitere Forderungen $\varphi_i = 0$ zur eindeutigen Festlegung von

Abb. 10.18 $\varphi_i(x)$ im Fall
$\Omega \subset \mathbb{R}, k = 1$

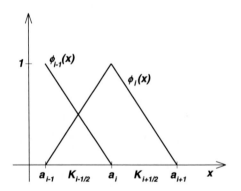

Abb. 10.19 $\varphi_i(x)$ im Fall
$\Omega \subset \mathbb{R}, k = 2$

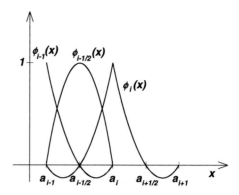

$\varphi_i(\vec{x})$ gestellt werden müssen. Für $k = 2$ fordert man $\varphi_i = 0$ in den zusätzlichen Knoten auf den Kantenmitten der Polyeder K_j. Es gilt der

Satz 10.3 *(Darstellung von Funktionen aus X_h^k)*
Bei gegebener zulässiger Triangulierung T_h mit den Knoten $\mathbf{a}_1, \ldots, \mathbf{a}_M$ kann jede Funktion $u_h \in X_h^k$ eindeutig durch die Basisfunktionen $\varphi_i(\vec{x})$, $i = 1, \ldots, M$ in der Form

$$u_h(\vec{x}) = \sum_{i=1}^{M} u_h(a_i)\varphi_i(\vec{x})$$

dargestellt werden. Dabei sind $\varphi_i(\vec{x})$, $i = 1, \ldots, M$ die eindeutig bestimmten Basisfunktionen, für die $\varphi_i(\mathbf{a}_j) = \delta_{ij}$ gilt und die auf den Elementen $K \subset \bar{\Omega}$ der Triangulierung jeweils Polynome vom maximalen Grad k sind.

Im Folgenden soll die numerische Lösung konkreter ein- bzw. zweidimensionaler Randwertprobleme mit der Finite-Element-Methode beschrieben werden. Dabei beschränken wir uns auf die in der Regel verwendeten stückweise linearen bzw. stückweise quadratischen Basisfunktionen φ_i ($k = 1$ und $k = 2$).

Da bei der Berechnung der Steifigkeitsmatrix und des Lastvektors bei zweidimensionalen Randwertproblemen über Dreickselemente zu integrieren ist, sollen zur Vereinfachung der Rechnungen natürliche Dreieckskoordinaten eingeführt werden. Jeden Punkt $P \sim (x, y)$ eines Dreiecks Δ mit den Eckpunkten $P_1 \sim (x_1, y_1)$, $P_2 \sim (x_2, y_2)$, $P_3 \sim (x_3, y_3)$ kann man mit der linearen Transformation

$$\begin{aligned} x &= x_1 + (x_2 - x_1)\xi + (x_3 - x_1)\eta \\ y &= y_1 + (y_2 - y_1)\xi + (y_3 - y_1)\eta \end{aligned}, \qquad \vec{x} : \bar{\Delta} \to \Delta \qquad (10.60)$$

mit den Koordinaten ξ und η aus dem Einheitsdreieck $\bar{\Delta}$ mit den Eckpunkten $\bar{P}_1 \sim (0, 0)$, $\bar{P}_2 \sim (1, 0)$, $\bar{P}_3 \sim (0, 1)$ darstellen. D. h. das Dreieck $\bar{\Delta}$ kann man mit der linearen Transfor-

Abb. 10.20 Allgemeines
Dreieck Δ

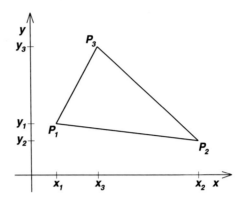

Abb. 10.21 Einheitsdreieck $\bar{\Delta}$

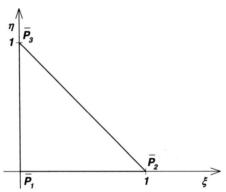

mation (10.60) auf das Dreieck Δ abbilden. In den Abb. 10.20 und 10.21 sind die Dreiecke dargestellt.

Die Integration einer Funktion $u(x, y)$ über ein allgemeines Dreieck Δ kann man unter Nutzung der Determinante der Jacobi-Matrix der Transformation (10.60)

$$J = \left| \frac{\partial(x, y)}{\partial(\xi, \eta)} \right| = \begin{vmatrix} (x_2 - x_1) & (y_2 - y_1) \\ (x_3 - x_1) & (y_3 - y_1) \end{vmatrix} = (x_2 - x_1)(y_3 - y_1) - (x_3 - x_1)(y_2 - y_1)$$

mit der Transformationsformel für Doppelintegrale durch

$$\int_\Delta u(x, y)\, dx\, dy = \int_{\bar{\Delta}} u(x(\xi, \eta), y(\xi, \eta))\, J\, d\xi\, d\eta$$

ausführen. J ist bei mathematisch positiver Orientierung der Knoten positiv und hat den Wert des doppelten Flächeninhalts des jeweiligen Dreiecks. Sei nun $u(x, y) = \alpha x + \beta y + \gamma$ als lineare Funktion auf dem Dreieck Δ gegeben. Zur Berechnung der Steifigkeitsmatrix sind Integrale der Form

$$\int_{\Delta} \operatorname{grad} u \cdot \operatorname{grad} u \, dx dy = \int_{\Delta} (u_x^2 + u_y^2) \, dx dy, \quad \int_{\Delta} u^2 \, dx dy, \quad \int_{\Delta} u \, dx dy \qquad (10.61)$$

zu bestimmen. Die Transformation (10.60) ergibt

$$\hat{u}(\xi, \eta) = u(x(\xi, \eta), y(\xi, \eta)) = \alpha(x_1 + (x_2 - x_1)\xi + (x_3 - x_1)\eta)$$
$$+ \beta(y_1 + (y_2 - y_1)\xi + (y_3 - y_1)\eta) + \gamma = \alpha_1 + \alpha_2 \xi + \alpha_3 \eta$$

mit

$$\alpha_1 = \gamma + \alpha x_1 + \beta y_1, \ \alpha_2 = \alpha(x_2 - x_1) + \beta(y_2 - y_1), \ \alpha_3 = \alpha(x_3 - x_1) + \beta(y_3 - y_1). \quad (10.62)$$

Für die partiellen Ableitungen u_x und u_y gilt mit der Kettenregel

$$u_x = \hat{u}_\xi \xi_x + \hat{u}_\eta \eta_x, \quad u_y = \hat{u}_\xi \xi_y + \hat{u}_\eta \eta_y.$$

Die Differentiation der Gl. (10.60) nach x bzw. y ergibt lineare Gleichungssysteme für ξ_x, η_x bzw. ξ_y, η_y mit den Lösungen

$$\xi_x = \frac{y_3 - y_1}{J}, \ \eta_x = -\frac{y_2 - y_1}{J}, \ \xi_y = -\frac{x_3 - x_1}{J}, \ \eta_y = \frac{x_2 - x_1}{J}.$$

Außerdem gilt offensichtlich $\hat{u}_\xi = \alpha_2$, $\hat{u}_\eta = \alpha_3$, so dass man für die partiellen Ableitungen von u die Konstanten

$$u_x = \alpha_2 \frac{y_3 - y_1}{J} - \alpha_3 \frac{y_2 - y_1}{J}, \quad u_y = -\alpha_2 \frac{x_3 - x_1}{J} + \alpha_3 \frac{x_2 - x_1}{J}$$

auf dem jeweiligen Dreieck erhält. Für die Integrale (10.61) bedeutet das

$$\int_{\Delta} (u_x^2 + u_y^2) \, dx dy = (u_x^2 + u_y^2) \int_{\bar{\Delta}} J \, d\xi d\eta = \frac{J}{2} (u_x^2 + u_y^2), \qquad (10.63)$$

$$\int_{\Delta} u^2 \, dx dy = \int_{\bar{\Delta}} (\alpha_1 + \alpha_2 \xi + \alpha_3 \eta)^2 J \, d\xi d\eta \qquad (10.64)$$

$$= J \left[\frac{1}{2} \alpha_1^2 + \frac{1}{3} \alpha_1 \alpha_2 + \frac{1}{3} \alpha_1 \alpha_3 + \frac{1}{12} \alpha_2^2 + \frac{1}{12} \alpha_2 \alpha_3 + \frac{1}{12} \alpha_3^2 \right],$$

$$\int_{\Delta} u \, dx dy = \int_{\bar{\Delta}} (\alpha_1 + \alpha_2 \xi + \alpha_3 \eta) J \, d\xi d\eta = J \left[\frac{1}{2} \alpha_1 + \frac{1}{6} \alpha_2 + \frac{1}{6} \alpha_3 \right] \quad (10.65)$$

Nach Satz 10.3 kann man jede Funktion aus dem Raum X_h^k als Linearkombination

$$u_h(x, y) = \sum_{j=1}^{M} u_h(\mathbf{a}_j) \varphi_j(x, y) = \sum_{j=1}^{M} c_j \varphi_j(x, y) \qquad (10.66)$$

darstellen. Die Koeffizienten $c_j = u_h(\mathbf{a}_j)$ bestimmt man wie beim klassischen Galerkin-Verfahren mit dem Gleichungssystem (10.51). Die Berechnungsformeln (10.63), (10.64) und

(10.65) sollen nun für die Lösung einer konkreten Beispielaufgabe mit der Finite-Element-Methode benutzt werden.

Beispiel

Das Gleichungssystem (10.51) soll für die schwache Lösung des Randwertproblems

$$-\Delta u = f(x, y), \quad (x, y) \in \Omega, \quad u|_\Gamma = 0 \tag{10.67}$$

mit der Finite-Element-Methode aufgestellt werden, wobei Ω in der Abb. 10.22 dargestellt und trianguliert ist. Mit den Knotenkoordinaten

$$\mathbf{a}_1 = \left(\frac{1}{3}, \frac{2}{3}\right), \ \mathbf{a}_2 = \left(\frac{2}{3}, 1\right), \ \mathbf{a}_3 = \left(\frac{1}{3}, \frac{4}{3}\right), \ \mathbf{a}_4 = (0, 2), \ \mathbf{a}_5 = \left(0, \frac{4}{3}\right),$$

$$\mathbf{a}_6 = \left(0, \frac{2}{3}\right), \ \mathbf{a}_7 = (0, 0), \ \mathbf{a}_8 = \left(\frac{1}{3}, \frac{1}{36}\right), \ \mathbf{a}_9 = \left(\frac{2}{3}, \frac{4}{36}\right), \ \mathbf{a}_{10} = \left(\frac{35}{36}, \frac{1}{3}\right),$$

$$\mathbf{a}_{11} = (1, 1), \ \mathbf{a}_{12} = \left(\frac{35}{36}, \frac{4}{3}\right), \ \mathbf{a}_{13} = \left(\frac{2}{3}, \frac{68}{36}\right), \ \mathbf{a}_{14} = \left(\frac{1}{3}, \frac{71}{36}\right)$$

erhält man z. B. für die Basisfunktion $\varphi_1(x, y)$ mit dem Träger, bestehend aus den Dreiecken $K_1, \ldots, K_4, K_{13}, K_{14}, K_{15}$,

$$\varphi_1(x, y) = \begin{cases} 3x & \text{auf } K_1, K_{15} \\ -\frac{3}{23}x + \frac{36}{23}y + \frac{1}{2} & \text{auf } K_2 \\ -\frac{9}{23}x + \frac{36}{23}y + \frac{2}{23} & \text{auf } K_3 \\ -3x + 2 & \text{auf } K_4 \\ -\frac{3}{2}y + \frac{1}{2} & \text{auf } K_{13} \\ -\frac{1}{2}x + \frac{4}{2}y + \frac{5}{2} & \text{auf } K_{14} \\ 0 & \text{sonst} \end{cases},$$

die die Bedingung $\varphi_1(\mathbf{a}_j) = \delta_{1j}$ erfüllt, stetig und stückweise linear ist. Mit dem Ansatz $u_h(x, y) = \sum_{j=1}^3 c_j \varphi_j(x, y)$ erhält man ausgehend von (10.51) für das Randwertproblem (10.67) das Gleichungssystem

$$\sum_{j=1}^3 c_j \int_\Omega \operatorname{grad} \varphi_j(x, y) \cdot \operatorname{grad} \varphi_i(x, y) dx dy = \int_\Omega f(x, y) \varphi_i(x, y) dx dy \quad \text{bzw.}$$

$$\sum_{j=1}^3 c_j \int_{\operatorname{supp}(\varphi_i)} \operatorname{grad} \varphi_j(x, y) \cdot \operatorname{grad} \varphi_i(x, y) \, dx dy = \int_{\operatorname{supp}(\varphi_i)} f(x, y) \varphi_i(x, y) dx dy$$

$$\tag{10.68}$$

für $i = 1, 2, 3$. Zur Übung soll die Gleichung für $i = 1$ genauer ausgewertet werden. Dazu benötigen wir noch die Basisfunktionen $\varphi_2(x, y)$ und $\varphi_3(x, y)$ auf $\operatorname{supp}(\varphi_1)$. Mit der Bedingung $\varphi_i(\mathbf{a}_j) = \delta_{ij}$ ergibt sich

$$\varphi_2(x, y) = \begin{cases} \frac{15}{8}x + \frac{9}{8}y - \frac{11}{8} & \text{auf } K_4 \\ 3x - 1 & \text{auf } K_{15} \end{cases} , \quad \varphi_3(x, y) = \begin{cases} 3x + \frac{3}{2}y - 2 & \text{auf } K_{13} \\ -\frac{3}{2}x + \frac{3}{2}y - \frac{1}{2} & \text{auf } K_{14} \end{cases} .$$

Auf den anderen Dreiecken von supp(φ_1) sind $\varphi_2(x, y)$, $\varphi_3(x, y)$ gleich null. Die rechte Seite der Gleichung approximiert man durch

$$b_i = f(\mathbf{a}_1) \int_{\text{supp}(\varphi_i)} \varphi_i(x, y) dx dy.$$

Für die Jacobi-Matrizen J von (10.60) und die Koeffizienten (10.62) der einzelnen Dreiecke K_j errechnet man mit den Knotenkoordinaten

j	x_1	x_2	x_3	y_1	y_2	y_3	J	α	β	γ	α_1	α_2	α_3
1	$\frac{1}{3}$	0	0	$\frac{2}{3}$	$\frac{2}{3}$	0	$\frac{2}{9}$	3	0	0	1	-1	-1
2	$\frac{1}{3}$	0	$\frac{1}{3}$	$\frac{2}{3}$	0	$\frac{1}{36}$	$\frac{23}{108}$	$-\frac{3}{23}$	$\frac{36}{23}$	$\frac{1}{2}$	$\frac{21}{46}$	-1	-1
3	$\frac{1}{3}$	$\frac{1}{3}$	$\frac{2}{3}$	$\frac{2}{3}$	$\frac{1}{36}$	$\frac{1}{9}$	$\frac{23}{108}$	$-\frac{9}{23}$	$\frac{36}{23}$	$\frac{2}{23}$	$\frac{22}{46}$	-1	-1
4	$\frac{1}{3}$	$\frac{2}{3}$	$\frac{2}{3}$	$\frac{2}{3}$	$\frac{1}{9}$	1	$\frac{8}{27}$	-3	0	2	1	-1	-1
14	$\frac{1}{3}$	$\frac{2}{3}$	$\frac{1}{3}$	$\frac{2}{3}$	1	$\frac{4}{3}$	$\frac{8}{27}$	0	$-\frac{3}{2}$	$\frac{1}{2}$	$-\frac{1}{2}$	$-\frac{1}{2}$	-1
13	$\frac{1}{3}$	$\frac{1}{3}$	0	$\frac{2}{3}$	$\frac{4}{3}$	$\frac{4}{3}$	$\frac{2}{9}$	$-\frac{1}{2}$	2	$\frac{5}{2}$	3	$\frac{4}{3}$	$\frac{3}{2}$
15	$\frac{1}{3}$	0	0	$\frac{2}{3}$	$\frac{4}{3}$	$\frac{2}{3}$	$\frac{2}{9}$	3	0	0	1	-1	-1

Die Nutzung der Formel (10.65) ergibt mit den Tabellenwerten

$$b_1 = f(\mathbf{a}_1) \sum_{j, K_j \in \text{supp}(\varphi_i)} J \left[\frac{1}{2}\alpha_1 + \frac{1}{6}\alpha_2 + \frac{1}{6}\alpha_3 \right] = f(\mathbf{a}_1)\, 0{,}40818. \qquad (10.69)$$

Die Aufstellung der Tabelle und deren Auswertung ist speziell im Fall von unregelmäßigen unstrukturierten Triangulierungen aufwendig und erfordert bei der Implementierung auf dem Rechner eine sorgfältige Verwaltung der Knoten und Dreiecke. Mit den Werten von φ_2 auf K_4, K_{14}, φ_3 auf K_{13}, K_{14} und den Werten von φ_1 erhält man

$$\text{grad } \varphi_2 \cdot \text{grad } \varphi_1 = \begin{cases} -\frac{45}{8} & \text{auf } K_4 \\ -\frac{3}{2} & \text{auf } K_{14} \end{cases} , \quad \text{grad } \varphi_3 \cdot \text{grad } \varphi_1 = \begin{cases} -\frac{9}{4} & \text{auf } K_{13} \\ \frac{15}{4} & \text{auf } K_{14} \end{cases} ,$$

so dass man mit den Flächeninhalten $\frac{J}{2}$ der Dreiecke

$$\int_{\text{supp}(\varphi_i)} \text{grad } \varphi_2(x, y) \cdot \text{grad } \varphi_1(x, y) \, dx dy$$

$$= \int_{K_4} \left(-\frac{45}{8} \right) dx dy + \int_{K_{14}} \left(-\frac{3}{2} \right) dx dy = \frac{4}{27} \left(-\frac{45}{8} - \frac{3}{2} \right) = -\frac{69}{54} \qquad (10.70)$$

$$\int_{\text{supp}(\varphi_i)} \text{grad } \varphi_3(x, y) \cdot \text{grad } \varphi_1(x, y) \, dx dy$$

$$= \int_{K_{13}} \left(-\frac{9}{4} \right) dx dy + \int_{K_{14}} \frac{15}{4} dx dy = \frac{1}{9} \left(-\frac{9}{4} \right) + \frac{4}{27} \left(\frac{3}{2} \right) = \frac{33}{108} \qquad (10.71)$$

Abb. 10.22 „Halbkreis" Ω

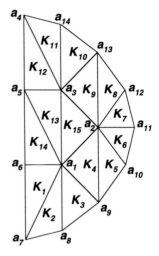

erhält. Mit der Formel (10.63) folgt schließlich

$$\int_{\text{supp}(\varphi_i)} \text{grad}\,\varphi_1(x, y) \cdot \text{grad}\,\varphi_1(x, y)\, dx\, dy$$

$$= \sum_{j,\, K_j \in \text{supp}(\varphi_i)} \left[\frac{(\alpha_2(y_3 - y_1) - \alpha_3(y_2 - y_1))^2}{2J} + \frac{(-\alpha_2(x_3 - x_1) + \alpha_3(x_2 - x_1))^2}{2J} \right]$$

$$= 6,8253. \tag{10.72}$$

Die Zusammenfassung der Ergebnisse (10.69)–(10.72) ergibt die Gleichung

$$6,8253 c_1 - \frac{69}{54} c_2 + \frac{33}{108} c_3 = f(\mathbf{a}_1)\, 0,40818.$$

Zusammen mit den Gl. (10.68) für $i = 2, 3$ erhält man ein lineares Gleichungssystem zur Bestimmung der Koeffizienten c_1, c_2, c_3 und kann damit die Finite-Element-Näherungslösung u_h mit der Formel (10.66) bestimmen.

◀

Beispiel

Betrachtet man einen Bereich Ω wie in der Abb. 10.7 dargestellt mit einer regelmäßigen Triangulierung (s. Abb. 10.23 und 10.24), dann vereinfachen sich die Gl. (10.68).
Die Basisfunktionen $\varphi_i(x, y)$ haben für $\mathbf{a}_i = (x_i, y_i)$ die Form

Abb. 10.23 Strukturierte
Triangulierung

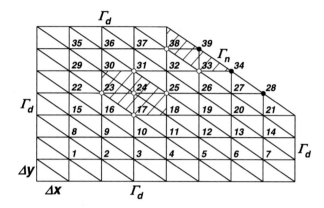

Abb. 10.24 supp$(\varphi_i) =$
$\cup^6_{j=1} K_j$

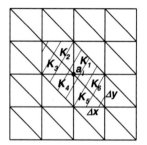

$$\varphi_i(x, y) = \begin{cases} -\frac{1}{\Delta x}x - \frac{1}{\Delta y}y + 1 + \frac{x_i}{\Delta x} + \frac{y_i}{\Delta y} & \text{auf } K_1 \\ -\frac{1}{\Delta y}y + 1 + \frac{y_i}{\Delta y} & \text{auf } K_2 \\ \frac{1}{\Delta x}x + 1 - \frac{x_i}{\Delta x} & \text{auf } K_3 \\ \frac{1}{\Delta x}x + \frac{1}{\Delta y}y + 1 - \frac{x_i}{\Delta x} - \frac{y_i}{\Delta y} & \text{auf } K_4 \\ \frac{1}{\Delta y}y + 1 - \frac{y_i}{\Delta y} & \text{auf } K_5 \\ -\frac{1}{\Delta x}x + 1 + \frac{x_i}{\Delta x} & \text{auf } K_6 \\ 0 & \text{sonst} \end{cases}$$

und für die Gradienten erhält man für alle Knoten i

$$\text{grad } \varphi_i(x, y) = \begin{cases} \begin{pmatrix} -\frac{1}{\Delta x} \\ -\frac{1}{\Delta y} \end{pmatrix} & \text{auf } K_1 \\ \begin{pmatrix} 0 \\ -\frac{1}{\Delta y} \end{pmatrix} & \text{auf } K_2 \\ \begin{pmatrix} \frac{1}{\Delta x} \\ 0 \end{pmatrix} & \text{auf } K_3 \\ \begin{pmatrix} \frac{1}{\Delta x} \\ \frac{1}{\Delta y} \end{pmatrix} & \text{auf } K_4 \\ \begin{pmatrix} 0 \\ \frac{1}{\Delta y} \end{pmatrix} & \text{auf } K_5 \\ \begin{pmatrix} -\frac{1}{\Delta x} \\ 0 \end{pmatrix} & \text{auf } K_6 \\ \begin{pmatrix} 0 \\ 0 \end{pmatrix} & \text{sonst} \end{cases} \quad .$$

Auf allen Dreiecken Δ gilt

$$\int_\Delta \varphi_i(x, y)\, dxdy = \frac{\Delta x \Delta y}{6},$$

da von $\varphi_i(x, y)$ über dem Dreieck eine Pyramide mit der Grundfläche $\frac{\Delta x \Delta y}{2}$ und der Höhe 1 gebildet wird. Für das Randwertproblem

$$-\Delta u = f(x, y),\ (x, y) \in \Omega,\quad u = 0 \text{ auf } \Gamma_d,\quad \frac{\partial u}{\partial \vec{n}} = q \text{ auf } \Gamma_n \qquad (10.73)$$

mit der schwachen Formulierung

$$\int_\Omega \operatorname{grad} u \cdot \operatorname{grad} v\, dF = \int_{\Gamma_n} qv\, ds + \int_\Omega fv\, dF$$

erhält man mit einer gegenüber dem vorangegangenen Beispiel wesentlich einfacheren Rechnung als Gleichungssystem zur Bestimmung der Koeffizienten $c_1, \ldots, c_M$ für die inneren Knoten $\mathbf{a}_i,\, i \in \{1, \ldots, 39\} \setminus \{28, 34, 39\}$,

$$2\left(\frac{\Delta y}{\Delta x} + \frac{\Delta x}{\Delta y}\right) c_i - \frac{\Delta x}{\Delta y} c_{in} - \frac{\Delta x}{\Delta y} c_{is} - \frac{\Delta y}{\Delta x} c_{io} - \frac{\Delta y}{\Delta x} c_{iw} = \Delta x \Delta y f(\mathbf{a}_i).$$

Die Indizes in, is, io, iw bezeichnen hier die Nummern der nördlichen, südlichen, östlichen und westlichen Nachbarknoten des Knotens i. Für die Randknoten mit den Nummern 28, 34, 39 erhält man die Gleichungen

$$\left(\frac{\Delta y}{\Delta x} + \frac{\Delta x}{\Delta y}\right) c_i - \frac{\Delta x}{2\Delta y} c_{is} - \frac{\Delta y}{2\Delta x} c_{iw} = q(\mathbf{a}_i)\sqrt{\Delta x^2 + \Delta y^2} + \frac{\Delta x \Delta y}{2} f(\mathbf{a}_i).$$

Der Term $q(\mathbf{a}_i)\sqrt{\Delta x^2 + \Delta y^2}$ ist das Resultat der Integration des Kurvenintegrals

$$\int_{\Gamma_n} q\varphi_i(x, y)\, ds = \int_{\gamma_i} q\varphi_i(x, y)\, ds,$$

wobei $\gamma_i = \operatorname{supp}(\varphi_i) \cap \Gamma_d$ ist. Die Lösung $\vec{c} = (c_1, c_2, \ldots, c_{39})^T$ liefert mit

$$u_h(x, y) = \sum_{i=1}^{39} c_i \varphi_i(x, y)$$

die Finite-Element-Lösung. An dieser Stelle sei darauf hingewiesen, dass das lineare Gleichungssystem zur Berechnung von $\vec{c}$ mit einer symmetrischen, positiv definiten Steifigkeitsmatrix eindeutig lösbar ist.

Die Division der Gleichungen durch $\Delta x \Delta y$ bzw. $\frac{\Delta x \Delta y}{2}$ zeigt, dass im Fall strukturierter Triangulierungen die Finite-Element-Methode Diskretisierungen ergibt, die vergleichbar mit FV-Diskretisierungen sind. ◄

Zur Konvergenz von Finite-Element-Lösungen gilt das, was wir beim klassischen Galerkin-Verfahren angemerkt haben. Die Räume X_h^k erfüllen die Approximationseigenschaft (10.52) und damit ist unter den Voraussetzungen des Satzes 10.2 die Konvergenz der eindeutig bestimmten Finite-Element-Lösung gegen die schwache Lösung gesichert. Ist u_h die numerische Lösung im Ergebnis eines FE-Verfahrens und u die schwache Lösung von (10.51) mit der Glattheitseigenschaft $u \in H^s(\Omega)$, $s \geq 2$, dann gilt für die Ordnung ν der Konvergenzgeschwindigkeit

$$\|u_h - u\|_{H^1} \leq K h^\nu \|u\|_{H^{\nu+1}} = O(h^\nu) \quad \text{mit} \quad \nu = \min\{k, s-1\}, \ K = \text{const.} > 0.$$
$$(10.74)$$

D. h. z. B. für quadratische h-lokale Ansatzfunktionen ($k = 2$) und $u \in H^3(\Omega)$ erhält man die Ordnung 2. Die Abschätzung (10.74) zeigt auch, dass bei einer nichtausreichenden Glattheit s die Wahl eines hohen Grades k der Ansatzfunktionen wenig Sinn macht, da dann die Ordnung ν durch $s - 1$ beschränkt ist. ν heißt deshalb auch **Regularitätsschranke.**

10.2.6 Nichtlineare Probleme

Die bisher besprochenen Randwertprobleme bzw. Anfangs-Randwertprobleme waren linear, so dass bei der numerischen Lösung lineare Gleichungssysteme zu lösen waren. Oft sind die Differentialgleichungen oder auch Randbedingungen nichtlinear, so dass bei der numerischen Behandlung nichtlineare Gleichungssysteme zu lösen sind. Das soll am Beispiel des eindimensionalen Randwertproblems

$$-\lambda \frac{d^2 u}{dx^2} + \sigma u^4 = f, \ 0 < x < 1, \ u(0) = u_0, \ -\lambda \frac{du}{dx}(1) = q \qquad (10.75)$$

dargestellt werden. Im Ergebnis eines FV-Verfahrens erhält man bei einer äquidistanten Diskretisierung $x_i = ih$, $h = 1/n$, $i = 0, \ldots, n$ des Intervalls $[0, 1]$ ein Gleichungssystem $\vec{g}(\vec{u}) = \vec{0}$ für die Berechnung der FV-Lösung

$$\vec{u} = (u_{1/2}, u_{3/2}, \ldots, u_{n-1/2})^T$$

an den Stellen $x_{i-1/2}$, $i = 1, \ldots, n$, wobei die Abbildung $\vec{g} : \mathbb{R}^n \to \mathbb{R}^n$ die Komponenten

$$g_1(\vec{u}) := \lambda \frac{3u_{1/2} - u_{3/2}}{h^2} - \lambda \frac{2u_0}{h^2} + \sigma u_{1/2}^4 - f_{1/2},$$

$$g_i(\vec{u}) := \lambda \frac{2u_{i+1/2} - u_{i-1/2} - u_{i+3/2}}{h^2} + \sigma u_{i+1/2}^4 - f_{i+1/2}, \ i = 1, \ldots, n-2,$$

$$g_n(\vec{u}) := \lambda \frac{u_{n-1/2} - u_{n-3/2}}{h^2} + \frac{q_n}{h} + \sigma u_{n-1/2}^4 - f_{n-1/2}$$

hat. Zur Lösung von $\vec{g}(\vec{u}) = \vec{0}$ kann man entweder eine Fixpunkt- bzw. Picard-Iteration der Form

$$\vec{u}^{(k+1)} = \vec{u}^{(k)} + \vec{g}(\vec{u}^{(k)}), \quad k = 0, 1, \ldots$$

oder ein Newton-Verfahren

$$\vec{u}^{(k+1)} = \vec{u}^{(k)} - [\vec{g}\,'(\vec{u}^{(k)})]^{-1}\vec{g}(\vec{u}^{(k)}), \quad k = 0, 1, \ldots$$

jeweils mit einem geeigneten Startvektor $\vec{u}^{(0)}$ verwenden. $\vec{g}\,'(\vec{u})$ ist dabei die Jacobi-Matrix der Abbildung $\vec{g}$ und man errechnet

$$\vec{g}\,'(\vec{u}) = \begin{pmatrix} \frac{3\lambda}{h^2} + 4\sigma u_{1/2}^3 & -\frac{\lambda}{h^2} & 0 & 0 & \cdots & & 0 \\ -\frac{\lambda}{h^2} & \frac{2\lambda}{h^2} + 4\sigma u_{3/2}^3 & -\frac{\lambda}{h^2} & 0 & \cdots & & 0 \\ \cdots & & & & & & \\ 0 & \cdots & & 0 & -\frac{\lambda}{h^2} & \frac{2\lambda}{h^2} + 4\sigma u_{n-3/2}^3 & -\frac{\lambda}{h^2} \\ 0 & \cdots & & 0 & 0 & -\frac{\lambda}{h^2} & \frac{\lambda}{h^2} + 4\sigma u_{n-1/2}^3 \end{pmatrix}.$$

Als Startvektor $\vec{u}^{(0)}$ kann man die Lösung eines benachbarten linearen Problems, z. B. die numerische Lösung des Randwertproblems

$$-\lambda\frac{d^2u}{dx^2} = f, \ 0 < x < 1, \ u(0) = 0, \ -\lambda\frac{du}{dx}(1) = q$$

verwenden. Zum Newton-Verfahren sei auf den entsprechenden Abschn. 7.2 verwiesen. Im nachfolgenden Programm ist die numerische Lösung des Randwertproblems (10.75) realisiert. Allerdings wurde bei der Lösung der linearen Gleichungssysteme in den Newton-Schritten nicht die tridiagonale Struktur der Jacobi-Matrix besonders berücksichtigt.

```
# Programm 10.2 zur Loesung eines nichtlin. Randwertproblems (rwp2nl_gb.m)
# -lambda*y'' + sigma*y^4 = 0; y(a)=y0, -lambda*y'(b)=q
# input: lambda, sigma, Intervallgrenzen a,b, Randwerte y0, q, Stuetzst.zahl n
# output: Loesung y(x) an den Stellen x
# Benutzung der Programme jacobirwp, gleichungrwp
# z.B. lambda = 1; sigma = 5.0e-06; a = 0; b =1; y0 = 150; q = 20; n = 20;
# Aufruf: [y,x] = rwp2nl_gb1(lambda,sigma,a,b,y0,q,n);
function [y,x] = rwp2nl_gb1(lambda,sigma,a,b,y0,q,n);
h = (b-a)/n; sigma0=0;
x = linspace(a+h/2,a+h*n-3*h/2,n-1);
y=zeros(n-1,1);
# Aufbau der Jacobi-Matrix
jm = jacobirwp(y,y0,n,h,lambda,sigma0);
# Aufbau der Gleichungen
grwp = gleichungrwp(y,y0,n,h,lambda,sigma0,q);
# Berechnung der Startiteration = ein Newtonschritt
# fuer das benachbarte lineare Problem
y = -jm\grwp;
def = 1; it = 0;
# Newtoniteration
while (def > 1.0e-06 && it < 10)
  jm = jacobirwp(y,y0,n,h,lambda,sigma);
  grwp = gleichungrwp(y,y0,n,h,lambda,sigma,q);
  z = -jm\grwp; yn = y + z;
  def = norm(z)
  it = it+1
  y = yn;
end
end
```

Es werden die folgenden Funktionsunterprogramme benötigt.

```
# Programm zum
# Aufbau der Gleichungen
function [grwp] = gleichungrwp(y,y0,n,h,lambda,sigma,q);
grwp = zeros(n-1,1);
grwp(1)=lambda*(3*y(1)-y(2)-2*y0)/h^2 + sigma*y(1)^4;
for i=2:n-2
    grwp(i)=lambda*(2*y(i)-y(i+1)-y(i-1))/h^2 + sigma*y(i)^4;
endfor
grwp(n-1)=lambda*(y(n-1)-y(n-2))/h^2 + q/h + sigma*y(n-1)^4;
endfunction
# Programm zum
# Aufbau der Jacobi-Matrix
function [jm]=jacobirwp(y,y0,n,h,lambda,sigma);
jm=zeros(n-1,n-1);
jm(1,1) = lambda*3/h^2+4*sigma*y(1)^3;
for i=2:n-2
    jm(i,i)=lambda*2/h^2+4*sigma*y(i)^3;
endfor
jm(n-1,n-1)=lambda/h^2+4*sigma*y(n-1)^3;
for i=1:n-2
    jm(i,i+1)=-lambda/h^2; jm(i+1,i)=-lambda/h^2;
endfor
endfunction
```

Mit der Octave-Anweisung

```
> [y,x] = rwp2nl_gb(1,5.0e-06,0,1,150,20,20);
```

wird das nichtlineare Problem für die vorgegebenen Parameter mit 7 Newton-Iterationen numerisch gelöst. In der Abb. 10.25 ist die Lösung dargestellt.

Die eben beschriebene Herangehensweise kann man auf die numerische Lösung aller nichtlinearen Randwertprobleme bzw. Anfangs-Randwertprobleme, die mit einem impliziten Zeitintegrationsverfahren gelöst werden, anwenden.

Abb. 10.25 Lösung des nichtlinearen Randwertproblems (10.75)

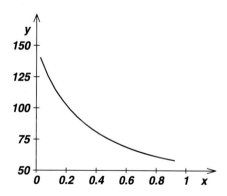

10.3   Numerische Lösung parabolischer Differentialgleichungen

Während elliptische Randwertprobleme der Beschreibung von stationären, zeit-
unabhängigen Vorgängen dienen, führt die Modellierung zeitabhängiger Problem auf parabolische Anfangs-Randwertprobleme der Form

$$\frac{\partial u}{\partial t} - \operatorname{div}(\lambda \operatorname{grad} u) = f \text{ in } \Omega \times]0, T], \tag{10.76}$$

$$u = 0 \text{ auf } \Gamma_d \times]0, T], \quad \lambda \frac{\partial u}{\partial \vec{n}} = q \text{ auf } \Gamma_n \times]0, T], \tag{10.77}$$

$$u(\vec{x}, 0) = u_0(\vec{x}), \ \vec{x} \in \Omega. \tag{10.78}$$

Die Randbedingung $u|_{\Gamma_d} = 0$ ist keine echte Einschränkung, da man diese ausgehend von
einer inhomogenen Dirichlet-Randbedingung $u = u_d \neq 0$ durch eine Homogenisierung
erhalten kann. Bei der numerischen Lösung des Problems (10.76)−(10.78) geht man ähnlich
wie bei den elliptischen Randwertproblemen vor.

10.3.1 Finite-Volumen-Methode

Bei der Finite-Volumen-Methode bilanziert man die Gl. (10.76) über ein Kontrollvolumen
$\omega_{ij} \subset \Omega \subset \mathbb{R}^2$ und erhält für den Fall eines äquidistanten Gitters und $\lambda = \text{const.}$

$$\int_{\omega_{ij}} \frac{\partial u}{\partial t} \, dF - \int_{\omega_{ij}} \operatorname{div}(\lambda \operatorname{grad} u) \, dF = \int_{\omega_{ij}} f \, dF$$

bzw. nach Anwendung des Gauß'schen Integralsatzes und kanonischen Approximationen
von Normalableitungen auf dem Rand von ω_{ij}

$$\int_{\omega_{ij}} \frac{\partial u}{\partial t} \, dF - \lambda \left(\frac{u_{i+1j} - u_{ij}}{\Delta x} - \frac{u_{ij} - u_{i-1j}}{\Delta x} \right) \Delta y - \lambda \left(\frac{u_{ij+1} - u_{ij}}{\Delta y} - \frac{u_{ij} - u_{ij-1}}{\Delta y} \right) \Delta x = \Delta x \Delta y f_{ij}. \tag{10.79}$$

Es ist nahe liegend, das Integral über die Zeitableitung von u durch

$$\int_{\omega_{ij}} \frac{\partial u}{\partial t} \, dF \approx \Delta x \Delta y \frac{\partial u_{ij}}{\partial t} \tag{10.80}$$

und das Integral über das Quell-Senken-Glied durch

$$\int_{\omega_{ij}} f \, dF \approx \Delta x \Delta y f_{ij} \tag{10.81}$$

zu approximieren. (10.79), (10.80) und (10.81) ergeben nach Division durch $\Delta x \Delta y$ mit

$$\frac{\partial u_{ij}}{\partial t} = \lambda \frac{u_{i+1j} - 2u_{ij} + u_{i-1j}}{\Delta x^2} + \lambda \frac{u_{ij+1} - 2u_{ij} + u_{ij-1}}{\Delta y^2} + f_{ij}$$

eine gewöhnliche Differentialgleichung für den Stützwert u_{ij}. Die Berücksichtigung der Randbedingungen (10.77) bei der Bilanzierung von (10.76) über Randelemente ω_{ij} führt schließlich auf ein gewöhnliches Differentialgleichungssystem

$$\frac{\partial u_{ij}}{\partial t} = g_{ij}(u_{ij}, u_{i+1j}, u_{i-1j}, u_{ij+1}, u_{ij-1}) \tag{10.82}$$

für die gesuchten Stützwerte $u_{ij}(t)$ in den Zentren (x_i, y_j) der Elemente ω_{ij}. Mit der Anfangsbedingung

$$u_{ij}(0) = u_0(x_i, y_j) \tag{10.83}$$

liegt ein Anfangswertproblem (10.82) und (10.83) zur numerischen Lösung des Anfangs-Randwertproblems (10.76)−(10.78) vor. Ab hier kann man Lösungsverfahren für gewöhnliche Differentialgleichungen nutzen. Mit einer Diskretisierung des Zeitintervalls $[0, T]$ durch

$$0 = t_0 < t_1 < \cdots < t_n = T, \Delta t_p = t_p - t_{p-1}, \ p = 1, \ldots n,$$

kann man (10.82) und (10.83) z. B. mit dem impliziten Euler-Verfahren, also

$$u_{ij} = u_{ij}(t_{p-1}) + \Delta t_k g_{ij}(u_{ij}, u_{i+1j}, u_{i-1j}, u_{ij+1}, u_{ij-1}), \ p = 1, \ldots, n,$$

lösen, wobei u_{ij} ohne Argument den Stützwert zum Zeitpunkt t_p bezeichnet.

10.3.2 Galerkin-Verfahren und Finite-Element-Methode

Ohne auf den funktionalanalytischen Hintergrund mit Sobolev-Räumen als Lösungsräumen einzugehen, soll das Lösungsprinzip kompakt dargestellt werden. Ausgehend vom Anfangs-Randwertproblem (10.76)–(10.78) erhält man mit der Verabredung $u' = \frac{\partial u}{\partial t}$ die schwache Formulierung

$$\int_\Omega u' v \, dF + \int_\Omega \operatorname{grad} u \cdot \operatorname{grad} v \, dF = \int_{\Gamma_n} q v \, ds + \int_\Omega f v \, dF, \ t \in]0, T], \tag{10.84}$$

$$\int_\Omega u(\vec{x}, 0) v \, dF = \int_\Omega u_0 v \, dF. \tag{10.85}$$

Mit Basisfunktionen $\varphi_i(\vec{x}) \in X_h^k$ sucht man die schwache Lösung in der Form

$$u_h(\vec{x}, t) = \sum_{i=1}^M c_i(t) \varphi_i(\vec{x}). \tag{10.86}$$

Das Galerkin-Verfahren zur Lösung von (10.84) lautet

$$\int_\Omega u_h' \varphi_i \, dF + \int_\Omega \operatorname{grad} u_h \cdot \operatorname{grad} \varphi_i \, dF = \int_{\Gamma_n} q \varphi_i \, ds + \int_\Omega f \varphi_i \, dF, \quad t \in]0, T]$$

und bedeutet ein gewöhnliches Differentialgleichungssystem

$$\sum_{j=1}^M c_j'(t) \int_\Omega \varphi_j \varphi_i \, dF + \sum_{j=1}^M c_j(t) \int_\Omega \operatorname{grad} \varphi_j \cdot \operatorname{grad} \varphi_i \, dF = \int_{\Gamma_n} q \varphi_i \, ds + \int_\Omega f \varphi_i \, dF \tag{10.87}$$

($t \in]0, T]$, $i = 1, \ldots, M$) für die zeitabhängigen Galerkin-Koeffizienten $c_j(t)$, $j = 1, \ldots, M$. Die Anfangsbedingungen für die c_j ergeben sich aus der schwachen Anfangsbedingung (10.85)

$$\int_\Omega u_h(\vec{x}, 0) \varphi_i \, dF = \int_\Omega u_0 \varphi \, dF \quad \Longleftrightarrow \quad \sum_{j=1}^M c_j(0) \int_\Omega \varphi_j \varphi_i \, dF = \int_\Omega u_0 \varphi \, dF \tag{10.88}$$

($i = 1, \ldots, M$), d. h. die Anfangswerte $c_j(0)$ sind als Lösung des Gleichungssystems (10.88) vorzugeben. Mit (10.87) und (10.88) hat man ähnlich wie bei der Finite-Volumen-Methode ein Anfangswertproblem zu lösen, um damit die Galerkin- oder Finite-Element-Lösung der schwachen Formulierung des Anfangs-Randwertproblems (10.76)–(10.78) mittels (10.86) zu erhalten.

Beispiel

Die beschriebene Methode soll am Beispiel des Anfangs-Randwertproblems

$$\frac{\partial u}{\partial t} - \frac{\partial^2 u}{\partial x^2} = 5x(1 - x), \; (x, t) \in]0, 1[\times]0, T], \; u(0, t) = u(1, t) = 0, \; u(x, 0) = \sin(2x\pi) \tag{10.89}$$

demonstriert werden. Mit den in der Abb. 10.26 skizzierten Basisfunktionen φ_i, die auf jedem Element ein Polynom 1. Grades sind und der Bedingung $\varphi_i(a_j) = \delta_{ij}$ genügen, wird der Lösungsansatz

$$u_h(x, t) = \sum_{i=1}^M c_i(t) \varphi_i(x) \tag{10.90}$$

gemacht. Das Intervall $\bar{\Omega} = [0, 1]$ wird mit den Intervallen $K_i = [a_{i-1}, a_i]$, $i = 1, \ldots, n$, durch

$$\bar{\Omega} = \cup_{i=1}^n K_i$$

zerlegt, wobei $a_i = i * h$ mit $h = \frac{1}{n}$ gilt. Insgesamt werden die relevanten $n - 1$ inneren Knoten a_j, $j = 1, \ldots, n - 1 =: M$ verwendet.

Auf einem Element K_j ergibt sich für die Basisfunktionen

Abb. 10.26 Triangulierung, stückweise lineare Formfunktionen ($k = 1$)

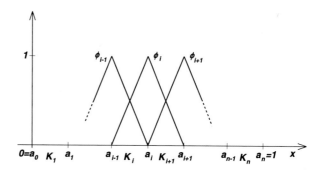

Mit der schwachen Formulierung

$$\varphi_j(x) = \begin{cases} 1 - \dfrac{x-a_j}{h} & \text{für } x \in [a_j, a_{j+1}] \\ 1 + \dfrac{x-a_j}{h} & \text{für } x \in [a_{j-1}, a_j] \\ 0 & \text{sonst} \end{cases} .$$

Mit der schwachen Formulierung

$$\int_\Omega u'v\,dx + \int_\Omega u_x v_x\,dx = \int_\Omega 5x(1-x)v\,dx \quad (0 < t \le 10), \qquad (10.91)$$

$$\int_\Omega u(x,0)v\,dx = \int_\Omega \sin(2x\pi)v\,dx \qquad (10.92)$$

erhält man mit dem Lösungsansatz das Anfangswertproblem

$$\int_\Omega \left[\sum_{i=1}^M c_i'(t)\varphi_i\right]\varphi_j\,dx + \int_\Omega \left[\sum_{i=1}^M c_i(t)\frac{\partial\varphi_i}{\partial x}\right]\frac{\partial\varphi_j}{\partial x}\,dx = \int_\Omega 5x(1-x)\varphi_j(x)\,dx \quad \text{bzw.}$$

$$\sum_{i=1}^M c_i'(t)\int_{\text{supp}(\varphi_j)} \varphi_i\varphi_j i\,dx + \sum_{i=1}^M c_i(t)\int_{\text{supp}(\varphi_j)} \frac{\partial\varphi_i}{\partial x}\frac{\partial\varphi_j}{\partial x}\,dx = \int_{\text{supp}(\varphi_j)} 5x(1-x)\varphi_j(x)\,dx$$

mit der Anfangsbedingung

$$\sum_{i=1}^M c_i(0)\int_{\text{supp}(\varphi_j)} \varphi_i\varphi_j\,dx = \int_{\text{supp}(\varphi_j)} \sin(2x\pi)\varphi_j\,dx$$

für die Koeffizientenfunktionen $c_i(t)$, wobei für die Knotenindizes $j = 1, \ldots, M$ gilt. Der Träger $\text{supp}(\varphi_j)$ von φ_j ist das Intervall $[a_{j-1}, a_{j+1}]$. In der Gleichung mit dem Index j sind in den Summen nur die Summanden mit den Indizes $j-1, j, j+1$ von null verschieden. Deshalb werden zur Konkretisierung des Anfangswertproblems zur Berechnung der Koeffizientenfunktionen $c_i(t)$ die Integrale

$$\int_{\text{supp}(\varphi_j)} \varphi_i\varphi_j\,dx, \int_{\text{supp}(\varphi_j)} \frac{\partial\varphi_i}{\partial x}\frac{\partial\varphi_j}{\partial x}\,dx, \int_{\text{supp}(\varphi_j)} \varphi_j\,dx, \ i = j-1, j, j+1$$

benötigt. Die Integration über $\operatorname{supp}(\varphi_j) = [a_{j-1}, a_{j+1}]$ ergibt

$$\int_{a_{j-1}}^{a_{j+1}} \varphi_j \varphi_j \, dx = \frac{2\,h}{3}, \quad \int_{a_{j-1}}^{a_{j+1}} \varphi_{j-1} \varphi_j \, dx = \frac{h}{6}, \quad \int_{a_{j-1}}^{a_{j+1}} \varphi_{j+1} \varphi_j \, dx = \frac{h}{6}.$$

Für die partiellen Ableitungen der Ansatzfunktionen nach x (hier durch $\varphi' = \frac{\partial \varphi}{\partial x}$ abgekürzt) findet man

$$\varphi_j'(x) = \begin{cases} \frac{1}{h} & \text{für } x \in [a_{j-1}, a_j] \\ -\frac{1}{h} & \text{für } x \in [a_j, a_{j+1}] \\ 0 & \text{sonst} \end{cases}$$

und

$$\varphi_j'(x)\varphi_{j+1}'(x) = \begin{cases} -\frac{1}{h^2} & \text{für } x \in [a_j, a_{j+1}] \\ 0 & \text{sonst} \end{cases},$$

$$\varphi_j'(x)\varphi_{j-1}'(x) = \begin{cases} -\frac{1}{h^2} & \text{für } x \in [a_{j-1}, a_j] \\ 0 & \text{sonst} \end{cases},$$

$$\varphi_j'(x)\varphi_j'(x) = \begin{cases} \frac{1}{h^2} & \text{für } x \in [a_{j-1}, a_{j+1}] \\ 0 & \text{sonst} \end{cases}.$$

Damit erhält man die weiteren benötigten Integrale

$$\int_{a_{j-1}}^{a_{j+1}} \varphi_j' \varphi_j' \, dx = \frac{2}{h}, \quad \int_{a_{j-1}}^{a_{j+1}} \varphi_{j-1}' \varphi_j' \, dx = -\frac{1}{h}, \quad \int_{a_{j-1}}^{a_{j+1}} \varphi_{j+1}' \varphi_j' \, dx = -\frac{1}{h}.$$

Mit den berechneten Integralen erhält man das Anfangswertproblem

$$M \begin{pmatrix} c_1'(t) \\ c_2'(t) \\ \vdots \\ c_M'(t) \end{pmatrix} + S \begin{pmatrix} c_1(t) \\ c_2(t) \\ \vdots \\ c_M(t) \end{pmatrix} = \vec{r}, \quad M \begin{pmatrix} c_1(0) \\ c_2(0) \\ \vdots \\ c_M(0) \end{pmatrix} = \vec{r}_0 \qquad (10.93)$$

mit der Matrix $M = (m_{ij}) = (\int_\Omega \varphi_i \varphi_j \, dx)$, die auch **Massematrix** genannt wird,

$$M = h \begin{pmatrix} \frac{2}{3} & \frac{1}{6} & 0 & 0 & 0 & \dots & 0 \\ \frac{1}{6} & \frac{2}{3} & \frac{1}{6} & 0 & 0 & \dots & 0 \\ 0 & \frac{1}{6} & \frac{2}{3} & \frac{1}{6} & 0 & \dots & 0 \\ \dots & & & & & & \\ 0 & \dots & 0 & \frac{1}{6} & \frac{2}{3} & \frac{1}{6} & 0 \\ 0 & \dots & 0 & 0 & \frac{1}{6} & \frac{2}{3} & \frac{1}{6} \\ 0 & \dots & 0 & 0 & 0 & \frac{1}{6} & \frac{2}{3} \end{pmatrix},$$

und der Steifigkeitsmatrix $S = (s_{ij}) = (\int_\Omega \varphi_i' \varphi_j' \, dx)$

$$S = \frac{1}{h} \begin{pmatrix} 2 & -1 & 0 & 0 & 0 & \dots & 0 \\ -1 & 2 & -1 & 0 & 0 & \dots & 0 \\ 0 & -1 & 2 & -1 & 0 & \dots & 0 \\ \dots & & & & & & \\ 0 & \dots & 0 & -1 & 2 & -1 & 0 \\ 0 & \dots & 0 & 0 & -1 & 2 & -1 \\ 0 & \dots & 0 & 0 & 0 & -1 & 2 \end{pmatrix}.$$

Für die Komponenten des Lastvektors $\vec{r} = (r_1, r_2, \dots, r_M)^T$ gilt mit der Näherung

$$\int_{a_{j-1}}^{a_{j+1}} 5x(1-x)\varphi_j\, dx \approx 5a_j(1-a_j) \int_{a_{j-1}}^{a_{j+1}} \varphi_j\, dx = a_j(1-a_j)\frac{5h}{2}$$

$r_j = \frac{5h}{2}a_j(1-a_j)$ und für die Komponenten von $\vec{r}_0$ folgt aus

$$\int_{a_{j-1}}^{a_{j+1}} \sin(2x\pi)\varphi_j\, dx \approx \sin(2a_j\pi) \int_{a_{j-1}}^{a_{j+1}} \varphi_j\, dx = \sin(2a_j\pi)\frac{h}{2}$$

$r_{0j} = \sin(2a_j\pi)\frac{h}{2}$. Nach der Multiplikation der Gl. (10.93) mit M^{-1} kann man die Lösung des Anfangswertproblems der Form

$$\vec{c}' = -M^{-1}S\vec{c} + M^{-1}\vec{r}, \quad \vec{c}(0) = M^{-1}\vec{r}_0,$$

mit einem geeigneten Lösungsverfahren aus dem Kap. 8 berechnen und die numerische Lösung $u_h(x, t)$ über den Ansatz (10.90) ermitteln. Allerdings muss man die Eigenschaften der gewöhnlichen Differentialgleichungssysteme wie die eventuelle Steifheit bei der Wahl des Lösungsverfahrens berücksichtigen. In der Abb. 10.27 ist die numerische Lösung $u_h(x, t)$ dargestellt, die mit einem impliziten Euler-Verfahren der Form

$$\vec{c}^{k+1} = \vec{c}^k - \Delta t M^{-1}S\vec{c}^{k+1} + \Delta t M^{-1}\vec{r}, \quad \vec{c}^0 = M^{-1}\vec{r}_0$$

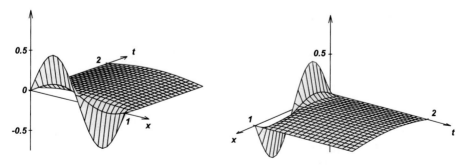

Abb. 10.27 Lösung des Anfangs-Randwertproblems (10.89) für $t \in [0, 2]$

berechnet wurde, wobei der obere Index k bzw. $k + 1$ die numerische Lösung zum Zeitpunkt $t = k\Delta t$ bzw. $t = (k + 1)\Delta t$ markiert. Das Intervall $[0, 1]$ wurde durch 21 Elemente äquidistant zerlegt (trianguliert) und als Zeitschrittweite wurde $\Delta t = 0, 1$ verwendet. ◄

Die Lösung wurde mit dem folgenden Programm erzeugt.

```
# Programm 10.3 zur Loesung eines Anfangs-Randwertproblems (parapde_gb.m)
#  u_t - u_xx = 5x(1-x), 0<x<1, 0<t <=10, u(0,t)=u(1,t)=0, u(x,0)=sin(2x\pi)
# mit der FEM (raeumlich, stueckweise lineare Elemente),
# Zeitintegration: Euler-rueckwaerts
# n=21, h=1/21, tau=0,1, m=10/tau Zeitschrittzahl
# input:
# output: Loesung yp(x,t) auf dem Raum-Zeit-Gitter x1,x2
# Aufruf: [yp,x1,x2] = parapde_gb1;
function [yp,x1,x2] = parapde_gb1;
r = zeros(20,1); r0= zeros(20,1);
h=1/21; tau =0.1; m=10/tau;
x = linspace(h,20*h,20);
amasse = zeros(20,20); asteif = zeros(20,20);
amasse = amasse + 4*eye(20);
asteif = asteif + 2*eye(20);
for i=1:19
   amasse(i+1,i)=1; amasse(i,i+1)=1;
   asteif(i,i+1)=-1; asteif(i+1,i)=-1;
end
amasse = (h/6)*amasse; asteif = (1/h)*asteif;
r = 5*x.*(1-x)*h/2; r0 = sin(x*2*pi)*h/2;
#
ams = amasse\asteif;
rm = amasse\r';
y0 = amasse\r0';
mit = (1/tau)*eye(20)+ams;
# Euler-Verfahren
yn = y0;
for i=1:m
   yn = mit\(yn/tau+rm);
   y(:,i) = yn;
end
# Aufbereitung der Ergebnisse fuer die Grafik
yp = zeros(22,m+1);
yp(2:21,1)=y0; yp(2:21,2:m+1)=y;
x1=zeros(22,1);
x1(2:21)=x; x1(22)=x1(21)+h;
for j=1:m+1
   x2(j)=(j-1)*tau;
end
end
```

Benutzt man zur numerischen Lösung des Anfangs-Randwertproblems statt der stückweise linearen Basisfunktionen stückweise quadratische Basisfunktionen, wird die Berechnung der Matrizen S und M wesentlich aufwendiger. Mit der Wahl der orthogonalen trigonometrischen Basisfunktionen $\varphi_j(x) = \sin(j\pi x)$ erhält man S und M als diagonale Matrizen. Die Berechnung dieser diagonalen Matrizen S und M sei als Übung empfohlen.

Die Güte der numerischen Lösung von Anfangs-Randwertproblemen hängt einmal von der räumlichen Approximationsordnung, d. h. von der Feinheit h der Triangulierung von Ω ab. Die Verwendung von stückweise linearen bzw. stückweise quadratischen Formfunktionen führt in der Regel auf eine Approximationsordnung 1 bzw. 2. Neben der räumlichen

Approximationsordnung ist die Ordnung des Zeitintegrationsverfahrens für die Güte der numerischen Lösung von Bedeutung.

Hinsichtlich qualitativer und quantitativer Aussagen zur Konvergenz bzw. zur Fehlerordnung von numerischen Lösungsverfahren parabolischer Differentialgleichungen wird z. B. auf Großmann und Roos (1994) verwiesen.

10.4 Numerische Lösung hyperbolischer Differentialgleichungen erster Ordnung

Als typisches Beispiel einer hyperbolischen Differentialgleichung haben wir eingangs die Wellengleichung

$$\frac{\partial^2 u}{\partial t^2} = c^2 \Delta u + f \quad \text{auf } \Omega \times]0, T], \tag{10.94}$$

genannt. Mit der Vorgabe von Anfangswerten

$$u(\vec{x}, 0) = u_0(\vec{x}), \quad \frac{\partial u}{\partial t}(\vec{x}, 0) = u_1(\vec{x}) \quad \text{auf } \Omega, \tag{10.95}$$

und geeigneten Randbedingungen für u auf $\Gamma \times]0, T]$ liegt mit (10.94) und (10.95) ein Anfangs-Randwertproblem zur Beschreibung von Wellenphänomenen vor.

Falls keine geschlossene analytische Lösung, etwa durch Separationsansätze, gefunden werden kann, kann man bei der numerischen Lösung die räumliche Diskretisierung des Laplace-Operators wie im Fall von elliptischen oder parabolischen Differentialgleichungen vorgehen. Man erhält für den räumlich zweidimensionalen Fall dann ausgehend von (10.94) unter Einbeziehung der Randbedingungen ein gewöhnliches Differentialgleichungssystem zweiter Ordnung

$$\frac{\partial^2 u_{ij}}{\partial t^2} = F_{ij}(u_h), \tag{10.96}$$

wobei $u_h(t)$ der Vektor ist, der aus den Komponenten $u_{ij}(t)$ besteht, die jeweils eine Näherung der exakten Lösung $u(x_i, y_j, t)$ für alle Gitterpunkte $(x_i, y_j) \in \Omega_h$ bezeichnen. $F_{ij}(u_h)$ ist eine Differenzenapproximation der rechten Seite von (10.94). Mit den Anfangsbedingungen

$$u_{ij}(0) = u_0(x_i, y_j), \quad \frac{\partial u_{ij}}{\partial t}(0) = u_1(x_i, y_j) \tag{10.97}$$

erhält man schließlich ein Anfangswertproblem für ein System von gewöhnlichen Differentialgleichungen, das man mit den oben besprochenen numerischen Methoden lösen kann. Die räumliche Diskretisierung kann dabei sowohl mit finiten Volumen, finiten Differenzen als auch finiten Elementen vorgenommen werden. Die dargestellte Methode wird auch horizontale Linienmethode (method of lines, MOL) genannt.

An dieser Stelle sei aber darauf hingewiesen, dass die entstehenden gewöhnlichen Differentialgleichungssysteme (10.96) steif sind, was bei der Wahl des Lösungsverfahrens zu berücksichtigen ist.

10.4.1 Hyperbolische Differentialgleichungen erster Ordnung

Im Folgenden soll der Schwerpunkt in der Betrachtung von Gleichungen erster Ordnung liegen, da sich deren Lösungsverhalten und damit auf die numerische Behandlung deutlich von den bisher betrachteten partiellen Differentialgleichungen unterscheidet. Im Unterschied zu elliptischen und parabolischen Randwert- bzw. Rand-Anfangswert-Problemen können bei hyperbolischen Gleichungen trotz glatter Anfangswerte unstetige Lösungen (Sprünge) auftreten. Um solche Phänomene auch bei der numerischen Lösung adäquat zu beschreiben, sind geeignete numerische Verfahren erforderlich. Das ist auch ein Grund, weshalb in vielen einführenden Textbüchern zu numerischen Lösungsmethoden für partielle Differentialgleichungen nur elliptische und parabolische Aufgabenstellungen behandelt werden.

Zu Beginn sollen einige Beispiele angegeben werden. Gleichungen der Art

$$\frac{\partial u}{\partial t} + a \frac{\partial u}{\partial x} = 0. \tag{10.98}$$

mit einer Konstante a nennt man Advektionsgleichung. Physikalisch bedeutet die Gl. (10.98) den Transport einer Welle oder eines Profils mit der Geschwindigkeit a. Gl. (10.98) ist ein Spezialfall der Erhaltungsgleichung

$$\frac{\partial \vec{u}}{\partial t} + \nabla \cdot f(\vec{u}) = 0, \tag{10.99}$$

die mit

$$\vec{u} = \begin{pmatrix} \rho \\ \rho u \\ \rho v \end{pmatrix}, \quad f(\vec{u}) = \begin{pmatrix} f_1(\vec{u}) \\ f_2(\vec{u}) \end{pmatrix}$$

und

$$f_1 = \begin{pmatrix} \rho u \\ \rho u^2 + p \\ \rho u v \end{pmatrix} \text{ und } f_2 = \begin{pmatrix} \rho v \\ \rho u v \\ \rho v^2 + p \end{pmatrix}.$$

auf die 2D-Euler-Gleichung führt.

Mit dem folgenden Beispiel eines linearen Systems erster Ordnung

$$\begin{bmatrix} p \\ u \end{bmatrix}_t = \begin{bmatrix} 0 & \gamma p_0 \\ 1/\rho_0 & 0 \end{bmatrix} \begin{bmatrix} p \\ u \end{bmatrix}_x = \mathbf{0} \tag{10.100}$$

wird die Akustik in einem γ-Gesetz-Gas beschrieben. Bei ausreichender Glattheit/Differenzierbarkeit von p bzw. u kann man die erste Gleichung nach x und die zweite Gleichung nach t differenzieren und erhält nach der Elimination von $u_{xt} = u_{tx}$ die Wellengleichung zweiter Ordnung

$$p_{tt} = c^2 p_{xx} \tag{10.101}$$

mit der Schallgeschwindigkeit $c = \sqrt{\gamma p_0/\rho_0}$ im Gas. Dieses Beispiel rechtfertigt den Begriff der Hyperbolizität von Gleichungen erster Ordnung, z. B. (10.99).

Den Begriff wollen wir für Gleichungen bzw. Gleichungssysteme für die Erhaltungsgrößen $q \in \mathbb{R}^n$ der Form

$$q_t + (Aq)_x = 0 \text{ bzw. } q_t + f(q)_x = 0 \tag{10.102}$$
$$q_t + (Aq)_x + (Bq)_y = 0 \text{ bzw. } q_t + F(q)_x + G(q)_y = 0 \tag{10.103}$$

diskutieren. Dabei sind die Ableitungen nach „t" und „x" im Fall von vektorwertigen Funktionen komponentenweise zu verstehen (das wird auch in den angegebenen Beispielen deutlich).

▶ **Definition 10.7** (Hyperbolizitätskriterium für Gleichungen erster Ordnung)

- Die Gl. (10.102) heißen hyperbolisch, wenn die Matrix A bzw. die Jacobi-Matrix $f'(q)$ diagonalisierbar mit reellen Eigenwerten ist.
- Die Gl. (10.103) heißen hyperbolisch, wenn die Matrix $\cos\theta A + \sin\theta B$ bzw. die Matrix $\cos\theta F'(q) + \sin\theta G'(q)$ diagonalisierbar mit reellen Eigenwerten ist für alle $\theta \in \mathbb{R}$.

Bemerkung 10.1 Im Fall der Hyperbolizität eines Gleichungssystems erster Ordnung kann man mit der Diagonalisierung $A = P^{-1}\Lambda P$ durch Einführung der Hilfserhaltungsgröße $\hat{q} = Pq \in \mathbb{R}^n$ die Gleichung $q_t + (Aq)_x = 0$ überführen in

$$\hat{q}_t + (\Lambda\hat{q})_x = 0,$$

also in n entkoppelte skalare Erhaltungsgleichungen.

Beispiel

Mit dem Kriterium 10.7 finden wir für die Gl. (10.100) für

$$A = \begin{bmatrix} 0 & \gamma p_0 \\ 1/\rho_0 & 0 \end{bmatrix}$$

die reellen Eigenwerte $\lambda_{1,2} = \pm c$ und damit ist (10.100) hyperbolisch (das korreliert mit unseren Erfahrungen bezüglich (10.101)). ◀

Beispiel

Betrachten wir nun die 1D-Euler-Gleichung. Wir haben

$$q_t + f(q)_x = 0 \quad \text{mit} \quad q = \begin{bmatrix} \rho \\ \rho u \\ E \end{bmatrix}, \quad f(q) = \begin{bmatrix} \rho u \\ \rho u^2 + p \\ u(E + p) \end{bmatrix} \tag{10.104}$$

mit der Zusatndsgleichung $p = (\gamma - 1)(E - \frac{1}{2}\rho u^2)$ für ein polytropisches Gas. Mit

$$q = \begin{bmatrix} q_1 \\ q_2 \\ q_3 \end{bmatrix} := \begin{bmatrix} \rho \\ \rho u \\ E \end{bmatrix}$$

erhalten wir

$$f(q) = \begin{bmatrix} q_2 \\ q_2^2/q_1 + (\gamma - 1)(q_3 - \frac{1}{2}q_2^2/q_1) \\ q_2(q_3 + (\gamma - 1)(q_3 - \frac{1}{2}q_2^2/q_1)/q_1 \end{bmatrix}.$$

Eine sorgfältige Rechnung ergibt die Jacobi-Matrix

$$f'(q) = \begin{bmatrix} 0 & 1 & 0 \\ -\frac{1}{2}(\gamma + 1)u^2 & (3 - \gamma)u & (\gamma - 1) \\ -u(E + p)/\rho + \frac{1}{2}(\gamma - 1)u^3 & (E + p)/\rho - (\gamma - 1)u^2 & \gamma u \end{bmatrix} \tag{10.105}$$

mit den reellen Eigenwerten

$$\lambda_1(q) = u - c, \quad \lambda_2(q) = u, \quad \lambda_3(q) = u + c,$$

wobei $c = \sqrt{\gamma p/\rho}$ die Schallgeschwindigkeit ist, und damit ist (10.104) hyperbolisch.
◄

Beispiel

Die folgende Erhaltungsgleichung beschreibt ein mathematisches Modell für Flachwasser.

$$U_t + F(U)_x + G(U)_y = S(U, B) \tag{10.106}$$

mit den Erhaltungsgrößen

$$U = \begin{bmatrix} h \\ hu \\ hv \end{bmatrix} =: \begin{bmatrix} q_1 \\ q_2 \\ q_3 \end{bmatrix},$$

der Fluss-Funktion

$$F(U) = \begin{bmatrix} hu \\ hu^2 + \frac{1}{2}gh^2 \\ huv \end{bmatrix}, \quad G(U) = \begin{bmatrix} hv \\ huv \\ hv^2 + \frac{1}{2}gh^2 \end{bmatrix},$$

und dem Quellterm

$$S(U, B) = \begin{bmatrix} 0 \\ -ghB_x \\ -ghB_y \end{bmatrix}.$$

h bezeichnet die Wasserhöhe, hu, hv Ausflussmengen in Richtung der x- und der y-Achse, u und v sind gemittelte Geschwindigkeiten, g ist die Gravitationskonstante und B ist eine Funktion zur Beschreibung der Topographie des Beckens/Meeresbodens. Für die Analyse der Jacobi-Matrizen betrachten wir

$$F(U) = \begin{bmatrix} q_2 \\ q_2^2/q_1 + \frac{1}{2}gq_1^2 \\ q_2 q_3/q_1 \end{bmatrix}, \quad G(U) = \begin{bmatrix} q_3 \\ q_2 q_3/q_1 \\ q_3^2/q_1 + \frac{1}{2}gq_1^2 \end{bmatrix}.$$

Nach einer sorgfältigen Rechnung finden wir für $\cos\theta\, F'(U) + \sin\theta\, G'(U)$ die reellen Eigenwerte

$$\lambda_1(U) = u\cos\theta + v\sin\theta, \quad \lambda_2(U) = \lambda_1(U) + \sqrt{gh}, \quad \lambda_3(U) = \lambda_1(U) - \sqrt{gh}$$

und nach dem Kriterium 10.7 folgt, dass (10.106) hyperbolisch ist. ◄

10.4.2 Theoretische Grundlagen zu Erhaltungsgleichungen

Die mathematische Aufgabenstellung bei Modellen mit hyperbolischen Differentialgleichungen erster Ordnung kann man wie folgt beschreiben.

▶ **Definition 10.8** (Anfangswertproblem 1D)
Gegeben sei eine differenzierbare Funktion f und eine stetige Funktion u_0. Gesucht ist eine Funktion $u(x, t)$, so dass

$$\frac{\partial u}{\partial t}(x, t) + \frac{\partial f(u(x, t))}{\partial x} = 0 \quad \text{für } (x, t) \in \mathbb{R} \times [0, T[$$
$$u(x, 0) = u_0(x) \quad \text{für } x \in \mathbb{R} \tag{10.107}$$

gilt. Eine Funktion u, die (10.107) löst, heißt klassische Lösung des Anfangswertproblems, dass man auch **Cauchy**-Problem nennt.

Im Allgemeinen existieren solche klassischen Lösungen nur bis zu einer gewissen Zeit t_0 und ein Hilfsmittel, um diesen Sachverhalt zu erfassen, sind die sogenannten Charakteristiken.

▶ **Definition 10.9** (Charakteristik)
Sei u eine Lösung von (10.107). Eine Kurve

$$\Gamma_\alpha := \{(\gamma(t), t) \mid t \in I, \ \gamma(0) = \alpha\}$$

mit dem Intervall $I \in \mathbb{R}$, γ differenzierbar auf I, heißt **Charakteristik** zu (10.107) genau dann, wenn

$$\gamma'(t) = f'(u(\gamma(t), t)) \quad \text{für } t \in I$$
$$\gamma(0) = \alpha. \tag{10.108}$$

Die Rechnung (Kettenregel, (10.107) und (10.108))

$$\begin{aligned}
\frac{d}{dt} u(\gamma(t), t) &= \gamma'(t) \frac{\partial u(\gamma(t), t)}{\partial x} + \frac{\partial u(\gamma(t), t)}{\partial t} \\
&= f'(u(\gamma(t), t)) \frac{\partial u(\gamma(t), t)}{\partial x} + \frac{\partial u(\gamma(t), t)}{\partial t} \\
&= \frac{\partial f(u(\gamma(t), t))}{\partial x} + \frac{\partial u(\gamma(t), t)}{\partial t} \\
&= 0
\end{aligned}$$

ergibt, dass $u(\gamma(t), t) = $ const. ist. Damit gilt weiterhin

$$\gamma'(t) = f'(u(\gamma(t), t)) = f'(u(\gamma(0), 0)) = f'(u_0(\gamma(0))) = \text{const.}$$

Also gilt

Satz 10.4 *(Klassische Lösungen sind konstant entlang Charakteristiken.)*
Sei u eine klassische Lösung von (10.107) und sei γ eine Charakteristik von (10.107). Dann gilt

$$u(\gamma(t), t) = const. \quad für\ alle\ t \geq 0$$

und γ ist eine Gerade.

Beispiel

Für die Advektionsgleichung $u_t + (2u)_x = 0$ finden wir die Charakteristik Γ_α mit $f(u) = 2u$ und $f'(u) = 2$

$$\gamma'(t) = 2 \iff \gamma(t) = \alpha + 2t \iff \alpha = \gamma(t) - 2t.$$

In diesem Fall findet man für den Anfangswert $u_0(x)$ die Lösung

$$u(x, t) = u(\alpha, 0) = u(x - 2t, 0) = u_0(x - 2t).$$

Man geht also ausgehend vom Punkt (x, t) auf der Charakteristik entgegen der Advektionsgeschwindigkeit (hier $a = 2$) zum Schnittpunkt der Charakteristik mit der x-Achse, also dem Punkt $(x - 2t, 0)$, und findet mit $u_0(x - 2t)$ den Wert der Lösung (s. auch Abb. 10.28). Für $u_0(x) = \arctan x$ erhält man damit z. B. die Lösung $u(x, t) = \arctan(x - 2t)$. Auf der Charakteristik $\gamma(t) = -1 + 2t$ hat u für alle Punkte $(\gamma(t), t)$ den gleichen Wert. Zum Beispiel liegen mit dem Punkt $(3, 2)$ auch alle Punkte $(3\beta, 2\beta)$ auf der Charakteristik (es handelt sich um eine Gerade) und damit gilt $u(3, 2) = u(3\beta, 2\beta)$, und dies gilt auch allgemein, d. h.

$$u(x, t) = u(\beta x, \beta t) \quad \text{für alle } \beta \in {]}0, \infty[\, .$$

Diese Eigenschaft nennt man auch **Selbstähnlichkeit** der Lösung. ◄

Hat man es mit nicht ganz so einfachen Advektionsgleichungen zu tun, z. B. mit der Burgers-Gleichung

$$u_t + f(u)_x = 0, \quad f(u) = \frac{u^2}{2}, \tag{10.109}$$

mit einer glatten monoton fallenden Anfangsfunktion $(u'_0(x) \leq 0)$

$$u_0(x) = \begin{cases} 1, & x < -1, \\ 0, & x > 1 \end{cases}, \tag{10.110}$$

die zwischen -1 und 1 glatt verbunden sein soll, dann gilt für die Charakteristiken

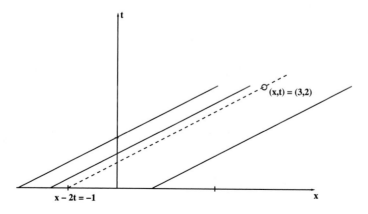

Abb. 10.28 Charakteristiken von $u_t + (2u)_x = 0$

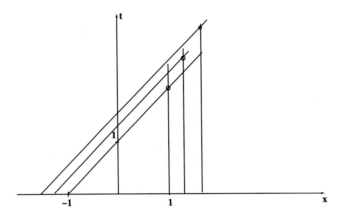

Abb. 10.29 Charakteristiken von $u_t + (u^2/2)_x = 0$

$$\gamma'(t) = f'(u(\gamma(t), t)) = u(\gamma(t), t) = u(\gamma(0), 0) = u_0(\gamma(0)) = \begin{cases} 1, & \gamma(0) < -1 \\ 0, & \gamma(0) > 1 \end{cases}.$$

Das heißt die Charakteristiken schneiden sich, wie in Abb. 10.29 dargestellt. Damit funktioniert unsere oben verwendete Methode zur Berechnung der Lösung nur für kleine Zeiten, und z. B. für $t \geq 2$ und $x \geq 1$ hat man zwei Möglichkeiten, zum Punkt $(\gamma(t), 0)$ zurückzugelangen. Die Eindeutigkeit geht verloren und man hat keine klassische Lösung mehr.[2]

Zur Existenz klassischer Lösungen gilt allgemein der

Satz 10.5 *(Existenz lokaler klassischer Lösungen)*
Sei f zweimal stetig differenzierbar und u_0 stetig differenzierbar. Für die Ableitungen gelte $|f''|, |u_0'| \leq M$ auf $\mathbb{R}$. Dann existiert ein $T_0 > 0$, so dass (10.107) eine klassische Lösung auf $\mathbb{R} \times [0, T_0[$ besitzt.

Der Nachweis wird über den Satz über implizite Funktionen geführt, soll hier aber nicht ausgeführt werden.

Das Beispiel der Burgers-Gleichung zeigt, dass man für Anfangswertprobleme der Art (10.107) im Allgemeinen keine globalen klassischen Lösungen findet. Das hat sich bei der Burgers-Gleichung auch schon bei glatten Anfangsbedingungen gezeigt. Damit wird ein Lösungsbegriff erforderlich, der schwächer ist, aber auch globale Lösungen für beliebige Zeiten beinhaltet. Dabei soll auch der praktisch interessante Fall von unstetigen Anfangsbedingungen, wie sie z. B. in der Gasdynamik vorkommen, erfasst werden.

▶ **Definition 10.10** (schwache Lösung)

---

[2] Gilt für die Anfangsfunktion $u_0'(x) \geq 0$, dann hat das Cauchy-Problem (10.107) eine eindeutige klassische Lösung.

Sei $u_0 \in L^\infty(\mathbb{R})$ und f stetig differenzierbar. Dann heißt $u \in L^\infty(\mathbb{R} \times [0, \infty[)$ schwache Lösung von (10.107) genau dann, wenn

$$\int_{\mathbb{R}} \int_0^\infty [u(x,t)\varphi_t(x,t) + f(u(x,t))\varphi_x(x,t)] \, dx \, dt + \int_{\mathbb{R}} u_0(x)\varphi(x,0) \, dx = 0 \quad (10.111)$$

für alle $\varphi \in C_0^\infty(\mathbb{R} \times [0, \infty[)$ gilt.[3]

Satz 10.6 *(Rankine-Hugoniot-Sprungbedingung)*
Sei $S = \{(\sigma(t), t) \mid \sigma \text{ stetig differenzierbar auf } [0, \infty[\}$ eine Kurve, die den Bereich $\mathbb{R} \times [0, \infty[$ in zwei Teile Ω_l und Ω_r separiert. Dann ist

$$u(x,t) := \begin{cases} u_l, & \text{in } \Omega_l \\ u_r, & \text{in } \Omega_r \end{cases}$$

mit stetig differenzierbaren Funktionen u_l und u_r genau dann eine schwache Lösung von (10.107), wenn

(i) u_l, u_r klassische Lösungen in Ω_l, Ω_r sind, und
(ii) u auf S die **Rankine-Hugoniot-Sprungbedingung**

$$(u_l(\sigma(t), t) - u_r(\sigma(t), t))\sigma'(t) = f(u_l(\sigma(t), t)) - f(u_r(\sigma(t), t)) \quad \text{für alle } t > 0$$

erfüllt, die in Kurzform $(u_l - u_r)s = f(u_l) - f(u_r)$ mit $s = \sigma'(t)$ als Ausbreitungsgeschwindigkeit der Unstetigkeitskurve lautet.

Beweis
Nach mehrfacher partieller Integration erhält man ausgehend von

$$0 = \int_{\mathbb{R}} \int_0^\infty [u \, \varphi_t + f(u) \, \varphi_x] \, dt \, dx$$

$$= \int_{\Omega_l} [u_l \, \varphi_t + f(u_l) \, \varphi_x] \, dt \, dx + \int_{\Omega_r} [u_r \, \varphi_t + f(u_r) \, \varphi_x] \, dt \, dx$$

schließlich

$$0 = \ldots = -\int_{\Omega_l} [(u_l)_t + f_x(u_l)]\varphi d\Omega - \int_{\Omega_r} [(u_r)_t + f_x(u_r)]\varphi \, d\Omega$$

$$+ \int_{S \cap \mathrm{supp}\varphi} \begin{pmatrix} f(u_l) - f(u_r) \\ u_l - u_r \end{pmatrix} \cdot \nu_l \, \varphi \, d\omega. \quad (10.112)$$

---

[3] Zu den Funktionenräumen L^∞ und C_0^∞ sei auf Lehrbücher der Funktionalanalysis verwiesen, grob gesagt sind Funktionen v aus $L^\infty(\mathbb{R})$ fast überall auf $\mathbb{R}$ beschränkt und Funktionen w aus $C_0^\infty(\mathbb{R} \times [0, \infty[)$ sind beliebig oft differenzierbar und besitzen einen kompakten Träger $D = \mathrm{supp} \, w \subset \mathbb{R} \times [0, \infty[$, d.h. sind nur auf der kompakten Menge D von Null verschieden.

$v_l = \begin{pmatrix} 1 \\ -s \end{pmatrix}$ ist die äußere Normale auf S in Richtung Ω_l. Da φ beliebig gewählt werden kann, folgt aus (10.112)

$$(u_l)_t + f_x(u_l) = 0, \quad (u_r)_t + f_x(u_r) = 0 \quad \text{und} \quad (u_l - u_r)s = f(u_l) - f(u_r).$$

$\square$

Beispiel

Wir wollen nach schwachen Lösungen der Burgers-Gleichung

$$u_t + (u^2/2)_x = 0 \text{ in } \mathbb{R} \times [0, \infty[\text{ mit } u(x,0) = \begin{cases} 0, & x < 0 \\ 1, & x > 0 \end{cases} \qquad (10.113)$$

suchen. Die Sprungfunktion

$$u_1(x,t) = \begin{cases} 0, & x < \frac{t}{2} \\ 1, & x > \frac{t}{2} \end{cases}$$

ist nach Satz 10.6 eine Lösung, denn es gilt

$$\frac{u_l^2/2 - u_r^2/2}{u_l - u_r} = \frac{-1/2}{-1} = \frac{1}{2} = \sigma'(t)$$

und damit teilt $\sigma(t) = \frac{t}{2}$ den Bereich $\mathbb{R} \times [0, \infty[$ in Ω_l und Ω_r mit den jeweiligen klassischen Lösungen $u_1(x,t) = u_l$ und $u_1(x,t) = u_r$.

Betrachten wir jetzt die stetige Funktion

$$u_2(x,t) = \begin{cases} 0, & x < 0 \\ \frac{x}{t}, & 0 \leq x < t \\ 1, & t \leq x \end{cases}$$

Analog zum Beweis von Satz 10.6 zeigt man, dass u_2 eine schwache Lösung des Anfangswertproblems (10.113) ist. Dieses Beispiel zeigt, dass schwache Lösungen offensichtlich nicht eindeutig sind. Im Folgenden werden Möglichkeiten der „Selektion" diskutiert und Kriterien für physikalisch relevante eindeutige Lösungen formuliert. Im Abschn. 10.4.3 werden wir sehen, dass nur die Lösung u_2 physikalisch sinnvoll ist. ◄

Satz 10.7 *(Viskositätslimes)*

Für unstetige Anfangswerte $u(x,0) = \begin{cases} u_l, & x < x_0 \\ u_r, & x \geq x_0 \end{cases}$ *und eine Flussfunktion f mit $f'' > 0$ (konvex) sei u eine schwache Lösung des Anfangswertproblems (10.107) mit einer Unstetigkeit entlang der Kurve $S = \{(\sigma(t), t) \mid t > 0\}$. Sei u_ϵ eine zweimal stetig differenzierbare Lösung von*

$$(u_\epsilon)_t + f_x(u_\epsilon) = \epsilon \Delta u_\epsilon \quad in \, \mathbb{R} \times [0, \infty[$$

mit $u_\epsilon(x, t) = v_\epsilon(x - st)$, $s = \sigma'(t)$ (travelling wave). Weiterhin gelte $\lim_{\epsilon \to 0} u_\epsilon = u$ mit u als schwacher Lösung von $u_t + f_x(u) = 0$. Für $t = t_0$ gelte

$$\lim_{\delta \to 0} u(\sigma(t_0) + \delta, t_0) = u_r, \quad \lim_{\delta \to 0} u(\sigma(t_0) - \delta, t_0) = u_l$$

und $\lim_{\epsilon \to 0} u_\epsilon(x, 0) = u(x, 0)$ fast überall in $\mathbb{R}$.

Dann gilt

$$f'(u_r) \leq s \leq f'(u_l) \quad im \; Punkt \; (\sigma(t_0), t_0) \, . \tag{10.114}$$

Bemerkung 10.2 Den Übergang $u_\epsilon \to u$ bezeichnet man auch als Viskositätslimes. Die Voraussetzungen des Satzes 10.7, speziell die Existenz von u_ϵ mit der Eigenschaft $u_\epsilon \to u$, treffen in unserem Fall (f zweimal differenzierbar und beschränkt) zu. Dazu sowie zum Beweis des Satzes sei auf Ausführungen in Leveque (2004) und Kröner (1997) verwiesen.

Nach dem Satz 10.7 ist die schwache Lösung u_1 aus Beispiel 10.4.2 kein Viskositätslimes.

▶ **Definition 10.11** (Lax-Entropie-Bedingung)
Sei u eine schwache Lösung von (10.107). u sei an der glatten Kurve S in $\mathbb{R} \times [0, \infty[$ unstetig. Sei (x_0, t_0) ein Punkt der Kurve S und

$$u_r := \lim_{\delta \to 0} u(x_0 + \delta, t_0), \quad u_l := \lim_{\delta \to 0} u(x_0 - \delta, t_0) \, ,$$

sowie $s = \frac{f(u_l) - f(u_r)}{u_l - u_r}$.

Dann sagt man, u erfüllt die Lax-Entropie-Bedingung in (x_0, t_0) genau dann, wenn

$$f'(u_r) < s < f'(u_l) \quad im \; Punkt \; (x_0, t_0) \tag{10.115}$$

gilt. Eine Unstetigkeit, die die Bedingung (10.115) erfüllt, heißt **Schock** und s heißt Schockgeschwindigkeit.

Eine solche schwache Lösung nennt man auch **Entropielösung.**

Bei Erfüllung der Lax-Entropie-Bedingung kann man nun die Eindeutigkeit einer Entropielösung des Anfangswertproblems (10.107) erzwingen. Es gilt der

Satz 10.8 *(Eindeutigkeit der Entropielösung)*
Sei f zweimal stetig differenzierbar mit $f'' > 0$ auf $\mathbb{R}$. Seien u, v schwache Lösungen des Anfangswertproblems (10.107), die beide entlang von Unstetigkeitskurven die Lax-Entropie-Bedingung 10.11 erfüllen.

Dann gilt $u = v$ fast überall auf $\mathbb{R} \times [0, \infty[$.

10.4.3 Das Riemann-Problem

Die Anwendung der im vergangenen Abschnitt diskutierten Begriffe und Kriterien soll am
Beispiel der Lösung des Riemann-Problems für f mit $f'' > 0$

$$u_t + f_x(u) = 0 \text{ in } \mathbb{R} \times [0, \infty[, \quad u(x, 0) = \begin{cases} u_l, & x < 0 \\ u_r, & x > 0 \end{cases} \tag{10.116}$$

demonstriert werden. Wir unterscheiden drei Fälle:

1) $u_l = u_r$
   Hier liegt keine Unstetigkeit vor und

$$u(x, t) = u_l, \text{ für alle } (x, t) \in \mathbb{R} \times [0, \infty[, \tag{10.117}$$

   ist die eindeutige Entropielösung.

2) $u_l > u_r$
   Hier finden wir mit

$$u(x, t) = \begin{cases} u_l, & x < st \\ u_r, & x > st \end{cases} \tag{10.118}$$

   mit $s = \frac{f(u_l) - f(u_r)}{u_l - u_r}$ eine eindeutige Entropielösung, da wegen $f'' > 0$ die erste Ableitung
   f' monoton steigend ist, und deshalb

$$f'(u_r) < \frac{f(u_l) - f(u_r)}{u_l - u_r} < f'(u_l),$$

   gilt, also die Lax-Entropie-Bedingung erfüllt ist.

3) $u_l < u_r$
   Jede unstetige Lösung würde in diesem Fall die Lax-Entropie-Bedingung 10.11 verlet-
   zen. Man rechnet leicht nach, dass mit der schwachen Lösung $u(x, t)$ auch $u_\lambda(x, t) :=$
   $u(\lambda x, \lambda t)$ eine schwache Lösung ist (Selbstähnlichkeit). Mit der Wahl von $\lambda = \frac{1}{t}$ erhält
   man Lösungen der Form $u(x, t) = u_{1/t}(\frac{x}{t}, 1) =: v(\frac{x}{t})$. In Bereichen, in denen v glatt
   ist, gilt

$$0 = u_t + f_x(u) = -\frac{x}{t^2}v' + f'(v)v'\frac{1}{t} = v'\left(\frac{1}{t}f'(v) - \frac{x}{t^2}\right)$$

   und damit ergeben sich die Bedingungen

$$f'(v(\xi)) - \xi = 0 \quad \text{oder} \quad v'(\xi) = 0 \quad \text{für alle } \xi = \frac{x}{t} \in \mathbb{R}.$$

Man findet nun mit dem Ansatz $u(x, t) = v(\frac{x}{t})$ und

$$f'(v(\xi)) - \xi = 0 \iff v(\xi) = f'^{-1}(\xi)$$

mit

$$u(x, t) = \begin{cases} u_l, & \frac{x}{t} \leq f'(u_l) \\ v(\frac{x}{t}), & f'(u_l) < \frac{x}{t} < f'(u_r) \\ u_r, & \frac{x}{t} \geq f'(u_r) \end{cases} \tag{10.119}$$

eine Lösung von (10.116) (im Fall von $f(u) = \frac{u^2}{2}$ ist $f'(u) = u$ und damit $v(\xi) = \xi$). Diese Lösung wird auch **Verdünnungswelle** (rarefaction-wave) genannt. Von dieser Verdünnungswelle kann man zeigen, dass diese Lösung für $u_l < u_r$ ein Viskositätslimes und damit eine physikalisch sinnvolle und stabile Lösung dieses Falles ist. Mit

$$\hat{u}(x, t) = \begin{cases} u_l, & \frac{x}{t} < f'(s_m) \\ u_m, & f'(s_m) < \frac{x}{t} < f'(u_m) \\ v(\frac{x}{t}), & f'(u_m) \leq \frac{x}{t} \leq f'(u_r) \\ u_r, & \frac{x}{t} > f'(u_r) \end{cases}$$

findet man für jedes u_m mit $u_l \leq u_m \leq u_r$ und $s_m = (u_l + u_m)/2$ unendlich viele weitere Lösungen des Riemann-Problems für $u_l < u_r$. Diese sind allerdings im Unterschied zu (10.119) instabil und sehr anfällig gegen Störungen und werden auch als Nicht-Viskositätslösungen „verworfen".

Insgesamt erhalten wir mit den Lösungen (10.117), (10.118) und (10.119) Entropielösungen bzw. einen Viskositätslimes und damit physikalisch adäquate Lösungen.

10.4.4 Numerische Lösungsmethoden für Erhaltungsgleichungen

Wir beschränken uns bei der Konstruktion von numerischen Lösungsverfahren für das Cauchy-Problem 10.8 auf den skalaren Fall, d. h. $u_t + f_x(u) = 0$ mit $f : \mathbb{R}^m \to \mathbb{R}^m$ und $u : \mathbb{R} \times [0, \infty[\to \mathbb{R}^m$, mit $m = 1$, wobei die im Folgenden diskutierten Prinzipien auch auf den Fall $m > 1$ übertragbar sind. Die Erhaltungsgleichung (10.107) entsteht im Ergebnis einer Bilanzbetrachtung über endliche Kontrollelemente $\omega_{j,n+\frac{1}{2}}$ (s. Abb. 10.30) durch Grenzwertbildung. Allerdings haben wir festgestellt, dass klassische Lösungen von (10.107) im Allgemeinen nicht existieren. Darum wurde der Begriff der schwachen Lösung eingeführt. Die formale Integration der Gl. (10.107) über das Raum-Zeit-Element $\omega_{j,n+1/2}$ ergibt nun[4]

---

[4] Die Vertauschbarkeit von Integral und Ableitung nach t setzen wir hier voraus.

$$\int_{x_{j-\frac{1}{2}}}^{x_{j+\frac{1}{2}}} u_t(x,t)\,dx + f\left(u\left(x_{j+\frac{1}{2}},t\right)\right) - f\left(u\left(x_{j-\frac{1}{2}},t\right)\right) = 0$$

$$\frac{d}{dt}\int_{x_{j-\frac{1}{2}}}^{x_{j+\frac{1}{2}}} u(x,t)\,dx + f\left(u\left(x_{j+\frac{1}{2}},t\right)\right) - f\left(u\left(x_{j-\frac{1}{2}},t\right)\right) = 0$$

$$h\frac{d}{dt}\bar{u}(t) + f\left(u\left(x_{j+\frac{1}{2}},t\right)\right) - f\left(u\left(x_{j-\frac{1}{2}},t\right)\right) = 0,$$

wobei mit $\bar{u}_j$ der räumliche Mittelwert von $u(x,t)$ auf dem Intervall $[x_{j-\frac{1}{2},j+\frac{1}{2}}]$ bezeichnet wird und $h = x_{j+\frac{1}{2}} - x_{j-\frac{1}{2}}$ die räumliche Schrittweite ist. Die Integration über $[t^n,t^{n+1}]$ und die Division durch h ergibt weiter

$$\int_{t^n}^{t^{n+1}} h\frac{d}{dt}\bar{u}(t)\,dt + \int_{t_n}^{t^{n+1}} f\left(u\left(x_{j+\frac{1}{2}},t\right)\right)\,dt - \int_{t^n}^{t^{n+1}} f\left(u\left(x_{j-\frac{1}{2}},t\right)\right)\,dt = 0$$

$$\bar{u}_j(t^{n+1}) - \bar{u}_j(t^n) + \frac{1}{h}\left[\int_{t_n}^{t^{n+1}} f\left(u\left(x_{j+\frac{1}{2}},t\right)\right)\,dt - \int_{t^n}^{t^{n+1}} f\left(u\left(x_{j-\frac{1}{2}},t\right)\right)\,dt\right] = 0,$$

bzw.

$$\bar{u}_j(t^{n+1}) = \bar{u}_j(t^n) - \frac{1}{h}\left[\int_{t^n}^{t^{n+1}} f\left(u\left(x_{j+\frac{1}{2}},t\right)\right)\,dt - \int_{t^n}^{t^{n+1}} f\left(u\left(x_{j-\frac{1}{2}},t\right)\right)\,dt\right], \tag{10.120}$$

mit den Mittelwerten

$$\bar{u}_j(t^{n+1}) = \int_{x_{j-\frac{1}{2}}}^{x_{j+\frac{1}{2}}} u(x,t^{n+1})\,dx, \quad \bar{u}_j(t^n) = \int_{x_{j-\frac{1}{2}}}^{x_{j+\frac{1}{2}}} u(x,t^n)\,dx.$$

Diese integrale Erhaltungsbilanz (10.120) bildet die Grundlage für die Konstruktion geeigneter numerischer Lösungsverfahren. Ausgehend von (10.120) definieren wir ein konservatives Lösungsverfahren wie folgt.

▶ **Definition 10.12** (konservatives Verfahren)
Ein Verfahren heißt konservativ (erhaltend), wenn man es in der Form

$$U_j^{n+1} = U_j^n - \frac{\tau}{h}[F(U_j^n, U_{j+1}^n) - F(U_{j-1}^n, U_j^n)] \tag{10.121}$$

mit $\tau = t^{n+1} - t^n$ als Zeitschrittweite und einer Funktion $F : \mathbb{R}^2 \to \mathbb{R}$ schreiben kann. Die Funktion F nennt man numerische Flussfunktion (numerical flux) der Methode. Mit $U_{j+\alpha}^{n+\beta}$ bezeichnet man den Wert der numerischen Lösung an dem Punkt $(x_{j+\alpha}, t^{n+\beta})$.

Vergleicht man (10.121) und (10.120) dann suchen wir nach einer Approximation

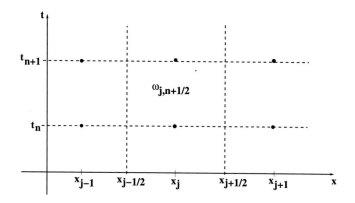

Abb. 10.30 Kontrollelement $\omega_{j,n+1/2}$

$$F(U_j^n, U_j^{n+1}) \approx \frac{1}{\tau} \int_{t^n}^{t^{n+1}} f\left(u\left(x_{j+\frac{1}{2}}, t\right)\right) dt. \qquad (10.122)$$

▶ **Definition 10.13** (Konsistenz)
Eine konservative Methode (10.121) heißt **konsistent,** wenn

$$F(u, u) = f(u) \qquad (10.123)$$

für alle relevanten $u \in \mathbb{R}$ gilt[5], und wenn die lokale Lipschitz-Bedingung

$$|F(U_j^n, U_{j+1}^n) - f(u)| \leq C \max_{0 \leq i \leq 1} |U_{j+i}^n - u| \qquad (10.124)$$

für alle U_{j+i}^n, $(i = 0, 1)$, die genügend nah bei allen relevanten $u \in \mathbb{R}$ liegen, mit einer Konstante C (die von u abhängen kann) gilt.[6] Da man bei dem Verfahren (10.121) von einer Integralbilanz ausgeht und die Flüsse über den Rand von $\omega_{j,n+1/2}$ kontrolliert, handelt es sich bei den Methoden um Finite-Volumen-Verfahren.

Beim Cauchy-Problem 10.8 suchen wir nach Lösungen u, die auf dem Gebiet $\mathbb{R} \times [0, \infty[$ definiert sind. Bei der numerischen Lösung beschränken wir uns auf das interessierende endliche Gebiet $[a, b] \times [0, T] \subset \mathbb{R} \times [0, \infty[$. Damit werden Randbedingungen für $x = a$ und $x = b$ erforderlich. Die Wahl von a und b ($a < b$) ist hier willkürlich, sollte jedoch so erfolgen, dass das Lösungsverhalten im interessierenden Teilintervall I von $[a, b]$ nicht durch Randbedingungen stark beeinflusst wird. Die Wahl der Randbedingungen hängt stark von der konkreten Aufgabe ab. Hat man es z. B. mit einem Riemann-Problem zu tun, ist die

---

[5] Diese Bedingung garantiert, dass eine konstante Flussfunktion exakt approximiert wird.
[6] Eine konkrete Konsistenzordnung kann man hier im Allgemeinen nicht angeben, da man dazu Glattheit benötigt, die bei schwachen Lösungen nicht gegeben ist.

Wahl

$$u(a, t) = u_l , \quad u(b, t) = u_r,$$

nahe liegend. Bei räumlich periodischen Vorgängen kommen periodische Randbedingungen $u(a, t) = u(b, t)$ in Frage.

Die integrale Erhaltungsbilanz (10.120) soll nun im Diskreten überprüft werden. Dabei sei $u(x, 0) = u_0(x)$ gegeben mit $u_0(x) = u_l$ für $x \leq \alpha$ bzw. $u_0(x) = u_r$ für $x \geq \beta$. Erweitert man den Bilanzbereich von $\omega_{j,n+1/2}$ auf den Bereich $[a, b] \times [0, T]$ und wählt $a < b$ und $T > 0$ so, dass

$$u(a, t) = u_l , \quad u(b, t) = u_r \quad \text{für alle } 0 \leq t \leq T$$

gilt, dann folgt aus (10.120)

$$\int_a^b u(x, t_N)\, dx = \int_a^b u(x, 0)\, dx - t_N[f(u_l) - f(u_r)], \tag{10.125}$$

für $t_N = \tau N \leq T$. Die Summation von (10.121) ergibt

$$h \sum_{j=J}^{L} U_j^{n+1} = h \sum_{j=J}^{L} U_j^n - \tau \sum_{j=J}^{L} [F(U_j^n, U_{j+1}^n) - F(U_{j-1}^n, U_j^n)]$$

$$= h \sum_{j=J}^{L} U_j^n - \tau [F(U_L^n, U_{L+1}^n) - F(U_{J-1}^n, U_J^n)]$$

$$= h \sum_{j=J}^{L} U_j^n - \tau [f(u_l) - f(u_r)],$$

wobei J, L so gewählt sein sollen, dass $Jh \ll \alpha$ und $Lh \gg \beta$ gilt. Eine Rekursion ergibt

$$h \sum_{j=J}^{L} U_j^N = h \sum_{j=J}^{L} U_j^0 - t_N[f(u_l) - f(u_r)] .$$

Mit der Annahme, dass die Anfangswerte die exakten Zellmittelwerte sind, d. h. $U_j^0 = \bar{u}_j(0)$, folgt

$$h \sum_{j=J}^{L} U_j^0 = \int_{x_{J-1/2}}^{x_{L+1/2}} u(x, 0)\, dx$$

und damit

$$h \sum_{j=J}^{L} U_j^N = \int_{x_{J-1/2}}^{x_{L+1/2}} u(x, 0)\, dx - t_N[f(u_l) - f(u_r)] . \tag{10.126}$$

Wir wollen die Funktion, die auf $[x_{j-1/2}, x_{j+1/2}[\times [t^n, t^{n+1}[$ den konstanten Wert U_j^n hat, mit $U_\tau(x, t_n)$ bezeichnen. Der Vergleich von (10.126) und (10.125) ergibt

$$h \sum_{j=J}^{L} U_j^N = \int_{x_{J-1/2}}^{x_{L+1/2}} u(x, t_N) \, dx \iff \int_{x_{J-1/2}}^{x_{L+1/2}} U_\tau(x, t_N) \, dx = \int_{x_{J-1/2}}^{x_{L+1/2}} u(x, t_N) \, dx,$$

(10.127)

d. h. die numerische Lösung U_τ eines konservativen Finite-Volumen-Verfahrens hat die gleiche Erhaltungseigenschaft wie die exakte Lösung u.

Die einfachste Wahl der numerischen Flussfunktion lautet

$$F_l(U_j, U_{j+1}) := f(U_j) \quad \text{bzw.} \quad F_r(U_j, U_{j+1}) := f(U_{j+1}).$$

In beiden Fällen ergibt sich die Konsistenz über die Glattheit von f. In der folgenden Tabelle sind gebräuchliche Flussfunktionen, die konsistente Verfahren ergeben, aufgelistet.

Name	Flussfunktion $F(U_j, U_{j+1})$
Lax-Friedrichs	$\frac{h}{2\tau}(U_j - U_{j+1}) + \frac{1}{2}(f(U_j) + f(U_{j+1}))$
Lax-Wendroff	$\frac{1}{2}(f(U_j) + f(U_{j+1})) - \frac{\tau}{2h} f'(\frac{1}{2}(U_{j+1} + U_j))(f(U_{j+1}) - f(U_j))$
Upwind (links)	$f(U_j)$
Upwind (rechts)	$f(U_{j+1})$

Wenn das Cauchy-Problem 10.8 eine ausreichend glatte Lösung $u(x, t)$ besitzt, kann man Ordnungen von Verfahren durch die Auswertung des lokalen Diskretisierungsfehlers

$$L(x, t) := \frac{1}{\tau}[u(x, t + \tau) - u(x, t)] + \frac{1}{h}[F(u(x, t), u(x + h, t)) - F(u(x - h, t), u(x, t))]$$

bestimmen. Unter der Voraussetzung $\frac{\tau}{h} = $ const. liegt Konsistenz dann vor, wenn $\lim_{\tau \to 0} |L(x, t)| = 0$ gilt, und man erhält mit $|L(x, t)| = O(h^p)$ mit dem größtmöglichen $p > 0$ die Konsistenzordnung p des Verfahrens.

Während die Upwind-Verfahren und das Lax-Friedrichs-Verfahren die Ordnung eins haben, hat das Lax-Wendroff-Verfahren die Ordnung $p = 2$. Am Schluss dieser kleinen Übersicht über konservative Verfahren soll einem Pionier dieser Methoden, nämlich S.K. Godunov[7], mit der Vorstellung seines Verfahrens die Reverenz erwiesen werden.

Das Godunov-Verfahren besteht aus zwei Schritten. Im ersten Schritt wird eine auf dem Zeitintervall $[t^n, t^{n+1}]$ definierte Funktion $\tilde{u}^n(x, t)$ folgendermaßen konstruiert: $\tilde{u}^n(x, t)$ ist eine exakte Entropielösung der Erhaltungsgleichung mit stückweise konstanten Anfangsdaten

$$\tilde{u}^n(x, t^n) = U_j^n, \quad x \in]x_{j-1/2}, x_{j+1/2}[.$$

Im zweiten Schritt wird U^{n+1} durch eine Mittelung

---

[7] Sergei K. Godunov, russischer Mathematiker.

$$U_j^{n+1} = \frac{1}{h} \int_{x_{j-\frac{1}{2}}}^{x_{j+\frac{1}{2}}} \tilde{u}^n(x, t^{n+1}) \, dx$$

bestimmt. Wählt man den Zeitschritt τ klein genug, dann kann man $\tilde{u}^n(x, t)$ durch Lösung voneinander unabhängiger Riemann-Probleme auf den Intervallen $[x_{j-\frac{1}{2}}, x_{j+\frac{1}{2}}]$ berechnen. Im linearen Fall erreicht man diese Unabhängigkeit, wenn τ und h der CFL[8]-Bedingung $\frac{\tau a}{h} \leq 1$ genügen. Für den Godunov-Fluss erhält man

$$F(U_j^n, U_{j+1}^n) = \frac{1}{\tau} \int_{t^n}^{t^{n+1}} f(\tilde{u}^n(x_{j+1/2}, t)) \, dt \, .$$

Die Berechnung des numerischen Godunov-Flusses vereinfacht sich stark durch den Fakt, dass $\tilde{u}^n(x_{j+1/2}, t)$ konstant ist. Wir bezeichnen diesen Wert mit $u^*(U_j^n, U_{j+1}^n)$ und damit folgt für das Godunov-Verfahren

$$U_j^{n+1} = U_j^n - \frac{\tau}{h}[f(u^*(U_j^n, U_{j+1}^n)) - f(u^*(U_{j-1}^n, U_j^n))] \, . \tag{10.128}$$

Das Godunov-Verfahren ist ein Verfahren erster Ordnung.

Um Konvergenzaussagen zu treffen, benötigen wir noch einen Stabilitätsbegriff. Dazu führen wir für ein Verfahren (10.121) die Notation

$$U^{n+1} = \mathcal{H}_\tau(U^n), \; U_j^{n+1} = \mathcal{H}_\tau(U^n; x_j),$$

$$\mathcal{H}_\tau(U^n; x_j) = U_j^n - \frac{\tau}{h}[F(U_j^n, U_{j+1}^n) - F(U_{j-1}^n, U_j^n)]$$

ein, wobei U^n als Vektor sämtliche numerischen Lösungswerte $U_j^n \in \mathbb{R}$ enthält.

▶ **Definition 10.14** (Lax-Richtmyer-Stabilität)
Die Finite-Volumen-Methode $U^{n+1} = \mathcal{H}_\tau(U^n)$ wird **stabil** genannt, wenn für jedes $T \geq 0$ Konstanten C und $\tau_0 > 0$ existieren, so dass

$$\|\mathcal{H}_\tau{}^n\|_1 \leq C \quad \text{für alle} \quad n\tau \leq T, \; \tau < \tau_0 \tag{10.129}$$

gilt, wobei $\| \cdot \|_1$ die durch die Norm $\|U^n\|_1 = h \sum_{j=-\infty}^{\infty} |U_j^n|$ induzierte Operatornorm ist.

Beispiel

Als Beispiel soll das Lax-Friedrichs-Verfahren im Fall der linearen Advektionsgleichung $u_t + a u_x = 0$ auf Stabilität untersucht werden. Für das Verfahren

$$U_j^{n+1} = \frac{1}{2}(U_{j-1}^n + U_{j+1}^n) - \frac{a\tau}{2h}(U_{j+1}^n - U_{j-1}^n)$$

---

[8] Courant-Friedrichs-Levy-Bedingung.

findet man

$$\|U^{n+1}\|_1 = h \sum_{j=-\infty}^{\infty} |U_j^{n+1}|$$

$$\leq \frac{h}{2} \left[\sum_{j=-\infty}^{\infty} \left|1 - \frac{a\tau}{h}\right| \cdot |U_{j+1}^n| + \sum_{j=-\infty}^{\infty} \left|1 + \frac{a\tau}{h}\right| \cdot |U_{j-1}^n| \right],$$

und unter der CFL-Bedingung $|\frac{a\tau}{h}| \leq 1$ ergibt sich mit

$$\|U^{n+1}\|_1 \leq \frac{h}{2} \left[\left(1 - \frac{a\tau}{h}\right) \sum_{j=-\infty}^{\infty} |U_j^{n+1}| + \left(1 + \frac{a\tau}{h}\right) \sum_{j=-\infty}^{\infty} |U_{j-1}^n| \right]$$

$$= \frac{1}{2} \left[\left(1 - \frac{a\tau}{h}\right) \|U^n\|_1 + \left(1 + \frac{a\tau}{h}\right) \|U^n\|_1 \right] = \|U^n\|_1$$

die Stabilität. ◄

Im allgemeineren nichtlinearen Fall $u_t + f_x(u) = 0$ erhält man Stabilität, wenn die CFL-Bedingung $|f'(u)\tau/h| \leq 1$ erfüllt wird. Für konsistente und stabile Verfahren folgt die Konvergenz. Es gilt der

Satz 10.9 *(Konvergenz)*
Ist das Verfahren $U^{n+1} = \mathcal{H}_\tau(U^n)$ stabil, dann gilt für den globalen Fehler

$$E_\tau(x, t) = U_\tau(x, t) - u(x, t),$$

wobei $U_\tau(x, t)$ mittels $\mathcal{H}_\tau$ ausgehend von den Anfangswerten u_0 mit einem konservativen Finite-Volumen-Verfahren (10.121) mit einer konsistenten numerischen Flussfunktion rekursiv berechnet wird, und $u(x, t)$ die exakte Lösung des Cauchy-Problems (10.107) ist, die Konvergenzaussage[9]

$$\lim_{\tau \to 0} \|E_\tau(\cdot, t)\|_1 = 0 \tag{10.130}$$

für alle $t \geq 0$.

Zum Nachweis dieses Satzes sei z. B. auf Ausführungen von Leveque (2004) und Kröner (1997) verwiesen.

Zum Abschluss der Betrachtungen zu konservativen Finite-Volumen-Verfahren für die Lösung von Erhaltungsgleichungen soll auf eine wichtige Eigenschaft von konvergenten Verfahren hingewiesen werden. Es gilt der

---

[9] Anstatt der Konvergenz in der Integral-Norm $\|v\|_1 = \int_{-\infty}^{\infty} |v(x)| \, dx$ sind im Fall der Existenz klassischer Lösungen auch Konvergenzaussagen in der Maximum-Norm $\|v\|_\infty = \sup\{|v(x)| : x \in \mathbb{R}\}$ möglich.

Satz 10.10 *(Lax und Wendroffg)*
Seien τ_l, h_l Nullfolgen mit der Eigenschaft $c_1 \leq \tau_l/h_l \leq c_2$ für alle $l \in \mathbb{N}$ und existierende Konstanten $c_1, c_2 > 0$. Sei $U_l(x, t)$ eine numerische Lösung von (10.107) auf dem l-ten Gitter (jeweilige Diskretisierung durch τ_l, h_l). Konvergiert $U_l(x, t)$ für $l \to \infty$ gegen $u(x, t)$, dann ist $u(x, t)$ eine schwache Lösung von (10.107).

Beispiel 10.1 Die Burgers-Gleichung $u_t + (\frac{u^2}{2})_x = 0$ soll auf dem Gebiet $[0, 8] \times [0, 4]$ gelöst werden. Die Anfangsbedingung und die Randbedingungen lauten

$$u(x, 0) = u_0(x) = \begin{cases} 1, & x \leq 1 \\ \frac{1}{2}, & x > 1 \end{cases}, \quad u(0, t) = 1, \; u(8, t) = \frac{1}{2}.$$

In Abb. 10.31 sind die Lösungen mit dem Upwind-, dem Godunov-, dem Lax-Friedrichs- und dem Lax-Wendroff-Verfahren dargestellt. Dabei wurde in allen Fällen mit der Zeitschrittweite $\tau = 0,06$ und der Ortsschrittweite $h = 0,08$ gearbeitet.

Die Verfahren erster Ordnung, d.h. Upwind-, Godunov- und Lax-Friedrichs-Verfahren, haben die charakteristische Eigenschaft, dass scharfe Fronten „verschmiert" werden. Abhilfe schafft hier nur eine feinere Diskretisierung. Bei dem Lax-Wendroff-Verfahren (zweiter Ordnung) wird zwar die Front recht gut erfasst, allerdings gibt es in der Nähe des Sprungs Oszillationen. Die Vermeidung von Oszillationen bei Verfahren höherer Ordnung kann man durch sogenannte „slope"-Limiter (Steigungsbegrenzer) erreichen. Wenn man die Steigung $\sigma_j^n = (U_{j+1}^n - U_j^n)/h$ einführt, kann man das Lax-Wendroff-Verfahren für den Fall der linearen Advektionsgleichung ($f(u) = au$) auch unter Nutzung der Steigungen in der Form

$$U_j^n = U_j^n - \frac{a\tau}{h}(U_j^n - U_{j-1}^n) - \frac{a\tau}{2}(\sigma_j^n - \sigma_{j-1}^n) + \frac{(a\tau)^2}{2h}(\sigma_j^n - \sigma_{j-1}^n)$$

aufschreiben. Man begrenzt nun die Steigungen beispielsweise mit dem sogenannten **minmod**-Limiter

$$\sigma_j^n = minmod \left(\frac{U_j^n - U_{j-1}^n}{h}, \frac{U_{j+1}^n - U_j^n}{h} \right) .$$

mit

$$minmod(a, b) := \begin{cases} a, & \text{falls } |a| < |b| \text{ und } ab > 0 \\ b, & \text{falls } |a| > |b| \text{ und } ab > 0 \\ 0, & \text{falls } ab \leq 0 \end{cases}$$

mit dem Ergebnis der Unterdrückung von Oszillationen. Ausführliche Behandlung von unterschiedlichen Limitern findet man z. B. bei Leveque (2004).

```
# Programm 10.4: slopelim_gb1.m, Loeser der Advektionsgleichung u_t + au_x = 0
# Methoden : 'Lax–Wendroff/lw' (Standard Lax–Wendroff),
#            'Lax–Wendroff–sl/lwsl' (Lax–Wendroff mit minmod–slope–Limiter).
# Anfangsbedingung:  1 = stueckw. konst. (Shock), 2 = stueckw. konst. (Expansion)
# Beispielaufruf: slopelim_gb1("Lax–Wendroffsl",100,0.01,1)
```

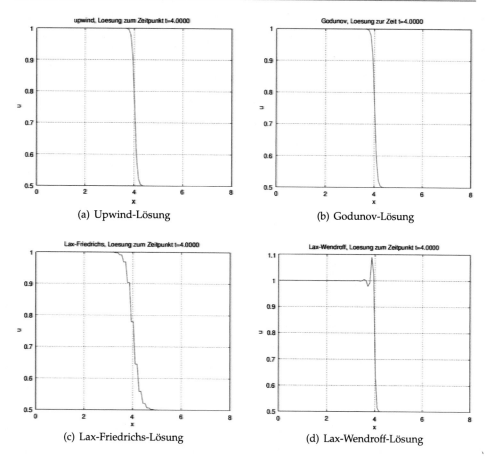

(a) Upwind-Lösung   (b) Godunov-Lösung

(c) Lax-Friedrichs-Lösung   (d) Lax-Wendroff-Lösung

Abb. 10.31 Numerische Lösungen der Burgers-Gleichung

```
function slopelim_gb1( method, nx, dt, ictype )
a = 1.;
if nargin < 1,
       disp('Benutzung:  slopelim_gb( method, nx, dt, ictype )');
       disp(['  ''Lax-Wendroff-sl/Lax-Wendroff-sl'',  ''Lax-Wendroff/Lax-Wendroff''']);
       return;
end
tend = 4;xmax = 8;      # Endzeit, raeumliches Intervall [0,xmax]
dx = xmax/nx # Raumschrittweite
x = [0 : dx : xmax]; nt = floor(tend/dt); dt = tend / nt;
ntprint = 50; # Zeitschrittabstand der Plots der Profile
# Anfangswert
u0   = uinit(x,ictype); u   = u0; unew = 0*u;
disp(['Method: ',method]);disp(['  dx=',num2str(dx)]);disp(['  dt=',num2str(dt)]);
ntprint = min(nt, ntprint); dtprint = tend / ntprint;
# Loesung im Zeit-Raum-Gebiet.
uall = zeros(ntprint+1,nx+1); uall(1,:) = u0;
ip = 1;
figure(1)
for i = 1:nt,
       t = i*dt;
```

```
        switch lower(method)
        case {'lax-wendroffsl','Lax-Wendroffsl'}
#   slopes - minmod-Limiter
                for j=2:nx,
                        dux = (u(j) -u(j-1))/dx;  duxp = (u(j+1)-u(j))/dx;
                        if abs(dux) < abs(duxp) && dux*duxp > 0
                                sigma(j) = dux;
                        elseif abs(dux) > abs(duxp) && dux*duxp > 0
                                sigma(j) = duxp;
                        else
                                sigma(j) = 0;
                        end
                end
                sigma(1) = sigma(2);
                unew(2:nx) = u(2:nx) -a*dt/dx*(u(2:nx)-u(1:nx-1)) -a*dt/2*(sigma(2:nx)-sigma(1:nx-1)) ...
                        + 0.5*(a*dt)^2/dx*(sigma(2:nx)-sigma(1:nx-1));
                unew(1) = u(1); unew(end) = u(end);
        case {'lax-wendroff','Lax-Wendroff'}
#   slopes - Standard
                sigma(1:nx) = (u(2:nx+1)-u(1:nx))/dx;
                unew(2:nx) = u(2:nx) -a*dt/dx*(u(2:nx)-u(1:nx-1)) -a*dt/2*(sigma(2:nx)-sigma(1:nx-1)) ...
                        + 0.5*(a*dt)^2/dx*(sigma(2:nx)-sigma(1:nx-1));
                unew(1) = u(1); unew(end) = u(end);
        otherwise  # upwind (default)
                unew(2:nx) = u(2:nx) - a*dt/dx*(u(2:nx)-u(1:nx-1));
                unew(1) = u(1); unew(end) = u(end);
        end  # switch
# Plot der Profile, alle ntprint Zeitschritte
        if t >= ip*dtprint,
                plot(x, unew)
                xlabel('x'), ylabel('u')
                title( [method, ', Loesung zum Zeitpunkt t=', num2str(t,'#9.4f')] )
                grid on, shg
                pause(0.1)
                ip = ip + 1; uall(ip,:) = unew;
        end
        u = unew;
end
end
#
function ui = uinit( x, ictype )
xshift = 1.0;
switch ictype
case 1    # shock (uL > uR)
        uL = 1.0; uR = 0.5; ui = uR + (uL-uR) * ((x-xshift) <= 0.0);
case 2    # expansion (uL < uR)
        uL = 0.5; uR = 1.0; ui = uR + (uL-uR) * ((x-xshift) <= 0.0);
end # switch
end
```

In Abb. 10.32 sind die Ergebnisse des Lax-Wendroff-Verfahrens zur Lösung der Gleichung $u_t + u_x = 0$ mit den Anfangs- und Randbedingungen des Beispiels 10.1 ohne und mit slope-Limiter (minmod-Limiter) dargestellt. Der Einsatz des Limiters führt allerdings auch zu einer Verschmierung der Front, d.h. im nichtglatten Lösungsbereich verliert man an Approximationsordnung, während man im glatten Lösungsbereich die Ordnung 2 des Verfahrens behält.

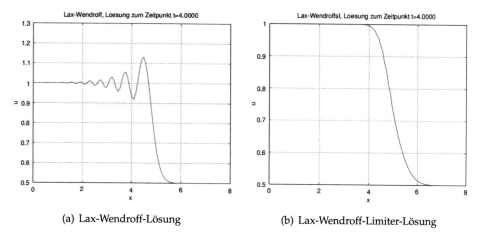

(a) Lax-Wendroff-Lösung   (b) Lax-Wendroff-Limiter-Lösung

Abb. 10.32 Numerische Lösungen der Advektionsgleichung ohne und mit slope-Limiter

10.5 Abschließende Bemerkungen zur numerischen Lösung partieller Differentialgleichungen

Im Rahmen des vorliegenden Numerik-Buches konnte von dem sehr umfassenden Gebiet der partiellen Differentialgleichungen nur ein kleines Teilgebiet betrachtet werden. Allerdings sind die dargestellten Methoden (Finite-Volumen-Methode, Finite-Element-Methode, Galerkin-Verfahren) allgemeine Prinzipien zur Konstruktion von Lösungsverfahren und damit auch auf hier nicht behandelte Problemstellungen wie z. B. Konvektions-Diffusions-Gleichungen, Wellengleichungen oder Stokes- bzw. Navier-Stokes-Gleichungen anwendbar.

Bei den Finite-Volumen- und Finite-Element-Methoden ist die Generierung geeigneter Gitter bzw. Triangulierungen ein umfassender eigenständiger Problemkreis. Dabei sind lokale Gitterverfeinerungen Ergebnis von Fehlerschätzungen. Einen guten Überblick dieser Problematik findet man im Buch Großmann and Roos (1994).

Oft wird auch zu schnell der Weg der numerischen Lösung von Randwertproblemen bzw. Anfangs-Randwertproblemen gesucht. Viele Aufgabenstellungen, speziell bei regelmäßigen Bereichen Ω als Rechteck, Quader, Zylinder, Kugel, Kreisring bzw. Kreisring-Rohr lassen sich mit der Fourier'schen Methode durch Produktansätze oft auf analytisch lösbare Teilprobleme zurückführen. Hierzu sind in Bärwolff (2017) eine Reihe von Beispielen ausführlich behandelt worden.

Das Angebot an kommerzieller Software zur Lösung partieller Differentialgleichungen ist riesengroß, was einerseits ein Vorteil ist, andererseits die Entscheidung für ein spezielles Programm schwer machen kann. In jedem Fall ist im Vorfeld einer Entscheidung für eines der in der Regel recht teuren Programme eine sorgfältige Analyse der zu lösenden Probleme sinnvoll, um klare Leistungsanforderungen formulieren zu können. Die Lösung einer eigenen spezifischen Testaufgabe (Benchmark-Problem) durch das in Augenschein genommene kommerzielle Programm sollte in jedem Fall als Entscheidungshilfe gefordert werden.

Wenn es allerdings nicht gleich um die Berechnung der Umströmung eines ganzen Flugzeuges oder eines Autos geht, kann man oft auch als numerisch interessierter Physiker oder Ingenieur Algorithmen selbst unter Nutzung von Computeralgebrasystemen (MATLAB, Mathematica, Octave, scilab etc.) implementieren bzw. einen Algorithmus mit einem FORTRAN- oder C-Programm umsetzen.

10.6 Aufgaben

1) Konstruieren Sie ein FV-Verfahren zur Lösung des Randwertproblems

$$\text{div}\,(\vec{v}u) = \text{div}\,(\lambda\,\text{grad}\,u)\ \text{in}\ \Omega =]0, 2[\times]0, 1[,$$

$$u = 1\ \text{auf}\ \Gamma_1 = \{(0, y)\,|\,0 \le y \le 1\},\ \frac{\partial u}{\partial \vec{n}} = 0\ \text{auf}\ \Gamma_2 = \partial\Omega \setminus \Gamma_1\,.$$

Das Vektorfeld $\vec{v}$ ist auf $\Omega \cup \partial\Omega$ durch

$$\vec{v}(x, y) = \begin{pmatrix} x^2 \\ (1 - y)^2 \end{pmatrix}$$

vorgegeben. λ sei konstant und habe den Wert 3. Approximieren Sie den konvektiven Term mit der zentralen Differenzenapproximation. Testen Sie das konstruierte FV-Verfahren für äquidistante Diskretisierungen mit 20×40 und 30×60 finiten Volumenzellen.

2) Lösen Sie das in Aufgabe 1) gestellte Problem mit einer Upwind-Approximation für den konvektiven Term. Vergleichen Sie die Resultate mit denen der Aufgabe 1.

3) Zeigen Sie, dass die zentrale Differenzenapproximation im Fall einer äquidistanten Diskretisierung mit dem Diskretisierungsparameter h auf eine Approximation zweiter Ordnung $O(h^2)$ des konvektiven Terms $\text{div}\,(\vec{v}u)$ führt.

4) Zeigen Sie, dass die Upwind-Approximation im Fall einer äquidistanten Diskretisierung mit dem Diskretisierungsparameter h eine Approximation erster Ordnung $O(h)$ ergibt.

5) Lösen Sie das Anfangs-Randwertproblem

$$\frac{\partial u}{\partial t} = \lambda\Delta u\ \text{in}\ \Omega\times]0, 10] := \{(x, y, z)\,|\,1 < x^2 + y^2 < 4,\ 0 < z < 10\}\times]0, 10],$$

$$u(x, y, z, 0) = u_0\ \text{in}\ \Omega,$$

$$u(x, y, z, t) = u_1 < u_0\ \text{auf}\ \Gamma_d = \{(x, y, z)\,|\,x^2 + y^2 = 1,\ 0 < z < 10\},$$

$$\frac{\partial u}{\partial \vec{n}}(x, y, z, t) = 0\ \text{auf}\ \Gamma_n = \partial\Omega \setminus \Gamma_d$$

mit einem FV-Verfahren ($\lambda = 1$, $u_1 = 0$, $u_0 = 1$). Berücksichtigen Sie dabei die Zylindersymmetrie von Ω (Rohr) und formulieren Sie die Aufgabe mit $x = \rho \cos\varphi$, $y = \rho \sin\varphi$, $z = z$ in Zylinderkoordinaten ρ, φ, z für

$$u(\rho, \varphi, z, t) = u(x(\rho, \varphi, z), y(\rho, \varphi, z), z(\rho, \varphi, z), t)$$

mit

$$\Delta u = \frac{1}{\rho}\left[\frac{\partial}{\partial\rho}\rho\frac{\partial u}{\partial\rho}\right] + \frac{1}{\rho^2}\frac{\partial^2 u}{\partial\varphi^2} + \frac{\partial^2 u}{\partial z^2}\,.$$

Achten Sie bei der FV-Diskretisierung bei den lokalen Bilanzen über Elemente $\omega_{ijk} \in \mathbb{R}^3$ darauf, dass für das Volumenelement

$$dV = dx\,dy\,dz = \rho\,d\varphi\,d\rho\,dz$$

gilt. Da in Umfangsrichtung $\frac{\partial u}{\partial\varphi} = 0$ angenommen werden kann, muss letztendlich nur ein Schnitt $\varphi = $ const. von Ω bei der FV-Diskretisierung betrachtet werden.

6) Konstruieren Sie die schwache Formulierung des Randwertproblems

$$-\frac{d}{dx}\left((1 + x^2)\frac{du}{dx}\right) + 3u = e^{-x^2} \quad (0 < x < 1),\ u(0) = 0,\ \left(\frac{du}{dx} + 2u\right)\Big|_{x=1} = 4\,.$$

7) Zeigen Sie, dass die schwache Formulierung

$$A(u, v) = F(v)$$

des Randwertproblems aus Aufgabe 6) die Voraussetzungen des Satzes 10.2 erfüllt und damit eindeutig lösbar ist.

Hinweis: Wählen Sie als Hilbertraum

$$U = V = H_0^1([0, 1]) = \{u \mid u, u_x \in L_2(\Omega),\ u(0) = 0\}$$

mit der Norm

$$\|u\|_V = \sqrt{\int_0^1 [u_x^2 + u^2]dx}$$

($u_x = \frac{du}{dx}$) und benutzen Sie die Cauchy-Schwarz'sche-Ungleichung für das L_2-Skalarprodukt

$$\left|\int_0^1 uv\,dx\right| \leq \sqrt{\int_0^1 u^2\,dx}\sqrt{\int_0^1 v^2\,dx}$$

für quadratisch integrierbare Funktionen u, v.

8) Konstruieren Sie für das Randwertproblem aus Aufgabe 6) auf der Basis der schwachen Formulierung eine FE-Methode zur numerischen Lösung mit quadratischen Ansatzfunktionen wie in Abb. 10.19 dargestellt.

9) Lösen Sie die Advektionsgleichung $u_t + u_x = 0$ mit den Anfangs- und Randbedingungen aus Beispiel 10.1 mit den Upwind-, Lax-Friedrichs-, Lax-Wendroff- und Godunov-Verfahren und vergleichen Sie die Lösungen.

10) Lösen Sie die Burgers-Gleichung $u_t + [\frac{u^2}{2}]_x = 0$ mit den Randbedingungen aus Beispiel 10.1 und der Anfangsbedingung

$$u(x, 0) = u_0(x) = \begin{cases} 0, & x \le 1 \\ 1, & x > 1 \end{cases}$$

mit den Upwind-, Lax-Friedrichs-, Lax-Wendroff- und Godunov-Verfahren und vergleichen Sie die Lösungen.

Numerische Lösung stochastischer Differentialgleichungen

Inhaltsverzeichnis

In den vorangegangenen Kapiteln wurden Lösungsmethoden von gewöhnlichen und partiellen Differentialgleichungen behandelt. Dabei waren die Differentialgleichungen deterministisch bestimmt, d. h. als Koeffizienten, Terme, Anfangs- und Randbedingungen waren Konstanten bzw. Funktionen fest vorgegeben. Oftmals gibt es in mathematischen Modellen mit Differentialgleichungen zufällige Störungen, die durch Zufallsvariable beschrieben werden. In diesen Fällen spricht man von stochastischen Differentialgleichungen. Als Grundlagen für die numerische Behandlung von stochastischen Differentialgleichungen sei auf Kloeden und Platen (1992) und Jüngel und Günther (2010) verwiesen. Der **Zufall** kann sowohl als Term in der Differentialgleichung in Form von „verrauschten" Koeffizienten, als auch in zufällig gestörten Anfangs- und Randbedingungen auftreten. Im Unterschied zu den nichtstochastischen, also deterministischen Differentialgleichungen, muss man den Begriff der Lösung einer stochastischen Differentialgleichung unter dem Aspekt des Zufalls definieren. Statt einer gewöhnlichen Differentialgleichung

$$\frac{d}{dt}x(t) = a(t, x(t)), \tag{11.1}$$

bei der die Funktion $a : [t_0, T] \times \mathbb{R}$ vorgegeben ist und für die bei Hinzunahme einer Anfangsbedingung $x(t_0) = x_0$ bei Stetigkeit von a eine Lösung existiert, die man ausrechnen oder numerisch annähern kann, sollen zufällige Einflüsse, z.B. Parameter-Rauschen, berücksichtigt werden.

© Der/die Autor(en), exklusiv lizenziert an Springer-Verlag GmbH, DE, ein Teil von Springer Nature 2022
G. Bärwolff und C. Tischendorf, *Numerik für Ingenieure, Physiker und Informatiker*,
https://doi.org/10.1007/978-3-662-65214-5_11

Man muss den Zufall in die Gl. (11.1) einbringen, d. h. (11.1) wird formell zu einer Gleichung

$$\frac{d}{dt}X(t) = a(t, X(t)) + b(t, X(t))g(t, \omega), \tag{11.2}$$

wobei ω ein zufälliger Parameter ist. Die Lösungen sind im Allg. zufallsabhängige Größen. Um solche Gleichungen vernünftig interpretieren zu können, werden im Folgenden die erforderlichen Begriffe und Instrumente aus der Stochastik erarbeitet.

Das Gebiet der stochastischen Differentialgleichungen ist im Vergleich zu den klassischen deterministischen Differentialgleichungen recht jung – die Grundlagen dazu wurden in den 30er Jahren des 20. Jahrhunderts gelegt – und die Numerik dazu ist Gegenstand aktueller Forschungen. Deshalb kann es in dem vorliegenden Buch nur um die numerische Behandlung einiger Grund-Typen von stochastischen Differentialgleichungen gehen. Dabei werden allerdings wichtige Methoden diskutiert, die eine generelle Bedeutung für die numerische Lösung von stochastischen Differentialgleichungen haben. Bei der Darstellung der Thematik habe ich mich wesentlich auf das Buch Kloeden und Platen (1992) gestützt.

Einige zum Verständnis des Themas „stochastische Differentialgleichungen" hilfreiche elementare Grundlagen der Maß- und Wahrscheinlichkeitstheorie werden in einem Anhang dargelegt. Dort können die im Folgenden verwendeten Begriffe und Eigenschaften bei Bedarf nachgelesen werden.

11.1 Stochastische Prozesse

Ein stochastischer Prozess (auch Zufallsprozess) ist die mathematische Beschreibung von zeitlich geordneten, zufälligen Vorgängen. Obwohl solche Prozesse schon Ende des 19. Jahrhunderts in den Naturwissenschaften betrachtet wurde, sind sie erst im 20. Jahrhundert hauptsächlich durch A. Kolmogorow als mathematische Theorie gefasst worden.

▶ **Definition 11.1** (Stochastischer Prozess) Ein **stochastischer Prozess** ist eine Familie $(X_t)_{t \in I}$ von $\mathbb{R}^n$-wertigen Zufallsvariablen $X_t : \Omega \to \mathbb{R}^n$ auf einem Wahrscheinlichkeitsraum $(\Omega, \mathcal{F}, P)$. Für $I = \mathbb{N}$ spricht man von einem zeitdiskreten, für $I = [a, b]$ von einem zeitkontinuierlichen Prozess.
Die Abbildung $t \to X_t(\omega)$ für ein festes $\omega \in \Omega$ heißt **Pfad** des Prozesses $(X_t)_{t \in I}$.

Beispiel eines stochastischen Prozesses ist die so genannte **Brownsche Bewegung,** eine vom Botaniker Robert Brown 1827 entdeckte unregelmäßige und ruckartige Wärmebewegung kleiner Teilchen in Flüssigkeiten und Gasen.

...Brown beobachtete diese Bewegungen im Saft von Pflanzen und glaubte zunächst, daß es sich um winzige Lebewesen handle. Diese unaufhörliche Bewegung fand man aber bald

bei allen in einer Flüssigkeit oder einem Gas schwebenden Körperchen, wenn sie nur leicht genug und so groß waren, daß sie unter dem Mikroskop gesehen werden konnten[1]...

N. Wiener hat die Brownsche Bewegung als speziellen stochastischen Prozess mathematisch beschrieben. Deshalb spricht man dabei auch vom **Wienerprozess**.

▶ **Definition 11.2** (Brownsche Bewegung, Wienerprozess)

Eine eindimensionale **Brownsche Bewegung** bzw. ein **Wienerprozess** ist ein reellwertiger stochastischer Prozess $(W_t)_{t \geq 0}$ auf einem Wahrscheinlichkeitsraum $(\Omega, \mathcal{F}, P)$ mit den Eigenschaften:

1. $W_0 = 0$ P-fast-sicher,[2]
2. für $t > s \geq 0$ gilt $(W_t - W_s) \sim N(0, \sqrt{t - s})$,
3. $(W_t)_{t \geq 0}$ hat unabhängige Zuwächse, d.h. für beliebige $0 \leq t_0 < t_1 < \cdots < t_n$ sind

$$W_{t_1} - W_{t_0}, \; W_{t_2} - W_{t_1}, \ldots, W_{t_n} - W_{t_{n-1}}$$

unabhängige Zufallsvariable.

Aus 1. bis 3. folgen die weiteren charakteristischen Eigenschaften

4. W_t ist eine Gauß-verteilte Zufallsvariable mit $E(W_t) = 0$ und $Var(W_t) = t$, also $W_t \sim N(0, \sqrt{t})$,
5. $(W_t)_{t \geq 0}$ hat stetige Pfade $t \to W_t(\omega)$ P-fast-sicher.

Als n-dimensionale Brownsche Bewegung bezeichnet man einen $\mathbb{R}^n$-wertigen stochastischen Prozess $(W_t)_{t \geq 0} = (W_t^1, \ldots, W_t^n)_{t \geq 0}$, dessen Komponenten $(W_t^j)_{t \geq 0}$ für $j = 1, \ldots, n$ unabhängige eindimensionale Zufallsvariablen sind.

Bemerkung 11.1 (Nicht-Differenzierbarkeit des Wienerprozesses)

An dieser Stelle soll eine Eigenschaft des Wienerprozesses hervorgehoben werden, dass die Pfade P-fast-sicher an keiner Stelle differenzierbar sind. Das wird auch dadurch plausibel, dass die Standardabweichung $\sqrt{t - s}$ im Verhältnis zu $t - s$ unendlich groß wird, wenn s gegen t strebt.

Bei stochastischen Prozessen $(X_t)_{t \in I}$ ist es oft von Interesse, dass zu jedem Zeitpunkt t die Information über den vergangenen Verlauf des Prozesses bis zum Zeitpunkt t vorhanden ist. Diese Eigenschaft kann man mit geeigneten **Filtrierungen** erfassen.

---

[1] Zitat aus meinem Physikbuch der 10. Klasse der Oberschule (heute Gymnasium).
[2] P-fast-sicher heißt, dass $W_0 \neq 0$ nur auf einer Nullmenge von $\mathcal{F}$ gilt.

▶ **Definition 11.3** (Filtrierung, Filtration)

Sei I eine Indexmenge und $(\Omega, \mathcal{F}, P)$ ein Wahrscheinlichkeitsraum. Weiterhin seien für alle $t \in I$ σ-Algebran $\mathcal{F}_t \subset \mathcal{F}$ gegeben. Dann heißt die Familie von σ-Algebren $(\mathcal{F}_t)_{t \in I}$ eine **Filtrierung** oder **Filtration** in $\mathcal{F}$, wenn

$$\text{für alle } s, t \in I, \ s \leq t \implies (\mathcal{F}_s) \subset (\mathcal{F}_t).$$

Ist $(\mathcal{F}_t)_{t \in I}$ eine Filtrierung, so nennt man $(\Omega, \mathcal{F}, (\mathcal{F}_t)_{t \in I}, P)$ einen gefilterten Wahrscheinlichkeitsraum.

Durch den stochastischen Prozess $(X_t)_{t \in I}$ auf dem Wahrscheinlichkeitsraum $(\Omega, \mathcal{F}, P)$ erzeugt man mit

$$\mathcal{F}_t := \sigma(X_s; s \leq t)$$

eine Filtration, die als assoziierte oder kanonische Filtration bezeichnet wird. Dabei ist $\sigma(X_s; s \leq t)$ die von allen Zufallsvariablen X_s mit Index $s \leq t$ erzeugte σ-Algebra. Offensichtlich gilt $\mathcal{F}_r \subset \mathcal{F}_t$ für $r \leq t$.

11.2   Stochastische Integrale

Zum Verständnis von stochastischen Differentialgleichungen benötigen wir den Begriff des stochastischen Integrals. Als Instrumentarium brauchen wir dazu

a) einen Wahrscheinlichkeitsraum $(\Omega, \mathcal{F}, P)$ und zwei stochastische Prozesse (W_t) und (X_t),

b) eine Zerlegung $(t_0, t_1, \ldots, t_N)$ von $[a, b]$ mit $a = t_0 < t_1 < \cdots < t_N = b$,

c) eine Brownsche Bewegung $(W_t)_{t \geq 0}$, wobei W_t $\mathcal{F}_t$-messbar ist, $(\mathcal{F}_t)_{t \geq 0}$ eine Filtration von $\mathcal{F}$, weiterhin enthalte $\mathcal{F}_0$ alle Nullmengen von $\mathcal{F}$ und $W_t - W_s$ sei von $\mathcal{F}_s$ unabhängig für $s < t$.

$(X_t)_{t \in [a,b]}$ sei ein stochastischer Prozess mit den Eigenschaften

a) $\int_a^b |X_t|^2 \, dt < \infty$ P-fast-sicher,

b) X_t ist $\mathcal{F}_t$-messbar für $a \leq t \leq b$.

▶ **Definition 11.4** (Itô-Integral)

Sei $(X_t)_{t \in [a,b]}$ ein stochastischer Prozess und $(W_t)_{t \in [a,b]}$ eine Brownsche Bewegung mit den oben geforderten Eigenschaften. Als **Itô-Integral**[3] von X nach W über dem Intervall $[a, b]$ bezeichnet man die Zufallsvariable

---

[3] Itô Kiyoshi (1915–2008) war ein japanischer Mathematiker.

$$\int_a^b X_t \, dW_t := P\text{-}\lim_{N \to \infty} \sum_{j=0}^{N-1} X_{t_j} (W_{t_{j+1}} - W_{t_j}) \tag{11.3}$$

Dabei ist die **stochastische Konvergenz** wie folgt erklärt.

▶ **Definition 11.5** (stochastische Konvergenz)

Für eine Folge von Zufallsvariablen $(Z_k)_{k \in \mathbb{N}}$ und eine Zufallsvariable Z definiert man

$$P\text{-}\lim_{k \to \infty} Z_k = Z \iff \forall \epsilon > 0 : \lim_{k \to \infty} P(|Z_k - Z| > \epsilon) = 0.$$

Äquivalent dazu ist die Formulierung

$$\forall \epsilon > 0 : \lim_{k \to \infty} P(\{\omega \in \Omega : |Z_k(\omega) - Z(\omega)| > \epsilon\}) = 0.$$

Mit den geforderten Eigenschaften von X_t und W_t existiert der Grenzwert und damit das Itô-Integral.

An dieser Stelle muss auf Wolfgang Döblin (1915–1940) hingewiesen werden. Von den Nazis aus Deutschland vertrieben, nahm er sein in Zürich begonnenes Mathematik/Physik-studium ab 1933 in Paris an der Sorbonne wieder auf. Als nunmehr französischer Staats-bürger kämpfte er in der französischen Armee gegen die deutsche Wehrmacht. Die Ergeb-nisse seiner während des Krieges fortgeführten Forschungen zur Wahrscheinlichkeitstheorie schickte er im Februar 1940 an die Pariser Académie des Sciences in einem versiegelten Umschlag. Die darin enthaltenen Ergebnisse wurden erst 1960 unter dem Titel „Sur l'équation de Kolmogoroff" veröffentlicht. Darin hat er z. T. vor Itó wichtige Ergebnisse zur stochasti-schenIntegration erzielt. Deshalb wird er in der stochastischen Community hochgeschätzt.

Die folgenden wichtigen Eigenschaften des Itô-Integrals werden ohne Nachweis ange-geben.

Lemma 11.1 (*Eigenschaften des Itô-Integrals*)
Seien $(X_t)_{t \in [a,b]}$, $(Y_t)_{t \in [a,b]}$ *stochastische Prozesse und* $(W_t)_{t \in [a,b]}$ *eine Brownsche Bewe-gung, jeweils mit den oben geforderten Eigenschaften,* $\alpha, \beta \in \mathbb{R}$. *Dann gelten für das Itô-Integral die folgenden Eigenschaften.*

i) $\int_a^b \alpha X_t + \beta Y_t \, dW_t = \alpha \int_a^b X_t \, dW_t + \beta \int_a^b Y_t \, dW_t$.

ii) *Für* $I \subset [a,b]$ *messbar ist* $\int_I X_t \, dW_t := \int_a^b \chi_I(t) X_t \, dW_t$.[4]

iii) $\int_a^b dW_t = W_b - W_a$ (*Teleskop-Summe*).

iv) $\mathrm{E}(\int_a^b X_t \, dW_t) = 0$ (*Erwartungswert*).

v) $\mathrm{E}((\int_a^b X_t \, dW_t)^2) = \int_a^b \mathrm{E}(X_t^2) \, dt$ (*Itô-Isometrie*).

---

[4] χ_I ist die charakteristische Funktion, die gleich eins für $t \in I$ und gleich null für $t \notin I$ ist.

Neben dem Itô-Integral findet auch das Stratonowitsch-Integral[5], das durch

$$\int_a^b X_t \circ dW_t := P\text{-}\lim_{N \to \infty} \sum_{j=0}^{N-1} \frac{1}{2}(X_{t_j} + X_{t_{j+1}})(W_{t_{j+1}} - W_{t_j}) \qquad (11.4)$$

definiert ist, in der Stochastik Anwendung. Die Eigenschaften des Itô-Integrals aus Lemma 11.1 kann man auch für das Stratonowitsch-Integral zeigen. Allerdings muss deutlich auf den Unterschied hingewiesen werden. Im Allg. gilt

$$\int_a^b X_t \circ dW_t \neq \int_a^b X_t dW_t.$$

Eine angenehme Eigenschaft des Stratonowitsch-Integrals ist das Ergebnis

$$\int_0^T W_t \circ dW_t = \frac{1}{2}(W_T^2 - W_0^2) \qquad (11.5)$$

für stochastische Prozesse W_t. Das erinnert an die gewöhnlichen bestimmten Riemann-Integrale. Im Unterschied dazu ergibt die Itô-Integration

$$\int_0^T W_t \, dW_t = \frac{1}{2}(W_T^2 - W_0^2) - \frac{T}{2}. \qquad (11.6)$$

Im Abschn. 11.4 wird eine numerische Approximation der stochastischen Integrale angegeben.

11.3 Stochastische Differentialgleichungen

Nun kommen wir auf die Gleichungen der Form (11.2) zurück. Als Beispiel kann man die Bevölkerungsentwicklung in der Zeit mit der Bevölkerungsgröße X_t, der Immigrationsrate I und der Sterberate aX_t betrachten und mit der Differentialgleichung

$$\frac{dX_t}{dt} = I - aX_t$$

deterministisch modellieren. Die Berücksichtigung von zufälligen Störungen führt auf die modifizierte Gleichung

$$\frac{dX_t}{dt} = I - aX_t + \sigma(t, X_t)\epsilon_t. \qquad (11.7)$$

ϵ_t wird als „weißes Rauschen" verstanden und wird als eine Art verallgemeinerte Ableitung des Wienerprozesses $\epsilon_t = \frac{dW_t}{dt}$ aufgefasst. Allerdings ist das widersprüchlich, denn

---

[5] Ruslan Leontjewitsch Stratonowitsch (1930–1997) war ein sowjetischer Physiker und Wahrscheinlichkeitstheoretiker.

wir haben oben angemerkt, dass die Pfade des Wienerprozesses nicht differenzierbar sind. Schreibt man allerdings (11.7) in der Form

$$dX_t = (I - aX_t)dt + \sigma(t, X_t)\epsilon_t dt$$
$$= (I - aX_t)dt + \sigma(t, X_t)dW_t \tag{11.8}$$

auf, dann kann man integrieren und findet die Integralgleichung

$$X_t = X_0 + \int_0^t (I - aX_s)ds + \int_0^t \sigma(s, X_s)dW_s \tag{11.9}$$

mit dem stochastischen Integral $\int_0^t \sigma(s, X_s)dW_s$. In der Gl. (11.9) bereitet uns die Nicht-Differenzierbarkeit von W_t keine Probleme mehr. Deshalb können wir die Überlegungen verallgemeinern.

11.3.1 Itô-Kalkül

▶ **Definition 11.6** (stochastische Differentialgleichung)
Eine Gleichung der Form

$$dX_t = a(t, X_t)dt + b(t, X_t)dW_t \tag{11.10}$$

heißt **stochastische Differentialgleichung** für die Zufallsvariable X_t. $a(t, X_t)\, dt$ heißt **Driftterm** und $b(t, X_t)\, dW_t$ **Diffusionsterm**.

Satz 11.1 *(Existenz- und Eindeutigkeitssatz)*
Unter den Voraussetzungen, dass Konstanten $K, L > 0$ existieren mit

a) *a, b stetig auf $[0, T] \times \mathbb{R}$,*
b) *$|a(t, x)| \le K(1 + |x|), |b(t, x)| \le K(1 + |x|)$ für $x \in \mathbb{R}$ (lineares Wachstum) und*
c) *$|a(t, x) - a(t, y)| < L|x - y|$ und $|b(t, x) - b(t, y)| < L|x - y|$ für $x, y \in \mathbb{R}$ (Lipschitz-Stetigkeit)*

gilt für einen Anfangswert X_0 mit $\mathrm{E}(X_0^2) < \infty$, dass die stochastische Differentialgleichung (11.10) eine eindeutige Lösung $(X_t)_{t \in [0,1]}$ mit dem Anfangswert X_0 besitzt.
Für die Lösung gilt

$$X_t = X_0 + \int_0^t a(s, X_s)\, ds + \int_0^t b(s, X_s)\, dW_s \quad P - fast - sicher. \tag{11.11}$$

*Diesen stochastischen Prozess bezeichnet man auch als **Itô-Prozess** von (11.10).*

Unter den gemachten Voraussetzung an a und b (sind für die meisten praktisch relevanten Funktionen erfüllt), sind (11.10) und (11.11) gewissermaßen äquivalente Formulierungen. (11.11) erhält man durch Integration von (11.10).

Eine wichtige Grundlage für die Behandlung von stochastischen Differentialgleichungen und ihre Lösung liefert der folgende Satz.

Satz 11.2 *(Lemma von Itô)*
Seien a und b stetig auf $[0, T] \times \mathbb{R}$ und X_t ein Itô-Prozess von $dX_t = a(t, X_t)dt + b(t, X_t)dW_t$. Ist $f(t, x)$ bezügl. t stetig differenzierbar und bezügl. x zweimal stetig differenzierbar ($f \in C^{1,2}([0, T] \times \mathbb{R})$) auf $[0, T] \times \mathbb{R}$, dann gilt die Formel

$$df(t, X_t) = (\frac{\partial f}{\partial t}(t, X_t) + \frac{\partial f}{\partial x}(t, X_t)a + \frac{1}{2}\frac{\partial^2 f}{\partial x^2}(t, X_t)b^2)\, dt + \frac{\partial f}{\partial x}(t, X_t)b\, dW_t$$

$$= \frac{\partial f}{\partial t}(t, X_t)\, dt + \frac{\partial f}{\partial x}(t, X_t)\, dX_t + \frac{1}{2}\frac{\partial^2 f}{\partial x^2}(t, X_t)b^2\, dt, \qquad (11.12)$$

auch Itô-Formel genannt.

Hier wird der Unterschied zwischen der klassischen und der stochastischen Analysis deutlich. Während die klassische Kettenregel für ausreichend differenzierbare Funktionen $s(t, x)$

$$ds(t, x) = \frac{\partial s}{\partial t}(t, x)\, dt + \frac{\partial s}{\partial x}(t, x)\, dx$$

lautet, muss man aufgrund des stochastischen Arguments X_t (Lösung einer stochastischen Differentialgleichung) einen zusätzlichen Summanden berücksichtigen. Zur konkreten Berechnung von Lösungen stochastischer Differentialgleichungen ist neben der Itô-Formel auch das folgende Lemma für das Produkt von Itô-Prozessen hilfreich.

Lemma 11.2 *(Differential des Produkts von Itô-Prozessen)*
Seien X_t und Y_t zwei Itô-Prozesse mit

$$dX_t = a\, dt + b\, dW_t$$
$$dY_t = c\, dt + d\, dW_t.$$

Dann gilt für das Produkt

$$d(X_t Y_t) = X_t dY_t + Y_t dX_t + bd\, dt. \qquad (11.13)$$

Der Beweis erfolgt durch Anwendung des Itô-Lemmas auf die Funktionen $f_1(t, Z_t) = Z^2$ mit $Z_t = X_t + Y_t$ und $f_2(t, W_t) = W^2$ mit $W_t = X_t - Y_t$.

11.3.2 Stochastische Prozesse mit Rauschen

Hat der Zufallsterm in der stochastischen Differentialgleichung die Form $b(t)\,dW_t$, d.h. der Term ist von der Lösung X_t unabhängig, spricht man vom **additiven Rauschen**. Ein Beispiel hierfür ist die stochastische Differentialgleichung

$$dX_t = aX_t\,dt + b(t)\,dW_t, \quad X_0 = \xi, \tag{11.14}$$

mit der äquivalenten Integralform

$$X_t = X_0 + \int_0^t aX_s\,ds + \int_0^t b(s)\,dW_s.$$

Von solchen „einfachen" Differentialgleichungen kann man im Itô-Kalkül die Lösungen geschlossen ausrechnen. Man findet als Lösung

$$X_t = \exp(at)\xi + \exp(at)\int_0^t \exp(-as)b(s)\,dW_s. \tag{11.15}$$

Zum Nachweis der Lösungsformel (11.15) werden mit

$$Y_t := \exp(at) = 1 + \int_0^t a\exp(as)\,ds + \int_0^t 0\,dW_s$$
$$\Longleftrightarrow \quad dY_t = a\exp(at) + 0 \cdot dW_t, \quad Y_0 = 1$$
$$Z_t := \int_0^t \exp(-as)b(s)\,dW_s = 0 + \int_0^t 0\,ds + \int_0^t \exp(-as)b(s)\,dW_s$$
$$\Longleftrightarrow \quad dZ_t = 0 \cdot dt + \exp(-at)b(t)\,dW_t, \quad Z_0 = 0,$$

zwei Itô-Prozesse definiert. Die Lösungsformel (11.15) bedeutet gerade

$$X_t = \xi Y_t + Y_t Z_t.$$

Das totale Differential von X_t ergibt unter Nutzung des Lemmas 11.2 und von $d\xi = 0$

$$\begin{aligned}
dX_t &= d(\xi Y_t) + d(Y_t Z_t) = \xi dY_t + Y_t dZ_t + Z_t dY_t + 0 \cdot \exp(-at)b(t) \\
&= \xi(aY_t\,dt) + Y_t(\exp(-at)b(t)\,dW_t + aY_t\,dt dZ_t + 0 \\
&= (\xi aY_t + aY_t Z_t)dt + Y_t \exp(-at)b(t)\,dW_t \\
&= aX_t + \exp(at)\exp(-at)b(t)\,dW_t \\
&= aX_t dt + b(t)\,dW_t.
\end{aligned}$$

Für den Anfangswert gilt

$$X_0 = \xi \cdot 1 + Y_0 \cdot 0 = \xi.$$

Schwieriger ist der Fall des **multiplikativen Rauschens**. Die stochastische Differentialgleichung hat dann die Form

$$dX_t = (\alpha + \mu X_t)\, dt + (\beta + \sigma X_t)\, dW_t, \quad X_o = \xi. \tag{11.16}$$

Auch in diesem Fall kann man eine geschlossene Lösung X_t ausrechnen. Dazu schreibt man die Gleichung um, und zwar in die Form

$$dX_t = (\mu X_t\, dt + \sigma X_t\, dW_t) + (\alpha\, dt + \beta\, dW_t),$$

also mit der rechten Seite als Summe vom homogenen und inhomogenen Teil. Wie bei Anfangswertproblemen mit gewöhnlichen Differentialgleichungen wendet man für die Lösung die Methode der Variation der Konstanten an. Diese aufwendige Rechnung soll hier nicht durchgeführt werden. Die Lösungsformel lautet

$$X_t = c_t h_t \tag{11.17}$$

mit

$$c_t = \xi + \int_0^t \frac{1}{h_s}(\alpha - \beta\sigma)\, ds + \int_0^t \frac{1}{h_s}\beta\, dW_s\,, \quad h_t = \exp[\int_0^t (\mu - \frac{1}{2}\sigma^2)\, ds + \int_0^t \sigma\, dW_s].$$

11.4   Numerische Lösungsmethoden

Die Gl. (11.11) ist die Ausgangsbasis für die numerische Lösung. Das interessierende Zeitintervall $[0, T]$ ist zu diskretisieren. Sei $N \in \mathbb{N}$ gegeben, $h = \frac{T}{N}$ und $t_j = j\, h$, also ein Gitter $t_0, t_1, \dots, t_N$ gegeben.

11.4.1 Euler-Maruyama-Verfahren

Eine mögliche Diskretisierung von (11.10) bzw. (11.11) ergibt

$$\hat{X}_{t_{j+1}} = \hat{X}_{t_j} + a(t_j, \hat{X}_{t_j})\, h + b(t_j, \hat{X}_{t_j})\, \Delta W_{t_j}, \quad \hat{X}_0 = \xi \tag{11.18}$$

mit $\Delta W_{t_j} = W_{t_{j+1}} - W_{t_j} \sim N(0, \sqrt{h})$. Dieses einfachste numerische Lösungsverfahren für eine stochastische Differentialgleichung heißt **Euler-Maruyama-Verfahren**.

Im Folgenden soll die Konvergenz des Euler-Maruyama-Verfahrens diskutiert werden. Dazu brauchen wir die folgenden Begriffe.

▶ **Definition 11.7** (starke Konvergenz) Sei $X = (X_t)_{0 \leq t \leq T}$ eine Lösung von (11.10) und $\hat{X} = (\hat{X}_{t_j})_{0 \leq t_j \leq T}$ eine Approximation bzw. numerische Lösung von (11.10). Dann spricht man von **starker Konvergenz** der Ordnung $\gamma > 0$ X gegen $\hat{X}$, wenn

$$E(|X_{t_j} - \hat{X}_{t_j}|) \leq C\,h^\gamma$$

für $0 \leq t_j \leq T$ mit einer Konstanten $C > 0$ gilt. Man bezeichnet $\hat{X}_t$ auch als starke Approximation von X.

Da es aber oft ausreicht, die Größe $E(g(X_t))$ für eine gewisse Klasse von Funktionen g, z. B. $g(x) = x$ oder $g(x) = x^2$, zu approximieren, definiert man den folgenden schwächeren Konvergenzbegriff.

▶ **Definition 11.8** (schwache Konvergenz) Sei $X = (X_t)_{0 \leq t \leq T}$ eine Lösung von (11.10) und $\hat{X} = (\hat{X}_{t_j})_{0 \leq t_j \leq T}$ eine Approximation bzw. numerische Lösung von (11.10). Dann spricht man von **schwacher Konvergenz** der Ordnung $\gamma > 0$ bezügl. der Funktion g, wenn

$$|E(g(X_{t_j})) - E(g(\hat{X}_{t_j}))| \leq C\,h^\gamma$$

für $0 \leq t_j \leq T$ mit einer Konstanten $C > 0$ gilt. Man bezeichnet $\hat{X}_t$ auch als schwache Approximation von X bezüglich der Klasse $g(x)$.

Die die starke Konvergenz bzw. Approximation impliziert die schwache.

Satz 11.3 *(starke $\Longrightarrow$ schwache Konvergenz)*
Für Lipschitz-stetige Funktionen $g(x)$ mit der Lipschitz-Konstanten L gilt

$$|E(g(X_{t_n})) - E(g(\hat{X}_{t_n}))| \leq L\,E(|X_{t_n} - \hat{X}_{t_n}|),$$

d. h. aus der starken Konvergenz folgt die schwache Konvergenz.

An dieser Stelle sei darauf hingewiesen, dass die eben definierten Begriffe der starken und der schwachen Konvergenz auch in der klassischen Analysis und Funktionalanalysis verwendet werden, dort aber eine andere Bedeutung als hier haben.

Eine wichtige Grundlage für die numerische Lösung von stochastischen Differential-gleichungen ist die Approximation der darin enthaltenen Wienerprozesse. Mit Blick auf die beiden Konvergenzbegriffe wollen wir Algorithmen zur starken und schwachen Approximation betrachten. Eine starke Approximation kann man mit folgendem Algorithmus konstruieren:

Gegeben ist ein Gitter $0 = t_0 < t_1 < \cdots < t_N$ mit $t_j = jh$, gesucht sind M approximierende Pfade $\tilde{W}_t(\omega_1), \ldots, \tilde{W}_t(\omega_M)$ des Wienerprozesses auf dem Gitter.

Algorithmus 2 Approximation eines Wienerprozesses auf einem Gitter

---

for j=1,...,M **do**
  for i=0,...,N-1 **do**
    Erzeuge $N(0, \sqrt{h})$-verteilte Zufallszahlen $\Delta W_i(\omega_j)$
    Erzeuge Gitterfunktionen $\tilde{W}_{t_i}(\omega_j)$ mit der Rekursion
    $$\tilde{W}_{t_0}(\omega_j) = \Delta W_0(\omega_j), \quad \tilde{W}_{t_{i+1}}(\omega_j) = \tilde{W}_{t_i}(\omega_j) + \Delta W_i(\omega_j)$$
  end for
end for

Im folgenden Octave-Programm ist der Algorithmus 2 implementiert. Die Abb. 11.1 zeigt Pfade eines Wienerprozesses als Ergebnis des Programms. Die Abbildungen bestätigen die Bemerkung 11.1.

```
# Programm 11.1: strong_wiener_gb.m , starke Approximation von W
#
# Wiener–Prozess ueber [0,1] mit dt = 2^(−10))
# starke Approximation auf Gitter mit Dt = R*dt
randn('state',100) # random seeding
Wzero = 0 ; T = 1 ; N = 2^10 ; dt = 1/N;
dW = zeros(1,N); W = zeros(1,N); # Pre–Allokierung
dW = sqrt(dt)*randn(1,N) ; # Inkremente
W = cumsum(dW) ; # Wiener–Prozess
Xtrue = W ;
plot([0:dt:T],[Wzero,W],'g–'), hold on
R = 4 ; Dt = R*dt ; L = N/R; # L EM steps of size Dt = R*dt
WA = zeros(1,L) ; # Pre–Allokierung
Wtemp = Wzero ;
for j = 1:L
   Winc = sum(dW(R*(j−1)+1:R*j)) ;
   Wtemp = Wtemp + Winc ;
   WA(j) = Wtemp ;
endfor
plot([0:Dt:T],[Wzero,WA],'r—*'), hold off
xlabel('t','FontSize',16)
ylabel( W ,'FontSize',16)
emerr = abs(WA(end)−Xtrue(end))
# Programmende
```

Man kann zeigen, dass der mit dem Algorithmus 2 erzeugte Wienerprozess $\tilde{W}_{t_i}$ die Bedingungen aus der Definition des Wienerprozesses an allen Gitterpunkten erfüllt und somit eine starke Approximation ist.

Weniger aufwendig ist die Erzeugung einer **schwachen Approximation** eines Wienerprozesses, die für numerische Lösungen von stochastischen Differentialgleichungen von Interesse ist, wenn es nur darum geht, den Erwartungswert einer Lösung möglichst gut zu approximieren.

Ausgangspunkt ist wie bei der starken Approximation ein Gitter mit einer Schrittweite h. Gesucht sind M schwach approximierenden Pfade $\tilde{W}(t_i, \omega_j)$, $j = 1, \ldots, M$ auf dem

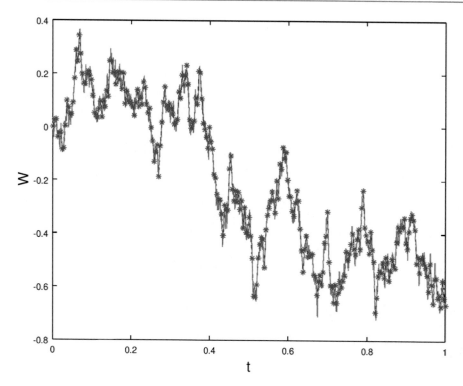

Abb. 11.1 Pfade einer starken Approximation auf einem groben Gitter (rot) und des sehr fein approximierten Wienerprozesses (grün)

Gitter. Außerdem braucht man eine spezielle Form von gleichverteilten Zufallsvariablen, die durch

$$X(\Omega) = \{x_1, x_2\}, \quad P_X(\{x_1\}) = P_X(\{x_2\}) = \frac{1}{2}$$

definiert ist.

Algorithmus 3 Schwache Approximation eines Wienerprozesses auf einem Gitter

for j=1,...,M **do**
    for i=0,...,N-1 **do**
        Erzeuge zweipunktverteilte Zufallszahlen $\Delta W_i(\omega_j)$, $x_1 = -\sqrt{h}, x_2 = \sqrt{h}$
        Erzeuge Gitterfunktionen $\tilde{W}_{t_i}(\omega_j)$ mit der Rekursion
          $\tilde{W}_{t_0}(\omega_j) = \Delta W_0(\omega_j), \quad \tilde{W}_{t_{i+1}}(\omega_j) = \tilde{W}_{t_i}(\omega_j) + \Delta W_i(\omega_j)$
    end for
end for

Von der im Algorithmus 3 erzeugten Approximation eines Wienerprozesses W auf einem Gitter kann man zeigen, dass

$$E(\tilde{W}_{t_i}(\omega)) = 0 = E(W_{t_i}(\omega)) \quad \text{und} \quad E(\tilde{W}_{t_i}^2(\omega)) = t_i = E(W_{t_i}^2(\omega)) \tag{11.19}$$

auf dem Gitter gilt, also $\tilde{W}$ tatsächlich eine schwache Approximation von W bezüglich $g(x) = x$ und $g(x) = x^2$ ist.

Die schwache Approximation des Wienerprozesses ist im folgenden Octave-Programm implementiert.

```
# Programm 11.2: weak_wiener_gb.m , schwache Approximation von W
# Schwache Approximation von W
#
# Wiener-Prozess ueber [0,1] (dt = 2^(-10)).
# schwache Approximation auf Gitter mit Dt = R*dt
randn('state',100) # random seeding
Wzero = 0 ; T = 1 ; N = 2^10 ; dt = 1/N;
dW = zeros(1,N); W = zeros(1,N); # Pre-Allokierung
dW = sqrt(dt)*randn(1,N) ; # Inkremente
W = cumsum(dW) ; # Wiener-Prozess
Xtrue = W ;
plot([0:dt:T],[Wzero,W],'g-'), hold on
R = 4 ; Dt = R*dt ; L = N/R; # L Zeitschritte der schwachen Approximation Dt = R*dt
WA = zeros(1,L) ; # Pre-Allokierung
Wtemp = Wzero ;
for j = 1:L
    Winc = sum(dW(R*(j-1)+1:R*j)) ;
    Wtemp = Wtemp + sqrt(Dt)*sign(Winc) ;
    WA(j) = Wtemp ;
endfor
plot([0:Dt:T],[Wzero,WA],'r-*'), hold off
xlabel('t','FontSize',16)
ylabel('W','FontSize',16)
# Programmende
```

In der Abb. 11.2 unterscheiden sich die Pfade stark voneinander, laufen auseinander, aber trotzdem besitzt die Approximation die richtigen statistischen Eigenschaften.

Zur Untersuchung der starken Konvergenz von der mit dem Euler-Maruyama-Verfahren bestimmten numerischen Lösung $\hat{X}$ gemäß (11.18) wird der so genannte L^2-Fehler m Algorithm

$$e_{j+1} := E(|X_{t_{j+1}} - \hat{X}_{t_{j+1}}|^2)$$

betrachtet. Nach sehr aufwendigen und umfangreichen Abschätzungen, die hier nicht angegeben werden sollen, erhält man die Abschätzung

$$e_{j+1} \leq C\,h^p + Ch\sum_{k=0}^{j} e_j \tag{11.20}$$

mit $p = 1$. Mit dem diskreten Gronwall-Lemma folgt aus (11.20)

$$e_n \leq C\exp(C\,T)\,h \quad \text{also} \quad E(|X_{t_j} - \hat{X}_{t_j}|^2) \leq C\exp(C\,T)\,h$$

mit einer Konstante $C > 0$. Aus der Jensenschen Ungleichung $(E|A|)^2 \leq E(|A|^2)$ für integrierbare Zufallsvariable A folgt letztendlich

$$E(|X_{t_j} - \hat{X}_{t_j}|) \leq \sqrt{E(|X_{t_j} - \hat{X}_{t_j}|^2)} \leq \sqrt{C\exp(C\,T)}\,\sqrt{h}. \tag{11.21}$$

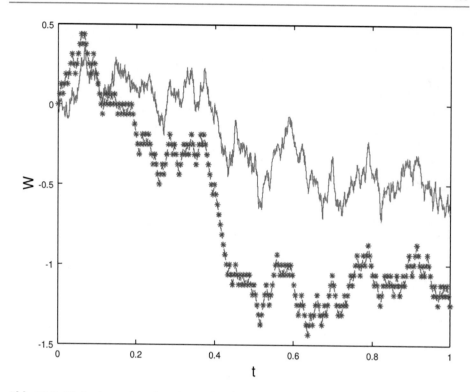

Abb. 11.2 Pfade einer schwachen Approximation (rot) und des approximierten Wienerprozesses (grün)

(11.21) bedeutet, dass das Euler-Maruyama-Verfahren stark mit der Ordnung $\gamma = \frac{1}{2}$ konvergiert. Man kann weiterhin zeigen, dass für das Euler-Maruyama-Verfahren die Abschätzung

$$|\mathrm{E}(X_{t_j}) - \mathrm{E}(\hat{X}_{t_j})| \leq C\,h \tag{11.22}$$

mit einer Konstanten C gilt. Damit ist das Euler-Maruyama-Verfahren schwach konvergent mit der Ordnung $\gamma = 1$. Mit der Verfahrensfunktion

$$\Psi(t, X, h, W, \omega) = X(\omega) + h\,a(t, X(\omega)) + \Delta W_t\,b(t, X(\omega))$$

kann man das Euler-Maruyama-Verfahren auch durch

$$\hat{X}_{t_{j+1}} = \Psi(t_j, \hat{X}_{t_j}, h, W, \omega_j)$$

darstellen. Im Algorithmus 4 wird das Euler-Maruyama-Verfahren umgesetzt.

Algorithmus 4 Euler-Maruyama-Verfahren

---

for j=1,...,M **do**

    Erzeuge approximative Pfade $\tilde{W}(\cdot, \omega_j)$ mit dem Algorithmus 2

end for

for j=1,...,M **do**

    for i=0,...,N-1 **do**

        Erzeuge Gitterfunktionen $\hat{X}_{t_i}(\omega_j)$ mit der Rekursion

        $\hat{X}_{t_0}(\omega_j) = \xi, \quad \hat{X}_{t_{i+1}}(\omega_j) = \Psi(t_i, \hat{X}_{t_i}(\omega_j), h, \tilde{W}, \omega_j)$

    end for

end for

Im folgenden Octave-Programm ist das Euler-Maruyama-Verfahren implementiert. Es wird ein Pfad der Lösung berechnet.

```
# Programm 11.3: euler_maruyama_gb.m ; Euler–Maruyama–Verfahren
# lineare SDE  dX = lambda*X dt + mu*X dW, X(0) = Xzero
# lambda = 2, mu = 1 und Xzero = 1
#
# Approximation des Wiener–Prozesses auf einem Gitter [0,1] mit dt = 2^(–8)
# beim Euler–Maruyama–Verfahren werden groessere Zeitschritte benutzt: R*dt
randn('state',100) # random seeding
lambda = 2 ; mu = 1 ; Xzero = 1 ; # Parameter des Problems
T = 1 ; N = 2^8 ; dt = 1/N;
dW = zeros(1,N); W = zeros(1,N); Xtrue = zeros(1,N); # Pre–Allokierung
dW = sqrt(dt)*randn(1,N) ; # Inkremente des Wiener–Prozesses
W = cumsum(dW) ; # approximierter Pfad eines Wiener–Prozess
Xtrue = Xzero*exp((lambda –0.5*mu^2)*([dt:dt:T])+mu*W) ; # exakte Loesung
plot([0:dt:T],[Xzero,Xtrue],'g–'), hold on
R = 4 ; Dt = R*dt ; L = N/R; # L Euler–Maruyama Schwritte mit Dt = R*dt
Xem = zeros(1,L) ; # Pre–Allokierung
Xtemp = Xzero ;
for  j = 1:L
   Winc = sum(dW(R*(j–1)+1:R*j)) ;
   Xtemp = Xtemp + Dt*lambda*Xtemp + mu*Xtemp*Winc ;
   Xem(j) = Xtemp ;
endfor
plot([0:Dt:T],[Xzero,Xem],'r—*'), hold off
xlabel('t','FontSize',12)
ylabel('X','FontSize',16,'HorizontalAlignment','right')
emerr = abs(Xem(end)–Xtrue(end))
# Programmende
```

Die Abb. 11.3 zeigt einen Pfad der mit dem Programm berechneten numerischen Lösung im Vergleich zum Pfad der exakten Lösung.

Mit der starken und schwachen Approximation von Wienerprozessen soll hier noch einmal die approximative Berechnung vom Itô- und Stratonowitsch-Integral betrachtet werden. Im folgenden Octave-Programm werden Itô- und Stratonowitsch-Integral (11.6) bzw. (11.5) approximiert. Dazu werden die stochastischen Prozesse

$$I_t = \int_0^t W_s \, dW_s \quad \text{und} \quad S_t = \int_0^t W_s \circ dW_s$$

stark approximiert.

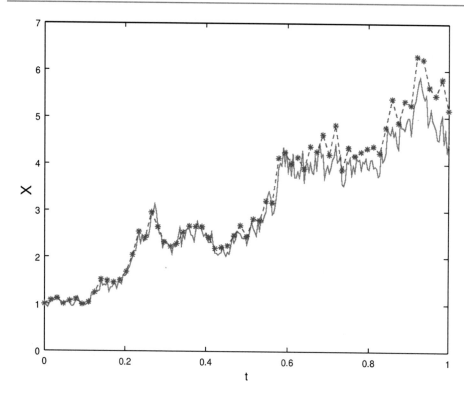

Abb. 11.3 Pfade einer numerischen (rot) und exakten Lösung (grün) einer linearen stochastischen Differentialgleichung

```
# Programm 11.4 stoch_int_gb.m : Ito- und Stratonowitsch-Integral
#                    /                                    /
# Ito Integral | WdW , Stratonowitsch Integral | W o dW
#                    /                                    /
randn('state',100) # random seeding
T = 1 ; N = 5000 ; dt = T/N;
dW = zeros(1,N); W = zeros(1,N); ito = zeros(1,N-1);
Xito = zeros(1,N); strat = zeros(1,N); # Pre-Allokierung
dW = sqrt(dt)*randn(1,N) ; # Inkremente des Wiener-Prozess W
W = cumsum(dW) ; # kumulative Summe
for j = 1:N-1
    ito(j) = sum([0,W(1:j)].*dW(1:j+1)) ;
endfor
Xito = [0,ito] ; strat(1) = 0.5*W(1)*dW(1) ;
for j=2:N
    strat(j) = sum( (0.5*([0,W(1:j-1)]+W(1:j)) ).*dW(1:j)) ;
endfor
plot([dt:dt:T],W,'r-'), hold on
xlabel('t','FontSize',16);
plot([dt:dt:T],Xito,'b—'), hold off
figure(2);
plot([dt:dt:T],W,'r-'), hold on
xlabel('t','FontSize',16);
plot([dt:dt:T],strat,'g—'), hold off
figure(3);
```

```
plot([dt:dt:T],Xito,'b—'), hold on
xlabel('t','FontSize',16);
plot([dt:dt:T],strat,'g—'), hold off
itoerr = abs(Xito(N) − 0.5*(W(end)^2−T))
straterr = abs(strat(N) − 0.5*W(end)^2)
# Programmende
```

Die Abb. 11.4 und 11.5 zeigen Pfade der stochastischen Prozesse I_t und S_t.

11.4.2 Milstein-Verfahren

Bei den Abschätzungen, die zur Ungleichung (11.20) geführt haben, hat der Fehlerterm mit dem Integral $\int_{t_j}^{t_{j+1}} \int_{t_j}^{s} dW_s\, dW_s$ auf die Ordnung $p = \frac{1}{2}$ geführt, während der Restfehler von der Ordnung $p = 1$ war. Allerdings kann man dieses Doppelintegral unter Nutzung von (11.6) berechnen, es ist nämlich

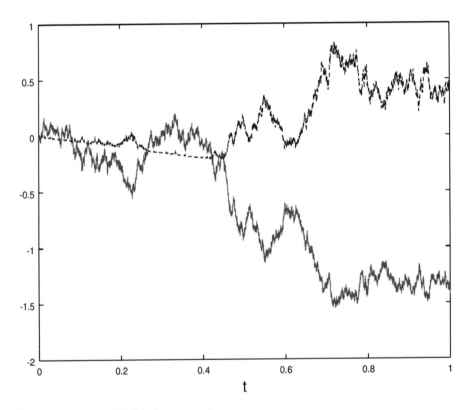

Abb. 11.4 W_t (rot) und I_t (blau)

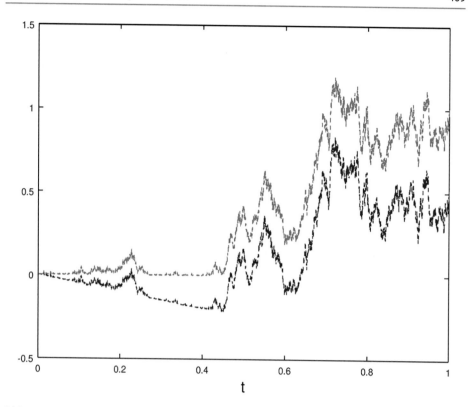

Abb. 11.5 I_t (blau) und S_t (grün)

$$\int_{t_j}^{t_{j+1}} \int_{t_j}^{s} dW_s \, dW_s = \int_{t_j}^{t_{j+1}} (W_s - W_{t_j}) \, dW_s = \int_{t_j}^{t_{j+1}} W_s \, dW_s - W_{t_j} \int \int_{t_j}^{s} dW_s$$

$$= \frac{1}{2}(W_{t_{j+1}}^2 - W_{t_j}^2) - \frac{h}{2} - W_{t_j}(W_{t_{j+1}} - W_{t_j})$$

$$= \frac{1}{2}((W_{t_{j+1}} - W_{t_j})^2 - \frac{h}{2}) = \frac{1}{2}\left(\Delta W_{t_j}^2 - \frac{h}{2}\right).$$

Insgesamt ergibt der Fehlerterm den Ausdruck $\frac{1}{2}b'(t_j, X_{t_j})b(t_j, X_{t_j})(\Delta W_{t_j}^2 - h)$. Modifiziert man das Euler-Maruyama-Verfahren zu

$$\hat{X}_{t_{j+1}} = \hat{X}_{t_j} + a(t_j, \hat{X}_{t_j})h + b(t_j, \hat{X}_{t_j})\Delta W_{t_j} + \frac{1}{2}b'(t_j, \hat{X}_{t_j})b(t_j, \hat{X}_{t_j})((\Delta W_{t_j})^2 - h)$$

(11.23)

mit dem Anfangswert $\hat{X}_0 = \chi$ und $\Delta W_{t_j} = W_{t_{j+1}} - W_{t_j} \sim N(0, \sqrt{h})$, dann erhält man mit (11.23) das **Milstein-Verfahren.** Die Verfahrensfunktion des Milstein-Verfahrens hat demnach die Form

$$\Psi(t, X, h, W, \omega) = X(\omega) + h\, a(t, X(\omega)) + \Delta W_t\, b(t, X(\omega))$$
$$+ \frac{1}{2} b'(t, X(\omega)) b(t, X(\omega))((\Delta W_t)^2 - h).$$

Für das Milstein-Verfahren kann man dann die starke Konvergenz der Ordnung $\gamma = 1$ nachweisen, d. h. es gilt

$$\mathrm{E}(|X_{t_j} - \hat{X}_{t_j}|) \le C \exp(C\, T)\, h. \tag{11.24}$$

Im folgenden Programm werden numerische Lösungen des Euler-Maruyama- und des Milstein-Verfahrens für die inhomogene stochastische Differentialgleichung (11.16) (multiplikatives Rauschen) berechnet und mit der exakten Lösung der stochastischen Differentialgleichung verglichen. Dabei wurde die Formel (11.17) implementiert.

```
# Programm 11.5 em_milstein_allgemein_vs_exakt_gb.m ;
# Euler–Maruyama und Milstein–Methode zur numerischen Loesung von
# SDE: dX = (alpha + mu*X) dt + (peta + sigma*X) dW, X(0) = Xzero ,
# alpha = 5 , mu = –2 , peta = 4 , sigma = 1 und Xzero = 1 .
#
# im Vergleich zur exakten Loesung
#
# Wiener–Prozess ueber [0,1], dt = 2^(–8).
# Euler–Maruyama, Milstein auf einem Gitter mit Dt = R*dt
randn('state',100) # random seeding
alpha = 5 ; mu = –2 ; peta = 4 ; sigma = 1 ; Xzero = 1 ; # Problemparameter
T = 1 ; N = 2^8 ; dt = 1/N;
dW = zeros(1,N); W = zeros(1,N); # Pre–Allokierung
dW = sqrt(dt)*randn(1,N) ; # Inkremente des Wiener–Prozesses
W = cumsum(dW) ; # Wiener–Prozess
# Aufbau der exakten Loesung
for j = 1:N
    ct1 = 0;
    for k = 1:j
    summa = exp( (0.5*sigma^2–mu)*k*dt – sigma*W(k) );
    ct1 = ct1 + summa*dt;
    ct2(k) = exp( (0.5*sigma^2–mu)*k*dt – sigma*W(k) );
    endfor
    wito = ito_integral_gb(ct2(1:j),dW(1:j),j);
    Xtrue(j) = ( Xzero+exp(sigma*W(1))*( (alpha–peta*sigma)*ct1+peta*wito ) )...
        *exp( (mu–0.5*sigma^2)*j*dt+sigma*(W(j)–W(1)) );
endfor
plot([0:dt:T],[Xzero,Xtrue],'g–'), hold on
xlabel('t','FontSize',16); ylabel('X_t','FontSize',16);
R = 4 ; Dt = R*dt ; L = N/R; # L Schritte der numerischen Verfahren Dt = R*dt
Xem = zeros(1,L); Yem = zeros(1,L); # Pre–Allokierung
Xtemp = Xzero ;
Ytemp = Xzero ;
for j = 1:L
    Winc = sum(dW(R*(j–1)+1:R*j)) ;
    Xtemp = Xtemp + Dt*(alpha+mu*Xtemp)+(peta+sigma*Xtemp)*Winc ;
    Xem(j) = Xtemp ;   #   Euler–Maruyama-Loesung
    Ytemp = Ytemp+Dt*(alpha+mu*Ytemp)+(peta+sigma*Ytemp)*Winc...
        +0.5*sigma*(peta+sigma*Ytemp)*(Winc^2–Dt);
    Yem(j) = Ytemp ;   #   Milstein–Loesung
endfor
plot([0:Dt:T],[Xzero,Xem],'r—*'), hold off
figure(2)
plot([0:dt:T],[Xzero,Xtrue],'g–'), hold on
plot([0:Dt:T],[Xzero,Yem],'b–*'), hold off
xlabel('t','FontSize',16); ylabel('X_t','FontSize',16);
eerrx = abs(Xem(end)–Xtrue(end))
merry = abs(Yem(end)–Xtrue(end))
# Programmende
```

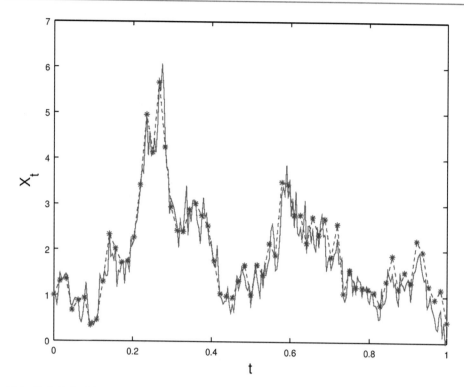

Abb. 11.6 Euler-Maruyama-Loesung (rot) vs. exakte Lösung

In den Abb. 11.6 und 11.7 sind die Ergebnisse grafisch dargestellt. Zur Berechnung des in der Formel (11.17) benötigten Itô-Integrals wurde das angegebene Funktions-Unterprogramm verwendet.

```
# Programm 11.6 ito_integral_gb.m : Ito-Integral
#                /
# Ito Integral | X dW ,
#                /
function wito = ito_integral_gb(X,dW,N);
if ( N < 2 )
  wito = 0 ;
  else
  for j = 1:N-1
    ito(j) = sum([0,X(1:j)].*dW(1:j+1)) ;
  endfor
  wito = ito(N-1) ;
endif
endfunction
```

Zum experimentellen Test der Konvergenzordnung wurde in den folgenden Programmen das Euler-Maruyama-Verfahren und das Milstein-Verfahren auf starke Konvergenz getestet. Dabei wurden numerische Lösungen für unterschiedliche Schrittweiten h berechnet und die Fehler E_h zwischen exakter bzw. sehr genauer Lösung und der numerischen Lösung für unterschiedliche Schrittweiten über der Schrittweite h logarithmisch aufgetragen. Die

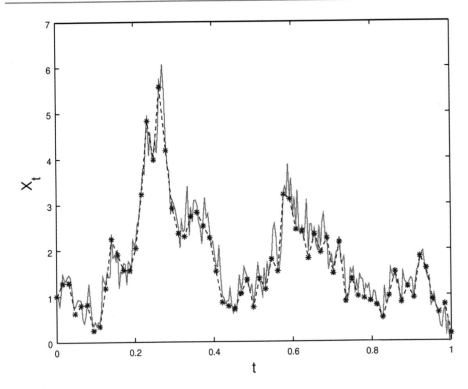

Abb. 11.7 Milstein-Loesung (blau) vs. exakte Lösung

jeweilige Konvergenzordnung wurde durch die Berechnung der Ausgleichskurve $f(h) = Ch^q \approx E_h$ mit q berechnet. Die jeweiligen stochastischen Beispiel-Differentialgleichungen sind in den Programmen angegeben. Die Abb. 11.8 und 11.9 zeigen die Ergebnisse.

```
# Programm 11.7 Test der starken Konvergenz Euler–Maruyama
# am Beispiel dX = lambda X dt + mu X dW, X(0) = Xzero ,
# lambda = 2 , mu = 1 and Xzer0 = 1 .
#
# Brownsche Bewegung ueber [0,1], h = 2^(−9).
# 5 EM Schritte: 16 h , 8 h , 4 h , 2 h , h .
# Auswertung bei T=1: E | X_L − X(T) | .
randn('state',100) # random seeding
lambda = 2 ; mu = 1 ; Xzero = 1 ;
T = 1 ; N = 2^9 ; h = T/N; #
M = 1000 ; # Zahl der gesamplten Pfade
Xerr = zeros(M,5) ; # Pre–Allokierung
dW = zeros(1,N); W = zeros(1,N); # Pre–Allokierung
for s = 1:M, # samples ueber approximierte Wiener–Prozess–Pfade
   dW = sqrt(h)*randn(1,N) ; # Inkremente
   W = cumsum(dW) ; # approximierter Wiener–Prozess–Pfad
   Xtrue = Xzero*exp((lambda −0.5*mu^2)+mu*W(end)) ) ;
   for p = 1:5
      R = 2^(p−1); Dt = R*h ; L = N/R; # EM Schritte Dt = R h
      Xtemp = Xzero ;
      for j = 1:L
         Winc = sum(dW(R*(j−1)+1:R*j)) ;
         Xtemp = Xtemp + Dt*lambda*Xtemp + mu*Xtemp*Winc ;
```

```
      endfor
      Xerr(s,p) = abs(Xtemp − Xtrue) ; # Fehler bei T=1
    endfor
endfor
Dtvals = h*(2.^([0:4])) ;
loglog(Dtvals,mean(Xerr),'b*'), hold on
loglog(Dtvals,(Dtvals.^(.5)),'g—') # Referenzsteigung von 1/2
axis([1e−3 1e−1 1e−2 1e+1 ])
xlabel('h','FontSize',16),ylabel('Mittel_von_IX(T)_−_X_LI','FontSize',16)
# Ausgleichskurve: C*Dt^q
A = [ones(5,1),log(Dtvals)'] ; rhs = log(mean(Xerr)');
sol = A\rhs ; q = sol(2)
C = exp(sol(1))
loglog(Dtvals,C*(Dtvals.^q),'r—'), hold off # tatsaechliche Steigung
resid = norm(A*sol − rhs)
# Programmende


# Programm 11.8 Test der starken Konvergenz des Milstein−Verfahrens
# am Beispiel dX = r *X*(K −X) dt + peta*X dW, X(0) = Xzero ,
# r = 2 , K= 1 , peta = 1 and Xzero = 0.5 .
#
# Wiener−Prozess−Pfad ueber [0,1], h = 2^(−11).
# Milstein Schritte 128*dt , 64*h , 32*h , 16*h (auch h zum Vergleich)
#
# Test der starken Konvergenz bei T=1: E I X_L − X(T) I
# vektorisiert, alle Pfade werden simulatan berechnet
randn('state',100) # random seeding
r = 2 ; K = 1 ; peta = 0.25 ; Xzero = 0.5 ;
T = 1 ; N = 2^(11) ; h = T/N; #
M = 500 ; # Zahl der gesampleten Pfade
R = [ 1 ; 16 ; 32 ; 64 ; 128 ] ; # Milstein−Schritte are R*h
dW = zeros(1,N); # Pre−Allokierung
dW = sqrt(h)*randn(M,N); # Inkremete
Xmil = zeros(M,5) ; # Allokierung
for p = 1:5
   Dt = R(p)*h; L = N/R(p); # L Milstein−Schritte Dt = R h
   Xtemp = Xzero*ones(M,1) ;
   for j = 1:L
      Winc = sum(dW(:,R(p)*(j−1)+1:R(p)*j),2) ;
      Xtemp = Xtemp + Dt*r*Xtemp.*(K−Xtemp) + peta*Xtemp.*Winc...
      + 0.5*peta^2*Xtemp.*(Winc.^2 − Dt);
   endfor
   Xmil(:,p) = Xtemp ; # Milsteinloesung bei t =1
endfor
Xref = Xmil(:,1); # Referenzloesung
Xerr = abs(Xmil(:,2:5) − repmat(Xref,1,4)); # Fehler in den Pfaden
mean(Xerr); # mittlere Pfad−weise Fehler
Dtvals = h*R(2:5); # Milstein Schritte
loglog(Dtvals,mean(Xerr),'b*'), hold on
loglog(Dtvals,Dtvals,'g—') # Referenzsteigung von 1
axis([ 1e−3 1e−1 1e−4 1 ])
xlabel('h','FontSize',16)
ylabel('Mittel_von_IX(T)_−_X_LI','FontSize',16)
# Berechnung der Ausgleichskurve der Fehler: C*h^q
A = [ones(4,1),log(Dtvals)] ; rhs = log(mean(Xerr)' ) ;
sol = A\rhs ; q = sol(2)
C= exp(sol(1))
loglog(Dtvals,C*Dtvals.^q,'r—'), hold off # tatsaechlich Steigung
resid = norm(A*sol − rhs)
# Programmende
```

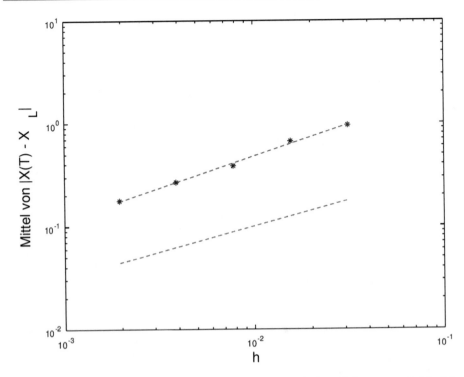

Abb. 11.8 $q = 0,6185$ beim Euler-Maruyama-Verfahren (blau/rot) vs. Referenz $q = 0,5$ (grün)

11.4.3 Verfahren höherer Ordnung

Beim Übergang vom Euler-Maruyama- zum Milstein-Verfahren wurde ein Teil des Fehlers zwischen Euler-Maruyama-Lösung und exakter Lösung in das Milstein-Verfahren eingebaut und somit die Fehlerordnung erhöht. Ähnlich wie bei den Lösungsmethoden für gewöhnlich deterministische Differentialgleichungen erreicht man die höheren Ordnungen durch Taylor-Entwicklungen der Verfahrensfunktion. Im Fall der stochastischen Differentialgleichungen werden dazu **stochastische Taylorentwicklungen** verwendet. Im Lehrbuch Kloeden und Platen (1992) wird dieses Thema ausführlich besprochen.

Die in den vorangegangenen Abschnitten behandelten Verfahren basierten auf starken Approximationen der beteiligten stochastischen Prozesse. Die starke Approximation kann durch schwache Approximationen ausgetauscht werden, wenn es z. B. nur auf eine gute Approximation des Erwartungswertes der Lösung einer stochastischen Differentialgleichung ankommt. Diese Veränderung sollte der Leser mit den angegebenen Algorithmen und Octave-Programmen selbst durchführen können.

Ein Verfahren der starken Ordnung $\frac{3}{2}$ ist das so genannte Itô-Taylor-Verfahren zur Lösung der stochastischen Differentialgleichung

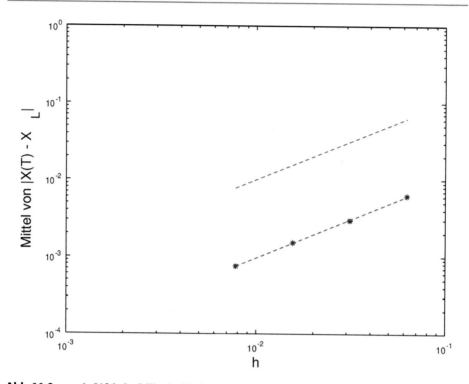

Abb. 11.9 $q = 1,012$ beim Milstein-Verfahren (blau/rot) vs. Referenz $q = 1$ (grün)

$$dX_t = a(X_t)\,dt + b(X_t)\,dW_t.$$

Das Verfahren ist durch

$$\hat{X}_{t_{n+1}} = \hat{X}_{t_n} + a\,h + b\,\Delta W + \frac{1}{2}bb'((\Delta W)^2 - h)$$
$$+a'b\Delta Z + \frac{1}{2}(aa' + \frac{1}{2}b^2 a''h^2) + (ab' + \frac{1}{2}b^2 b'')(\Delta W h - \Delta Z)$$
$$+\frac{1}{2}b(bb'' + b'^2)(\frac{1}{3}(\Delta W)^2 - h)\Delta W$$

mit $a = a(\hat{X}_{t_n})$, $b = b(\hat{X}_{t_n})$, $\Delta W = V_1\sqrt{h}$, $\Delta Z = \frac{1}{2}h^{3/2}(V_1 + \frac{1}{\sqrt{3}}V_2)$ und unabhängige standardnormalverteile Zufallsvariablen V_1, $V_2 \sim N(0, 1)$ gegeben. Dieses Verfahren ist das Ergebnis einer stochastischen Taylor-Entwicklung.

Selbst wenn a'' und b'' gleich null sind, was in vielen praktischen Aufgabenstellungen der Fall ist, ist das Itô-Taylor-Verfahren doch sehr rechenaufwendig und kompliziert. Das trifft übrigens auf alle Verfahren mit einer Ordnung größer als eins zu. Man erkennt, dass der Gewinn einer halben Ordnung von 1 auf $\frac{3}{2}$ die Zeilen 2 und 3 der Formel erforderlich macht. Dieser Mehraufwand ist bei den meisten Anwendungen nicht gerechtfertigt.

11.4.4 Systeme stochastischer Differentialgleichungen

Wenn $W_t = (W_t^{(1)}, W_t^{(2)}, \ldots, W_t^{(n)})$ ein $m-$dimensionaler Wienerprozess ist, dann ist durch

$$dX_t = A(t, X_t)\, dt + B(t, X_t)\, dW_t \tag{11.25}$$

ein System stochastischer Differentialgleichungen der Dimension n gegeben, wobei die Abbildungen

$$A = (a^{(k)}) : \mathbb{R} \times \mathbb{R}^n \to \mathbb{R}^n, \quad \text{und} \quad B = (b^{(k,l)}) : \mathbb{R} \times \mathbb{R}^n \to \mathbb{R}^{n \times m}$$

Verallgemeinerungen der Koeffizientenfunktionen bei den eindimensionalen stochastischen Differentialgleichungen sind. Gesucht ist die Lösung X_t als $n-$dimensionaler stochastischer Prozess.

Für ein System der Form (11.25) soll das Milstein-Verfahren verallgemeinert werden. Für $m = 1$ wird der Term $b'b$ zu dem Matrix-Vektor-Produkt

$$DB(t, X_t)B(t, X_t) = \begin{pmatrix} \frac{\partial b^{(1)}}{\partial x_1} & \cdots & \frac{\partial b^{(1)}}{\partial x_n} \\ \vdots & & \vdots \\ \frac{\partial b^{(n)}}{\partial x_1} & \cdots & \frac{\partial b^{(n)}}{\partial x_n} \end{pmatrix} \begin{pmatrix} b^{(1)} \\ \vdots \\ b^{(n)} \end{pmatrix}$$

und als Milstein-Verfahren erhält man

$$\begin{aligned} \hat{X}_{t_{i+1}} &= \hat{X}_{t_i} + A(t_i, \hat{X}_{t_i})h + B(t_i, \hat{X}_{t_i})\Delta W_{t_i} \\ &\quad + \frac{1}{2}DB(t_i, \hat{X}_{t_i})\, B(t_i, \hat{X}_{t_i})((\Delta W_{t_i})^2 - h). \end{aligned} \tag{11.26}$$

Die Verallgemeinerung für den Fall $m > 1$ ist komplizierter. Beim skalaren Verfahren galt

$$\int_{t_i}^{t_{i+1}} \int_{t_i}^{t} dW_t\, dW_t = \frac{1}{2}((\Delta W_{t_i})^2 - h)$$

und man konnte im Verfahren den Term $\frac{1}{2}b'b((\Delta W_{t_i})^2 - h)$ statt des Doppelintegrals verwenden, weil man das Doppelintegral berechnen konnte. Die kanonische Verallgemeinerung des Milstein-Verfahrens für Systeme lautet

$$\hat{x}_{t_{i+1}}^{(s)} = \hat{x}_{t_i}^{(s)} + a^{(s)}(t_i, \hat{X}_{t_i})h + \sum_{j=1}^{m} b^{(s\,j)}(t_i, \hat{X}_{t_i})\Delta W_{t_i}^{(j)} \tag{11.27}$$

$$+ \sum_{j,k=1}^{m} \sum_{l=1}^{n} b^{(l\,j)} \frac{\partial b^{(s\,k)}}{\partial x_l}(t_i, \hat{X}_{t_i}) \int_{t_i}^{t_{i+1}} \int_{t_i}^{\tau} dW_\tau^j\, dW_\tau^k, \quad s = 1, \ldots, n,$$

wobei $\hat{x}^{(s)}$, $s = 1, \ldots, n$, die Komponenten von $\hat{X}$ sind. Im Gegensatz zum skalaren Fall ist das Doppelintegral auf der rechten Seite

$$I_{jk} = \int_{t_i}^{t_{i+1}} \int_{t_i}^{\tau} dW_\tau^j \, dW_\tau^k$$

nicht elementar berechenbar. Außerdem muss der im letzten Term vorkommende Differentialoperator

$$L_j := \sum_{l=1}^{n} b^{(l\,j)} \frac{\partial}{\partial x_l}$$

auf alle Spaltenvektoren $(b^{(s\,k)})_{s=1,\dots,n}$ angewendet werden, was sehr aufwendig ist. Die Integrale I_{jk} lassen sich relativ einfach bis auf einen Fehler der Ordnung $p = 1$ approximieren, so dass die Ordnung des Milstein-Verfahren $p = 1$ erhalten bleibt. Und zwar ist z. B. I_{21} an der Stelle $t = t_{i+1}$ die erste Komponente der Lösung des Systems

$$dY_t = \begin{pmatrix} y_t^{(2)} & 0 \\ 0 & 1 \end{pmatrix} \Delta W_t, \quad t_i \le t \le t_{i+1}, \quad Y_{t_i} = \begin{pmatrix} 0 \\ 0 \end{pmatrix}. \tag{11.28}$$

mit $Y_t = (y_t^{(1)}, y_t^{(2)})^T$. Insgesamt lautet die Lösung von (11.28)

$$Y_{t_{i+1}} = \begin{pmatrix} I_{21} \\ \Delta W^{(2)} \end{pmatrix}$$

mit $\Delta W^{(2)} = W_{t_{i+1}}^{(2)} - W_{t_i}^{(2)}$.

Das zweite angesprochene Problem der Differentiation der Spaltenvektoren $(b^{(s\,k)})_{s=1,\dots,n}$ kann auch vermieden werden, indem die Approximation

$$L_j b^{(k)}(t_i, X_{t_i}) \approx \frac{1}{\sqrt{h}} (b^{(k)}(t_i, \tilde{X}^{(j)}) - b^{(k)}(t_i, X^{(j)})) \tag{11.29}$$

mit

$$\tilde{X}^{(j)} = X_{t_i} + A(t_i, X_{t_i})h + b^{(j)}(t_i, X_{t_i})\sqrt{h} \tag{11.30}$$

genutzt wird. Insgesamt erhält man das **stochastische Runge-Kutta-Verfahren** als Approximation des Milstein-Verfahrens für Systeme

$$\hat{X}_{t_{i+1}} = \hat{X}_{t_i} + A(t_i, \hat{X}_{t_i})h + B(t_i, \hat{X}_{t_i})\Delta W$$

$$+ \frac{1}{\sqrt{h}} \sum_{j,k=1}^{m} (b^{(k)}(t_i, \tilde{X}^{(j)}) - b^{(k)}(t_i, X^{(j)}))I_{jk}. \tag{11.31}$$

Dabei sind die $\tilde{X}^{(j)}$ Werte durch (11.30) definiert. Das Verfahren (11.31, 11.30, 11.28) hat trotz der vorgenommenen Approximationen die starke Ordnung $p = 1$.

Der Aufwand dieses numerischen Verfahrens ist insgesamt sehr groß, denn neben der Approximation von stochastischen Prozessen auf dem Gitter $t_0, t_1, \dots, t_N$ müssen zur Approximation der Integrale I_{jk} auf den Teilintervallen $[t_i, t_{i+1}], i = 0, \dots, N - 1$ jeweils

Untergitter $t_{i_0} = t_i, \dots, t_{i_R} = t_{i+1}$ betrachtet werden und darauf Prozesse approximiert werden.

Wie schon angemerkt, ist der Aufwand im Fall $m = 1$ verhältnismäßig gering. Auch in den Fällen, wo die Integrale I_{jk} ausgerechnet werden können, ist der Aufwand im Vergleich zum allgemeinen Fall überschaubar. Z.B. gilt analog zum skalaren Milstein-Verfahren unter Nutzung von (11.6)

$$I_{jj} = \frac{1}{2}((\Delta W_{t_i}^{(j)})^2 - h).$$

Das ist z. B. der Fall, wenn im Fall $n = m$ die Nichtdiagonal-Komponenten von B gleich null sind. Dann müssen nur die Integrale I_{jj} ausgewertet werden.

Hinsichtlich der Nachweise der vorgenommenen Approximationen und der Ordnung des stochastischen Runge-Kutta-Verfahrens (11.31) sei auf Jüngel and Günther (2010) verwiesen.

11.5   Stochastische partielle Differentialgleichungen

Ein kurzer Abriss zur Thematik „stochastische partielle Differentialgleichungen" soll am Beispiel der räumlich eindimensionalen instationären Wärmeleitungsgleichung behandelt werden. Die deterministische Gleichung

$$\frac{\partial u}{\partial t} = \lambda \frac{\partial^2 u}{\partial x^2} - \beta u + f, \quad 0 < x < R, \tag{11.32}$$

mit einer Anfangsbedingung $u(0, x) = u_0(x)$ und Dirichlet-Randbedingungen $u(t, 0) = u_L(t)$, $u(t, R) = u_R(t)$[6] soll exemplarisch mit zufällig gestörtem Wärmequellglied f betrachtet werden.

Die Gl. (11.32) wird z. B. mit einem Finite-Differenzen-Verfahren[7] räumlich diskretisiert. Auf dem räumlichen Gitter $x_i := i \Delta x = \frac{iL}{N_x + 1}$, $i = 1, \dots, N_x$, $N_x \in \mathbb{N}$ erhält man in den Punkten x_i die Gleichungen

$$\frac{\partial u_i}{\partial t} = \lambda \frac{1}{\Delta x^2}(u_{i+1} - 2u_i + u_{i-1}) - \beta u_i + f_i, \quad i = 1, \dots, N_x. \tag{11.33}$$

Für $i = 1$ und $i = N_x$ werden u_{i-1} bzw. u_{i+1} durch die Randbedingungen u_L bzw. u_R bestimmt. Zusammen mit dem Anfangswert $u_i(0) = u_0(x_i)$, $i = 1, \dots, N_x$ liegt mit (11.33) ein System von gewöhlichen Differentialgleichungen vor. Die vorgenommene Diskretisierung von (11.32) zu (11.33) bezeichnet man auch als **vertikale Linienmethode**. Eine zufällige Störung des Wärmequellgliedes f führt auf

---

[6] Hier sind auch Neumann- oder Robin-Randbedingungen denkbar.

[7] Alternativ kann die räumliche Diskretisierung auch mit Finiten-Volumen- oder Finite-Element-Methoden erfolgen.

$$\frac{\partial u_i}{\partial t} = \lambda \frac{1}{\Delta x^2}(u_{i+1} - 2u_i + u_{i-1}) - \beta u_i + \sigma_i \epsilon_t, \quad i = 1, \ldots, N_x, \tag{11.34}$$

wobei ϵ_t wie im Beispiel (11.7) als eine Art verallgemeinerte Ableitung des Wiener-prozesses $\epsilon_t = \frac{W_t}{dt}$ aufgefasst wird. Fasst man die Funktionen u_i zusammen zu $U_t = (u_1, u_2, \ldots, u_{N_x})^T$, dann kann man (11.34) auch in der Form

$$dU_t = A(t, U_t)\, dt + B(t, U_t)\, dW_t \quad U_0 = (u_1(0), \ldots, u_{N_x}(0))^T, \tag{11.35}$$

aufschreiben, wobei

$$A(t, U) = \frac{\lambda}{\Delta x^2} \begin{pmatrix} u_2 - 2u_1 + u_L - \frac{\Delta x^2}{\lambda}\beta u_1 \\ u_3 - 2u_2 + u_1 - \frac{\Delta x^2}{\lambda}\beta u_2 \\ \vdots \\ u_{N_x} - 2u_{N_x-1} + u_{N_x-2} - \frac{\Delta x^2}{\lambda}\beta u_{N_x-1} \\ u_R - 2u_{N_x} + u_{N_x-1} - \frac{\Delta x^2}{\lambda}\beta u_{N_x} \end{pmatrix}$$

und

$$B(t, U)\, dW = \begin{pmatrix} \sigma_1\, dW^{(1)} \\ \vdots \\ \sigma_{N_x}\, dW^{(N_x)} \end{pmatrix}$$

ist. Falls $dW^{(i)} = dW$ für $i = 1, \ldots, N_x$ gilt, liegt mit (11.35) der oben angesprochene einfache Fall $m = 1$ vor. Eine numerische Lösung des Systems stochastischer Differentialgleichungen (11.35) ist z. B. mit dem im Abschn. 11.4.4 beschriebenen stochastischen Runge-Kutta-Verfahren (11.31) möglich.

Eine andere Möglichkeit den Zufall zu berücksichtigen, besteht in der Erzeugung von zufällig gestörten Wärmequellgliedern $f(\omega)$ (man sampelt) und löst das deterministische Rand-Anfangswert-Problem für die gesampelten rechten Seiten $f(\omega)$ um dann evtl. Erwartungswert bzw. Varianz zu berechnen und somit den zufälligen Einfluss zu bewerten.

11.6 Aufgaben

1) Bestimmen Sie eine schwache Lösung (Nutzung einer schwachen Approximation eines Wienerprozesses W_t) der stochastischen Differentialgleichung

$$dX_t = (2 - 3X_t)dt + (1 + X_t)dW_t, \quad X_0 = 1, \tag{11.36}$$

mit dem Euler-Maruyama- und dem Milstein-Verfahren und begründen Sie das Ergebnis.
2) Bestimmen Sie die exakte Lösung der stochastischen Differentialgleichung (11.36).
3) Berechnen Sie durch die Generierung simultaner Pfade (das Octave/MATLAB-Kommando $randn(N, M)$ ist hierbei hilfreich) der schwachen numerischen Lösung von

(11.36) den Mittelwert und vergleichen Sie diesen mit dem Mittelwert der Pfade der exakten Lösung.

4) Berechnen Sie einen Wurzel-Diffusionsprozess, der der stochastischen Differentialgleichung

$$dX_t = \kappa(\theta - X_t)dt + \sigma\sqrt{X_t}dW_t, \quad X_0 = 1,$$

genügt, mit dem Milstein-Verfahren. Variieren Sie die Parameter $\kappa \geq 0$, $\theta > 0$ und σ.

5) Zeigen Sie die Gültigkeit der Beziehung (A.15) aus dem Anhang.

Hinweis: Differenzieren Sie dazu Φ und err und stellen Sie eine Beziehung dieser Ableitungen her.

6) Zeigen Sie die Eigenschaft (A.16) aus dem Anhang.

Einige Grundlagen aus der Maß- und Wahrscheinlichkeitstheorie

A

Manche Kolleginnen und Kollegen, Mathematik-Studenten merken manchmal an, dass man Maßtheorie anfangs nicht wirklich verstehen kann, man kann sich nur daran gewöhnen. Deshalb ist der folgende Anhang nur ein Angebot für Interessierte, das Kap. 10 zu begleiten. Eine gute Übersicht zur Thematik findet man in Beichelt und Moontgomery (2003) und in den Lehrbüchern Gnedenko (1991) und Kolmogrorov (1973).

A.1   Einige Grundlagen aus der Maßtheorie

In der Stochastik und so auch bei der Thematik „stochastische Differentialgleichungen" spielen Zufallsvariable eine zentrale Rolle und um diesen Begriff mathematisch auch nur grob zu fassen, sind einige wichtige Begriffe bereitzustellen. Begriffe wie Messraum, Maßraum, messbare Mengen und messbare Funktionen sollen nun im Folgenden erklärt werden.

A.1.1   Messraum

▶ **Definition A.1** (Messraum, σ-Algebra)
Das Tupel $(\Omega, \mathcal{A})$ heißt **Messraum,** wenn

a) Ω eine beliebige Grundmenge ist und
b) $\mathcal{A}$ eine σ-Algebra auf dieser Grundmenge ist.

Dabei ist eine σ-**Algebra** über Ω ein Mengensystem $\mathcal{A} \subset \mathcal{P}(\Omega)$ mit den Eigenschaften

1. $\mathcal{A}$ enthält die Grundmenge: $\Omega \in \mathcal{A}$,
2. sind $A, B \in \mathcal{A}$, so folgt $A \cup B \in \mathcal{A}$, $A \cap B \in \mathcal{A}$ und $A \setminus B \in \mathcal{A}$,

© Der/die Herausgeber bzw. der/die Autor(en), exklusiv lizenziert an Springer-Verlag GmbH, DE, ein Teil von Springer Nature 2022
G. Bärwolff und C. Tischendorf, *Numerik für Ingenieure, Physiker und Informatiker*,
https://doi.org/10.1007/978-3-662-65214-5

3. sind $A_1, A_2, \cdots \in \mathcal{A}$, so gilt $\bigcup_{n \in \mathbb{N}} A_n \in \mathcal{A}$ und $\bigcap_{n \in \mathbb{N}} A_n \in \mathcal{A}$

Die Eigenschaften 2 und 3 bedeuten Stabilität bezügl. Komplementbildung und bezügl. abzählbarer Vereinigungen und Durchschnitte. $\mathcal{P}(\Omega)$ bezeichnet als Potenzmenge die Menge aller Teilmengen von Ω.

Da die Schnittmenge von σ-Algebren wieder eine σ-Algebra ist, kann man für eine beliebige Teilmenge $\mathcal{M}$ der Potenzmenge $\mathcal{P}(\Omega)$ mittels der Menge/Familie von σ-Algebren

$$\mathcal{F}(\mathcal{M}) = \{\mathcal{A} \subset \mathcal{P}(\Omega) \mid \mathcal{M} \subset \mathcal{A},\ \mathcal{A}\ \sigma\text{-Algebra}\}$$

durch

$$\sigma(\mathcal{M}) = \bigcap_{\mathcal{A} \in \mathcal{F}(\mathcal{M})} \mathcal{A}$$

die von $\mathcal{M}$ erzeugte σ-Algebra definieren.

Die auch im folgenden benötigte Borelsche σ-Algebra oder kurz Borelalgebra auf $\mathbb{R}$ wird z. B. durch halboffene Intervalle

$$\mathcal{M} = \{]a, b] \subset \mathbb{R} \mid a < b\}$$

erzeugt und mit $\mathcal{B}(\mathbb{R})$ bezeichnet. Für die Borelalgebra $\mathcal{B}(\mathbb{R}^n)$ auf $\mathbb{R}^n$ werden z. B. die n-dimensionalen Quader

$$\mathcal{M} = \{]a_1, b_1] \times]a_2, b_2] \times \cdots \times]a_n, b_n] \subset \mathbb{R}^n \mid a_k < b_k,\ k = 1, \ldots, n\}$$

als Erzeuger verwendet. Diese Mengensysteme sind deshalb als Erzeuger geeignet, weil man deren Elementen elementargeometrisch einen Inhalt, d. h. auf $\mathbb{R}$ eine Länge $b - a$ oder im $\mathbb{R}^n$ das Volumen $(b_1 - a_1)(b_2 - a_2) \ldots (b_n - a_n)$ zuordnen kann. Die zur Borelschen σ-Algebra gehörenden Mengen heißen Borel-Mengen. Es lässt sich zeigen, dass die Borelsche σ-Algebra des $\mathbb{R}^n$ die kleinste σ-Algebra ist, die alle offenen Teilmengen des $\mathbb{R}^n$ enthält. Desweiteren ist jede Menge des $\mathbb{R}^n$, die man als Vereinigung oder Durchschnitt von höchstens abzählbar vielen Borel-Mengen erhält, eine Borel-Menge des $\mathbb{R}^n$.

A.1.2   Maßraum

Nicht nur bei Mengen aus dem $\mathbb{R}^n$ ist es oft von Interesse, dass man Teilmengen wie z. B. Intervallen oder Quadern eine Länge oder ein Volumen zuordnen möchte. Dazu braucht man eine geeignete Abbildung, die der jeweiligen Teilmenge eine reelle, nicht-negative Zahl zuordnet.

▶ **Definition A.2** (Maß, Maßraum)

Sei $\mathcal{A}$ eine σ-Algebra über einer nichtleeren Grundmenge Ω. Eine Funktion $\mu : \mathcal{A} \to [0, \infty]$ heißt **Maß** auf $\mathcal{A}$, wenn

1. $\mu(\emptyset) = 0$,
2. die σ-Additivität gilt, d. h. für jede Folge $(A_j)_{j \in \mathbb{N}}$ paarweise disjunkter Mengen aus $\mathcal{A}$ gilt

$$\mu \left(\bigcup_{j=1}^{\infty} A_j \right) = \sum_{j=1}^{\infty} \mu(A_j).$$

Das Maß heißt endlich, wenn $\mu(\Omega) < \infty$.

Stattet man einen Messraum $(\Omega, \mathcal{A})$ mit einem Maß auf $\mathcal{A}$ aus, dann erhält man einen **Maßraum** und bezeichnet ihn mit dem Tripel

$$(\Omega, \mathcal{A}, \mu).$$

Die Mengen in $\mathcal{A}$ heißen messbar. Das Maß heißt vollständig, wenn jede Teilmenge einer Menge mit dem Maß null auch zu $\mathcal{A}$ gehört und dann das Maß null hat. Mengen mit dem Maß null nennt man auch Nullmengen.

Als wichtiges Beispiel wollen wir das Lebesgue-Maß auf $\mathbb{R}^n$ betrachten. Ausgangspunkt sind die halboffenen n-dimensionalen Quader $\mathcal{M}$ als Erzeugendensystem der Borelschen σ-Algebra $\mathcal{B}(\mathbb{R}^n) = \sigma(\mathcal{M})$. Die Funktion $\mu_0 : \mathcal{M} \to [0, \infty[$, die jedem Quader aus $\mathcal{M}$ seinen elementargeometrischen Inhalt zuordnet, bezeichnet man als Prämaß. Man kann nun dieses Prämaß zu einem Maß wie folgt fortsetzen:

Zu jeder Menge $M \in \sigma(\mathcal{M})$ wählt man eine beliebige, höchstens abzählbare Überdeckung

$$M \subseteq \bigcup_{k} M_k, \quad M_k \in \mathcal{M} \text{ für alle } k,$$

und setzt $\mu(M)$ in natürlicher Weise gleich dem Infimum[1] aller möglichen Werte $\sum_k \mu_0(M_k)$. Dann ist μ ein Maß, und zwar das Lebesgue-Maß auf dem $\mathbb{R}^n$ bzw. der Borelschen σ-Algebra. Wenn wir zu $\mathcal{B}(\mathbb{R}^n)$ noch alle Teilmengen von Mengen mit Maß null hinzufügen und ihnen das Maß null zuordnen, dann ist μ ein vollständiges Maß.

Zur Charakterisierung von Mengen mit Maß null gibt es das folgende Kriterium. Eine Menge $A \in \mathbb{R}^n$ besitzt genau dann das Lebesgue-Maß null, wenn es zu jedem $\epsilon > 0$ eine Überdeckung durch höchstens abzählbar viele halboffene Quader gibt, deren Gesamtinhalt kleiner als ϵ ist.

Als Beispiele von Lebesgue-Nullmengen seien hier die einelementigen Mengen $\{a\}$, $a \in \mathbb{R}$, die Mengen mit endlich vielen Elementen, Graphen von Funktionen, Hyperebenen, Randpunkte bzw. Randflächen von Quadern, was auch intuitiv nachvollziehbar ist. Auch abzählbar

---

[1] Kleinste obere Schranke.

unendliche Mengen wie z. B. die rationalen Zahlen $\mathbb{Q}$ haben das Lebesgue-Maß null. Da das auf den ersten Blick unglaubwürdig erscheint, soll es am Beispiel der abzählbar unendlichen Menge $[0, 1] \cap \mathbb{Q}$, also der rationalen Zahlen im Intervall $[0, 1]$ skizziert werden:

Es sei $\{q_1, q_2, \ldots\}$ eine Abzählung[2] der rationalen Zahlen des Intervalls $[0, 1]$ und

$$U = \bigcup_{j=1}^{\infty} [q_j - \epsilon/2^{j+1}, q_j + \epsilon/2^{j+1}[\cap [0, 1]$$

eine Überdeckung der Menge der rationalen Zahlen im Intervall $[0, 1]$ mit $\epsilon > 0$. Es gilt nun

$$\mu(U) \le \sum_{j=1}^{\infty} 2\epsilon/2^{j+1} = \epsilon,$$

und damit ist $\mu([0, 1] \cap \mathbb{Q}) = 0$.

Gilt eine Eigenschaft auf einer Menge mit Ausnahme einer Nullmenge, so sagt man, dass diese Eigenschaft **fast überall** gilt.

A.1.3   Integrale und messbare Funktionen

Das aus der Schule bekannte Riemannsche Integral, z. B. zur Flächeninhalts- oder Längenberechnung, hat sich als nicht ausreichend gezeigt, um z. B. der Menge $[0, 1] \times [0, 1] \cap \mathbb{Q} \times \mathbb{Q}$, also dem Einheitsquadrat ohne die Punkte mit irrationalen Koordinaten, einen Inhalt zuzuordnen. Aus unterschiedlichen Gründen möchte man dies aber tun. Dazu muss man den Integralbegriff erweitern auf Funktionen, die nicht mehr Riemann-integrierbar sind, sogenannte messbare Funktionen.

Um solche Funktion am Ende zu approximieren, betrachten wir die sogenannten einfachen Funktionen.

▶ **Definition A.3** (Integral einer einfachen Funktion)
Es sei μ ein endliches Maß auf der Menge Ω und A sei eine Teilmenge von Ω. Unter einer **einfachen Funktion** $f : A \to \mathbb{K}$, mit $\mathbb{K} = \mathbb{R}$ oder $\mathbb{K} = \mathbb{C}$ versteht man eine stückweise konstante Funktion[3]

$$f(x) := \begin{cases} c_j & \text{für alle } x \in A_j, \ j = 1, \ldots, m \\ 0 & \text{sonst} \end{cases}$$

mit $\mu(A_j) < \infty$ für alle $j = 1, \ldots, m$, und beliebiges m und paarweise disjunkten Mengen A_j. Das zugehörige **Integral** wird in natürlicher Weise mittels

---

[2] Hier nutzen wir die von Georg Cantor gezeigte Abzählbarkeit der rationalen Zahlen.

[3] $\mathbb{K}$ steht für Zahlkörper, d. h. eine Zahlenmenge mit einer bestimmten Struktur und Rechenregeln. $\mathbb{R}^n$ und $\mathbb{C}$, $n \ge 1$, haben diese Eigenschaften.

$$\int_A f \, d\mu := \sum_{j=1}^{m} c_j \mu(A_j)$$

erklärt.

Die Messbarkeit einer Funktion ist wie folgt definiert.

▶ **Definition A.4** (messbare Funktion)
Sei der Maßraum $(\Omega, \mathcal{A}, \mu)$ sowie eine Funktion $f : \Omega \to \mathbb{K}$ gegeben. Die Funktion f heißt messbar, wenn das Urbild jeder Borel-Menge B aus $\mathbb{K}$ messbar ist, d. h. $f^{-1}(B) \in \mathcal{A}$ für alle Mengen B aus der Borel-Algebra von $\mathbb{K}$ gilt, also aus der kleinsten σ-Algebra von $\mathbb{K}$, die alle offenen Teilmengen von $\mathbb{K}$ enthält, gilt.

Damit kann man auf der Basis des Integrals von einfachen Funktionen das Integral für allgemeinere Funktionen definieren.

▶ **Definition A.5** (integrierbare Funktion)
Eine Funktion $f : A \to \mathbb{K}$ heißt genau dann **integrierbar,** wenn

1. f eine **messbare Funktion** ist, und
2. zu jedem $\epsilon > 0$ ein $n_0(\epsilon) \in \mathbb{N}$ existiert, so dass

$$\int_A |f_n(x) - f_m(x)| \, d\mu < \epsilon \quad \text{für alle } n, m \geq n_0(\epsilon)$$

gilt.

In diesem Fall wird das Integral bezügl. μ durch

$$\int_A f \, d\mu := \lim_{n \to \infty} \int_A f_n(x) \, d\mu$$

definiert. Dieser Grenzwert und damit das Integral ist endlich und unabhängig von der Wahl der Folge (f_n) der einfachen Funktionen.

Das Integral bezügl. des Lebesgue-Maßes heißt **Lebesgue-Integral.** Das Integral hat für die messbare Menge A die leicht nachvollziehbaren Eigenschaften der Additivität

$$\int_A (\alpha f + \beta g) \, d\mu = \alpha \int_A f \, d\mu + \beta \int_A g \, d\mu$$

für $\alpha, \beta \in K$, und für die Mengen A, B gilt die Bereichsadditivität

$$\int_{A \cup B} f \, d\mu = \int_A f \, d\mu + \int_B f \, d\mu - \int_{A \cap B} f \, d\mu \, .$$

Außerdem gilt offensichtlich für die Nullmenge N und eine beliebige messbare Menge A

$$\int_N f \, d\mu = 0, \quad \int_N d\mu = 0 \quad \text{und} \quad \int_{A \cup N} f \, d\mu = \int_A f \, d\mu.$$

Das Integral ist monoton, es gilt für integrierbare Funktionen f und g

$$f \le g \implies \int_A f \, d\mu \le \int_A g \, d\mu.$$

Offensichtlich gilt für eine messbare Menge A

$$\mu(A) = \int_A d\mu.$$

An dieser Stelle sei darauf hingewiesen, dass in vielen Standard-Maßtheorie-Büchern das allgemeine Integral zweistufig eingeführt wird. Und zwar definiert man zuerst das Integral für nicht-negative Funktionen. Dabei wird statt den Punkten 1 und 2 in der Definition A.5 nur gefordert, dass es eine Folge von einfachen Funktionen f_n gibt, die fast überall monoton wachsend gegen die Funktion f konvergiert. Das Integral dieser nicht-negativen Funktion wird dann ebenso als Grenzwert $\int_A f \, d\mu := \lim_{n \to \infty} \int_A f_n(x) \, d\mu$ definiert. Mit der Aufspaltung von

$$f = f^+ - f^- := \max\{f, 0\} - \max\{-f, 0\}$$

in Positiv- und Negativteil, die beide nicht-negative Funktionen sind, definiert man dann das Integral von f durch

$$\int_A f \, d\mu = \int_A f^+ d\mu - \int_A f^- d\mu.$$

Wählt man $\Omega = [-a, a]^n \subset \mathbb{R}^n$, so dass $A \subset \Omega$ gilt, und das Lebesgue-Maß, dann erhält man mit

$$\int_A f \, d\mu$$

das Lebesgue-Integral, das eine Verallgemeinerung des Riemann-Integrals ist.

Die Funktion

$$f(x) := \begin{cases} 1, & \text{falls } x \text{ irrational ist,} \\ 0, & \text{falls } x \text{ rational ist} \end{cases}$$

ist nicht Riemann-integrierbar, denn die Obersummen sind allesamt gleich 1 und die Untersummen alle gleich null, egal wie fein die jeweilige Zerlegung des Intervalls $[0, 1]$ gewählt wird. Allerdings ist diese Funktion einfach, denn

$$f(x) = \begin{cases} 1, & \text{falls } x \in [0, 1] \setminus \mathbb{Q} \\ 0, & \text{falls } x \in [0, 1] \cap \mathbb{Q} \end{cases},$$

so dass so dass wir als Lebesgue-Integral

$$\int_{[0,1]} f(x)\,\mu = 1 * \mu([0,1] \setminus \mathbb{Q}) + 0 * \mu([0,1] \cap \mathbb{Q}) = 1 + 0 = 1$$

erhalten, während das Riemann-Integral $\int_0^1 f(x)\,dx$ nicht existiert.

Damit ist das Lebesgue-Integral eine Verallgemeinerung des Riemann-Integrals und es gilt, dass die Riemann-Integrierbarkeit einer Funktion die Lebesgue-Integrierbarkeit impliziert. Allerdings gibt es wesentlich mehr Lebesgue-integrierbare Funktionen als Riemann-integrierbare.

A.2 Wahrscheinlichkeitstheoretische Grundlagen

Gegenstand der Wahrscheinlichkeitstheorie als Teilgebiet der mathematischen Stochastik sind zufällige Ereignisse, Zufallsvariablen und stochastische Prozesse. Ergebnisse eines Zufallsexperiments werden in einer Ergebnismenge Ω zusammen gefasst, z. B. beim Würfeln mit einem fairen[4] Würfel. Manchmal muss man nicht unbedingt eine bestimmte Zahl würfeln, sondern es reicht ein Ergebnis größer als 3 um den Gegner zu besiegen. Als Ergebnismenge hat man hier

$$\Omega = \{1, 2, 3, 4, 5, 6\}$$

und um mehr als 3 zu erreichen, muss das Ergebnis, die gewürfelte Zahl, in der Teilmenge $\{4, 5, 6\}$ liegen. Es ist also oft nur von Interesse, ob ein Ergebnis in einer Teilmenge von Ω liegt, also einem Element der Potenzmenge von Ω. Damit man den Ereignissen in vernünftiger Weise Wahrscheinlichkeit zuordnen kann, werden sie in der Ereignisalgebra zusammengefasst. Das ist beim Würfeln die Potenzmenge $\mathcal{P}(\Omega)$, das heißt die Menge aller Teilmengen von Ω, wobei die leere Menge $\emptyset$ immer dazu gehört. Wenn der Würfel fair ist, dann hat das Ereignis des Würfelns einer 1 die Wahrscheinlichkeit $P(\{1\}) = \frac{1}{6}$, das Würfeln einer 1 oder 2 die Wahrscheinlichkeit $P(\{1, 2\}) = \frac{2}{6} = \frac{1}{3}$ usw. Offensichtlich tritt das Ereignis $\emptyset$ nie ein, also $P(\emptyset) = 0$ und das Ereignis, dass das Ergebnis aus Ω ist, tritt sicher ein, also $P(\Omega) = 1$.

Mathematisch bedeutet das Würfeln, dass man es mit der Ereignismenge Ω, der Ereignisalgebra $\Sigma = \mathcal{P}(\Omega)$ und der beschriebenen Funktion P, die jedem Ereignis aus Σ eine Zahl aus dem Intervall $[0, 1]$ zuordnet. Das Tripel (Ω, Σ, P) ist ein spezieller Maßraum, den man als Wahrscheinlichkeitsraum bezeichnet, und die Abbildung P bezeichnet man als Wahrscheinlichkeitsmaß.

A. N. Kolmogorow hat in den 1930er Jahren Axiome aufgestellt, die ein Wahrscheinlichkeitsmaß P erfüllen muss:

---

[4] Unter fair versteht man hier, dass der Würfel ideal ist, d. h., dass keine Zahl beim Würfeln bevorzugt wird.

Axiome von Kolmogorow

1. Für jedes Ereignis $E \in \Sigma$ ist die Wahrscheinlichkeit eine reelle Zahl zwischen 0 und 1: $0 \leq P(E) \leq 1$, d.h. $P : \Sigma \to [0, 1]$.
2. Für das sichere Ereignis gilt $P(\Omega) = 1$.
3. Für paarweise disjunkte Ereignisse $E_1, E_2, E_3, \cdots \in \Sigma$, also $E_i \cap E_j = \emptyset$ für $i \neq j$ gilt

$$P\left(\bigcup_j E_j\right) = \sum_j P(E_j).$$

Aus den Axiomen kann man unmittelbar auf die folgenden Eigenschaften schließen:

1. Es gilt $P(\Omega \setminus A) = 1 - P(A)$. Da $(\Omega \setminus A) \cup A = \Omega$ und $(\Omega \setminus A) \cap A = \emptyset$ gilt, folgt nach Axiom 2 $P(\Omega \setminus A) + P(A) = 1$ bzw. $P(\Omega \setminus A) = 1 - P(A)$.
2. Für die leere Menge $\emptyset$ gilt $P(\emptyset) = 0$, denn es ist $\emptyset \cup \Omega = \Omega$ und $\emptyset \cap \Omega = \emptyset$. Damit folgt nach Axiom 3 $P(\emptyset) + P(\Omega) = P(\Omega) = 1$ bzw. $P(\emptyset) = 0$.
3. Für beliebige Ereignisse $A, B \in \Sigma$ folgt

$$P(A \cup B) = P(A) + P(B) - P(A \cap B).$$

Eine wichtige Eigenschaft von Ereignissen $A, B \in \Sigma$ ist die **stochastische Unabhängigkeit.** Und zwar nennt man A und B unabhängig voneinander, wenn

$$P(A \cap B) = P(A)\, P(B)$$

gilt. Beim Würfeln sind zwei nacheinander folgende Würfe offensichtlich unabhängig.

Beim obigen Beispiel des Würfelexperiments mit einer Grundmenge Ω mit endlich vielen Elementen ist die Ereignisalgebra Σ in kanonischer Wahl die Potenzmenge $\mathcal{P}(\Omega)$ und als Wahrscheinlichkeitsmaß wählt man

$$P(E) = \frac{\text{card}(E)}{\text{card}(\Omega)}, \tag{A.1}$$

wobei card(A) die Anzahl der Elemente der Menge A ist (die Anzahl der Elemente der leeren Menge $\emptyset$ ist gleich null). Diese Überlegungen kann man auch auf abzählbare Grundmengen Ω übertragen. Als Ereignisalgebra Σ wählt man die Potenzmenge von Ω. Das Wahrscheinlichkeitsmaß ist wie im Fall des Würfelexperiments durch seine Werte $P(\{\omega\})$ auf den einelementigen Teilmengen von Ω festgelegt und für alle $E \in \Sigma$ gilt

$$P(E) = \sum_{\omega \in E} P(\{\omega\}).$$

Da wir es bei den stochastischen Differentialgleichungen mit reellen Variablen, die den Zufall beschreiben, zu tun haben, ist der Wahrscheinlichkeitsraum mit der Grundmenge $\Omega = \mathbb{R}$ mit der Borelschen σ-Algebra $\mathcal{B}(\mathbb{R})$ auf $\mathbb{R}$ von Interesse. Ein Wahrscheinlichkeitsmaß, das den Axiomen von Kolmogorow genügt, kann man auf unterschiedliche Art konstruieren. Eine Möglichkeit besteht in der Nutzung von Wahrscheinlichkeitsdichtefunktionen. Das sind integrierbare nicht-negative reelle Funktionen f, für die $\int_{\mathbb{R}} f \, d\lambda = 1$ gilt. Der Begriff der Dichtefunktion wird im Folgenden im Zusammenhang mit den stetigen Zufallsvariablen noch präzisiert. Das Wahrscheinlichkeitsmaß wird dann für $E \in \mathcal{B}(\mathbb{R})$ durch $P(E) = \int_E f \, d\lambda$ erklärt. Dabei wird im allg. das Lebesgue-Integral benutzt (λ ist hier das Lebesgue-Maß). In vielen Fällen ist die Dichtefunktion auch Riemann-integrierbar (z. B. stetig), so dass man auch

$$\int_{\mathbb{R}} f \, dx = 1 \quad \text{bzw.} \quad P(E) = \int_E f \, dx$$

schreiben kann.

Eine weitere Möglichkeit der Konstruktion von Wahrscheinlichkeitsmaßen besteht in der Nutzung von Verteilungsfunktionen.

▶ **Definition A.6** (Verteilungsfunktion)
Eine **Verteilungsfunktion** oder kurz Verteilung ist eine Funktion $F : \mathbb{R} \to [0, 1]$ mit den Eigenschaften

1. F ist monoton wachsend,
2. F ist rechtsseitig stetig, d. h. für alle $x \in \mathbb{R}$ gilt $\lim_{\epsilon \searrow x} F(\epsilon) - F(x) = 0$.
3. $\lim_{x \to -\infty} F(x) = 0$ und $\lim_{x \to \infty} F(x) = 1$.

Für jede Verteilungsfunktion gibt es ein eindeutig bestimmtes Wahrscheinlichkeitsmaß P mit

$$P(]-\infty, x]) = F(x) \quad \text{und} \quad P(]a, b]) = F(b) - F(a).$$

A.2.1 Zufallsvariable

Eine Zufallsvariable ist eine Größe (auch Zufallsgröße genannt), deren Wert vom Zufall abhängt. In der Sprache der Maßtheorie ist eine Zufallsvariable eine messbare Funktion X auf einem Wahrscheinlichkeitsraum (Ω, Σ, P) in einen Messraum (Ω', Σ'), $X : \Omega \to \Omega'$. Es sei daran erinnert, dass Messbarkeit bedeutet, dass für alle $E' \in \Sigma'$ das Urbild $X^{-1}(E')$ ein Element der σ-Algebra Σ ist.

Betrachten wir als Beispiel das Würfeln mit einem fairen Würfel. Es sollen den Elementarereignissen e_i (Augenzahl i wurde gewürfelt) die Zahlen $X(e_i) = i$ zugeordnet werden

$(i = 1, 2, \ldots, 6)$. Diese Zuordnung ist naheliegend, aber nicht unbedingt zwingend. Für die Teilmenge $I =] - \infty, x]$ von $\mathbb{R}$ hat man

$$
X^{-1}(I) = \begin{cases}
\emptyset & \text{für } x < 1 \\
e_1 & \text{für } 1 \leq x < 2 \\
e_1 \cup e_2 & \text{für } 2 \leq x < 3 \\
e_1 \cup e_2 \cup e_3 & \text{für } 3 \leq x < 4 \\
\ldots & \\
\Omega = e_1 \cup e_2 \cup e_3 \cup e_4 \cup e_5 \cup e_6 & \text{für } 6 \leq x
\end{cases} \quad \text{(A.2)}
$$

X ist in diesem Fall eine diskrete Zufallsvariable über dem Wahrscheinlichkeitsraum $(\Omega, \mathcal{P}(\Omega), P)$ in den Messraum $(\mathbb{R}, \mathcal{B}(\mathbb{R}))$. P ist hier das durch (A.1) definierte Wahrscheinlichkeitsmaß. Da $X^{-1}(I)$ für alle $I \in \mathcal{B}(\mathbb{R})$ in der σ-Algebra $\mathcal{P}(\Omega)$ liegt, ist X messbar. Mit

$$
P_X := P \circ X^{-1} : \mathcal{B}(\mathbb{R}) \to [0, 1], \quad P \circ X^{-1}(B') = P(X^{-1}(B')) \quad \text{(A.3)}
$$

erzeugt man mit P_X auf $(\mathbb{R}, \mathcal{B}(\mathbb{R}))$ ein Maß und damit wird $(\mathbb{R}, \mathcal{B}(\mathbb{R}), P_X)$ zum Maßraum. P_X nennt man auch das von X induzierte Bildmaß oder auch die Verteilung von X.

Wie sieht das Bildmaß der Zufallsvariablen des Würfelexperiments aus? Betrachten wir ein Intervall $I =] - \infty, x] \in \mathcal{B}(\mathbb{R})$. Für $P_X(I)$ ergibt sich mit (A.3) und (A.2)

$$
P_X(I) = P(X^{-1}(I)) = \begin{cases}
0 & \text{für } x < 1 \\
\frac{1}{6} & \text{für } 1 \leq x < 2 \\
\frac{2}{6} & \text{für } 2 \leq x < 3 \\
\frac{3}{6} & \text{für } 3 \leq x < 4 \\
\ldots & \\
1 & \text{für } 6 \leq x
\end{cases} \quad .
$$

Durch P_X kann man mit

$$
F_X(x) = P_X(] - \infty, x])
$$

eine Funktion definieren, die die Bedingungen der Definition A.6 erfüllen und damit eine Verteilungsfunktion ist.

Wenn klar ist, wie hier, um welche Zufallsvariable X es sich handelt, schreibt man statt F_X einfacher F. Allerdings sollte man beim Bildmaß P_X den Index X beibehalten, weil die Bezeichnung P als Wahrscheinlichkeitsmaß auf dem Raum $(\Omega, \mathcal{P}(\Omega), P)$ schon vergeben ist!

Die Abb. A.1 zeigt die Verteilungsfunktion des Würfel-Beispiels.

Zu weiteren Erläuterungen zu diskreten Zufallsvariablen sei auf das entsprechende Kapitel in Bärwolff (2017) oder andere Lehrbücher zur Wahrscheinlichkeitstheorie verwiesen, da wir uns im Zusammenhang mit stochastischen Differentialgleichungen hauptsächlich für stetige (kontinuierliche) Zufallsvariablen interessieren.

Abb. A.1 Verteilungsfunktion $F(x)$ für das Beispiel Würfeln (rechtsseitig stetig)

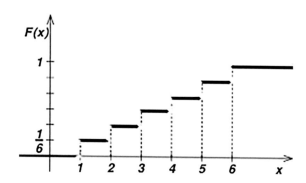

Unter einer stetigen Zufallsvariablen versteht man eine messbare[5] Abbildung $X : \Omega \rightarrow \mathbb{R}$, die Elementen aus der Ereignismenge Ω eines Wahrscheinlichkeitsraumes (Ω, Σ, P) eine reelle Zahl zuordnet, und deren Wahrscheinlichkeitsverteilungsfunktion $F(x)$ sich für alle x mittels einer nichtnegativen Funktion $p(x)$ in der Form

$$F(x) = \int_{-\infty}^{x} p(\xi)\,d\xi \qquad (A.4)$$

darstellen lässt. $p(x)$ nennt man Wahrscheinlichkeitsdichte oder kurz Dichte von X.

▶ **Definition A.7** (Dichtefunktion)

Eine **Dichtefunktion** oder kurz Dichte p hat die Eigenschaften

a) $p(x) \geq 0$,
b) $p(x)$ ist über jedes Intervall integrierbar und
c) es gilt $\int_{-\infty}^{\infty} p(\xi)\,d\xi = 1$.

Andererseits ist jede Funktion $p(x)$ mit den beschriebenen Eigenschaften auch Wahrscheinlichkeitsdichte einer gewissen stetigen Zufallsvariablen X.

Durch F wird mit

$$P_X\{X \leq x\} := F(x)$$

das von der Zufallsvariablen X mit der Verteilungsfunktion (A.4) induzierte Bildmaß festgelegt. Es ergibt sich[6]

$$P_X\{x_1 < X \leq x_2\} = F(x_2) - F(x_1) = \int_{x_1}^{x_2} p(\xi)\,d\xi.$$

---

[5] Hier fungiert die Borel-Algebra $\mathcal{B}(\mathbb{R})$ als σ-Algebra der Bildmenge $\mathbb{R}$ von X.

[6] Der rechte Term dieser Gleichung ist gerade die Fläche unter dem Graphen der Dichtefunktion über dem Intervall $[x_1, x_2]$.

Es ist zwar auch möglich, die Wahrscheinlichkeitsverteilungsfunktion von X ebenso wie bei den diskreten Zufallsvariablen durch eine Formel der Form (A.3) unter Nutzung des Wahrscheinlichkeitsmaßes P zu beschreiben. Aber es ist ungleich bequemer bei deren Vorhandensein mit Dichten zu arbeiten.

Ein entscheidender Unterschied zu diskreten Zufallsvariablen besteht bei stetigen Zufallsvariablen darin, dass für Nullmengen N die Wahrscheinlichkeit, dass ein Ereignis aus N eintrifft, gleich Null ist. D. h. zum Beispiel, dass $P_X\{X = x\} = 0$ ist, wie man leicht durch

$$\lim_{\Delta x \to 0} P_X\{x - \Delta x < X \le x\} = \lim_{\Delta x \to 0} F(x - \Delta x) - F(x) = 0$$

zeigen kann.

A.2.2 Parameter stetiger Zufallsgrößen

Für unsere Zwecke benötigen wir als Parameter hauptsächlich den Erwartungswert sowie die Varianz bzw. die Standardabweichung einer stetigen Zufallsgröße X.

▶ **Definition A.8 (Erwartungswert)**
X sei eine stetige Zufallsgröße mit der Wahrscheinlichkeitsdichte $p(x)$, für die $\int_{-\infty}^{\infty} |\xi| p(\xi)\, d\xi$ konvergiert. Dann nennt man

$$E(X) = \int_{-\infty}^{\infty} \xi\, p(\xi)\, d\xi \tag{A.5}$$

den **Erwartungswert** (auch Mittelwert, mathematische Erwartung) von X.

Ist $g(x)$ eine integrierbare Funktion und X eine stetige Zufallsvariable, dann ist $Y = g(X)$ wiederum eine Zufallsvariable. Ist das Integral $\int_{-\infty}^{\infty} |g(\xi)| p(\xi)\, d\xi$ konvergent, d. h. endlich, dann heißt das Integral

$$E[g(X)] := \int_{-\infty}^{\infty} g(\xi) p(\xi)\, d\xi \tag{A.6}$$

der Erwartungswert der Zufallsgröße $Y = g(X)$. Aus (A.6) ergeben sich die folgenden Regeln:

$$E(aX + b) = aE(X) + b$$
$$E[(aX)^k] = a^k E(X^k) \tag{A.7}$$
$$E[g_1(X) + g_2(X)] = E[g_1(X)] + E[g_2(X)].$$

Dabei sind a, b nichtzufällige reelle Zahlen, $k \in \mathbb{N}$.

▶ **Definition A.9** (Varianz, Standardabweichung)

X sei eine stetige Zufallsgröße mit der Dichte $p(x)$, für die $\int_{-\infty}^{\infty} \xi^2 p(\xi)\, d\xi$ existiert. Dann existiert $E(X)$ und man nennt

$$\text{Var}(X) = \int_{-\infty}^{\infty} [\xi - E(X)]^2 p(\xi)\, d\xi = E[(X - E(X))^2] =: \sigma_X^2 \qquad (A.8)$$

die **Varianz** von X und $\sigma_X \geq 0$ die **Standardabweichung** von X.

Anstelle von Varianz werden auch die Begriffe Dispersion, Streuung und mittlere quadratische Abweichung benutzt.

Zur Bedeutung anderer Parameter wie z. B. Quantil, Modalwert, Median oder Momente sei bei Bedarf auf mein oben genanntes Lehrbuch oder auch andere Lehrbücher zur Wahrscheinlichkeitstheorie verwiesen.

Im Folgenden sollen einige Beispiele von Verteilungen von Zufallsvariablen angegeben werden.

Beispiel: Gleichverteilung

Die Verteilungsfunktion einer gleichverteilten Zufallsvariablen X ist durch

$$F(x) = P\{X < x\} = \begin{cases} 0 & \text{für } x \leq a \\ \frac{x-a}{b-a} & \text{für } a < x < b \\ 1 & \text{für } x \geq b \end{cases}$$

gegeben. P ist hier das durch die Zufallsvariable X induzierte Bildmaß. Offenbar existiert mit

$$p(x) = \begin{cases} 0 & \text{für } x \leq a \\ \frac{1}{b-a} & \text{für } a < x < b. \\ 0 & \text{für } x \geq b \end{cases}$$

eine Dichte. In der Abb. A.2 sind Verteilungsfunktion und Dichte dargestellt. Wegen der Form der Dichte spricht man auch von Rechteckverteilung.

Die im Folgenden zu behandelnde **Normalverteilung** einer Zufallsvariablen spielt unter den Verteilungen eine besondere Rolle, da viele Zufallsgrößen näherungsweise **normalverteilt** sind. Das reicht von der Schuh- oder Körpergröße der Einwohner Deutschlands bis hin zu den Zufallsgrößen, die in mathematischen Modellen mit Differentialgleichungen vorkommen. ◀

▶ **Definition A.10** (Normalverteilung)

Eine stetige Zufallsvariable X mit der Dichte

$$p(x; \mu, \sigma) = \frac{1}{\sigma\sqrt{2\pi}} e^{-\frac{(x-\mu)^2}{2\sigma^2}} \qquad (A.9)$$

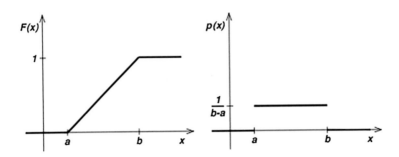

Abb. A.2 Gleichverteilung

heißt **normalverteilt** (σ, μ const., $\sigma > 0$). Man sagt auch, X genüge einer Normalvertei-lung.

Aus (A.9) folgt für die dazugehörige Verteilungsfunktion

$$\Phi(x; \mu, \sigma) = \frac{1}{\sigma\sqrt{2\pi}} \int_{-\infty}^{x} e^{-\frac{(\xi-\mu)^2}{2\sigma^2}} \, d\xi. \tag{A.10}$$

Die Bedeutung der Parameter μ und σ wird klar, wenn man den Erwartungswert und die Varianz einer normalverteilten Zufallsvariablen berechnet. Es ergibt sich nämlich

$$E(X) = \mu \quad \text{und} \quad \text{Var}(X) = \sigma^2,$$

also ist μ gerade der Erwartungswert und σ^2 die Varianz der normalverteilten Zufallsvaria-blen X.

Man sagt, eine Zufallsvariable X mit der Dichte (A.9) sei vom Verteilungstyp $N(\mu, \sigma)$ oder $N(\mu, \sigma)$ verteilt, und kennzeichnet das symbolisch durch

$$X \sim N(\mu, \sigma).$$

Oft findet man auch als zweiten Parameter die Varianz σ^2, schreibt also $N(\mu, \sigma^2)$, meint aber damit auch eine Zufallsvariable mit der Dichte (A.9) und der Verteilung (A.10).

Die Wahrscheinlichkeit dafür, dass eine $N(\mu, \sigma)$-verteilte Zufallsvariable X im Intervall $[x_1, x_2]$ liegt, erhält man durch

$$P\{x_1 \leq X < x_2\} = \Phi(x_2; \mu, \sigma) - \Phi(x_1; \mu, \sigma) = \frac{1}{\sigma\sqrt{2\pi}} \int_{x_1}^{x_2} e^{-\frac{(\xi-\mu)^2}{2\sigma^2}} \, d\xi.$$

Bei P handelt es sich hier um das von der Zufallsvariablen X induzierte Bildmaß.

In den Abb. A.3 und A.4 sind die Graphen von p und Φ dargestellt. Unter den nor-malverteilten Zufallsvariablen bezeichnet man die $N(0, 1)$-verteilten auch als standardi-sierte Zufallsvariablen oder als **Standardnormalverteilung.** Aus jeder $N(\mu, \sigma)$-verteilten

Abb. A.3 Dichte der
Normalverteilung ($\sigma_1 < \sigma_2$)

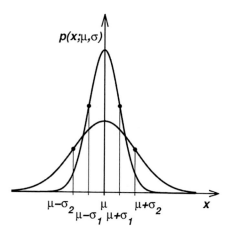

Abb. A.4 Verteilungsfunktion
der Normalverteilung
($\sigma_1 < \sigma_2$)

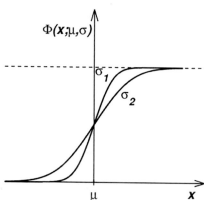

Zufallsvariablen kann man die standardisierte Zufallsvariable $Y = \frac{X-\mu}{\sigma}$ konstruieren. Y ist dann $N(0, 1)$-verteilt. Für die Dichte und die Verteilungsfunktion einer $N(0, 1)$-verteilten Zufallsvariablen ergibt sich

$$\Phi(x) := \Phi(x; 0, 1) = \frac{1}{\sqrt{2\pi}} \int_{-\infty}^{x} e^{-\frac{\xi^2}{2}}\, d\xi \quad \text{bzw.} \quad p(x) = p(x; 0, 1) = \frac{1}{\sqrt{2\pi}} e^{-\frac{x^2}{2}}.$$

$$(A.11)$$

Man nennt die Funktion $\Phi(x)$ das **GAUSSsche Fehlerintegral,** der Graph der zugehörigen Dichte $p(x)$ ist die bekannte GAUSSsche Glockenkurve. Durch die Substitution $\xi = -\eta$ erhält man aus (A.11)

$$\Phi(x) = -\int_{\infty}^{-x} e^{-\frac{\eta^2}{2}}\, d\eta = \int_{-x}^{\infty} e^{-\frac{\eta^2}{2}}\, d\eta.$$

Aus (A.11) folgt aber auch

$$\Phi(-x) = \int_{-\infty}^{-x} = e^{-\frac{\xi^2}{2}} \, d\xi,$$

so dass aufgrund der Dichtefunktionseigenschaft von $p(x)$

$$\Phi(x) + \Phi(-x) = 1 \qquad\qquad\qquad (A.12)$$

gilt. Die Beziehung (A.12) ist hilfreich für die Bestimmung von Φ für negative Werte, da das GAUSSsche Fehlerintegral in der Regel nur für positive x tabelliert ist. Aus (A.12) folgt auch $\Phi(0) = \frac{1}{2}$.

Unter Nutzung der Werte der Standardnormalverteilung kann man die Wahrscheinlichkeit dafür, dass eine $N(\mu, \sigma)$-verteilte Zufallsvariable X im Intervall $[x_1, x_2]$ liegt, wie folgt bestimmen.

$$P\{x_1 \leq X < x_2\} = \frac{1}{\sigma\sqrt{2\pi}} \int_{x_1}^{x_2} e^{-\frac{(\xi-\mu)^2}{2\sigma^2}} \, d\xi$$

Substitution $\xi = \mu + \sigma\eta$, $d\xi = \sigma \, d\eta$ ergibt

$$= \frac{1}{\sqrt{2\pi}} \int_{\frac{x_1-\mu}{\sigma}}^{\frac{x_2-\mu}{\sigma}} e^{-\frac{\eta^2}{2}} \, d\eta$$

$$= \Phi\left(\frac{x_2-\mu}{\sigma}\right) - \Phi\left(\frac{x_1-\mu}{\sigma}\right). \qquad (A.13)$$

Mit der Beziehung (A.13) ist es möglich die Werte von $\Phi(x; \mu, \sigma)$ aus den Werten von $\Phi(x; 0, 1)$ zu bestimmen.

Beispiel: Körpergröße als Zufallsvariable

Es hat sich gezeigt, dass die Körpergrößen von Frauen über 18 Jahre, gemessen in Zentimetern, in der Mitte des 20. Jahrhunderts durch eine Normalverteilung mit $\mu = 165$ und $\sigma^2 = 100$ näherungsweise beschrieben werden kann. Damit kann man die Wahrscheinlichkeit dafür ausrechnen, dass eine zufällig ausgewählte Frau zwischen 155 und 158 cm groß ist. Es ergibt sich

$$P\{155 \leq X < 158\} = \frac{1}{10\sqrt{2\pi}} \int_{155}^{158} e^{-\frac{(\xi-165)^2}{200}} \, d\xi.$$

Das Integral ist nicht einfach auszuwerten. Aber die meisten Computeralgebra-Programme stellen die sogenannte Fehlerfunktion erf (error-function) zur Verfügung, die durch

$$\text{erf}(x) = \frac{2}{\sqrt{\pi}} \int_0^x e^{-\xi^2} \, d\xi$$

definiert ist. Die Verbindung von erf zu Φ wird über die Beziehung

$$\Phi(x) = \frac{1}{2} + \frac{1}{2}\mathrm{erf}\left(\frac{x}{\sqrt{2}}\right) \tag{A.14}$$

hergestellt (Übungsaufgabe). Unter Nutzung von (A.13) und (A.14) gilt für eine $N(\mu, \sigma)$-verteilte Zufallsvariable X letztlich

$$P\{x_1 \leq X < x_2\} = \frac{1}{2}\mathrm{erf}\left(\frac{x_2 - \mu}{\sigma\sqrt{2}}\right) - \frac{1}{2}\mathrm{erf}\left(\frac{x_1 - \mu}{\sigma\sqrt{2}}\right). \tag{A.15}$$

In unserem Beispiel mit der Körpergröße als Zufallsvariable ergibt sich damit

$$P\{155 \leq X < 158\} = \frac{1}{2}\mathrm{erf}\left(\frac{158 - 165}{10\sqrt{2}}\right) - \frac{1}{2}\mathrm{erf}\left(\frac{155 - 165}{10\sqrt{2}}\right) = 0{,}083308.$$

Also liegt die Wahrscheinlichkeit, dass eine zufällig ausgewählte Person eine Größe zwischen 155 cm und 158 cm hat, bei 8,3308 %.

An dieser Stelle sei deutlich darauf hingewiesen, dass man bei der Bestimmung von Wahrscheinlichkeiten für normalverteilte Zufallsvariablen sehr aufpassen muss, ob es sich bei den tabellierten Werten um Φ-Werte oder erf (evtl. mit einem anderen Vorfaktor) handelt, denn die unterscheiden sich, und es können Fehler entstehen.

Im Folgenden werden Normalverteilungen der Form $N(0, \sigma)$, $\sigma > 0$, bei der Behandlung von stochastischen Prozessen eine wesentliche Rolle spielen. Dabei ist die Eigenschaft hilfreich, dass

$$X \sim N(\mu, \sigma) \iff Y = \frac{X - \mu}{\sigma} \sim N(0, 1) \tag{A.16}$$

für $\sigma > 0$ gilt (Übungsaufgabe). ◀

A.3   Zufall und Pseudozufall

Beim Würfeln oder Werfen einer Münze hat man es mit „richtigem" Zufall zu tun, wenn davon ausgeht, dass man den Flug des Würfels oder der Münze nicht wirklich berechnen kann.

Für die Erzeugung von Zufallszahlen aus $\mathbb{R}$ benutzt man **Zufallsgeneratoren,** die in den meisten Computersprachen, so auch in Octave, MATLAB und Python, bereit gestellt werden. Es werden mit deterministischen Algorithmen Zahlen erzeugt, die zufällig verstreut aussehen, aber nicht wirklich zufällig sind. Bei jedem Start einer solchen Zufallszahlenberechnung mit gleichem Startwert, des sogenannten Saatkorns (englisch „seed"), wird die gleiche pseudozufällige Zahlenfolge erzeugt.

In Octave und MATLAB heißt das Kommando zum Aufruf des Zufallszahlengenerators *rand* für die Erzeugung gleichverteilter und *randn* für die Erzeugung standardnormalverteilter Zufallszahlen. Mit dem Aufruf $randn('state', N)$, $(N \in \mathbb{N})$, erzeugt man die Saat (random seeding). Mit dem Befehl $randn(M, N)$ erzeugt man eine $(M \times N)$–Matrix mit standardnormalverteilten Zufallszahlen. Das „Saatauslegen" garantiert, dass nachfolgende Aufrufe von der Form $randn(M, N)$ immer die gleiche Zufallszahlenmatrix erzeugt. Die konkrete Nutzung des $randn-$Kommandos erkennt man in den Programmen des Abschn. 10.4 und kann sie durch den Befehl *help randn* erfragen[7].

Als Zufallsgeneratoren genutzt werden z. B. die Nachkommastellen einer irrationalen Zahl, z. B. $\sqrt{2}$ oder primitive Polynome, um durch die Manipulation ein Saatkorns Zufallszahlen zu erhalten. Es ist auch möglich, messbare Daten eines physikalischen oder technischen Prozesses als Zufallszahlen zu verwenden. Allerdings ist es bei der Arbeit am PC oder Laptop sehr unpraktisch, weshalb in der Regel mit den von Octave, MATLAB etc. bereit gestellten Pseudozufallszahlengeneratoren gearbeitet wird.

---

[7] Bei vielen Homecomputern wurde der zufällige Startwert aus der Zeit (modulo Millisekunde), die seit dem Anschalten vergangen war, gebildet – i. Allg. echt zufällig.

Schlussbemerkungen

Die Themen der vorangegangen 11 Kapitel bilden in etwa das ab, was in den Numerik-Vorlesungen bzw. der numerischen Projektarbeit für Studierende angewandter Disziplinen (Ingenieur- und Naturwissenschaften) an Basiswissen benötigt wird. Während die Kap. 1 bis 7 in der Regel unter der Bezeichnung „Numerik I" die Basis der Ausbildung in numerischer Mathematik bilden, sind die Kap. 8, 9 und 10 schon Inhalt der Numerik-Veranstaltungen für Fortgeschrittene. In der vorliegenden dritten Auflage ist mit der numerischen Lösung von stochastischen Differentialgleichungen ein Thema hinzugekommen, dass sowohl in den Naturwissenschaften als auch in ökonomischen Disziplinen eine große Rolle spielt. Außerdem wurde einige Kapitel erweitert. Umfangreiche Darstellungen der numerischen Mathematik findet man auch in Oevel (1996), Stoer und Bulirsch (1999), Schwarz (1997), Finckenstein (1978), Maes (1985), Opfer (1994), Roos und Schwetlick (1999) und sehr ausführlich in Plato (2000).

Der Unterschied zur Numerik-Ausbildung von Mathematikern ist nicht groß und besteht zum einen in dem Verzicht auf den Großteil der technischen Beweise von Sätzen bzw. in der zum Teil recht ausführlichen Umsetzung der Methoden und Algorithmen in Computer-programmen.

In einem online-Appendix auf der Webseite `https://page.math.tu-berlin.de/~baerwolf` unter dem Stichpunkt „spektrumbuch" findet man neben Aufgabenlösungen und Programmsammlungen auch Ergänzungen zu den behandelten Themen. Außerdem wird im online-Appendix auf im vorliegenden Buch nicht behandelte Themen wie „Lineare Optimierung" oder „Monte-Carlo-Simulation" eingegangen (Sobol 1971; Geiger und Kanzow 2002).

Anmerkungen zu den Programmen

Auf der Webseite `https://page.math.tu-berlin.de/~baerwolf` sind sowohl sämtliche Octave-Programme des Buchs als auch die entsprechenden MATLAB-Programme zu finden. Ein Unterschied besteht in der Klammerung von Programmblöcken. In Octave-

© Der/die Herausgeber bzw. der/die Autor(en), exklusiv lizenziert an Springer-Verlag GmbH, DE, ein Teil von Springer Nature 2022
G. Bärwolff und C. Tischendorf, *Numerik für Ingenieure, Physiker und Informatiker*, https://doi.org/10.1007/978-3-662-65214-5

Programmen kann man „for"-, „if"- oder „while"-Schleifen mit „endfor", „endif" bzw.
„endwhile" abschließen (oder einfach nur mit „end") und damit die Struktur der Programme
klarer darstellen. In MATLAB werden die unterschiedlichen Strukturelemente einheitlich
mit „end" abgeschlossen. Weitere geringfügige Unterschiede stellt man bei der praktischen
Arbeit mit den Programmen fest. Die Programme wurden so kommentiert, dass man mit
dem help-Befehl

```
octave> help chol_gb1
```

z. B. Informationen zu den input- und output-Parametern sowie zur Form des Aufrufs des
Programms „chol_gb1.m" zur Cholesky-Zerlegung einer positiv definiten, symmetrischen
Matrix erhält. Zur Indizierung von Variablen ist anzumerken, dass es in Octave und MAT-
LAB den Index „0" nicht gibt, so dass z. B. x_k, $k = 0, \ldots, n$, im Programm als eindimen-
sionales Feld $x(1 : n + 1)$ mit der Zuordnung $x_k \leftrightarrow x(k + 1)$, $k = 0, \ldots, n$ umgesetzt
wird. In einigen Programmen wurde aus Lesbarkeitsgründen die Funktionalität von MAT-
LAB (MATrix LABoratory) bzw. Octave genutzt, um z. B. die Summe $\sum_{k=1}^{n} x_k y_k$ durch die
Matrixmultiplikation bzw. das Skalarprodukt $\vec{x}' \cdot \vec{y} = \langle \vec{x}, \vec{y} \rangle$ zweier Spaltenvektoren $\vec{x}$, $\vec{y}$
zu bilden (s. z. B. „cgit_gb.m", Kap. 7).

Die im Buch angegebenen Programme wurden nach bestem Wissen und Gewissen getestet. Allerdings gibt es zweifellos noch Optimierungspotential hinsichtlich der Rechenzeiten.
„for"-Schleifen sind z. B. nicht sehr effizient, weshalb es sinnvoll ist, diese durch „while"-
Schleifen zu ersetzen. Damit kann man ca. 25 % Rechenzeit einsparen. Das lohnt sich insbesondere bei der numerischen Lösung von partiellen Differentialgleichungen mit feinen
Diskretisierungen und bei hochdimensionalen Problemen. Weitere Reserven zur Effizienz-
steigerung liegen in der Vektorisierung von Operationen mit Vektoren und Matrizen. Im
Buch wurden die im Unterschied zu den vorangegangenen Auflagen die z. T. vektorisierten
Programmversionen angegeben. Über die Webseiten der Autoren sind auch die nicht vektorisierten Programme aus den vorigen Auflagen, die oft besser lesbar sind und in denen man
die jeweiligen implementierten Algorithmen besser erkennen kann, zu erhalten.

Zeitmessungen können mit den Kommandos *tic* zu Beginn eines Programms und *toc*
am Ende eines Programms vorgenommen werden. Damit kann man Effizienzsteigerungen
bequem messen.

Auf eine Fehlerquelle bei der Octave/MATLAB-Programmierung möchte wir noch hin-
weisen, weil man manchmal fast verzweifelt war. Man muss berücksichtigen, dass es
Bezeichner wie z. B. *eps* (Maschinenpräzision), *pi* (Kreiszahl), *i* (imaginäre Einheit), *beta*
(Beta-Funktion) gibt[8], die man nicht als Variablen-Bezeichner verwenden sollte, da es dann
zu Konflikten und Fehlern kommen kann. Ausführliche Erläuterungen findet man z. B. in
Moler et al. (1987), Adam (2006), D. Higham und N. Higham (2005) oder *GNU Octave
Manual, Eaton, J. W.* http://www.networktheory.co.uk/octave/manual http://www.gnu.org/
software/octave n. d.

---

[8] In den Programmen haben wir deshalb statt *beta* die Bezeichnung *peta* verwendet, was zweifellos
etwas merkwürdig aussieht.

Andere Programmierumgebungen

Octave bzw. MATLAB wurden als Programmiersprache bzw. Arbeitsumgebung gewählt, weil dies in den Ingenieurdisziplinen Standard-Werkzeuge sind. Die Umsetzung der programmierten Algorithmen in Mathematica-, Maple®-, Scilab®-Programmen bzw. Python®-, C- oder FORTRAN-Programmen ist bei Kenntnis der jeweiligen Sprachumgebung einfach zu realisieren.

Im Unterschied zu den Hochsprachen C und FORTRAN (s. auch Press et al. 1992) bieten die genannten Computeralgebra-Systeme Mathematica, Maple, Scilab und natürlich auch MATLAB eine sehr umfassende Numerikfunktionalität. Diverse Matrix-Zerlegungen, Instrumente zur schnellen Fourier-Transformation sowie Löser von Anfangswertproblemen und nichtlinearen Gleichungen gehören zum Standardumfang der genannten Systeme. Mit speziellen Toolboxen, z. B. der pde-Toolbox von MATLAB, ist die numerische Lösung spezieller Randwertprobleme partieller Differentialgleichungen möglich. Durch die sehr große Nutzerzahl von MATLAB wird das Angebot an in MATLAB implementierten Algorithmen und Methoden ständig erweitert. Einige dieser von MATLAB-Nutzern entwickelten Programme, die von einem allgemeinen Interesse sind, werden von den MATLAB-Machern in die MATLAB-Distributionen integriert.

Python

Mit der vierten Auflage wurden sämtliche im Buch diskutierten Octave/MATLAB-Programme nach Python übertragen. Diese sind auf den Webseiten der Autoren vefügbar. Diese Programme wurden im Vergleich zu den Octave/MATLAB-Programmen erfolgreich getestet und validiert (die Ergebnisse stimmten in allen Fällen überein). Dabei gilt auch wie bei den bisherigen Programmen, dass zweifellos noch Optimierungspotential vorhanden ist. Es ging darum, die Python-Programme in dem Sinne lesbar zu gestalten, dass die umgesetzten numerischen Algorithmen erkennbar bleiben. Im Unterschied zu der Handhabung von Funktions-Unterprogrammen in Octave/MATLAB wurden in den Python-Programmen sämtliche jeweils benötigten Funkions-Definitionen in einem File zusammen gefasst. Performance-Steigerungen durch Vektorisierung etc. bleiben dem interessierten Nutzer. Die Erstellung der Programme wurde mit Python3 in der Entwicklungsumgebung Spyder3 vorgenommen.

Abschließend sei aber darauf hingewiesen, dass man die umfangreichen Werkzeuge der genannten Computeralgebra-Systeme nur dann richtig einsetzen kann, wenn man weiß, was sich (in etwa) in der jeweiligen Black-Box abspielt. Zu diesem Verständnis beigetragen zu haben, hoffen wir mit diesem Buch.

Literatur

Adam, S. (2006). *MATLAB und Mathematik kompetent einsetzen.* Wiley-VCH.

Ascher, U.M. and L.R. Petzold (1991). "Projected Implicit Runge-Kutta Methods for Differential-Algebraic Equations". In: *SIAM Journal on Numerical Analysis* 28.4, pp. 1097–1120. https://doi.org/10.1137/0728059.

Bärwolff, G. (2017). *Höhere Mathematik für Ingenieure und Naturwissenschaftler.* 3rd. Springer – Spektrum Akademischer Verlag.

Beichelt, F.E. and C. Moontgomery (Ed.) (2003). *Teubner Taschenbuch der Stochastik.* B.G. Teubner Stuttgart – Leipzig –Wiesbaden.

Benner, P. et al. (2018). *Gas Network Benchmark Models.* Springer Cham. https://doi.org/10.1007/11221_2018_5.

Boggs, P. T. and J.W. Tolle (2000). "Sequential Quadratic ProGramming". In: *Journal of Computational and Applied Mathematics.*

Boyce, W.E. and R.C. Di Prima (1995). *Gewöhnliche Differentialgleichungen.* Spektrum Akademischer Verlag.

Braess, D. (1992). *Finite Elemente – Theorie, schnelle Löser und Anwendungen in der Elastizitätstheorie.* Springer.

Brenan, K.E., S.L. Campbell, and L.R. Petzold (1995). *Numerical Solution of Initial-Value Problems in Differential-Algebraic Equations.* Society for Industrial and Applied Mathematics. https://doi.org/10.1137/1.9781611971224.

Burgermeister, B., M. Arnold, and B. Esterl (2006). "DAE time integration for realtime applications in multi-body dynamics". In: *ZAMM* 86.10, pp. 759–771. https://doi.org/10.1002/zamm.200610284.

Dahmen, W. and A. Reusken (2008). *Numerik für Ingenieure und Naturwissenschaftler.* Springer.

Estévez Schwarz, D. (2022a). *Visualisierung der Singulärwertzerlegung (SVD) in* $\mathbb{R}$, $\mathbb{R}^2$ *und* $\mathbb{R}^3$. Reports in Mathematics, Physics and Chemistry, 1/2022, Berliner Hochschule für Technik. URL: www1.bht-berlin.de/FB_II/reports/Report-2022-001.pdf.

Estévez Schwarz, D. (2022b). *Visualisierungen für Numerik-Kurse.* https://prof.bht-berlin.de/schwarz/visualisierungen-fuer-numerik-kurse/. Accessed: 2022-03-01.

Eymard, R., T. Gallouët, and R. Herbin (2000). "Finite volume methods." English. In: *Handbook of numerical analysis. Vol. 7: Solution of equations in* $\mathbb{R}^n$ *(Part 3).* Techniques of scientific computing. Amsterdam: North-Holland/ Elsevier, pp. 713–1020. ISBN: 0-444-50350-1.

Finckenstein, K. Graf Fink von (1978). *Einführung in die numerische Mathematik (I/II).* Carl Hanser.

© Der/die Herausgeber bzw. der/die Autor(en), exklusiv lizenziert an Springer-Verlag GmbH, DE, ein Teil von Springer Nature 2022
G. Bärwolff und C. Tischendorf, *Numerik für Ingenieure, Physiker und Informatiker,*
https://doi.org/10.1007/978-3-662-65214-5

Gajewski, H., K. Gröger, and K. Zacharias (1974). *Nichtlineare Operatorgleichungen und Operatordifferentialgleichungen*. Akademie-Verlag Berlin.

Gear, C.W., B. Leimkuhler, and G.K. Gupta (1985). "Automatic integration of Euler-Lagrange equations with constraints". In: *Journal of Computational and Applied Mathematics* 12–13, pp. 77–90. https://doi.org/10.1016/0377-0427(85)90008-1.

Gear, C.W. and L.R. Petzold (1984). "ODE Methods for the Solution of Differential/Algebraic Systems". In: *SIAM Journal on Numerical Analysis* 21.4, pp. 716–728.

Geiger, C. and Chr. Kanzow (2002). *Theorie und Numerik restringierter Optimierungsaufgaben*. Springer-Verlag.

Gnedenko, B.W. (1991). *Einführung in die Wahrscheinlichkeitstheorie*. Akademie-Verlag Berlin.

GNU Octave Manual, Eaton, J.W. http://www.network-theory.co.uk/octave/manual http://www.gnu.org/software/octave (n. d.).

Goering, H., H.-G. Roos, and L. Tobiska (1985). *Finite-Element-Methode*. Akademie-Verlag Berlin.

Golub, G.H. and J.M. Ortega (1992). *Wissenschaftliches Rechnen mit Differentialgleichungen*. Heldermann Verlag.

Grigorieff, R.D. (1977). *Numerik gewöhnlicher Differentialgleichungen (1/2)*. B.G. Teubner.

Großmann, Chr. and H.-G. Roos (1994). *Numerik partieller Differentialgleichungen*. B.G. Teubner.

Hairer, E., M. Roche, and C. Lubich (1989). *The Numerical Solution of Differential-Algebraic Systems by Runge-Kutta Methods*. Springer.

Higham, D. and N. Higham (2005). *MATLAB Guide*. SIAM, Philadelphia.

Jay, L. (1993). "Convergence of a class of runge-kutta methods for differentialalgebraic systems of index 2". In: *BIT Numerical Mathematics* 33, pp. 137–150. https://doi.org/10.1007/BF019903499.

Jüngel, A. and M. Günther (2010). *Finanzderivate mit MATLAB*. Vieweg-Teubner.

Kloeden, P. and E. Platen (1992). *Numerical Solution of Stochastic Differential Equations*. Springer Verlag.

Kolmogrorov, A.N. (1973). *Grundbegriffe der Wahrscheinlichkeitstheorie (Nachdruck)*. Springer-Verlag Berlin.

Kröner, D. (1997). *Numerical schemes for conservation laws*. Wiley-Teubner.

Kunkel, P. and V. Mehrmann (2006). *Differential-Algebraic Equations Analysis and Numerical Solution*. European Mathematical Society – Publishing House.

Lamour, R., R. März, and C. Tischendorf (2013). *Differential-Algebraic Equations: A Projector Based Analysis*. Springer.

Leveque, R. (2004). *Finite-Volume Methods for Hyperbolic Problems*. Cambridge University Press.

Maes, G. (1985). *Vorlesungen über numerische Mathematik (1/2)*. Birkhäuser.

Moler, C. et al. (1987). *386-MATLAB for 80386 Personal Computers*. The MathWorks, Sherborn.

Oevel, W. (1996). *Einführung in die Numerische Mathematik*. Spektrum Akademischer Verlag.

Opfer, G. (1994). *Numerische Mathematik für Anfänger*. Vieweg-Verlag.

Plato, R. (2000). *Numerische Mathematik kompakt*. Vieweg-Verlag.

Press, H.W. et al. (1992). *Numerical Recipes – The Art of Scientific Computing*. Cambridge University Press.

Quarteroni, A. (2017). *Numerical models for differential problems*. English. 3rd. Berlin: Springer. https://doi.org/10.1007/978-3-319-49316-9.

Riaza, R. (2008). *Differential-Algebraic Equations Analysis and Numerical Solution*. World Scientific.

Roos, H.-G. and H. Schwetlick (1999). *Numerische Mathematik*. B.G. Teubner.

Samarskij, A.A. (1984). *Theorie der Differenzenverfahren*. Akademische Verlagsgesellschaft Geest & Portig.

Scholz, L. and A. Steinbrecher (2016). "Structural-algebraic regularization for coupled systems of DAEs". In: *BIT Numerical Mathematics* 56, pp. 777–804. https://doi.org/10.1007/s10543-015-0572-y.

Schwarz, H.R. (1991). *Methode der finiten Elemente*. B.G. Teubner.

Schwarz, H.R. (1997). *Numerische Mathematik*. B.G. Teubner.

Smith, G.D. (1971). *Numerische Lösung von partiellen Differentialgleichungen*. Akademie-Verlag Berlin.

Sobol, I.M. (1971). *Die Monte-Carlo-Methode*. Deutscher Verlag derWissenschaften Berlin.

Stoer, J. and R. Bulirsch (1999). *Numerische Mathematik (I/II)*. Springer Verlag.

Tröltzsch, F. (2009). *Optimale Steuerung partieller Differentialgleichungen*. Vieweg-Teubner.

Überhuber, Chr. (1995). *Computer Numerik (1/2)*. Springer Verlag.

Ulbrich, M. and St. Ulbrich (2012). *Nichtlineare Optimierung*. Birkhäuser-Verlag.

Varga, R. S. (2009). *Matrix iterative analysis*. English. 1st softcover printing of the 2nd revised and expanded ed. 2000. Dordrecht: Springer. https://doi.org/10.1007/978-3-642-05156-2.

Wilkinson, J.H. (1978). *The algebraic eigenvalue problem*. Clarendon Press.

Young, D.M. (1971). *Iterative solution of large linear systems*. Academic Press.

Stichwortverzeichnis

© Der/die Herausgeber bzw. der/die Autor(en), exklusiv lizenziert an Springer-Verlag
GmbH, DE, ein Teil von Springer Nature 2022
G. Bärwolff und C. Tischendorf, *Numerik für Ingenieure, Physiker und Informatiker*,
https://doi.org/10.1007/978-3-662-65214-5

Printed in the United States
by Baker & Taylor Publisher Services